"101 计划"核心教材
物理学领域

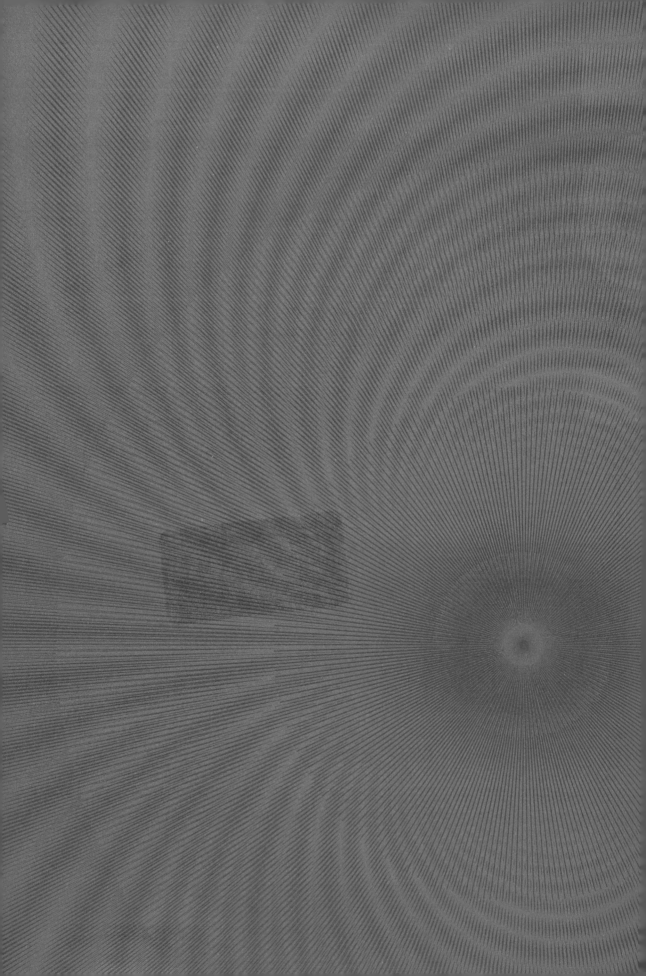

统计热物理

赵 柳 编著

科学出版社

北京

内 容 简 介

本书是为适应新时期高等学校热力学与统计物理课程的教学要求而编写的新型教材,可用于各种不同学时和课程深度的教学. 本书在逻辑体系上进行了一些新的尝试,将热力学和统计物理有机地融合在一起,以系综理论为基础,以宏观物质结构为主线,注重基本概念、基本逻辑的阐述以及数学表述的严谨性,大幅压缩传统课程中比例偏重的热力学部分,重点突出热力学势的核心地位,同时不再将玻尔兹曼分布、玻色-爱因斯坦分布以及费米-狄拉克分布当作最概然统计来介绍,而是将它们当作系综统计在统计独立子系上的直接应用来讲授. 此外,在涉及非平衡宏观系统的部分还加入了一些较新的进展.

本书可作为普通高等学校物理学类本科生或研究生学习热力学与统计物理的教材,也可作为专业研究人员的参考手册.

图书在版编目(CIP)数据

统计热物理 / 赵柳编著. -- 北京: 科学出版社, 2024. 9. -- ISBN 978-7-03-079229-7

Ⅰ. O414

中国国家版本馆 CIP 数据核字第 2024FV4189 号

责任编辑: 罗 吉 崔慧娴 / 责任校对: 杨聪敏
责任印制: 师艳茹 / 封面设计: 楠竹文化

科 学 出 版 社 出版
北京东黄城根北街 16 号
邮政编码: 100717
http://www.sciencep.com

北京市密东印刷有限公司 印刷
科学出版社发行 各地新华书店经销

*

2024 年 9 月第 一 版 开本: 787×1092 1/16
2024 年 9 月第一次印刷 印张: 24 1/2
字数: 581 000

定价: 73.00 元
(如有印装质量问题, 我社负责调换)

出版说明

为深入实施科教兴国战略、人才强国战略、创新驱动发展战略，统筹推进教育科技人才体制机制一体化改革，教育部于 2023 年 4 月 19 日正式启动基础学科系列本科教育教学改革试点工作 (下称 "101 计划"). 物理学领域 "101 计划" 工作组邀请国内物理学界教学经验丰富、学术造诣深厚的优秀教师和顶尖专家，及 31 所基础学科拔尖学生培养计划 2.0 基地建设高校，从物理学专业教育教学的基本规律和基础要素出发，共同探索建设一流核心课程、一流核心教材、一流核心教师团队和一流核心实践项目. 这一系列举措有效地提高了我国物理学专业本科教学质量和水平，引领带动相关专业本科教育教学改革和人才培养质量提升.

通过基础要素建设的 "小切口"，牵引教育教学模式的 "大改革"，让人才培养模式从 "知识为主" 转向 "能力为先"，是基础学科系列 "101 计划" 的主要目标. 物理学领域 "101 计划" 工作组遴选了力学、热学、电磁学、光学、原子物理学、理论力学、电动力学、量子力学、统计力学、固体物理、数学物理方法、计算物理、实验物理、物理学前沿与科学思想选讲等 14 门基础和前沿兼备、深度和广度兼顾的一流核心课程，由课程负责人牵头，组织调研并借鉴国际一流大学的先进经验，主动适应学科发展趋势和新一轮科技革命对拔尖人才培养的要求，力求将 "世界一流" "中国特色" "101 风格" 统一在配套的教材编写中. 本教材系列在吸纳新知识、新理论、新技术、新方法、新进展的同时，注重推动弘扬科学家精神，推进教学理念更新和教学方法创新.

在教育部高等教育司的周密部署下，物理学领域 "101 计划" 工作组下设的课程建设组、教材建设组，联合参与的教师、专家和高校，以及北京大学出版社、高等教育出版社、科学出版社等，经过反复研讨、协商，确定了系列教材详尽的出版规划和方案. 为保障系列教材质量，工作组还专门邀请多位院士和资深专家对每种教材的编写方案进行评审，并对内容进行把关.

在此，物理学领域 "101 计划" 工作组谨向教育部高等教育司的悉心指导、31 所参与高校的大力支持、各参与出版社的专业保障表示衷心的感谢；向北京大学郝平书记、龚旗煌校长，以及北京大学教师教学发展中心、教务部等相关部门在物理学领域 "101 计划" 酝酿、启动、建设过程中给予的亲切关怀、具体指导和帮助表示由衷的感谢；特别要向 14 位一流核心课程建设负责人及参与物理学领域 "101 计划" 一流核心教材编写的各位教师的辛勤付出，致以诚挚的谢意和崇高的敬意.

　　基础学科系列"101 计划"是我国本科教育教学改革的一项筑基性工程. 改革，改到深处是课程，改到实处是教材. 物理学领域"101 计划"立足世界科技前沿和国家重大战略需求，以兼具传承经典和探索新知的课程、教材建设为引擎，着力推进卓越人才自主培养，激发学生的科学志趣和创新潜力，推动教师为学生成长成才提供学术引领、精神感召和人生指导. 本教材系列的出版，是物理学领域"101 计划"实施的标志性成果和重要里程碑，与其他基础要素建设相得益彰，将为我国物理学及相关专业全面深化本科教育教学改革、构建高质量人才培养体系提供有力支撑.

物理学领域"101 计划"工作组

前　言

　　统计物理是高等学校物理学类本科教育中热物理模块下非常重要的教学内容. 多年来, 随着教学改革的不断延续, 统计物理的教学方式、教学内容乃至教学体系也在不断演化. 目前, 大多数高校均将热力学和统计物理合并为 "热力学与统计物理" 课程. 如何在有限的时间内妥善地安排相应的课程内容和教学体系, 使之既能反映这一传统科学分支内在的逻辑体系, 又能紧跟时代的步伐, 力求做到系统性、科学性、前沿性和趣味性的统一, 是一个需要不断探讨的课题.

　　目前的热力学和统计物理课程教学体系大致可划分为传统体系和现代体系两类, 前者将 "热力学" 和 "统计物理" 依次按顺序进行教学, 后者则打破了热力学和统计物理之间的边界, 将两者融合为 "统计热力学". 考虑到当前大多数学校在先导课程 "热学" 中已经大量融入本属于热力学的内容以及一部分初级的统计物理思想, 且在实际教学中留给统计物理部分的教学时数本就不多, 越来越多的教师在教学中选择采取现代体系.

　　现代体系虽然具有诸多优点, 但仍然面临一些困难的问题. 如何界定传统热力学和统计物理在现代体系下的角色及其相互关系? 最概然统计与系综统计有无必要同时保留? 以系综的类型为主线还是以宏观物质的不同类型为主线? 微观态的描述以经典描述还是以量子描述为主? 这些问题的解决需综合考虑学生的基础知识和课程本身内在的科学逻辑.

　　目前, 采用现代体系的著作各自对上述问题都有自己的处置方案, 尚没有一种处置可以称为最终方案. 对于上述问题, 本书给出了自己的尝试性解决方案: 在采用现代体系的同时, 处理好宏观与微观、热力学与统计物理的关系, 用熵的概念来沟通宏观和微观, 用热力学势来联结热力学与统计物理. 具体地说, 统计系综仅被用于从微观态分布出发计算宏观系统的热力学势, 而其他宏观物理量则用传统热力学公式通过热力学势得出. 本书对平衡态统计物理的处理采用吉布斯系综理论, 因此在介绍能量轴上的单粒子分布时直接采用系综方法而舍弃了技术上有争议的最概然方法. 建议学生自行了解最概然方法并体会与系综方法的差异. 对不同章节的安排, 本书在介绍完系综理论的基本框架之后, 采用按不同宏观物质的类型来叙述的方法, 而不按系综类型进行安排. 具体的章节安排以及各章之间的依赖关系如下图所示, 其中中间阴影覆盖的部分构成了平衡态统计物理的主要内容.

　　这种叙事顺序的目的在于将注意力聚焦于具体的物理特征而非技术方法上. 这种安排也会使本书对不同课时数的热力学与统计物理课程有更好的适应性, 即使对于时数较少的课程，也可以实现对统计物理学方法的完整叙述. 多年的教学实践表明，脱离了微观态的量子属性就很难讲清楚统计物理的一些基本概念和方法. 因此，本书对微观态的描述始终建立在量子描述的基础上，同时会说明经典描述的适用条件及其局限性.

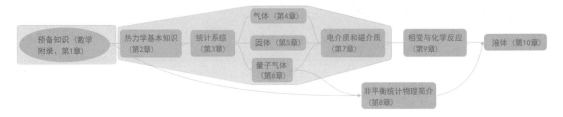

本书在具体的技术细节上也有一些特殊的考量. 例如，将空间维数 D 作为一个参数，仅在绝对必要时才代入具体数值. 这样做的好处是使主要的物理结果可以适用于具有不同空间维数的宏观系统，例如由表面或者线型材料构成的系统；注重数学表述的合理性，避免出现以有量纲对象作为数学函数自变量的不合理表达式；在非平衡统计、电磁介质以及液体的初步描述等章节中引入了一些新的理论成果，对某些传统内容的表述也采取了一些不同的技术处理；习题数量少而分量重，不提供标准答案. 多年的教学经验表明，提供习题答案往往使学生懒于思考，并且在物理学中往往同一个问题具有多种不同的解决方法，提供标准答案有可能会限制学生的思路. 针对各教学章节中容易产生困惑和疑问的地方，本书专门设计了"讨论和评述"文本框，对重点问题进行点评和讨论，等等.

本书不按历史发展顺序叙事，为适当补充相关知识，每章末尾增添了"本章人物"图文框，重点介绍对当前章节知识有重要贡献的主要科学家的学术简历. 这样做有两方面的目的：一是激发学生的学习兴趣；二是潜移默化地培养学生勇于探索的科学精神，以实现立德树人的教育根本任务.

本书在编写过程中得到不少同事和学生的帮助与反馈. 其中包括：同事王玉芳、刘松芬，曾作助教的吴滨、孙源、徐皓、郝鑫、王涛、蔡逸凡等，以及前后若干届听课的本科生中的优秀代表. 由于涉及的人数众多，在此难以一一列举其姓名. 他们提出的意见和建议为本书部分细节的完善提供了重要的帮助. 编写本书的过程也是本人重新学习和加深对热力学与统计物理这门科学的认识和理解的过程. 在这一过程中，本人从全国高等学校热力学与统计物理教学研究会的各位同仁处学习到很多知识，在此对所有提供有益讨论的同仁表示诚挚的谢意，其中尤其要感谢在物理学"101 计划"教材评审过程中提供宝贵意见的刘川、刘全慧和严大东教授. 感谢科学出版社一直以来的支持，特别是罗吉编辑为本书的出版付出的努力. 最后，本书得到了南开大学"十四五"规划核心课程精品教材建设工程的经费资助.

限于本人的知识和能力，书中不妥之处在所难免，还望广大读者批评指正.

赵 柳

2024 年 2 月于南开大学

建议学时

章节	建议学时数
第 1 章	10 学时
第 2 章	6 ~ 8 学时
第 3 章	6 ~ 8 学时
第 4 章	5 ~ 6 学时
第 5 章	5 ~ 6 学时
第 6 章	6 ~ 8 学时
第 7 章	6 学时
第 8 章	10 ~ 12 学时
第 9 章	8 学时
第 10 章	6 ~ 8 学时
总计：	68 ~ 80 学时

课程内容安排建议

总学时	章节选择
36 学时	第 1 ~ 5 章 (不包括 4.4 节)
42 学时	第 1 ~ 6 章 (不包括 4.4 节和 6.2.3 节)
48 学时	第 1 ~ 7 章，或者第 1 ~ 6 章及第 8 章 8.2 ~ 8.6 节
54 学时	第 1 ~ 8 章，或者第 1 ~ 6 章及第 8、9 章部分内容
64 学时	第 1 ~ 9 章
72 学时	第 1 ~ 10 章，其中第 8、9、10 章部分内容选讲
80 学时	第 1 ~ 10 章全部内容

目 录

课程简介
与预备知识

第 1 章　热力学与统计物理的基本知识

学习目标与要求

(1) 了解热力学与统计物理学的区别和联系, 掌握微观态和宏观态的描述方法.

(2) 区分不同类型的宏观系统 (孤立系、封闭系、开放系).

(3) 初步了解宏观系统处于不同微观态的概率分布函数.

(4) 掌握熵的概念以及熵增加原理.

第 1 章知识图谱

1.1　物理系统及其状态描述

物理学是研究物理系统的物质构成、存在状态及其演化规律的科学. 所谓物理系统, 指的是自然界中客观存在的事物的一个子集. 系统的物质构成决定了它所含有的力学自由度数的大小. 在描述物理系统的状态及其演化规律时, 经常可以对实际物理系统进行某种程度的抽象, 因此系统的实际力学自由度数与描述该系统演化规律时所需要的抽象自由度数之间可能会有一定的差异, 后者可以被称为有效自由度数. 今后凡谈及自由度数时均指有效自由度数.

依其所含有效自由度数的大小, 大体可将物理系统划分为微观系统和宏观系统两大类. 其中, 微观系统指的是所含的有效自由度数有限, 因此适于用力学语言进行描述的系统, 也称为 (广义的) 力学系统; 宏观系统则是指所含自由度数非常巨大, 用力学语言进行描述不再可行的系统. 两类系统各自遵从相应的演化规律, 可分别称为微观规律 (即力学规律) 和宏观规律. 宏观系统与微观系统在物质的化学成分上可以没有区别, 但在物质总量上区别显著. 由此带来的一个后果是: 宏观系统与微观系统各自遵从自己的演化规律, 彼此存在巨大差异. 可以认为宏观规律是物质总量充分累积并达到足够巨大的程度以后, 由大量的微观自由度的集体行为演生出来的、脱离了系统微观细节的另一个层面的新规律.

在认识微观系统和宏观系统的过程中, 不可望文生义地将它们理解为空间尺度微小或者庞大的系统. 实际上, 微观系统的空间尺度可以很大, 宏观系统的尺度也可以很小. 例如, 在研究太阳系中天体的运动轨道时, 可以将太阳系中较大的天体都抽象为质点, 这样, 整个太阳系就被抽象为总自由度数不是很大的一个力学系统, 可以被看作一个微观系统. 目前大规模集成电路的工艺已进入纳米级尺度, 但是在这样小的尺度上人们关心的仍然是器件的各种输运性质, 而后者是由大量的微观自由度集体决定的, 因此属于宏观系统的范畴. 另外, 一个物理系统被当成宏观系统还是微观系统有时是依我们所关心的具体物理特征决定的. 例如, 在前述例子中研究运行轨道时, 整个地球都可以被抽象为一个质点, 而当我们关心的是某一地区的天气状况时, 地球表面的大气系统则必须被当成宏观系统来刻画.

热力学和统计物理都是关于宏观系统的宏观规律的科学, 它们的区别在于热力学是建立在对宏观现象进行归纳总结出来的几个基本热力学定律的基础之上, 并主要通过逻辑演绎的方法进一步详细刻画宏观系统所共同遵从的演化规律的科学, 其分析宏观规律的手段与构成宏观系统本身的物质结构完全无关; 而统计物理则遵从还原论的认识方法, 认为一切宏观现象和宏观规律都具有相应的微观起源, 并试图从宏观系统的微观构成以及微观状态的统计分布来导出宏观规律. 由于宏观规律具有普适性, 与具体系统的微观细节无关, 利用统计物理的手段经过演绎得出来的关于宏观现象的描述, 最多只能是就具体的系统对热力学规律给出的验证, 我们永远无法期待通过统计物理给热力学规律一个完整的证明.

研究物理系统的状态及其演化规律, 首要的一点是建立恰当的状态空间.

对于微观系统, 最恰当的描述语言是力学语言. 作为力学系统定义中隐含的一部分, 自由度数是一个天然的守恒量, 而系统微观状态空间的维数与自由度数密切相关, 因此也是一个不变量. 给定一个微观系统, 其中所含的最基本的微观自由度在本质上都具有量子属性, 适于用量子力学进行描写. 量子力学描述系统力学状态的空间由可测力学量完全集的共同的正交完备本征态张成. 这样的状态空间是一个希尔伯特空间[①]. 如果系统中各微观粒子的德布罗意波长 λ 相比于其运动范围的空间尺度 L 非常微小, 即 $\lambda \ll L$, 或者系统的作用量 $A = \int dt \mathscr{L}$ (其中 $\mathscr{L}$ 表示系统的拉氏量) 相比于约化普朗克常量 $\hbar$ 非常大, 那么, 用经典力学的语言来描写系统的微观态将是非常好的近似[②]. 这时的状态空间就退化为经典力学系统的相空间. 对于含有 r 个自由度的系统, 其相空间的维数为 $2r$, 由系统中各自由度所对应的广义坐标 q_i 和广义动量 p_i 张成. 一旦微观系统的状态空间被建立起来, 描写系统状态演化的任务就变成寻找和建立驱动状态演化的运动方程, 并予以求解.

对于宏观系统而言, 系统内部所包含的总自由度数 (或者等价地描述为粒子数) 未必是一个固定的常数, 从总自由度数非常大的宏观系统中移除一小部分自由度并不会对整个宏观系统的宏观性质造成可察觉的影响. 为了描述这样的系统, 依然需要建立合适的状态空间. 宏观系统的状态空间有两类, 即微观态空间和宏观态空间. 微观态空间与力学系统的状态空间描述方法非常类似, 但是由于自由度数或粒子数的不确定性, 需要将粒子数也当作一个描写微观状态的状态参数. 在每个给定的粒子数下, 对应的微观状态空间的维数都是非常巨大的, 以至于任何试图通过力学演化方程来确定系统微观状态演化过程的努力都失去

---

① 希尔伯特(David Hilbert), 1862~1943, 德国数学家, 是 19 世纪至 20 世纪国际上最重要的数学家之一. 希尔伯特空间是指配备了一个正定的完备内积的矢量空间.

② 在量子力学的路径积分表述中, 所有量子过程的振幅都由 "虚时路径积分"

$$Z[J] = \int [dq(t)] e^{-\frac{1}{\hbar} \int dt [\mathscr{L}(q(t), \dot{q}(t)) + q(t) J(t)]}$$

决定. 当 $\int dt \mathscr{L} \gg \hbar$ 时, $\mathscr{L}$ 取极小值的经典位形对路径积分的贡献最大, 其他非经典位形的贡献都可以忽略, 因此这时用经典力学来近似描述相应的系统是非常好的近似.

了现实的可操作性. 所幸的是, 对宏观系统, 人们更多关心的往往是其宏观性质, 即系统的宏观态及其演化规律, 而后者对于系统微观状态的变更响应并不敏感, 完全可以假定系统的微观态是被随机占据的, 而系统的每个宏观状态参量则被认作是对相应的微观状态参量进行统计平均的结果.

1.2　微观系统的状态空间

微观系统就是力学系统, 其状态只能是微观态. 我们将从单粒子系统和多粒子系统来分别讨论微观系统的微观状态以及状态空间.

1.2.1　单粒子系统

考虑一个由单个质点构成的简单量子力学系统. 假设质点在有效维数为 D[①] 的空间中运动. 在刻画质点运动的力学量算符中, 坐标算符 $\hat{\boldsymbol{q}} = (\hat{q}_1, \hat{q}_2, \cdots, \hat{q}_D)$ 和动量算符 $\hat{\boldsymbol{p}} = (\hat{p}_1, \hat{p}_2, \cdots, \hat{p}_D)$ 的对应分量是相互共轭的力学量算符, 它们彼此不对易

$$[\hat{q}_i, \hat{p}_j] = \mathrm{i}\hbar\delta_{ij},$$

式中, δ_{ij} 是克罗内克 δ 符号. 由此带来的后果是: 在质点运动过程中所经历的每一个微观态下, $\hat{q}_i$ 和 $\hat{p}_i$ 的本征值都不能同时确定. 换言之, 存在一个基本的不确定性关系

$$\overline{(\Delta q_i)^2 (\Delta p_i)^2} \geqslant \frac{\hbar^2}{4}, \tag{1.1}$$

式中, $\overline{(\Delta q_i)^2 (\Delta p_i)^2}$ 上方的横线表示量子力学意义下的期望值.

单质点系统的哈密顿算符可写为[②]

$$\hat{H} = \frac{1}{2m}\langle \hat{\boldsymbol{p}}, \hat{\boldsymbol{p}} \rangle + u(\hat{\boldsymbol{q}}).$$

如果势能算符 u 不依赖于坐标算符的某个具体分量 $\hat{q}_i$, 那么相应的 $\hat{p}_i$ 就会与 $\hat{H}$ 可对易, 这样 $\hat{p}_i$ 就会与 $\hat{H}$ 成为可同时测量的力学量, 而最终的微观状态空间则由这些可测力学量完全集的共同的完备正交的本征态的集合给出. 这样的状态空间叫做希尔伯特空间, 通常记作 $\mathscr{H}$.

对于给定的状态空间, 并非所有的态都被实际占据, 系统在某个时刻处于何种微观状态取决于量子力学的演化方程 (薛定谔[③]方程) 以及观测者在对波函数进行测量时所引起的坍

---

① 虽然常识告诉我们空间有 3 个维度, 但是热力学和统计物理经常被用来研究表面材料甚至线状材料, 在这些场合下, 空间的有效维度分别是 2 和 1. 因此, 在一些特定场合保持空间维度的任意性是有必要的. 若所涉及的问题对具体的维数敏感, 我们再将具体的维数代入进行分析.

② 在本书中, 我们用 $\langle \boldsymbol{a}, \boldsymbol{b} \rangle$ 来表达 D 维空间中两个矢量的内积 $\sum_{i=1}^{D} a_i b_i$.

③ 薛定谔(Erwin Rudolf Josef Alexander Schrödinger), 1887~1961, 奥地利物理学家, 量子力学的波动力学绘景的创立者, 波函数概念的提出者, 1933 年与狄拉克一同获得诺贝尔物理学奖.

缩. 习惯上采用狄拉克[①] 记号来标记量子力学系统的量子态. 在薛定谔绘景下, 为了强调量子态本身可能是含时的, 我们将系统所处的量子态写作 $|\psi(t)\rangle$. 这样, 薛定谔方程可以写为

$$i\hbar\frac{\partial}{\partial t}|\psi(t)\rangle = \hat{H}|\psi(t)\rangle. \tag{1.2}$$

量子态 $|\psi(t)\rangle$ 未必直接对应希尔伯特空间中的某个本征态, 它有可能是若干个不同的本征态的线性组合, 即所谓的叠加态

$$|\psi(t)\rangle = \sum_n C_n(t)|\psi_n\rangle, \qquad \hat{H}|\psi_n\rangle = E_n|\psi_n\rangle, \tag{1.3}$$

其中, n 表示可测力学量完全集的一组共同的量子数, 对于所有不重复的量子数 n, $|\psi_n\rangle$ 的全体满足正交完备条件

$$\langle\psi_n|\psi_m\rangle = \delta_{nm}, \qquad \sum_n |\psi_n\rangle\langle\psi_n| = 1.$$

由于 $|\psi_n\rangle$ 是可测力学量完全集的一个共同的本征态, 任意可测力学量算符 $\hat{u}$ 在 $|\psi_n\rangle$ 上均具有确定的本征值,

$$\hat{u}|\psi_n\rangle = u_n|\psi_n\rangle.$$

利用薛定谔方程 (1.2) 容易定出

$$C_n(t) \propto \mathrm{e}^{-\mathrm{i}E_n t/\hbar}.$$

注意：叠加态 $|\psi(t)\rangle$ 中的组合系数 $C_n(t)$ 取复数值, 并且其幅度受量子态函数的归一化条件 $\langle\psi(t)|\psi(t)\rangle = 1$ 限制, 即

$$\langle\psi(t)|\psi(t)\rangle = \sum_{n,m}\langle\psi_n|C_n^*(t)\cdot C_m(t)|\psi_m\rangle = \sum_n |C_n(t)|^2 = 1.$$

如果系统处于某个本征态, 那么可测力学量算符在该状态下具有确定的测量值, 其取值就是该力学量的期望值

$$\overline{u} = \langle\psi_n|\hat{u}|\psi_n\rangle = u_n.$$

如果系统处于叠加态, 则可测力学量在该状态下没有确定的测量值, 在测量时将以一定概率随机地从参与叠加的本征态所对应的本征值中选出一个来给出测量结果. 这一随机性是量子力学本质上的不确定性, 与测量的技术手段无关. 在同一叠加态下多次对同一力学量算符进行测量, 所得结果的加权平均值就是该力学量的期望值, 同样用 $\overline{u}$ 表示

$$\overline{u} = \langle\psi(t)|\hat{u}|\psi(t)\rangle$$
$$= \sum_{n,m}\langle\psi_n|C_n^*(t)\,\hat{u}\,C_m(t)|\psi_m\rangle$$

---

① 狄拉克(Paul Adrien Maurice Dirac), 1902~1984, 英国物理学家, 量子力学和量子电动力学的奠基人之一.

$$= \sum_n u_n |C_n(t)|^2,$$

式中, $|C_n(t)|^2$ 的含义是在状态 $|\psi(t)\rangle$ 下对力学量 $\hat{u}$ 作单次测量并得到测量值 u_n 的概率. 下面看几个具体的例子.

例 1.1 【无限深方势阱中的单粒子量子力学】

设想一个在 D 维无限深方势阱中运动的量子力学粒子. 其势能函数为

$$u(\boldsymbol{q}) = \begin{cases} 0 & (0 \leqslant q_i \leqslant L_i) \\ \infty & (q_i < 0 \ \text{或者} \ q_i > L_i) \end{cases}.$$

在坐标表象下, 动量算符和哈密顿算符分别为 ($\nabla_{\boldsymbol{q}}$ 是坐标梯度算符)

$$\hat{\boldsymbol{p}} = -\mathrm{i}\hbar\nabla_{\boldsymbol{q}}, \quad \hat{H} = \frac{\langle\hat{\boldsymbol{p}}, \hat{\boldsymbol{p}}\rangle}{2m} + u(\boldsymbol{q}) = -\frac{\hbar^2}{2m}\nabla_{\boldsymbol{q}}^2 + u(\boldsymbol{q}),$$

相应的量子态可以用波函数

$$\psi(\boldsymbol{q}, t) = \langle\boldsymbol{q}|\psi(t)\rangle$$

来表达.

势阱内部的薛定谔方程为

$$\mathrm{i}\hbar\frac{\partial}{\partial t}\psi(\boldsymbol{q}, t) = -\frac{\hbar^2}{2m}\nabla_{\boldsymbol{q}}^2\psi(\boldsymbol{q}, t).$$

求解上述方程的标准做法是对波函数进行分离变量, 即令

$$\psi(\boldsymbol{q}, t) = \sum_{\boldsymbol{k}} \psi_{\boldsymbol{k}}(\boldsymbol{q})\mathrm{e}^{-\mathrm{i}\omega(\boldsymbol{k})t}.$$

分离变量后 $\psi_{\boldsymbol{k}}(\boldsymbol{q})$ 满足的定态薛定谔方程为

$$-\frac{\hbar^2}{2m}\nabla_{\boldsymbol{q}}^2\psi_{\boldsymbol{k}}(\boldsymbol{q}) = \epsilon_{\boldsymbol{k}}\psi_{\boldsymbol{k}}(\boldsymbol{q}), \quad \epsilon_{\boldsymbol{k}} = \hbar\omega(\boldsymbol{k}).$$

假定 $\psi_{\boldsymbol{k}}(\boldsymbol{q})$ 的一般解为

$$\psi_{\boldsymbol{k}}(\boldsymbol{q}) = A\mathrm{e}^{\mathrm{i}\langle\boldsymbol{k}, \boldsymbol{q}\rangle} + B\mathrm{e}^{-\mathrm{i}\langle\boldsymbol{k}, \boldsymbol{q}\rangle},$$

代入定态薛定谔方程可得

$$\epsilon_{\boldsymbol{k}} = \hbar\omega(\boldsymbol{k}) = \frac{\hbar^2 k^2}{2m}, \quad k^2 = \langle\boldsymbol{k}, \boldsymbol{k}\rangle.$$

圆频率或者能量本征值与波矢之间的代数关系称为色散关系. 以上给出的色散关系属于各向同性的抛物线型色散关系.

波矢 $\boldsymbol{k} = (k_1, k_2, \cdots, k_D)$ 的各分量取值需要利用边界条件来确定. 对于无限深势阱, 波函数在边界上为零. 这要求

$$A = -B \equiv \frac{C}{2\mathrm{i}}, \qquad k_j = \frac{\pi n_j}{L_j} \quad (n_j \in \mathbb{Z}_+).$$

因此, $\psi_{\boldsymbol{k}}(\boldsymbol{q})$ 可以写为

$$\psi_{\boldsymbol{k}}(\boldsymbol{q}) = C \sin(\langle \boldsymbol{k}, \boldsymbol{q} \rangle),$$

其中 C 可以通过波函数的归一化条件来确定

$$\int |\psi_{\boldsymbol{k}}(\boldsymbol{q})|^2 \mathrm{d}^N q = 1 \quad \Rightarrow \quad C = \prod_{i=1}^{D} \left(\frac{2}{L_i}\right)^{1/2}.$$

讨论和评述

(1) 在坐标表象下考虑任意一个具有 N 个自由度的量子力学系统. 其波函数如果可以进行归一化, 则必具有 $[\mathrm{L}]^{-N/2}$ 的量纲, 因为只有这样, 波函数的归一化条件 $\int |\psi(q, t)|^2 \mathrm{d}^N q = 1$ 才有意义.

(2) 无限深方势阱中允许的波矢具有离散的取值, 这一现象是势阱宽度具有有限尺度造成的. 如果势阱宽度越来越大以致趋于无穷, 将会发现波矢的离散取值间距越来越小, 逐渐趋于连续取值.

(3) 在上例中, 用来描述系统微观状态的完备的量子数集合可以选择为波矢 $\boldsymbol{k}$. 一旦 $\boldsymbol{k}$ 值给定, 能量本征值 $\epsilon_{\boldsymbol{k}}$ 就会完全确定下来. 由于势阱边界固定, 不具有平移对称性, 因此在无限深方势阱问题中动量算符并不是可测力学量算符.

(4) 如果将方势阱移除, 上例就变成自由粒子的量子力学. 自由粒子的波函数有两种可选的归一化方法, 一是在全空间作 δ 函数归一, 二是在有限大小的箱子中做箱归一. 后一种情况相当于在选定的箱子边界上引入周期性边界条件. 如果将箱子选择为与上述无限深方势阱同样大小, 那么, 箱归一化后的定态波函数可以写为

$$\psi_{\boldsymbol{k}}(\boldsymbol{q}) = \frac{1}{\sqrt{V}} \mathrm{e}^{\mathrm{i}\langle \boldsymbol{k}, \boldsymbol{q} \rangle}, \qquad k_j = \frac{2\pi n_j}{L_j} \quad (n_j \in \mathbb{Z}).$$

这时系统存在平移对称性, 因此动量算符成为可测力学量算符. 动量算符在定态波函数 $\psi_{\boldsymbol{k}}(\boldsymbol{q})$ 上作用的结果为

$$\hat{\boldsymbol{p}} \, \psi_{\boldsymbol{k}}(\boldsymbol{q}) = \boldsymbol{p} \, \psi_{\boldsymbol{k}}(\boldsymbol{q}), \qquad \boldsymbol{p} = \hbar \boldsymbol{k}.$$

例 1.2 【简谐振子的量子描述】
一个 D 维简谐振子可以被看作 D 个彼此独立的 1 维简谐振子的总和, 因此只需

考虑 1 维简谐振子的情况. 哈密顿算符可以写为

$$\hat{H} = \frac{\hat{p}^2}{2m} + \frac{1}{2}m\omega^2\hat{q}^2.$$

由于哈密顿算符显含坐标 q, 因此在这个例子中唯一的可测力学量就是哈密顿算符本身. 引入升降算符

$$a = \left(\frac{m\omega}{2\hbar}\right)^{1/2}\hat{q} + \mathrm{i}\left(\frac{1}{2\hbar m\omega}\right)^{1/2}\hat{p}, \qquad a^\dagger = \left(\frac{m\omega}{2\hbar}\right)^{1/2}\hat{q} - \mathrm{i}\left(\frac{1}{2\hbar m\omega}\right)^{1/2}\hat{p},$$

可以将哈密顿算符重新写为

$$\hat{H} = \hbar\omega\left(a^\dagger a + \frac{1}{2}\right),$$

其中, 能级数算符[①] $\hat{n} \equiv a^\dagger a$ 的本征值为非负整数, $n \in \mathbb{Z}\backslash\mathbb{Z}_-$, 它是用来描述 1 维简谐振子微观态的唯一的量子数. 因此, 哈密顿算符的本征值为

$$\epsilon_n = \hbar\omega\left(n + \frac{1}{2}\right), \qquad n \in \mathbb{Z}\backslash\mathbb{Z}_-. \tag{1.4}$$

简谐振子的最低能量态 $|0\rangle$ 由方程 $a|0\rangle = 0$ 来定义, 而激发态则是由形如 $(a^\dagger)^n|0\rangle$ 这样的表达式构成. 在坐标表象下, $\hat{p} = -\mathrm{i}\hbar\dfrac{\mathrm{d}}{\mathrm{d}q}$, 因此, 方程 $\langle q|a|0\rangle = 0$ 是一个线性微分方程, 其解是一个高斯函数

$$\psi_0(q) = \langle q|0\rangle = \pi^{-1/4}\ell^{-1/2}\mathrm{e}^{-(q/\ell)^2/2}, \qquad \ell = \sqrt{\frac{\hbar}{m\omega}}, \tag{1.5}$$

而激发态的波函数则是利用线性微分算符 $a^\dagger$ 反复作用在高斯函数上的结果, 这些波函数可以写为

$$\psi_n(q) = \frac{1}{\sqrt{2^n n!}}\pi^{-1/4}\ell^{-1/2}\mathrm{H}_n\left(\frac{q}{\ell}\right)\mathrm{e}^{-(q/\ell)^2/2}, \tag{1.6}$$

其中 $\mathrm{H}_n(z) \equiv (-1)^n\mathrm{e}^{z^2}\dfrac{\mathrm{d}^n}{\mathrm{d}z^n}\mathrm{e}^{-z^2}$ 是一种特殊函数, 称为厄米多项式.

例 1.3 【转子或陀螺的量子描述】

转子或陀螺的哈密顿算符为

$$\hat{H} = \frac{\hat{J}^2}{2I},$$

其中, I 是转子或者陀螺的转动惯量, $\hat{J}^2 = \langle\hat{\boldsymbol{J}}, \hat{\boldsymbol{J}}\rangle$ 是角动量算符的平方. 在不同的空间维度中, $\hat{J}^2$ 的本征值是不同的, 例如, 在 3 维空间中, $\hat{\boldsymbol{J}}$ 有 3 个不同的分量, 它们之间彼此不对易, 但是任意一个分量均与 $\hat{J}^2$ 对易. 上述系统的可测力学量完全集可选

[①] 在某些教材中, $\hat{n}$ 经常被错误地称作 "粒子数算符". 实际上, 在简谐振子的量子力学问题中, 算符 $\hat{n}$ 的本征值刻画的是量子态所对应的能级编号而非激发态所含的粒子数. 自始至终在简谐振子的量子力学中只含有一个粒子 (即振子本身).

为 $\{\hat{J}^2, \hat{J}_3\}$, 它们的本征值分别为 J^2 和 m,

$$J^2/\hbar^2 = \ell(\ell+1), \qquad m/\hbar = -\ell, -\ell+1, \cdots, \ell,$$

其中, 主量子数 ℓ 取值为非负整数, 对应的本征函数为球谐函数 $Y_{\ell,m}(\theta, \varphi)$. 在 2 维空间中, $\hat{\boldsymbol{J}}$ 仅有一个分量, 因此可测力学量完全集可以选为 $\hat{\boldsymbol{J}}$ 本身, 其本征值为任意实数 [①], 对应的本征函数是 e 指数函数. 1 维空间中不允许转动, 因此也不存在转子或者陀螺.

当系统的微观状态适于用经典力学语言描述时, 通常将系统的一个微观状态映射为哈密顿系统的相空间中的一个点. 所谓相空间, 就是由粒子的广义坐标 $\boldsymbol{q}$ 和广义动量 $\boldsymbol{p}$ 共同张成的空间, 其中广义坐标 $\boldsymbol{q}$ 张成的空间又称为位形空间, 广义动量 $\boldsymbol{p}$ 张成的空间又称为动量空间. 相空间是位形空间与动量空间的直积空间. 对于单粒子系统, 广义坐标和广义动量都具有 D 个分量, 因此相空间的维数为 $2D$.

微观系统力学状态的演化受哈密顿运动方程组支配

$$\dot{\boldsymbol{q}} = \nabla_{\boldsymbol{p}} H(\boldsymbol{q}, \boldsymbol{p}), \qquad \dot{\boldsymbol{p}} = -\nabla_{\boldsymbol{q}} H(\boldsymbol{q}, \boldsymbol{p}), \tag{1.7}$$

式中, $\nabla_{\boldsymbol{p}}$ 和 $\nabla_{\boldsymbol{q}}$ 分别表示动量空间和坐标空间中的梯度算符. 也可以利用正则泊松括号

$$\{A, B\}_{\mathrm{PB}} \equiv \langle \nabla_{\boldsymbol{q}} A, \nabla_{\boldsymbol{p}} B \rangle - \langle \nabla_{\boldsymbol{q}} B, \nabla_{\boldsymbol{p}} A \rangle$$

将哈密顿方程组写成更对称的形式

$$\dot{\boldsymbol{q}} = \{\boldsymbol{q}, H(\boldsymbol{q}, \boldsymbol{p})\}_{\mathrm{PB}}, \qquad \dot{\boldsymbol{p}} = \{\boldsymbol{p}, H(\boldsymbol{q}, \boldsymbol{p})\}_{\mathrm{PB}}.$$

哈密顿方程组的解 $(\boldsymbol{q}(t), \boldsymbol{p}(t))$ 可以视为相空间中的一条参数化曲线, 称为相轨道. 通过相空间中一点最多只能有一条相轨道, 不同的相轨道不能相交.

下面给出前述几个例子的经典描述.

例 1.4　【自由质点的经典描述】

自由质点的经典哈密顿函数为 $H = \dfrac{p^2}{2m}$, 这时, 质点动量 $\boldsymbol{p}$ 的每一个分量 p_i 均与哈密顿函数泊松对易

$$\{p_i, H\}_{\mathrm{PB}} = 0, \qquad i = 1, 2, \cdots, D$$

因此它们都是守恒量. 这样, 在由 q_i、p_i 张成的 $2D$ 维相空间中, 自由质点的相轨道总是落在与所有 p_i 轴正交的超曲面上.

例 1.5　【简谐振子的经典描述】

我们依然只考虑 1 维简谐振子. 由于哈密顿函数 $H(q, p) = \dfrac{p^2}{2m} + \dfrac{1}{2} m\omega^2 q^2 = \epsilon$ 是守恒量, 在由 q、p 张成的 2 维相空间中, 简谐振子的相轨道表现为两个半轴长度分别

---

① 这取决于波函数的边界条件. 如果选择了周期性边界条件, $\hat{\boldsymbol{J}}$ 的本征值将被限制为 $\hbar$ 的整数倍.

为 $(2m\epsilon)^{1/2}$ 以及 $\dfrac{1}{\omega}\left(\dfrac{2\epsilon}{m}\right)^{1/2}$ 的椭圆.

例 1.6 【转子或者陀螺的经典描述】

描述经典的转子或者陀螺的恰当的广义坐标和广义动量分别是角坐标以及角动量. 对于在 3 维空间中进行自由转动的转子来说, 其哈密顿函数与角坐标无关

$$H = \frac{J^2}{2I},$$

其中, I 表示转动惯量, $J^2 = \langle \boldsymbol{J}, \boldsymbol{J} \rangle$. 虽然上述哈密顿函数与自由粒子的平动动能相似, 但是相应的哈密顿力学描述却非常不同. 其中, 最大的不同在于角动量的不同分量并不是完全独立的, 而是受方程 $J^2 = \langle \boldsymbol{J}, \boldsymbol{J} \rangle = \mathrm{const.}$ 制约的. 因此, 该系统的泊松括号并不是简单的正则泊松括号, 而是约束系统的泊松括号. 其中, 角动量各分量满足的泊松括号为

$$\{J_a, J_b\}_{\mathrm{PB}} = \epsilon_{abc} J_c.$$

根据上述泊松括号以及哈密顿运动方程可以验证, 经典转子或陀螺的角动量的任一分量都是守恒量, 因此, 在由角坐标 $\boldsymbol{\theta}$ 和角动量 $\boldsymbol{J}$ 所张成的相空间内, 每一条相轨道都落在与所有角动量轴都正交的超曲面上.

1.2.2 多粒子系统

当考虑含有多个粒子但粒子总数确定的力学系统时, 其微观状态空间的描述将面临两个方面的复杂性: 一是自由度数的增多导致的状态空间维度增加, 二是在量子力学描述下可能面对粒子全同性问题.

假定系统由 N 个同一类型的粒子构成. 系统的总哈密顿算符通常可以写为

$$\hat{\mathcal{H}} = \frac{1}{2m} \sum_{a=1}^{N} \langle \hat{\boldsymbol{p}}_a, \hat{\boldsymbol{p}}_a \rangle + U(\hat{\boldsymbol{q}}_1, \hat{\boldsymbol{q}}_2, \cdots, \hat{\boldsymbol{q}}_N),$$

其中, $U(\hat{\boldsymbol{q}}_1, \hat{\boldsymbol{q}}_2, \cdots, \hat{\boldsymbol{q}}_N)$ 表示粒子间的相互作用势能. 支配系统微观态演化的量子力学方程是 N 粒子薛定谔方程

$$\mathrm{i}\hbar \frac{\partial}{\partial t} |\Psi(t)\rangle = \hat{\mathcal{H}} |\Psi(t)\rangle, \tag{1.8}$$

其中, $|\Psi(t)\rangle$ 是 N 粒子量子力学系统的态矢量, 对应的坐标表象波函数

$$\Psi(\boldsymbol{q}_1, \boldsymbol{q}_2, \cdots, \boldsymbol{q}_N, t) \equiv \langle \boldsymbol{q}_1, \boldsymbol{q}_2, \cdots, \boldsymbol{q}_N | \Psi(t) \rangle$$

依赖于所有 N 个粒子的坐标. N 粒子系统的态矢量也可以作类似于式 (1.3) 的分解

$$|\Psi(t)\rangle = \sum_n C_n(t) |\Psi_n\rangle,$$

所得的本征态 $|\Psi_n\rangle$ 代表 N 粒子系统的可测力学量完全集的共同本征态, 而 n 则代表相应的可测力学量的本征值, 它通常用特定的有序数组表征.

将系统中一个粒子的希尔伯特空间记为 $\mathscr{H}$. N 个单粒子希尔伯特空间的笛卡儿直乘积定义为

$$
\begin{aligned}
\mathscr{H}^{\otimes N} &= \underbrace{\mathscr{H} \otimes \cdots \otimes \mathscr{H}}_{N} \\
&= \left\{ |\psi_1(t)\rangle \otimes |\psi_2(t)\rangle \otimes \cdots \otimes |\psi_N(t)\rangle, \, \forall |\psi_a(t)\rangle \in \mathscr{H} \, (a = 1, 2, \cdots, N) \right\},
\end{aligned}
$$

式中右方的 $\otimes$ 是占位符号, 用来强调相邻的态矢量 $|\psi_a(t)\rangle$ 和 $|\psi_{a+1}(t)\rangle$ 不可随意交换顺序. 粒子的全同性要求全同 N 粒子系统的每一个允许的态矢量都对应着置换群 S_N 的一个 1 维表示, 因为如果某个态不对应 S_N 的一个 1 维表示, 那么力学量算符在这个态下的期望值就不会在粒子的交换下保持不变, 这样就破坏了粒子的全同性. 从附录 A 的 A.9 节可以了解到, S_N 的 1 维表示只有全对称化表示和全反对称化表示两种. 因此, 全同 N 粒子系统的量子态空间并不是整个 $\mathscr{H}^{\otimes N}$, 而只是它的一个子集. 依系统内粒子的类型, 这个子集或者是

$$
\mathscr{H}_S^{(N)} = \mathscr{P}_S(\mathscr{H}^{\otimes N}), \tag{1.9}
$$

或者为

$$
\mathscr{H}_A^{(N)} = \mathscr{P}_A(\mathscr{H}^{\otimes N}), \tag{1.10}
$$

其中, $\mathscr{P}_S$ 和 $\mathscr{P}_A$ 分别表示在空间 $\mathscr{H}^{\otimes N}$ 上进行的全对称化和全反对称化操作, 其准确数学定义由附录 A 中的式 (A.57) 给出. $\mathscr{H}_S^{(N)}$ 对应着全同玻色粒子系统的量子态空间, $\mathscr{H}_A^{(N)}$ 对应着全同费米粒子系统的量子态空间. $\mathscr{H}_S^{(N)}$ 和 $\mathscr{H}_A^{(N)}$ 中的典型元素可以分别表达为

$$
|\Psi_S(t)\rangle = \frac{1}{\sqrt{N!}} \sum_{\sigma \in S_N} |\psi_{\sigma(1)}(t)\rangle \otimes |\psi_{\sigma(2)}(t)\rangle \otimes \cdots \otimes |\psi_{\sigma(N)}(t)\rangle, \tag{1.11}
$$

$$
|\Psi_A(t)\rangle = \frac{1}{\sqrt{N!}} \sum_{\sigma \in S_N} (-1)^{\pi(\sigma)} |\psi_{\sigma(1)}(t)\rangle \otimes |\psi_{\sigma(2)}(t)\rangle \otimes \cdots \otimes |\psi_{\sigma(N)}(t)\rangle, \tag{1.12}
$$

式中, $\pi(\sigma)$ 是置换 σ 的宇称, 系数 $\dfrac{1}{\sqrt{N!}}$ 的选择是为了保证态矢量的归一化条件. 如果我们不特别强调粒子的玻色/费米属性, 也可以将全同粒子系统的量子态空间简记为 $\mathscr{H}^{(N)}$.

> ### 讨论和评述
>
> (1) 如果考虑多粒子系统的坐标波函数, 则可省去占位符号 $\otimes$, 将对称化或者反对称化波函数写成
>
> $$
> \Psi_S(\boldsymbol{q}_1, \boldsymbol{q}_2, \cdots, \boldsymbol{q}_N, t) = \frac{1}{\sqrt{N!}} \sum_{\sigma \in S_N} \psi_{\sigma(1)}(\boldsymbol{q}_1, t) \psi_{\sigma(2)}(\boldsymbol{q}_2, t) \cdots \psi_{\sigma(N)}(\boldsymbol{q}_N, t),
> $$

$$\Psi_A(\boldsymbol{q}_1, \boldsymbol{q}_2, \cdots, \boldsymbol{q}_N, t)$$
$$= \frac{1}{\sqrt{N!}} \sum_{\sigma \in S_N} (-1)^{\pi(\sigma)} \psi_{\sigma(1)}(\boldsymbol{q}_1, t) \psi_{\sigma(2)}(\boldsymbol{q}_2, t) \cdots \psi_{\sigma(N)}(\boldsymbol{q}_N, t).$$

(2) 玻色粒子系统的态矢量都是全对称化的, 费米粒子系统的态矢量都是全反对称化的, 这个陈述在量子场论中可以获得证明. 在接触量子场论之前, 可以把这个陈述当作实验事实看待.

(3) 在三维空间中全同粒子仅有玻色子、费米子两种, 而在二维空间中理论上允许存在内禀量子数取任意实数的任意子, 对此本书将不作进一步描述.

如果系统中的 N 个粒子可以划分为 k 种, 每种粒子的个数为 N_ν ($\nu = 1, 2, \cdots, k$) 且 $N_1 + N_2 + \cdots + N_k = N$, 那么对应的 N 粒子希尔伯特空间的定义需要修改为

$$\mathscr{H}^{(N)} = \bigotimes_\nu \mathscr{H}^{(N_\nu)}, \tag{1.13}$$

其中, $\mathscr{H}^{(N_\nu)}$ 既有可能是 $\mathscr{H}_S^{(N_\nu)}$, 也有可能是 $\mathscr{H}_A^{(N_\nu)}$, 具体情况要看第 ν 种粒子是玻色子还是费米子而定.

如果 N 粒子系统适于用经典力学描述, 那么, 支配其状态演化的依然是哈密顿力学方程. 与单粒子系统不同的是, N 粒子系统的相空间由所有粒子的广义坐标和广义动量[①]

$$q = (\boldsymbol{q}_1, \boldsymbol{q}_2, \cdots, \boldsymbol{q}_N), \qquad p = (\boldsymbol{p}_1, \boldsymbol{p}_2, \cdots, \boldsymbol{p}_N)$$

共同张成, 这是一个维度为 $2DN$ 的空间, 系统的总哈密顿量 $\mathscr{H} = \mathscr{H}(q, p)$ 是这个 $2DN$ 维相空间中的函数, 而支配微观态运动的运动方程与式 (1.7) 类似

$$\dot{\boldsymbol{q}}_a = \nabla_{\boldsymbol{p}_a} \mathscr{H}(q, p), \quad \dot{\boldsymbol{p}}_a = -\nabla_{\boldsymbol{q}_a} \mathscr{H}(q, p), \quad a = 1, 2, \cdots, N. \tag{1.14}$$

上式也可以利用 N 粒子哈密顿系统的泊松括号

$$\{A, B\}_{\mathrm{PB}} \equiv \sum_{a=1}^{N} \left[\langle \nabla_{\boldsymbol{q}_a} A, \nabla_{\boldsymbol{p}_a} B \rangle - \langle \nabla_{\boldsymbol{q}_a} B, \nabla_{\boldsymbol{p}_a} A \rangle \right]$$

改写为

$$\dot{\boldsymbol{q}}_a = \{\boldsymbol{q}_a, \mathscr{H}(q, p)\}_{\mathrm{PB}}, \qquad \dot{\boldsymbol{p}}_a = \{\boldsymbol{p}_a, \mathscr{H}(q, p)\}_{\mathrm{PB}}.$$

N 粒子系统的相空间可以被看作是单粒子系统相空间的 N 重笛卡儿直乘积. 我们将 N 粒子系统的相空间记为 $\Gamma^{(N)}$, 并简称其为 Γ 空间; 相应地将单粒子系统的相空间记为 μ, 并简称其为 μ 空间. 这样就可以写出

$$\Gamma^{(N)} = \mu^{\otimes N}.$$

---

① 本书中符号 p 仅用来表示多粒子系统的广义动量以及单粒子动量 $\boldsymbol{p}$ 的大小 $|\boldsymbol{p}|$, 而宏观系统的压强则用 P 表示.

不难理解, N 粒子系统的一个经典微观态, 既可以表达为 Γ 空间中的一个点, 也可以表达为 μ 空间中的 N 个点, 其中每个点对应着系统中一个单粒子的微观状态. 今后, 如果没有特别说明, 每当提到多粒子系统的相空间时, 都是指 Γ 空间而不是 μ 空间.

以上所描述的力学系统其实是保守力学系统, 也就是总哈密顿量在运动过程中保持不变的力学系统

$$\mathcal{H}(q,p) = E(q,p) = E_0. \tag{1.15}$$

除能量以外, 保守系统的总动量、总角动量也有可能保持为常数 (后两者分别要求系统具有空间平移和转动对称性)

$$\boldsymbol{P}(q,p) = \boldsymbol{P}_0, \qquad \boldsymbol{J}(q,p) = \boldsymbol{J}_0. \tag{1.16}$$

这样, 在 D 维空间中运动的一个含有 N 个粒子的保守力学系统的微观状态并不能在相空间 $\Gamma^{(N)}$ 中随意选取, 而只能选取在由式 (1.15) 或者加上式 (1.16) 所决定的超曲面上. 根据系统所占据的空间维数的不同, $\boldsymbol{J}$ 的独立分量的个数会有很大的差异, 例如, 当 $D = 3$ 时, $\boldsymbol{J}$ 有 3 个独立分量, $D = 2$ 时, $\boldsymbol{J}$ 只有 1 个独立分量, 而当 $D = 1$ 时则不允许定义 $\boldsymbol{J}$. 另外, 依系统的对称性的不同, $\boldsymbol{P}$ 与 $\boldsymbol{J}$ 的分量有可能并非全部是守恒的. 因此, 保守力学系统的微观态空间的维数并不能脱离具体系统的维数和对称性来确定. 在实践中, 总是采用相空间 $\Gamma^{(N)}$ 来描写保守系统的微观状态, 尽管实际的微观态不可能充满整个相空间.

> **讨论和评述**
>
> 　　相空间这个概念最初起源于吉布斯[①] 对多粒子系统的经典状态空间的描述. 吉布斯将多粒子系统的一个经典力学状态称作一个相 (phase), 所有可能的相的集合则称为相空间. 不过, 在现代的物理学术语中, 相这个概念已经具有不同的含义, 相空间这个名称只能看作一个整体而不再能拆解为 “相” 构成的空间了. 另外, 从前文中的讨论已经可以看出, 对于保守的哈密顿系统而言, 由于守恒量的存在, 系统的力学状态其实并不能充满整个相空间. 因此, 实际的状态空间只是相空间中的一个子集.

1.3　宏观系统的状态空间

宏观系统与微观力学系统的区别不仅体现在前者所含的自由度数非常巨大, 而且还体现在宏观系统往往存在于更大的宏观环境中, 外部环境对宏观系统的作用方式将直接影响到对宏观系统进行状态描述的语言.

一个宏观系统与外界环境发生关联有以下 3 种途径, 或者称为宏观相互作用通道.

(1) 系统与外界交换热量, 称为传热通道, 用 $\Delta Q \neq 0$ 表示; $\Delta Q > 0$ 意味着系统从外界吸热.

[①] 吉布斯(Josiah Willard Gibbs), 1839~1903, 美国物理学家、化学家、数学家, 他是统计物理中的系综理论的创始人, 也是相变理论和矢量分析的主要创建者, 同时还是相空间概念的提出者.

(2) 外界与系统间相互做功, 称为做功通道, 用 $\Delta W \neq 0$ 表示; $\Delta W > 0$ 意味着外界对系统做功.

(3) 系统与外界交换物质, 称为换物通道, 用 $\Delta N \neq 0$ 表示; $\Delta N > 0$ 意味着系统的物质总量增加.

通过关闭上述相互作用通道中的一个或者多个, 可以将宏观系统划分成不同的种类, 例如, 关闭全部 3 个相互作用通道的系统称为孤立系, 关闭换物通道的系统称为封闭系, 而全部 3 个通道均打开的系统称为开放系. 其他类型的宏观系统还有关闭传热通道的热孤立系, 同时关闭传热和换物通道的绝热封闭系, 等等. 需要注意的是, 如果系统内部发生物质成分的相互转化, 如发生化学反应或者粒子衰变, 那么即使关闭与外界的物质交换通道, 依然会使粒子数发生变化. 这样的系统也应该被看作开放系而不是封闭系.

由于宏观系统所含的自由度数量巨大, 在考虑系统的宏观性质时, 经常将系统划分为不同规模的宏观子集, 或者称为子系, 相应地将原来的系统称为总系. 宏观热力学系统区别于力学系统的典型特征之一就是存在子系, 且允许通过子系来分析总系的宏观特征. 对于子系而言, 除了包含的粒子数与总系有所区别以外, 所有平均到每个粒子的平均特征均与总系的相应特征一致. 为了保证这一点, 子系自身必须是宏观系统而不是仅包含很少自由度的力学系统. 若一个子系相对于总系来说只是非常微小的一部分 (即所谓的宏观小微观大), 则可以称总系中不处于指定子系的部分为该子系的热库或者粒子库 (分别针对封闭子系和开放子系).

下面将分别介绍宏观系统的微观态空间和宏观态空间的描述方法.

1.3.1 微观态空间

我们将从最一般的开放系出发来描述宏观系统的微观态空间, 然后通过引入必要的约束得到封闭系和孤立系的微观态空间.

宏观系统都是多粒子系统, 因此其微观态空间与微观多粒子系统的状态空间描述方法有非常大的相似之处. 然而, 由于开放系的自由度数是可以变化的, 为了描述开放系的微观状态, 必须将系统所含的自由度数或者粒子数当作一个新的微观状态参数. 习惯上采用粒子数 N 而不是自由度数 DN 来扮演这个新状态参数的角色.

1. 量子描述

在量子描述下, 一个开放系的微观状态可以用粒子数 N 以及对应的 N 粒子量子力学系统的完备量子态的量子数 n 来标记, 相应的状态空间可写为

$$\mathfrak{H}^{(\text{开放})} = \bigoplus_{N \in \mathbb{Z} \backslash \mathbb{Z}_-} \mathscr{H}^{(N)},$$

式中 $\displaystyle\bigoplus_{N \in \mathbb{Z} \backslash \mathbb{Z}_-} \mathscr{H}^{(N)}$ 表示对所有的非负整数 N 取 $\mathscr{H}^{(N)}$ 的并集, 并且对每个确定的 N 保持 $\mathscr{H}^{(N)}$ 上原有的内积空间结构.

若考虑的系统是封闭系, 其微观状态空间可以从开放系的微观态空间中加入粒子数保持为恒定值 $N = N_0$ 的限制条件得到

$$\mathfrak{H}^{(封闭)} = \mathscr{H}^{(N_0)}.$$

在描述孤立系的微观状态空间之前, 有必要对孤立系的概念作进一步澄清. 从表面上看, 在热力学和统计物理中所谈的孤立系与普通力学中的保守系统除自由度数之外没有差别, 因此, 用于描述保守系统的力学方法原则上也可以移植到对孤立系的描述中来. 然而, 习惯上在研究宏观孤立系时, 总是将系统置于一个充分大的刚性容器中[①], 并且使得容器相对于我们选定的参考系固定不动. 在上述条件下, 系统不再具有空间平移和转动对称性, 因此其总动量、总角动量将不是守恒量, 但总能量依然守恒. 这相当于说, 在孤立系的微观状态的量子描述下, 应该将系统的总动量、总角动量排除在可测力学量完全集之外. 此外, 容器边界的引入要求孤立系的微观状态空间不因其中的粒子在边界上受到散射 (反射) 而改变. 如果将边界散射 (反射) 所构成的群记为 $\mathscr{R}$, 那么孤立系的量子微观状态空间可以记作

$$\mathfrak{H}^{(孤立)} = \mathscr{H}^{(N_0)}/\mathscr{R},$$

上式右边表达式的含义是 $\mathscr{H}^{(N_0)}$ 中所有在 $\mathscr{R}$ 作用下不变的态矢量的集合.

2. 经典描述

如果考虑经典描述, 那么开放系的一个微观状态可以用粒子数 N 以及对应的 N 粒子经典力学的 Γ 空间中的一个点 (q, p) 来标记. 整个系统的微观态空间可以表达为

$$\Gamma^{(开放)} = \bigoplus_{N \in \mathbb{Z} \backslash \mathbb{Z}_-} \Gamma^{(N)}. \tag{1.17}$$

我们依然将这个微观态空间称为 Γ 空间, 但是要注意它与粒子数确定的 $\Gamma^{(N)}$ 是不同的.

如果考虑的宏观系统是封闭系, 其粒子数保持为常数 N_0, 则对应的微观态空间就是 $\Gamma^{(N_0)}$

$$\Gamma^{(封闭)} = \Gamma^{(N_0)},$$

它可以看作是在式 (1.17) 的基础上引入额外的约束 $N = N_0$ 得到的结果. 由于除粒子数固定以外封闭系不受其他限制, 因此 $\Gamma^{(N_0)}$ 中的每个点都有可能对应封闭系的微观状态, 尽管不同的状态出现的概率可能会有很大的差异.

若在封闭系的基础上再要求能量守恒, 就得到一个孤立系. 根据前文中的讨论, 我们一般会将孤立系置于一个尺度充分大且相对于参考系固定不动的刚性容器中, 这时系统的总动量、总角动量不守恒, 只有总能量会保持为常数. 在 N_0 粒子系统的相空间 $\Gamma^{(N_0)}$ 中, 保持总能量 $E(q, p) = E_0$ 的状态的集合

$$\mathcal{S} \equiv \left\{ (q, p) \in \Gamma^{(N_0)} \,\middle|\, E(q, p) = E_0 \right\}$$

[①] 严格地讲, 容器的引入将会使处于容器内表面附近的粒子受到容器壁的影响, 这有可能会破坏系统的总能量的守恒条件. 不过, 如果我们考虑的容器充分大, 则受到容器表面影响的粒子数量相对于总的粒子的数量而言成为可忽略的小量.

构成了一个超曲面, 称为能量曲面, 而孤立系的所有微观态都只能位于能量曲面上. 如果孤立系除粒子数、总能量之外不存在任何其他可加运动积分, 那么能量曲面就是它的微观态空间

$$\Gamma^{(孤立)} = \mathcal{S}. \tag{1.18}$$

值得注意的是, 能量曲面这个概念要求系统的哈密顿量是广义坐标和广义动量的连续函数, 并且可以被确定到任意精度. 但是, 考虑到微观粒子在本质上总具有量子属性, 系统的总能量其实是不能被确定到任意精度的, 一旦对能量值的观测精度达到了可以区分系统中相邻量子态的能级差的程度, 能量就不能再被认为是连续取值的. 因此, 经典描述下, 孤立系统的能量值总存在一个虽然相对于其理论值 E_0 来说很小、但原则上必须非零的不确定度 Δ. 一旦某个微观态的能量满足条件

$$E_0 - \frac{\Delta}{2} \leqslant E(q, p) \leqslant E_0 + \frac{\Delta}{2},$$

就可以认为这个态已经位于能量曲面上. 根据以上分析, 我们可以形象地认为 Δ 就是能量曲面的厚度.

综上所述, 不同类型的宏观系统的微观态空间是不同的. 对所有类型的宏观系统来说, N 粒子相空间 $\Gamma^{(N)}$ 都是构造其经典微观态空间的一个基本构件. 今后, 在无须特别强调宏观系统类型的场合下, 我们统一地将遵从经典描述的各种类型的宏观系统的微观态空间称作 Γ 空间.

讨论和评述

严格地说, 无论是用于经典微观态描述的哈密顿力学, 还是用于量子微观态描述的量子力学, 都仅对总能量守恒的保守力学系统成立. 而对于封闭系和开放系, 由于与外界环境的宏观相互作用, 系统的总能量并不保持为常量. 因此, 用哈密顿力学或者量子力学来描述封闭系以及开放系的微观状态并不十分准确. 然而, 统计物理学的一个微妙或者精妙之处正在于宏观性质对系统微观态的描述是否精准并无严格的要求. 通过对于微观态的近似描述乃至具有概率性的统计描述足以对系统的宏观性质作出足够精准的判断. 宏观系统的这一特征在此后的学习中将越来越清晰.

1.3.2 微观态计数与微观态求和

在统计物理学中最常做的事情是针对某个物理量关于所有可能的微观状态进行加权求和. 如果用量子描述, 这种求和就是针对所有不同的量子数进行的, 唯一需要考量的就是当量子数非常巨大时求和是否收敛的问题. 但是如果采用经典描述, 就必须恰当地解决微观态的计数问题. 因为每个经典的微观态都只对应 Γ 空间中的一个点, 因此, 直观地看, 在 Γ 空间中的有限的区域内总的微观态个数将为无限大. 显然, 这一直观图像是不正确的, 原因在于微观粒子在本质上都是量子的, 即便是在经典描述已经足够精确的场合下, 对微观态进行计数也不能突破原有的量子态个数的限制.

在具体进行微观态计数之前, 先引入几个关于经典微观态空间中体积元的记号.

令 $\boldsymbol{q} = (q_1, q_2, \cdots, q_D)$、$\boldsymbol{p} = (p_1, p_2, \cdots, p_D)$ 分别表示一个单粒子的坐标和动量, 单粒子位形空间和动量空间中的体积元分别记为

$$(\mathrm{d}\boldsymbol{q}) = \prod_{i=1}^{D} \mathrm{d}q_i, \qquad (\mathrm{d}\boldsymbol{p}) = \prod_{i=1}^{D} \mathrm{d}p_i.$$

那么, μ 空间中的体积元 $\mathrm{d}\mu(\boldsymbol{q}, \boldsymbol{p})$ 定义为

$$\mathrm{d}\mu(\boldsymbol{q}, \boldsymbol{p}) = (\mathrm{d}\boldsymbol{q})(\mathrm{d}\boldsymbol{p}),$$

而 N 粒子相空间 $\Gamma^{(N)}$ 中的体积元 $\mathrm{d}\Gamma^{(N)}$ 则定义为

$$\mathrm{d}\Gamma^{(N)} = \prod_{a=1}^{N} \mathrm{d}\mu_a(\boldsymbol{q}_a, \boldsymbol{p}_a) = [\mathrm{d}q][\mathrm{d}p], \tag{1.19}$$

其中,

$$[\mathrm{d}q] = \prod_{a=1}^{N} (\mathrm{d}\boldsymbol{q})_a, \qquad [\mathrm{d}p] = \prod_{a=1}^{N} (\mathrm{d}\boldsymbol{p})_a,$$

下标 a 用来区别系统中不同的单粒子.

为了恰当地对宏观系统中的微观态个数进行计数, 首先需要回答的问题是在 N 粒子相空间 $\Gamma^{(N)}$ 中给定的相体积元 $\mathrm{d}\Gamma^{(N)}$ 内包含多少微观状态. 我们将这个微观状态数记作 $\mathrm{d}\Sigma^{(N)}$.

实际的宏观系统通常在空间线度上是有限的, 需要考虑由空间尺度有限导致的动量量子化问题. 假设系统在每个空间方向上的尺度均为 L. 根据例 1.1 后面的 "讨论和评述", 在箱归一条件下单粒子动量本征值的取值为 $p_j = \dfrac{2\pi n_j \hbar}{L}$. 两个相邻本征态之间动量之差即为动量本征值的最小偏差, 数值为 $\Delta p_j = \dfrac{2\pi\hbar}{L}$. 相应的坐标偏差应为坐标偏差的最大值 $\Delta q_j = L$. 由于 $\Delta q_j \Delta p_j = 2\pi\hbar = h$, 每个量子态在相空间中要占据有限的相体积. 对于一个 N 粒子系统, 最小的相体积元为 $(2\pi\hbar)^{DN} = h^{DN}$. 这一行为具有普遍性, 与系统实际的几何形状没有关系. 给定 $2DN$ 维 Γ 空间中的一个相体积元 $\mathrm{d}\Gamma^{(N)}$, 其中所能包含的微观状态数可以估算为

$$\mathrm{d}\Sigma^{(N)} \approx \frac{\mathrm{d}\Gamma^{(N)}}{h^{DN}}. \tag{1.20}$$

如果系统中的 N 个粒子都是相同的, 且不同的粒子之间不存在将它们从物理上隔绝的束缚势阱, 那么给定相体积中实际可能容纳的微观状态数与式 (1.20) 给出的估计值会有所区别. 这是因为相空间中的一个最小相体积单位 h^{DN} 可能与 N 个粒子的 $N!$ 种不同排列中的任意一种对应, 所有这些排列在量子力学中是没有区别的, 它们共同给定一个量子态. 因此, 在相体积元 $\mathrm{d}\Gamma^{(N)}$ 中所能容纳的微观状态数应该修改为

$$\mathrm{d}\Sigma^{(N)} = \frac{\mathrm{d}\Gamma^{(N)}}{h^{DN} N!}. \tag{1.21}$$

如果总共 N 个粒子可划分为 k 种 (或者通过物质隔绝的手段分为 k 组), 那么对应的量子微观态空间应采用式 (1.13) 来定义. 相应地, 相体积元 $\mathrm{d}\Gamma^{(N)}$ 中所含的微观态个数则应表达为

$$\mathrm{d}\Sigma^{(N)} = \frac{\mathrm{d}\Gamma^{(N)}}{\displaystyle\prod_{\nu=1}^{k}(h^{DN_\nu}N_\nu!)}. \tag{1.22}$$

在极端情况下, 如果系统中每一个粒子都是和其他所有粒子不同的 (或者每个粒子都是可以被单独分辨的), 那么式 (1.22) 就会退回到式 (1.20).

根据式 (1.17), 开放系的微观态空间是各种不同粒子数的相空间的并集, 因此, 对开放系的微观态进行求和时, 不仅需要考虑确定粒子数前提下的相空间体积求和, 还需要对粒子数进行求和. 用一个形式记号 $\mathrm{d}\Gamma^{(开放)}$ 来表达开放系微观态空间中的微元, 则有

$$\int \mathrm{d}\Gamma^{(开放)} = \sum_N \int \mathrm{d}\Gamma^{(N)}. \tag{1.23}$$

对于封闭系, 若所含的粒子数为 N_0, 引入微观态空间中的微元 $\mathrm{d}\Gamma^{(封闭)}$ 后, 有

$$\int \mathrm{d}\Gamma^{(封闭)} = \sum_N \delta_{N,N_0} \int \mathrm{d}\Gamma^{(N)} = \int \mathrm{d}\Gamma^{(N_0)}, \tag{1.24}$$

式中, 中间一步出现的 δ_{N,N_0} 体现了封闭系的微观态空间可从开放系的微观态空间通过限制量子数为 N_0 得到这一事实.

由于孤立系的所有微观态都只能位于 N_0 粒子系统的相空间 $\Gamma^{(N_0)}$ 中的能量曲面上, 对含有 N_0 个粒子的孤立系的微观态空间中的微元 $\mathrm{d}\Gamma^{(孤立)}$ 进行求和时, 必须保证仅计及总能量为 E_0 的微观态. 这个要求可以通过在 N 粒子相空间体积元之前乘以一个用来限制总能量取值的狄拉克 δ 函数来实现. 不过, 为了不引入不必要的量纲混乱, 这个 δ 函数不能简单地写为 $\delta[E(q,p) - E_0]$, 而应该写为 $\delta\left[\dfrac{E(q,p) - E_0}{\varepsilon}\right]$, 其中, 参数 ε 具有能量的量纲[①].

考虑到前文中微观态能量 $E(q,p)$ 不能被确定到无限精度的结论, 我们最好将参数 ε 取为能量曲面的厚度 Δ, 这样, 一旦 $|E(q,p) - E_0| \ll \Delta$, 我们就可以认为相应的微观态已经处于能量曲面上. 根据以上讨论, 对孤立系微观态空间微元 $\mathrm{d}\Gamma^{(孤立)}$ 的求和可以表达为

$$\int \mathrm{d}\Gamma^{(孤立)} = \sum_N \delta_{N,N_0} \int \delta\left[\frac{E(q,p) - E_0}{\Delta}\right] \mathrm{d}\Gamma^{(N)}$$

[①] 一个需要重视的事实是: 纯数学函数 (如 e 指数函数、对数函数、三角函数等) 的自变量必须是无量纲的纯数. 狄拉克 δ 函数似乎是一个例外, 原因是它可以看成是通过下面的有理分式的极限定义的

$$\delta(x) = \lim_{\epsilon \to 0} \frac{1}{\pi} \frac{\epsilon}{x^2 + \epsilon^2}.$$

按照这个定义, δ 函数是可以允许其自变量 x 具有量纲的, 只是这时 δ 函数本身将具有 $[x]^{-1}$ 的量纲. 在当前情况下, 引入 δ 函数仅仅是为了限制微观态的总能量的取值, 没有理由让为此而引入的 δ 函数具有量纲. 狄拉克 δ 函数的另外一种解读是可以将它看成一个方差趋于零的正态分布, 见附录中的式 (A.33). 在孤立系的微观态空间体积元中引入狄拉克 δ 函数因子, 可以理解为用上述 "正态分布" 的分布函数给孤立系的微观态求和表达式加上了一个 "滤窗".

$$= \int \delta \left[\frac{E(q,p) - E_0}{\Delta} \right] \mathrm{d}\Gamma^{(N_0)}. \tag{1.25}$$

今后, 在不特意地区分宏观系统类型的场合, 我们将用 $\mathrm{d}\Gamma$ 来代表宏观系统的微观态空间中的微元, 并且仍称之为 "相体积元".

1.3.3　宏观态

宏观态是对含有大量微观自由度的宏观系统的集体行为的粗粒化描述. 所谓粗粒化, 内涵有两点: ① 对系统的描述不针对具体的力学自由度, 而是在相较于粒子间平均距离更大的空间尺度上对数量足够多的自由度的行为作平均描述; ② 描述系统状态随时间的演化时不考虑其中的 "快变量", 而是在相对较大的时间尺度上仅考虑 "慢变量" 的行为. 引入宏观描述至少有两个不可避免的理由. 首先, 自由度数的庞大决定了用力学语言对宏观系统进行描述是极为低效和无益的. 其次, 宏观系统诸多自由度的集体行为与力学系统个别自由度的行为规律并不具有一一对应的关系, 宏观规律是一种演生出来的另一层面的规律. 因此, 为了清楚地描述和理解宏观系统的物理规律, 需要跳出微观状态空间, 建立宏观系统独有的宏观状态空间.

决定系统宏观状态的因素可以划分为外部因素和内部因素. 例如, 系统所占据的空间体积[①] V 取决于外界对系统所施加的几何限制, 因此是外部因素. 同样, 系统所处环境提供的电场 $\mathscr{E}$、磁场 $\mathscr{H}$ 也都是外部因素. 相反地, 系统所含物质的总量 (通常用粒子数 N 表示)、系统内部的温度 T 及压强[②] P、系统的电极化矢量 $\mathscr{P}$ 及总磁矩 $\mathscr{M}$ 等均是内部因素. 所有这些决定因素合在一起共同决定了宏观系统的宏观状态, 因此统称为宏观状态参量.

描述系统宏观状态的参量通常都具有时间和空间依赖性. 宏观描述的有效性要求宏观状态参量在时间、空间上具有一定的连续性和光滑性. 在给定的时刻, 确定宏观系统的一个宏观状态意味着需要给出各宏观状态参量的一个空间分布. 在 1.5.2 节中我们将看到, 在描述系统宏观状态的各种参量中, 温度 T、压强 P 和化学势 μ 具有特殊的地位, 可以将它们统称为态平衡参量. 在给定的时刻, 如果系统的态平衡参量在系统所占据的空间范围内是均匀的或者至少是分片均匀的, 那么就称系统处于热力学平衡态, 简称为平衡态. 如果系统的态平衡参量是分片均匀的, 那么各均匀片之间存在使得态平衡参量不连续的界面, 例如绝热界面 (温度可能不连续)、隔物界面 (化学势可能不连续)、固定的机械界面 (压强可能会不连续) 等. 通常在划定宏观系统的范畴时, 不会在系统内部引入绝热界面、隔物界面和机械界面, 而是把这些界面当作单一宏观系统自身的边界. 对于无内部界面的系统, 热力学平衡态意味着温度、压强和化学势在整个宏观系统的范围内处处均匀. 如果将这样的系统划分为不同的子系, 则态平衡参量在各个子系上的取值相等. 子系对于定义整个系统的平衡状态、分析整个系统的宏观行为均是必不可少的概念.

对系统是否处于平衡态的判断与我们关心的空间尺度有关. 给定一个宏观系统, 其空间尺度记为 L. 系统内部微观粒子的平均自由程记为 $\bar{\ell}$. 有可能出现这样的局面, 即系统的

---

① 依系统占据的空间维度之不同, 广义的空间体积可以是面积或者长度等.

② 广义的压强有可能是表面张力的负值或者弹性力的负值, 详见第 2 章.

宏观状态参量在整个系统的尺度 L 上可以发生显著变化, 但在相对较小的空间尺度 ℓ ($\bar{\ell} \ll \ell \ll L$) 上大致均匀. 这时就可以认为系统在尺度 ℓ 上处于局部平衡状态, 而在整体上并未处于平衡态. 条件 $\bar{\ell} \ll \ell$ 的引入是为了使宏观的粗粒化描述有效. 一旦我们关心的空间尺度接近 $\bar{\ell}$, 系统内部的微观离散性就会凸显出来, 从而使描述系统宏观特征的宏观量或者其密度失去必要的连续性和光滑性.

另一方面, 一个宏观系统是否处于平衡态, 也与我们观测系统演化过程的时间尺度有关. 对于给定的时间尺度, 如果系统内部所有 "快" 的过程都已经发生, 而那些 "慢" 的过程尚来不及发生, 就可以近似地认为系统已经处于平衡态, 其剩余的演化则可以被当作平衡态之间的相互过渡, 又被称为宏观过程. 本书的大部分章节 (除第 8 章和第 10 章的部分内容外) 中均假定我们所关心的系统已经处于热力学平衡态.

如果一个系统处于平衡态, 则它的各个子系之间处于热力学平衡. 系统的平衡态原则上可以随时间演化. 平衡态热力学的主要研究目的就是揭示处于热力学平衡态的宏观系统的演化规律. 有必要指出, 平衡态热力学与热学虽然都是关于宏观现象和规律的科学, 但两者之间有显著区别. 热学是以对实验现象的归纳为主线形成的归纳科学, 其关注的平衡态指的是热平衡态, 即温度均匀的宏观状态; 而平衡态热力学是建立在几个基本逻辑假定基础上的演绎科学, 其关注的平衡态指的是热力学平衡态. 热平衡是热力学平衡的必要条件, 但并不是充分条件.

平衡态热力学的基本假定包括内禀平衡态假定以及热力学第零至第三定律. 这些假定都是平衡态热力学中进行逻辑演绎的起点, 而它们自身则被视作在热力学自身的逻辑框架内不能被证明的经验定律. 在本章中, 我们先介绍内禀平衡态假定和热力学第零定律, 而第一至第三定律将留待第 2 章再做介绍.

内禀平衡态假定

给定一个孤立系, 存在唯一的内禀平衡态. 若系统在给定的初始时刻没有处在这个内禀平衡态, 则经历充分长的时间 τ 之后系统会自发演化到这个平衡态, 并且不能自发地离开该平衡态. 系统从非平衡态经自发演化至平衡态所需的时间 τ 称为弛豫时间.

热力学第零定律 (热平衡的传递定律)

若一个宏观系统 A 分别与另外两个系统 B 和 C 处于热平衡, 则系统 B 和 C 也处于热平衡.

内禀平衡态假定有时也称为弛豫时间假定, 它限定了平衡态热力学仅适用于含有巨大自由度数的宏观系统. 这是因为如果系统所含自由度数过小, 则其内部的随机涨落可以非常大, 系统就可能因为随机涨落离开既有的状态, 从而使平衡态失去意义. 由于内禀平衡态的唯一性, 孤立系达到平衡态后不能再发生时间演化. 为了描述这个唯一的内禀平衡态, 需要从系统内部参量中选出一个唯一的参量来刻画这个状态, 这个参量通常被选取为温

度 T.

热力学第零定律要求宏观系统的能量具有可加性: 当两个系统接触时, 总系的能量必为每个子系统的能量之和, 否则由于接触而产生的相互作用能将与接触的具体情况有关, 热平衡的传递性将被打破. 注意: 在描述第零定律时已经在使用子系和总系的概念. 在具有可加性的前提之下, 总系所含的能量就是各子系单独存在时所具有的能量之和. 这一能量称作内能. 当系统内的物质参与长程相互作用 (如引力或者未被屏蔽的电磁力等), 并且与系统所含的其他能量相比, 这些长程相互作用所对应的能量不可忽略时, 热力学第零定律就不再成立, 因此平衡态热力学不适用于这样的系统.

对于一个宏观系统, 如果给定了其宏观状态参量完全集的一组确定数值, 自然可以确定一个宏观状态. 问题是: 出于确定一个宏观态的目的, 是否有必要同时给出所有宏观状态参量的数值? 回答这一问题的基本原则又是什么? 如果不回答上述问题就无法恰当地描述由宏观系统的全部宏观态构成的宏观态空间. 大量实验事实表明, 刻画宏观系统的宏观状态的状态参量其实并非全部是相互独立的. 为了确定宏观态空间, 只需找出一个最大的独立宏观态参量的集合, 由这个集合中的宏观态参量所张成的空间即为系统的宏观态空间, 系统的其他宏观状态参量则可以当作独立状态参量的函数来看待, 因此也称为宏观状态函数. 根据内禀平衡态的唯一性, 容易想象系统的宏观态可以唯一地由内部参量 T 以及全部彼此无关的外部参量 (抽象地记为 $a_1, a_2, \cdots, a_{r-1}$) 确定, 而其余所有内部参量 (抽象为 $A_1, A_2, \cdots, A_k$) 都是 T 和 $a_1, a_2, \cdots, a_{r-1}$ 的函数

$$A_i = A_i(a_1, a_2, \cdots, a_{r-1}, T), \qquad i = 1, 2, \cdots, k. \tag{1.26}$$

这些方程统称为系统的物态方程[①]. 其中, 内能 E 和压强 P 所满足的物态方程

$$E = E(a_1, a_2, \cdots, a_{r-1}, T)$$

以及

$$P = P(a_1, a_2, \cdots, a_{r-1}, T)$$

分别称为系统的能态方程和热物态方程. 物态方程中独立参量的个数 r 称为系统的热力学自由度数.

需要注意的是, 由于物态方程经常可以反解, 在实际应用中经常可以看到用部分内部参量作为物态方程中独立参量的情况. 只要涉及的参量变换在数学上不违背一一对应的条件, 各种选择都是允许的. 在这一意义上说, 状态参量和状态函数并无本质区别.

1.4　宏观系统的统计描述

对于描述系统的宏观状态而言, 系统内个别微观状态既不容易确定, 也无关乎大局, 因为只改变少部分微观态并不会对宏观态产生显著影响. 在这种情况下, 对系统的微观态所

---

① 物态方程也称为状态方程. 这两个术语都是 "宏观物质系统的状态方程" 的简称.

能提出的最佳的问题不是问系统是否准确地处于某个微观态, 而是问系统有多大的概率处于某个微观态. 由于系统内微观自由度的演化受力学规律支配, 系统处于不同微观态的概率通常是不同的. 建立宏观系统统计描述的第一个步骤就是要通过引入适当的假定, 并结合对支配系统微观态演化规律的力学特征进行分析来获得系统微观态的概率分布函数.

根据具体的物理条件, 可以分别采用经典力学或者量子力学语言来描述系统微观态的演化规律, 对应的微观态分布函数的构造也将有所区别, 下面分别予以陈述.

1.4.1 经典描述

首先考虑微观状态适于用经典力学描述的宏观系统. 对这样的系统, 当自由度数足够庞大时, 将不再能准确地确定系统在微观态空间中所占据的状态 $\{N, (q, p)\}$, 但是可以问系统处于微观态 $\{N, (q, p)\}$ 附近一个体积为 $\mathrm{d}\Gamma$ 的微元内的概率 $\mathrm{d}W$ 有多大. 显然, $\mathrm{d}W$ 与具体的微观状态参数 $N, (q, p)$ 有关, 同时还应该正比于相体积元 $\mathrm{d}\Gamma$ 的大小

$$\mathrm{d}W = \rho_N(q, p) \, \mathrm{d}\Gamma, \tag{1.27}$$

式中的比例系数 $\rho_N(q, p)$ 的含义是系统的微观态处于 N 粒子相空间 $\Gamma^{(N)}$ 中点 (q, p) 附近单位相体积元内的概率, 也称作系统微观态的概率密度或者分布函数. 对于任何系统、在任何时刻, 其微观态总会处在其微观态空间中的某个位置上, 因此, 分布函数必然满足归一化条件

$$\int \rho_N(q, p) \, \mathrm{d}\Gamma = 1,$$

其中, 依宏观系统的种类不同, 微观态空间积分 $\int \mathrm{d}\Gamma$ 要选用式 (1.23)、式 (1.24) 或者式 (1.25) 中的某一个定义.

如果系统已经处于平衡态, 并且假定我们能够追踪系统微观态的时间演化, 并在此过程中发现仅在某个时段 $\mathrm{d}t$ 系统的微观态处于相体积元 $\mathrm{d}\Gamma$ 内, 那么, 系统微观态处于该相体积元内的概率也可以表达为

$$\mathrm{d}W = \lim_{T \to \infty} \frac{\mathrm{d}t}{T}, \tag{1.28}$$

其中, T 用来刻画追踪微观态演化的总时长. 显然, 后一种描述并没有现实的可行性, 仅能作为一种思想实验来提供参考.

对于与系统所处微观态有关的某个函数 $u(N; q, p)$, 在上述思想实验的前提下, 可以问经过长期观察后 $u(N; q, p)$ 的平均值是多大. 这个问题的答案可以用下式给出

$$\overline{u}_t = \lim_{T \to \infty} \frac{1}{T} \int_0^T u(N(t); q(t), p(t)) \mathrm{d}t.$$

注意: 为了求出上述积分, 不仅要知道函数 $u(N; q, p)$ 的具体形式, 同时还要知道关于系统微观态演化的详细历史, 即 $N(t), (q(t), p(t))$ 的具体形式. 显然, 这和直接利用式 (1.28) 来求得系统处于某个微观态的概率一样不可行.

如果已知分布函数 $\rho_N(q, p)$, 那么求 $u(N; q, p)$ 的均值还有另一种方法, 即

$$\overline{u}_\rho = \int u(N; q, p)\rho_N(q, p)\, \mathrm{d}\Gamma. \tag{1.29}$$

计算这个均值不需要知道微观态的演化历史, 原则上只要知道微观态的分布函数就可以实现.

　　一般来说, 并没有直接的方法证明上述两种平均值是相同或不同的, 但是在统计物理中, 经常会假定以上两种均值给出相同的结果, 即

$$\overline{u} = \overline{u}_t = \overline{u}_\rho. \tag{1.30}$$

这一假定称为各态历经假说, 满足各态历经假说的系统称为各态历经系统. 在本书中将总是假定所考虑系统是各态历经系统.

　　注意: 当谈及各态历经这个概念时, 不可望文生义地理解为系统遍历了微观态空间中的所有状态. 在现代的统计物理语境下, 各态历经假说仅仅表示与系统的微观状态有关的函数在时间过程中的平均值与其在微观态遵从概率分布的假设下所求得的统计平均值是等价的.

讨论和评述

　　严格地说, 式 (1.29) 和式 (1.30) 中的长时极限 $\lim_{T \to \infty}$ 是有问题的, 原因是除孤立系以外, 其他宏观系统的平衡态并不会在无限长的时间内保持不变. 因此, 上述长时极限的时间上限应选取为使得给定平衡态得以保持的最大时长.

　　下面针对粒子数 N 固定的系统来讨论微观态处于相体积元 $\mathrm{d}\Gamma^{(N)} = [\mathrm{d}q][\mathrm{d}p]$ 中的概率 $\mathrm{d}W = \rho_N(q, p)\mathrm{d}\Gamma^{(N)}$ 随时间的演化. 为了简单, 我们将 $\rho_N(q, p)$ 简写为 ρ 或者 $\rho(q, p)$, 它的时间演化类似于流体的流动: 某一时段内系统微观态处于给定相体积元 $\mathrm{d}\Gamma^{(N)}$ 中的概率的增加量等于同一时段内流入该体积元的概率与流出该体积元的概率之差. 用数学方程表示, 这就是概率密度所满足的连续性方程

$$\frac{\partial \rho}{\partial t} + \sum_{a=1}^{N} \left[\nabla_{\boldsymbol{q}_a} \cdot (\rho \dot{\boldsymbol{q}}_a) + \nabla_{\boldsymbol{p}_a} \cdot (\rho \dot{\boldsymbol{p}}_a) \right] = 0. \tag{1.31}$$

若引入相空间坐标的简洁记号 $\boldsymbol{X} = (q, p) = (\boldsymbol{q}_1, \boldsymbol{q}_2, \cdots, \boldsymbol{q}_N, \boldsymbol{p}_1, \boldsymbol{p}_2, \cdots, \boldsymbol{p}_N)$, 上式还可以改写成

$$\frac{\partial \rho}{\partial t} + \nabla_{\boldsymbol{X}} \cdot (\rho \dot{\boldsymbol{X}}) = 0, \tag{1.32}$$

式中, $\rho \dot{\boldsymbol{X}}$ 的含义是多粒子相空间中的概率流密度. 假设 ρ 除通过 $(q(t), p(t))$ 间接地依赖于时间之外, 还可能直接依赖于时间 t, 即

$$\rho = \rho(q(t), p(t), t).$$

这样就有

$$\frac{\mathrm{d}}{\mathrm{d}t}\rho(q(t),p(t),t) = \frac{\partial\rho}{\partial t} + \sum_{a=1}^{N}\left[\langle\dot{\boldsymbol{q}}_a,\nabla_{\boldsymbol{q}_a}\rho\rangle + \langle\dot{\boldsymbol{p}}_a,\nabla_{\boldsymbol{p}_a}\rho\rangle\right]. \tag{1.33}$$

利用莱布尼茨法则将式 (1.31) 中的散度运算展开, 并将结果代入上式, 可以得到

$$\frac{\mathrm{d}}{\mathrm{d}t}\rho(q(t),p(t),t) = -\left[\sum_{a=1}^{N}\left(\nabla_{\boldsymbol{q}_a}\cdot\dot{\boldsymbol{q}}_a + \nabla_{\boldsymbol{p}_a}\cdot\dot{\boldsymbol{p}}_a\right)\right]\rho. \tag{1.34}$$

这个方程是一切封闭系的经典微观态分布函数必须遵守的方程.

下面来考虑总能量守恒的孤立系. 这时, 描述系统微观态的广义坐标与广义动量满足哈密顿运动方程 (1.14). 如果同时考虑到多元函数二阶混合偏导数不依赖于求导顺序的性质, 则可将方程 (1.33) 或者 (1.34) 化为

$$\frac{\mathrm{d}}{\mathrm{d}t}\rho(q(t),p(t),t) = \frac{\partial\rho}{\partial t} + \sum_{a=1}^{N}\left[\langle\dot{\boldsymbol{q}}_a,\nabla_{\boldsymbol{q}_a}\rho\rangle + \langle\dot{\boldsymbol{p}}_a,\nabla_{\boldsymbol{p}_a}\rho\rangle\right] = 0, \tag{1.35}$$

也就是说, 孤立系的微观态分布函数沿着相轨道保持为常数, 或者表述成: 孤立系的微观态分布函数沿一条给定相轨道的取值仅通过系统的运动积分 (即守恒量) 间接地依赖于相空间坐标. 这个结果称为刘维尔定理[①]. 刘维尔定理仅适用于孤立系而不适用于封闭系和开放系, 原因是在证明刘维尔定理时利用了哈密顿运动方程. 如果将哈密顿运动方程 (1.14) 代入式 (1.33), 可以将其改写为

$$\frac{\mathrm{d}}{\mathrm{d}t}\rho(q(t),p(t),t) = \frac{\partial\rho}{\partial t} + \{\rho,\mathscr{H}(q,p)\}_{\mathrm{PB}}. \tag{1.36}$$

因此, 刘维尔定理又可以用方程

$$\frac{\partial\rho}{\partial t} = -\{\rho,\mathscr{H}(q,p)\}_{\mathrm{PB}} \tag{1.37}$$

来描述. 上式称为刘维尔方程, 它与哈密顿运动方程的形式非常相似, 但在等号右边的泊松括号前多出一个负号.

为了进一步推测分布函数可能采取的形式, 让我们假想将某个总粒子数为 N 的封闭系分割为 k 个部分, 在给定的微观态下, 每部分中所含的粒子数分别为 $N_i\,(i=1,2,\cdots,k)$, 使得 $N = \sum_{i=1}^{k}N_i$. 假定每个 N_i 都充分大, 使得系统的每个部分都可以被看作一个宏观子系. 为了保证系统原有的宏观状态不被破坏, 不能引入实质性的物理边界来区分各个子系. 因此, 这种假想的分割所给出的各个子系都是开放的, 对应的粒子数 N_i 必须被当作一个微

---

① 在哈密顿力学中也有一个刘维尔定理, 其内容是: 相空间任意区域 $\mathscr{D}$ 所占的体积 $\varGamma_{\mathscr{D}}$ 沿哈密顿相流保持不变: $\varGamma_{\mathscr{D}(t)} = \varGamma_{\mathscr{D}(0)}$. 这个定理是一个纯粹的力学定律; 而式 (1.35) 给出的刘维尔定理则需要假定分布函数存在、连续且光滑, 同时分布函数和相应的概率流密度要满足连续性方程 (1.31), 因而是一个统计力学定律.

观态参量来看待. 换句话说, 每个子系中的粒子都是不特定的粒子, 在总系的不同微观态下, 某个特定粒子可以属于不同的子系. 如果系统充分稀薄, 以至于属于不同子系的粒子之间的相互作用可以忽略, 就可以认为任意两个子系都是相互无关的, 称之为统计独立的开放子系. 这时, 各子系均具有自己的微观态分布函数 $\rho^{[i]}$, 并且各子系处在其相应的微观态空间中给定微观态附近的概率应该为[①]

$$\mathrm{d}W^{[i]} = \rho^{[i]}\,\mathrm{d}\Gamma^{[i]}, \qquad i = 1, 2, \cdots, k, \tag{1.38}$$

其中, $\rho^{[i]}$ 表示第 i 个子系的微观态分布函数, $\mathrm{d}\Gamma^{[i]}$ 是第 i 个子系的微观态空间的相体积元.

所谓统计独立性, 指的是以下两个条件:

(1) 总系处于某个微观态附近的概率必须等于各子系处于相应微观态附近的概率的乘积, 即

$$\mathrm{d}W = \prod_{i=1}^{k}\mathrm{d}W^{[i]}; \tag{1.39}$$

(2) 在给定的相体积元内, 总系的微观状态数等于各子系的相应微观状态数的乘积,

$$\mathrm{d}\Sigma = \mathrm{d}\Sigma^{[1]}\mathrm{d}\Sigma^{[2]}\cdots\mathrm{d}\Sigma^{[k]}. \tag{1.40}$$

如果系统内全部 N 个粒子都是相同的, 利用式 (1.40) 以及式 (1.21) 可得

$$\mathrm{d}\Gamma = \frac{h^{DN}N!}{\displaystyle\prod_{i=1}^{k}(h^{DN_i}N_i!)}\mathrm{d}\Gamma^{[1]}\mathrm{d}\Gamma^{[2]}\cdots\mathrm{d}\Gamma^{[k]}. \tag{1.41}$$

注意上式右边出现的普朗克常量的幂可以精确相消, 因此上式也可以写为

$$\mathrm{d}\Gamma = \frac{N!}{\displaystyle\prod_{i=1}^{k}N_i!}\mathrm{d}\Gamma^{[1]}\mathrm{d}\Gamma^{[2]}\cdots\mathrm{d}\Gamma^{[k]}.$$

这个方程可以这样来理解: 将 N 个粒子分配到 k 个子系中去共有 $\dfrac{N!}{\displaystyle\prod_{i=1}^{k}N_i!}$ 种不同的方法, 其中每一种方法均可以给出各子系的相体积元 $\mathrm{d}\Gamma^{[i]}$, 而这些子系的相体积元的乘积

$$\mathrm{d}\Gamma^{[1]}\mathrm{d}\Gamma^{[2]}\cdots\mathrm{d}\Gamma^{[k]}$$

只是总系微观态空间体积元 $\mathrm{d}\Gamma$ 的 $\dfrac{N!}{\displaystyle\prod_{i=1}^{k}N_i!}$ 种不同分割方法中的一种. 因此 $\mathrm{d}\Gamma$ 应该是 $\mathrm{d}\Gamma^{[1]}$

---

① 注意: 我们用符号 $\Gamma^{[i]}$ 来表达假想中的第 i 个子系的微观态空间, 对应的子系的粒子数为 N_i, 不可将这个符号与表达含有 i 个粒子的力学系统的相空间 $\Gamma^{(i)}$ 混淆.

$\mathrm{d}\Gamma^{[2]} \cdots \mathrm{d}\Gamma^{[k]}$ 的 $\dfrac{N!}{\prod\limits_{i=1}^{k} N_i!}$ 倍. 式 (1.41) 表明, 为了计算总系给定数量的微观状态所占据的相

体积, 必须考虑各微观粒子的所有不同排列作出的贡献, 因为在物质存在的最基本层面 (即量子层面), N 个粒子的所有排列合在一起才能给出对总系微观态的恰当描述.

讨论和评述

(1) 系统各开放子系间的统计独立性隐含地要求整个系统处于宏观平衡态. 如果系统没有处于平衡态, 那么系统中不同的局部会有彼此不同却又相互关联的演化趋势, 这时就没有理由认为各子系是统计独立的.

(2) 式 (1.41) 成立的条件是系统中全部 N 个粒子完全相同且不存在隔绝物质交换通道的实体边界. 如果 k 个子系之间存在实体边界, 或者以任何其他方式使得不同子系中的粒子可以相互区别, 则不应使用式 (1.21) 而应以式 (1.22) 来计算总系在其微观态空间内给定的体积元内的微观状态数, 其结果是式 (1.41) 将会被下式取代

$$\mathrm{d}\Gamma = \mathrm{d}\Gamma^{[1]}\mathrm{d}\Gamma^{[2]} \cdots \mathrm{d}\Gamma^{[k]}. \tag{1.42}$$

由此可见, 式 (1.41) 适用的条件是每个 $\mathrm{d}\Gamma^{[i]}$ 均对应一个开放子系的微观态空间体积元.

(3) 根据前述讨论可以理解式 (1.41) 与式 (1.19) 之间并无矛盾, 因为即使将前者应用于每个子系仅含有 1 个粒子的极限情况, 各子系中的粒子也是不特定的, 而式 (1.19) 中每个粒子都用不同的编号予以区别, 因此都是确定的.

将式 (1.38) 代入式 (1.39), 并利用式 (1.41), 可得[①]

$$h^{DN} N! \rho = \prod_{i=1}^{k} h^{DN_i} N_i! \rho^{[i]}. \tag{1.43}$$

对上式两边取对数, 可得

$$\log\left(h^{DN} N! \rho\right) = \sum_{i=1}^{k} \log\left(h^{DN_i} N_i! \rho^{[i]}\right). \tag{1.44}$$

注意这个方程中的每一个对数表达式只与对应子系的参数有关[②]. 上式表明, 当系统由若干子系构成时, 由各子系的微观态分布函数构成的对数表达式 $\log\left(h^{DN_i} N_i! \rho^{[i]}\right)$ 具有可加性. 不难理解, 这种可加性不会随总系与外界环境的关系变化而改变. 换言之, 式 (1.44) 在总系是孤立系以及开放系的情况下也是成立的.

[①] $\rho = \rho_N(q, p)$ 是总系的分布函数.

[②] 本书中所有对数函数都是以 e 为底的对数, 用 $\log$ 表示.

如果我们进一步将总系限制为孤立系, 那么, 结合刘维尔定理与式 (1.44), 可以总结出这样的结论, 即对于一个由若干统计独立子系构成的孤立系, 其分布函数的对数表达式 $\log\left(h^{DN}N!\,\rho\right)$ 沿着一条相轨道所取的值必与系统的可加运动积分线性相关.

对于一个孤立系统而言, 所有可能的满足可加性的运动积分只有以下几类: ① 系统所含的粒子数 N(或者等价地表达为系统的总自由度数); ② 系统所处微观态的总能量 $E(q,p) = \mathcal{H}(q,p)$; ③ 总动量 $\boldsymbol{P}$; ④ 总角动量 $\boldsymbol{J}$. 其中, 粒子数和总能量总是守恒的, 而总动量和总角动量是否守恒则需依系统的具体对称性质而定. 除以上运动积分之外, 宏观系统处于平衡态时还可能具有一些由大量自由度的集体行为演生出来的时间不变量, 这些演生的不变量并不由个别自由度决定, 但是对于处于系统平衡态的描述而言却不可忽略. 我们将这种演生的不变量的一个恰当的无量纲组合记作 ζ. 由于 ζ 是大量自由度造成的演生对象, 当系统被分割为若干部分时, 它也必须满足可加性条件. 利用上述运动积分和演生不变量可以推断, 在最理想的情况下, 孤立系的微观态分布函数沿给定相轨道的取值将会满足下面的关系式[①]:

$$\log\left(h^{DN}N!\,\rho\right) = -\zeta - \alpha N - \beta E(q,p) - \langle \boldsymbol{a}, \boldsymbol{P}\rangle - \langle \boldsymbol{b}, \boldsymbol{J}\rangle, \tag{1.45}$$

$$\log\left(h^{DN_i}N_i!\,\rho^{[i]}\right) = -\zeta_i - \alpha N_i - \beta E_i(q^{[i]},p^{[i]}) - \langle \boldsymbol{a}, \boldsymbol{P}_i\rangle - \langle \boldsymbol{b}, \boldsymbol{J}_i\rangle, \tag{1.46}$$

式中, (q,p) 表示总系微观态空间中的坐标, $(q^{[i]},p^{[i]})$ 表示第 i 个子系统微观态空间中的坐标, α,β 是常数, $\boldsymbol{a},\boldsymbol{b}$ 是常矢量, 这些常参量都必须与系统的分割方式无关, 或者说与统计独立子系的选择方法无关. 另外, 除 ζ 和 α 之外, 这些对象都带有恰当的量纲, 使得等号右边的表达式是无量纲的.

在经典描述下, 孤立系的微观态空间 (即能量曲面) 可以被看成是由若干不同的相轨道织成的曲面. 所有这些不同的相轨道对应着相同的 ζ、N、E, 但却可以对应不同的 $\boldsymbol{P}$、$\boldsymbol{J}$. 如果按照前文所言, 若将孤立系置放于充分大且固定不动的刚性容器中, 则总动量 $\boldsymbol{P}$ 和总角动量 $\boldsymbol{J}$ 将不再守恒. 这时, 式 (1.45) 退化为

$$\log\left(h^{DN}N!\,\rho\right) = -\zeta - \alpha N - \beta E(q,p), \tag{1.47}$$

或者写为

$$\rho_N(q,p) = \frac{1}{h^{DN}N!}\mathrm{e}^{-\zeta-\alpha N-\beta E(q,p)}, \tag{1.48}$$

其中的参数 α,β 只与系统所处的平衡状态有关而与各子系的微观细节无关. 它们的含义很快将得到解释.

注意到对孤立系而言, N 和 $E(q,p)$ 都是固定的常量, 它们与相轨道的选择没有关系. 因此, 式 (1.48) 提示我们: 孤立系的微观态分布函数沿相轨道所取的常数值与相轨道的选择无关. 考虑到在能量曲面上相轨道的分布充分稠密, 而分布函数需要具有连续性和光滑性. 可以合理地推断, 孤立系的微观态处于能量曲面上任意相等的微元内的概率都是相等的. 这个命题称为等概率原理. 另外, 从上述分析还可以了解到, 对于孤立系内部的任意一

---

① 请注意: $\log\left(h^{DN}N!\,\rho\right)$ 的表达式要求是非常严格的, 除了可加性的运动积分以外, 它甚至容不下一个任意的常数, 原因是常数与任何物理系统没有关系, 因此将破坏可加性.

个统计独立开放子系, 分布函数也将采取式 (1.48) 的形式, 即

$$\rho_{N_i}^{[i]}(q^{[i]}, p^{[i]}) = \frac{1}{h^{DN_i} N_i!} e^{-\zeta_i - \alpha N_i - \beta E_i(q^{[i]}, p^{[i]})}.$$

不难理解: 若在上述讨论中总系也是一个开放系, 其微观态的分布函数也应该选取式 (1.48) 的形式, 只是其中的 N、$E(q, p)$ 不再是守恒量. 事实上, 只要将所谓的总系与其环境结合在一起构成一个更大的孤立系再重复前面的论证过程即可得到以上结论.

讨论和评述

(1) 一般认为, 等概率原理是比刘维尔定理更强的陈述, 原因是刘维尔定理仅指出孤立系的微观态分布函数沿一条相轨道保持为常数, 而能量曲面通常可以包含不止一条相轨道. 不过, 根据庞加莱回归定理, 经过充分长的时间后, 孤立系的任意相轨道都可以演化至无限靠近初态的位置, 换言之相轨道在能量曲面上是稠密的. 由于分布函数具有连续性和光滑性, 有理由推断分布函数在整个能量曲面上保持为常数.

(2) 刚性容器的引入对于定义孤立系的平衡态是必不可少的条件. 为了理解这一点, 让我们考虑由 N 个彼此间无相互作用的质点构成的力学系统. 如果所有这些质点都完全自由地在整个空间中运动, 那么它们将永远无法形成一个平衡态. 反之, 如果将它们置入一个固定的刚性容器, 由于容器边壁的随机扰动, 就有可能使整个系统达到平衡态, 尽管质点间的相互作用依然可以忽略.

根据式 (1.27), $\mathrm{d}W = \rho_N(q, p)\mathrm{d}\Gamma$ 具有概率的含义, 其中, 根据宏观系统的类型, $\mathrm{d}\Gamma$ 应选为 $\mathrm{d}\Gamma^{(开放)}$、$\mathrm{d}\Gamma^{(封闭)}$、$\mathrm{d}\Gamma^{(孤立)}$ 三者之一. 对每一种宏观系统, 其微观态必然处于其对应的微观态空间内, 或者说对 $\mathrm{d}W$ 在整个微观态空间中求和必须归一. 例如, 对于开放系, 有

$$\int \rho_N(q, p)\mathrm{d}\Gamma^{(开放)} = \sum_N \int \rho_N(q, p)\mathrm{d}\Gamma^{(N)}$$

$$= \sum_N \frac{1}{h^{DN} N!} e^{-\zeta - \alpha N} \int e^{-\beta E(q, p)}\mathrm{d}\Gamma^{(N)} = 1; \tag{1.49}$$

对于封闭系, 有

$$\int \rho_N(q, p)\mathrm{d}\Gamma^{(封闭)} = \sum_N \delta_{N, N_0} \int \rho_N(q, p)\mathrm{d}\Gamma^{(N)}$$

$$= \frac{1}{h^{DN_0} N_0!} e^{-\psi} \int e^{-\beta E(q, p)}\mathrm{d}\Gamma^{(N_0)} = 1, \tag{1.50}$$

$$\psi \equiv \zeta + \alpha N_0; \tag{1.51}$$

对于孤立系, 则有

$$\int \rho_N(q, p)\mathrm{d}\Gamma^{(孤立)} = \sum_N \delta_{N, N_0} \int \rho_N(q, p)\, \delta\left[\frac{E(q, p) - E_0}{\Delta}\right]\mathrm{d}\Gamma^{(N)}$$

$$= \sum_N \delta_{N,N_0} \int \rho_N(q,p)\, \delta\left(\frac{E-E_0}{\Delta}\right)\left(\frac{\partial \Gamma^{(N)}}{\partial E}\right)\Delta\, \mathrm{d}\left(\frac{E}{\Delta}\right)$$

$$= C\left(\frac{\partial \Gamma^{(N)}}{\partial E}\right)_{N=N_0, E=E_0}\qquad \Delta = 1, \tag{1.52}$$

$$C \equiv \frac{1}{h^{DN_0} N_0!}\mathrm{e}^{-\zeta-\alpha N_0-\beta E_0}. \tag{1.53}$$

根据式 (1.49) 和式 (1.50) 可以分别求出

$$\Xi_{\mathrm{cl}}(\alpha,\beta) \equiv \mathrm{e}^\zeta = \sum_N \frac{1}{h^{DN} N!}\int \mathrm{e}^{-\alpha N-\beta E(q,p)}\mathrm{d}\Gamma^{(N)}, \tag{1.54}$$

$$Z_{\mathrm{cl}}(\beta) \equiv \mathrm{e}^\psi = \frac{1}{h^{DN_0} N_0!}\int \mathrm{e}^{-\beta E(q,p)}\mathrm{d}\Gamma^{(N_0)}. \tag{1.55}$$

另一方面, 从式 (1.52) 和式 (1.53) 则可以得出

$$\left(\frac{\partial \Sigma^{(N)}}{\partial E}\right)_{N=N_0, E=E_0} = \frac{1}{h^{DN_0} N_0!}\left(\frac{\partial \Gamma^{(N)}}{\partial E}\right)_{N=N_0, E=E_0}$$

$$= \frac{1}{h^{DN_0} N_0! C\, \Delta} = \frac{1}{\Delta}\mathrm{e}^{\zeta+\alpha N_0+\beta E_0}. \tag{1.56}$$

下面来考虑几个计算物理量统计平均值的例子. 首先看开放系的内能和平均粒子数的计算. 从统计物理的观点看, 宏观系统的内能就是微观态能量的统计平均值. 利用分布函数 (1.48) 可以直接写出微观态能量的统计平均值[1]

$$E = \int E(q,p)\rho_N(q,p)\mathrm{d}\Gamma = \sum_N \frac{1}{h^{DN} N!}\mathrm{e}^{-\zeta-\alpha N}\int E(q,p)\mathrm{e}^{-\beta E(q,p)}\mathrm{d}\Gamma^{(N)}$$

$$= -\mathrm{e}^{-\zeta}\frac{\partial}{\partial \beta}\mathrm{e}^\zeta = -\frac{\partial}{\partial \beta}\log \Xi_{\mathrm{cl}}(\alpha,\beta).$$

用类似的方法还可以得到粒子数的统计平均值

$$\overline{N} = \int N\rho_N(q,p)\mathrm{d}\Gamma = \sum_N \frac{1}{h^{DN} N!}N\mathrm{e}^{-\zeta-\alpha N}\int \mathrm{e}^{-\beta E(q,p)}\mathrm{d}\Gamma^{(N)}$$

$$= -\mathrm{e}^{-\zeta}\frac{\partial}{\partial \alpha}\mathrm{e}^\zeta = -\frac{\partial}{\partial \alpha}\log \Xi_{\mathrm{cl}}(\alpha,\beta).$$

如果考虑的是封闭系, 内能还可以用下式计算:

$$E = \int E(q,p)\rho_{N_0}(q,p)\mathrm{d}\Gamma = \frac{1}{h^{DN_0} N_0!}\mathrm{e}^{-\psi}\int E(q,p)\mathrm{e}^{-\beta E(q,p)}\mathrm{d}\Gamma^{(N)}$$

---

① 由于内能是一个使用频率非常高的宏观状态函数, 今后我们将用 E 而不是 $\overline{E}$ 来标记它. 这样做并不会与微观态能量混淆, 因为大多数情况下微观态的能量一般用 E_n 或者 $E(q,p)$ 而不是简单的 E 来表示. 当然, 在绝对不会造成混淆的前提下, 微观态的能量也可以简写为 E.

$$= -\mathrm{e}^{-\psi}\frac{\partial}{\partial\beta}\mathrm{e}^{\psi} = -\frac{\partial}{\partial\beta}\log Z_{\mathrm{cl}}(\beta).$$

由此可见, 函数 $\Xi_{\mathrm{cl}}(\alpha,\beta)$ 和 $Z_{\mathrm{cl}}(\beta)$ 对于用统计物理学方法分析开放系以及封闭系的宏观性质起着非常关键的作用. 在第 3 章中我们还将重新认识这两个函数, 并将它们分别称为经典的巨正则配分函数和正则配分函数.

在结束本小节之前, 有必要指出, 我们所得到的微观态分布函数(1.48) 仅适用于系统中全部粒子均为同种粒子的情况. 如果系统中的 N 个粒子分为 k 个不同种类, 每类粒子的个数为 $N_\nu(\nu = 1, 2, \cdots, k)$, 那么相应的分布函数应该改写为[①]

$$\rho_{\{N_\nu\}}(q,p) = \frac{1}{\displaystyle\prod_{\sigma=1}^{k} h^{DN_\sigma}N_\sigma!}\mathrm{e}^{-\zeta-\sum_\nu \alpha_\nu N_\nu - \beta E(q,p)}, \tag{1.57}$$

式中, $\{N_\nu\}$ 表示由全部 N_ν 构成的集合. 这个分布函数适用于各种由不同类粒子型构成的多元混合系统, 不管它们是开放系、封闭系还是孤立系.

1.4.2 量子描述

当宏观系统的微观状态适于用量子力学描写时, 同样由于系统巨大的自由度数而面临无法准确地确定微观状态的问题. 在这里, 所谓 "无法准确地确定微观状态" 指的不是由量子力学本质的不确定性而导致力学量算符的测量值具有的不确定性, 而是系统所处的量子态本身无法精确地确定. 因此, 在判断系统所处的微观状态时, 最多只能知道系统是以一定的概率 $p_{N,i}$ 处于 N 粒子希尔伯特空间 $\mathscr{H}^{(N)}$ 中的某个归一化的量子态 $|\Psi_i(t)\rangle$ 上, $|\Psi_i(t)\rangle$ 既可能是本征态, 也可能是叠加态. 由于 $p_{N,i}$ 具有概率的含义, 它们必须都是实数, 而且满足条件 $0 \leqslant p_{N,i} \leqslant 1$, $\sum_{N,i} p_{N,i} = 1$. 在上述讨论中没有假定宏观系统具有确定的粒子数, 因而是开放系. 如果加上粒子数确定的条件, 那么关于微观态求和时需在每一项之前加上限制因子 δ_{N,N_0}, 因此概率归一条件将变成 $\sum_{N,i} \delta_{N,N_0} p_{N,i} = \sum_i \rho_{N_0,i} = 1$.

我们暂时将注意力集中在粒子数固定的量子宏观系统上. 由于粒子数 $N = N_0$ 是一个固定的常数, 也可以将概率 $p_{N_0,i}$ 简记为 p_i. 在这样的封闭系中, 任意力学量算符 $\hat{u}$ 的统计平均值可以写为

$$\overline{\hat{u}} = \sum_i p_i \langle \Psi_i(t)|\hat{u}|\Psi_i(t)\rangle.$$

引入一个统计算符

$$\hat{\rho} = \sum_i |\Psi_i(t)\rangle p_i \langle\Psi_i(t)|. \tag{1.58}$$

如果某个 $p_i = 1$ 而所有其他的 $p_{i'}$ 均为零, 统计算符将退化为

$$\hat{\rho} = |\Psi_i(t)\rangle\langle\Psi_i(t)|,$$

---

① 在这里我们假定系统中每一种粒子的个数都是单独守恒的. 这一假定排除了系统内部发生化学反应或者粒子衰变等过程的可能性.

这样的状态称为纯态. 反之, 如果统计算符不能写成上式的形式, 则称系统所处的状态是混态. 纯态所对应的统计算符具有幂等性, 即

$$\hat{\rho}^2 = \hat{\rho},$$

而混态所对应的统计算符则不具有幂等性. 如果系统处于纯态, 其所处的量子微观态 $|\Psi_i(t)\rangle$ 就是完全已知的, 纯态被测得处于某一本征量子态的概率纯粹来源于量子力学的本质不确定性. 如果系统处在混态, 其被发现处于量子态 $|\Psi_i(t)\rangle$ 上的概率 p_i 是纯经典的, 这种概率来源于对实际的微观态不够了解, 而不是来源于量子力学本身的量子不确定性. 请读者注意区别混态与量子力学中的叠加态这两个不同的概念.

不失一般性, 可以将 $|\Psi_i(t)\rangle$ 在希尔伯特空间 $\mathscr{H}^{(N)}$ 的正交完备基底 $\{|\Psi_n\rangle\}$ 上作线性展开,

$$|\Psi_i(t)\rangle = \sum_n C_{in}(t)|\Psi_n\rangle,$$

其中每个 n 代表系统的可测力学量完全集的一组确定的量子数. 这样就可以将统计算符 $\hat{\rho}$ 改写为

$$\hat{\rho} = \sum_{n,m} |\Psi_n\rangle \rho_{nm} \langle\Psi_m|, \quad \rho_{nm} \equiv \sum_i C_{in}(t) p_i C_{im}^*(t).$$

同样利用 $|\Psi_i(t)\rangle$ 的展开式可以将力学量算符 $\hat{u}$ 的统计平均值改写为

$$\overline{\hat{u}} = \sum_{n,m} \rho_{nm} \langle\Psi_m|\hat{u}|\Psi_n\rangle = \sum_{n,m} \rho_{nm} u_{mn} = \mathrm{Tr}(\hat{\rho}\hat{u}).$$

显然, 在这里统计算符取代了经典描述下分布函数的角色. 为了表达概率归一的条件, 要求希尔伯特空间中的单位算符 $\hat{I}$ 的统计平均值为 1:

$$\mathrm{Tr}(\hat{\rho}\,\hat{I}) = \mathrm{Tr}(\hat{\rho}) = 1.$$

统计算符的矩阵形式又称为密度矩阵.

从统计算符的定义式 (1.58) 和量子态 $|\Psi_i(t)\rangle$ 满足的薛定谔方程

$$\mathrm{i}\hbar\frac{\partial}{\partial t}|\Psi_i(t)\rangle = \hat{H}|\Psi_i(t)\rangle$$

可以立即知道

$$\mathrm{i}\hbar\frac{\partial\hat{\rho}}{\partial t} = -\left[\hat{\rho}, \hat{H}\right].$$

这个方程就是刘维尔方程在量子系统中的推广, 称为量子刘维尔方程. 在形式上, 量子刘维尔方程有点类似于量子力学中的海森伯方程, 但它与海森伯方程的右边相差一个负号. 注意: 在以上讨论中, 假定了系统中的粒子数保持不变且哈密顿算符为不依赖于时间的可测力学量算符, 因此量子刘维尔方程也仅适用于孤立的量子宏观系统.

对处在平衡态的量子孤立系统而言, 力学量算符的统计平均值不随时间改变. 这要求 $\dfrac{\partial \hat{\rho}}{\partial t} = 0$. 因此有

$$[\hat{\rho}, \hat{H}] = 0. \tag{1.59}$$

这意味着在希尔伯特空间中使得哈密顿算符 $\hat{H}$ 对角化的正交完备基底下, 统计算符也表现为对角矩阵,

$$\hat{\rho} = \sum_n |\Psi_n\rangle \rho_{N,n} \langle \Psi_n|,$$

其中 $\hat{\rho}$ 的本征值 $\rho_{N,n}$ $(N = N_0)$ 表示系统被发现处于本征态 $|\Psi_n\rangle$ 的概率. 由于 $\hat{\rho}$ 与 $\hat{H}$ 可以同时对角化, $\hat{\rho}$ 也应是一个可测力学量算符. 然而, $\hat{\rho}$ 并不在系统的可测力学量完全集之内, 因此 $\hat{\rho}$ 必然不独立于可测力学量完全集中的各力学量算符. 和经典系统的情况类似, 可以将系统置于一个固定不动且各方向线度都充分大的无限深方势阱中, 使得动量以及角动量不再列入可测力学量完全集之中, 从而本征值 $\rho_{N,n}$ 不依赖于动量和角动量的本征值. 但是无法通过这种操作使得 $\rho_{N,n}$ 不依赖于系统的粒子数和哈密顿算符的本征值. 依然将由系统中大量自由度集体行为演生出来的可加不变量记作 ζ. 这样就可以写出

$$\rho_{N,n} = \rho(\zeta, N, E_{N,n}). \tag{1.60}$$

如果进一步将系统划分成一系列统计独立的子系, 并将总系的微观态量子数 N, n 分解为各子系微观态的量子数 $\{N_i, n_i\}$, 则有

$$\log \rho_{N,n} = \sum_{i=1}^{k} \log \rho_{N_i, n_i}.$$

因此, 结合式 (1.60) 可以推断出 $\log \rho_{N,n}$ 必与 ζ、N 和 $E_{N,n}$ 呈线性关系

$$\log \rho_{N,n} = -\zeta - \alpha N - \beta E_{N,n}.$$

由此可得

$$\rho_{N,n} = \mathrm{e}^{-\zeta - \alpha N - \beta E_{N,n}}. \tag{1.61}$$

这与经典情形下的式 (1.47) 相互对应. 如果所考虑的系统是由 k 种不同粒子构成的多元混合系统, 每种粒子的个数分别为 $N_\nu (\nu = 1, 2, \cdots, k)$, 由第 ν 种粒子单独构成的子系的量子数为 n_ν, 那么上式应该改写为[1]

$$\rho_{\{N_\nu, n_\nu\}} = \mathrm{e}^{-\zeta - \sum_\nu \alpha_\nu N_\nu - \beta E_{\{N_\nu, n_\nu\}}}.$$

在接下来的讨论中, 我们将以同种粒子构成的单元系为例, 不再考虑多元系统的情况.

---

[1] 请参照第 29 页的脚注.

式 (1.61) 的形式同样适用于统计独立的开放子系, 唯一需要作的修改是将粒子数和能量本征值更换为子系的相应数据. 最后, 对于粒子数 N 任意以及固定这两种不同的情况, 概率归一条件可以分别写为

$$\sum_{N,n} \rho_{N,n} = e^{-\zeta} \sum_{N,n} e^{-\alpha N - \beta E_{N,n}} = 1,$$

$$\sum_{N,n} \delta_{N,N_0} \rho_{N,n} = e^{-\psi} \sum_{n} e^{-\beta E_{N_0,n}} = 1,$$

式中, ψ 的定义与式 (1.51) 一致. 从以上两式可以分别求出

$$\Xi(\alpha, \beta) \equiv e^{\zeta} = \sum_{N,n} e^{-\alpha N - \beta E_{N,n}}, \tag{1.62}$$

$$Z(\beta) \equiv e^{\psi} = \sum_{n} e^{-\beta E_{N_0,n}}. \tag{1.63}$$

这两个函数分别与式 (1.54) 和式 (1.55) 对应, 它们将在第 3 章中重新出现, 并分别称作巨正则配分函数和正则配分函数.

对于开放系, 不难写出

$$E = \overline{E_{N,n}} = e^{-\zeta} \sum_{N,n} E_{N,n} e^{-\alpha N - \beta E_{N,n}} = -\frac{\partial}{\partial \beta} \log \Xi(\alpha, \beta),$$

$$\overline{N} = e^{-\zeta} \sum_{N,n} N e^{-\alpha N - \beta E_{N,n}} = -\frac{\partial}{\partial \alpha} \log \Xi(\alpha, \beta).$$

类似地, 对于封闭系, 有

$$E = e^{-\psi} \sum_{n} E_{N_0,n} e^{-\beta E_{N_0,n}} = -\frac{\partial}{\partial \beta} \log Z(\beta).$$

这些求统计平均值的公式在形式上与在经典系统情况下对应的公式完全一致.

1.4.3   代表点、微观状态数与态密度

对于任意一个处于热力学平衡态的宏观系统, 虽然不能确切地知道在给定时刻系统所处的微观状态, 但是依然可以断定系统必然处于某个允许的微观状态. 分布函数所给出的概率仅仅表明我们对系统实际所处的微观态不够确定, 但是这并不意味着系统可以同时处于不同的微观状态 (量子力学层面的本质不确定性除外).

这就提出了一个问题, 即所谓统计平均值的物理意义到底是什么? 作为求平均对象的不同微观状态有何宏观意义?

注意到热力学平衡态的定义要求系统在演化过程中所有 “快” 的过程均已完成, 而 “慢” 的过程则依然有待发生. 因此, 可以想象系统的一个给定的宏观态对应着大量不同的微观

态, 而这些微观态正是上述 "快" 过程的结果. 为了更为清楚地说明这一点, 可以做如下的思想实验: 对处于热力学平衡态的系统进行长时间大量的观测, 假设每次观测时系统所处的微观态都可以被记录下来, 不同的记录之间被视作是彼此独立的, 那么, 当观测次数足够庞大时, 每个微观态被记录下来的次数与总观测次数的比值就对应着系统处于该微观态的概率. 在上述过程中, 对系统微观态的每一次记录都获得了同一宏观系统的一个拷贝, 在不同的拷贝之中的系统所处的微观状态彼此独立. 所有这些宏观状态相同、微观状态彼此独立的系统所构成的集合称作统计系综, 它是吉布斯为了解释统计平均值的含义而引入的一个概念, 是统计物理学的核心概念. 从系综的角度出发, 所谓的统计平均值, 实际上就是在系综内这些宏观状态相同但是微观状态彼此独立的系统之间进行平均, 也称为系综平均.

讨论和评述

系综概念并不要求其每个成员 (即单个系统) 都是宏观系统. 例如, 大量的质量和圆频率都相同的量子力学简谐振子的集合也可以构成一个系综, 虽然它的每个成员都只含有一个简谐振子. 有一部分物理学家据此认为, 量子力学的态矢量描写的并不是单个量子力学系统的状态, 而是大量类似系统构成的系综的属性. 这种观点称为量子力学的系综解释, 它是与标准的哥本哈根学派的解释不同的另一类解释. 在系综解释下, 量子力学系统的一个叠加态并不意味着单个系统可以同时存在于不同的本征态, 而是指系综内彼此类似的系统可以以一定的概率处于不同的状态, 对系统的量子态进行测量无须引入波函数坍缩的概念, 而只是从系综中对个别系统的状态进行随机取样, 而力学量的期望值则被当作系综平均值来处理.

系综解释相比于哥本哈根解释在某些问题的处理上有更加合理的方面. 例如, 对于薛定谔猫态, 哥本哈根解释认为单个系统中的猫处于死猫和活猫的叠加态, 而系综解释则认为在用同样的方法准备出来的类似系统中, 有一部分系统中的猫是死的, 而另一部分系统中的猫是活的. 显然后一种解释更容易为人所接受.

从统计系综的角度看, 每个宏观态都与数量极其庞大的微观态对应. 根据在 1.2 节中的讨论, 系统的每个微观态在相空间中对应着体积为 h^{DN} 的一个小体积元, 也称为相格子或者代表点. 因此, 一个宏观态对应着相空间中非常多个代表点. 在相空间中指定的区域内, 代表点的个数越多, 表示系统微观态出现在该区域内的概率越大. 系统微观态的分布函数——现在应该被叫做系综的分布函数——实际上就是单位相体积元内代表点的个数与全部代表点个数的比值, 也可以理解为代表点的相对数密度.

当用经典力学描写系统的微观状态时, 总是认为能量是可以连续变化的. 这时, 可以将所有能量不大于 E 的微观状态的总数看作是能量 E 的函数: $\Sigma = \Sigma(E)$. 这样, 处于能量值 $E - \frac{1}{2}\delta E$ 与 $E + \frac{1}{2}\delta E$ 之间的微观状态数可以表达为

$$\Omega(E) \equiv \Sigma\left(E + \frac{1}{2}\delta E\right) - \Sigma\left(E - \frac{1}{2}\delta E\right) \approx \frac{\partial \Sigma(E)}{\partial E}\delta E, \tag{1.64}$$

其中, δE 相对于 E 来说是一个小量. 如果将上式中的 δE 与前文所描述过的孤立系总能量

的不确定度或者能量曲面的厚度 Δ 等同起来, 那么 $\Omega(E)$ 也可以被理解为总能量为 E 的孤立系统的内禀平衡态所含的微观状态的总数. 式 (1.64) 右边出现的微商称为能态密度, 记作 $g(E)$ [①],

$$g(E) = \frac{\partial \Sigma(E)}{\partial E}. \tag{1.65}$$

能态密度 $g(E)$ 具有能量倒数的量纲. 利用能态密度, 可以将孤立系内禀平衡态所含的微观状态数 $\Omega(E)$ 写为

$$\Omega(E) = g(E)\Delta. \tag{1.66}$$

引入孤立系的微观状态数和能态密度的定义后, 式 (1.56) 可以重写为

$$\Omega(E_0) = g(E_0)\Delta = \mathrm{e}^{\zeta + \alpha N_0 + \beta E_0}. \tag{1.67}$$

因此, 孤立系的平衡态所含的微观状态数可以通过微观态的分布函数完全确定.

　　在某些情况下, 系综分布函数可以不依赖于微观态空间中的部分坐标, 如对理想气体 (定义为封闭在固定盒子中的 N 个彼此无相互作用的质点或分子所构成的系统), 由于不存在质点或分子间的相互作用能, 分布函数不会依赖于描述每个质点或分子的质心位置的广义坐标. 在这种情况下, 计算系统微观状态数时可以直接对式 (1.21) 关于上述广义坐标所张成的位形空间积分, 最后得到

$$\mathrm{d}\Sigma_{\boldsymbol{p}} = \frac{1}{h^{DN}N!} \left(\int [\mathrm{d}q] \right) [\mathrm{d}p] = \frac{V^N}{h^{DN}N!}[\mathrm{d}p],$$

式中, $\mathrm{d}\Sigma_{\boldsymbol{p}}$ 的下标 $\boldsymbol{p}$ 用来标记这是在动量空间中计数的微观状态数, V 是系统所占据的 D 维体积. 上式右边出现的系数 $\dfrac{V^N}{h^{DN}N!}$ 称作动量态密度, 其含义为单位动量空间体积元内所包含的微观状态数.

　　下面来看一个简单的例子.

> **例 1.7　【封闭在盒子中的单粒子的态密度】**
> 　　作为一个最简单的例子, 我们考虑由一个封闭在固定盒子中的单粒子构成的系统. 假定除盒子边界造成的限制以外粒子不受其他因素的作用. 该系统的微观状态空间是 μ 空间而非 Γ 空间.
> 　　在 μ 空间中的相体积元 $\mathrm{d}\mu$ 内所能容纳的微观状态数为
> $$\mathrm{d}\sigma = \frac{\mathrm{d}\mu}{h^D}.$$
> 这个结果实际上就是粒子数 $N = 1$ 时的式 (1.21). 对上式在坐标空间积分, 可以得到

---

　① 有时为了强调系统所含的粒子数, 也可以将能态密度写作 $g(N, E)$.

在动量空间中给定体积元内所含的微观状态数

$$d\sigma_{\boldsymbol{p}} = \frac{V}{h^D}(d\boldsymbol{p}), \tag{1.68}$$

式中, V 是盒子的体积. 上式右边的系数 $\dfrac{V}{h^D}$ 就是单粒子系统的动量态密度.

在具体的物理应用中, 最常见的情况是各向同性的, 这时可以在动量空间引入球坐标系, 并对动量空间的体积元 $(d\boldsymbol{p})$ 中所有的角坐标直接积分, 最后的结果是

$$(d\boldsymbol{p}) \rightarrow \mathscr{A}_{D-1} p^{D-1} dp, \tag{1.69}$$

其中, $p = |\boldsymbol{p}|$ 是单粒子动量 $\boldsymbol{p}$ 的大小, $\mathscr{A}_{D-1}$ 表示 $D-1$ 维单位球的面积, 其数值由附录 A 中的式 (A.34) 给出. 对于 $D = 1, 2, 3$ 几种情况, 分别有 $\mathscr{A}_0 = 2, \mathscr{A}_1 = 2\pi, \mathscr{A}_2 = 4\pi$. 经过对动量空间中的角坐标积分之后, 式 (1.68) 将变成

$$d\sigma_p = \frac{V\mathscr{A}_{D-1}}{h^D} p^{D-1} dp, \tag{1.70}$$

式中, $d\sigma_p$ 的含义为动量空间中半径为 p 和 $p + dp$ 的两个同心球面之间的区域所含的微观状态数, 也可以近似理解为动量空间中半径为 p 的球面上所含的微观状态数. 注意: 动量空间中半径不同的球面上所含的微观状态数是不同的.

为了求出单粒子能量在 ϵ 到 $\epsilon + d\epsilon$ 之间的微观状态数 $\omega(\epsilon)$, 只需注意单粒子能量

$$\epsilon = \frac{1}{2m}\langle \boldsymbol{p}, \boldsymbol{p} \rangle = \frac{p^2}{2m} \tag{1.71}$$

仅依赖于动量的大小而与相空间中的其他因素无关. 这样就可以先从式 (1.71) 得到

$$p = (2m\epsilon)^{1/2}, \qquad dp = \frac{1}{2}(2m)^{1/2}\epsilon^{-1/2}d\epsilon,$$

然后将上式代回到 (1.70) 中, 结果得到

$$\omega(\epsilon) \equiv \frac{\partial \sigma_p}{\partial \epsilon} d\epsilon = \frac{V\mathscr{A}_{D-1}}{2h^D}(2m)^{D/2}\epsilon^{(D-2)/2}d\epsilon.$$

在上述讨论中, 没有考虑微观粒子的其他量子数——例如, 粒子自旋 s 或者螺度量子数 $\mathfrak{h}$——所造成的能级简并. 如果以 $\mathfrak{g}$ 表示额外的量子数导致的能级简并度, 最后所得的微观状态数还应该乘以 $\mathfrak{g}$, 则有

$$\omega(\epsilon) = \frac{\mathfrak{g}V\mathscr{A}_{D-1}}{2h^D}(2m)^{D/2}\epsilon^{(D-2)/2}d\epsilon. \tag{1.72}$$

从上式可以读出单粒子能态密度的表达式

$$g(\epsilon) = \frac{\mathfrak{g}V\mathscr{A}_{D-1}}{2h^D}(2m)^{D/2}\epsilon^{(D-2)/2}. \tag{1.73}$$

討論和評述

　　一维、二维和三维材料的宏观性质通常会有很大的不同, 主要原因之一就是不同维度的材料具有完全不同的能态密度. 从式 (1.73) 可以看出, $D = 1$ 时单粒子能态密度随 ϵ 增大而降低, $D = 2$ 时单粒子能态密度保持为常数, 而 $D = 3$ 时单粒子能态密度随 ϵ 增大而增长.

1.4.4　经典–量子对应

　　从前文中的描述可以看到, 对于微观态分布适于用经典力学和量子力学来描述的宏观系统, 求物理量的统计平均值的操作是不同的, 前者要求在经典微观态空间中以分布函数作为权重对给定的微观量 u 针对体积元 $\mathrm{d}\Gamma$ 进行积分, 后者则是以系统处于某个本征量子态的概率 $\rho_{N,n}$ 为权重对力学量算符 $\hat{u}$ 在可测力学量完全集中的共同完备本征态下的取值进行求和.

　　在具体实践中, 一个宏观系统的给定平衡态所含的量子态个数总是极其巨大的, 而量子数相邻的量子态之间的差异往往不是非常显著. 这时, 常常可以通过被称为经典–量子对应的对应原则将对量子态的求和转化为经典微观态空间中的积分. 具体的对应原则是

$$\rho_{N,n} \to h^{DN} N! \, \rho_N(q,p),$$

$$\sum_{N,n} \to \int \mathrm{d}\Sigma = \int \frac{1}{h^{DN} N!} \mathrm{d}\Gamma,$$

$$\sum_{N,n} \rho_{N,n} \to \int h^{DN} N! \, \rho_N(q,p) \mathrm{d}\Sigma = \int \rho_N(q,p) \mathrm{d}\Gamma.$$

对于仅依赖于系统微观态能量的对象, 上述对应还可以进一步利用式 (1.66) 改写为

$$\sum_{N,n} \rho_{N,n} \to \int h^{DN} N! \rho_N(q,p) g(E) \mathrm{d}E.$$

从上式可见, 系统的能态密度 $g(E)$ 不仅对于孤立系中微观量的统计平均值的计算至关重要, 在其他类型的宏观系统中也同样会扮演重要的角色.

1.5　联系微观与宏观的纽带——熵

1.5.1　熵的定义

　　考虑一个由 N 个自由粒子构成的孤立理想气体系统[①]. 仿照例 1.7 的过程, 可以求出

　　[①] 虽然目前我们考虑的是孤立系, 但为了简洁, 所涉及的粒子数 N 和能量 E 的符号均不再添加下标 0. 今后处理孤立系及封闭系时也将遵从类似的原则, 仅在绝对必要时才会在粒子数以及能量的符号中添加下标 0.

该系统的内能为 E 的宏观态所包含的微观状态数 $\Omega(E)$ 为

$$\Omega(E) = \frac{1}{h^{ND}N!} \cdot \frac{1}{2} V^N \mathscr{A}_{ND-1}(2m)^{ND/2} E^{(ND-2)/2}\Delta$$

$$= \frac{V^N}{N!(DN/2)!}\left(\frac{2\pi m}{h^2}\right)^{DN/2} E^{DN/2}\left(\frac{DN}{2}\right)\frac{\Delta}{E}, \tag{1.74}$$

式中, 第 2 行使用了 $DN-1$ 维单位球的面积的近似表达式 [参见附录 A 式 (A.34)]

$$\mathscr{A}_{DN-1} = \frac{2\pi^{DN/2}}{\Gamma\left(\dfrac{DN}{2}\right)} \approx \frac{\pi^{DN/2}}{(DN/2)!}(DN),$$

其中, 由于 Γ 函数对于自变量为正实数的情形是连续函数, 而 $DN/2$ 是非常大的数字[1], 我们可以将其近似为整数, 因而采用阶乘来代替 $\Gamma\left(\dfrac{DN}{2}\right)$ 的函数值. 利用斯特林公式 [参见附录 A 式 (A.45)]

$$\log N! \approx N\log(N/e), \tag{1.75}$$

可以将式 (1.74) 改写为

$$\Omega(E) = \left(\frac{2\pi me}{h^2}\right)^{DN/2}\left(\frac{Ve}{N}\right)^N\left(\frac{2E}{DN}\right)^{DN/2}\left(\frac{DN}{2}\right)\frac{\Delta}{E}, \tag{1.76}$$

相应的能态密度为

$$g(E) = \left(\frac{2\pi me}{h^2}\right)^{DN/2}\left(\frac{Ve}{N}\right)^N\left(\frac{2E}{DN}\right)^{DN/2-1}. \tag{1.77}$$

注意: 无论系统的总能量和粒子数有多大, 只要它们取有限的数值, 上式给出的能态密度总是有限的. 这样, 为了得到非零的微观状态数, 在式 (1.76) 中 Δ 无论如何不能取作零. 这一事实可以从另一个角度让我们理解对能量曲面引入非零的厚度 Δ 的必要性. 考虑到 $\Delta \ll E$ 的要求, 一个合理的选择是

$$\Delta = \frac{2E}{DN}. \tag{1.78}$$

上式右方的表达式数值与系统中平均每个自由度所具有的能量在同一数量级. 在上式成立的前提下, 可以得到

$$\Omega(E) \propto \left(\frac{E}{N}\right)^{DN/2}, \qquad g(E) \propto \left(\frac{E}{N}\right)^{DN/2-1}.$$

---

[1] 对于宏观系统, N 的典型量级为 $N \sim 10^{23}$.

对宏观系统而言, 一般的宏观态所对应的微观状态数是非常巨大的数字. 在热力学的具体实践中, 人们倾向于用微观状态数的对数 $\log \Omega$ 来取代微观状态数本身, 这样所获得的数值相对较小, 更容易把握. 习惯上用一个状态函数

$$S \equiv k_0 \log \Omega = k_0 \log [g(E)\Delta] \tag{1.79}$$

来度量系统给定的宏观态所含微观状态数的多少. 这个状态函数称为熵[1], 其中的 k_0 称为玻尔兹曼常量[2]. 注意到在所有情况下微观状态数 $\Omega \geqslant 1$, 我们有 $S \geqslant 0$.

作为例子, 我们给出式 (1.74) 所对应的理想气体的熵. 考虑到式 (1.78) 后, 直接利用式 (1.79) 和式 (1.76) 可得[3]

$$S = Nk_0 \log \left[\left(\frac{m}{D\pi\hbar^2} \right)^{D/2} \left(\frac{V}{N} \right) \left(\frac{E}{N} \right)^{D/2} \right] + Nk_0 \left(1 + \frac{D}{2} \right). \tag{1.80}$$

由于上式右边方括号内的每一个因子都不依赖于粒子数 N[4], 可以得出以下结论：理想气体系统的熵正比于其中所含的粒子数.

对于一般的处于平衡态的宏观系统, 我们称熵 S 是系统的状态函数是基于这样的观察, 即只要知道了系统的内能 E、所占据的 D 维体积 V 以及系统内所含的粒子数 N, 就可以唯一地确定熵的数值, 即

$$S = S(E, V, N). \tag{1.81}$$

值得指出的是, 熵的定义并不一定要求宏观系统处于平衡态. 原则上, 无论系统处于任何宏观状态, 只要能够计量该状态下所具有的微观状态数, 熵都可以用式 (1.79) 定义.

1.5.2　熵增加原理与宏观平衡条件

内禀平衡态假定告诉我们：一个孤立的宏观系统从任意初始宏观态出发, 经过充分长的时间后, 总会自发演化到热力学平衡态. 从微观的观点来看, 系统的初始宏观态所对应的微观数通常比较少. 但是在自发演化的过程中, 系统会经历数量极其巨大的微观状态, 在演化至平衡后, 系统的微观状态仍旧在继续演化而不是终止于某个特定的微观状态. 从以上分析可以合理地推定, 系统所经历的微观状态的个数 Ω 沿着时间正向是一个非减函数,

$$\frac{\mathrm{d}\Omega(t)}{\mathrm{d}t} \geqslant 0. \tag{1.82}$$

---

[1] 熵的这个定义被称为玻尔兹曼关系, 它只是统计物理学中定义熵的一种方法. 熵还有其他等价的定义, 请参考第 3 章相关的内容.

[2] 玻尔兹曼(Ludwig Edward Boltzmann), 1844~1906, 奥地利物理学家, 统计物理学的奠基人之一, 在平衡态和非平衡态统计物理学中做出了许多开创性工作. 在早期玻尔兹曼常量是通过唯象方式引入并且需要通过实验测量的物理常量, 具体测量可利用理想气体的热物态方程或者爱因斯坦关系式 (参见第 272 页) 进行. 1988 年 11 月 16 日国际计量大会通过决议将 1 开尔文定义为 "对应玻尔兹曼常量为 1.380649×10^{-23} J/K 的热力学温度", 从而使玻尔兹曼常量成为被精确定义的物理常量.

[3] 有不少教材中将式 (1.80) 右边的对数展开成各因子的对数之和. 本书中并不主张这样做, 因为这不能给出更有启发性的结果, 而且上述因子都是有量纲的, 不能单独作为数学函数中的自变量.

[4] 注意 V/N 对应单粒子所占据的体积, 或者解释为粒子数密度的倒数; E/N 对应单粒子的平均内能. 对处于给定平衡态的系统, 这两者都不随粒子数变化.

这个关系式当然也可以写成

$$\frac{\mathrm{d}S}{\mathrm{d}t} \geqslant 0, \tag{1.83}$$

亦即孤立宏观系统的熵沿时间正向永不减少, 当达到平衡态时, 熵取得最大值. 这个结果称为孤立系的熵增加原理.

由于熵是系统的宏观状态函数, 一旦系统达到平衡态, 熵的数值将会保持恒定, 仅与系统的宏观平衡态有关. 这相当于方程 (1.82) 或 (1.83) 中的不等式饱和的情况. 平衡后与平衡之前相比, 区别在于平衡后系统的全部允许的微观态都已经被遍历, 因此在继续演化的过程中不会再经历新的微观状态. 因此可以说, 孤立系的平衡状态所含的微观状态数最大.

熵增加原理在热力学中具有非同寻常的意义, 它事实上指定了宏观系统演化的 "时间之箭", 即规定了演化进行的方向. 如果一个孤立系在自发演化中熵发生了变化, 那么它永远不可能通过自发演化回到初始状态. 因此, 孤立系的自发演化如果伴随着熵变化, 则这种演化一定是不可逆的.

作为宏观系统的一个状态函数, 熵具有一些非常重要的性质.

首先, 熵虽然是系统的宏观状态函数, 但是它却是通过对微观状态计数来定义的, 因此它实际上是联系宏观和微观的纽带. 在描述宏观系统的热力学性质时, 熵处于一个非常独特的地位, 以至于在热力学的几个基本定律中有两个定律是明确地与熵的行为密不可分的. 另外, 如果我们遵从还原论的逻辑去追寻系统中各个最基本的微观自由度所贡献的熵, 会发现单个的自由度并不具有熵. 熵是由于大量微观自由度的集体行为演生出来的、仅可用来描述宏观现象的物理概念.

若将系统划分为若干个彼此统计独立的子系, 则微观状态数需满足相乘律

$$\Omega = \prod_a \Omega_a.$$

因此, 系统的熵具有可加性

$$S = \sum_a S_a.$$

这是在系统各部分之间满足统计独立性的前提下才会成立的性质.

将一个孤立系划分为彼此统计独立的两个子系, 每个子系的内能、体积和粒子数分别为 E_1、V_1、N_1 以及 E_2、V_2、N_2. 显然,

$$E = E_1 + E_2, \quad V = V_1 + V_2, \quad N = N_1 + N_2.$$

另外, 系统的熵满足可加性

$$S = S_1(E_1, V_1, N_1) + S_2(E_2, V_2, N_2).$$

由于对给定的孤立系, 总内能 E、总体积 V 以及总粒子数 N 均保持为常数, 所以系统的总熵 S 实际上仅依赖于其中一个子系的参数, 如 E_1, V_1, N_1. 假定两个子系已经达到热力学平

衡, 系统的总熵取最大值. 因此, 它对子系统 1 的各个状态参数 E_1、V_1、N_1 的导数均应等于零, 即

$$
\left(\frac{\partial S}{\partial E_1}\right)_{V_1,N_1} = \left(\frac{\partial S_1}{\partial E_1}\right)_{V_1,N_1} + \left(\frac{\partial S_2}{\partial E_1}\right)_{V_1,N_1} = \left(\frac{\partial S_1}{\partial E_1}\right)_{V_1,N_1} - \left(\frac{\partial S_2}{\partial E_2}\right)_{V_2,N_2} = 0,
$$

$$
\left(\frac{\partial S}{\partial V_1}\right)_{E_1,N_1} = \left(\frac{\partial S_1}{\partial V_1}\right)_{E_1,N_1} + \left(\frac{\partial S_2}{\partial V_1}\right)_{E_1,N_1} = \left(\frac{\partial S_1}{\partial V_1}\right)_{E_1,N_1} - \left(\frac{\partial S_2}{\partial V_2}\right)_{E_2,N_2} = 0,
$$

$$
\left(\frac{\partial S}{\partial N_1}\right)_{E_1,V_1} = \left(\frac{\partial S_1}{\partial N_1}\right)_{E_1,V_1} + \left(\frac{\partial S_2}{\partial N_1}\right)_{E_1,V_1} = \left(\frac{\partial S_1}{\partial N_1}\right)_{E_1,V_1} - \left(\frac{\partial S_2}{\partial N_2}\right)_{E_2,V_2} = 0.
$$

这些关系式给出了两个彼此发生热力学相互作用的系统达到热力学平衡的条件, 即

$$
\left(\frac{\partial S_1}{\partial E_1}\right)_{V_1,N_1} = \left(\frac{\partial S_2}{\partial E_2}\right)_{V_2,N_2}, \tag{1.84}
$$

$$
\left(\frac{\partial S_1}{\partial V_1}\right)_{E_1,N_1} = \left(\frac{\partial S_2}{\partial V_2}\right)_{E_2,N_2}, \tag{1.85}
$$

$$
\left(\frac{\partial S_1}{\partial N_1}\right)_{E_1,V_1} = \left(\frac{\partial S_2}{\partial N_2}\right)_{E_2,V_2}. \tag{1.86}
$$

下面来分析上述平衡条件的物理意义. 为了方便, 我们将式 (1.84) 中出现的微商的倒数记为 T, 即

$$
T_1 = \left(\frac{\partial E_1}{\partial S_1}\right)_{V_1,N_1}, \qquad T_2 = \left(\frac{\partial E_2}{\partial S_2}\right)_{V_2,N_2}. \tag{1.87}
$$

单就子系统 1 而言, 求导过程中保持 V_1 和 N_1 不变意味着关闭做功和粒子交换通道, 因此 T_1 就是在不做功也不交换粒子的前提下, 子系的内能随着微观状态数的变化而产生的响应. 这个响应就是系统的绝对温度, 简称温度. 温度是一个有量纲的物理量, 其国际单位是开尔文[①], 简记为 K. 从上式以及熵的定义式 (1.79) 可以看出, $k_0 T$ 具有能量的量纲. 将来我们会看到, $k_0 T$ 与处于温度 T 的宏观系统中单个粒子所具有的平均能量处于同一量级. 利用温度概念, 条件 (1.84) 可以重写为

$$
T_1 = T_2,
$$

即当两个彼此发生热接触但相互不做功也不交换粒子的宏观系统达到平衡时, 它们的温度相等. 这个条件称为热平衡条件.

[①] 开尔文男爵一世 (1st Baron Kelvin), 本名威廉·汤姆孙(William Thomson), 1824~1907, 英国物理学家. 因其在跨越大西洋电报系统上的工作被英国女王维多利亚封为开尔文男爵. 开尔文是物理学史上唯一以两个不同的名字被记录在同一科学领域的科学家. 他在热力学中的两项著名贡献分别是热力学第二定律的开尔文表述和焦耳–汤姆孙实验. 他还是区分磁感应强度 $\mathscr{B}$ 和磁场强度 $\mathscr{H}$ 的第一人.

利用附录 A 中的隐函数求导法则 (A.55) 可以写出

$$\left(\frac{\partial S}{\partial V}\right)_{E,N} = -\left(\frac{\partial S}{\partial E}\right)_{V,N}\left(\frac{\partial E}{\partial V}\right)_{S,N} = \frac{P}{T}, \tag{1.88}$$

$$\left(\frac{\partial S}{\partial N}\right)_{E,V} = -\left(\frac{\partial S}{\partial E}\right)_{V,N}\left(\frac{\partial E}{\partial N}\right)_{S,V} = -\frac{\mu}{T}, \tag{1.89}$$

其中

$$P \equiv -\left(\frac{\partial E}{\partial V}\right)_{S,N}, \qquad \mu \equiv \left(\frac{\partial E}{\partial N}\right)_{S,V}. \tag{1.90}$$

上式给出的 P 称为宏观系统内的 (广义) 热力学压强, 简称压强. 这里前置了限定词 "广义" 的原因是我们考虑的系统未必是 3 维的. 在第 2 章中我们将会看到, 在合适的条件下, 系统的广义热力学压强与广义机械压强是一致的. 上式中出现的 μ 称作化学势, 其含义为在不做功也不传热的条件下向系统内添加一个粒子带来的额外内能.

利用式 (1.88), 平衡条件 (1.85) 可以重新写为

$$P_1 = P_2,$$

即两个彼此发生接触但不交换物质的宏观系统达到平衡时, 它们的压强相等. 这个平衡条件叫做力学平衡条件. 类似地, 利用式 (1.89) 可将平衡条件 (1.86) 重新写为

$$\mu_1 = \mu_2,$$

即两个互相接触的开放系达到热力学平衡时, 它们的化学势相等. 这个平衡条件叫做物质平衡条件. 注意以上我们仅考虑了最简单的单元系 (即物质成分单一的宏观系统) 的平衡条件. 如果涉及的系统含有多种不同的物质成分, 则物质平衡条件还需要作更细致的描述 (如进一步细化为相平衡和化学平衡), 相关的知识将在本书的第 9 章中进行讨论. 在这里我们仅需要指出, 描述宏观系统物质平衡的参量必须且只能是化学势.

至此, 我们已经全部理解了 3 组平衡条件. 由于 T、P、μ 这 3 个状态参量在描述平衡条件时所起的特殊作用, 我们将它们统一地称作态平衡参量, 以区别于更一般的状态参量. 在以上讨论中, 将给定孤立系划分为两个彼此独立的子系的方式是任意的. 这种任意性事实上要求一个整体上处于平衡态的宏观系统内部态平衡参量必须处处保持均匀, 或者说处于平衡态下的宏观系统内部态平衡参量不存在空间梯度.

如果构成总系的两个子系尚未达到平衡, 那么根据熵增加原理, 就会有

$$\frac{\mathrm{d}S}{\mathrm{d}t} > 0.$$

在 V_1、N_1 都固定不变的前提下, 有

$$\frac{\mathrm{d}S}{\mathrm{d}t} = \left(\frac{\partial S_1}{\partial E_1}\right)_{V_1,N_1}\frac{\mathrm{d}E_1}{\mathrm{d}t} + \left(\frac{\partial S_2}{\partial E_1}\right)_{V_1,N_1}\frac{\mathrm{d}E_1}{\mathrm{d}t}$$

$$= \left[\left(\frac{\partial S_1}{\partial E_1} \right)_{V_1, N_1} - \left(\frac{\partial S_2}{\partial E_2} \right)_{V_2, N_2} \right] \frac{\mathrm{d}E_1}{\mathrm{d}t}$$

$$= \left(\frac{1}{T_1} - \frac{1}{T_2} \right) \frac{\mathrm{d}E_1}{\mathrm{d}t} > 0.$$

如果 $T_1 < T_2$, 上式要求 $\dfrac{\mathrm{d}E_1}{\mathrm{d}t} > 0$; 反之, 若 $T_1 > T_2$, 则上式要求 $\dfrac{\mathrm{d}E_1}{\mathrm{d}t} < 0$. 无论是哪种情况, 当两个子系发生热接触时, 能量只能自发地从高温子系流向低温子系. 这种自发的能量流动就是传热.

例 1.8 【理想气体的温度】

式 (1.80) 给出了由 N 个简单质点构成的孤立理想气体系统的熵. 利用温度的定义式

$$\frac{1}{T} = \left(\frac{\partial S}{\partial E} \right)_{V,N}$$

可以直接求得

$$T = \frac{2}{k_0} \cdot \frac{E}{DN},$$

或者写为

$$E = \frac{1}{2} DN k_0 T.$$

这个方程就是理想气体的能态方程. 注意到 DN 实际上是系统的微观自由度的个数, 上式表明, 理想气体的温度与气体内部每个自由度平均具有的内能成正比, 比例系数为 $2/k_0$.

例 1.9 【理想气体系统的压强】

方程 (1.80) 给出了孤立理想气体的熵与体积的关系. 利用式 (1.88) 可以直接求得

$$\frac{P}{T} = \frac{k_0 N}{V},$$

或者整理为

$$P = \frac{N k_0 T}{V}. \tag{1.91}$$

这正是理想气体的热物态方程. 注意: 理想气体的能态方程明显依赖于系统所占据的空间维数, 而其热物态方程在形式上与维数无关.

例 1.10 【理想气体的化学势】

从方程 (1.80) 可以直接求出理想气体的化学势, 结果为

$$\mu = -T\left(\frac{\partial S}{\partial N}\right)_{E,V} = -k_0 T \log\left[\left(\frac{m}{D\pi\hbar^2}\right)^{D/2}\left(\frac{V}{N}\right)\left(\frac{E}{N}\right)^{D/2}\right].$$

这样写出的化学势并不是我们想要的形式, 因为通常化学势被看作温度和压强的函数. 为达到这一目的, 可以借用以上两个例子的结果将 E 和 V 分别更换为温度和压强的表达式. 这样将有

$$\mu = k_0 T \log\left[\left(\frac{h^2}{2\pi m k_0 T}\right)^{D/2}\frac{N}{V}\right]$$

$$= k_0 T \log\left[\left(\frac{h^2}{2\pi m k_0 T}\right)^{D/2}\frac{P}{k_0 T}\right]. \tag{1.92}$$

在实际应用中, 经常会选取某个参照压强 P_0, 将上式写为

$$\mu(T, P) = \mu_0(T, P_0) + k_0 T \log\left(\frac{P}{P_0}\right), \tag{1.93}$$

式中, $\mu_0(T, P_0) = k_0 T \log\left[\left(\frac{h^2}{2\pi m k_0 T}\right)^{D/2}\frac{P_0}{k_0 T}\right]$ 仅依赖于系统的温度, 而与其他宏观状态参量无关.

在上例中理想气体化学势表达式中出现的因子 $\lambda_{\text{th}} = \left(\frac{h^2}{2\pi m k_0 T}\right)^{1/2}$ 具有长度的量纲, 在文献中被称作热波长. 它是与系统温度对应的一个特征长度. 利用热波长, 可以将式 (1.92) 的第一个等式重写作

$$\mu = k_0 T \log\left(n\lambda_{\text{th}}^D\right),$$

式中 n 是气体的分子数密度.

例 1.11 【求分布函数中的参数 α、β】

前文中获得的微观态分布函数 (1.48) 以及 (1.61) 适用于孤立系、封闭系以及开放系等各种不同类型的宏观系统, 其中的参数 α、β 与系统的类型以及具体的微观细节无关, 仅与系统所处的宏观平衡状态有关. 因此, 我们可以利用孤立系来简化处理这个问题.

将孤立的粒子数和总能量分别写作 N、E, 根据式 (1.67), 有

$$\zeta + \alpha N + \beta E = \log[g(E)\Delta] = \log \Omega(E),$$

因此,

$$\alpha = \frac{\partial}{\partial N}\log[g(E)\Delta] = \frac{\partial}{\partial N}\log \Omega(E), \tag{1.94}$$

$$\beta = \frac{\partial}{\partial E} \log \left[g(E)\Delta \right] = \frac{\partial}{\partial E} \log \Omega(E). \tag{1.95}$$

利用熵的定义式 (1.79), 可以将以上两式重新写为

$$\alpha = \frac{1}{k_0} \left(\frac{\partial S}{\partial N} \right)_{E,V} = -\frac{\mu}{k_0 T}, \tag{1.96}$$

$$\beta = \frac{1}{k_0} \left(\frac{\partial S}{\partial E} \right)_{N,V} = \frac{1}{k_0 T}. \tag{1.97}$$

需要指出的是, 参数 α、β 是出现在微观态分布函数中的普适参量, 它们仅与系统的宏观平衡态有关而与系统的具体微观细节无关. 从上述结果也可以得到相同的结论, 因为经过计算得出的 α 和 β 可以被转换为系统的态平衡参量 T、μ, 这两者都与系统的微观细节没有关系.

以上几个例子并非是随意选择的, 它们不仅演示了如何通过对孤立系内禀平衡态所含的微观状态数进行计数来获得各种平衡态函数的方法, 而且每一个例子都隐含着一些重要的物理思考. 具体情况请看下面的讨论和评述.

讨论和评述

(1) 在例 1.7~ 例 1.10 中, 我们不加说明地对孤立理想气体的熵表达式 (1.80) 关于 E, V, N 进行了求导. 严格地说, 这些求导操作是非法的, 原因是孤立系的定义中就已经包含了 E, V, N 维持不变的要求. 对以上几例的正确理解应该是利用熵的可加性将式 (1.80) 中的 S, E, V, N 均理解为孤立系中某个子系的状态参量或状态函数, 这时对参量 E, V, N 求导就变为合法的操作了. 类似的理解也适用于例 1.11.

(2) 例 1.9 所得到的理想气体热物态方程 (1.91) 在热学中已经出现过, 其中的压强定义为气体作用在容器单位表面积上的力. 本书采用式 (1.90) 来定义压强, 结果得到同样的热物态方程. 这一事实可以说明用式 (1.90) 来定义压强的合理性.

(3) 例 1.10 所获得的理想气体化学势表达式 (1.93) 对于描述多元气体系统中化学反应的平衡条件以及控制反应进程的物理条件将会发挥重要作用, 我们将在第 9 章中再次遇到类似的表达式.

(4) 例 1.11 可以使我们进一步体会到在孤立系微观态空间体积元的定义式 (1.25) 中添加具有能量量纲的参量 Δ 使得整个 δ 函数因子的自变量无量纲化的重要性. 如果将表达孤立系能量守恒的 δ 函数因子简单地写为 $\delta[E(q,p) - E_0]$, 那么式 (1.56)的计算结果中将不会出现因子 Δ, 由此计算出来的能态密度将不具有量纲, 而微观状态数反而会带有量纲. 如果这样, 对熵这个物理概念的定义就会出现严重问题, 而且式 (1.94) 和式 (1.95) 都将变成另一种样子, 参量 α、β 与温度、化学势之间也无法获得直接的联系.

(5) 结合例 1.8 的结果与式 (1.78), 可以发现, 对理想气体而言,

$$\Delta = \frac{2E}{DN} = k_0 T.$$

另外, 将例 1.11 所得的 β 值代回到微观态分布函数的表达式 (1.48) 或者式 (1.61) 中去, 将会发现其中与能量有关的因子可以重写为 $e^{-E(q,p)/(k_0 T)}$ 或者 $e^{-E_{N,n}/k_0 T}$. 显然, 只有当能级间距远远小于 $k_0 T$ 时, 微观态能量才可以被看作是一个连续变量, 而我们所选择的微观态能量不确定度 Δ 刚好就等于 $k_0 T$. 在这样的能量精度下自然无法分辨出微观态能量的量子不连续性. 上式以及 $0 \neq \Delta \ll E_0 < \infty$ 的要求也暗示着本章所介绍的微观态分布函数以及微观态空间仅适用于描述温度有限且非零的平衡态.

1.6 宏观过程

研究宏观系统, 建立状态空间只是第一步. 更重要的研究目标是确立宏观状态的演化规律.

宏观状态的演化即宏观过程. 在热力学中, 我们关心的宏观过程大都要求具有这样的特性, 即过程中所经历的每一个宏观状态都是热力学平衡态. 这样的的过程称为平衡态热力学过程, 或者称为准静态过程. 准静态过程中发生的演化要足够缓慢, 以保证过程中态平衡参量的均匀性不被破坏. 反之, 如果过程中发生的演化过快, 则有可能发生这样的情况, 即过程中的某些中间状态下态平衡参量有可能不均匀. 这种情况意味着过程经历了非平衡的演化. 在平衡态热力学中, 一般不考虑经历非平衡状态的演化过程.

即使将目标局限于仅经历平衡态的准静态过程, 依然可以按照过程造成的后果划分为两个类别, 即可逆过程和不可逆过程. 所谓可逆过程, 是指过程中的每一片段都有可能沿着相反的方向演化而无需付出任何额外代价 (包括环境代价) 的过程. 在自然界中, 严格的可逆过程是不存在的, 但是通过对物理条件的特殊限制, 可以近似地实现可逆过程.

例 1.12 【缓慢移动的气缸–活塞系统经历的准静态可逆过程】

对于图 1.1 所描述的绝热气缸中的均匀气体系统, 若活塞作缓慢的移动, 使得气缸中气柱的长度 ℓ 发生变化, 则气体的总熵也会发生相应变化

$$\frac{\mathrm{d}S}{\mathrm{d}t} = \frac{\partial S}{\partial \ell} \cdot \frac{\mathrm{d}\ell}{\mathrm{d}t}.$$

如果活塞移动的速度 $\dot{\ell} = \dfrac{\mathrm{d}\ell}{\mathrm{d}t} \to 0$, 那么就有 $\dfrac{\mathrm{d}S}{\mathrm{d}t} \to 0$, 这时系统发生的过程就可以被看成是准静态绝热过程, 也是一个可逆过程.

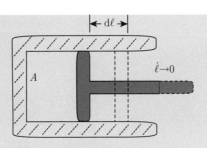

图 1.1　缓慢移动的气缸-活塞系统

注意: 活塞移动的速度是一个有量纲的物理量, 对于有量纲的物理量来说, 其大小仅当与一个具有同样量纲的参考量进行比较时才有意义. 在本例中, 活塞的移动必须使得气缸内气体的密度始终保持均匀 (这是气体处于平衡态的先决条件). 如果活塞移动的速度足够快, 气缸内的气体就来不及作出响应, 结果气体的密度就会发生不均匀的变化. 气体密度的不均匀性将会在气体内产生密度波或者声波. 而对足够缓慢的活塞速度而言, 气体内的声波速度 v_s 可被看作无穷大, 这样就无须额外的时间来达到气体密度的均匀性. 由上述讨论可见, 活塞速度 $\dot{\ell} \to 0$, 实际上是在要求 $\dot{\ell}/v_s \to 0$. 在具体的实例——如汽车发动机内的气缸-活塞系统中, 活塞移动的速度最大可达几米每秒, 这对于人类自身的活动来说已经是一个很快的速度, 但是与空气中的声速 ($\sim 340\text{m/s}$) 相比还是很慢的, 因此气缸中发生的过程还是可以被当作准静态过程的.

实际宏观系统所经历的过程往往是非常复杂的. 为了清楚地理解宏观规律, 需要对宏观过程进行一定的抽象. 例如, 当一个宏观过程中没有发生显著的热传递时, 就可以将这样的过程抽象为绝热过程, 即使实际物理系统的边界是热的良导体, 这样的抽象依然有效. 如果在过程中某个内部参数或者外部参数保持不变, 也可以利用这种不变性来刻画宏观过程, 如等温过程、等容过程以及等压过程等. 在特定的物理条件下, 还可以实现若干个限制条件同时成立的过程, 如等温等压过程、等温等容过程等. 如果一个宏观过程的初、末态相同, 则称其为一个循环过程.

例 1.13　【气体的绝热自由膨胀是不可逆过程】
为了与例 1.12 描述的可逆过程对照, 我们来看一下气体的绝热自由膨胀过程.

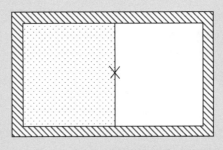

图 1.2　密闭气室中气体的绝热自由膨胀装置示意图

如图 1.2 所示, 首先将一个绝热的密闭容器分成两个密闭的气室, 其中一个封闭着一定量的气体并已经达到热力学平衡态, 另一个抽成真空. 如果突然将这两个气室打通, 那么第一个气室中的气体就会经历一个绝热自由膨胀的过程. 由于第二个气室中原本没有物质, 因此在这一过程中, 气体不会与绝热密闭容器之外的环境交换能量, 内能保持不变. 但是膨胀后气体占据了更大的空间体积, 而气体系统的微观状态数与体积正相关, 膨胀后系统的微观状态数将会增加, 对应的熵也会增加. 因此, 气体的绝热自由膨胀是不可逆过程.

与宏观状态不同, 宏观过程并不对应宏观状态空间中某个具体的点, 而是与系统演化所经历的全部中间状态有关. 如果过程不是准静态过程, 过程中间会经历非平衡的中间状态, 因此无法用平衡态系统的宏观状态空间来描述这类过程. 而对于准静态过程, 则可以将其看作由宏观态空间中无穷多个状态描绘出来的连续曲线, 称为过程曲线. 过程曲线的端点即宏观过程的初、末态, 而过程曲线的方向则由初态指向末态.

过程曲线也可以用宏观状态参量所满足的一个或几个方程来描述, 这样的方程称为过程方程. 例如, 等温过程的过程方程为 $T = \text{const.}$, 而等温等压过程的过程方程则为 $\{T = \text{const.}, P = \text{const.}\}$. 受宏观系统热力学自由度数 r 的限制, 系统所经历的给定准静态过程所满足的独立过程方程的个数最多可以有 $r-1$ 个. 以单元封闭理想气体系统为例, 其热力学自由度数为 2, 因此, 单元封闭理想气体系统的任一指定的准静态过程可以由一个过程方程唯一地刻画.

如果一个准静态过程可逆, 那么正、逆过程对应相同的过程曲线, 但曲线上标记的方向相反. 如果一个过程不可逆, 则意味着物理上不允许存在与正过程的曲线取向相反的逆过程曲线. 由于宏观态空间一般具有较多的维数, 在具体实践中描绘的过程曲线往往是实际过程曲线在宏观态空间中某个二维子空间 [例如 (P, V) 面] 上的投影. 对于足够复杂的宏观系统, 不排除出现这样的情况: 不同宏观过程对应的过程曲线在宏观态空间中某个二维子空间上具有相同的投影. 对这种情况, 需要特别小心地进行甄别.

图 1.3 描绘了理想气体的准静态等温膨胀过程在 (P, V) 面以及 (T, S) 面上的投影.

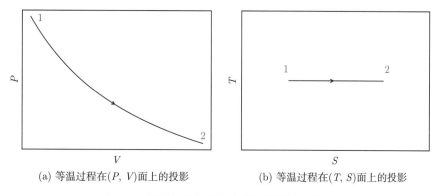

(a) 等温过程在(P, V)面上的投影　　　　(b) 等温过程在(T, S)面上的投影

图 1.3　理想气体的准静态等温膨胀过程曲线

在描写宏观系统的演化规律时所用到的函数中, 有一类函数不是与宏观状态对应, 而是与宏观过程一一对应. 这类函数叫做过程函数. 例如, 系统在宏观过程中从外界吸收的热量 Q、外界对系统所做的功 W 都是过程函数. 对这类函数而言, 单纯地给出系统所经历的

过程的初、末态是不能唯一地确定其取值的. 对于准静态过程而言, 过程函数通常可以用沿过程曲线所作的曲线积分来描述. 对于过程函数的更细致的刻画, 我们将推迟到第 2 章来完成.

本章人物: 哈密顿

哈密顿

　　　　哈密顿 (William Rowan Hamilton, 1805~1865), 英国数学家、物理学家、力学家. 哈密顿在十几岁时就对曲线和曲面的性质进行了系列研究, 并将结果用于几何光学. 1823 年, 哈密顿以第一名的成绩进入都柏林大学三一学院学习. 4 年以后, 22 岁的哈密顿成为敦辛克天文台的皇家天文研究员和三一学院的天文学教授.

　　　　哈密顿不是一位观测天文学家, 他的主要学术成果都是理论工作, 涉及几何光学、分析力学和四元数代数. 他提出的哈密顿变分原理、哈密顿函数、哈密顿正则方程是现代理论物理学的基本语言体系中最重要的组成部分, 哈密顿算符、哈密顿–雅可比方程成为微分方程和泛函分析中的重要工具, 而四元数代数则是代数学中的重要成果. 此外, 哈密顿还在代数学中引入了结合律的概念.

本章人物: 薛定谔

　　　　薛定谔 (Erwin Rudolf Josef Alexander Schrödinger, 1887~1961), 奥地利物理学家, 量子力学奠基人之一, 分子生物学的早期研究者. 与狄拉克一同获得 1933 年诺贝尔物理学奖.

　　　　1925 年底到 1926 年初, 薛定谔提出了波动力学的基本方程 (薛定谔方程), 正式成为量子力学的奠基人之一. 随后, 他又提出了后来称为克莱因–戈尔登方程的相对论波动方程. 主要著作有《波动力学四讲》《统计热力学》等.

薛定谔

　　　　薛定谔不愿意接受哥本哈根学派关于波函数的概率解释. 为此, 他提出了著名的薛定谔的猫的思想实验. 对这一思想实验的解释一直引领着量子力学的发展.

　　　　薛定谔后期的研究兴趣转向了生命科学, 著有《生命是什么》一书, 试图用热力学、量子力学和化学理论来解释生命的本质.

第1章习题

1.1　试说明为什么对于严格的保守力学系统其相空间中不同的相轨道不能相交.

1.2　在哈密顿力学中, 相空间中任意函数 $f(q, p)$ 均满足方程 $\dfrac{\mathrm{d}f}{\mathrm{d}t} = \{f, \mathcal{H}(q, p)\}_{\mathrm{PB}}$. 试将上式与刘维尔方程 (1.37) 进行对比, 体会刘维尔方程对孤立系的分布函数提出的限制.

1.3　假设有一含有 N 个粒子的孤立理想气体在 D 维空间内占据广义体积 V, 并且已经达到热力学平衡.

　　(a) 试证明系统具有总能量 E 的宏观态所含的微观状态数由式 (1.74) 决定;

　　(b) 根据上述结果求出该气体系统的熵、温度、能态方程以及热物态方程.

1.4　试证明对由不同种类粒子构成的混合宏观系统, 微观态的分布函数由式 (1.57) 给定.

1.5 将一个已经达到热平衡但尚未达到力学平衡的孤立宏观系统分成内能与粒子数各自保持不变的两个子系, 试根据力学平衡条件来分析在整个系统向热力学平衡态过渡的过程中各子系的体积如何变化.

1.6 将一个已经达到热平衡但尚未达到物质平衡的孤立宏观系统分成内能与体积各自保持不变的两个子系, 试根据物质平衡条件来分析在整个系统向热力学平衡态过渡的过程中各子系的粒子数如何变化. (提示: 在以上两题中, 我们假定系统中的物质不是理想气体)

第1章

第 2 章　热力学基本规律

学习目标与要求

(1) 熟悉几个基本热力学定律的物理含义和不同表述.

(2) 掌握基本的热力学等式和热力学函数的计算方法.

(3) 树立全部热力学状态函数和过程参量均可在已知任一热力学势的前提下通过热力学等式计算出来的观念.

(4) 掌握热力学平衡条件和平衡的稳定条件.

第 2 章知识图谱

　　热力学是一门关于宏观系统的宏观规律的演绎科学, 它的逻辑体系建立于内禀平衡态假定以及热力学第零定律至第三定律的基础之上. 虽然热力学第三定律 1906 年才被能斯特[①]提出, 而第零定律直到 1939 年才被福勒[②]正式命名, 但热力学的主要思想和理论成果在 19 世纪就已经基本完成, 其中包括对第零定律的朴素认识, 例如两个同温系统相互接触时彼此不发生传热 (麦克斯韦, 1872 年). 由于内禀平衡态假定和热力学第零定律已经在第 1 章中介绍平衡态的概念时予以描述, 因此本章将以其余 3 个热力学基本定律为主线介绍平衡态热力学的基本知识.

2.1　热力学第一定律

　　首先看热力学第一定律. 在 1.3 节中曾经提到, 一个宏观系统与外界之间的相互作用有 3 个通道, 即传热、做功和交换物质. 如果在系统所经历的宏观过程中, 上述任何一个通道处于开启状态, 系统的内能都会发生变化. 热力学第一定律就是描述系统在宏观过程中能量发生传递和转化的定律, 其文字表述如下.

---

① 能斯特 (Walther Hermann Nernst), 1864~1941, 德国物理学家及物理化学家, 1920 年因发现绝对零度不可达到而获诺贝尔化学奖.

② 福勒 (Ralph Howard Fowler), 1889~1944, 英国物理学家、天文学家, 其主要学术成果聚焦于对恒星的光谱、压力、温度的开创性研究以及对白矮星的统计物理分析.

热力学第一定律

系统在宏观过程中内能的增量 $\mathrm{d}E$ 等于外界向系统传入的热量 $\text{đ}Q$、外界对系统所做的总功 $\text{đ}W$ 以及外界向系统输入的物质所携带的能量 $\text{đ}\varPi$ 之和, 即

$$\mathrm{d}E = \text{đ}Q + \text{đ}W + \text{đ}\varPi. \tag{2.1}$$

为了简单起见, 我们暂时关闭物质交换通道, 即取 $\text{đ}\varPi = 0$, 相应的系统为封闭系. 这时, 热力学第一定律的数学表述变为

$$\mathrm{d}E = \text{đ}Q + \text{đ}W. \tag{2.2}$$

不将传热量和做功量写为 $\mathrm{d}Q$ 和 $\mathrm{d}W$ 而是写为 $\text{đ}Q$ 和 $\text{đ}W$ 的原因是: Q 和 W 都不能单纯地由过程的首、末态完全决定, 而是和系统经历的实际过程的细节有关, 或者说它们都是过程量. 与状态参量不同, 过程量在宏观态空间中不对应于某个具体的点, 而是依赖于整条过程曲线.

历史上, 封闭系的热力学第一定律 (2.2) 是一个完全基于实验事实的经验定律. 在热力学发展的早期阶段, 传热、做功与内能都是彼此独立的概念. 直到 1842 年, 德国物理学家冯·梅耶[1]确认了机械能与热量之间具有等价关系, 1843 年焦耳[2] 进一步将这一等价关系明确化, 提出了 "热功当量" 这个概念, 即

$$1\,\mathrm{cal} = 4.184\,\mathrm{J}.$$

1847 年, 德国物理学家亥姆霍兹[3] 正式建立了热力学第一定律的数学形式 (2.2). 由于内能、传热以及机械功在物理本质上是等效或者可以相互转化的, 在现代的文献中主张统一地使用能量的国际单位焦耳 (J) 来计量以上几个物理量.

虽然热力学第一定律起源于实验事实, 但是它却有一个很直观的统计物理解释. 假定系统的微观态适于用量子力学描述, 那么, 系统的内能作为微观态能量的统计平均值可以写为

$$E = \sum_n E_n \rho_n. \tag{2.3}$$

因此,

$$\mathrm{d}E = \sum_n \Big[(\mathrm{d}E_n)\rho_n + E_n \mathrm{d}\rho_n \Big] = \sum_n \Big[(\mathrm{d}E_n)\rho_n + E_n (\mathrm{d}\log\rho_n)\rho_n \Big]. \tag{2.4}$$

在上式右边第一项中, $\mathrm{d}E_n$ 是系统微观态能量的变化. 能够引起封闭系微观态能量变化的唯一因素是做功, 因此, 这一项对应着外界对系统所做的功 $\text{đ}W$. 上式右边第二项与系统微观态分布概率的变化有关. 导致微观态分布概率发生变化的原因是外界向系统传热, 因此

---

[1] 冯·梅耶 (Julius Robert von Mayer), 1814~1878, 德国医生、物理学家.

[2] 焦耳 (James Prescott Joule), 1818~1889, 英国物理学家. 焦耳 (J) 作为能量单位, 其大小等于 $1\mathrm{J} = 1\mathrm{kg} \cdot \mathrm{m}^2/\mathrm{s}^2 = 1\mathrm{N} \cdot \mathrm{m}$.

[3] 亥姆霍兹 (Hermann Ludwig Ferdinand von Helmholtz), 1821~1894, 德国物理学家, 同时也是一名医生.

这一项对应着传热 đQ. 上述统计解释同样适用于采用经典力学描述微观态的系统, 只需将式 (2.3) 更换为 $E = \int E(q,p)\rho_N(q,p)\,\mathrm{d}\Gamma^{(N)}$ 然后重复式 (2.4) 中的过程即可.

在最简单的情况下, 外界对系统做功的原因只是机械作用, 这时做功量可以有一个简明的表达方法. 以 3 维空间中的线型气缸–活塞系统为例, 如图 1.1 所示, 设气缸内气体的机械压强 (即作用在单位面积上的机械力) 为 $\tilde{P}$, 活塞的底面积为 A. 当外力将活塞向内压缩距离为 $\mathrm{d}l$ 时, 缸内气体体积的改变量为 $\mathrm{d}V = -A\mathrm{d}l$. 另外, 在外力向内推进活塞的过程中, 外界所施加的力是作用在活塞上的气体压力的反作用力, 因此, $F = -\tilde{P}A$, 做功量为 $\mathrm{d}W = F \cdot (-\mathrm{d}l) = \tilde{P}A\mathrm{d}l = -\tilde{P}\mathrm{d}V$.

对于更一般的情况 (图 2.1), 可以将气体的膨胀或压缩过程形象地划分成很多个无穷小的气缸–活塞系统, 然后逐个计算每个小气缸–活塞系统贡献的机械功, 最后对这些小气缸–活塞系统进行求和. 经过这一番操作后, 外力所做的总功依然可以表达为

$$\mathrm{d}W = -\tilde{P}\mathrm{d}V.$$

在以上分析中只考虑了 3 维气体的情况. 如果系统不是 3 维的, 而是存在于更为一般的 D 维, 依然可以将外力所做的机械功写为 $\mathrm{d}W = -\tilde{P}\mathrm{d}V$, 只不过这时的 V 变成了系统所占据的 D 维体积, 而 $\tilde{P}$ 则是 D 维气体的广义机械压强. 例如, 当 $D = 2$ 时, 相应的 2 维体积就是系统的面积, 而对应的广义机械压强则与系统的表面张力相差一个负号. 当 $D = 1$ 时, 相应的 "体积" 就是系统的长度, 而对应的广义机械压强就是系统内部的弹性力的负值.

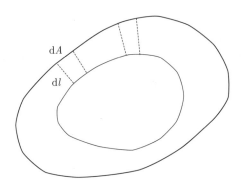

图 2.1　一般情况下外力压缩气体的示意图

在热力学第一定律的表达式 (2.2) 中, 另一个对象是外界向系统内传递的热量 đQ. 对于系统所经历的一般过程, 并没有一个简单的方法来直接确定 đQ 的大小. 因此, 可以将式 (2.2) 作为在一般情况下计算外界向系统传热的一个间接公式, 即

$$\mathrm{d}Q = \mathrm{d}E - \mathrm{d}W = \mathrm{d}E + \tilde{P}\mathrm{d}V. \tag{2.5}$$

定义系统的等容热容为

$$C_V \equiv \left(\frac{\partial Q}{\partial T}\right)_V,$$

从式 (2.5) 立刻可知

$$C_V = \left(\frac{\partial E}{\partial T} \right)_V.$$

另一方面, 定义系统的等压热容为

$$C_{\tilde{P}} \equiv \left(\frac{\partial Q}{\partial T} \right)_{\tilde{P}},$$

则式 (2.5) 给出

$$C_{\tilde{P}} = \left(\frac{\partial E}{\partial T} \right)_{\tilde{P}} + \tilde{P} \left(\frac{\partial V}{\partial T} \right)_{\tilde{P}}. \tag{2.6}$$

尽管等容热容和等压热容均是与系统经历的过程相关的, 但是理论上计算这些热容量却只需用到状态函数的某些特定的偏微商.

假定系统经历一个循环过程. 由于内能是状态函数, 在循环过程中内能不发生变化. 因此, 从式 (2.5) 可以得出

$$\oint \mathrm{d}Q = \oint \tilde{P}\mathrm{d}V = -\oint \mathrm{d}W.$$

这就是说, 在保持系统内能不变的前提下, 要想让系统对外做功, 则必须从外界吸取等量的热量. 从数值上看, 系统经历一个循环过程对外所做的机械功等于 $\tilde{P}$-V 平面上对应于该循环过程的封闭曲线所包围的面积 (参见图 2.2).

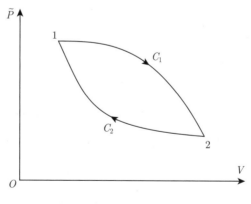

图 2.2 一个任意的循环过程

如果系统不从外界吸热, 则上式给出

$$-\oint \mathrm{d}W = 0.$$

用文字叙述, 上式的含义就是: 不损失热能而对外做功的第一类永动机无法实现. 这一说法可以被看作热力学第一定律的另一个表述.

注意: 本节中使用的 (广义) 机械压强 $\tilde{P}$ 与第1章中讨论力学平衡条件时引入的 (广义) 热力学压强 P 具有不同的定义式. 两者之间的关系只有在讨论准静态可逆过程时才能变得明确. 这一任务将留待 2.2 节来解决.

2.2　热力学第二定律

2.2.1　热力学第二定律的表述与卡诺定理

与热力学第一定律类似, 热力学第二定律也是在对宏观系统进行实验观测的基础上总结出来的实验定律. 第二定律涉及的主要概念是宏观过程的不可逆性, 它有多种等价的表述, 其中最为经典的表述当属克劳修斯[①] (1850 年) 和开尔文 (1852 年) 提出的两个表述.

热力学第二定律的克劳修斯表述

不可能从低温热库取热将其传给高温热库而不引起其他变化.

热力学第二定律的开尔文表述

不可能从单一热库取热将其全部变为对外做功而不引起其他变化.

需要稍加解释的是, 在以上两种表述中所提到的 "不引起其他变化" 过程的真实含义是在一个孤立系统内部通过自发演化即可实现的过程. 以克劳修斯表述为例, 如果将高温热库与低温热库合并为一个总的孤立系, 那么在两者重新达到平衡态之前, 自发的演化只能是热量从高温热库流向低温热库, 而相反的过程是不会自发出现的. 如果除高温热库和低温热库以外还存在包容两者的外部环境, 那么克劳修斯表述并不排除在付出恰当的环境代价的同时从低温热库提取热量并传递给高温热库的可能性.

为了证明上述两种表述的等价性, 需要引入热机的概念: 热机就是将热量 (或者内能) 转化为机械功的机器. 热机的工作原理是: 吸热器从高温热库取热, 换能器将其中一部分热量转换为机械功, 最后将另一部分热量排放到低温热库. 可逆热机是指能够反向工作的热机, 即可以从低温热库取热、同时吸收外界的一部分机械功, 并将两者的总和作为热量传递给高温热库的机器. 在热力学中所谈的热机都是理想机器, 它们都遵从热力学第一定律并且自身并不储热, 因此与现实生活中自身可以储热并可能会导致耗散的物理机器并不相同. 理论上一个任意热机工作所需的高温和低温热库并不需要保持恒定的温度. 不过, 在本节内的论证过程中所用的热机总是工作于两个恒温热库之间.

[①] 克劳修斯(Rudolf Julius Emmanuel Clausius), 1822～1888, 德国物理学家和数学家, 热力学最主要的创立者之一.

下面用热机概念来证明热力学第二定律的上述两种表述是等价的. 证明的基本逻辑是反证法.

1) 违反克劳修斯表述必违反开尔文表述

若克劳修斯表述不成立, 就可以制作一个能从低温热库 T_2 取热传送到高温热库 T_1 而对内、外界都不发生其他影响的热机 A. 这样, 由热机 A 和另一热机 B 联合动作, 就形成了一个从单一热库取热做功而不产生其他影响的热机 (图 2.3). 因此, 违反克劳修斯表述必违反开尔文表述.

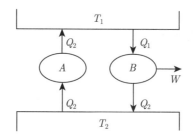

图 2.3 违反克劳修斯表述必违反开尔文表述

2) 违反开尔文表述必违反克劳修斯表述

若开尔文表述不成立, 则可以制作一个从单一热库取热将其完全变成有用的功而不产生其他影响的热机 (第二类永动机)A, 它和逆向工作的可逆热机 B 联合动作, 结果是从低温热库取热传送到高温热库而未产生其他影响 (图 2.4). 因此, 违反开尔文表述必违反克劳修斯表述.

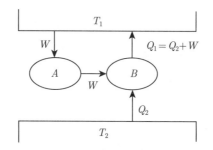

图 2.4 违反开尔文表述必违反克劳修斯表述

由此可见, 上述两种表述实际上是等价的.

热机的效率是评价热机好坏的一个重要指标, 其定义是热机从热库吸收的热量中转化为机械功的百分比, 即

$$\eta = \frac{W}{Q_1}. \tag{2.7}$$

热力学第二定律的开尔文表述指出, 不可能制造出效率为 1 的热机. 事实上, 给定两个恒定的工作温度 T_1、T_2, 相应的热机效率有一个最大值. 这一点是由卡诺[①] 定理决定的.

---

① 卡诺(Nicolas Léonard Sadi Carnot), 1796~1832, 法国物理学家和工程师.

卡诺定理

工作于两个恒温热库间的一切热机中可逆机的效率最大.

卡诺定理的推论

工作于两个恒温热库间的一切可逆热机效率相同.

证明　设有两个恒温热库 T_1、T_2, 且 $T_1 > T_2$. 在两个热库间有两个热机 A 和 A' 同时工作, 如下所示.

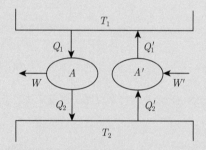

假定热机 A' 可逆并处于逆向工作状态. 显然,

$$W = Q_1 - Q_2, \qquad W' = Q_1' - Q_2',$$

若 $Q_1 = Q_1'$, 则有

$$W - W' = Q_2' - Q_2.$$

假定卡诺定理不成立, 则可以选择热机 A, 使其效率大于可逆热机 A' 的效率

$$\eta_A = \frac{W}{Q_1} > \frac{W'}{Q_1} = \eta_A'.$$

这样就有

$$W - W' = Q_2' - Q_2 > 0,$$

也就是说, 两个热机 A 和 A' 联合工作时得到了一个从单一热库取热对外做功的第二类永动机, 而这是违反热力学第二定律的. 实际情况是必须遵守热力学第二定律, 因此, 对任意选择的热机 A, 总会有

$$\eta_A \leqslant \eta_A'.$$

卡诺定理得证.

如果热机 A 也是一个可逆热机, 那么, 将 A、A' 同时逆转, 重复上述过程可证

$$\eta_A \geqslant \eta_A'.$$

因此只能有

$$\eta_A = \eta'_A.$$

这样就证明了卡诺定理的推论.

工作在两个恒温热库之间并且效率最大的可逆热机称为**卡诺热机**. 根据卡诺定理及其推论, 卡诺热机的吸热、放热过程仅发生在两个温度不同的等温过程中, 除等温吸热、放热过程外, 其工作循环的其余部分都必须是绝热的. 卡诺热机的效率只与两个恒温热库的温度有关, 而与热机的工作物质无关. 图 2.5 画出了卡诺热机的循环过程. 整个循环由等温膨胀 ($1 \to 2$)、绝热膨胀 ($2 \to 3$)、等温压缩 ($3 \to 4$) 和绝热压缩 ($4 \to 1$)4 个阶段构成, 每个阶段都要求是准静态的, 这样才能保证整个循环是可逆过程.

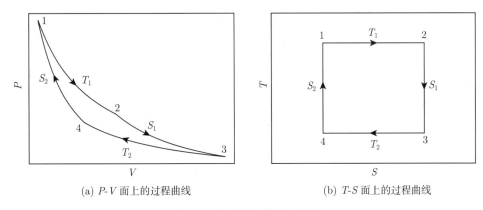

(a) $P\text{-}V$ 面上的过程曲线   (b) $T\text{-}S$ 面上的过程曲线

图 2.5 卡诺热机的循环过程

由于卡诺循环是准静态可逆过程, 热力学第一定律适用, 因此, 在循环过程中的任一阶段, 都有

$$\mathrm{d}E = \mathrm{d}Q + \mathrm{d}W = \mathrm{d}Q - \tilde{P}\mathrm{d}V. \tag{2.8}$$

另外, 由于熵是状态函数, 且对于封闭系, 粒子数 N 保持为常数, 因此有 $S = S(E, V)$. 对 S 求全微分, 得

$$\mathrm{d}S = \left(\frac{\partial S}{\partial E}\right)_V \mathrm{d}E + \left(\frac{\partial S}{\partial V}\right)_E \mathrm{d}V. \tag{2.9}$$

从式 (1.83) 已经知道 $\left(\dfrac{\partial S}{\partial E}\right)_V = \left(\dfrac{\partial S}{\partial E}\right)_{V,N} = \dfrac{1}{T}$, 而式 (1.84) 则给出 $\left(\dfrac{\partial S}{\partial V}\right)_E = \left(\dfrac{\partial S}{\partial V}\right)_{E,N}$ $= \dfrac{P}{T}$. 因此, 式 (2.9) 可以重写为

$$\mathrm{d}E = T\mathrm{d}S - P\mathrm{d}V. \tag{2.10}$$

这个方程又被称作封闭系的热力学基本微分关系式, 它可以被看作是从熵的表达式 $S = S(E, V)$ 中反解出状态函数 $E = E(S, V)$ 并求全微分的结果. 由于内能是依赖于 (S, V) 的

状态函数, $\mathrm{d}S$ 与 $\mathrm{d}V$ 是两个彼此独立的状态参量的微分, 将式 (2.10) 与式 (2.8) 比较, 可以发现: 在准静态可逆过程中, 有

$$P = \tilde{P}, \tag{2.11}$$

$$\text{d}Q = T\mathrm{d}S. \tag{2.12}$$

　　式 (2.11) 表明, 在准静态可逆过程中热力学压强与机械压强相等. 在本书中大部分章节讨论的都是经历准静态可逆过程的平衡态热力学系统, 除遇到例外场合时会特别说明以外, 今后将不再区分热力学压强与机械压强. 因此, 今后谈及等压过程以及等压热容时, 所涉及的压强均以热力学压强 P 来标记.

讨论和评述

　　在确认了热力学压强与机械压强在准静态可逆过程中等价之后, 可以发现, 第 1 章中讨论的力学平衡条件 $P_1 = P_2$ 仅适用于相互接触的两个系统具有相同空间维度的情况. 如果涉及不同维数的系统相互接触, 这个条件需要重新审视. 例如, 在 3 维气体系统内部如果存在一个球形液膜 (肥皂泡) 与气体系统达到力学平衡, 那么在绝热元膨胀过程中, 机械功使液膜内能发生的改变量有两种等价的写法, 其一是将机械功表达为气体对液泡所做的功

$$\text{d}W = (P_{\text{int}} - P_{\text{ext}})\mathrm{d}V,$$

其二是将机械功表达为液泡的表面张力所做的功

$$\text{d}W = \sigma\mathrm{d}A,$$

其中, P_{ext} 和 P_{int} 分别是液泡外部和内部的气体压强, σ 和 A 分别是液泡的表面张力和表面积. 以上两种表达式应该相等. 考虑到 $V = \dfrac{4}{3}\pi r^3$, $A = 4\pi r^2$, 我们有

$$P_{\text{ext}} = P_{\text{int}} - \frac{2\sigma}{r}.$$

可见, 当球形液泡存在并且与环境达到平衡时, 液泡内外的压强并不相等.

　　式 (2.12) 是一个非常重要的结果. 利用这个结果容易得出: 在一个完整的卡诺循环中, 系统从高温热库吸收的热量为

$$Q_1 = Q_{1\to2} = T_1(S_1 - S_2),$$

而系统向低温热库放出的热量为

$$Q_2 = Q_{3\to4} = T_2(S_1 - S_2).$$

因此, 卡诺热机的效率

$$\eta = \frac{W}{Q_1} = 1 - \frac{Q_2}{Q_1} = 1 - \frac{T_2}{T_1}$$

的确仅与两个热库的温度有关.

2.2.2 克劳修斯不等式

考虑封闭系的两个相邻的宏观态, 如果通过一个可逆的元过程[①] 将它们连接起来, 则在过程中系统发生的熵变为

$$\mathrm{d}S \equiv \mathrm{d}S_r = \frac{\text{đ}Q}{T}. \tag{2.13}$$

如果通过不可逆元过程将它们连接起来, 则过程中发生的熵变比上式给出的结果更多, 其中, 额外增加的部分 $\mathrm{d}S_i$ 称为不可逆熵产生

$$\mathrm{d}S = \mathrm{d}S_r + \mathrm{d}S_i > \frac{\text{đ}Q}{T}. \tag{2.14}$$

结合以上两式, 可以得到以下结果:

$$\mathrm{d}S \geqslant \frac{\text{đ}Q}{T}. \tag{2.15}$$

不等式 (2.15) 称为克劳修斯不等式, 不等式饱和时对应着可逆元过程. 克劳修斯不等式也可以等价地写为

$$\mathrm{d}S_i \geqslant 0.$$

用文字表述, 上式可以描述为: 封闭系经历任意元过程时熵产生非负. 当系统经历的是可逆元过程时, 熵产生为零.

如果系统经历的元过程是绝热的, 则式 (2.15) 给出

$$\mathrm{d}S \geqslant 0,$$

即封闭系经历任何绝热元过程后熵不会减小. 当系统经历绝热可逆过程时, 熵保持不变. 这个结论是针对封闭系重新表述的熵增加原理.

例 2.1 【克劳修斯不等式的证明】

考虑一个任意的元热机 (即执行一个无限小过程对外做功的热机), 它在一个工作周期内从温度为 T_1 的高温热库吸热 $\text{đ}Q_1$, 向温度为 T_2 的低温热库放热 $\text{đ}Q_2$. 根据卡诺定理, 若这个元热机可逆, 则其效率与卡诺热机一致, 若该元热机不可逆, 则其效率一定低于卡诺热机的效率. 因此有

$$1 - \frac{\text{đ}Q_2}{\text{đ}Q_1} \leqslant 1 - \frac{T_2}{T_1}.$$

如果我们坚持符号 $\text{đ}Q$ 仅用于表示吸热量, 那么上式中的 $\text{đ}Q_2$ 需要反号, 因此上式可以整理为

$$\frac{\text{đ}Q_1}{T_1} + \frac{\text{đ}Q_2}{T_2} \leqslant 0.$$

---

① 元过程即宏观量只发生微小改变的过程.

宏观系统所经历的任何过程都可以被划分为无数多的元过程, 因此, 在一个有限的循环过程中, 将会有

$$\oint \frac{\mathrm{d}Q}{T} \leqslant 0.$$

如果一个循环过程由两个阶段构成, 其中 $1 \to 2$ 段不可逆的, 这段过程记作 C_1, $2 \to 1$ 段是可逆的, 这段过程记作 C_2, 那么, 上式可以改写为

$$\int_{C_1} \frac{\mathrm{d}Q}{T} + \int_{C_2} \frac{\mathrm{d}Q}{T} \leqslant 0,$$

或者写为

$$\int_{-C_2} \frac{\mathrm{d}Q}{T} \geqslant \int_{C_1} \frac{\mathrm{d}Q}{T},$$

其中 $-C_2$ 表示 C_2 的逆过程. 由于 $-C_2$ 是可逆过程, 利用式 (2.12) 可以直接写出

$$S_2 - S_1 \geqslant \int_{C_1} \frac{\mathrm{d}Q}{T}.$$

如果 $-C_2$ 和 C_1 都是元过程, 那么上式就是 $\mathrm{d}S \geqslant \dfrac{\mathrm{d}Q}{T}$, 此即克劳修斯不等式.

注意: 在上例中, 由于 C_1 段不可逆, 过程积分 $\displaystyle\int_{-C_1} \frac{\mathrm{d}Q}{T}$ 不具有良定义.

2.3　热力学势与封闭系的热力学关系

热力学第一定律和第二定律对于描述宏观过程的演化方向、揭示不同的宏观态函数之间隐藏的定量关系具有十分重要的作用. 在本节中将利用上述两个热力学基本定律来研究封闭系中的热力学函数之间的定量关系, 同时给出几个对于描述封闭系的热力学至关重要的热力学势.

2.3.1　热力学势

在 2.2 节中我们已经知道, 如果系统经历的是准静态可逆过程, 热力学第一定律可以用状态函数 $E = E(S, V)$ 的全微分来表达, 即式 (2.10)

$$\mathrm{d}E = T\mathrm{d}S - P\mathrm{d}V.$$

因此, 在等容可逆过程中系统从外界吸收的热量等于系统内能的增加量.

如果系统经历的过程未必可逆, 则结合热力学第一定律与克劳修斯不等式可得

$$\mathrm{d}E \leqslant T\mathrm{d}S - P\mathrm{d}V. \tag{2.16}$$

假定一封闭系经历了从宏观态 1 到另一个宏观态 2 的等压过程. 在这个等压过程中对式 (2.5) 积分, 有

$$Q = \int_{1 \to 2} \mathrm{d}Q = \int_{1 \to 2} \mathrm{d}E + P \int_{1 \to 2} \mathrm{d}V = E_2 - E_1 + P(V_2 - V_1).$$

上式可以整理成

$$Q = H_2 - H_1, \tag{2.17}$$

其中,

$$H = E + PV. \tag{2.18}$$

与内能类似, H 也是一个具有能量量纲的宏观状态函数, 称为焓. 式 (2.17) 表明, 在等压可逆过程中系统从外界吸收的热量等于系统焓的增加量.

在准静态可逆过程中对焓求微分, 可得

$$\mathrm{d}H = T\mathrm{d}S + V\mathrm{d}P. \tag{2.19}$$

因此, 焓必为熵与压强的函数, $H = H(S, P)$. 值得注意的是: 从内能到焓的变换式 (2.18) 不仅改变了函数值, 同时还改变了独立状态参量的集合 [从 (S, V) 变成了 (S, P)]. 这种变换称为勒让德变换 [请参阅附录 A 中的 A.6 节].

如果系统经历的过程未必可逆, 则结合式 (2.16) 和式 (2.18) 可得

$$\mathrm{d}H \leqslant T\mathrm{d}S + V\mathrm{d}P.$$

再来看方程 (2.13). 如果宏观过程 $1 \to 2$ 是一个等温可逆过程, 那么, 在过程中对式 (2.13) 进行积分, 有

$$S_2 - S_1 = \int_{1 \to 2} \frac{\mathrm{d}Q}{T} = \frac{Q}{T} = \frac{1}{T}(E_2 - E_1 - W),$$

式中最后一步利用了热力学第一定律. 上式可以整理为

$$F_2 - F_1 = W, \tag{2.20}$$

其中,

$$F = E - TS. \tag{2.21}$$

显然, F 也是一个态函数, 称为亥姆霍兹自由能, 有时简称为自由能. 式 (2.20) 表明, 在等温可逆过程中系统的亥姆霍兹自由能的增加量等于外界对系统所做的功.

在准静态可逆过程中对亥姆霍兹自由能进行微分, 可得

$$\mathrm{d}F = -S\mathrm{d}T - P\mathrm{d}V, \tag{2.22}$$

因此亥姆霍兹自由能必为温度与体积的函数, $F = F(T, V)$.

如果过程 $1 \to 2$ 是等温但未必可逆的过程, 则可以在过程中对不等式 (2.15) 进行积分, 结果得到

$$F_2 - F_1 \leqslant W,$$

即在等温过程中系统的亥姆霍兹自由能的增量不大于外界对系统所做的功, 或者说成: 在等温过程中系统对外做功的最大值是它的亥姆霍兹自由能的减少量. 这个结论也称为最大功原理. 如果系统除等温外, 体积也保持恒定, 那么就有

$$F_2 - F_1 \leqslant 0,$$

即等温等容过程向亥姆霍兹自由能减少的方向进行, 至亥姆霍兹自由能最小时, 系统的剩余演化成为可逆过程.

将系统在等温过程中对外做功分为机械功和非机械功两部分, 那么, 在可逆的等温等压过程中对式 (2.13) 进行积分, 可得

$$S_2 - S_1 = \int_{1 \to 2} \frac{\mathrm{d} Q}{T} = \frac{1}{T} \int_{1 \to 2} (\mathrm{d}E - \mathrm{d}W)$$

$$= \frac{1}{T} \left(E_2 - E_1 + P \int_{1 \to 2} \mathrm{d}V - \int_{1 \to 2} \mathrm{d}\tilde{W} \right),$$

其中, $\tilde{W}$ 为非机械功. 上式也可以整理为

$$G_2 - G_1 = \tilde{W},$$

其中, 状态函数

$$G = E - TS + PV \tag{2.23}$$

称为吉布斯自由能, 也称自由焓或吉布斯函数. 在可逆过程中对吉布斯自由能求微分, 可以得到

$$\mathrm{d}G = -S\mathrm{d}T + V\mathrm{d}P. \tag{2.24}$$

因此, 吉布斯自由能必为温度和压强的函数, $G = G(T, P)$.

如果系统经历的等温等压过程未必可逆, 则可以在过程中对不等式 (2.15) 进行积分, 结果得到

$$G_2 - G_1 \leqslant \tilde{W}.$$

若 $\tilde{W} = 0$, 有

$$G_2 - G_1 \leqslant 0,$$

即在等温等压过程中若没有非机械因素对系统做功, 则过程向吉布斯自由能减少的方向进行, 至吉布斯自由能最小时, 系统的剩余演化成为可逆过程.

以上给出的几个新的宏观态函数 H、F、G 与内能 E 一样, 都具有能量量纲. 所有这些具有能量量纲的宏观态函数统称为热力学势. 式 (2.19)、式 (2.22) 和式 (2.24) 分别是针对热力学势 H、F、G 重新写出的热力学基本微分关系式. 而式 (2.21) 和式 (2.23) 与式 (2.18) 类似, 都是从内能到其他热力学势的勒让德变换.

从上述讨论可以得知, 内能适合描写宏观系统的总能量, 焓适合描写系统蕴含的热能, 亥姆霍兹自由能适合描写系统蕴含的机械能, 而吉布斯自由能则适合描写系统蕴含的 (广义的) 化学能[①].

必须强调指出的是: 每个热力学势都有其天然适配的状态参量. 如果写出上述具有能量量纲的状态函数时没有采用其天然适配的状态参量, 相应的状态函数就不能被称作热力学势. 作为一个明显的例子, 我们可以回顾一下例 1.8 中给出的孤立理想气体的内能 $E = \frac{1}{2}DNk_0T$, 由于没有采用与 E 天然适配的状态参量 (S, V), 这一结果只能当作状态函数而不能看作热力学势.

2.3.2 封闭系的热力学函数关系

现在让我们回顾用不同的热力学势写出的热力学基本微分关系式

$$\mathrm{d}E = T\mathrm{d}S - P\mathrm{d}V,$$

$$\mathrm{d}H = T\mathrm{d}S + V\mathrm{d}P,$$

$$\mathrm{d}F = -S\mathrm{d}T - P\mathrm{d}V,$$

$$\mathrm{d}G = -S\mathrm{d}T + V\mathrm{d}P.$$

这些基本微分关系式表达的均是各热力学势作为状态函数的全微分. 因此, 很容易写出各个热力学势关于其独立状态参量的偏导数

$$T = \left(\frac{\partial E}{\partial S}\right)_V, \qquad -P = \left(\frac{\partial E}{\partial V}\right)_S, \tag{2.25}$$

$$T = \left(\frac{\partial H}{\partial S}\right)_P, \qquad V = \left(\frac{\partial H}{\partial P}\right)_S, \tag{2.26}$$

$$-S = \left(\frac{\partial F}{\partial T}\right)_V, \qquad -P = \left(\frac{\partial F}{\partial V}\right)_T, \tag{2.27}$$

[①] 之所以在这里加上前缀 "广义的", 原因在于当使用热力学来描述宏观系统中可能发生的电离/复合、聚变/裂变等物理过程时, 对应的结合能也被归类至吉布斯自由能中. 因此, 吉布斯自由能所表达的能量不限于通常所说的化学能, 而是包括各种可能的结合能.

$$V = \left(\frac{\partial G}{\partial P}\right)_T, \qquad -S = \left(\frac{\partial G}{\partial T}\right)_P. \tag{2.28}$$

利用多元函数的二阶混合偏导数无求导顺序这一特性, 可以从式 (2.25)、式 (2.26) 以及式 (2.27)、式 (2.28) 得到

$$\left(\frac{\partial T}{\partial V}\right)_S = -\left(\frac{\partial P}{\partial S}\right)_V, \tag{2.29}$$

$$\left(\frac{\partial T}{\partial P}\right)_S = \left(\frac{\partial V}{\partial S}\right)_P, \tag{2.30}$$

$$\left(\frac{\partial S}{\partial V}\right)_T = \left(\frac{\partial P}{\partial T}\right)_V, \tag{2.31}$$

$$\left(\frac{\partial V}{\partial T}\right)_P = -\left(\frac{\partial S}{\partial P}\right)_T. \tag{2.32}$$

方程 (2.29)~方程 (2.32) 统称为麦克斯韦关系, 它们是热力学中处于核心位置的定量关系式, 对于处理热力学中各种状态函数以及过程参量之间的数学关系将起到非常重要的作用.

利用前面给出的各种关系式, 可以验证如下的马休[①] 定理:

马休定理

选定合适的状态参数, 只需一个热力学势就可以完全确定宏观系统的平衡态热力学性质.

下面以温度和体积作为独立状态参量, 并给定亥姆霍兹自由能 $F(T, V)$ 来说明马休定理确实是成立的. 利用式 (2.27) 可得

$$E = F + TS = F - T\left(\frac{\partial F}{\partial T}\right)_V = -T^2\left(\frac{\partial}{\partial T}\frac{F}{T}\right)_V, \tag{2.33}$$

$$G = F + PV = F - V\left(\frac{\partial F}{\partial V}\right)_T, \tag{2.34}$$

$$H = E + PV = F - T\left(\frac{\partial F}{\partial T}\right)_V - V\left(\frac{\partial F}{\partial V}\right)_T. \tag{2.35}$$

注意, 式 (2.27) 中的第二个等式就是系统的热物态方程 $P = P(T, V)$, 而式 (2.33) 则是系统的能态方程 $E = E(T, V)$. 对于一个封闭的热力学系统, 知道了热物态方程和能态方程, 就可以确定其全部的平衡态热力学性质.

[①] 马休 (François Jacques Dominique Massieu), 1832~1896, 法国热物理学家、热力学工程师. 马休定理的原始内容是 "只需要一个特性函数就可以确定宏观系统的全部平衡态性质", 其中的特性函数又称马休函数, 它们都是与熵同量纲的状态函数, 如焓与温度的比值、亥姆霍兹自由能与温度的比值以及吉布斯自由能与温度的比值等. 在现代的热力学文献中更倾向于用具有能量量纲的热力学势取代马休函数来描写系统的平衡态性质.

2.3.3 宏观态空间的结构

综合前文中的结论, 现在可以将一个宏观系统的宏观态空间的特性作一个总结. 首先引入几个记号: 假定系统的热力学自由度为 r, $J = \{1, 2, \cdots, r\}$. 对任意 $\alpha \in J$, 定义 $J_\alpha \subset J$ 为 $\{\alpha\}$ 在 J 中的补集: $J_\alpha \cup \{\alpha\} = J, J_\alpha \cap \{\alpha\} = \emptyset$. 系统的宏观状态空间由以下要素完全决定:

(1) 系统的宏观位形空间由 r 个彼此独立的宏观状态参量 (称为广延参量)$\mathcal{E}^\alpha$ ($\alpha \in J$) 张成. 在特定的宏观过程中, 广延参量可以发生连续的变化.

(2) 在给定一组广延参量 $\{\mathcal{E}^\alpha\}$ 的前提下, 存在唯一的状态函数 $\Phi(\mathcal{E}^\alpha)$, 满足

$$\mathrm{d}\Phi = \sum_{\alpha=1}^{r} I_\alpha \mathrm{d}\mathcal{E}^\alpha, \tag{2.36}$$

其中, $\Phi(\mathcal{E}^\alpha)$ 称作热力学势, 而热力学势相对于广延参量的变化率

$$I_\alpha = \left(\frac{\partial \Phi}{\partial \mathcal{E}^\alpha}\right)_{\{\mathcal{E}^\beta, \beta \in J_\alpha\}} \tag{2.37}$$

称作强度参量, 也称作广延参量 $\mathcal{E}^\alpha$ 的热力学共轭量, 它们在广延参量 $\mathcal{E}^\alpha$ 发生连续变化的过程中保持不变. 显然, 强度参量并不独立于广延参量. 方程 (2.36) 就是热力学基本微分关系式, 而式 (2.37) 则给出系统的物态方程.

(3) 热力学相空间由热力学势 Φ、广延参量 $\{\mathcal{E}^\alpha\}$ 以及强度参量 $\{I_\alpha\}$ 共同张成. 这是一个 $2r+1$ 维空间. 确定系统的宏观态并不需要同时给定热力学相空间中所有变量的数值, 而只需要确定广延参量的一组数值并同时给定相应热力学势的函数形式.

讨论和评述

(1) 广延参量和强度参量这一对概念是平衡态热力学中经常使用的概念, 但是文献中对这对概念的定义却并不完全一致, 以至于在实际应用中广泛地存在各种争议和误用. 对于广延参量而言, 最常见的定义是与可加参量视为等同的, 后者的定义为与系统所含的粒子数成正比的宏观状态参量. 在本书所采用的术语体系中, 可加参量保持其原始含义, 而广延参量则被定义为以微分的形式出现在基本热力学等式中且在宏观过程中可以连续改变的宏观状态参量, 并将其与可加参量进行严格区分. 关于广延参量和强度参量概念的历史以及各种不同定义和争议, 请参阅附录 B.

(2) 虽然热力学相空间由热力学势 Φ、广延参量 $\{\mathcal{E}^\alpha\}$ 以及强度参量 $\{I_\alpha\}$ 共同张成, 但这并不意味着所有的宏观状态参量都包含在上述参量当中. 例如, 给定宏观系统的一个热力学平衡态, 其中所包含的微观状态数 Ω 是一个定义良好的宏观状态参量, 但它既不是广延参量, 也不是强度参量, 当然它也不是热力学势.

举例来说, 对于最简单的封闭气体系统, 广延参量可以选为 $\{T, V\}$, 对应的热力学势为亥姆霍兹自由能 F, 这时式 (2.36) 就成为 $\mathrm{d}F = -S\mathrm{d}T - P\mathrm{d}V$, 而式 (2.37) 则具体化为式 (2.27).

必须说明的是: 在热力学相空间中广延参量和强度参量的划分不是绝对的, 通过勒让德变换可以变更一个宏观态参量的广延/强度属性. 具体地说, 可以通过下面的变换来重选热力学势

$$\tilde{\Phi}(\tilde{\mathcal{E}}^1, \tilde{\mathcal{E}}^2, \cdots, \tilde{\mathcal{E}}^r) = \Phi(\mathcal{E}^1, \mathcal{E}^2, \cdots, \mathcal{E}^r) - \sum_{\alpha \in J'} I_\alpha \mathcal{E}^\alpha, \tag{2.38}$$

$$\tilde{\mathcal{E}}^\alpha = I_\alpha, \quad \tilde{I}_\alpha = -\mathcal{E}^\alpha, \quad (\alpha \in J') \tag{2.39}$$

其中, J' 是 J 的一个任意子集. 经上述变换后, 式 (2.36) 和式 (2.37) 均保持形式不变, 即

$$\mathrm{d}\tilde{\Phi} = \sum_{\alpha=1}^r \tilde{I}_\alpha \mathrm{d}\tilde{\mathcal{E}}^\alpha, \qquad \tilde{I}_\alpha = \left(\frac{\partial \tilde{\Phi}}{\partial \tilde{\mathcal{E}}^\alpha}\right)_{\{\tilde{\mathcal{E}}^\beta, \beta \in J_\alpha\}}.$$

热力学基本微分关系式在勒让德变换下保持形式不变是平衡态热力学的一个重要数学特征.

如果将 J' 是空集的情况也计算在内, 对于热力学自由度为 r 的宏观封闭系统, 允许的勒让德变换共有 $\sum_{\alpha=0}^r C_r^\alpha = 2^r$ 种. 这个数字同时也是能够被定义的不同热力学势的个数. 例如, 对简单的气体系统, 热力学自由度数为 2, 因此能够独立地定义的热力学势总共只有 $2^2 = 4$ 种, 即内能、焓、亥姆霍兹自由能以及吉布斯自由能. 在 2.5 节中, 我们将看到, 如果所考虑的系统是开放系, 实际允许定义的热力学势的个数将会减少为 $2^r - 1$ 个.

2.4　过程参量

除状态参量和状态函数以外, 平衡态热力学中还有一类重要的参量即过程参量. 过程参量与相应的宏观过程绑定, 在限定过程条件下往往更容易通过实验测量, 因此对通过实验检验热力学作出的理论预言具有重要的意义.

最为人熟悉的过程参量是热容. 在前文中已经定义了等容热容 C_V 和等压热容 C_P. 如果考虑到准静态可逆过程中的基本热力学等式

$$\mathrm{d}E = T\mathrm{d}S - P\mathrm{d}V, \qquad \mathrm{d}H = T\mathrm{d}S + V\mathrm{d}P,$$

容易将 C_V 和 C_P 重写为

$$C_V = \left(\frac{\partial E}{\partial T}\right)_V = T\left(\frac{\partial S}{\partial T}\right)_V, \qquad C_P = \left(\frac{\partial H}{\partial T}\right)_P = T\left(\frac{\partial S}{\partial T}\right)_P. \tag{2.40}$$

因此有,

$$C_P - C_V = T\left[\left(\frac{\partial S}{\partial T}\right)_P - \left(\frac{\partial S}{\partial T}\right)_V\right].$$

另外, 由于 $S = S(T, P) = S[T, V(T, P)]$, 故

$$\left(\frac{\partial S}{\partial T}\right)_P = \left(\frac{\partial S}{\partial T}\right)_V + \left(\frac{\partial S}{\partial V}\right)_T\left(\frac{\partial V}{\partial T}\right)_P,$$

所以有

$$C_P - C_V = T \left(\frac{\partial S}{\partial V} \right)_T \left(\frac{\partial V}{\partial T} \right)_P.$$

利用麦克斯韦关系式还可以将上式改写为

$$C_P - C_V = -T \left(\frac{\partial S}{\partial V} \right)_T \left(\frac{\partial S}{\partial P} \right)_T. \tag{2.41}$$

除热容之外, 其他常用的过程参量还包括:

(1) 等压膨胀系数 α_P

$$\alpha_P = \frac{1}{V} \left(\frac{\partial V}{\partial T} \right)_P;$$

(2) 等容压强系数 β_V

$$\beta_V = \frac{1}{P} \left(\frac{\partial P}{\partial T} \right)_V;$$

(3) 等温压缩系数 κ_T 和绝热压缩系数 κ_S

$$\kappa_T = -\frac{1}{V} \left(\frac{\partial V}{\partial P} \right)_T, \qquad \kappa_S = -\frac{1}{V} \left(\frac{\partial V}{\partial P} \right)_S. \tag{2.42}$$

压缩系数的倒数又称体积模量, 因此有等温体积模量 B_T 和绝热体积模量 B_S

$$B_T = (\kappa_T)^{-1} = -V \left(\frac{\partial P}{\partial V} \right)_T, \qquad B_S = (\kappa_S)^{-1} = -V \left(\frac{\partial P}{\partial V} \right)_S.$$

除绝热压缩系数和绝热体积模量外, 上述几个过程参量都可以从热物态方程直接计算出来, 而热物态方程可以从事先选定的任意一组广延参量和对应的热力学势求出, 因此, 在计及这些过程参量后马休定理依然是成立的.

上述过程参量之间也并不是彼此独立的. 例如, 利用附录 A 中的数学恒等式 (A.55), 可以直接证明

$$\alpha_P = P \beta_V \kappa_T. \tag{2.43}$$

为了证明绝热压缩系数也不违背马休定理, 我们先将内能看作压强与体积的函数并将其写为 $E = E(P,V) = E[T(P,V),V]$. 原则上来说, 这里出现的 T, P 均应看作通过 V 和 S 决定的隐函数, 不过在接下来的讨论中无须强调这一点. 对 E 求全微分, 有

$$\mathrm{d}E = \left(\frac{\partial E}{\partial T} \right)_V \left(\frac{\partial T}{\partial P} \right)_V \mathrm{d}P + \left[\left(\frac{\partial E}{\partial V} \right)_T + \left(\frac{\partial E}{\partial T} \right)_V \left(\frac{\partial T}{\partial V} \right)_P \right] \mathrm{d}V$$

$$= C_V \left(\frac{\partial T}{\partial P}\right)_V dP + \left[\left(\frac{\partial E}{\partial V}\right)_T + C_V \left(\frac{\partial T}{\partial V}\right)_P\right] dV. \tag{2.44}$$

另外, 如果将内能看作 T 和 P 的函数 $E = E(T, P) = E[T, V(T, P)]$, 则有

$$\left(\frac{\partial E}{\partial T}\right)_P = \left(\frac{\partial E}{\partial T}\right)_V + \left(\frac{\partial E}{\partial V}\right)_T \left(\frac{\partial V}{\partial T}\right)_P.$$

上式两边各加一项 $P\left(\frac{\partial V}{\partial T}\right)_P$ 并利用式 (2.6), 可得

$$C_P - C_V = \left[\left(\frac{\partial E}{\partial V}\right)_T + P\right] \left(\frac{\partial V}{\partial T}\right)_P.$$

从上式可以解出

$$\left(\frac{\partial E}{\partial V}\right)_T + C_V \left(\frac{\partial T}{\partial V}\right)_P = C_P \left(\frac{\partial T}{\partial V}\right)_P - P.$$

因此, 式 (2.44) 可以重写为

$$dE = C_V \left(\frac{\partial T}{\partial P}\right)_V dP + \left[C_P \left(\frac{\partial T}{\partial V}\right)_P - P\right] dV. \tag{2.45}$$

从热力学第一定律可知, 当系统经历绝热过程时, $dE = -PdV$. 将式 (2.45) 应用于绝热过程, 可得

$$C_V \left(\frac{\partial T}{\partial P}\right)_V dP + C_P \left(\frac{\partial T}{\partial V}\right)_P dV = 0. \tag{2.46}$$

这个方程称为绝热过程的微分方程, 它还可以重写为

$$\left(\frac{\partial V}{\partial P}\right)_S = -\frac{C_V}{C_P} \left(\frac{\partial T}{\partial P}\right)_V \left(\frac{\partial V}{\partial T}\right)_P = \frac{C_V}{C_P} \left(\frac{\partial V}{\partial P}\right)_T.$$

最后, 利用式 (2.42) 可以得出

$$\frac{\kappa_T}{\kappa_S} = \frac{C_P}{C_V} \equiv \gamma. \tag{2.47}$$

比值 γ 称为绝热指数. 从上述讨论可以看出: 绝热压缩系数 κ_S 完全可以从 κ_T 以及 C_V、C_P 求出, 而 κ_T 以及 C_V、C_P 都可以从热物态方程得到. 因此, 只要从事先选定的热力学势出发得到热物态方程, 则一切过程参量都可以被间接地得到.

利用以上给出的各种过程参量, 还可以进一步获得关于系统热容量的一些有用的知识. 例如, 利用麦克斯韦关系式可以将式 (2.41) 改写为

$$C_P - C_V = T \left(\frac{\partial P}{\partial T}\right)_V \left(\frac{\partial V}{\partial T}\right)_P = PVT\alpha_P \beta_V. \tag{2.48}$$

从式 (2.48) 还可以进一步得出

$$
\begin{aligned}
C_P - C_V &= -T \left(\frac{\partial P}{\partial V} \right)_T \left(\frac{\partial V}{\partial T} \right)_P \left(\frac{\partial V}{\partial T} \right)_P \\
&= -T \left(\frac{\partial P}{\partial V} \right)_T \left[\left(\frac{\partial V}{\partial T} \right)_P \right]^2 = \frac{T}{V \kappa_T} \left[\left(\frac{\partial V}{\partial T} \right)_P \right]^2.
\end{aligned} \tag{2.49}
$$

注意: 在得到上式右边的第一个等式时利用了附录 A 中的式 (A.55). 对于理想气体, 利用热物态方程 $P = N k_0 T / V$ 可以得出

$$
C_P - C_V = N k_0. \tag{2.50}
$$

> ### 讨论和评述
>
> 请注意本节介绍的过程参量与 1.6 节中介绍过的过程函数完全不同: 过程函数 (如做功量、传热量等) 通常需要用宏观态空间中沿特定曲线的曲线积分来定义, 而过程参量则仅需要利用宏观状态函数的某些偏导数就能定义.

2.5 开放系的热力学

2.5.1 开放系热力学的基本微分关系

到目前为止, 本章所讨论的对象一直局限为封闭系的平衡态热力学. 如果将系统与外界的粒子交换通道打开, 我们将面对开放系的平衡态热力学. 这时, 描述系统宏观状态的可加参量还应该增加一个, 即系统所含的粒子数[①] N. 在热力学过程中, 开放系内的粒子数 N 是可变的. 考虑到熵 $S = S(E, V, N)$, 我们有

$$
dS = \left(\frac{\partial S}{\partial E} \right)_{V,N} dE + \left(\frac{\partial S}{\partial V} \right)_{E,N} dV + \left(\frac{\partial S}{\partial N} \right)_{E,V} dN.
$$

利用式 (1.87)～ 式 (1.89), 可将上式整理为

$$
dE = T dS - P dV + \mu dN, \tag{2.51}
$$

其中

$$
\mu = -T \left(\frac{\partial S}{\partial N} \right)_{E,V}
$$

正是式 (1.90) 所定义的化学势. 将式 (2.51) 与热力学第一定律的完整表达式 (2.1) 比较, 可以发现

$$
\mathrm{d}\!\!{}^{-} \Pi = \mu dN.
$$

---

① 作为宏观状态参量, N 应该被理解为开放系在给定平衡态下所含粒子数的平均值.

对于开放系, 由于增加了 N、μ 这对互相共轭的广延/强度参量, 可以定义更多的热力学势. 例如, 对均匀的开放气体系统, 热力学自由度为 3, 总共可以定义 8 个热力学势[①]. 不过, 最常用的热力学势除了内能以外只有以下几个:

$$H = E + PV, \tag{2.52}$$

$$F = E - TS, \tag{2.53}$$

$$G = E + PV - TS, \tag{2.54}$$

$$\Omega = E - TS - \mu N. \tag{2.55}$$

其中, H、F、G 依然称为焓、亥姆霍兹自由能以及吉布斯自由能, 所不同的是它们现在都随粒子数 N 变化, 而 Ω 称为巨势[②]. 从式 (2.51) 不难求出以上几个热力学势的微分表达式

$$dH = TdS + VdP + \mu dN, \tag{2.56}$$

$$dF = -SdT - PdV + \mu dN, \tag{2.57}$$

$$dG = -SdT + VdP + \mu dN, \tag{2.58}$$

$$d\Omega = -SdT - PdV - Nd\mu. \tag{2.59}$$

从以上诸式可以得出,

$$\mu = \left(\frac{\partial E}{\partial N}\right)_{S,V} = \left(\frac{\partial H}{\partial N}\right)_{S,P} = \left(\frac{\partial F}{\partial N}\right)_{T,V} = \left(\frac{\partial G}{\partial N}\right)_{T,P}.$$

更多的热力学自由度还意味着存在更多的麦克斯韦关系式. 例如, 从式 (2.58) 是全微分的条件可以得出以下关系式:

$$-\left(\frac{\partial S}{\partial P}\right)_{T,N} = \left(\frac{\partial V}{\partial T}\right)_{P,N}, \tag{2.60}$$

$$-\left(\frac{\partial S}{\partial N}\right)_{T,P} = \left(\frac{\partial \mu}{\partial T}\right)_{P,N}, \tag{2.61}$$

$$\left(\frac{\partial V}{\partial N}\right)_{T,P} = \left(\frac{\partial \mu}{\partial P}\right)_{T,N}. \tag{2.62}$$

其中, 式 (2.60) 实际上就是式 (2.32) 在开放系中的写法, 而式 (2.61) 和式 (2.62) 则是新增加的麦克斯韦关系. 请读者自己尝试写出开放气体系统的所有可能的麦克斯韦关系.

[①] 我们很快会看到, 其中一个热力学势恒等于零, 因此实际能定义的热力学势只有 7 个.

[②] 开放系的巨势 Ω 与一般宏观系统的微观状态数 Ω 采用了相似的记号, 但两者意义完全不同, 请注意区别.

2.5.2 吉布斯–杜安方程

给定一个均匀的处于热力学平衡态的宏观系统. 如果在保持温度和压强不变的前提下人为地将这个系统分割为几个部分, 那么, 系统的总体积 V 和熵 S 必为各部分对应参量之和

$$V = \sum_i V_i, \qquad S = \sum_i S_i.$$

由于系统的均匀性, 每个粒子平均占据的体积 $v = V/N$ (实际上就是平均粒子数密度 $n = N/V$ 的倒数) 和每个粒子平均具有的熵 $s = S/N$ 不会受到对系统人为分割的影响, 即 v 和 s 在系统内各部分保持一致. 这两个参数可以称为系统的均匀性参数. v 又称作比容[①], s 又称作比熵.

另外, 描述系统宏观性质的热力学势都具有可加性, 例如

$$E = \sum_i E_i, \qquad H = \sum_i H_i, \qquad F = \sum_i F_i, \qquad G = \sum_i G_i. \tag{2.63}$$

这意味着系统各部分所对应的热力学势均与相应部分所含的粒子数成正比, 故有

$$E_i = N_i f_1(s, v), \tag{2.64}$$

$$H_i = N_i f_2(s, P), \tag{2.65}$$

$$F_i = N_i f_3(T, v), \tag{2.66}$$

$$G_i = N_i f_4(T, P). \tag{2.67}$$

在上述几个等式中出现的函数 $f_k(k = 1, 2, 3, 4)$ 都不随对系统的人为分割而改变, 也就是说它们在系统的每个部分都取相同的数值. 不过, 只有 f_4 不依赖于均匀性参数 v 和 s. 这一特点使得 f_4 不仅对整体上均匀的系统有良好的定义, 而且对分片均匀但整体上非均匀的系统也有良好的定义. 与此相比, f_1、f_2 和 f_3 均依赖于描述均匀系的参数 v 或 s, 因此并不适用于整体上非均匀的系统.

根据上述讨论, 可以将开放系的化学势写为

$$\mu = \left(\frac{\partial G}{\partial N} \right)_{T,P} = \frac{G}{N}. \tag{2.68}$$

将上式代入巨势的定义式 (2.55) 可得

$$\Omega = -PV. \tag{2.69}$$

此外, 将式 (2.69) 代入式 (2.59) 可得

$$\mathrm{d}\mu = -s\mathrm{d}T + v\mathrm{d}P. \tag{2.70}$$

---

① 比容有时被定义为单位质量的物质所占据的体积, 这样的定义与本书的定义仅在分母中相差一个单粒子质量 m. 下文中其他以 "比" 字开头的参量的定义也有类似的情况.

这个关系式与 N 完全无关. 上式还可以写为

$$\mathrm{d}\mu = -s\mathrm{d}T + n^{-1}\mathrm{d}P. \tag{2.71}$$

式 (2.68) 还可以写为

$$G - \mu N = 0. \tag{2.72}$$

上式左边原本是通过勒让德变换从吉布斯自由能获得新的热力学势的一个表达式, 但是这个表达式恒为零. 因此, 对均匀的开放气体系统, 实际能定义的热力学势只有 7 个. 这个结论可以向任意开放系推广.

> **定理**
>
> 　若开放系的热力学自由度为 r, 那么在总共 2^r 种允许的勒让德变换中, 总有一个变换给出的结果为零. 因此, 开放系可定义的热力学势只有 $2^r - 1$ 个.

从式 (2.58) 和式 (2.72) 可以得出

$$-S\mathrm{d}T + V\mathrm{d}P - N\mathrm{d}\mu = 0.$$

这个方程实际上是式 (2.70) 的另一个写法, 称为吉布斯–杜安[①] 方程. 吉布斯–杜安方程揭示了开放系的平衡态热力学中一个非常重要的事实, 即态平衡参量 T、P、μ 彼此并不独立, 一个开放的单元气体系统的平衡态仅需要两个独立的态平衡参量即可完全确定. 这一事实我们在第1章中已经隐含地利用过了. 例如在给定的平衡态下, 开放系的微观态分布函数(1.49) 中仅有两个与宏观平衡态有关的参数 α、β, 而根据例1.11, 这两个参数其实可以重新用系统的温度和化学势来表达, 而压强则不再作为单独的态平衡参量出现在分布函数中.

将吉布斯–杜安方程与式 (2.51) 结合起来, 可以得到所谓的欧拉关系式

$$E = E(S, V, N) = TS - PV + \mu N. \tag{2.73}$$

这个方程可以被看作是热力学基本关系式 (2.51) 的积分形式, 其中的 T、P、μ 均应被看作通过 E 对广延参量的偏导数定义的强度参量

$$T = \left(\frac{\partial E}{\partial S}\right)_{V,N}, \qquad -P = \left(\frac{\partial E}{\partial V}\right)_{S,N}, \qquad \mu = \left(\frac{\partial E}{\partial N}\right)_{S,V}. \tag{2.74}$$

将式 (2.74) 代入式 (2.73), 可得

$$E(S, V, N) = S\left(\frac{\partial E}{\partial S}\right)_{V,N} + V\left(\frac{\partial E}{\partial V}\right)_{S,N} + N\left(\frac{\partial E}{\partial N}\right)_{S,V}. \tag{2.75}$$

式 (2.75) 仅仅是吉布斯–杜安方程应用的一例. 将吉布斯–杜安方程与式 (2.56)~式 (2.59)结合起来, 还可以得出

$$H(P, S, N) = S\left(\frac{\partial H}{\partial S}\right)_{P,N} + N\left(\frac{\partial H}{\partial N}\right)_{P,S} = TS + \mu N, \tag{2.76}$$

---

① 杜安(Pierre Maurice Marie Duhem), 1861~1916, 法国物理学家、数学家和科学史学家.

$$F(T,V,N) = V\left(\frac{\partial F}{\partial V}\right)_{T,N} + N\left(\frac{\partial F}{\partial N}\right)_{T,V} = -PV + \mu N, \tag{2.77}$$

$$G(T,P,N) = N\left(\frac{\partial G}{\partial N}\right)_{T,P} = \mu N, \tag{2.78}$$

$$\Omega(T,\mu,V) = V\left(\frac{\partial \Omega}{\partial V}\right)_{T,\mu} = -PV. \tag{2.79}$$

一般地, 满足性质

$$\lambda^m f(x_1,\cdots,x_n) = f(\lambda x_1,\cdots,\lambda x_n) \tag{2.80}$$

的函数 $f(x_1,\cdots,x_n)$ 称为 $x_1,\cdots,x_n$ 的 m 次齐次函数. 对方程 (2.80) 左右两端同时关于 λ 求导, 然后令 $\lambda = 1$ 可得

$$mf = \sum_i x_i \frac{\partial f}{\partial x_i}. \tag{2.81}$$

式 (2.75)~ 式 (2.79) 是下面更具一般性的定理的特例.

> **热力学势的欧拉齐次性定理**
>
> 　　当宏观系统处于热力学平衡时, 热力学势是其可加状态参量的一次齐次函数.

> **欧拉齐次性定理的推论**
>
> 　　态平衡参量 T、P、μ 都是可加参量 (S,V,N) 的零次齐次函数.

注意: 封闭系和孤立系都是开放系的特殊情形, 因此, 基于开放系得出的上述定理同样适用于封闭系和孤立系.

> **讨论和评述**
>
> 　　热力学势的欧拉齐次性定理及其推论在描述热力学系统的平均性质时有非常重要的作用. 正是因为欧拉齐次性的存在, 才有可能引入比容 v、比熵 s 乃至比内能 $e = E/N$、比焓 $h = H/N$、比热容 $c_V = C_V/N$ 等一系列平均量来描写热力学系统的性质. 所有这些以 "比" 字开头的参量都是可加参量的零次齐次函数, 因此它们都与系统本身的规模无关. 在描写宏观系统的性质时, 完全可以用上述具有零次齐次性质的参量代替大部分可加参量. 唯一的例外是: 系统本身包含的粒子数 N 需要保留, 因为它是刻画系统规模的唯一参量.

如果一个宏观系统包含多种不同的粒子, 这样的系统称为多元系, 每种粒子单独构成的子系称为一个组分. 对于均匀的多元系来说, 吉布斯自由能同时依赖于每种组分的粒子数.

设系统总共含有 J 个组分, 则可以写出

$$G = G(T, P, N_1, N_2, \cdots, N_J), \qquad N = \sum_{j=1}^{J} N_j. \tag{2.82}$$

这时, 吉布斯自由能是每种组分的粒子数的一次齐次函数

$$G = \sum_{j=1}^{J} N_j \left(\frac{\partial G}{\partial N_j} \right)_{T, P, N_i(i \neq j)} = \sum_{j=1}^{J} \mu_j N_j,$$

其中

$$\mu_j = \left(\frac{\partial G}{\partial N_j} \right)_{T, P, N_i(i \neq j)} \tag{2.83}$$

是第 j 组元的化学势. 多元系的吉布斯自由能满足的基本微分关系为

$$\mathrm{d}G = -S\mathrm{d}T + V\mathrm{d}P + \sum_j \mu_j \mathrm{d}N_j, \tag{2.84}$$

相应的吉布斯–杜安方程为

$$-S\mathrm{d}T + V\mathrm{d}P - \sum_j N_j \mathrm{d}\mu_j = 0. \tag{2.85}$$

如果多元系是整体均匀的, 可以将上式中每一项均除以系统中的总粒子数 N, 最后得到

$$-s\mathrm{d}T + v\mathrm{d}P - \sum_j x_j \mathrm{d}\mu_j = 0,$$

其中

$$x_j = \frac{N_j}{N}$$

表示每种组分的粒子数占总粒子数的百分比.

对于任意的开放系, 如果根据式 (2.36) 将其内能的微分写为

$$\mathrm{d}E = \sum_{\alpha=1}^{r} I_\alpha \mathrm{d}\mathscr{E}^\alpha,$$

则相应的吉布斯–杜安方程可以写为

$$\sum_{\alpha=1}^{r} \mathscr{E}^\alpha \mathrm{d}I_\alpha = 0.$$

与之对应的欧拉关系式则表达为

$$E = \sum_{\alpha=1}^{r} I_\alpha \mathscr{E}^\alpha.$$

吉布斯–杜安方程的一个重要推论是: 由内能函数对其广延参量的二阶导数构成的矩阵

$$K_{\alpha\beta} = \left(\frac{\partial^2 E}{\partial \mathcal{E}^{\alpha} \partial \mathcal{E}^{\beta}} \right)$$

总是退化的, 即 $\det(K_{\alpha\beta}) = 0$.

除了整体上均匀的多元系以外, 实际的开放系可能更为复杂, 例如每种组分都可能划分为若干不同的局部均匀区域, 称为不同的相. 这样的系统称为多元多相系. 另外, 系统内不同组分的物质粒子有可能互相结合或者转化, 如可能会发生化学反应、电离/复合、裂变/聚变等物理过程等. 对这些更复杂的宏观系统的热力学描述我们将留待第 9 章再做处理.

2.6 热力学平衡的稳定性

给定一个处于热力学平衡态的宏观系统, 我们已经可以通过前文介绍的平衡态热力学的知识来推断其各种宏观性质和宏观演化规律. 这些推断的结果如果可靠, 则需要该系统的热力学平衡态是稳定的, 否则由于各种可能的扰动, 系统可能会自发地离开给定的平衡态, 从而使我们基于给定平衡态作出的推断失效. 由此可见, 宏观系统的热力学平衡的稳定性是利用平衡态热力学的理论体系对宏观系统的行为规律进行可靠推断的先决条件. 在本节中, 我们将分别讨论宏观系统的热力学平衡稳定性判据和稳定性条件.

2.6.1 平衡稳定性判据

1. 孤立系与熵判据

根据孤立系的熵增加原理, 当孤立系从任意初始状态向平衡态发生自发演化时, 系统的熵保持不减

$$dS \geqslant 0.$$

当系统达到热力学平衡态时, 熵取最大值, $dS = 0$.

如果某种自发的原因使得孤立系的平衡状态发生了微小的扰动, 由于此时熵已经取得极值, 必有

$$\delta S = 0,$$

式中 δS 表示扰动可能导致的熵变, 它不必与系统经历真实的宏观元过程发生的熵变 dS 有关.

如果孤立系的热力学平衡态是稳定的, 则在二阶扰动下熵只能减少, 因为只有这样才会在扰动后激活使得熵增加的自发演化, 使系统回到熵最大的初始平衡态. 因此, 孤立系热力学平衡的稳定性判据可以写为

$$\delta^2 S < 0. \tag{2.86}$$

这个判据称为热力学平衡稳定性的熵判据.

2. 等熵等容封闭系与内能判据

结合热力学第一定律以及克劳修斯不等式, 可以发现, 在准静态不可逆过程中, 有

$$dE \leqslant TdS - PdV + \mu dN. \tag{2.87}$$

因此, 等熵等容封闭系的自发演化总是倾向于使内能减小. 由于宏观系统的自发演化总是朝向形成热力学平衡态的方向进行, 可以判定当达到热力学平衡态时, 等熵等容的封闭系的内能最小. 在此基础上如果对系统进行扰动, 必有

$$\delta E = 0, \qquad \delta^2 E > 0. \tag{2.88}$$

式 (2.88) 称为热力学平衡稳定性的内能判据.

3. 等熵等压封闭系与焓判据

利用焓的定义式 $H = E + PV$, 可以将式 (2.87) 改写为

$$dH \leqslant TdS + VdP + \mu dN. \tag{2.89}$$

对于等熵等压封闭系而言, 自发演化总是朝向焓减少的方向. 当达到热力学平衡态时, 等熵等压封闭系的焓最小. 如果对这个焓最小的平衡态进行扰动, 并期待扰动后系统会自发回到扰动群焓最小的平衡状态, 就必须要求

$$\delta H = 0, \qquad \delta^2 H > 0. \tag{2.90}$$

式 (2.90) 称为热力学平衡稳定性的焓判据.

4. 等温等容封闭系与亥姆霍兹自由能判据

利用亥姆霍兹自由能的定义式 $F = E - TS$, 可将式 (2.87) 改写为

$$dF \leqslant -SdT - PdV + \mu dN. \tag{2.91}$$

因此, 等温等容封闭系的自发演化总是倾向于使亥姆霍兹自由能减小. 当达到热力学平衡态时, 等温等容封闭系的亥姆霍兹自由能最小. 如果对上述状态进行扰动, 并期待扰动后系统能够通过自发演化回到扰动前的平衡态, 则必须要求

$$\delta F = 0, \qquad \delta^2 F > 0. \tag{2.92}$$

式 (2.92) 称为热力学平衡稳定性的亥姆霍兹自由能判据.

5. 等温等压封闭系与吉布斯自由能判据

利用吉布斯自由能的定义 $G = E - TS + PV$, 可以将式 (2.87) 改写为

$$dG \leqslant -SdT + VdP + \mu dN. \tag{2.93}$$

因此, 等温等压封闭系的自发演化总是倾向于使吉布斯自由能减小. 当达到热力学平衡态时, 吉布斯自由能取最小值. 如果对系统进行扰动并期待扰动后系统能够通过自发演化回到扰动前的平衡态, 则必须要求

$$\delta G = 0, \qquad \delta^2 G > 0. \tag{2.94}$$

式 (2.94) 称为热力学平衡稳定性的吉布斯自由能判据.

6. 等温等容定化学势的开放系与巨势判据

利用巨势的定义式 $\Omega = E - TS - \mu N$ 可以将式 (2.87) 改写为

$$\mathrm{d}\Omega \leqslant -SdT - PdV - Nd\mu. \tag{2.95}$$

对于等温等容定化学势的开放系, 其自发演化总是使得巨势减小. 当演化到平衡态时, 该系统的巨势取最小值. 如果对系统进行扰动并期待扰动后系统能够通过自发演化回到扰动前的平衡态, 则必须要求

$$\delta\Omega = 0, \qquad \delta^2\Omega > 0. \tag{2.96}$$

式 (2.96) 称为热力学平衡稳定性的巨势判据.

通过以上分析可以发现, 在稳定的平衡态附近, 熵表现为凹函数, 而各热力学势均表现为凸函数 (有关凸函数的概念请参阅附录 A 中的 A.6 节). 热力学势在稳定平衡态附近的凸性是它们彼此之间能够通过勒让德变换互相联系的必要条件.

2.6.2 封闭系热力学平衡的稳定性条件

从技术的角度来看, 在衡量平衡态的稳定性时, 控制系统的化学势不变要比控制系统的粒子数不变更为困难. 因此, 在分析平衡态的稳定性时, 多以孤立系或封闭系为对象, 而不是以开放系为对象.

首先考虑一个处于热力学平衡态的孤立系, 并将其划分为两个完全相等的子系. 每个子系的内能、体积和粒子数分别为 E、V、N. 总系的熵是子系的熵的两倍: $S_{\mathrm{tot}} = 2S(E, V, N)$. 在以下的讨论中, 将始终保持两个子系的粒子数不变, 因此它们都是封闭子系.

假设在上述系统中发生内能扰动, 使得其中一个子系内能增加 δE, 另一个子系内能减少相同的数值, 同时保持各子系的体积保持不变. 如果扰动前系统已经处于稳定的平衡态, 其熵应取得最大值, 扰动后必有

$$S(E + \delta E, V, N) + S(E - \delta E, V, N) < 2S(E, V, N). \tag{2.97}$$

当 $\delta E \to 0$ 时, 对上式移项并除以 $(\delta E)^2$ 然后取极限, 可以得到

$$\lim_{\delta E \to 0} \frac{1}{\delta E} \left[\frac{S(E + \delta E, V, N) - S(E, V, N)}{\delta E} \right.$$

$$\left. - \frac{S(E, V, N) - S(E - \delta E, V, N)}{\delta E} \right] < 0,$$

亦即

$$\left(\frac{\partial^2 S}{\partial E^2} \right)_V < 0. \tag{2.98}$$

类似地, 如果扰动系统时改变的是子系的体积而保持内能不变, 则有

$$S(E, V + \delta V, N) + S(E, V - \delta V, N) < 2S(E, V, N). \tag{2.99}$$

当 $\delta V \to 0$ 时, 上式的极限可写为

$$\left(\frac{\partial^2 S}{\partial V^2} \right)_E < 0. \tag{2.100}$$

如果扰动系统时同时改变了子系的内能和体积, 则有

$$S(E + \delta E, V + \delta V, N) + S(E - \delta E, V - \delta V, N) < 2S(E, V, N). \tag{2.101}$$

当 $\delta E \to 0, \delta V \to 0$ 时, 上式的极限可写为

$$\frac{\partial^2 S}{\partial E^2} \frac{\partial^2 S}{\partial V^2} - \left(\frac{\partial^2 S}{\partial E \partial V} \right)^2 > 0. \tag{2.102}$$

下面我们考虑处于稳定平衡态的封闭系, 并用热力学势的扰动来取代熵的扰动.

首先以内能扰动为例. 扰动前的总内能为 $E_{\text{tot}} = 2E(S, V, N)$. 若扰动改变了子系的熵而不改变子系的体积, 则由于扰动前系统已经处于稳定的平衡态, 内能取最小值, 扰动后总内能必然增加

$$E(S + \delta S, V, N) + E(S - \delta S, V, N) > 2E(S, V, N). \tag{2.103}$$

当 $\delta S \to 0$ 时, 上式的极限为

$$\left(\frac{\partial^2 E}{\partial S^2} \right)_V > 0. \tag{2.104}$$

如果扰动系统时改变的是子系的体积而保持熵不变, 则有

$$E(S, V + \delta V, N) + E(S, V - \delta V, N) > 2E(S, V, N). \tag{2.105}$$

当 $\delta V \to 0$ 时, 上式的极限为

$$\left(\frac{\partial^2 E}{\partial V^2} \right)_S > 0. \tag{2.106}$$

如果扰动系统时同时改变了子系的熵和体积, 则有

$$E(S + \delta S, V + \delta V, N) + E(S - \delta S, V - \delta V, N) > 2E(S, V, N). \tag{2.107}$$

当 $\delta S \to 0, \delta V \to 0$ 时, 上式的极限为

$$\frac{\partial^2 E}{\partial S^2}\frac{\partial^2 E}{\partial V^2} - \left(\frac{\partial^2 E}{\partial S \partial V}\right)^2 > 0. \tag{2.108}$$

如果在等温条件下考虑亥姆霍兹自由能因子系体积的扰动而发生的变化, 则根据稳定平衡态下亥姆霍兹自由能取得最小值的结论, 扰动后总亥姆霍兹自由能增加

$$F(T, V + \delta V, N) + F(T, V - \delta V, N) > 2F(T, V, N). \tag{2.109}$$

当 $\delta V \to 0$ 时, 上式的极限为

$$\left(\frac{\partial^2 F}{\partial V^2}\right)_T > 0. \tag{2.110}$$

类似地, 如果在等压条件下考虑焓因熵的扰动发生的改变, 将有

$$H(S + \delta S, P, N) + H(S - \delta S, P, N) > 2H(S, P, N).$$

当 $\delta S \to 0$ 时, 上式的极限给出

$$\left(\frac{\partial^2 H}{\partial S^2}\right)_P > 0.$$

在以上分析中, 热力学势以及被扰动的状态参量的可加性是一个非常重要的因素.

注意: 由于温度、压强和化学势都属于确定系统平衡条件的态平衡参量, 在平衡态热力框架下的扰动以不破坏平衡条件为宜, 因此在上述分析中并未考虑对态平衡参量的扰动. 即使可以在一定程度上容忍扰动对平衡条件的破坏, 在扰动态平衡参量时, 由于被扰动参量的不可加性, 也无法用类似方法得出合理的稳定性条件. 以温度扰动为例, 由于温度的不可加性, 子系 1 温度改变量为 δT 时, 无法断言子系 2 温度改变量为 $-\delta T$, 因此无法用上述方法对亥姆霍兹自由能关于温度进行扰动并得出 $F(T + \delta T, V, N) + F(T - \delta T, V, N) > 2F(T, V, N)$ 或者 $\left(\frac{\partial^2 F}{\partial T^2}\right)_V > 0$ 的结论. 同样地, 由于压强不可加, 无法通过在定熵条件下扰动压强得出类似于 $H(S, P + \delta P, N) + H(S, P - \delta P, N) > 2H(S, P, N)$ 或者 $\left(\frac{\partial^2 H}{\partial P^2}\right)_S > 0$ 的结论.

有必要指出: 在以上得出的平衡稳定性条件中, 有限扰动 (δE、δS、δV 非零) 所对应的条件比无穷小扰动 ($\delta E \to 0$、$\delta S \to 0$ 或者 $\delta V \to 0$) 所对应的条件限制更强. 因此, 一个系统在无穷小扰动下稳定, 并不意味着它在有限扰动下仍然稳定.

如果我们把目光局限在无穷小扰动下的稳定性, 则可以进一步将稳定性条件转化为某些过程参量所需满足的不等式. 下面以内能在无穷小熵扰动或体积扰动下所需满足的稳定性条件 (2.104) 和 (2.106) 为例进行进一步分析. 首先, 利用关系式 $\left(\frac{\partial E}{\partial S}\right)_V = T$ 可以将条

件 (2.104) 改写为

$$\left(\frac{\partial^2 E}{\partial S^2}\right)_V = \left(\frac{\partial T}{\partial S}\right)_V = \frac{T}{C_V} > 0.$$

因此, 条件 (2.104) 等价于

$$C_V > 0. \tag{2.111}$$

类似地, 条件 (2.106) 可以改写为

$$\left(\frac{\partial^2 E}{\partial V^2}\right)_S = -\left(\frac{\partial P}{\partial V}\right)_S = \frac{1}{V\kappa_S} > 0.$$

因此, 条件 (2.106) 等价于

$$\kappa_S > 0. \tag{2.112}$$

用同样的思路, 可以将条件 (2.110) 改写为

$$\left(\frac{\partial^2 F}{\partial V^2}\right)_T = -\left(\frac{\partial P}{\partial V}\right)_T = \frac{1}{V\kappa_T} > 0.$$

因此, 条件 (2.110) 等价于

$$\kappa_T > 0. \tag{2.113}$$

将条件 (2.113) 代入式 (2.49) 可得 $C_P > C_V$, 因此有

$$C_P > C_V > 0, \qquad \gamma > 1. \tag{2.114}$$

更进一步, 利用式 (2.47), 还可以得到

$$\kappa_T > \kappa_S > 0. \tag{2.115}$$

讨论和评述

(1) 以上所有扰动都是在温度 $T > 0$ 的平衡态下进行的, 因此所得的稳定性条件亦仅适用于温度 $T > 0$ 的平衡态系统.

(2) 由于有限扰动下的稳定性条件比无穷小扰动下的稳定性条件要求更强, 以上通过过程参量满足的不等式表达的稳定性条件实际上是封闭系热力学稳定性的必要条件而非充分条件.

(3) 对宏观系统进行的各种扰动中, 彼此独立的扰动的个数最多只能达到系统的热力学自由度数. 因此, 独立的稳定性条件的个数也与热力学自由度数相同.

例 2.2 【气体中液泡的稳定性】

为了演示巨势判据在等温等容定化学势的开放系中的应用, 考虑一个总体积 V 固定的开放气体系统中存在一个半径为 r 的液泡的情形. 我们可以将整个系统分解为 3 个子系, 即液泡外的气体、液泡本身以及液泡内的气体. 整个系统的巨势可以写为

$$\Omega = -P_{\text{ext}} V_{\text{ext}} - P_{\text{int}} V_{\text{int}} + \sigma A$$

$$= -\left(V - \frac{4\pi r^3}{3}\right) P_{\text{ext}} - \frac{4\pi r^3}{3} P_{\text{int}} + 4\pi r^2 \sigma.$$

在以下讨论中, 我们假定液泡的表面张力 σ 恒定, 因此唯一的可变量是液泡的半径 r.

平衡时, 整个系统的巨势应该取极值, 因此有

$$\delta\Omega = \frac{\partial \Omega}{\partial r} \delta r = 4\pi r^2 \left(P_{\text{ext}} - P_{\text{int}} + \frac{2\sigma}{r}\right) \delta r = 0.$$

从上式容易读出前文已经得出的平衡条件

$$P_{\text{ext}} - P_{\text{int}} + \frac{2\sigma}{r} = 0. \tag{2.116}$$

热力学稳定性要求巨势所取的极值是极小值, 即 $\delta^2\Omega > 0$. 直接计算给出

$$\delta^2\Omega = \frac{\partial^2 \Omega}{\partial r^2} (\delta r)^2 = -8\pi\sigma(\delta r)^2,$$

式中已经利用了平衡条件(2.116). 由上式可见, 只要液泡的表面张力 $\sigma > 0$ (此时液泡内部压强大于外部压强), 平衡稳定性条件就不能被满足. 因此, 具有恒定的正表面张力的液泡是热力学不稳定的 [①].

2.7 热力学第三定律

热力学第三定律是平衡态热力学的最后一个基本定律, 它是能斯特在 1906 年发现的. 与第二定律类似, 热力学第三定律也有若干彼此等价的表述. 下面给出其中的两个表述并证明它们的等价性.

热力学第三定律

不可能通过有限的步骤将一个系统冷却到绝对零度.

[①] 热力学不稳定性与动力学不稳定性是两个不同的概念. 如果对液泡进行动力学微扰使之发生形变, 经过短暂的振动过程后, 液泡将恢复其原始的球形状态. 因此液泡是动力学稳定的.

能斯特定理

当温度趋于绝对零度时, 系统在等温过程中熵的改变量等于零, 即

$$\lim_{T \to 0} (\Delta S)_T = 0.$$

　　热力学第三定律指出绝对零度是无法实现的, 而能斯特定理却要求我们考虑在无限趋于绝对零度的温度下的等温过程. 为了说明后者的实际含义, 让我们设想用一个准静态热力学过程对一个封闭系统进行降温.

　　我们所面对的封闭系必须是尽可能一般的, 因为热力学第三定律和能斯特定理所描述的是宏观系统的普适规律. 这样, 系统的热力学自由度 r 也必然是一般的, 不能像处理均匀的封闭气体系统时那样简单地将其限定为 2. 利用 2.3.3 节的记号, 可以将系统在绝热可逆过程中满足的基本热力学等式写为[①]

$$dE = TdS + \sum_{\alpha=1}^{r-1} I_\alpha d\mathcal{E}^\alpha.$$

为了使下面的公式尽可能地简洁, 我们将参量序列 $(\mathcal{E}^1, \mathcal{E}^2, \cdots, \mathcal{E}^{r-1})$ 简记为 y. 这样就有

$$đQ = TdS,$$

$$C_y = \left(\frac{\partial Q}{\partial T}\right)_y = T\left(\frac{\partial S}{\partial T}\right)_y.$$

在一个定 y 过程中对偏导数 $\left(\dfrac{\partial S}{\partial T}\right)_y$ 进行积分, 可得

$$S(T, y) = S(T_0, y) + \int_{T_0}^{T} C_y \frac{dT}{T}. \tag{2.117}$$

从其定义应该容易理解, C_y 实际上是温度的函数, 并且热力学系统的稳定性要求对所有的 $T > 0$, 都有 $C_y > 0$.

　　用来降温的过程最好选为绝热过程, 原因在于我们的目的是使系统的温度降低到比环境更低的温度, 用来降温的任何过程如果不绝热, 就只能是吸热过程, 而吸热显然不利于进一步冷却系统. 所以, 如果绝热过程不能使系统达到绝对零度, 其他任何过程也无法使系统达到绝对零度. 考虑从宏观态 A 到另一个温度较低的宏观态 C 的任意绝热降温过程, 利用式 (2.117) 可以得到

$$S(T_C, y_C) - S(T_A, y_A) = S(T_0, y_C) - S(T_0, y_A) + \int_{T_0}^{T_C} C_{yC} \frac{dT}{T} - \int_{T_0}^{T_A} C_{yA} \frac{dT}{T}.$$

假定 C_{yC} 始终大于零. 如果热力学第三定律不成立, 就可以在上式中令 $T_C = 0$, 这样上式右边的第一个积分将趋于负无穷大, 从而得出 $S(0, y_C) < S(T_A, y_A)$ 的结论. 这个结论明显

[①] 这相当于说我们选定了 S 作为编号为 r 的广延参量.

违背了热力学第二定律. 换句话说, 如果不违反热力学第二定律, 就无法通过绝热过程将温度降到绝对零度. 因此, 在 C_{y_C} 恒大于零的前提下, 热力学第三定律与第二定律并不独立.

基于以上讨论, 若热力学第三定律是与第二定律独立的定律, 必须要求 $\lim_{T \to 0} C_y = 0$. 在这一条件下, 对式 (2.117) 取 $T_0 \to 0$ 的极限, 可以得到

$$S(T, y) = \lim_{T_0 \to 0} S(T_0, y) + \int_0^T C_y \frac{\mathrm{d}T}{T}. \tag{2.118}$$

由于条件 $\lim_{T \to 0} C_y = 0$ 成立, 上式右边的积分是有限的.

在所有可能的绝热过程中, 绝热可逆过程降温效果最好, 原因是除在 $T = 0$ 的情况以外, 总有 $C_y > 0$, 表明沿着等 y 曲线 S 是 T 的单调上升函数 (图 2.6). 因此, 在所有不降熵的绝热过程中, 只有等熵的可逆过程降温效果最好.

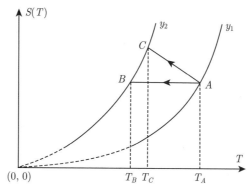

图 2.6 降温过程的 S-T 曲线

在绝热可逆过程中系统的熵改变量为零, 因此, 对于从宏观态 A 到宏观态 B 的任意绝热可逆过程, 总有

$$S(T_A, y_A) = S(T_B, y_B).$$

假定从 A 到 B 的绝热可逆过程是一个降温过程, $T_B < T_A$. 如果用式 (2.118) 分别计算上式两边的熵值, 则有

$$\lim_{T_0 \to 0} S(T_0, y_A) + \int_0^{T_A} C_{y_A} \frac{\mathrm{d}T}{T} = \lim_{T_0 \to 0} S(T_0, y_B) + \int_0^{T_B} C_{y_B} \frac{\mathrm{d}T}{T}. \tag{2.119}$$

如果热力学第三定律不成立, 就可以使 $T_B = 0$, 同时保持 $T_A > 0$, 从而有

$$\lim_{T_0 \to 0} (\Delta S)_{T_0} \equiv \lim_{T_0 \to 0} \left[S(T_0, y_B) - S(T_0, y_A) \right] = \int_0^{T_A} C_{y_A} \frac{\mathrm{d}T}{T} > 0.$$

这个结果明显违背了能斯特定理. 因此, 在不违背能斯特定理的前提下, 利用绝热可逆过程不可能使得系统的温度达到绝对零度. 这样就在能斯特定理成立的前提下证明了热力学第三定律.

下面我们尝试在热力学第三定律成立的前提下证明能斯特定理. 首先将式 (2.119) 重新写为

$$\int_0^{T_A} C_{y_A} \frac{\mathrm{d}T}{T} - \int_0^{T_B} C_{y_B} \frac{\mathrm{d}T}{T} = \lim_{T_0 \to 0} S(T_0, y_B) - \lim_{T_0 \to 0} S(T_0, y_A).$$

如果能斯特定理不成立, 则 $\lim\limits_{T_0 \to 0} S(T_0, y_B)$ 与 y_B 的数值有关, 上式右边有可能非零. 如果考虑到热力学第二定律, 封闭系绝热过程末态的熵不可能小于其初态的熵. 因此, 如果上式右边非零, 就只能有

$$\lim_{T_0 \to 0} S(T_0, y_B) > \lim_{T_0 \to 0} S(T_0, y_A).$$

由于 $C_{y_A} \geqslant 0$, 总可以找到一个 T_A, 使得

$$\int_0^{T_A} C_{y_A} \frac{\mathrm{d}T}{T} = \lim_{T_0 \to 0} S(T_0, y_B) - \lim_{T_0 \to 0} S(T_0, y_A).$$

这样就有

$$\int_0^{T_B} C_{y_B} \frac{\mathrm{d}T}{T} = 0,$$

也就是说 $T_B = 0$. 这个结果违背了热力学第三定律, 因此是不可能的. 所以, 在不违背热力学第三定律的前提下, 必有

$$\lim_{T_0 \to 0} S(T_0, y_B) = \lim_{T_0 \to 0} S(T_0, y_A),$$

此即能斯特定理.

　　综合以上论述, 可以知道能斯特定理是与热力学第三定律完全等价的命题, 或者说前者是后者的另一种表述①. 除此之外, 从能斯特定理还可以得知, 当温度为绝对零度时, 系统的熵不依赖于决定系统宏观态的外部参数. 考虑到熵是温度的单调上升函数, 绝对零度是系统不可能达到的最低温度, 可以推知: 系统在绝对零度时所具有的熵是系统熵的最小值. 以上两个命题均可以看作是热力学第三定律的不同的表述.

　　根据熵的定义式 (1.79), 如果系统的基态不存在量子简并, 则熵的最小值应该为零, 因此, 对基态无简并的宏观系统, 熵在绝对零度时等于零. 从热力学第三定律还可以得出以下结论: *不可能存在仅含有 1 个微观状态的宏观状态.* 从经典的观点看, 给定系统的一个微观态相当于同时给定了系统内所有微观粒子的坐标和动量. 如果一个宏观态仅含有一个微观态, 意味着系统的微观自由度在这样的宏观态下是完全被 "冻结" 的. 这样的宏观状态不可能实现, 原因在于自然界中物质存在的基本方式是遵从量子力学原则的, 存在基本的不确定性关系. 因此, 如果同时确定了所有微观粒子的动量, 就不可能再确定这些粒子的坐标. 换句话说, 宏观系统内部的量子涨落是热力学第三定律成立的本质原因.

---

　　① 在严谨的科学术语体系中, 定律与定理具有不同的含义. 前者往往是基于实验事实总结出来的且无法从更基本的命题出发来证明的科学结论, 而后者则一般是可以通过若干前提假设来证明的逻辑结论. 鉴于这一区别以及第三定律与能斯特定理的等价性, 有学者建议将能斯特定理称作能斯特公式可能更为恰当. 由于能斯特定理已经是学界普遍接受的称谓, 本书不对该称谓作任何改动.

热力学第三定律有很多直接的物理后果. 由于熵是温度的单调上升函数, 且在绝对零度时熵趋于零, 可以合理地假定熵在温度靠近绝对零度时具有以下幂律形式:

$$S(P, V, T) = A(P, V)T^n, \quad n > 0.$$

这时有

$$C_{V,P} = T\left(\frac{\partial S}{\partial T}\right)_{V,P} = nA(P, V)T^n \sim 0,$$

即系统的等容及等压热容当温度趋于绝对温度时也变为零. 另外, 利用式 (2.41) 可以得到

$$C_P - C_V = -T\left(\frac{\partial S}{\partial V}\right)_T\left(\frac{\partial S}{\partial P}\right)_T = -\left(\frac{\partial A}{\partial V}\right)_P\left(\frac{\partial A}{\partial P}\right)_V T^{2n+1}.$$

由此可得

$$\lim_{T \to 0}(C_P - C_V) = 0, \tag{2.120}$$

$$\lim_{T \to 0}\frac{C_P - C_V}{C_V} = 0. \tag{2.121}$$

式 (2.121) 又可以写为

$$\lim_{T \to 0}\frac{C_P}{C_V} = 1,$$

也就是说, 当温度趋于绝对零度时, 绝热指数 $\gamma \to 1$.

本章人物: 克劳修斯

克劳修斯 (Rudolf Julius Emmanuel Clausius), 1822~1888, 德国物理学家和数学家, 热力学最主要的创立者之一, 熵概念的最初提出者.

克劳修斯主要从事分子物理、热力学、蒸汽机理论、理论力学、数学等方面的研究. 他是第一个将能量 (内能) 当作状态函数引入热力学的学者, 也是第一个精确表述热力学第二定律的学者. 他对于熵的研究导出了克劳修斯不等式和熵增加原理, 为区分可逆过程和不可逆过程提供了重要依据.

克劳修斯

在研究气体宏观行为时, 克劳修斯首次提出了统计平均的概念, 认为宏观性质不由个别分子的行为决定而是一种平均效应. 他还提出了理想气体运动的微观模型, 认为气体分子不仅具有平动, 而且具有转动和振动自由度.

此外, 克劳修斯还根据气体分子碰撞模型解释了气体压强. 他还是首个提出气体分子平均碰撞频率和平均自由程概念的学者, 是气体分子动理论的主要创建者之一.

本章人物：开尔文

　　开尔文男爵一世, 本名威廉 · 汤姆孙 (William Thomson, 1824~ 1907), 英国物理学家. 因其在建设跨越大西洋电报系统上的工作被封为开尔文男爵.

　　开尔文自幼聪慧, 10 岁就进入大学预科. 其一生研究范围广泛, 涉及热学、电磁学、流体力学、光学、地球物理、数学、工程应用等诸多方面. 他创立了热力学温标, 预言了温差电效应, 发明了电像法, 并且还对能量的定义以及热力学第二定律的表述作出重要贡献. 他可能是物理学史上唯一以两个不同的名字被记录在同一科学领域的科学家, 他的学术贡献中以开尔文名义命名的有热力学第二定律的开尔文表述、开尔文温标等, 以汤姆孙名义命名的有焦耳–汤姆孙实验、焦耳–汤姆孙效应以及非均匀导体中电流导致的汤姆孙热等. 他将克劳修斯引入热力学作为状态函数的能量命名为内能, 还是区分磁感应强度 $\mathscr{B}$ 和磁场强度 $\mathscr{H}$ 的第一人.

第2章习题

2.1 写出开放的气体系统所有可能的热力学势以及相应的麦克斯韦关系式.

2.2 对于热力学自由度为 r 的系统, 可能的麦克斯韦关系式共有多少个?

2.3 试证明当温度趋于绝对零度时, 等压膨胀系数 α_P、等容压强系数 β_V 均趋于零.

2.4 对于具有 3 个热力学自由度的开放系而言, 总共能定义 7 个非零的热力学势, 其中的 5 个 (E、H、F、G、Ω) 已为我们所熟悉. 其余两个热力学势分别为

$$\Phi(S, V, \mu) = E - \mu N,$$

$$\Psi(S, P, \mu) = E + PV - \mu N.$$

试写出以上两个热力学势满足的基本微分关系, 并结合吉布斯–杜安方程证明 Φ 是 S 和 V 的一次齐次函数, Ψ 是 S 的一次齐次函数.

2.5 从吉布斯–杜安方程能否推出新的麦克斯韦关系式? 为什么?

2.6 某气体系统满足关系式 $\left(\dfrac{\partial T}{\partial P}\right)_H = \dfrac{1}{C_P}\dfrac{a}{T^2}$, 其中, H 是系统的焓, a 是常量. 请至少找出两种不同的方法来证明该气体系统的热物态方程为

$$PV = Nk_0 T - \frac{aP}{3T^2}.$$

2.7 某弹性纤维被拉伸长度 x 时所需的张力为

$$f = ax - bT + cTx,$$

其中 a、b、c 均为常数. 该纤维的热容量为 $C_x = A(x)T$.

(a) 试利用麦克斯韦关系式计算 $\left(\dfrac{\partial S}{\partial x}\right)_T$.

(b) 证明 $\dfrac{\mathrm{d}A}{\mathrm{d}x} = 0$.

(c) 计算该纤维的熵 $S(T, x)$ [假定 $S(0, 0) = S_0$].

(d) 在恒定的张力 f 下计算该纤维的热容量 $C_f = T\left(\dfrac{\partial S}{\partial T}\right)_f$ 并将其表达为温度 T 和张力 f 的函数.

2.8 封闭硬球气体的热物态方程为 $P(V - Nb) = Nk_0BT$ (其中 b、B 为常数), 且该气体的等容热容与温度无关.

    (a) 写出含有 $\left(\dfrac{\partial S}{\partial V}\right)_{T,N}$ 的麦克斯韦关系式.

    (b) 证明该气体的内能与体积无关.

    (c) 证明该气体的绝热指数为 $\gamma = \dfrac{C_P}{C_V} = 1 + \dfrac{Nk_0B}{C_V}$.

    (d) 写出该气体的绝热过程方程.

2.9 证明: 任一宏观态空间中 (P, V) 面上的任意两点均可通过一段等容曲线和一段绝热曲线 (方程形如 $PV^\gamma = \mathrm{const.}$) 连接起来. 若系统经历等容演化压强从 P_i 变为 P_f, 且在相应过程中放热量为 $Q = A(P_f - P_i)$, 计算 (P, V) 面上任意两点 (P_0, V_0) 和 (P_1, V_1) 间的内能差值 $E(P_0, V_0) - E(P_1, V_1)$.

2.10 奥托循环是由两个等容及两个绝热过程构成的循环过程. 以奥托循环为工作原理的热机称为奥托热机. 证明: 如果一个奥托循环中经历的最高和最低温度分别为 T_1、T_2, 那么相应的奥托热机的效率小于工作在温度分别为 T_1、T_2 的两个恒温热库间的卡诺热机.

2.11 试证明: 对于封闭系,

$$\left(\frac{\partial^2 F}{\partial V^2}\right)_T = \frac{\dfrac{\partial^2 E}{\partial S^2}\dfrac{\partial^2 E}{\partial V^2} - \left(\dfrac{\partial^2 E}{\partial S \partial V}\right)^2}{\left(\dfrac{\partial^2 E}{\partial S^2}\right)_V}.$$

这一结果有助于理解平衡稳定条件 (2.108) 并不独立于条件 (2.104) 和 (2.110).

2.12 为什么用纯水很难吹出液泡, 而在加入皂液后就较为容易吹出液泡?

第2章

第 3 章　统计系综与统计平均

学习目标与要求

(1) 熟悉三种统计系综的分布函数及其构造过程, 了解每种系综的适用对象和条件.
(2) 掌握玻尔兹曼分布的分布函数的推导过程, 并尝试运用.
(3) 熟悉涨落的热力学理论及其应用.

第 3 章知识图谱

在前面的两章中, 我们了解了平衡态热力学的基本逻辑框架, 并对系统平衡态的统计描述进行了初步的尝试. 现将其中主要的成果总结如下.

(1) 宏观系统的演化规律遵从 4 个基本热力学定律. 选定一组特定的宏观状态参量后, 一切宏观状态函数和过程参量都可以从唯一与这些状态参量相适配的热力学势出发, 通过数学演绎求得, 系统的热力学势全部都是它们所依赖的可加参量的一次齐次函数.

(2) 宏观系统的每个宏观状态都对应着大量的微观状态, 当系统达到宏观平衡态时对应的微观状态数最大. 给定平衡态所包含的微观状态数——或者其对数 (也就是熵)——是联结系统的宏观和微观描述的纽带, 它在宏观系统自发演化的过程中永不减少.

(3) 在给定的宏观平衡态下, 我们无法准确地了解系统实际所处的微观状态, 且系统的宏观性质也与系统所处的微观状态无关. 因此可采取统计的方法对微观状态的分布进行描述, 认为不同的微观态各以一定的概率被占据, 而系统的宏观状态函数则被当成对应的微观量在所有可能的微观状态下的统计平均值. 分析发现, 对所有类型的宏观系统, 微观态分布函数都可以写成统一的形式 [参见式 (1.48) 和式 (1.61)], 但不同类型的宏观系统微观态空间不同, 因而概率分布的归一化条件也不同.

(4) 为了解释统计平均值的含义, 需要用到统计系综的概念. 通过分析发现, 对于孤立系而言, 其微观态的分布函数在整个能量曲面上保持为常数, 或者说孤立系处于其任一允许的微观态的概率均相同.

历史上, 等概率原理是吉布斯建立以系综概念为核心的现代统计物理学框架的逻辑前提. 不过, 在本书的第 1 章中, 借助统计独立开放子系的概念, 我们甚至在接触到系综的概念之前就已经获得了描述各种类型宏观系统的微观态分布的分布函数.

吉布斯的统计系综理论对于理解宏观量是对应微观量的统计平均值这一观念起了非常重要的作用. 因此, 虽然我们已经了解了宏观系统的微观态分布函数, 但是相对系统地回顾一下吉布斯的系综理论仍然是有价值的. 在本章中, 我们将以等概率原理为前提, 遵循吉布斯的原始理念, 重新获得适用于孤立系、封闭系和开放系的三种统计系综的分布函数, 并介绍如何从系综理论得到热力学势, 进而利用热力学关系获得宏观系统全部的宏观状态函数与过程参量的方法.

在具体地利用系综理论重新求得分布函数之前, 有必要对系综的概念进一步加深理解. 虽然在第 1 章中已经介绍过系综的概念, 但是依宏观系统的具体特征不同, 系综概念仍需细化. 下面给出对系综更为精细的定义.

定义 3.1 大量宏观状态相同且彼此独立的经典系统的集合称为一个经典统计系综.

定义 3.2 大量宏观状态相同但彼此独立且共同处于相同量子态的量子系统的集合称为一个纯系综.

定义 3.3 大量宏观状态相同但彼此独立、同时各以一定概率处在不同量子态的量子系统的集合称为一个混合系综.

纯系综与混合系综是经典的吉布斯统计系综在量子力学发展起来以后得到的推广. 对任意一个宏观系统, 当我们尝试用统计物理的方法描述其宏观性质时, 总有上述定义中的某一个是适合的, 我们将不加区别地统称它们为统计系综.

在具体实践中, 通常是根据系统与外部环境的宏观作用通道将宏观系统分类为孤立系、封闭系和开放系, 对应的统计系综分别称为微正则系综、正则系综和巨正则系综. 下面就遵照吉布斯的系综理论分别就孤立系、封闭系和开放系来建立相应的统计系综并给出其分布函数、归一化条件和配分函数. 本章内容是平衡态统计物理学的核心内容.

3.1 孤立系与微正则系综

3.1.1 微正则系综

首先考虑孤立系的宏观描述. 适用于这类系统的统计系综称为微正则系综.

将孤立系所含的粒子数记为 N_0, 总能量记为 E_0. 如果孤立系的微观态适于用量子力学描述, 那么等概率原理指出系统处于每个允许的微观态上的概率 ρ_n 均是同一个常数

$$\rho_n = C.$$

这样, 归一化条件 $\sum_n \rho_n = 1$ 意味着

$$\sum_n C = C \sum_n 1 = \Omega C = 1,$$

其中, Ω 是系统中总的微观状态数. 所以有

$$\rho_n = \frac{1}{\Omega}. \tag{3.1}$$

对任意的力学量算符 $\hat{u}$, 若它在各量子态下的本征值为 u_n, 则其统计平均值为

$$\overline{\hat{u}} = \sum_n u_n \rho_n = \frac{1}{\Omega} \sum_n u_n.$$

若 $\hat{u}$ 的本征值存在简并, 每个不同的本征值 u_r 的简并度记为 Ω_r, 则可将 $\hat{u}$ 的统计平均值写为

$$\overline{\hat{u}} = \sum_r u_r \left(\frac{\Omega_r}{\Omega} \right),$$

式中的求和只针对 $\hat{u}$ 的不重复的本征值进行. 从效果上看, 比值 $\left(\dfrac{\Omega_r}{\Omega} \right)$ 给出了 $\hat{u}$ 的本征值 u_r 出现的概率. 此外, 还可以利用概率分布 (3.1) 将量子描述下孤立系的熵写为

$$S = k_0 \log \Omega = -k_0 \sum_n \rho_n \log \rho_n = -k_0 \overline{\log \rho_n}. \tag{3.2}$$

如果孤立系的微观态适于用经典力学描述, 那么, 系统的微观状态空间应该选为 N_0 粒子系统的相空间 $\Gamma^{(N_0)}$ 中的能量曲面 $\mathcal{S}$, 相应的态空间体积元为

$$\mathrm{d}\Gamma^{(孤立)} = \delta\left[\frac{E(q,p) - E_0}{\Delta} \right] \mathrm{d}\Gamma^{(N_0)}.$$

等概率原理指出, 孤立系的微观状态出现在能量曲面上大小相等的微元中的概率相等[①]. 如果用数学公式表达, 这一陈述可以写为

$$\rho(q,p) = C, \tag{3.3}$$

其中, C 是常数, 其具体取值由分布函数的归一化条件决定

$$\begin{aligned}
\int \rho(q,p)\mathrm{d}\Gamma^{(孤立)} &= C \int \delta\left[\frac{E(q,p) - E_0}{\Delta} \right] \mathrm{d}\Gamma^{(N_0)} \\
&= C \int \delta\left(\frac{E - E_0}{\Delta} \right) \frac{\partial \Gamma^{(N_0)}}{\partial E} \Delta \, \mathrm{d}\left(\frac{E}{\Delta} \right) \\
&= C \left(\frac{\partial \Gamma^{(N_0)}}{\partial E} \right)_{E=E_0} \Delta = 1.
\end{aligned}$$

这个结果与式 (1.52) 是完全一致的. 因此, 常数 C 可以用能态密度函数 $g(E_0)$ 来表达, 其结果给出所谓的微正则分布

$$\rho(q,p) = C = \frac{1}{\left(\dfrac{\partial \Gamma^{(N_0)}}{\partial E} \right)_{E=E_0} \Delta} = \frac{1}{h^{DN_0} N_0! \, g(E_0)\Delta}. \tag{3.4}$$

对于任一孤立系, 只要事先求出了能态密度函数 $g(E_0)$, 就可以利用式 (3.4) 以及统计平均值的定义式

$$\overline{u} = \int u(q,p)\rho(q,p) \, \mathrm{d}\Gamma^{(孤立)} \tag{3.5}$$

[①] 由于孤立系的粒子数保持不变, 可以省去表示相空间所含粒子数的指标而将分布函数简记为 $\rho(q,p)$.

求出微观态空间上任意可积函数 $u(q,p)$ 的统计平均值.

假设 $u(q,p)$ 是通过能量来间接地依赖于微观态空间坐标的,

$$u(q,p) = u[E(q,p)].$$

利用微正则系综的分布函数 (3.4) 以及微正则系综中求统计平均值的公式 (3.5) 可得

$$\overline{u} = \frac{1}{h^{DN_0} N_0! \, g(E_0)\Delta} \int u[E(q,p)]\delta\left[\frac{E(q,p) - E_0}{\Delta}\right] \mathrm{d}\Gamma = u(E_0).$$

特别地, 当 $u(q,p) = E(q,p)$ 时, 有

$$E \equiv \overline{E(q,p)} = E_0.$$

因此, 孤立系的内能就是系统所具有的总能量.

从式 (3.4) 出发, 还可以将孤立系的熵表达为

$$\begin{aligned}
S &= k_0 \log\left[g(E_0)\Delta\right] \\
&= -k_0 \int \rho(q,p) \log\left[h^{DN_0} N_0! \, \rho(q,p)\right] \mathrm{d}\Gamma^{(\text{孤立})} \\
&= -k_0 \overline{\log\left[h^{DN_0} N_0! \, \rho(q,p)\right]}.
\end{aligned} \tag{3.6}$$

在后文中我们将会看到, 描述封闭系的正则系综以及描述开放系的巨正则系综中, 熵也可以写为类似于式 (3.2) 和式 (3.6) 的表达式. 事实上, 完全可以用式 (3.2) 和式 (3.6) 取代玻尔兹曼关系作为熵的原始定义. 这样定义的熵叫做吉布斯熵. 式 (3.2) 和式 (3.6) 表明, 对于孤立系而言, 吉布斯熵等价于玻尔兹曼熵.

讨论和评述

对于微观态适于用经典力学描述的孤立系统, 微正则系综的分布函数在文献中有多种不同的描述方法. 这些方法大体可分为如下几类:

(1) 将标志孤立系统能量守恒条件的 δ 函数作为微正则分布的分布函数中的一个因子

$$\rho(q,p) = C\delta[E(q,p) - E_0].$$

采用这种描述的书籍有: ① L. D. Landau, E. M. Lifshitz, *Statistical Physics, Part I*, 3rd Revised Ed. (Butterworth-Heinemann, 1980); ② J. W. Halley, *Statistical mechanics: From First Principles to Macroscopic Phenomena* (Cambridge University Press, 2006); ③ M. Baus, C. F. Tejero, *Equilibrium Statistical Physics: Phases of Matter and Phase Transitions* (Springer, 2008); ④ L. Peliti, *Statistical Mechanics in A Nutshell* (Prinston University Press, 2011); ⑤ L. C. Fai, G. M. Wysin, *Statistical Thermodynamics: Understanding the Properties of Macroscopic Systems* (CRC Press, 2013), 等.

(2) 不明显提到 δ 函数因子, 而是将微正则分布的分布函数写为以下形式:

$$\rho = \begin{cases} C & (E_0 \leqslant E(q,p) \leqslant E_0 + \Delta) \\ 0 & (其他情况) \end{cases}.$$

采用这种描述的书籍有: ① K. Huang, *Statistical Mechanics*, 2nd Ed. (John Wiley & Sons, 1987); ② M. Kardar, *Statistical Physics of Particles* (Cambridge University Press, 2007); ③ C. S. Helrich, *Modern Thermodynamics with Statistical Mechanics* (Springer-Verlag, 2009); ④ R. K. Pathria and Paul D. Beale, *Statistical Mechanics*, 3rd Ed. (Elsevier, 2011); ⑤ R. J. Hardy and C. Binek, *Thermodynamics and Statistical Mechanics: An Integrated Approach* (John Wiley & Sons, 2014); 以及大多数国内作者用中文出版的统计物理教材. 在这类教材中, 有部分作者还额外要求取 $\Delta \to 0$ 的极限.

(3) 以上两种描述同时提及的例子有: ① W. Greiner, I. L. Neise and I. H. Stöcker, *Thermodynamics and Statistical Mechanics* (Springer, 1995); ② F. Schwabl, *Statistical Mechanics* 2nd Ed. (Springer, 2006); ③ B. M. McCoy, *Advanced Statistical Mechanics* (Oxford University Press, 2010); ④ Y. N. Kaznessis, *Statistical Thermodynamics and Stochastic Kinetics: An Introduction for Engineers* (Cambridge University Press, 2012); ⑤ C. D. Castro, R. Raimondi, *Statistical Mechanics and Applications in Condensed Matter* (Cambridge University Press, 2015) 等. 在国内作者的著作中, 苏汝铿的《统计物理学》(高等教育出版社, 2013) 也属于这一类型.

(4) 不区分分布函数与积分体元, 而是将微观态被占据的概率写为

$$\mathrm{d}W = C\delta[E(q,p) - E_0]\mathrm{d}\Gamma.$$

自始至终严格采用这种处理方法的文献就编者所见只有 B. M. Askerov, S. R. Figarova 所著的 *Thermodynamics, Gibbs Method and Statistical Physics of Electron Gases* (Springer, 2010) 一种, L. D. Landau, E. M. Lifshitz 的 *Statistical Physics, Part I* 在某些章节中也采用了这种叙述方法, 但另一些章节中则采用了上述第 1 种方法.

除上述第 4 种描述方法以外, 其他所有不同的处理方法本质上都是将微正则分布当作相空间 $\Gamma^{(N_0)}$ 中的分布来看待的. 如果严格按照等概率原理来处理微正则分布, 理论上应该将微正则分布看成是能量曲面上的常数分布而不是相空间 $\Gamma^{(N_0)}$ 中的 δ 函数分布. 就这一点而言, 本书的处理方法更严格地遵循了等概率原理的要求. 另一个需要强调的问题是: 在以上所有采用了 δ 函数分布的文献中, δ 函数因子均被写作 $\delta[E(q,p) - E_0]$, 而本书则提倡用 $\delta\left(\dfrac{E(q,p) - E_0}{\Delta}\right)$ 来取代 $\delta[E(q,p) - E_0]$, 因为这样写下的 δ 函数自变量和函数值都是无量纲的, 也只有这样才能用微正则系综得出吉布斯熵的正确表达式 (3.6).

3.1.2 孤立系的最大熵定理

微正则系综的常数分布是极为特殊的统计分布. 从纯粹的数学观点看, 如果微观态是被随机占据的, 那么分布函数可能有许多种不同的选择, 而孤立系应该不会了解自己处于何种分布才是最理想的分布. 这就提出了一个疑问, 即孤立系为何要采取微正则分布这种极为特殊的分布形式呢?

下面将要证明: 当统计规律发生作用时, 系统微观状态的分布函数是不能任意选择的. 只有微正则分布才会满足平衡态热力学所要求的熵最大的条件. 更确切地, 我们有如下的定理.

> **孤立系的最大熵定理**
>
> 在孤立系的所有可能的微观态分布中, 微正则系综分布对应的熵最大.

> **证明** 上述定理的证明依赖于下面介绍的不等式:
>
> $$\log x \leqslant x - 1, \qquad x \geqslant 0. \tag{3.7}$$
>
> 上式左右两边的函数在 $x = 1$ 处的函数值和一阶导数分别相等, 说明直线 $y = x - 1$ 在 $x = 1$ 处与函数 $y = \log x$ 的图像相切, 同时 $y = \log x$ 的二阶导数恒小于零, 因此除在切点以外, 函数 $y = \log x$ 的图像永远落在其切线下方. 这样就证明了不等式 (3.7).
>
> 首先假定孤立系的微观态适于用量子力学来描述. 令 $x = \tilde{\rho}_n^{-1} \rho_n$, 其中 ρ_n 是微正则分布, $\tilde{\rho}_n$ 是任意选择的另一个分布函数. 将这个 x 值代入不等式 (3.7), 有
>
> $$\log(\tilde{\rho}_n^{-1} \rho_n) \leqslant \tilde{\rho}_n^{-1} \rho_n - 1.$$
>
> 注意: 虽然分布 $\tilde{\rho}_n$ 与 ρ_n 不同, 但是它们所描述的微观态的集合是相同的, 原因在于两者都是用来描述同样的宏观系统的微观态的分布函数. 换言之, $\tilde{\rho}_n$ 与 ρ_n 对应的量子数 n 的取值范围是相同的. 将上述不等式两边同时乘以 $\tilde{\rho}_n$, 并对量子数 n 求和, 同时注意到 ρ_n 和 $\tilde{\rho}_n$ 均满足归一化条件, 结果可得
>
> $$\sum_n \tilde{\rho}_n \log \tilde{\rho}_n - \sum_n \tilde{\rho}_n \log \rho_n \geqslant 0. \tag{3.8}$$
>
> 由于微正则分布实际上是常数分布, 上式左边的第 2 项可以重写为
>
> $$-\sum_n \tilde{\rho}_n \log \rho_n = \log \Omega \sum_n \tilde{\rho}_n = \log \Omega \sum_n \rho_n = -\sum_n \rho_n \log \rho_n.$$
>
> 将上式代回到式 (3.8) 中, 并利用定义式 (3.2), 可以得到
>
> $$S = -k_0 \overline{\log \rho_n} \geqslant -k_0 \overline{\log \tilde{\rho}_n} = \tilde{S}.$$
>
> 定理得证.

如果孤立系的微观态适于用经典力学描述, 只需在上述证明过程中将 x 定义为

$$x = [h^{DN_0}N_0!\tilde{\rho}(q,p)]^{-1}[h^{DN_0}N_0!\rho(q,p)],$$

然后重复上述过程, 并用式 (3.6) 来取代式 (3.2) 作为熵的定义即可.

上述定理从另一个角度论证了等概率原理所给出的常数分布是处于平衡态的孤立系必然的微观态分布. 如果把式 (3.2) 或者式 (3.6) 作为熵的原始定义, 等概率原理其实可以作为孤立系的熵增加原理的推论来看待.

在结束本节之前, 有必要指出: 由于微正则系综描写的是孤立系的统计特征, 而孤立系具有唯一的内禀平衡态, 其宏观状态无法发生演化, 因此, 虽然微正则系综可以用来分析孤立系的内禀平衡态, 但在分析实际宏观系统的热力学过程时, 从微正则系综出发并不合适. 与此对照, 适用于封闭系的正则系综以及适用于开放系的巨正则系综则具有更广泛的适用性.

3.2　封闭系与正则系综

3.2.1　正则系综的分布函数

对于封闭系来说, 等概率原理不再适用, 描述这类系统的统计系综叫做正则系综. 为了得到正则系综的分布函数, 可以将封闭系和与它进行热交换并且可能对它做功的环境合并在一起, 构造一个更大的孤立系, 其中, 封闭系所处的环境被当作热库. 显然, 为了使系统的平衡态能够被保持, 需要的热库所包含的物质和能量总量都要远大于系统本身的规模.

首先考虑封闭系的微观态适于用量子力学描述的情况. 这样的正则系综简称为量子正则系综. 我们的目的是要得出封闭系处于具有能量 E_n 的微观状态的概率, 其中, n 为可测力学量完全集的一组共同的本征态所对应的量子数. 设封闭系的能量为 E_n 时, 热库的能量为 E_r, 封闭系与热库合在一起构成的孤立总系能量为 $E_0 = E_n + E_r$, 且有 $E_n \ll E_r$. 需要说明的是, 虽然封闭系本身的微观态采用量子力学描述, 但是热库的微观态并不需要量子描述, 因而两者一起构成的孤立总系其实是经典的孤立系. 这样, 尽管封闭系的微观态可以具有不同的能量本征值, 但孤立总系的微观态能量始终都保持为一个常数. 换句话说, 在我们的考量中, 并不会引入类似于 "量子热库" 这样的概念.

假定封闭系已经和热库达到了热力学平衡, 两者构成的孤立总系所含的微观状态数记为 $\Omega_0(E_0)$. 在孤立总系中指定了封闭系处于具有能量 E_n 的微观状态后, 系统剩余部分所能取得的微观状态数为 $\Omega_r(E_r)$. 因此, $\Omega_r(E_r)$ 可以被视作封闭系的具有能量 E_n 的微观状态的简并度. 因此, 封闭系处于具有能量 E_n 的微观状态的概率可写为

$$\rho_n = \frac{\Omega_r(E_r)}{\Omega_0(E_0)} = \frac{\Omega_r(E_0 - E_n)}{\Omega_0(E_0)}. \tag{3.9}$$

由于热库本身相比于封闭系非常巨大, 可以认为其微观态的能量 $E_r = E_0 - E_n$ 就是内能. 这样就有

$$\Omega_r(E_r) = \mathrm{e}^{S_r(E_r)/k_0} = \mathrm{e}^{S_r(E_0 - E_n)/k_0},$$

其中, $S_r(E_r)$ 表示热库在内能为 E_r 的宏观态下所具有的熵. 同理, $\Omega_0(E_0)$ 也可以写成

$$\Omega_0(E_0) = \mathrm{e}^{S_0(E_0)/k_0},$$

其中, $S_0(E_0)$ 是孤立总系在内能为 E_0 的宏观态下所具有的熵. 因此有

$$\rho_n = \mathrm{e}^{[S_r(E_0 - E_n) - S_0(E_0)]/k_0}. \tag{3.10}$$

考虑到 $E_0 \gg E_n$, 可以将 $S_r(E_0 - E_n)$ 重写为 $S_r\left[E_0\left(1 - \dfrac{E_n}{E_0}\right)\right]$, 并将 $\dfrac{E_n}{E_0}$ 近似看作连续变化的参量. 将 $S_r(E_0 - E_n)$ 在 $\dfrac{E_n}{E_0} = 0$ 附近作泰勒展开, 准确到 $\dfrac{E_n}{E_0}$ 的线性阶, 结果为

$$\begin{aligned}
S_r(E_0 - E_n) &= S_r(E_0) - \left(\frac{\partial S_r(E)}{\partial E}\right)_{E=E_0} E_n \\
&= S_r(E_0) - \frac{E_n}{T},
\end{aligned} \tag{3.11}$$

其中, T 是封闭系与热库共同的温度. 将式 (3.11) 代入式 (3.10), 可以得到

$$\rho_n = \mathrm{e}^{-\psi - \beta E_n}, \tag{3.12}$$

其中,

$$\psi = \frac{1}{k_0}\big[S_0(E_0) - S_r(E_0)\big], \qquad \beta = \frac{1}{k_0 T}. \tag{3.13}$$

式 (3.12) 给出了封闭系的微观状态关于能量本征值的概率分布, 又称为量子正则分布, 其中 ψ 与描述封闭系微观态的量子数 n 无关. 上述分布的归一条件为

$$\sum_n \rho_n = 1,$$

因此有

$$Z \equiv \mathrm{e}^{\psi} = \sum_n \mathrm{e}^{-\beta E_n}.$$

Z 称为正则配分函数. 将上式代入式 (3.12), 可以将量子正则分布重写为

$$\rho_n = \frac{1}{Z}\mathrm{e}^{-\beta E_n} = \frac{\mathrm{e}^{-\beta E_n}}{\displaystyle\sum_n \mathrm{e}^{-\beta E_n}}.$$

下面再看微观态适于用经典力学描述的封闭系, 相应的正则系综可称作经典正则系综. 将封闭系和热库构成的孤立总系的粒子数和能量记为 N_0 和 E_0, 封闭系的粒子数记为 N, 其特定微观态具有的能量记为 $E(q, p)$, 热库的粒子数记为 N_r, 能量记为 E_r. 显然,

$$N_0 = N_r + N,$$

$$E_0 = E_r + E(q, p), \qquad E(q, p) \ll E_r.$$

为了求出经典正则系综的概率密度分布函数, 需要对孤立总系的分布函数关于热库的微观态空间进行积分, 即需要去除热库的微观自由度的影响. 为此, 首先要写出孤立总系的分布函数. 这需要我们重复 3.1 节的过程, 并注意到封闭系与热库是物质隔绝的, 应采用式 (1.22) 而不是式 (1.21) 来计算微观状态数. 最后得到的孤立总系的微正则分布函数为

$$\rho_0(q_0, p_0) = \frac{1}{(h^{DN_r} N_r!)(h^{DN} N!) g_0(E_0) \Delta}, \tag{3.14}$$

相应的态空间体积元为

$$\mathrm{d} \Gamma^{(\text{孤立})} = \delta \left[\frac{E_r + E(q, p) - E_0}{\Delta} \right] \mathrm{d} \Gamma^{(N_0)}. \tag{3.15}$$

注意: 在式 (3.14) 中, (q_0, p_0) 代表孤立总系的微观态空间中的坐标, 而式 (3.15) 中的坐标 (q, p) 则代表相空间 $\Gamma^{(N)}$ 中的坐标. 相体积元 $\mathrm{d} \Gamma^{(N_0)}$ 可以分割为热库和封闭系的相体积元两部分

$$\mathrm{d} \Gamma^{(N_0)} = \mathrm{d} \Gamma_r \mathrm{d} \Gamma,$$

其中, $\mathrm{d} \Gamma = \mathrm{d} \Gamma^{(N)}$ 是 N 粒子力学系统的相空间体积元. 由于封闭系与热库之间是物质隔绝的, 因此不必担心在分割相体积元时会遇到类似于式 (1.41) 中遇到的数值因子 [参见式 (1.42)].

分布函数 (3.14) 在孤立总系的微观态空间中的积分可以写为

$$\int \rho_0(q_0, p_0) \, \mathrm{d} \Gamma^{(\text{孤立})}$$

$$= \frac{1}{(h^{DN_r} N_r!)(h^{DN} N!) g_0(E_0) \Delta} \int \delta \left[\frac{E_r + E(q, p) - E_0}{\Delta} \right] \mathrm{d} \Gamma_r \mathrm{d} \Gamma$$

$$= \frac{1}{(h^{DN_r} N_r!)(h^{DN} N!) g_0(E_0)}$$

$$\times \int \delta \left[\frac{E_r + E(q, p) - E_0}{\Delta} \right] \frac{\partial \Gamma_r(E_r)}{\partial E_r} \mathrm{d} \left(\frac{E_r}{\Delta} \right) \mathrm{d} \Gamma$$

$$= \frac{1}{h^{DN} N! \, g_0(E_0)} \int \delta \left[\frac{E_r + E(q, p) - E_0}{\Delta} \right] \frac{\partial \Sigma_r(E_r)}{\partial E_r} \mathrm{d} \left(\frac{E_r}{\Delta} \right) \mathrm{d} \Gamma$$

$$= \frac{1}{h^{DN} N!} \int \frac{g_r[E_0 - E(q, p)]}{g_0(E_0)} \mathrm{d} \Gamma$$

$$= \frac{1}{h^{DN} N!} \int \frac{\Omega_r[E_0 - E(q,p)]}{\Omega_0(E_0)} \mathrm{d}\Gamma = 1.$$

上式的最后一行也可以看作是封闭系的微观态分布函数的归一化条件

$$\int \rho(q,p)\,\mathrm{d}\Gamma = 1,$$

其中,

$$\rho(q,p) = \frac{1}{h^{DN} N!} \frac{\Omega_r[E_0 - E(q,p)]}{\Omega_0(E_0)}.$$

重复式 (3.9)∼ 式 (3.12) 之间的过程, 最后可得

$$\rho(q,p) = \frac{1}{h^{DN} N!} \mathrm{e}^{-\psi - \beta E(q,p)}, \tag{3.16}$$

其中, ψ 和 β 仍旧由式 (3.13) 给出. 这个结果就是经典正则系综的分布函数, 简称正则分布函数. 这时, ψ 的数值应该由归一化条件来确定, 结果为

$$Z_{\mathrm{cl}} \equiv \mathrm{e}^{\psi} = \frac{1}{h^{DN} N!} \int \mathrm{e}^{-\beta E(q,p)} \mathrm{d}\Gamma.$$

Z_{cl} 称为经典正则配分函数. 据此, 又可以将经典正则系综的分布函数写为

$$\rho(q,p) = \frac{1}{Z_{\mathrm{cl}}} \frac{1}{h^{DN} N!} \mathrm{e}^{-\beta E(q,p)} = \frac{\mathrm{e}^{-\beta E(q,p)}}{\int \mathrm{e}^{-\beta E(q,p)} \mathrm{d}\Gamma}.$$

讨论和评述

(1) 经典正则分布函数 (3.16) 也可以利用 1.4.4 节中介绍的经典–量子对应关系从量子正则配分函数 (3.12) 直接写出.

(2) 正则配分函数 (3.12) 及其经典对应 (3.16) 与第 1 章中得到的 $Z(\beta)$ [参见式 (1.63)] 以及 $Z_{\mathrm{cl}}(\beta)$ [参见式 (1.55)] 是完全一致的.

(3) 在承认熵具有可加性的前提下, 对热库的熵关于封闭系的能量进行级数展开时, 截断到线性阶是唯一正确的选择 [参见式 (3.11)].

3.2.2 统计平均值与热力学势的计算

统计物理学的一个重要目标是通过对宏观系统的微观态的描述来计算宏观状态函数, 特别是热力学势. 对适于描述封闭系的正则系综来说, 力学量的统计平均值要用下式来计算:

$$\overline{\hat{u}} = \frac{\displaystyle\sum_n u_n \mathrm{e}^{-\beta E_n}}{\displaystyle\sum_n \mathrm{e}^{-\beta E_n}}, \tag{3.17}$$

或者

$$\overline{u} = \frac{\displaystyle\int u(q,p)\mathrm{e}^{-\beta E(q,p)}\mathrm{d}\Gamma}{\displaystyle\int \mathrm{e}^{-\beta E(q,p)}\mathrm{d}\Gamma}. \tag{3.18}$$

如果考虑的是量子正则系综, 并且选取力学量算符 $\hat{u} = \hat{H}$, 那么, u_n 就是哈密顿算符的本征值 E_n. 这时式 (3.17) 给出封闭系的内能

$$E \equiv \overline{\hat{H}} = \frac{\displaystyle\sum_n E_n \mathrm{e}^{-\beta E_n}}{\displaystyle\sum_n \mathrm{e}^{-\beta E_n}} = -\frac{\partial}{\partial \beta} \log Z. \tag{3.19}$$

另外, 从热力学关系式 (2.33) 可得

$$E = -T^2 \left(\frac{\partial}{\partial T} \frac{F}{T} \right)_V = \left(\frac{\partial(F/T)}{\partial(1/T)} \right)_V = \frac{\partial}{\partial \beta} \left(\frac{F}{k_0 T} \right). \tag{3.20}$$

比较以上两式, 可以得出

$$F = -k_0 T \log Z = -k_0 T \psi. \tag{3.21}$$

如果考虑的是经典正则系综, 则类似地可以得出

$$E = -\frac{\partial}{\partial \beta} \log Z_{\mathrm{cl}},$$
$$F = -k_0 T \log Z_{\mathrm{cl}}. \tag{3.22}$$

也可以将式 (3.21) 分别代入量子和经典的正则分布函数 (3.12) 以及 (3.16) 中, 从而将它们重写为

$$\rho_n = \mathrm{e}^{(F-E_n)/(k_0 T)}, \tag{3.23}$$

$$\rho(q,p) = \frac{1}{h^{DN} N!} \mathrm{e}^{[F-E(q,p)]/(k_0 T)}. \tag{3.24}$$

利用上述结果, 让我们来计算 $k_0 \log \hat{\rho}$ 的统计平均值. 在量子数为 n 的量子态下, 这个对数算符的本征值为 $k_0 \log \rho_n$. 因此, 直接计算可得

$$-k_0 \overline{\log \hat{\rho}} = -k_0 \overline{\log \rho_n} = \frac{1}{T} (\overline{E_n} - F) = \frac{1}{T} (E - F) = S.$$

因此有

$$S = -k_0 \overline{\log \hat{\rho}} = -k_0 \sum_n \rho_n \log \rho_n. \tag{3.25}$$

在经典正则系综中, 与上式对应的关系式为

$$S = -k_0 \overline{\log\left[h^{DN} N! \rho(q,p)\right]} = -k_0 \int \rho(q,p) \log\left[h^{DN} N! \rho(q,p)\right] \mathrm{d}\Gamma. \tag{3.26}$$

从形式上看, 式 (3.25) 和式 (3.26) 分别与微正则系综中对应的关系式 (3.2) 以及 (3.6) 是一致的, 而对于封闭系来说, 由于微观态并不以等概率分布, 直接计算某一平衡态所包含的微观状态数并不方便, 因此吉布斯熵比玻尔兹曼熵更加便利. 值得注意的是: 定义玻尔兹曼熵无须事先定义平衡态和统计系综, 而定义吉布斯熵则必须事先提供平衡态和相应的统计系综分布函数.

根据马休定理, 一旦求出了宏观系统的一个热力学势, 那么其他一切宏观状态函数以及过程参量均可以利用标准的热力学公式计算出来. 对于封闭系更多的宏观状态函数以及过程参量的计算, 我们将留待以后就具体的物质结构进行分析时再做详细讨论.

3.2.3 封闭系的最大熵定理

正则系综分布可以作为处于平衡态的封闭系的微观态分布函数并非是偶然的. 从热力学的观点来看, 选择正则系综分布来描述处于平衡态的封闭系的微观态分布就如同选择微正则分布来描述处于平衡态的孤立系的微观态分布一样, 都是熵增加原理的逻辑要求. 更具体地说, 有如下封闭系的最大熵定理.

封闭系的最大熵定理

在封闭系的所有可给出相同内能的微观态分布中, 正则系综分布对应的熵最大.

证明　上述定理的证明与孤立系的最大熵定理一样, 需要依赖于不等式 (3.7). 假定封闭系的微观态适于用量子力学来描述. 令 $x = \tilde{\rho}_n^{-1}\rho_n$, 其中 ρ_n 是正则分布函数, $\tilde{\rho}_n$ 是任意分布函数. 将这个 x 值代入不等式 (3.7), 有

$$\log(\tilde{\rho}_n^{-1}\rho_n) \leqslant \tilde{\rho}_n^{-1}\rho_n - 1.$$

将上述不等式两边同时乘以 $\tilde{\rho}_n$, 并对量子数 n 求和, 同时注意到 ρ_n 和 $\tilde{\rho}_n$ 均满足归一化条件, 结果可得

$$\sum_n \tilde{\rho}_n \log \tilde{\rho}_n - \sum_n \tilde{\rho}_n \log \rho_n \geqslant 0. \tag{3.27}$$

对于正则系综分布而言, 我们有

$$\log \rho_n = -\psi - \beta E_n.$$

因此,

$$-\sum_n \tilde{\rho}_n \log \rho_n = \sum_n (\psi + \beta E_n)\tilde{\rho}_n$$

$$= \sum_n \left(\psi + \beta E_n \right) \rho_n = - \sum_n \rho_n \log \rho_n, \tag{3.28}$$

式中利用了内能相同的前提条件, 即

$$\sum_n E_n \rho_n = \sum_n E_n \tilde{\rho}_n = E.$$

将式 (3.28) 代入式 (3.27), 可得

$$S = -k_0 \sum_n \rho_n \log \rho_n \geqslant -k_0 \sum_n \tilde{\rho}_n \log \tilde{\rho}_n = \tilde{S},$$

定理得证.

如果封闭系的微观态适于用经典力学来描述, 那么, 可以将证明过程中用到的正则系综分布与任意选取的另一个分布分别记作 $\rho(q, p)$ 和 $\tilde{\rho}(q, p)$, 并重新选择变量 $x = [h^{DN} N! \tilde{\rho}(q, p)]^{-1} [h^{DN} N! \rho(q, p)]$ 代入不等式 (3.7). 剩余的步骤与上述证明是完全类似的, 此处无须进一步赘述.

上述定理揭示了正则系综与热力学第二定律之间的内在联系, 它说明在考虑宏观封闭系的平衡态性质时, 只有正则分布才是物理上可以接受的分布.

3.3　开放系与巨正则系综

3.3.1　巨正则系综的分布函数

与孤立系、封闭系相比, 开放系是受到更少外部条件限制的宏观系统. 对这样的系统, 不同时刻系统内部所包含的粒子数也不尽相同. 为了描述开放系, 必须将粒子数也当作一个微观态参数, 并且在建立统计系综时, 需要将对粒子数求和也纳入求系综平均值的考量中. 适用于开放系的统计系综称为巨正则系综.

首先考虑量子巨正则系综. 为了求出分布函数, 可以将开放系浸入一个与其交换热量和粒子的大粒子库中, 开放系与粒子库共同构成一个孤立系统. 将这个孤立总系所具有的粒子数和能量记为 N_0 和 E_0. 设开放系在某微观态下的粒子数和能量分别为 N 和 $E_{N,n}$, 粒子库在对应的微观态下具有的粒子数和能量记为 N_r 和 E_r. 显然,

$$N_0 = N_r + N, \qquad E_0 = E_r + E_{N,n},$$

且有

$$N \leqslant N_0, \qquad E_{N,n} \ll E_0.$$

与封闭系的情况类似, 我们将不引入量子粒子库的概念, 而是假定粒子库的行为是经典的, 因而粒子库与开放系合成的孤立总系也是经典的, 只有这样才能保证总系的能量总是取确定的数值.

当开放系处于粒子数和能量分别为 N 和 $E_{N,n}$ 的微观状态时, 孤立总系中只有属于粒子库的自由度可以随意选择微观态, 相应的微观状态数为 $\Omega_r(N_r, E_r)$. 另外, 孤立总系所有允许的微观状态的总数为 $\Omega_0(N_0, E_0)$. 因此, 开放系处于指定微观状态的概率应该为

$$\rho_{N,n} = \frac{\Omega_r(N_r, E_r)}{\Omega_0(N_0, E_0)} = \frac{\Omega_r(N_0 - N, E_0 - E_{N,n})}{\Omega_0(N_0, E_0)}. \tag{3.29}$$

利用熵的定义可以写出

$$\Omega_r(N_0 - N, E_0 - E_{N,n}) = \mathrm{e}^{S_r(N_0 - N, E_0 - E_{N,n})/k_0},$$
$$\Omega_0(N_0, E_0) = \mathrm{e}^{S_0(N_0, E_0)/k_0},$$

因此,

$$\rho_{N,n} = \mathrm{e}^{[S_r(N_0 - N, E_0 - E_{N,n}) - S_0(N_0, E_0)]/k_0}. \tag{3.30}$$

在 $N_0 \gg N$、$E_0 \gg E_{N,n}$ 的前提下, 可以将 N/N_0 以及 $E_{N,n}/E_0$ 都近似看作连续变化的参量, 这样, 将 $S_r(N_0 - N, E_0 - E_{N,n})$ 在上述两个参量的零点附近展开, 可得

$$S_r(N_0 - N, E_0 - E_{N,n})$$
$$= S_r(N_0, E_0) - \left(\frac{\partial S_r}{\partial N}\right)_{E,V}\Bigg|_{E=E_0, N=N_0} N - \left(\frac{\partial S_r}{\partial E}\right)_{V,N}\Bigg|_{E=E_0, N=N_0} E_{N,n} + \cdots$$
$$\approx S_r(N_0, E_0) + \frac{\mu N}{T} - \frac{E_{N,n}}{T}.$$

将上式代回到式 (3.30) 中, 有

$$\rho_{N,n} = \mathrm{e}^{-\zeta - \alpha N - \beta E_{N,n}}, \tag{3.31}$$

其中,

$$\zeta = \frac{1}{k_0}\left[S_0(N_0, E_0) - S_r(N_0, E_0)\right], \tag{3.32}$$

$$\alpha = -\frac{\mu}{k_0 T}, \tag{3.33}$$

$$\beta = \frac{1}{k_0 T}. \tag{3.34}$$

式 (3.31) 给出了巨正则系综的分布函数, 其中 ζ 的值由概率归一化条件

$$\sum_{N,n} \rho_{N,n} = 1$$

给出

$$\mathrm{e}^{\zeta} = \sum_{N,n} \mathrm{e}^{-\alpha N - \beta E_{N,n}}. \tag{3.35}$$

在上式中, 关于粒子数 N 的求和范围理论上应该是从 0 到 N_0, 但是由于粒子库所含的粒子数 N_0 非常巨大, 在实际计算时可以有效地认为是无穷大. ζ 的 e 指数映射

$$\Xi = \mathrm{e}^{\zeta} \tag{3.36}$$

称为巨正则配分函数. 利用式 (3.36), 可以将巨正则系综的分布函数重写为

$$\rho_{N,n} = \frac{1}{\Xi} \mathrm{e}^{-\alpha N - \beta E_{N,n}} = \frac{\mathrm{e}^{-\alpha N - \beta E_{N,n}}}{\sum\limits_{N,n} \mathrm{e}^{-\alpha N - \beta E_{N,n}}}. \tag{3.37}$$

下面再来看经典巨正则系综的分布函数. 将总系所具有的粒子数和能量依旧记为 N_0 和 E_0. 当开放系处于粒子数为 N、能量为 $E_N(q,p)$ 的微观态时, 将对应的粒子库所含的粒子数和能量分别记为 N_r 和 E_r. 显然, 以下条件必须得到满足:

$$N_0 = N_r + N, \qquad N \ll N_0,$$
$$E_0 = E_r + E_N(q,p), \quad E_N(q,p) \ll E_0.$$

假设粒子库与开放系由同种粒子构成. 这样, 总系的分布函数以及微观态空间体积元可以分别写为

$$\rho_0(q_0, p_0) = \frac{1}{h^{DN_0} N_0! \, g_0(N_0, E_0) \Delta}, \tag{3.38}$$

$$\mathrm{d}\Gamma^{(\text{孤立})} = \delta\left[\frac{E_r + E_N(q,p) - E_0}{\Delta}\right] \mathrm{d}\Gamma^{(N_0)}. \tag{3.39}$$

为了求出开放系的分布函数, 需要对孤立总系的分布函数关于粒子库的微观状态空间进行积分. 为此, 需要将相体积元 $\mathrm{d}\Gamma^{(N_0)}$ 分割为开放系的相体积元 $\mathrm{d}\Gamma^{(\text{开放})}$ 和粒子库的相体积元 $\mathrm{d}\Gamma_r$, 则有

$$\mathrm{d}\Gamma^{(N_0)} = \frac{h^{DN_0} N_0!}{(h^{DN_r} N_r!)(h^{DN} N!)} \mathrm{d}\Gamma_r \mathrm{d}\Gamma^{(\text{开放})}.$$

注意：由于开放系没有与粒子库进行物质隔绝, 在分割相体积元时出现了和式 (1.41) 类似的数值因子. 总系的分布函数在其微观态空间中的积分为

$$\int \rho_0(q_0, p_0) \mathrm{d}\Gamma^{(\text{孤立})}$$

$$= \int \frac{1}{h^{DN_0} N_0! \, g_0(E_0, N_0) \Delta} \delta\left[\frac{E_r + E_N(q,p) - E_0}{\Delta}\right]$$

$$\times \frac{h^{DN_0} N_0!}{(h^{DN_r} N_r!)(h^{DN} N!)} \mathrm{d}\Gamma_r \mathrm{d}\Gamma^{(\text{开放})}$$

$$= \frac{1}{(h^{DN_r}N_r!)(h^{DN}N!)\,g_0(N_0,E_0)\Delta} \int \delta\left[\frac{E_r + E_N(q,p) - E_0}{\Delta}\right] \mathrm{d}\Gamma_r \mathrm{d}\Gamma^{(\text{开放})}$$

$$= \frac{1}{h^{DN}N!} \int \frac{g_r(N_0 - N, E_0 - E_N(q,p))}{g_0(N_0, E_0)} \mathrm{d}\Gamma^{(\text{开放})}$$

$$= \frac{1}{h^{DN}N!} \int \frac{\Omega_r(N_0 - N, E_0 - E_N(q,p))}{\Omega_0(N_0, E_0)} \mathrm{d}\Gamma^{(\text{开放})}.$$

因此, 开放系的分布函数可以写为

$$\rho_N(q,p) = \frac{1}{h^{DN}N!} \frac{\Omega_r(N_0 - N, E_0 - E_N(q,p))}{\Omega_0(E_0, N_0)}. \tag{3.40}$$

重复式 (3.29)~ 式 (3.31) 的过程, 可以得到

$$\rho_N(q,p) = \frac{1}{h^{DN}N!} \mathrm{e}^{-\zeta - \alpha N - \beta E_N(q,p)}, \tag{3.41}$$

其中, ζ、α、β 的含义与式 (3.32)~ 式 (3.34) 给出的定义一致. ζ 的数值现在由分布函数的归一化条件

$$\int \rho_N(q,p)\mathrm{d}\Gamma^{(\text{开放})} = \sum_N \int \rho_N(q,p)\mathrm{d}\Gamma^{(N)} = 1$$

决定, 结果为

$$\Xi_{\mathrm{cl}} \equiv \mathrm{e}^{\zeta} = \sum_N \frac{1}{h^{DN}N!} \int \mathrm{e}^{-\alpha N - \beta E_N(q,p)}\mathrm{d}\Gamma^{(N)}. \tag{3.42}$$

因此, 经典巨正则系综的分布函数还可以写为

$$\begin{aligned} \rho_N(q,p) &= \frac{1}{\Xi_{\mathrm{cl}}} \frac{1}{h^{DN}N!} \mathrm{e}^{-\alpha N - \beta E_N(q,p)} \\ &= \frac{\dfrac{1}{h^{DN}N!}\mathrm{e}^{-\alpha N - \beta E_N(q,p)}}{\displaystyle\sum_N \frac{1}{h^{DN}N!} \int \mathrm{e}^{-\alpha N - \beta E_N(q,p)}\mathrm{d}\Gamma^{(N)}}. \end{aligned} \tag{3.43}$$

有必要强调指出, 巨正则分布函数 (3.41) 中出现的粒子数阶乘因子来源于系统中 N 个粒子完全相同且不可分辨的假定. 如果系统中不同的粒子可以被分辨出来 (如粒子间的距离远大于单个粒子的德布罗意波长), 这个阶乘因子不应该出现在所得到的分布函数中.

以上所得到的量子和经典巨正则配分函数 (3.35) 以及 (3.42) 与第 1 章中得到的 $\Xi(\alpha, \beta)$ [参见式 (1.62)] 和 $\Xi_{\mathrm{cl}}(\alpha, \beta)$ [参见式 (1.54)] 完全一致.

討論和評述

(1) 在以上构造正则系综和巨正则系综分布函数的过程中, 关于热库 (粒子库) 的熵函数的展开仅截断到微观态能量 (以及粒子数) 的线性阶. 这种截断看起来好像是一种近似处理. 不过, 如果考虑到系统能量、粒子数和熵的可加性, 这种线性展开应该是最为恰当的. 如果展开式中包含任何高阶项, 则能量、粒子数和熵的可加性必然不能被严格保持.

(2) 在写下式 (3.9) 和 (3.29) 时, 我们忽略了封闭系处于能量值为 E_n 的量子态时可能存在的内禀的能级简并以及开放系处于粒子数为 N、能量值为 $E_{N,n}$ 的量子态时可能出现的内禀能级简并. 如果这类能级简并存在, 则意味着相应的微观自由度存在内禀量子数. 考虑了内禀量子数的量子统计物理方法将推延到第 6 章再做介绍.

3.3.2　统计平均值与热力学势的计算

以量子巨正则系综为例. 给定力学量算符 $\hat{u}$, 其巨正则系综平均值为

$$\overline{\hat{u}} = \sum_{N,n} u_{N,n} \rho_{N,n} = \frac{\displaystyle\sum_{N,n} u_{N,n} \mathrm{e}^{-\alpha N - \beta E_{N,n}}}{\displaystyle\sum_{N,n} \mathrm{e}^{-\alpha N - \beta E_{N,n}}}. \tag{3.44}$$

特别地, 当 $\hat{u} = \hat{H}$ 时, 有

$$E = \frac{\displaystyle\sum_{N,n} E_{N,n} \mathrm{e}^{-\alpha N - \beta E_{N,n}}}{\displaystyle\sum_{N,n} \mathrm{e}^{-\alpha N - \beta E_{N,n}}} = -\frac{\partial}{\partial \beta} \log \Xi.$$

而当 $\hat{u} = \hat{N}$(即粒子数算符) 时, 有

$$\overline{N} = \frac{\displaystyle\sum_{N,n} N \mathrm{e}^{-\alpha N - \beta E_{N,n}}}{\displaystyle\sum_{N,n} \mathrm{e}^{-\alpha N - \beta E_{N,n}}} = -\frac{\partial}{\partial \alpha} \log \Xi. \tag{3.45}$$

利用熵的可加性和式 (3.30), 不难理解

$$S = S_0 - S_r = \overline{S_0(N_0, E_0)} - \overline{S_r(N_0 - N, E_0 - E_{N,n})} = -k_0 \overline{\log \hat{\rho}}. \tag{3.46}$$

这个结果与式 (3.2) 以及式 (3.25) 的形式是一致的[①]. 所以, 在巨正则系综中, 也可以用上

---

① 利用式 (3.40) 以及玻尔兹曼关系式 (1.79), 不难验证对于经典描述下的巨正则系综, 熵可以表达为

$$S = -k_0 \overline{\log \left[h^{DN} N! \rho_N(q, p) \right]},$$

其中, 等式右边表达式上方的一横表示巨正则平均值. 这一结果与微正则系综下的式 (3.6) 以及正则系综下的式 (3.26) 在形式上是一致的.

式作为熵的定义.

对处于平衡态的开放系而言, 其微观态满足巨正则分布同样不是偶然的, 开放系也有自己的最大熵定理.

> **开放系的最大熵定理**
>
> 对开放系而言, 在所有可给出相同的内能和粒子数平均值的微观态分布中, 巨正则分布对应的熵最大.

我们将这一定理的证明留给读者作为练习.

利用式 (3.46), 可以得到

$$S = -k_0 \overline{\log \hat{\rho}} = -k_0 \overline{\log \rho_{N,n}}$$

$$= k_0 \overline{(\zeta + \alpha N + \beta E_{N,n})} = k_0(\zeta + \alpha \overline{N} + \beta E).$$

上式两端同时乘以 T 并进行适当整理可得

$$-k_0 T \zeta = E - TS - \mu \overline{N} = -PV,$$

式中, 最后一步利用了式 (2.73). 因此, 我们有

$$\Omega = -PV = -k_0 T \zeta = -k_0 T \log \Xi, \tag{3.47}$$

其中, Ω 就是式 (2.69) 所定义的巨势. 将式 (3.47) 代入式 (3.45), 并考虑到式 (3.33), 还可以将开放系粒子数的平均值写为

$$\overline{N} = -\left(\frac{\partial \Omega}{\partial \mu}\right)_{T,V}.$$

这个结果与巨势满足的基本微分关系式 (2.59) 是一致的.

为了今后应用方便, 我们将巨势的计算公式 (3.47) 写得更为完整一些

$$\Omega = -k_0 T \log \left[\sum_{N,n} e^{(\mu N - E_{N,n})/(k_0 T)}\right].$$

上式在经典巨正则系综中的对应为

$$\Omega = -k_0 T \log \left[\sum_N \frac{1}{h^{DN} N!} \int e^{[\mu N - E_N(q,p)]/(k_0 T)} d\Gamma^{(N)}\right].$$

另外, 巨正则分布函数也可以改写为

$$\rho_{N,n} = e^{(\Omega + \mu N - E_{N,n})/(k_0 T)}, \tag{3.48}$$

或者

$$\rho_N(q,p) = \frac{1}{h^{DN}N!} e^{[\Omega + \mu N - E_N(q,p)]/(k_0 T)}. \tag{3.49}$$

根据马休定理, 一旦求出了宏观系统的一个热力学势, 其他一切状态函数和过程参量都可以通过计算得出, 而巨势就是开放系的一个热力学势, 因此, 至此开放系的平衡态热力学原则上已经解决.

在结束本节之前, 有必要指出: 封闭系可以被看作是开放系的特殊情况. 对于一个含有 N 个粒子的开放系, 式 (1.51) 表明

$$\psi = \zeta + \alpha N.$$

上式两边同时乘以 $-k_0 T$, 并利用式 (3.21) 和式 (3.47), 结果可得

$$F = -PV + \mu N.$$

这个结果刚好就是式 (2.77).

讨论和评述

必须强调指出: 吉布斯的统计系综理论与本书第 1 章的处理是有区别的. 这种区别在用经典力学描述宏观态的系统中最为显著. 在第 1 章中我们利用统计独立开放子系的概念一次性地得出了适用于所有类型宏观系统的分布函数, 分布函数的形式是唯一的, 但它在不同类型的微观态空间中的归一化条件并不相同. 在吉布斯统计系综理论中, 系综分布函数是从等概率原理出发, 按照孤立系 → 封闭系 → 开放系的顺序逐级构造出来的, 不同类型的统计系综的分布函数形式不同, 与其相应的归一化条件也不同. 简言之, 第 1 章中只出现 1 个分布函数, 但需配以 3 种不同的归一化条件; 而在吉布斯统计系综理论中, 却提出了 3 个不同的分布函数, 各自配以相应的归一化条件.

尽管存在上述不同, 但两种方案下给出的配分函数却是逐对相同的. 由于所有的宏观状态函数都只通过配分函数间接地依赖于系统微观状态的分布函数, 因此, 对给定的宏观系统, 以上两种处理方法可以给出完全相同的宏观状态函数.

3.4 巨正则系综的应用实例: 玻尔兹曼分布

利用巨势满足的关系式 (3.47) 和化学势满足的关系式 (3.33), 可以将量子描述下巨正则系综的分布函数 (3.31) 重写为

$$\rho_{N,n} = e^{(\Omega + \mu N - E_{N,n})/(k_0 T)}.$$

下面来考虑系统中的粒子在不同能级上的分布情况. 首先将能够完全确定一个单粒子微观态所需的量子数记作 k. 假设 N 个粒子中有 N_k 个粒子处于能量值为 ϵ_k 的能级, 则有

$$N = \sum_k N_k, \qquad E_{N,n} = \sum_k N_k \epsilon_k.$$

假设系统充分稀薄, 以至于大部分允许的单粒子态都几乎不被占据. 这时处于系统中每个能级上的粒子所构成的子集都可以被单独视作一个统计独立子系. 根据热力学势的可加性, 可以将整个系统的巨势写为各子系对应的巨势之和

$$\Omega = \sum_k \Omega_k.$$

这样, 巨正则分布函数可以改写为

$$\rho_{N,n} = \prod_k \rho_{N_k,k}, \qquad \rho_{N_k,k} = \mathrm{e}^{[\Omega_k + N_k(\mu - \epsilon_k)]/(k_0 T)},$$

其中, $\rho_{N_k,k}$ 表示能级 ϵ_k 上有 N_k 个粒子的概率. 显然,

$$\rho_{0,k} = \mathrm{e}^{\Omega_k/(k_0 T)}$$

的含义是能级 ϵ_k 上没有粒子的概率. 因此, 系统足够稀薄的条件又可以写成

$$\rho_{0,k} = \mathrm{e}^{\Omega_k/(k_0 T)} \approx 1.$$

考虑到上述条件, 我们有

$$\rho_{1,k} \approx \mathrm{e}^{(\mu - \epsilon_k)/(k_0 T)} \ll 1, \tag{3.50}$$

$$\rho_{N_k,k} \approx \mathrm{e}^{N_k(\mu - \epsilon_k)/(k_0 T)} = (\rho_{1,k})^{N_k} \ll \rho_{1,k}, \qquad \forall N_k > 1. \tag{3.51}$$

注意: 为了使式 (3.50) 对所有可能的微观态能量成立, 必须要求 $\mu/(k_0 T) < 0$ 且 $|\mu|/(k_0 T) \gg 1$. 换句话说, 化学势需要具有一个很大的负值.

对于上述系统, 由于无法准确地知道其微观态的全部细节, 我们并不确切地知道每个能级上实际分布了多少个粒子. 因此, 一个恰当的提法是能级 ϵ_k 上的平均粒子数而不是实际占据该能级的粒子数. 能级 ϵ_k 上的平均粒子数可以用下式计算 (假定系统中的总粒子数 $N \to \infty$):

$$\overline{N_k} = \sum_{N_k=0}^{\infty} N_k \rho_{N_k,k} = \sum_{N_k=0}^{\infty} N_k (\rho_{1,k})^{N_k} = \frac{\rho_{1,k}}{(1 - \rho_{1,k})^2} \approx \rho_{1,k}. \tag{3.52}$$

考虑到式 (3.50), 又可以将平均粒子数 $\overline{N_k}$ 写为

$$f^{(\mathrm{B})}(\epsilon_k) \equiv \overline{N_k} = \mathrm{e}^{(\mu - \epsilon_k)/(k_0 T)}. \tag{3.53}$$

获得 $\overline{N_k}$ 的另一个途径是通过子系的巨势来计算. 根据 $\rho_{N_k,k}$ 的概率含义可以得出

$$\Omega_k = -k_0 T \log \sum_{N_k=0}^{\infty} \mathrm{e}^{N_k(\mu-\epsilon_k)/(k_0 T)}. \tag{3.54}$$

由于

$$\rho_{0,k} \gg \rho_{1,k} \gg \rho_{2,k} \gg \cdots,$$

我们可以仅保留式 (3.54) 中求和的前两项

$$\Omega_k \approx -k_0 T \log\left[1 + \mathrm{e}^{(\mu-\epsilon_k)/(k_0 T)}\right] \approx -k_0 T \mathrm{e}^{(\mu-\epsilon_k)/(k_0 T)}. \tag{3.55}$$

因此有

$$f^{(\mathrm{B})}(\epsilon_k) = \overline{N_k} = -\left(\frac{\partial \Omega_k}{\partial \mu}\right)_{T,V} = \mathrm{e}^{(\mu-\epsilon_k)/(k_0 T)}.$$

这个结果与式 (3.53) 完全一致. 式 (3.53) 经常被看作粒子数按能级的分布, 称为玻尔兹曼分布. 注意: 玻尔兹曼分布不具有概率含义, 因此没有对应的归一化条件.

　　以上讨论的玻尔兹曼分布是从量子巨正则分布得出的. 如果从经典巨正则分布函数 (3.41) 出发, 则可以得到粒子数在 μ 空间中的分布, 也称为经典的玻尔兹曼分布, 具体做法如下.

　　首先假定所考虑的宏观系统足够稀薄, 以至于不同的粒子可以被清楚地分辨. 这时, 系统的巨正则分布函数可以重写为

$$\rho_N(q,p) = \frac{1}{h^{DN}} \mathrm{e}^{[\Omega+\mu N - E_N(q,p)]/(k_0 T)}. \tag{3.56}$$

请注意这个分布函数表达的是系统的微观态在 Γ 空间中的分布. 为了将 Γ 空间转化为 μ 空间, 可以引入 μ 空间中的 N 个点

$$(\boldsymbol{q}_a, \boldsymbol{p}_a), \qquad a = 1, 2, \cdots, N$$

来取代 Γ 空间中的一个点 (q,p). 将系统中一个单粒子处于 μ 空间中的点 $(\boldsymbol{q}_a, \boldsymbol{p}_a)$ 时具有的能量记为 $\epsilon(\boldsymbol{q}_a, \boldsymbol{p}_a)$. 显然,

$$E_N(q,p) = \sum_{a=1}^{N} \epsilon(\boldsymbol{q}_a, \boldsymbol{p}_a).$$

如果把整个 μ 空间划分为许多个大小均为 $\mathrm{d}\mu$ 的相格子, 并给不同的相格子赋予不同的指标 i 以示区别, 那么可以预期会出现这样的情况: 在 μ 空间中不同的点 $(\boldsymbol{q}_i, \boldsymbol{p}_i)$ 附近的相格子中出现的粒子数 N_i 并不相同, 且由于系统的稀薄性, 大部分相格子中出现的粒子数应该为零. 假设每个相格子充分小, 以至于出现在同一个相格子中的粒子能量差别不大, 那么就有

$$N = \sum_i N_i, \qquad E_N(q,p) = \sum_i N_i \epsilon(\boldsymbol{q}_i, \boldsymbol{p}_i), \tag{3.57}$$

其中的 $\epsilon(\boldsymbol{q}_i, \boldsymbol{p}_i)$ 表示在第 i 个相格子中的单个粒子所具有的能量. 除此之外, 还可以将整个系统的巨势划分为各个相格子内所包含的子系的巨势之和

$$\Omega = \sum_i \Omega_i. \tag{3.58}$$

将式 (3.57) 和式 (3.58) 代入式 (3.56) 可得

$$\rho_N(q, p) = \prod_i \rho_{N_i}(\boldsymbol{q}_i, \boldsymbol{p}_i),$$

$$\rho_{N_i}(\boldsymbol{q}_i, \boldsymbol{p}_i) = \frac{1}{h^{DN_i}} \mathrm{e}^{\{\Omega_i + N_i[\mu - \epsilon(\boldsymbol{q}_i, \boldsymbol{p}_i)]\}/(k_0 T)}.$$

注意: $\rho_{N_i}(\boldsymbol{q}_i, \boldsymbol{p}_i)$ 表达的是在 μ 空间点 $(\boldsymbol{q}_i, \boldsymbol{p}_i)$ 附近的相格子中出现 N_i 个粒子的概率密度. 为了给出在点 $(\boldsymbol{q}_i, \boldsymbol{p}_i)$ 附近的相格子中出现 N_i 个粒子的概率, 需要计算 $\rho_{N_i}(\boldsymbol{q}_i, \boldsymbol{p}_i)$ 与 N_i 个粒子对应的相体积元 $[\mathrm{d}\mu(\boldsymbol{q}_i, \boldsymbol{p}_i)]^{N_i}$ 的乘积

$$\mathrm{d}W_{N_i}(\boldsymbol{q}_i, \boldsymbol{p}_i) = \frac{1}{h^{DN_i}} \mathrm{e}^{\{\Omega_i + N_i[\mu - \epsilon(\boldsymbol{q}_i, \boldsymbol{p}_i)]\}/(k_0 T)} [\mathrm{d}\mu(\boldsymbol{q}_i, \boldsymbol{p}_i)]^{N_i}. \tag{3.59}$$

特别地, 当 $N_i = 0$ 时, 我们有

$$\mathrm{d}W_0(\boldsymbol{q}_i, \boldsymbol{p}_i) = \mathrm{e}^{\Omega_i/(k_0 T)} \approx 1,$$

式中, 最后一步利用了系统中粒子分布稀薄的条件. 因此有

$$\Omega_i \approx 0.$$

由上式和式 (3.59) 可得

$$\mathrm{d}W_1(\boldsymbol{q}_i, \boldsymbol{p}_i) \approx \frac{1}{h^D} \mathrm{e}^{[\mu - \epsilon(\boldsymbol{q}_i, \boldsymbol{p}_i)]/(k_0 T)} \mathrm{d}\mu(\boldsymbol{q}_i, \boldsymbol{p}_i) \ll 1, \tag{3.60}$$

$$\mathrm{d}W_{N_i}(\boldsymbol{q}_i, \boldsymbol{p}_i) \approx [\mathrm{d}W_1(\boldsymbol{q}_i, \boldsymbol{p}_i)]^{N_i} \ll \mathrm{d}W_1(\boldsymbol{q}_i, \boldsymbol{p}_i), \qquad \forall N_i > 1. \tag{3.61}$$

式 (3.61) 表明, 在经过上述划分后, 几乎没有一个相格子中会出现多于 1 个粒子. 这是系统中物质稀薄条件的另一种表达方法. 仿照式 (3.52) 可以证明, 在 μ 空间中点 $(\boldsymbol{q}, \boldsymbol{p})$ 附近的相格子中出现的粒子数的平均值为

$$\mathrm{d}N(\boldsymbol{q}, \boldsymbol{p}) \approx \mathrm{d}W_1(\boldsymbol{q}, \boldsymbol{p}) \approx \frac{1}{h^D} \mathrm{e}^{[\mu - \epsilon(\boldsymbol{q}, \boldsymbol{p})]/(k_0 T)} \mathrm{d}\mu(\boldsymbol{q}, \boldsymbol{p}). \tag{3.62}$$

将这一结果对所有的相格子求和 (即在 μ 空间中积分), 即可得到系统中总粒子数的统计平均值

$$\overline{N} = \frac{1}{h^D} \int \mathrm{e}^{[\mu - \epsilon(\boldsymbol{q}, \boldsymbol{p})]/(k_0 T)} \mathrm{d}\mu(\boldsymbol{q}, \boldsymbol{p}).$$

式 (3.62) 表达了粒子数在 μ 空间中的分布情况, 它就是在用经典力学语言描述系统的微观状态时玻尔兹曼分布的表现形式, 即所谓的经典玻尔兹曼分布.

例 3.1　**【粒子数密度在动量空间中的分布与化学势的计算】**
考虑系统中每个粒子的势能都可以忽略的理想情况. 这时,

$$\epsilon(\boldsymbol{q}, \boldsymbol{p}) = \epsilon_t(\boldsymbol{p}) = \frac{1}{2m}\langle \boldsymbol{p}, \boldsymbol{p}\rangle,$$

不依赖于位形空间的坐标 $\boldsymbol{q}$. 由于 $\mathrm{d}\mu(\boldsymbol{q}, \boldsymbol{p}) = (\mathrm{d}\boldsymbol{q})(\mathrm{d}\boldsymbol{p})$, 而 $(\mathrm{d}\boldsymbol{q})$ 代表的是位形空间中的体积元, 可以将其改写为 $\mathrm{d}V$, 因此, 可以将式 (3.62) 重新写为

$$\mathrm{d}n(\boldsymbol{p}) \equiv \frac{\mathrm{d}N(\boldsymbol{q}, \boldsymbol{p})}{\mathrm{d}V} = \frac{1}{h^D}\mathrm{e}^{[\mu - \frac{1}{2m}\langle \boldsymbol{p}, \boldsymbol{p}\rangle]/(k_0 T)}(\mathrm{d}\boldsymbol{p}). \tag{3.63}$$

这个结果给出了经典理想气体的粒子数密度在动量空间中的分布. 如果在整个动量空间中积分, 上式应该给出平均粒子数密度, 即

$$\overline{n} = n_0 = \left(\frac{2\pi m k_0 T}{h^2}\right)^{D/2}\mathrm{e}^{\mu/(k_0 T)}. \tag{3.64}$$

另一方面, 平均粒子数密度应该是已知的: $n_0 = N/V$. 因此, 从上式可以得出理想气体的化学势

$$\mu = k_0 T \log\left[\frac{N}{V}\left(\frac{h^2}{2\pi m k_0 T}\right)^{D/2}\right]. \tag{3.65}$$

我们看到, 虽然用了不同的方法, 但这里所得的化学势与式 (1.92) 完全相同.

讨论和评述

(1) 如果我们考虑的粒子具有相对论性, 在表达其能量时需要计及其静止质量贡献的能量 (同时忽略 $O[(v/c)^4]$ 以上的高阶修正), 这时式 (3.63) 和式 (3.64) 需要改写为

$$\mathrm{d}n(\boldsymbol{p}) = \frac{1}{h^D}\mathrm{e}^{[\mu - mc^2 - \frac{1}{2m}\langle \boldsymbol{p}, \boldsymbol{p}\rangle]/(k_0 T)}(\mathrm{d}\boldsymbol{p}), \tag{3.66}$$

$$\overline{n} = \left(\frac{2\pi m k_0 T}{h^2}\right)^{D/2}\mathrm{e}^{(\mu - mc^2)/(k_0 T)}. \tag{3.67}$$

(2) 将式 (3.64) 代回到式 (3.63), 并用速度 $\boldsymbol{v} = \boldsymbol{p}/m$ 取代动量 $\boldsymbol{p}$, 可以得到在热学中已经熟悉的麦克斯韦速度分布律

$$\mathrm{d}n(\boldsymbol{v}) = \overline{n}\left(\frac{m}{2\pi k_0 T}\right)^{D/2}\mathrm{e}^{-m\langle \boldsymbol{v}, \boldsymbol{v}\rangle/(2k_0 T)}(\mathrm{d}\boldsymbol{v}). \tag{3.68}$$

注意这里给出的是 D 维的麦克斯韦速度分布律, 是对热学中相应结果的小小的推广. 奇妙的是, 在这个结果中, 普朗克常量完全消失不见了, 这说明这个分布与量子现象无关, 是一个纯经典的分布. 另外, 如果用式 (3.66) 与式 (3.67) 同样可

以得到上面的结果, 这说明麦克斯韦速度分布律在准确至 $O[(v/c)^4]$ 量级的精度下也适用于相对论粒子.

(3) 系统中粒子数稀薄的条件可以表述为粒子数密度 n_0 非常小. 为了保证这一条件, 必须要求 $\mu < 0$ 且 $|\mu| \gg k_0 T$. 这相当于要求式 (3.65) 右边的方括号中的表达式远小于 1. 因此, 玻尔兹曼分布成立的条件可以总结为 N/V 很小、粒子质量 m 很大, 以及系统温度 T 很高. 以上三个条件中任意一个达到极致时, 其余两个条件可以适度地放松.

例 3.2 **【粒子数密度在位形空间中分布】**

在多数情况下, 系统中的单粒子能量为动能和势能之和

$$\epsilon(\boldsymbol{q}, \boldsymbol{p}) = \frac{1}{2m} \langle \boldsymbol{p}, \boldsymbol{p} \rangle + u(\boldsymbol{q}). \tag{3.69}$$

这时, 可以通过对式 (3.62) 关于 μ 空间中的动量坐标积分来获得粒子数在位形空间中的分布

$$\mathrm{d}N(\boldsymbol{q}) = \left(\frac{2\pi m k_0 T}{h^2} \right)^{D/2} \mathrm{e}^{[\mu - u(\boldsymbol{q})]/(k_0 T)} (\mathrm{d}\boldsymbol{q}). \tag{3.70}$$

利用式 (3.64) 还可以将上式改写为粒子数密度在位形空间中的分布函数 $n(\boldsymbol{q})$

$$n(\boldsymbol{q}) \equiv \frac{\mathrm{d}N(\boldsymbol{q})}{\mathrm{d}V} = n_0 \mathrm{e}^{-u(\boldsymbol{q})/(k_0 T)}.$$

在有些文献中, 有时把上式称为玻尔兹曼分布, 而原来的玻尔兹曼分布式 (3.62) 则被称作麦克斯韦–玻尔兹曼分布.

3.5 围绕平衡态的涨落

3.5.1 涨落的概率分布

按照吉布斯的统计系综理论, 宏观系统的微观状态是随机分布的. 微观粒子的随机运动又称热运动. 由于各种内部和外部的扰动, 系统的宏观状态参量有可能发生相对于用统计系综计算得到的平均值的微小起伏, 这种微小的起伏称为热涨落. 实际的热涨落的幅度是随机的, 我们可以通过分析热涨落发生前后系统宏观态所含的微观状态数的比值来建立涨落的统计分布, 进而用类似于统计系综的方法计算和分析宏观态函数的平均平方涨落. 由于涨落总是围绕着平衡态发生的, 宏观状态函数的线性涨落的平均值总是零.

为了分析宏观状态函数的平均涨落, 首先要得到涨落的概率分布函数. 为此, 我们考虑一个封闭系, 并将其置入一个热库中, 使得系统和热库达到热力学平衡. 封闭系和热库的内

能、熵、体积分别记为 E、S、V 和 E_r、S_r、V_r, 由这两者构成一个孤立总系, 其态平衡参量 (温度、压强) 分别为 $T_0 = T$, $P_0 = P$, 其中不带下标的参量是封闭系的参量. 如果因为偶然的热涨落, 封闭系从热库吸收了部分热量 ΔQ, 则会导致孤立总系的熵发生改变, 改变量为

$$\Delta S_0 = \Delta S + \Delta S_r.$$

对于热库来说, 由于浸入其中的封闭系只是非常小的一个子系, 封闭系的热涨落不会破坏其热力学平衡, 因此热力学基本微分关系依然是成立的

$$\Delta E_r = T_0 \Delta S_r - P_0 \Delta V_r = -\Delta E.$$

上式中的最后一个等号的含义是: 孤立总系的内能不会发生涨落

$$\Delta E_0 = \Delta E_r + \Delta E = 0.$$

另一方面, 孤立总系的体积也不会发生涨落, 因此有

$$\Delta V_r = -\Delta V.$$

所以,

$$T_0 \Delta S_r = -\Delta E - P \Delta V. \tag{3.71}$$

注意在上式右边省去了压强的下标以强调整个表达式与热库的参量无关.

现在需要回到系统微观状态数的概念. 利用熵的定义可知, 孤立总系在任一宏观态所含的微观状态数为

$$\Omega_0 = e^{S_0/k_0}.$$

当熵发生大小为 ΔS_0 的涨落时, 孤立总系的微观状态数也发生对应的涨落

$$\Omega_0' = e^{(S_0 + \Delta S_0)/k_0}.$$

显然, $\Omega_0'/\Omega_0 = e^{\Delta S_0/k_0}$ 表达的是涨落的相对幅度, 它正比于发生大小为 ΔS_0 的熵涨落的概率 $\mathscr{P}$:

$$\mathscr{P} = A e^{\Delta S_0/k_0} = A e^{T_0 \Delta S_0/(k_0 T_0)} = A e^{(T_0 \Delta S + T_0 \Delta S_r)/(k_0 T_0)},$$

其中, A 是一个归一化常数. 将式 (3.71) 代入上式, 同时将 T_0 替换为 T, 可得

$$\mathscr{P} = A e^{-(\Delta E - T \Delta S + P \Delta V)/(k_0 T)}. \tag{3.72}$$

下面来计算 ΔE. 对于封闭系而言, 由于 $E = E(S, V)$, 我们有

$$\Delta E = \left(\frac{\partial E}{\partial S}\right)_V \Delta S + \left(\frac{\partial E}{\partial V}\right)_S \Delta V$$

$$+ \frac{1}{2} \left[\left(\frac{\partial^2 E}{\partial S^2} \right) (\Delta S)^2 + \left(\frac{\partial^2 E}{\partial V^2} \right) (\Delta V)^2 + 2 \left(\frac{\partial^2 E}{\partial S \partial V} \right) \Delta S \, \Delta V \right] + \cdots. \tag{3.73}$$

利用 $T = \left(\dfrac{\partial E}{\partial S} \right)_V$ 和 $P = - \left(\dfrac{\partial E}{\partial V} \right)_S$, 可以将式 (3.73) 重写为

$$\Delta E = T \Delta S - P \Delta V + \frac{1}{2} \left[\left(\frac{\partial T}{\partial S} \right)_V \Delta S + \left(\frac{\partial T}{\partial V} \right)_S \Delta V \right] \Delta S$$

$$- \frac{1}{2} \left[\left(\frac{\partial P}{\partial S} \right)_V \Delta S + \left(\frac{\partial P}{\partial V} \right)_S \Delta V \right] \Delta V$$

$$= T \Delta S - P \Delta V + \frac{1}{2} (\Delta T \Delta S - \Delta P \Delta V).$$

因此有

$$\Delta E - T \Delta S + P \Delta V = \frac{1}{2} (\Delta T \Delta S - \Delta P \Delta V).$$

将上式代入式 (3.72), 有

$$\mathscr{P} = A \mathrm{e}^{-\left(\Delta T \Delta S - \Delta P \Delta V \right)/(2k_0 T)}. \tag{3.74}$$

这就是封闭系的状态参量发生涨落 $(\Delta T, \Delta S, \Delta P, \Delta V)$ 的概率分布函数, 又称为斯莫卢霍夫斯基公式[①].

3.5.2 涨落的计算实例

由于封闭系仅有两个独立的宏观状态参量, 斯莫卢霍夫斯基公式 (3.74) 还不能被直接用来计算某个宏观态函数的平均平方涨落. 为了实现这一目标, 需要将其中出现的四个状态参量化简至两个. 下面将给出两个具体的实现方案.

首先以温度和体积作为独立的状态参量来考察平均平方涨落的计算过程. 注意到

$$\Delta S = \left(\frac{\partial S}{\partial T} \right)_V \Delta T + \left(\frac{\partial S}{\partial V} \right)_T \Delta V = \frac{C_V}{T} \Delta T + \left(\frac{\partial P}{\partial T} \right)_V \Delta V,$$

$$\Delta P = \left(\frac{\partial P}{\partial T} \right)_V \Delta T + \left(\frac{\partial P}{\partial V} \right)_T \Delta V = \left(\frac{\partial P}{\partial T} \right)_V \Delta T - \frac{1}{V \kappa_T} \Delta V,$$

可以将式 (3.74) 变成

$$\mathscr{P}(\Delta T, \Delta V) = A \exp \left[-\frac{C_V}{2k_0 T^2} (\Delta T)^2 - \frac{1}{2k_0 T V \kappa_T} (\Delta V)^2 \right]. \tag{3.75}$$

对于稳定的热力学平衡态, $C_V > 0, \kappa_T > 0$, 因此上式给出的分布实际上是关于 ΔT 和 ΔV 的均值都为零的正态分布 (参见附录 A, A.3 节). 根据正态分布的性质, 可以从上述分布函

[①] 斯莫卢霍夫斯基 (Marian Smoluchowski), 1872~1917, 波兰物理学家, 统计物理的创始人之一.

数中直接读出平均平方涨落 (即正态分布中的方差)[①]

$$\langle\!\langle (\Delta T)^2 \rangle\!\rangle = \int (\Delta T)^2 \, \mathscr{P}(\Delta T, \Delta V)\, \mathrm{d}(\Delta T)\mathrm{d}(\Delta V) = \frac{k_0 T^2}{C_V}, \tag{3.76}$$

$$\langle\!\langle (\Delta V)^2 \rangle\!\rangle = \int (\Delta V)^2 \, \mathscr{P}(\Delta T, \Delta V)\, \mathrm{d}(\Delta T)\mathrm{d}(\Delta V) = k_0 T V \kappa_T. \tag{3.77}$$

由此可以得出温度和体积的相对平均平方涨落

$$\left\langle\!\!\left\langle \left(\frac{\Delta T}{T}\right)^2 \right\rangle\!\!\right\rangle = \frac{k_0}{C_V}, \qquad \left\langle\!\!\left\langle \left(\frac{\Delta V}{V}\right)^2 \right\rangle\!\!\right\rangle = \frac{k_0 T \kappa_T}{V}.$$

此外, 利用高斯积分的性质不难求出

$$\langle\!\langle \Delta T \Delta V \rangle\!\rangle = \int \Delta T \Delta V \, \mathscr{P}(\Delta T, \Delta V)\, \mathrm{d}(\Delta T)\mathrm{d}(\Delta V) = 0. \tag{3.78}$$

形如 $\langle\!\langle AB \rangle\!\rangle$ 的表达式又称为涨落量 A 和 B 的关联函数, 因此 $\langle\!\langle (\Delta T)^2 \rangle\!\rangle$ 又可以看作是 ΔT 与其自身的关联函数, 又称自关联函数. 式 (3.78) 的含义是: 温度涨落与体积涨落是彼此独立的, 互不关联.

对于封闭系, 还可以由上式结果求出系统中的密度涨落. 具体方法是: 从 $\rho V = M$ 得出

$$V\Delta\rho + \rho\Delta V = 0,$$

也就是说,

$$\frac{\Delta\rho}{\rho} = -\frac{\Delta V}{V}.$$

因此有

$$\left\langle\!\!\left\langle \left(\frac{\Delta\rho}{\rho}\right)^2 \right\rangle\!\!\right\rangle = \left\langle\!\!\left\langle \left(\frac{\Delta V}{V}\right)^2 \right\rangle\!\!\right\rangle = \frac{k_0 T \kappa_T}{V}.$$

以理想气体为例, 从式 (1.80) 可以求出 $E = \dfrac{D}{2}Nk_0T$, 于是 $C_V = \dfrac{D}{2}Nk_0$. 利用这一结果以及热物态方程 $PV = Nk_0T$, 可得

$$\left\langle\!\!\left\langle \left(\frac{\Delta T}{T}\right)^2 \right\rangle\!\!\right\rangle = \frac{k_0}{C_V} = \frac{2}{DN}, \qquad \left\langle\!\!\left\langle \left(\frac{\Delta\rho}{\rho}\right)^2 \right\rangle\!\!\right\rangle = \left\langle\!\!\left\langle \left(\frac{\Delta V}{V}\right)^2 \right\rangle\!\!\right\rangle = \frac{1}{N}.$$

可见, 当系统中所含的粒子数 N 充分大时, 相对涨落都可以忽略. 因为这个缘故, 当使用统计系综来求力学量的统计平均值时, 总是隐含地假定系统所含有的粒子数是非常大的. 粒子数 $N \to \infty$ 的极限称为热力学极限.

[①] 本书中用 $\langle\!\langle A \rangle\!\rangle$ 来表示涨落量 A 的平均值, 以区别于平衡态下的系综平均值.

在上例中得出的结论是温度与体积的涨落彼此无关, 但是这一结论并不适用于其他宏观量的涨落. 下面以温度和压强为独立参量分析系统中的涨落. 为此可以先写出

$$\Delta S = \left(\frac{\partial S}{\partial T}\right)_P \Delta T + \left(\frac{\partial S}{\partial P}\right)_T \Delta P,$$

$$\Delta V = \left(\frac{\partial V}{\partial T}\right)_P \Delta T + \left(\frac{\partial V}{\partial P}\right)_T \Delta P.$$

利用这些关系式以及麦克斯韦关系可以将式 (3.74) 变成

$$\mathscr{P}(\Delta T, \Delta P) = A \exp\left\{-\frac{1}{2k_0 T}\left[\frac{C_P}{T}(\Delta T)^2 - 2V\alpha_P \Delta T \Delta P + V\kappa_T(\Delta P)^2\right]\right\}$$

$$\equiv A\,\mathrm{e}^{-a(\Delta T)^2 + 2b(\Delta T)(\Delta P) - c(\Delta P)^2}, \tag{3.79}$$

式中, 引入了简洁记号

$$a = \frac{C_P}{2k_0 T^2}, \qquad b = \frac{V\alpha_P}{2k_0 T}, \qquad c = \frac{V\kappa_T}{2k_0 T}.$$

与用温度涨落和体积涨落作独立变量的分布函数 (3.75) 不同, 式 (3.79) 给出的涨落分布函数的指数中含有 $\Delta T \Delta P$ 这样的交叉项. 通过配方和参量平移也可以将式 (3.79) 化为两个彼此独立的高斯型随机分布的乘积, 因此, 该式也可以被理解为一个 2 元正态分布, 尽管它不是以类似于式 (3.75) 那样的标准形式呈现的.

附录 A 中的式 (A.7) 可以用来得出式 (3.79) 中的归一化常数 A

$$A = \frac{\sqrt{ac - b^2}}{\pi}.$$

利用式 (2.48) 以及式 (2.43) 可以得出

$$ac - b^2 = \frac{V}{4k_0^2 T^3}\left[C_P\kappa_T - TV(\alpha_P)^2\right] = \frac{V\kappa_T C_V}{4k_0^2 T^3}.$$

由此可得

$$A = \frac{1}{2\pi k_0 T}\sqrt{\frac{V\kappa_T C_V}{T}}.$$

最后, 利用式 (A.10)、式 (A.11) 以及式 (A.12) 可以求出

$$\langle\!\langle (\Delta T)^2 \rangle\!\rangle = \frac{c}{2(ac - b^2)} = \frac{k_0 T^2}{C_V}, \tag{3.80}$$

$$\langle\!\langle (\Delta P)^2 \rangle\!\rangle = \frac{a}{2(ac - b^2)} = \frac{k_0 T}{V\kappa_S}, \tag{3.81}$$

$$\langle\!\langle (\Delta T)(\Delta P) \rangle\!\rangle = \frac{b}{2(ac - b^2)} = \frac{k_0 T^2}{C_V} P\beta_V. \tag{3.82}$$

比较式 (3.76) 和式 (3.80) 可以发现, 用以上两种方法求得的温度的平均平方涨落是相同的. 这可以当作一个自洽性检验. 另外, 由式 (3.82) 可以知道, 温度和压强的涨落彼此并不独立, 它们之间存在非平庸的关联.

不难理解, 从斯莫卢霍夫斯基公式出发, 还可以直接或间接地计算其他热力学函数的涨落. 事实上, 在封闭系的状态参量 T、S、P、V 这四者之中, 只有熵的平均平方涨落还未被计算出来, 我们将此留给读者作为练习. 假设 $\langle\langle(\Delta T)^2\rangle\rangle$、$\langle\langle(\Delta S)^2\rangle\rangle$、$\langle\langle(\Delta P)^2\rangle\rangle$、$\langle\langle(\Delta V)^2\rangle\rangle$ 都已经被求出, 那么将以下关系式:

$$\Delta E = T\Delta S - P\Delta V,$$
$$\Delta H = T\Delta S + V\Delta P,$$
$$\Delta F = -S\Delta T - P\Delta V,$$
$$\Delta G = -S\Delta T + V\Delta P$$

中的任意一个进行平方, 则可以利用既有的结果来间接计算热力学势的平均平方涨落. 有关的细节将不再赘述.

讨论和评述

本节所介绍的涨落理论又称为涨落的热力学理论. 由于平衡态热力学只能处理均匀的系统, 涨落的热力学理论无法体现涨落规模的时间和空间依赖性, 这是这种理论本身的一个天然的局限性. 涨落的时、空依赖性需要用动理学的方法才能更为细致地描述. 有关动理学的基础知识和相关的实例将在第 8 章中进行学习.

本章人物: 吉布斯

青年时代的吉布斯

吉布斯 (Josiah Willard Gibbs) 于 1839 年 2 月 11 日出生在一个传统的美国学者家庭, 从小受到良好的学校和家庭教育, 并在 1863 年成为耶鲁大学授予的第一个工程学博士, 在他的学位论文中将古典微分几何学引入了齿轮的设计中.

吉布斯一生唯一一次出国远游是跟随其姐妹到欧洲进行了一次持续三年的游历. 在这一过程中. 他有机会从刘维尔、维尔斯特拉斯、克罗内克、基尔霍夫、亥姆霍兹、本森等著名学者那里学到不少关于数学、热力学以及化学的知识. 1869 年他返回美国, 经历了短暂的教学和机械研究后, 于 1871 年被耶鲁大学聘为数学物理教授, 并且此后从未离开过耶鲁大学.

吉布斯在热力学方面的最初工作是尝试将热力学的数学表述几何化. 随后他发明了研究相变问题的图形方法, 并且由此启发麦克斯韦得到了关于相变问题的著名的等面积律. 吉布斯在多元多相系的问题上建树颇丰, 先后提出了吉布斯自由能、化学势的概念, 得出了吉布斯–杜安方程、吉布斯相律等重要结果. 在这一期间他还参与完善了热力学中能量的概念, 对热力学第一、第二定律的严谨表述作出过贡献. 他在热力学方面的研究成果被后世认为是物理化学的奠基性工作.

1880 年以后, 吉布斯主要致力于两个方面的研究. 第一, 他系统地建立了统计力学的逻辑体系, 包括统计力学这个名字本身都是吉布斯提出来的. 吉布斯定义了统计力学中最基础的概念——统计系综, 并且利用熵的最大化条件给出了合理的系综分布函数 (吉布斯算法), 为了对宏观系统进行微观描述, 吉布斯把我们今天称为一个微观态的概念叫做一个 "相", 并由此发明了 "相空间" 的概念. 第二, 吉布斯对三维欧几里得空间中的矢量分析作出了非常重大的贡献, 不仅定义了矢量的点积、叉积以及并矢, 还发明了作用在场上的算符 ∇, 使得求梯度、散度、旋度的运算有了更为简明的记号, 这些工作使得麦克斯韦的电磁理论的数学表述大大简化. 此外, 吉布斯还在物理光学方面颇有研究, 例如用麦克斯韦的电磁理论解释了双折射、色散等现象.

吉布斯为人并不开朗且少言寡语、不善交流. 他一生未婚. 与尼尔斯·玻尔、保罗·艾伦菲斯特等人相比, 吉布斯既不是一位杰出的组织者, 也算不上一位高明的教师, 但是他的工作极具独创性, 是基础科学领域中的一位独行侠.

本章人物: 斯莫卢霍夫斯基

斯莫卢霍夫斯基 (Marian Smoluchowski, 1872~1917), 波兰物理学家、登山家, 曾在维也纳学习物理学, 师从弗兰茨·埃克斯纳和约瑟夫·斯特藩.

斯莫卢霍夫斯基是涨落的热力学理论的创始人, 对布朗运动、电泳现象以及胶体理论等问题也有深入研究, 并建立了胶体乳光现象的动理学理论. 为了纪念他的学术贡献, 1970 年国际天文学联合会将月球背面北半部的一座大型撞击坑命名为斯莫卢霍夫斯基环形山.

斯莫卢霍夫斯基

第3章习题

3.1 假设封闭系由 k 种不同的粒子构成, 试分别求出对应的量子正则系综和经典正则系综的分布函数.

3.2 假设开放系由 k 种不同的粒子构成, 试分别求出对应的量子巨正则系综和经典巨正则系综的分布函数.

3.3 试证明: 在给定内能和平均粒子数的前提下, 开放系所有可能的微观态分布中巨正则分布对应的熵最大 (请分别考虑微观态适于用量子力学和经典力学描述两种不同情况).

3.4 写出与量子巨正则系综求统计平均值的式 (3.44) 和式 (3.45) 对应的经典公式.

3.5 设量子系统由 A、B 两个子系构成, 各子系的分布函数分别为 $\rho_m(A)$、$\rho_n(B)$. 证明:

(a) 若子系 A、B 统计独立, 即 $\rho_{(m,n)}(A+B) = \rho_m(A)\rho_n(B)$, 则吉布斯熵具有可加性: $S(A+B) = S(A) + S(B)$.

(b) 若子系 A、B 不统计独立, 即 $\rho_{(m,n)}(A+B) \neq \rho_m(A)\rho_n(B)$, 则吉布斯熵满足不等式 $S(A+B) < S(A) + S(B)$.

3.6 对于单原子分子理想气体,

(a) 假设空间的维数为 3. 某准静态可逆过程 x 的过程方程在 P-V 面上的投影为 $\dfrac{P}{P_0} = \mathrm{e}^{V/V_0}$, P_0 和 V_0 为常数, 证明此过程中的热容量与温度的关系为

$$C_x = \frac{3W(T/T_0) + 5}{2W(T/T_0) + 2}Nk_0,$$

式中, $W(z)$ 为朗伯函数, $W(z)\mathrm{e}^{W(z)} = z$, $T_0 = \dfrac{P_0 V_0}{N k_0}$.

(b) 若空间维数为 D, 且仍用 P、V 标记 D 维广义压强和广义体积, 试重新分析上一小题中的 C_x.

3.7 试将 D 维开放理想气体系统的内能、温度、压强以及化学势写成可加广延参量体积 V、粒子数 N 以及熵 S 的函数, 并验证内能是这些参量的 1 次齐次函数, 而所有的态平衡参量都是上述参量的 0 次齐次函数.

3.8 利用斯莫卢霍夫斯基公式求出封闭系中熵的平均平方涨落.

3.9 试用间接方法求出封闭系的内能和亥姆霍兹自由能的平均平方涨落.

3.10 试以 N 个自由质点构成的封闭理想气体系统的内能为例, 用正则系综分布函数来计算微观态能量的方差 $\overline{E(q,p)^2} - \overline{E(q,p)}^2$, 将结果与用斯莫卢霍夫斯基公式间接计算获得的 $\langle\!\langle (\Delta E)^2 \rangle\!\rangle$ 进行比较, 并讨论两种方法的异同.

3.11 求出适用于开放系的斯莫卢霍夫斯基公式. 在不对开放系的广延参量作任何限制的情况下, 这样的斯莫卢霍夫斯基公式能否给出有意义的平均平方涨落的统计平均值? 为什么?

第3章

第 4 章　气　　体

在本书的前 3 章中已经介绍了平衡态热力学的基本规律以及通过统计系综来获得宏观状态函数和过程参量的基本理论. 从本章起, 将针对不同类型的宏观物质来具体地分析宏观物性和宏观效应. 在这个过程中将会进一步深入地理解前几章中学习到的相对抽象的理论体系.

宏观系统中每个微观粒子均具有动能 ϵ_t. 同时, 因为系统中不同粒子间的相互作用, 每个粒子还可以分配到一部分势能 $u(\boldsymbol{q})$. 若对于每个粒子都有 $\epsilon_t \gg u(\boldsymbol{q})$, 那么系统的宏观物性将以粒子平动动能的贡献为主导, 而相互作用势能的贡献则可以通过微扰展开来处理. 这样的系统称为气体. 反之, 若对于每个粒子都有 $\epsilon_t \ll u(\boldsymbol{q})$, 那么系统的宏观物性将主要由粒子间的相互作用势能决定, 这样的系统称为固体. 如果系统中每个微观粒子的动能与势能均保持在同一量级, 那么动能和势能这两者的贡献均无法通过微扰展开来分析, 这样的系统称为液体, 其行为最为复杂. 在本章中我们将首先介绍关于气体宏观性质的统计理论.

4.1　理想气体的经典描述

理想气体是对实际气体的一种抽象, 其含义是微观粒子 (也称气体分子) 间相互作用可忽略的宏观系统. 在实际的气体中, 分子间相互作用无法忽略, 否则就不能通过演化达到平衡态. 但是当气体足够稀薄时, 气体分子间的平均距离将远大于相互作用的有效力程, 实际气体可被当作理想气体来处理.

在传统的热力学中, 理想气体有不基于微观解释的定义. 它被定义为同时满足以下 3 个实验定律的气体.

(1) 阿伏伽德罗定律[①]：在相同的温度和压强下，相等体积内理想气体的分子数相等；

(2) 玻意耳定律[②]：在给定的温度下，定量理想气体的压强与体积之积为常数；

(3) 焦耳定律：定量理想气体的内能只依赖于温度而与其体积无关.

当建立了统计力学之后，通过系综统计进行分析，结果发现满足上述经典实验定律的理想气体与分子间相互作用可以忽略的气体没有差别，因此我们将以后者作为理想气体的唯一定义.

在具体讨论理想气体的宏观性质之前，必须首先指出：理想气体这个概念只能被当作实际气体在稀薄极限下的近似来看待，它的定义本身充满了内在的矛盾，例如，无相互作用而又要求能达到平衡，稀薄 (即分子的影响半径可忽略) 而有时又必须考虑分子的大小 (例如，当分析气体分子的转动自由度对热容的贡献时)，等等. 这些相互矛盾的预设条件表明，严格的理想气体实际上是不存在的. 尽管如此，分析和研究理想气体的宏观性质对于理解实际气体的相应性质依然是非常重要的一个步骤.

4.1.1　经典描述下单原子分子理想气体的系综理论

虽然理想气体中分子间的相互作用可以被忽略，但是气体分子的内部结构却不能被简单地忽略. 依气体分子的结构，可以将理想气体划分为单原子分子理想气体、双原子分子理想气体以及多原子分子理想气体等.

需要注意的是，实际气体的分子和原子都是在 3 维空间中的电磁规律支配下形成的. 如果物理的空间维度不是 3 维，那么对应的电磁规律将会发生巨大变化，相应的原子和分子结构也会非常不同，甚至其在理论上存在的可能性都有疑问. 因此，凡涉及气体的分子或原子结构时，我们将只能考虑 3 维空间中实际存在的物理结构而不允许随意选择空间的维度. 有一种情形可以作例外处理，这就是常温下的单原子分子理想气体. 在室温条件下，原子内部的核外电子基本上保持在最低能量状态不被激发，这时可以将每个原子抽象为简单质点. 另一个例子是存在于金属导体中的电子气体. 由于电子本身没有更细微的微观结构，因此电子气体也是由点粒子构成的气体. 对这样的气体而言，我们可以通过限制整个宏观系统的几何构型来改变空间的有效维数，因此允许我们分析不同维度下这类气体的宏观性质. 而对双原子分子及多原子分子气体而言，支撑分子结构本身就已经要求空间的维数必须是 3 维，所以我们也只能处理空间维度 $D = 3$ 的情况.

为了简单，我们首先考虑单原子分子理想气体的经典描述. 由于不考虑分子间相互作用以及内部结构所对应的自由度，单原子分子理想气体每个微观态下的总能量就是各原子平动动能的总和. 假设气体由 N 个单原子分子构成，并且与外部环境进行物质隔离，即构成封闭系统. 这样，在给定的微观态下，气体所含的总能量为

$$E(q, p) = \sum_{a=1}^{N} \frac{1}{2m} \langle \boldsymbol{p}_a, \boldsymbol{p}_a \rangle, \tag{4.1}$$

---

① 阿伏伽德罗(Lorenzo Romano Amedeo Carlo Avogadro)，1776~1856，意大利物理学家. 其最著名的贡献就是阿伏伽德罗定律.

② 玻意耳(Robert Boyle)，1627~1691，英国哲学家、物理学家和化学家，被认为是现代化学的创始人.

其中的下指标 a 用来标记不同的气体分子. 每个分子的平动自由度数就是空间的维数 D, 因此, 这一系统的总微观自由度数为 DN. 由于假定了气体系统属于封闭系, 我们首先需要计算适用于该系统的正则配分函数

$$Z_{cl} = \frac{1}{h^{DN} N!} \int e^{-E(q,p)/(k_0 T)} [dq][dp]$$

$$= \frac{1}{h^{DN} N!} \prod_{a=1}^{N} \int \exp\left(-\frac{1}{2mk_0 T}\langle \boldsymbol{p}_a, \boldsymbol{p}_a \rangle\right) (d\boldsymbol{q})_a (d\boldsymbol{p})_a$$

$$= \frac{V^N}{h^{DN} N!} \prod_{i=1}^{DN} \int \exp\left(-\frac{p_i^2}{2mk_0 T}\right) dp_i$$

$$= \frac{V^N}{N!} \left(\frac{2\pi m k_0 T}{h^2}\right)^{DN/2}, \tag{4.2}$$

其中, V 表示气体所占据的 D 维空间体积. 利用斯特林公式 (1.75) 可以得出

$$\log Z_{cl} = N \log\left[\left(\frac{eV}{N}\right)\left(\frac{2\pi m k_0 T}{h^2}\right)^{D/2}\right]. \tag{4.3}$$

因此, 亥姆霍兹自由能

$$F = -k_0 T \log Z_{cl} = -Nk_0 T + Nk_0 T \log\left[\left(\frac{N}{V}\right)\left(\frac{h^2}{2\pi m k_0 T}\right)^{D/2}\right]. \tag{4.4}$$

注意这个结果与式 (2.66) 所提出的要求完全相符.

已知系统的亥姆霍兹自由能, 其他热力学状态函数和参量都可以通过计算求得. 例如, 封闭理想气体的热物态方程为

$$P = -\left(\frac{\partial F}{\partial V}\right)_{T,N} = \frac{Nk_0 T}{V}, \tag{4.5}$$

该气体的熵为

$$S(T,V) = -\left(\frac{\partial F}{\partial T}\right)_{V,N} = \left(\frac{D}{2}+1\right)Nk_0 - Nk_0 \log\left[\left(\frac{N}{V}\right)\left(\frac{h^2}{2\pi m k_0 T}\right)^{D/2}\right], \tag{4.6}$$

而该气体的内能则为

$$E(T,V) = F + TS = \frac{1}{2}DNk_0 T, \tag{4.7}$$

等. 结合式 (4.4) 和式 (4.5), 还可以得到

$$G = F + PV = Nk_0 T \log\left[\left(\frac{N}{V}\right)\left(\frac{h^2}{2\pi m k_0 T}\right)^{D/2}\right],$$

由此得出的化学势与式 (1.92) 给出的结果一致.

讨论和评述

(1) 当 $D = 3$ 时, 式 (4.6) 被称作萨克尔-泰特洛德方程. 因此, 式 (4.6) 可以看作任意维数下萨克尔-泰特洛德方程的推广. 它给出的熵正比于气体的分子数 N, 表明理想气体的熵具有可加性. 这个结果强烈地依赖于正则系综的分布函数中含有 $1/N!$ 这个因子. 如果没有这个因子, 在熵的计算结果中对数函数内部就会出现一个未按分子数进行平均的体积 V, 进而破坏熵的可加性. 在统计物理发展的早期, 由于对微观态的量子属性认识不足, 正则系综分布函数中曾经遗漏了因子 $1/N!$, 从而导致熵不具有可加性的困惑, 即所谓的吉布斯佯谬. 将微观态的计数建立在量子力学基础之上后, 因子 $1/N!$ 会自动出现, 吉布斯佯谬就迎刃而解了.

(2) 式 (4.7) 给出的内能 $E(T, V)$ 并不依赖于 V, 这就是焦耳定律, 是理想气体的主要特征之一. 实际气体在压强较大、分子间的平均距离较短时, 或者说当气体比较稠密时, 由于分子间相互作用不可忽略, 气体的宏观性质与上述理想气体模型给出的结果有所差异. 而这种差异会随着气体压强的降低而逐渐减小, 直至可以忽略的程度.

经典描述下理想气体的内能表达式 (4.7) 是下面的更为一般的定理的一个特例.

能量均分定理

  若封闭系的微观态适于用经典力学描述, 那么, 系统微观态的能量表达式中每个二次型对系统内能的贡献为 $\dfrac{1}{2}k_0 T$.

能量均分定理可以利用正则系综的分布函数以及附录 A 中给出的高斯积分公式直接证明.

从内能出发, 还可以进一步求出理想气体的焓以及热容量等, 结果为

$$H(T, P) = E(T, V) + PV = \left(\frac{D}{2} + 1\right) N k_0 T, \tag{4.8}$$

$$C_V = \left(\frac{\partial E}{\partial T}\right)_{V, N} = \frac{D}{2} N k_0, \tag{4.9}$$

$$C_P = \left(\frac{\partial H}{\partial T}\right)_{P, N} = \left(\frac{D}{2} + 1\right) N k_0. \tag{4.10}$$

从上述最后两个关系式还可以得出

$$C_P - C_V = N k_0. \tag{4.11}$$

这个结果对所有的理想气体均适用, 它并不依赖于气体分子的内部结构以及空间的维度, 唯一的要求是微观态必须使用经典力学描述.

利用热物态方程 (4.5), 还可以将熵改写为 P 和 V 的函数

$$S(P,V) = \left(\frac{D}{2}+1\right)Nk_0 + Nk_0 \log\left[\left(\frac{2\pi m}{h^2}\right)^{D/2} P^{D/2}\left(\frac{V}{N}\right)^{(D+2)/2}\right]. \tag{4.12}$$

从式 (4.5) 和式 (4.12) 可以得出, 在等温 ($T = \text{const.}$) 及绝热 ($S = \text{const.}$) 条件下, 分别有

$$PV = \text{const.}, \tag{4.13}$$

$$PV^\gamma = \text{const.}, \tag{4.14}$$

其中

$$\gamma = \frac{D+2}{D} = \frac{C_P}{C_V}.$$

方程 (4.13) 和方程 (4.14) 分别称为等温及绝热过程方程. 从绝热过程方程的形式可以理解为什么 γ 被称为绝热指数.

4.1.2 多原子分子理想气体与气体热容量的经典描述

当考虑多原子分子气体时, 必须保持空间的维数为 $D = 3$, 因为我们所了解的分子结构强烈地依赖于 3 维空间中的电磁场的行为. 假设理想气体中每个分子都含有 K 个原子, 每个原子都抽象为简单质点, 那么, 一个 K 原子分子共有 $3K$ 个自由度, N 个气体分子所含的总自由度数为 $3NK$. 每个分子所具有的 $3K$ 个自由度还可以进一步细分为描写质心运动的平动自由度 ℓ_t、表征分子空间位形取向的转动自由度 ℓ_r 以及表征分子内原子间距离变化的振动自由度 ℓ_v. 在 3 维空间中, 平动自由度数 $\ell_t = 3$, 而转动自由度数 ℓ_r 以及振动自由度数 ℓ_v 的数值则取决于分子的几何构型: 对于 $K > 2$ 且分子为非线型分子的情况, 确定一个气体分子的空间取向需要 3 个欧拉角, 因此 $\ell_r = 3$, 进而 $\ell_v = 3K - \ell_t - \ell_r = 3K - 6$; 对于 $K = 2$ 或者 $K > 2$ 但分子呈直线型结构的情况, 转动自由度数减小为 $\ell_r = 2$, 相应的振动自由度数增加为 $\ell_v = 3K - \ell_t - \ell_r = 3K - 5$. 无论哪种情况, 总可以将一个分子所携带的能量表示为

$$\epsilon = \epsilon_t + \epsilon_r + \epsilon_v,$$

方程右边的 3 项分别表示平动、转动和振动自由度的能量.

由于我们考虑的是理想气体, 每个平动、转动自由度所对应的能量表达式均为典型的二次型 (平动对应质心动量各分量的平方、转动对应角动量各分量的平方), 而每个振动自由度对应的能量表达式中含有两个平方项 (振动自由度的动能和势能各贡献一个平方项). 因此, 利用能量均分定理, 多原子分子理想气体的内能可以写为

$$E(T,V) = \frac{1}{2}(\ell_t + \ell_r + 2\ell_v)Nk_0T$$

$$= \begin{cases} (3K-3)Nk_0T & \text{(非线型分子)} \\ \frac{1}{2}(6K-5)Nk_0T & \text{(线型分子)} \end{cases}. \tag{4.15}$$

因此, 在经典描述下, 多原子分子理想气体的等容热容的理论值为

$$C_V = \frac{1}{2}(\ell_t + \ell_r + 2\ell_v)Nk_0 = \begin{cases} (3K-3)Nk_0 & (\text{非线型分子}) \\ \dfrac{1}{2}(6K-5)Nk_0 & (\text{线型分子}) \end{cases}. \tag{4.16}$$

对于最常见的双原子分子理想气体, 上式给出的等容热容理论值为 $C_V = \dfrac{7}{2}Nk_0$.

4.1.3　经典描述下多原子分子理想气体的系综理论

为了写出封闭的多原子分子理想气体系统的正则配分函数, 需要根据 4.1.2 节中的讨论将每个气体分子的 $3K$ 个自由度所对应的广义坐标与广义动量进行分组, 即

$$(\mathrm{d}\boldsymbol{q}) = (\mathrm{d}\boldsymbol{q})_t(\mathrm{d}\boldsymbol{q})_r(\mathrm{d}\boldsymbol{q})_v, \tag{4.17}$$

$$(\mathrm{d}\boldsymbol{p}) = (\mathrm{d}\boldsymbol{p})_t(\mathrm{d}\boldsymbol{p})_r(\mathrm{d}\boldsymbol{p})_v, \tag{4.18}$$

其中, 每部分体积元的下标用来标识该部分体积元分别是与平动 (t)、转动 (r) 或者振动 (v) 自由度相关的. 例如, $(\mathrm{d}\boldsymbol{q})_r$ 通常选为描述分子转动的角坐标的积分元, $(\mathrm{d}\boldsymbol{p})_r$ 则选为分子转动的角动量的积分元等.

多原子分子理想气体的经典正则配分函数写为

$$\begin{aligned} Z_{\mathrm{cl}} &= \frac{1}{h^{3NK}N!} \int \mathrm{e}^{-\beta E(q,p)}\mathrm{d}\Gamma \\ &= \frac{1}{N!} \prod_{a=1}^{N} \left[\frac{1}{h^{3K}} \int \mathrm{e}^{-(\epsilon_t+\epsilon_r+\epsilon_v)/(k_0 T)}(\mathrm{d}\boldsymbol{q})_a(\mathrm{d}\boldsymbol{p})_a \right] \\ &= \frac{1}{N!}(z_t)^N(z_r)^N(z_v)^N, \end{aligned} \tag{4.19}$$

其中

$$z_t = \frac{1}{h^{\ell_t}} \int \mathrm{e}^{-\epsilon_t/(k_0 T)}(\mathrm{d}\boldsymbol{q})_t(\mathrm{d}\boldsymbol{p})_t,$$

$$z_r = \frac{1}{h^{\ell_r}} \int \mathrm{e}^{-\epsilon_r/(k_0 T)}(\mathrm{d}\boldsymbol{q})_r(\mathrm{d}\boldsymbol{p})_r,$$

$$z_v = \frac{1}{h^{\ell_v}} \int \mathrm{e}^{-\epsilon_v/(k_0 T)}(\mathrm{d}\boldsymbol{q})_v(\mathrm{d}\boldsymbol{p})_v.$$

z_t、z_r 和 z_v 分别称为单分子平动、转动和振动配分函数.

考虑到 ϵ_t 是 $\boldsymbol{p}_t$ 的二次型, ϵ_r 是 $\boldsymbol{p}_r$ 的二次型, ϵ_v 同时是 $\boldsymbol{p}_v$ 和 $\boldsymbol{q}_v$ 的二次型, 以上几个单分子配分函数都可以约化为高斯积分的形式, 因此有

$$z_t = A_t V T^{\ell_t/2},$$

$$z_r = A_r T^{\ell_r/2},$$

$$z_v = A_v T^{\ell_v},$$

其中, A_t、A_r、A_v 分别与气体分子的质量、转动惯量以及分子键的强度 (它决定了分子振动的频率) 有关, 但它们均与气体的体积、温度以及分子数无关. 将上述结果代入式 (4.19), 可得

$$Z_{\mathrm{cl}} = \frac{1}{N!}(z_t)^N(z_r)^N(z_v)^N = \frac{1}{N!}A^N V^N T^{N(\ell_t+\ell_r+2\ell_v)/2}, \tag{4.20}$$

式中, $A = A_t A_r A_v$ 是一个不依赖于气体的体积、温度以及分子数的常数.

从配分函数 (4.20) 可以直接写出气体的亥姆霍兹自由能 F 为

$$F = -k_0 T \log Z_{\mathrm{cl}} = -k_0 T \log\left[\frac{1}{N!}A^N V^N T^{N(\ell_t+\ell_r+2\ell_v)/2}\right]$$

$$= -N k_0 T \log\left[\left(\frac{V}{N}\right)\mathrm{e}\,A\,T^{(\ell_t+\ell_r+2\ell_v)/2}\right], \tag{4.21}$$

式中, 利用了斯特林公式 (1.75). 这个结果也与式 (2.66) 相符.

气体的热物态方程可以从亥姆霍兹自由能直接求得

$$P = -\left(\frac{\partial F}{\partial V}\right)_T = \frac{N k_0 T}{V}. \tag{4.22}$$

熵也可以从亥姆霍兹自由能直接得到

$$S = -\left(\frac{\partial F}{\partial T}\right)_V = N k_0 \log\left[\left(\frac{V}{N}\right)\mathrm{e}\,A\,T^{(\ell_t+\ell_r+2\ell_v)/2}\right] + \frac{1}{2}(\ell_t+\ell_r+2\ell_v)N k_0. \tag{4.23}$$

结合式 (4.20) 与式 (4.23) 可以得出内能

$$E = F + TS = \frac{1}{2}(\ell_t+\ell_r+2\ell_v)N k_0 T. \tag{4.24}$$

这个结果与 4.1.2 节中用能量均分定理得到的结果一致, 由此得出的气体热容量的理论值依然由式 (4.16) 给出.

必须指出的是, 虽然我们利用能量均分定理或者经典正则系综理论可以轻易地得出在经典描述下理想气体的热容量, 但是所得结果与实验并不吻合. 这是因为气体分子的平动、转动及振动自由度在不同的温度下会分别突破经典描述所要求的限制. 因此, 一个正确的气体热容量的理论可能至少要包含部分自由度的量子描述.

4.2   理想气体的量子描述

经典描述下多原子分子理想气体热容量的理论值 (4.16) 与实际测量值并不一致, 其原因是气体分子的平动、转动以及振动自由度在不同的温度下分别都有可能是量子化的, 并不适于用经典力学描述. 为了得到与观测结果一致的理想气体热容量, 需要考虑用量子力学描述微观态的多原子分子理想气体.

对于具有 N 个分子的封闭理想气体系统, 微观态的量子数 n 可以用各分子的量子数构成的有序数组来表达

$$n = (n_{(1)}, n_{(2)}, \cdots, n_{(N)}),$$

其中, $n_{(a)}$ 表示第 a 个气体分子的微观态量子数, 它还可以进一步分解为分子内不同类型自由度的量子数构成的有序数组

$$n_{(a)} = (n_{(a)t}, n_{(a)r}, n_{(a)v}).$$

与此相应地, 气体微观态的能量 E_n 也可以分解为

$$E_n = \sum_{a=1}^{N} \epsilon^{(a)}, \qquad \epsilon^{(a)} = \epsilon_t^{(a)} + \epsilon_r^{(a)} + \epsilon_v^{(a)}.$$

因此, 对应的正则配分函数为

$$Z = \sum_n \mathrm{e}^{-E_n/(k_0 T)} = \sum_{\{n_{(a)}\}} \mathrm{e}^{-\sum_{a=1}^{N} \epsilon^{(a)}/(k_0 T)} = \prod_{a=1}^{N} \sum_{n_{(a)}} \mathrm{e}^{-\epsilon^{(a)}/(k_0 T)}. \tag{4.25}$$

请注意式 (4.25) 中出现的几个求和符号的区别, 其中, $\sum\limits_n$ 与 $\sum\limits_{\{n_{(a)}\}}$ 均表示对系统内所有微观自由度的量子数求和, 而 $\sum\limits_{n_{(a)}}$ 表示仅对编号为 a 的分子的量子数求和. 另外, 式 (4.25) 中最后一个等号后的连乘积中每个因子其实都是相等的, 所以有

$$Z = \prod_{a=1}^{N} \sum_{n_{(a)}} \mathrm{e}^{-\epsilon^{(a)}/(k_0 T)} = (z_t)^N (z_r)^N (z_v)^N, \tag{4.26}$$

其中,

$$z_t = \sum_{n_t} \mathrm{e}^{-\epsilon_t/(k_0 T)},$$

$$z_r = \sum_{n_r} \mathrm{e}^{-\epsilon_r/(k_0 T)},$$

$$z_v = \sum_{n_v} \mathrm{e}^{-\epsilon_v/(k_0 T)}$$

分别表示量子描述下的单分子平动、转动和振动配分函数 (式中略去了标记分子编号的指标). 一旦得到这些单分子、单一种类自由度对应的配分函数, 理想气体的宏观性质就可以被完全描述. 注意式 (4.26) 与式 (4.19) 相比, 缺少了一个因子 $1/N!$.

利用式 (4.25), 可以求出多原子分子理想气体的亥姆霍兹自由能为

$$F = -k_0 T \log Z = -N k_0 T \left(\log z_t + \log z_r + \log z_v \right), \tag{4.27}$$

熵为

$$S = -\left(\frac{\partial F}{\partial T} \right)_V = N k_0 \left(\log z_t + \log z_r + \log z_v \right)$$
$$+ N k_0 T \frac{\partial}{\partial T} \left(\log z_t + \log z_r + \log z_v \right), \tag{4.28}$$

进而内能为

$$E = F + TS = N k_0 T^2 \frac{\partial}{\partial T} \left(\log z_t + \log z_r + \log z_v \right)$$
$$= E_t + E_r + E_v, \tag{4.29}$$

式中, E_t、E_r 和 E_v 分别表示平动、转动和振动自由度贡献的内能. 对于内能的上述划分, 气体的等容热容也会相应地进行划分, 即

$$C_V = C_V^t + C_V^r + C_V^v, \tag{4.30}$$

式中, C_V^t、C_V^r 和 C_V^v 分别表示平动、转动和振动自由度贡献的等容热容. 下面我们以双原子分子气体为例, 分别计算以上几部分热容并试图给出理想气体等容热容的符合观测的理论结果.

4.2.1 平动热容

假设气体被封装在一个边长为 L 的正方体容器内. 这时, 对于气体分子的平动自由度来说, 就好像在一个 3 维方势阱中运动的自由量子力学质点, 其能量本征值为

$$(\epsilon_t)_{n_t} = \frac{\hbar^2}{2m} \left(\frac{\pi}{L} \right)^2 (n_1^2 + n_2^2 + n_3^2), \qquad n_{1,2,3} \in \mathbb{Z}_+, \tag{4.31}$$

其中, $n_t \equiv (n_1, n_2, n_3)$ 表示平动自由度对应的量子数, 相应的单分子平动配分函数为

$$z_t = \sum_{n_t} e^{-(\epsilon_t)_{n_t}/(k_0 T)} = \sum_{n_1, n_2, n_3 \in \mathbb{N}} e^{-\frac{\hbar^2}{2m k_0 T} \left(\frac{\pi}{L} \right)^2 (n_1^2 + n_2^2 + n_3^2)} = \left(\sum_{n=1}^{\infty} e^{-n^2 T_t/T} \right)^3, \tag{4.32}$$

式中

$$T_t = \frac{\hbar^2}{2m k_0} \left(\frac{\pi}{L} \right)^2 \tag{4.33}$$

具有温度的量纲, 称为平动特征温度.

根据气体系统的实际温度 T 与平动特征温度 T_t 的相对大小, 可以推测在不同温度区间内的单分子平动配分函数, 进而推断平动热容 C_V^t 的行为.

当 $T \ll T_t$ (即低温极限) 时, 式 (4.32) 右边的无穷求和中可以只保留最初的两项

$$z_t = \left(e^{-T_t/T} + e^{-4T_t/T} \right)^3 \approx e^{-3T_t/T} \left(1 + 3e^{-3T_t/T} \right), \qquad T \ll T_t. \tag{4.34}$$

因此, 平动自由度贡献的内能应该为

$$E_t = Nk_0 T^2 \frac{\partial}{\partial T} \log z_t \approx E_0 + 3E_0 e^{-3T_t/T}, \tag{4.35}$$

$$E_0 = 3Nk_0 T_t = 3N\epsilon_{t0}, \qquad \epsilon_{t0} = \frac{\hbar^2}{2m} \left(\frac{\pi}{L} \right)^2, \tag{4.36}$$

式中, ϵ_{t0} 表示每个平动自由度的基态能量. 从式 (4.35) 容易求出对应的平动热容为

$$C_V^t = 27 Nk_0 \left(\frac{T_t}{T} \right)^2 e^{-3T_t/T}. \tag{4.37}$$

当 $T \to 0$ 时, 上式右边的 e 指数因子趋于零的速度远大于 T^{-2} 因子发散的速度, 因此有 $\lim_{T \to 0} C_V^t = 0$.

当 $T \gg T_t$ 时, 式 (4.32) 右边的无穷求和中任意相邻的两项差异都很小, 这时, 可以利用高斯积分公式以及欧拉–麦克劳林求和公式 (A.43) (准确至 B_2 阶) 求得

$$\sum_{n=1}^{\infty} e^{-n^2 T_t/T} \approx \frac{1}{2} \left[\sqrt{\pi} \left(\frac{T}{T_t} \right)^{1/2} - 1 \right]. \tag{4.38}$$

因此, 单分子平动配分函数可写为

$$z_t = \frac{1}{8} \left[\sqrt{\pi} \left(\frac{T}{T_t} \right)^{1/2} - 1 \right]^3 \approx \left(\frac{\sqrt{\pi}}{2} \right)^3 \left(\frac{T}{T_t} \right)^{3/2} \left[1 - \frac{3}{\sqrt{\pi}} \left(\frac{T_t}{T} \right)^{1/2} \right]. \tag{4.39}$$

这时, 平动自由度贡献的内能为

$$E_t = Nk_0 T^2 \frac{\partial}{\partial T} \log z_t \approx \frac{3}{2} Nk_0 T \left[1 + \frac{1}{\sqrt{\pi}} \left(\frac{T_t}{T} \right)^{1/2} \right]. \tag{4.40}$$

与此相应的平动热容为

$$C_V^t = \frac{3}{2} Nk_0 \left[1 + \frac{1}{2\sqrt{\pi}} \left(\frac{T_t}{T} \right)^{1/2} \right]. \tag{4.41}$$

当 $T \to \infty$ 时, 上式给出 $C_V^t = \frac{3}{2} Nk_0$, 这正是用经典描述下的系综理论或者能量均分定理计算得出的平动热容的数值. 从以上分析可知, 平动热容适于用量子描述的前提是气体的温度 T 满足条件 $T \leqslant T_t$.

4.2.2 转动热容

如果转动自由度适于用量子力学描述, 那么相应的转动微观态应该用主量子数 ℓ 和磁量子数 m[①] 来描写, 对应的单分子转动能量的本征值为

$$(\epsilon_r)_{\ell,m} = \frac{\hbar^2}{2I}\ell(\ell+1), \tag{4.42}$$

其中, $I = Mr^2$ 表示分子的转动惯量,

$$M = \frac{m_1 m_2}{m_1 + m_2}$$

是气体分子的折合质量, r 是分子键长. 注意, 单分子转动能量的本征值仅依赖于取非负整数值的主量子数 ℓ 而不依赖于磁量子数 m. 因此, 单分子转动配分函数为

$$z_r = \sum_{\ell=0}^{\infty}\sum_{m=-\ell}^{\ell} \mathrm{e}^{-(\epsilon_r)_{\ell,m}/(k_0 T)} = \sum_{\ell=0}^{\infty}\sum_{m=-\ell}^{\ell} \mathrm{e}^{-\frac{\hbar^2}{2Ik_0 T}\ell(\ell+1)} = \sum_{\ell=0}^{\infty}(2\ell+1)\,\mathrm{e}^{-\frac{T_r}{T}\ell(\ell+1)}, \tag{4.43}$$

其中,

$$T_r = \frac{\hbar^2}{2Ik_0}$$

具有温度的量纲, 称为**转动特征温度**.

当 $T \ll T_r$ 时, 式 (4.43) 右边的求和可以只保留前两项, 结果为

$$z_r \approx 1 + 3\mathrm{e}^{-2T_r/T}. \tag{4.44}$$

这时有

$$E_r = Nk_0 T^2 \frac{\partial}{\partial T}\log z_r \approx 6Nk_0 T_r \mathrm{e}^{-2T_r/T}, \tag{4.45}$$

进而转动热容为

$$C_V^r = 12Nk_0\left(\frac{T_r}{T}\right)^2 \mathrm{e}^{-2T_r/T}. \tag{4.46}$$

当温度 $T \to 0$ 时, C_V^r 也趋于零.

当 $T \gg T_r$ 时, 式 (4.43) 右边的求和中任意相邻的两项差异都很小, 因此, 再次利用欧拉-麦克劳林求和公式 (A.43) (准确到 B_4 阶) 并注意到

$$\int_0^{\infty}(2\ell+1)\mathrm{e}^{-\frac{T_r}{T}\ell(\ell+1)}\mathrm{d}\ell = \int_0^{\infty} \mathrm{e}^{-\frac{T_r}{T}x}\mathrm{d}x = \frac{T}{T_r},$$

---

① 请勿将磁量子数 m 与分子的质量混淆.

可以得到

$$z_r = \frac{T}{T_r}\left[1 + \frac{1}{3}\left(\frac{T_r}{T}\right) + \frac{1}{15}\left(\frac{T_r}{T}\right)^2\right], \qquad T \gg T_r. \tag{4.47}$$

因此, 转动自由度贡献的内能为

$$E_r = Nk_0T^2\frac{\partial}{\partial T}\log z_r \approx Nk_0T\left[1 - \frac{1}{3}\left(\frac{T_r}{T}\right) - \frac{1}{45}\left(\frac{T_r}{T}\right)^2\right], \tag{4.48}$$

相应的转动热容为

$$C_V^r = Nk_0\left[1 + \frac{1}{45}\left(\frac{T_r}{T}\right)^2\right]. \tag{4.49}$$

当 $T \to \infty$ 时, 上式给出 $C_V^r = Nk_0$, 此即转动热容的经典结果. 从以上分析可知, 转动热容适用量子描述的前提是气体的温度 T 满足条件 $T \leqslant T_r$.

4.2.3 振动热容

多原子分子中的每个振动自由度都可以用 1 维简谐振子来近似. 当振动自由度适于用量子描述时, 每个分子的振动能量本征值为

$$(\epsilon_v)_n = \hbar\omega\left(n + \frac{1}{2}\right), \qquad n \in \mathbb{Z}\backslash\mathbb{Z}_-. \tag{4.50}$$

因此, 单分子振动配分函数可以写为

$$z_v = \sum_{n=0}^{\infty} \mathrm{e}^{-(\epsilon_v)_n/(k_0T)} = \sum_{n=0}^{\infty} \mathrm{e}^{-\frac{\hbar\omega}{k_0T}\left(n+\frac{1}{2}\right)} = \frac{\mathrm{e}^{-\hbar\omega/(2k_0T)}}{1 - \mathrm{e}^{-\hbar\omega/(k_0T)}} = \left[2\sinh\left(\frac{T_v}{2T}\right)\right]^{-1}, \tag{4.51}$$

其中,

$$T_v = \frac{\hbar\omega}{k_0} \tag{4.52}$$

具有温度的量纲, 称为振动特征温度. 因此有

$$E_v = Nk_0T^2\frac{\partial}{\partial T}\log z_v = Nk_0T_v\coth\left(\frac{T_v}{2T}\right), \tag{4.53}$$

$$C_V^v = Nk_0\left(\frac{T_v}{2T}\right)^2\mathrm{csch}^2\left(\frac{T_v}{2T}\right). \tag{4.54}$$

当 $T \ll T_v$, 即 $T_v/T \to \infty$ 时, 我们有 $C_V^v \to 0$; 当 $T \gg T_v$, 即 $T_v/T \to 0$ 时, 有 $C_V^v \to Nk_0$. 后一种极限情况与振动热容的经典结果相同. 从以上分析可知, 振动热容适用量子描述的前提是气体的温度 T 满足条件 $T \leqslant T_v$.

讨论和评述

注意: 振动自由度贡献的内能 E_v 可以平均分配给每个分子, 得到单分子平均振动内能

$$\overline{\epsilon_v}(T) = E_v/N = k_0 T_v \coth\left(\frac{T_v}{2T}\right).$$

将振动特征温度的定义 (4.52) 代入上式, 可以将 $\overline{\epsilon_v}(T)$ 写成更为熟悉的形式

$$\overline{\epsilon_v}(T) = \frac{\hbar\omega}{2} + \frac{\hbar\omega}{e^{\hbar\omega/(k_0 T)} - 1}.$$

4.2.4 双原子分子理想气体等容热容的完整理论

在前面几小节中, 我们详细分析了多原子分子中各种不同类型的自由度分别适用量子描述时对应的等容热容. 在这个过程中遇到了 3 个不同的特征温度, 即平动特征温度 T_t、转动特征温度 T_r 和振动特征温度 T_v. 对于典型的双原子分子理想气体, 利用约化质量 $m \sim 10^{-24}$g、$r \sim 10^{-8}$cm、$\omega \sim 10^{14}$s^{-1} 以及气体样本呈现宏观性质的最小线度 $L \sim 10^{-1}$cm, 可以估算出以上几种特征温度的数量级大致为

$$T_t \sim 10^{-12}\text{K}, \qquad T_r \sim 50\text{K}, \qquad T_v \sim 10^3\text{K}. \tag{4.55}$$

因此, 在给定的温度下, 平动、转动以及振动自由度有可能既不全是经典的也不全是量子的. 另外, 分析气体的热容还必须保证两个额外的条件, 即温度 T 要使得气体不液化, 同时气体分子不离解[①]. 液化和离解又提供了两个特征温度 T_l 和 T_d. 因此, 关于气体热容的理论只能应用于温度区间 $T_l < T < T_d$. 对于常见的双原子分子气体来讲, 液化温度 T_l 在几十开的量级, 离解温度一般高于 10^4K. 因此, 双原子分子理想气体的热容理论适用的温度上限为 T_d. 但是由于 T_r 和 T_l 的相对大小不确定, 针对不同类型的物质, 气体热容量的理论适用的温度下限既有可能是 T_r 也有可能是 T_l, 需要针对具体情况来具体分析.

表 4.1 列出了 3 种常见双原子分子气体的部分特征温度. 从表中可以看出, 氢气的转动特征温度高于其液化温度, 因此氢气分子的转动自由度可以是量子化的; 而对于氧气和氮气, 转动特征温度均低于相应的液化温度, 因此这两种气体分子的转动自由度都不能量子化.

图 4.1 给出了双原子分子理想气体的等容热容–温度曲线的示意图 (图中等容热容曲线的虚线区域表示实际气体的行为有可能出现偏离理论预期的情形). 从图中可以看到, 等容热容具有明显的台阶状行为. 当温度 $T_t \ll T \ll T_r$ 时, 平动自由度是经典的, 而转动和振动自由度贡献的热容均趋于零, 因此气体的热容与单原子分子理想气体的热容一致[②]; 当温

[①] 离解是指分子分裂成多个原子或原子团的过程.

[②] 图中未画出温度极低靠近绝对零度时的热容曲线, 原因是在这样的温度下, 自然界中的物质已经不再以气态形式存在了.

度 $T_r \ll T \ll T_v$ 时, 平动和转动自由度都是经典的, 而振动热容可以被忽略, 因此总热容等于 $5Nk_0/2$; 当温度 $T > T_v$ 时, 所有自由度都变成经典的且不可忽略, 因此总热容趋向于 $7Nk_0/2$. 在 T_r 和 T_v 附近的一个有限的温度区间内, 转动和振动自由度的量子行为比较明显, 这时的等容热容会随温度发生比较大的变化.

表 4.1　3 种常见双原子分子气体的部分特征温度　　　　　　　(单位: K)

	H_2	O_2	N_2
T_l	20	90.2	77.5
T_r	85.4	2.1	2.9
T_v	6.1×10^3	2.2×10^3	3.3×10^3
T_d	5.2×10^4	5.9×10^4	8.5×10^4

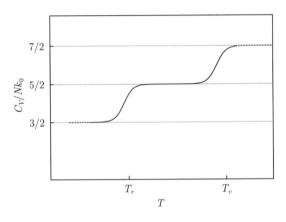

图 4.1　双原子分子理想气体的等容热容–温度曲线示意图

注意: 由于氧气和氮气的转动特征温度均低于液化温度, 图 4.1 中温度 $T \leqslant T_r$ 的部分并不适用于这两种气体. 另外, 至少有两种机制使得在图 4.1 中温度高于 T_v 的区间内热容并不严格遵从上述预期的理论值 $7Nk_0/2$. 其一, 当双原子分子的振动自由度可以被激发, 并且允许处于较高的激发能时, 分子间相互作用的简谐势模型将会逐渐失真, 而非简谐势的出现将破坏能量均分定理的适用条件; 其二, 分子的剧烈振动也会使分子的转动惯量不再保持为常量, 因此, 前文对振动、转动自由度的划分将不再清晰有效. 基于上述原因, 以上对双原子分子理想气体的等容热容的分析实际上并不适用于 $T_v \ll T < T_d$ 温区. 一般来说, 在上述温区中双原子分子气体的等容热容并不保持为常量 $7Nk_0/2$, 而是在一定温区内继续随着温度上升. 然而, 如果温度越过 T_d, 部分双原子分子将开始离解为单原子分子. 根据离解程度的不同, 气体系统的等容热容也会随之变化. 在理想情况下, 若离解度为 100% 且原子并未进一步发生电离, 则最初由 N 个双原子分子构成的理想气体系统将变为由 $2N$ 个单原子分子构成的理想气体系统, 其等容热容的理论值将趋于 $C_V = 3Nk_0$ (注意这个数值比 $7Nk_0/2$ 还要低).

4.3 非理想气体

4.3.1 位形配分函数与位力系数

对于非理想气体, 微观态的能量表达式中分子间的相互作用势能不可忽略. 由于对微观态的量子描述强烈地依赖于势能的具体形式, 而非理想气体中分子间相互作用势能的具体形式并不好确定, 我们将只考虑非理想气体的经典描述. 系统的总能量可写为

$$E(q,p) = E^{(平动)}(q,p) + E^{(内部)}(q,p) + U\left(\boldsymbol{q}_1, \boldsymbol{q}_2, \cdots, \boldsymbol{q}_N\right), \tag{4.56}$$

其中, $E^{(平动)}(q,p) = \sum_{a=1}^{N} \dfrac{1}{2m}\langle \boldsymbol{p}_a, \boldsymbol{p}_a \rangle$ 表示分子质心平动能量的总和, $E^{(内部)}(q,p)$ 表示分子的转动和振动等内部自由度的能量的总和, 而

$$U\left(\boldsymbol{q}_1, \boldsymbol{q}_2, \cdots, \boldsymbol{q}_N\right) = \sum_{a,b=1\,(a<b)}^{N} u(|\boldsymbol{q}_a - \boldsymbol{q}_b|) \tag{4.57}$$

表示分子之间相互作用势能的总和. 这时, 正则配分函数可写为[①]

$$
\begin{aligned}
Z_{\mathrm{cl}} &= \frac{1}{N!h^{DN}} \int \mathrm{e}^{-E(q,p)/(k_0 T)} [\mathrm{d}q][\mathrm{d}p] \\
&= \frac{1}{N!h^{DN}} \int \mathrm{e}^{-\frac{1}{2mk_0 T} \sum_{a=1}^{N} \langle \boldsymbol{p}_a, \boldsymbol{p}_a \rangle} (\mathrm{d}\boldsymbol{p})_1 \cdots (\mathrm{d}\boldsymbol{p})_N \\
&\quad \times \int \mathrm{e}^{-E^{(内部)}/(k_0 T)} \mathrm{d}\varGamma^{(内部)} \int \mathrm{e}^{-\sum_{a<b} u(|\boldsymbol{q}_a - \boldsymbol{q}_b|)/(k_0 T)} (\mathrm{d}\boldsymbol{q})_1 \cdots (\mathrm{d}\boldsymbol{q})_N \\
&= \frac{V^N}{N!} \left(\frac{2\pi m k_0 T}{h^2} \right)^{DN/2} b^N \mathcal{Q},
\end{aligned}
$$

其中,

$$b^N = \int \mathrm{e}^{-E^{(内部)}/(k_0 T)} \mathrm{d}\varGamma^{(内部)}$$

表示气体分子的转动和振动等内部自由度对配分函数的贡献, $\mathrm{d}\varGamma^{(内部)}$ 表示对内部自由度进行积分的体积元. 我们只需知道 b 是一个依赖于温度的函数而与气体的空间位形无关, 因此无须关注其更多细节. 非理想气体区别于理想气体的最重要特征是其配分函数中包含额外的因子 $\mathcal{Q}$

$$\mathcal{Q} = \frac{1}{V^N} \int \mathrm{e}^{-\sum_{a<b} u(|\boldsymbol{q}_a - \boldsymbol{q}_b|)/(k_0 T)} (\mathrm{d}\boldsymbol{q})_1 \cdots (\mathrm{d}\boldsymbol{q})_N. \tag{4.58}$$

[①] 原则上, 当 $E^{(内部)}(q,p)$ 不可忽略时, 我们应该强制选取 $D = 3$. 但是目前我们更关心的是 $U(\boldsymbol{q}_1, \boldsymbol{q}_2, \cdots, \boldsymbol{q}_N)$ 的贡献, 所以暂时保持 D 的一般性是无害的.

Q 称为位形配分函数, 它携带了非理想气体中分子间相互作用的全部信息. 除了因子 Q 以外, Z_{cl} 中的其余部分就是相应的理想气体的正则配分函数. 所以有

$$Z_{cl} = Z_{cl}^{(理想)}Q. \tag{4.59}$$

为了求出位形配分函数, 我们将其重写为如下形式:

$$Q = \frac{1}{V^N} \int (\mathrm{d}\boldsymbol{q})_1 \int (\mathrm{d}\boldsymbol{q})_2 \mathrm{e}^{-u_{12}/(k_0 T)} \int (\mathrm{d}\boldsymbol{q})_3 \mathrm{e}^{-(u_{13}+u_{23})/(k_0 T)}$$

$$\cdots \int (\mathrm{d}\boldsymbol{q})_N \mathrm{e}^{-(u_{1N}+u_{2N}+\cdots+u_{N-1,N})/(k_0 T)}$$

$$= \frac{1}{V^N} \prod_{a=1}^{N} J_a, \tag{4.60}$$

其中, $u_{ab} = u(|\boldsymbol{q}_a - \boldsymbol{q}_b|)$,

$$J_a = \int (\mathrm{d}\boldsymbol{q})_a \mathrm{e}^{-(u_{1a}+u_{2a}+\cdots+u_{a-1,a})/(k_0 T)}.$$

从能量均分定理我们知道, 气体分子的每个平动自由度的动能的平均值都在 $k_0 T$ 的量级, 而作为气体, 有 $u_{ab} \ll k_0 T$. 因此,

$$\gamma_{ab} \equiv \mathrm{e}^{-u_{ab}/(k_0 T)} - 1 \approx -\frac{u_{ab}}{k_0 T} \tag{4.61}$$

是一个小量, 我们完全可以将 J_a 展开至 γ_{ab} 的线性级, 得到

$$J_a = \int (\mathrm{d}\boldsymbol{q})_a (1 + \gamma_{1a})(1 + \gamma_{2a}) \cdots (1 + \gamma_{a-1,a})$$

$$\approx \int (\mathrm{d}\boldsymbol{q})_a \left(1 + \sum_{b=1}^{a-1} \gamma_{ba}\right) = \int (\mathrm{d}\boldsymbol{q})_a + \sum_{b=1}^{a-1} \int (\mathrm{d}\boldsymbol{q})_a \gamma_{ba}. \tag{4.62}$$

对于同种分子构成的各向同性气体, 积分 $\int (\mathrm{d}\boldsymbol{q})_a \gamma_{ba}$ 与分子编号 b 无关, 而且由于 u_{ba} 仅与分子间距离 r 有关而与分子的实际空间位置无关, 故有

$$\int (\mathrm{d}\boldsymbol{q})_a \gamma_{ba} = \int (\mathrm{d}\boldsymbol{q}) \gamma(r),$$

进而,

$$J_a \approx V - 2(a-1)B(T),$$

$$B(T) \equiv -\frac{1}{2} \int (\mathrm{d}\boldsymbol{q}) \gamma(r).$$

这样, 位形配分函数 Q 可以简化为

$$Q = \frac{1}{V^N} \prod_{a=1}^{N} \left[V - 2(a-1)B(T)\right] = \prod_{a=1}^{N} \left[1 - \frac{2(a-1)}{V} B(T)\right], \tag{4.63}$$

式中的 $B(T)$ 称为第 2 位力系数.

将位形配分函数的表达式代入非理想气体的经典配分函数表达式 (4.59), 可以直接获得非理想气体的亥姆霍兹自由能

$$F = -k_0 T \log Z_{\mathrm{cl}} = -k_0 T \log Z_{\mathrm{cl}}^{(\text{理想})} - k_0 T \log \mathcal{Q}. \tag{4.64}$$

有了亥姆霍兹自由能这个热力学势, 非理想气体的其他宏观态函数和过程参量都可以通过标准的热力学关系式求出.

4.3.2 非理想气体的状态函数

下面用亥姆霍兹自由能表达 (4.64) 来计算非理想气体的各种宏观状态函数.

首先考虑非理想气体的热物态方程 $P = -\left(\dfrac{\partial F}{\partial V}\right)_{T,N}$. 显然, 亥姆霍兹自由能中的第 1 项对热物态方程的贡献为

$$P^{(\text{理想})} = \frac{N k_0 T}{V}.$$

在亥姆霍兹自由能的第 2 项中, 位形配分函数的对数可以展开为[①]

$$\log \mathcal{Q} = \sum_{a=1}^{N} \log \left[1 - \frac{2(a-1)}{V} B(T) \right] \approx - \sum_{a=1}^{N} \frac{2(a-1)}{V} B(T) \approx -\frac{N^2}{V} B(T). \tag{4.65}$$

因此, 亥姆霍兹自由能可以近似写为

$$F = F^{(\text{理想})} + k_0 T \frac{N^2}{V} B(T). \tag{4.66}$$

另外, 由于

$$-\left(\frac{\partial \log \mathcal{Q}}{\partial V}\right)_{T,N} = \left(\frac{N}{V}\right)^2 B(T),$$

非理想气体的热物态方程可以写为

$$P = k_0 T \left[\frac{N}{V} + \left(\frac{N}{V}\right)^2 B(T) \right].$$

若在展开式 (4.62) 中保留到 γ_{ba} 的高阶项, 或者在式 (4.65) 中保留到 $B(T)$ 的高阶项, 最后的热物态方程中也会含有正比于 $\dfrac{N}{V}$ 的高次幂的修正项. 上述两种效应共同作用的结果是给出高阶位力系数 $B_n(T)$

$$P = \frac{N k_0 T}{V} + k_0 T \sum_{n \geqslant 2} \left(\frac{N}{V}\right)^n B_n(T).$$

---

① 这里使用了对数函数的级数展开公式 $\log(1-x) = -\sum\limits_{n=1}^{\infty} \dfrac{x^n}{n}$. 实际上我们仅将展开式保留至 $n=1$ 这一项.

非理想气体热物态方程的上述形式称为昂内斯方程[①]. 显然, 任何满足昂内斯方程的非理想气体在充分稀薄时都可近似成理想气体.

除热物态方程外, 另一个重要的状态函数是能态方程 $E = -T^2 \left(\dfrac{\partial}{\partial T} \dfrac{F}{T} \right)_{V,N}$. 直接计算可得

$$E = E^{(\text{理想})} - k_0 T^2 \frac{N^2}{V} \left(\frac{\partial B}{\partial T} \right). \tag{4.67}$$

利用关系式 $S = \dfrac{E - F}{T}$ 可以求出非理想气体的熵

$$S = S^{(\text{理想})} - k_0 \frac{N^2}{V} B(T) - k_0 T \frac{N^2}{V} \left(\frac{\partial B}{\partial T} \right). \tag{4.68}$$

最后, 利用 $C_V = T \left(\dfrac{\partial S}{\partial T} \right)_{V,N}$ 可以求出非理想气体的等容热容

$$C_V = C_V^{(\text{理想})} - 2k_0 T \frac{N^2}{V} \left(\frac{\partial B}{\partial T} \right) - k_0 T^2 \frac{N^2}{V} \left(\frac{\partial^2 B}{\partial T^2} \right). \tag{4.69}$$

4.4　中性气态等离子体

中性气态等离子体是由多种带不同数量电荷的带电粒子构成的、总体上呈电中性的多元非理想气体. 当温度非常高时, 实际气体的原子中最外层的价电子有可能完全电离, 这样就会形成整体上呈电中性的气态等离子体. 由于气态等离子体是由带电粒子构成的, 不同的粒子间存在库仑[②]相互作用, 因此是一种非理想气体.

对等离子体的描述离不开对带电粒子的库仑势的描述, 使用真实的 3 维空间中的电动力学的结果非常重要. 因此, 我们将只考虑 3 维空间中的气态等离子体.

设等离子体中每种带电粒子所携带的电子电荷数为 Z_i, $Z_i = \pm 1, \pm 2, \cdots$. 电中性条件可以写为

$$\sum_i Z_i e N_i = 0,$$

或者写为

$$\sum_i Z_i e n_{i0} = 0, \tag{4.70}$$

① 昂内斯(Heike Kamerlingh Onnes), 1853~1926, 荷兰物理学家, 1913 年诺贝尔物理学奖获得者. 其因研究超低温制冷技术、首先制备了液氦并发现了液氦中的超流现象以及金属中的低温超导现象等工作而闻名. 他也是熵这个概念的提出者.

② 库仑(Charles-Augustin de Coulomb), 1736~1806, 法国物理学家, 主要贡献是库仑定律以及摩擦现象的研究. 电荷的国际单位 C 就是以库仑命名的.

式中, e 表示电子电荷的绝对值, N_i 和 $n_{i0} = N_i/V$ 分别表示第 i 种带电粒子的个数以及平均数密度.

不同的带电粒子之间存在的库仑相互作用是长程相互作用. 因此, 尽管可以通过要求气体足够稀薄来实现

$$u_{ab}(r) = \frac{1}{4\pi\varepsilon_0} \frac{Z_a Z_b e^2}{r} \ll k_0 T,$$

但是 4.3 节中通过定义位力系数的方法描述非理想气体的方案依然无法使用. 这是因为

$$\int (\mathrm{d}\boldsymbol{q}) \gamma(r) \sim -\frac{1}{k_0 T} \int_0^\infty u_{ab}(r) r^2 \mathrm{d}r \sim -\frac{1}{k_0 T} \int_0^\infty r \mathrm{d}r \to \infty.$$

为了描述中性气态等离子体的宏观性质, 我们将尝试求出其内能的表达式. 系统的内能可以分成两部分, 即平动自由度贡献的内能 (这相当于理想气体的内能) 和库仑相互作用贡献的内能

$$E = E^{(理想)} + E^{(库仑)}, \tag{4.71}$$

其中, 平动自由度贡献的内能是已知的

$$E^{(理想)} = \frac{3}{2} N k_0 T.$$

为了求出 $E^{(库仑)}$, 首先需要求出点 $\boldsymbol{q}$ 处的带电粒子感受到的库仑势 $\varphi_i(\boldsymbol{q})$,

$$\varphi_i(\boldsymbol{q}) = \lim_{\boldsymbol{q}' \to \boldsymbol{q}} \left[\varphi(\boldsymbol{q}') - \frac{1}{4\pi\varepsilon_0} \frac{Z_i e}{|\boldsymbol{q}' - \boldsymbol{q}|} \right], \tag{4.72}$$

式中, $\varphi(\boldsymbol{q})$ 是系统中所有粒子在点 $\boldsymbol{q}$ 处产生的总库仑势, 而 $\dfrac{1}{4\pi\varepsilon_0} \dfrac{Z_i e}{|\boldsymbol{q}' - \boldsymbol{q}|}$ 则是处于点 $\boldsymbol{q}$ 处的粒子对 $\boldsymbol{q}'$ 处总库仑势的贡献. 根据经典电动力学的结果, 总库仑势 $\varphi(\boldsymbol{q})$ 满足泊松方程

$$\nabla^2 \varphi(\boldsymbol{q}) = -\rho(\boldsymbol{q})/\varepsilon_0, \tag{4.73}$$

其中, $\rho(\boldsymbol{q})$ 是系统中的电荷密度, 它可以表达为

$$\rho(\boldsymbol{q}) = \sum_i Z_i e\, n_i(\boldsymbol{q}), \tag{4.74}$$

$n_i(\boldsymbol{q})$ 则是系统中第 i 种带电粒子的数密度. 由于带电粒子间库仑力的存在, 在气态中性等离子体中, 每个带电粒子周围都聚集着一定数量的带异种电荷的粒子, 因此系统中电荷的分布不会是均匀的. 这种带异种电荷的带电粒子相互 "包裹" 的分布事实上形成了一种屏蔽效应, 它可以有效地降低系统中带同种电荷的粒子之间的相互作用强度, 其客观效果是: 即使等离子体中粒子的分布并不稀薄, 也依然可以近似地使用玻尔兹曼分布来描写带电粒子的数密度分布[①]

$$n_i(\boldsymbol{q}) = n_{i0} \mathrm{e}^{-Z_i e\, \varphi(\boldsymbol{q})/(k_0 T)}.$$

---

① 为了简单, 这里假定等离子体气体内所有种类的带电粒子都处于温度相同的平衡态. 真实的等离子体内不同种类的带电粒子可能具有不同的平衡温度.

在此基础上, 由于等离子体通常会处于较高的温度, 一般会满足条件 $|Z_i e\,\varphi(\boldsymbol{q})| \ll k_0 T$, 因此, 上式给出的分布还可以进一步近似为

$$n_i(\boldsymbol{q}) \approx n_{i0}\left[1 - \frac{Z_i e\,\varphi(\boldsymbol{q})}{k_0 T}\right].$$

将上式代入式 (4.74), 然后将所得结果代入式 (4.73), 可得

$$\nabla^2\varphi(\boldsymbol{q}) = -\frac{1}{\varepsilon_0}\left[\sum_i Z_i e\,n_{i0} - \sum_i \frac{n_{i0}(Z_i e)^2}{k_0 T}\varphi(\boldsymbol{q})\right].$$

考虑到系统的电中性条件 (4.70), 上式右方的首项将会消失, 因此有

$$\nabla^2\varphi(\boldsymbol{q}) = \frac{1}{r_0^2}\varphi(\boldsymbol{q}), \tag{4.75}$$

式中

$$r_0 = \left[\frac{1}{\varepsilon_0}\sum_i \frac{n_{i0}(Z_i e)^2}{k_0 T}\right]^{-1/2} = \left(\frac{k_0 T V}{e^2}\right)^{1/2}\left[\frac{1}{\varepsilon_0}\sum_i N_i(Z_i)^2\right]^{-1/2} \tag{4.76}$$

具有长度的量纲. 配以定解条件

$$\lim_{\boldsymbol{q}'\to\boldsymbol{q}}\varphi(\boldsymbol{q}') = \frac{1}{4\pi\varepsilon_0}\frac{Z_i e}{|\boldsymbol{q}'-\boldsymbol{q}|} \sim \frac{1}{0}$$

之后, 式 (4.75) 在点 $\boldsymbol{q}$ 附近的解可以写为

$$\varphi(\boldsymbol{q}') = \frac{1}{4\pi\varepsilon_0}\frac{Z_i e}{|\boldsymbol{q}'-\boldsymbol{q}|}\mathrm{e}^{-|\boldsymbol{q}'-\boldsymbol{q}|/r_0}. \tag{4.77}$$

与单个点电荷产生的库仑势相比, 上式仅在右边多了一个指数屏蔽因子 $\mathrm{e}^{-|\boldsymbol{q}'-\boldsymbol{q}|/r_0}$, 其中的参数 r_0 表示屏蔽后库仑势的有效力程, 称作 德拜[①] 屏蔽半径.

将屏蔽库仑势的表达式 (4.77) 代入式 (4.72), 最终可得

$$\varphi_i(\boldsymbol{q}) = \frac{1}{4\pi\varepsilon_0}\lim_{\boldsymbol{q}'\to\boldsymbol{q}}\frac{Z_i e}{|\boldsymbol{q}'-\boldsymbol{q}|}(\mathrm{e}^{-|\boldsymbol{q}'-\boldsymbol{q}|/r_0}-1) = -\frac{1}{4\pi\varepsilon_0}\frac{Z_i e}{r_0}. \tag{4.78}$$

因此, 系统中由于库仑相互作用贡献的内能为

$$E^{(库仑)} = \frac{1}{2}\sum_i N_i Z_i e\varphi_i(\boldsymbol{q}) = -\frac{1}{8\pi\varepsilon_0}\frac{e^2}{r_0}\sum_i N_i(Z_i)^2, \tag{4.79}$$

式中, 等号右边的额外因子 $\dfrac{1}{2}$ 的出现是由于相互作用的势能应该平均分配给参与作用的一对粒子而不是单独算到其中一个粒子的头上. 将式 (4.76) 代入上式, 可得

$$E^{(库仑)} = -\xi(k_0 T V)^{-1/2}, \tag{4.80}$$

---

① 德拜 (Peter Joseph William Debye), 1884~1966, 荷兰–美国物理学家, 因其固体热容理论而著名.

式中

$$\xi \equiv \frac{e^3}{8\pi}\left[\frac{1}{\varepsilon_0}\sum_i N_i(Z_i)^2\right]^{3/2}$$

是一个正比于电子电荷的立方、与系统的温度和体积无关且数值为正的常数. 将以上关于库仑相互作用贡献的内能代入式 (4.71), 可得中性气态等离子体的总内能

$$E = E^{(理想)} - \xi(k_0 T V)^{-1/2}. \tag{4.81}$$

中性气态等离子体的亥姆霍兹自由能同样可以分解为来自理想气体以及库仑相互作用的贡献之和,

$$F = F^{(理想)} + F^{(库仑)},$$

其中, 库仑相互作用贡献的亥姆霍兹自由能 $F^{(库仑)}$ 可以利用式 (2.33) 通过积分算出

$$F^{(库仑)} = -T\int_{T_0}^{T}\frac{E^{(库仑)}(\tilde{T}, V)}{\tilde{T}^2}\mathrm{d}\tilde{T} = -\frac{2}{3}\xi\left[(k_0 T V)^{-1/2} - \frac{T}{T_0}(k_0 T_0 V)^{-1/2}\right],$$

式中 T_0 是一个任选的参照温度. 若选择 $T_0 \to \infty$, 则总亥姆霍兹自由能为

$$F(T, V) = F^{(理想)} - \frac{2}{3}\xi(k_0 T V)^{-1/2}. \tag{4.82}$$

这个亥姆霍兹自由能已经是其天然适配的状态参量 (T, V) 的显函数, 因此, 根据马休定理, 中性气态等离子体的其他状态函数和过程参量都可以从亥姆霍兹自由能出发直接求得, 此处不再赘述.

讨论和评述

等离子体相关的物理问题是宏观物理的一个重要分支. 本节用平衡态热力学描述的中性气态等离子体系统仅仅是为了演示如何处理一个用通常的位力系数方法无法处理的非理想气体系统的例子, 而等离子体物理真正的关注要点其实不在于此. 描述等离子体物理中更加重要的输运规律和稳定性等问题的方法需要到第 8 章才能介绍, 而且本书将仅涉及一些基本的方法而不进一步对等离子体系统作细致分析.

本章人物: 焦耳

焦耳 (James Prescott Joule, 1818~1889), 英国物理学家. 曾受教于著名化学家道尔顿.

焦耳的主要学术贡献在于提出了能量守恒与转化定律, 为热力学第一定律奠定了基础. 焦耳通过实验测定了热功当量, 并且在研究气体膨胀和压缩规律的过程中设计了焦耳气体自由膨胀实验、与汤姆孙一起设计了气体节流膨胀实验. 这两个实验为理想气体的经验定义提供了前提. 除此之外, 焦耳还对导体中电流的热效应作出了解释, 提出了描述电流强度、导体电阻和通电时间关系的焦耳定律.

焦耳

本章人物：昂内斯

昂内斯 (Heike Kamerlingh Onnes, 1853~1926), 荷兰物理学家, 1913 年诺贝尔物理学奖获得者.

昂内斯一生的学术研究都与低温物理有关. 1882 年, 在他的带领下创建了世界知名的莱顿实验室. 1894 年通过改进制冷设备建立了能大量生产液氢的工厂. 1901 年, 昂内斯提出了真实气体的物态方程, 即昂内斯方程. 1908 年首次实现了氦的液化.

1911 年, 昂内斯领导的小组发现了在液氦中金属汞电阻突然消失的现象, 并将其命名为超导现象. 在其后数年间又陆续发现了锡、铅等金属物质在低温下的超导行为.

昂内斯

❦ 第4章习题 ❧

4.1 利用熵的表达式 (4.6) 或式 (4.12) 来验证当两个处于相同的温度和压强的异种理想气体混合时, 系统的熵会增加. 如果混合的是同种气体, 结果如何?

4.2 设 A 是一个 $N \times N$ 实对称矩阵, 且全部本征值均为正数, $\boldsymbol{x} = (x_1, x_2, \cdots, x_N)$ 是一个 N 维矢量. 证明

$$\int_{-\infty}^{\infty} \exp\left(-\frac{1}{2} \boldsymbol{x} A \boldsymbol{x}^{\mathrm{T}}\right) (\mathrm{d}\boldsymbol{x}) = \frac{(2\pi)^{N/2}}{\sqrt{\det A}},$$

并利用上述结果证明能量均分定理.

4.3 如果将 D 维理想气体封闭在各边长度不同的长方体盒子中, 试在微观态的量子描述下重新分析气体分子的平动自由度对定容热容的贡献. 如果将容器在某个方向上的线度逐渐缩小至零, 平动热容会发生什么变化?

4.4 比较封闭理想气体的熵 (4.6) 与孤立理想气体的熵 (1.80). 两者是否一致, 为什么?

4.5 试说明为什么理想气体的等压热容和等容热容之差不依赖于气体分子结构.

4.6 试用巨正则系综来分析经典的开放的单原子分子理想气体系统, 计算巨势以及典型的状态函数和过程参量.

4.7 假定分子间的作用势为

$$\phi(r) = \begin{cases} \infty, & r \leqslant r_0 \\ -\phi_0 \left(\dfrac{r_0}{r}\right)^6, & r > r_0 \end{cases}$$

计算第 2 位力系数并证明该气体的热物态方程可近似为范德瓦耳斯方程

$$\left(P + \frac{n^2 a}{V^2}\right)(V - nb) = nRT, \quad n = N/N_{\mathrm{A}}, \quad R = N_{\mathrm{A}} k_0, \tag{4.83}$$

其中, $N_{\mathrm{A}} \approx 6.022 \times 10^{23} \mathrm{mol}^{-1}$ 是阿伏伽德罗常量.

4.8 试在量子描述下求出双原子分子理想气体的热物态方程.

4.9 在考虑到不同类型自由度具有不同特征温度的前提下, 试分析双原子分子理想气体化学势在不同温度下的行为.

4.10 当双原子分子理想气体的平动、转动和振动热容适用量子描述时, 气体的温度与相应的特征温度之间必须满足关系式 $T \leqslant T_t$、$T \leqslant T_r$、$T \leqslant T_v$. 试说明这些关系式均破坏经典极限成立的条件 $\lambda \ll L$ 或者 $A \gg \hbar$, 其中 A 是作用量.

4.11 从中性气态等离子体的亥姆霍兹自由能表达式 (4.82) 出发, 计算该系统的热物态方程、熵以及等容热容.

第4章

第 5 章 固　　体

5.1　晶格振动的力学描述

5.1.1　德拜温度与德拜截止频率

在第 4 章中学习了关于气体宏观性质的统计理论, 本章我们将把注意力转向固体的宏观性质. 在自然界中存在的固态物质种类是十分多样的, 本章将只考虑绝缘晶体这种特殊的固态物质. 为了建立关于绝缘晶体的宏观性质的统计理论, 首先要恰当地描写这种固态物质的微观状态, 为此, 我们先来介绍晶格振动的力学描述.

粗略地讲, 晶体就是原子或者离子按一定的空间周期性排列出来的空间点阵, 或者称为晶格. 这一描述之所以是非常粗略的, 原因在于实际的晶体中的原子或者离子并非严格地被固定在晶格格点所在的位置, 而是由于热运动和不可避免的各种环境因素扰动而发生微小的位移并在一定范围内进行振动. 所谓格点位置, 就是各晶格上原子或离子的平衡位置. 对于绝缘晶体来说, 在每个晶格格点附近振动的对象都可以被抽象为一个没有内部结构的简单质点, 不过我们依然称之为晶格原子.

考虑最简单的由同种原子构成的 D 维正方晶格, 并记格点间距为 a. 由于原子间的复杂的相互作用, 当两个相邻的原子间距离比格点间距更大时, 彼此就会互相吸引, 而当它们的间距比格点间距更小时则会互相排斥. 考虑某晶格原子与一个相邻的晶格原子之间的相互作用. 设给定的晶格原子所在的坐标位置为 q, 其平衡位置为 q_0; 而相邻的原子所在位置为 q', 其平衡位置为 q'_0. 这样, 这对晶格原子之间的相对位移为

$$\varphi = \Delta q - \Delta q',$$

$$\Delta q \equiv q - q_0, \qquad \Delta q' \equiv q' - q'_0.$$

为了简化问题, 暂时假定 $\Delta \boldsymbol{q}' = 0$, 即相邻的结果原子处于其自身的平衡位置. 这样就有

$$\boldsymbol{\varphi} = \Delta \boldsymbol{q} \equiv x\hat{\boldsymbol{r}},$$

其中, $x = |\boldsymbol{q} - \boldsymbol{q}_0|$, $\hat{\boldsymbol{r}} \equiv (\boldsymbol{q} - \boldsymbol{q}_0)/|\boldsymbol{q} - \boldsymbol{q}_0|$ 是沿位移方向的单位矢量. 定义 $r = \langle \boldsymbol{q}, \hat{\boldsymbol{r}} \rangle$, $r_0 = \langle \boldsymbol{q}_0, \hat{\boldsymbol{r}} \rangle$, 因此有 $x = r - r_0$.

相邻原子施加在给定原子上的势能 $u(\boldsymbol{q})$ 可以在该原子的平衡位置附近作泰勒展开

$$\begin{aligned} u(\boldsymbol{q}) = u(\boldsymbol{q}_0) + \left(\frac{\partial u}{\partial r} \right)_{\boldsymbol{q}_0} (r - r_0) \\ + \frac{1}{2} \left(\frac{\partial^2 u}{\partial r^2} \right)_{\boldsymbol{q}_0} (r - r_0)^2 + \frac{1}{6} \left(\frac{\partial^3 u}{\partial r^3} \right)_{\boldsymbol{q}_0} (r - r_0)^3 + \cdots. \end{aligned} \quad (5.1)$$

我们将这个展开式保留到 $(r - r_0)^3$ 项, 目的是想说明晶格原子的振动并不一定是简谐的. 由于 $\boldsymbol{q}_0$ 是晶格原子的平衡位置, 必有 $\left(\dfrac{\partial u}{\partial r} \right)_{\boldsymbol{q}_0} = 0$. 另外, 当 $r - r_0$ 很小时, 展开式中 $(r - r_0)^2$ 项是最主要的非常数项, 晶格稳定的条件要求这一项的系数大于零

$$b \equiv \left(\frac{\partial^2 u}{\partial r^2} \right)_{\boldsymbol{q}_0} > 0.$$

为了方便, 我们将 $(r - r_0)^3$ 项的系数改记为 $-c/3$

$$c \equiv -\frac{1}{2} \left(\frac{\partial^3 u}{\partial r^3} \right)_{\boldsymbol{q}_0}.$$

这样, 式 (5.1) 将变成

$$u(\boldsymbol{q}) = u(\boldsymbol{q}_0) + \frac{1}{2} b x^2 - \frac{1}{3} c x^3 + \cdots.$$

因此, 作用在该晶格原子上的力为

$$\boldsymbol{F} = -\nabla_{\boldsymbol{q}} u(\boldsymbol{q}) = (-bx + cx^2 + \cdots)\hat{\boldsymbol{r}}.$$

为了保证力 $\boldsymbol{F}$ 中的首项始终是主导项, 须有

$$\frac{|cx|}{b} \ll 1.$$

对于晶格原子来说, 其偏离平衡位置的距离 x 总是满足 $|x| \ll a$. 因此, 上式可以重新表述为 $b \sim a|c|$.

实际晶格振动的情况要比上面描述的简单例子更为复杂. 首要的复杂性来源于每个晶格原子会受到不止一个相近的其他晶格原子的作用, 而且每个晶格原子都会参与到振动之中, 没有哪个原子会始终处于其平衡位置. 即使只考虑最近邻的晶格原子的作用, 这种作用也会来自多个不同的方向, 因此需要分别考虑沿各个方向的振动自由度.

晶格原子的振动起源是环境的热扰动. 由于晶格振动的非简谐性, 在不同的温度下被激发的振动模式数也不同, 温度越高累计被激发的振动模式数越多. 对于给定的晶体样本, 能够被激发的振动模式的总数是有限的, 因此, 存在一个极限温度 T_D. 当温度达到 T_D 时, 对应最高频率 ω_{max} 的振动模式也已经被激发. 当温度超过 T_D 后, 将不再有新的振动模式被激发出来. T_D 叫做德拜温度, 相应地, ω_{max} 叫做德拜截止频率. 德拜温度与德拜截止频率之间的关系为

$$k_0 T_D = \hbar \omega_{max}. \tag{5.2}$$

上式右边表示晶格振动的最大能级间距, 左边表示当温度达到德拜温度时环境的热扰动可能导致的晶格原子的能量起伏程度. 因此上式就是环境的热涨落使得德拜频率模式能够被激发的条件.

如果晶体的实际温度 $T \gg T_D$, 那么通过热涨落可以随意激发所有的振动模式. 从效果上看, 就好像各个振动模式所对应的能级间距都不存在一样. 这时的晶格振动可以用经典力学来近似描述. 如果实际温度 $T < T_D$, 则至少有一些振动模式的能级间距是不能忽略的, 这时必须用量子力学来描写振动模式.

表 5.1 给出了几种典型晶体的德拜温度的实验值与理论值[①]. 从表中可以看到, 典型晶体的德拜温度数值大都处在 $100 \sim 400\mathrm{K}$ 的范围内. 因此, 晶体的宏观性质在温度并不十分低的情况下已经开始需要借助量子描述来解释.

表 5.1　几种典型晶体的德拜温度的实验值与理论值对比　　　　　　（单位: K）

晶体种类	Al	Cu	Ag	Au	Pb	NaCl
T_D 实验值	410	310	220	185	88	275
T_D 理论值	394	342	212	158	73	302

5.1.2　经典力学下的晶格振动

为了简单, 下面将只考虑由同种原子构成的 D 维正方晶格, 并暂时要求 $T \gg T_D$. 假设晶体沿 D 个不同的空间方向延展, 且第 j 个方向的线度为 $L_j = N_j a$, 其中 a 是晶格格点间的最小间距. 晶格中边长为 a 的最小 D 维单元称为一个元胞. 沿着元胞各边的走向引进 D 个彼此正交的单位矢量 e_i, $i = 1, 2, \cdots, D$, 它们满足

$$\langle e_i, e_j \rangle = \delta_{ij}, \qquad (e_i)_j = \delta_{ij}.$$

显然, 晶格格点的位置 q_n 必采取如下形式:

$$q_n = an = a \sum_{j=1}^{D} n_j e_j,$$

其中,

---

① 该表数据取自 B. M. Askerov, S. R. Figarova, Thermodynamics, Gibbs Method and Statistical Physics of Electron Gases, Springer 2010, P203.

$$\boldsymbol{n} = \sum_{j=1}^{D} n_j \boldsymbol{e}_j, \qquad n_j = 1, 2, \cdots, N_j$$

用来给晶格中的各个晶格原子进行编号, 相邻的格点编号之差必为某个 $\boldsymbol{e}_j$.

晶格发生振动时, 晶格原子会发生偏离平衡位置的位移. 将处于格点位置 $\boldsymbol{q_n}$ 附近的晶格原子的位移记为 $\boldsymbol{\varphi}(\boldsymbol{q_n}, t)$, 则有

$$\boldsymbol{\varphi}(\boldsymbol{q_n}, t) \equiv \Delta \boldsymbol{q_n}(t).$$

位移沿晶格元胞各边方向的投影则为

$$\varphi_j(\boldsymbol{q_n}, t) = \langle \boldsymbol{e}_j, \boldsymbol{\varphi}(\boldsymbol{q_n}, t) \rangle.$$

这些投影分量可以看作是描述振动自由度的坐标变量.

为了描写晶格振动, 需要先搞清每个晶格原子的受力情况. 在最低阶的近似下, 可以只考虑最近邻的原子之间的相互作用, 并且在相互作用势中只保留到位移的 2 阶项. 这时, 处于格点位置 $\boldsymbol{q_n}$ 附近的晶格原子在第 j 个方向所受的力可以写为

$$F_j(\boldsymbol{q_n}) \equiv \langle \boldsymbol{e}_j, \boldsymbol{F}(\boldsymbol{q_n}) \rangle$$

$$= -b \sum_{l=1}^{D} \left[\varphi_j(\boldsymbol{q_n}, t) - \varphi_j(\boldsymbol{q_n} - a\boldsymbol{e}_l, t) \right] + b \sum_{l=1}^{D} \left[\varphi_j(\boldsymbol{q_n} + a\boldsymbol{e}_l, t) - \varphi_j(\boldsymbol{q_n}, t) \right],$$

其中, $\varphi_j(\boldsymbol{q_n}, t) - \varphi_j(\boldsymbol{q_n} - a\boldsymbol{e}_l, t)$ 表示分别处于 $\boldsymbol{q_n}$ 和 $\boldsymbol{q_n} - a\boldsymbol{e}_l$ 处的两个相邻晶格原子沿第 j 个方向的相对位移. 显然, 处于位置 $\boldsymbol{q_n}$ 附近的晶格原子的第 j 个方向的经典运动方程可以写为

$$m\ddot{\varphi}_j(\boldsymbol{q_n}, t) = b \sum_{l=1}^{D} \left[\varphi_j(\boldsymbol{q_n} - a\boldsymbol{e}_l, t) - 2\varphi_j(\boldsymbol{q_n}, t) + \varphi_j(\boldsymbol{q_n} + a\boldsymbol{e}_l, t) \right]. \tag{5.3}$$

上式给出了一组互相耦合的微分–差分方程, 其求解有一定的困难. 一个简化的处理方法是取连续体极限, 即令 $a \to 0$. 这时,

$$\varphi_j(\boldsymbol{q_n}, t) \to \varphi_j(\boldsymbol{q}, t),$$

而方程 (5.3) 则变成

$$\frac{1}{v_{\mathrm{s}}^2} \frac{\partial^2 \varphi_j(\boldsymbol{q}, t)}{\partial t^2} = \nabla_{\boldsymbol{q}}^2 \varphi_j(\boldsymbol{q}, t), \tag{5.4}$$

式中, $\boldsymbol{q} = (q_1, q_2, \cdots, q_D)$ 被视作连续的坐标矢量, $\nabla_{\boldsymbol{q}}^2 = \sum_{l=1}^{D} \dfrac{\partial^2}{\partial q_j^2}$ 是坐标空间的拉普拉斯算符, 而 $v_{\mathrm{s}} = a\sqrt{\dfrac{b}{m}}$ 则表示连续极限下晶体中的声速. 注意: 在实际晶体中, 不同方向上的相

互作用系数 b 有可能是不同的, 由此带来的后果是不同方向上声速也不同. 以上所作的简化假定只能当作各向同性的零级近似来看待.

方程 (5.4) 是典型的波动方程. 在周期性边界条件下, 其解可以写成行波的形式

$$\varphi_{\boldsymbol{k},j}(\boldsymbol{q},t) = A_{\boldsymbol{k},j}\,\mathrm{e}^{\mathrm{i}(\langle\boldsymbol{k},\boldsymbol{q}\rangle-\omega_j t)}, \tag{5.5}$$

其中

$$\boldsymbol{k} = (k_1, k_2, \cdots, k_D),$$

k_j 与圆频率 ω_j 均为连续变化的实数, 并且为了满足波动方程, 它们之间需满足下面的色散关系式

$$\omega_j(\boldsymbol{k}) = v_{\mathrm{s}}|k| = v_{\mathrm{s}}\sqrt{\langle\boldsymbol{k},\boldsymbol{k}\rangle} \equiv \omega(\boldsymbol{k}). \tag{5.6}$$

这一色散关系又称为德拜色散关系. 注意: 由于作了各向同性的近似, $\omega_j(\boldsymbol{k}) = \omega(\boldsymbol{k})$ 与标识方向的指标 j 无关. 注意: 式 (5.5) 仅仅是连续体极限下波动方程解的假想形式, 真正的物理解需满足位移为实数的条件, 因此具有波矢 $\boldsymbol{k}$、圆频率 ω_j 的解应该表达为

$$\varphi_{\boldsymbol{k},j}(\boldsymbol{q},t) = A_{\boldsymbol{k},j}\,\mathrm{e}^{\mathrm{i}(\langle\boldsymbol{k},\boldsymbol{q}\rangle-\omega_j t)} + A_{\boldsymbol{k},j}^*\,\mathrm{e}^{-\mathrm{i}(\langle\boldsymbol{k},\boldsymbol{q}\rangle-\omega_j t)}. \tag{5.7}$$

实际晶体与上述连续体极限是有区别的, 因为参与振动的晶格原子都处于离散的坐标 $\boldsymbol{q_n}$ 附近. 将式 (5.7) 对应到离散的晶格格点的情况, 可以猜测相应的解应该采取的形式为

$$\varphi_{\boldsymbol{k},j}(\boldsymbol{q_n},t) = A_{\boldsymbol{k},j}\,\mathrm{e}^{\mathrm{i}(\langle\boldsymbol{k},\boldsymbol{q_n}\rangle-\omega_j t)} + A_{\boldsymbol{k},j}^*\,\mathrm{e}^{-\mathrm{i}(\langle\boldsymbol{k},\boldsymbol{q_n}\rangle-\omega_j t)}, \tag{5.8}$$

其中, $\langle\boldsymbol{k},\boldsymbol{q_n}\rangle = \sum_j k_j n_j a$. 将式 (5.8) 代入式 (5.3), 可得

$$-m\omega_j^2 = b\sum_{l=1}^{D}(\mathrm{e}^{-\mathrm{i}k_l a} - 2 + \mathrm{e}^{\mathrm{i}k_l a}).$$

所以有

$$\omega_j^2(\boldsymbol{k}) = \frac{2b}{m}\sum_{l=1}^{D}(1-\cos k_l a) = \frac{4b}{m}\sum_{l=1}^{D}\sin^2\left(\frac{a}{2}\langle\boldsymbol{k},\boldsymbol{e}_l\rangle\right). \tag{5.9}$$

由此可以得出 $\omega_j(-\boldsymbol{k}) = \omega_j(\boldsymbol{k}) = \omega(\boldsymbol{k})$, 即圆频率各向同性且是波矢的偶函数.

必须指出的是, 实际晶格的色散关系 (5.9) 与连续体极限下的德拜色散关系式 (5.6) 显著不同. 然而, 当对所有的 $l = 1, 2, \cdots, D$ 都有 $\frac{a}{2}\langle\boldsymbol{k},\boldsymbol{e}_l\rangle \to 0$ 时 (此称为长波极限), 色散关系 (5.9) 将可近似为

$$\omega_j(\boldsymbol{k}) = \omega(k) \approx |k|\,a\sqrt{\frac{b}{m}},$$

由此可以得到声速的近似值 $v_{\mathrm{s}} = a\sqrt{\dfrac{b}{m}}$. 图 5.1 给出了 1 维单质晶格的实际色散关系与德拜色散关系的对照图 $\left(\text{作图时选择了 } 2\sqrt{\dfrac{b}{m}} = 1\right)$. 从图中可以看到, 只有当 $|k|a/2 \to 0$ 时两者才符合得较好.

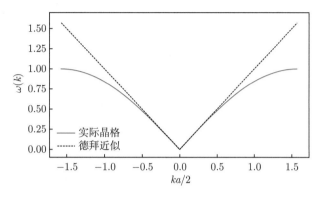

图 5.1　1 维单质晶格的实际色散关系与德拜色散关系曲线

色散关系式 (5.9) 表明, 对实际的晶格点阵, 圆频率是波矢的周期函数, 周期为 $2\pi/a$, 即

$$\omega_j(\boldsymbol{k}) = \omega_j\left(\boldsymbol{k} + \frac{2\pi}{a}\boldsymbol{e}_l\right), \qquad \forall l = 1, 2, \cdots, D. \tag{5.10}$$

因此, 当考虑独立的振动模式时, 可以将 $\boldsymbol{k}$ 的各分量限制在以下范围:

$$-\frac{\pi}{a} < k_j \leqslant \frac{\pi}{a}, \qquad j = 1, 2, \cdots, D. \tag{5.11}$$

由于晶格振动的圆频率在波矢空间中各个方向均具有大小为 $2\pi/a$ 的周期, 可以将波矢空间划分为各方向间隔均为 $2\pi/a$ 的正方格子, 称为原晶格的倒格子. 这样, 所有互相独立的波矢将全部分布在倒格子中的一个元胞之内, 这个倒格子元胞称为第一布里渊区[①], 其边界就由式 (5.11) 给定.

即使在第一布里渊区内, 波矢也不是连续取值的. 由于晶体在各方向均有有限的线度 L_j, 波矢 $\boldsymbol{k}$ 的第 j 分量 k_j 只能取 $2\pi/L_j = 2\pi/N_j a$ 的整数倍

$$k_j = g_j\left(\frac{2\pi}{L_j}\right) = \frac{g_j}{N_j}\left(\frac{2\pi}{a}\right), \tag{5.12}$$

式中

$$g_j = -\frac{N_j}{2} + 1, \; -\frac{N_j}{2} + 2, \cdots, \; \frac{N_j}{2} \qquad (N_j \text{为偶数}),$$

---

① 布里渊(Louis Marcel Brillouin), 1854∼1948, 法国物理学家和数学家.

或者

$$g_j = -\frac{N_j-1}{2}, -\frac{N_j-1}{2}+1, \cdots, \frac{N_j-1}{2} \qquad (N_j\text{为奇数}).$$

注意: g_j 的取值范围是由第一布里渊区的边界 (5.11) 限定的. 无论是哪种情况, 由式 (5.12) 可知, 波矢的第 j 分量允许的独立取值个数正好为该方向上的晶格周期数 N_j. 因此, 在第一布里渊区中所能容纳的独立的波矢总数为

$$N = \prod_{j=1}^{D} N_j. \tag{5.13}$$

对应于每个独立的波矢 $\boldsymbol{k}$, 存在 D 个不同的振幅 $A_{\boldsymbol{k},j}$, 因此, 在第一布里渊区内总的振动自由度的个数为 DN, 这恰好是 D 维晶格上所有原子的总自由度数. 相应的格波的表达式为

$$\varphi_j(\boldsymbol{q_n}, t) = \sum_{\boldsymbol{k}} \left[A_{\boldsymbol{k},j} \mathrm{e}^{\mathrm{i}[\langle \boldsymbol{k},\boldsymbol{q_n}\rangle - \omega_j(\boldsymbol{k})t]} + A_{\boldsymbol{k},j}^* \mathrm{e}^{-\mathrm{i}[\langle \boldsymbol{k},\boldsymbol{q_n}\rangle - \omega_j(\boldsymbol{k})t]} \right]$$

$$\equiv \frac{1}{\sqrt{N}} \sum_{\boldsymbol{k}} \left[a_{\boldsymbol{k},j}(t) \mathrm{e}^{\mathrm{i}\langle \boldsymbol{k},\boldsymbol{q_n}\rangle} + a_{\boldsymbol{k},j}^*(t) \mathrm{e}^{-\mathrm{i}\langle \boldsymbol{k},\boldsymbol{q_n}\rangle} \right], \tag{5.14}$$

式中, 关于 $\boldsymbol{k}$ 的求和是针对第一布里渊区内由式 (5.12) 规定的所有独立波矢进行的, 第 2 行中出现的 $a_{\boldsymbol{k},j}(t)$ 与 $a_{\boldsymbol{k},j}^*(t)$ 分别定义为

$$a_{\boldsymbol{k},j}(t) = \sqrt{N} A_{\boldsymbol{k},j} \mathrm{e}^{-\mathrm{i}\omega_j(\boldsymbol{k})t}, \qquad a_{\boldsymbol{k},j}^*(t) = \sqrt{N} A_{\boldsymbol{k},j}^* \mathrm{e}^{\mathrm{i}\omega_j(\boldsymbol{k})t},$$

它们分别满足

$$\dot{a}_{\boldsymbol{k},j}(t) = -\mathrm{i}\omega_j(\boldsymbol{k}) a_{\boldsymbol{k},j}(t), \qquad \dot{a}_{\boldsymbol{k},j}^*(t) = \mathrm{i}\omega_j(\boldsymbol{k}) a_{\boldsymbol{k},j}^*(t).$$

5.1.3　关于振动模式求和的对应原理

从前面的分析可以看到, 即使用经典力学来描写晶格振动, 得到的波矢也将是离散的. 在进行统计分析时, 需要在第一布里渊区内对所有不同的振动模式进行求和. 但是对离散的波矢进行求和是一个比较复杂的操作, 因此我们希望将这种求和转换为在连续的波矢空间中的积分. 为此, 需要引进波矢空间中的最小体积元的概念.

由于波矢 $\boldsymbol{k}$ 的每个分量都只能取离散的数值, 其第 j 分量的任意两个相邻取值之差为

$$\Delta k_j = \frac{2\pi}{N_j a} = \frac{2\pi}{L_j}, \qquad \forall j = 1, 2, \cdots, D,$$

因此, 在第一布里渊区中 "体积" 为 $\prod_{j=1}^{D} \frac{2\pi}{L_j}$ 的微元内只能容纳一个独立的波矢. 这样, 将波矢空间连续化以后, 体积元 $(\mathrm{d}\boldsymbol{k})$ 中所含的波矢个数为

$$\frac{(\mathrm{d}\boldsymbol{k})}{\prod\limits_{j=1}^{D} \frac{2\pi}{L_j}} = \frac{V}{(2\pi)^D}(\mathrm{d}\boldsymbol{k}),$$

其中, V 是晶体所占据的 D 维体积. 所以, 当面对关于波矢的求和时, 可以使用下面的对应规则将其转化为在连续的波矢空间上的积分

$$\sum_{\boldsymbol{k}} \to \frac{V}{(2\pi)^D} \int (\mathrm{d}\boldsymbol{k}). \tag{5.15}$$

利用上述对应原理, 我们可以估算一下晶格振动的态密度 $g(\omega)$, $g(\omega)\Delta\omega$ 对应单位体积晶体中处于频率范围 $\omega \sim \omega + \Delta\omega$ 内的振动模式的个数. 所有振动模式都必须遵守晶格振动的色散关系. 因此, 当采用德拜色散关系 (5.6) 时, 有

$$\begin{aligned}
g(\omega)\Delta\omega &\equiv \frac{1}{V} \sum_{\boldsymbol{k},j} \delta_{\omega,\omega(\boldsymbol{k})} \\
&= \frac{D}{(2\pi)^D} \int \delta\left[\frac{\omega - \omega(\boldsymbol{k})}{\Delta\omega}\right] (\mathrm{d}\boldsymbol{k}) \\
&= \frac{D\mathscr{A}_{D-1}}{(2\pi)^D} \int_0^{k_{\max}} \delta\left[\frac{\omega - v_{\mathrm{s}}k}{\Delta\omega}\right] k^{D-1}\,\mathrm{d}k \\
&= \begin{cases} \dfrac{D\mathscr{A}_{D-1}}{(2\pi)^D} \dfrac{\omega^{D-1}}{v_{\mathrm{s}}^D} \Delta\omega & (\omega \leqslant \omega_{\max}) \\ 0 & (\omega > \omega_{\max}) \end{cases} .
\end{aligned} \tag{5.16}$$

5.1.4 哈密顿表述及量子化

为了能够使用统计系综来分析晶格振动所造成的宏观后果, 需要写出每个微观态下的能量表达式. 具体来说, 在晶格格点附近进行振动的 N 个原子的总能量可以划分为动能和势能两部分

$$E = K + U,$$

其中, 动能 K 就是各振动自由度的动能之和

$$K = \frac{m}{2} \sum_{\boldsymbol{n}} \langle \dot{\boldsymbol{\varphi}}(\boldsymbol{q_n}, t), \dot{\boldsymbol{\varphi}}(\boldsymbol{q_n}, t) \rangle = \frac{m}{2} \sum_{\boldsymbol{n},j} [\dot{\varphi}_j(\boldsymbol{q_n}, t)]^2, \tag{5.17}$$

式中的求和均遍及所有的晶格格点以及所有的空间维数, 其中所含的平方项的个数为 DN 个; 而势能 U 的表达式则为

$$\begin{aligned}
U &= \frac{b}{2} \sum_{\boldsymbol{n},l} \langle \boldsymbol{\varphi}(\boldsymbol{q_n}, t) - \boldsymbol{\varphi}(\boldsymbol{q_n} - a\boldsymbol{e}_l, t), \boldsymbol{\varphi}(\boldsymbol{q_n}, t) - \boldsymbol{\varphi}(\boldsymbol{q_n} - a\boldsymbol{e}_l, t) \rangle \\
&= \frac{b}{2} \sum_{\boldsymbol{n},j,l} [\varphi_j(\boldsymbol{q_n}, t) - \varphi_j(\boldsymbol{q_n} - a\boldsymbol{e}_l, t)]^2,
\end{aligned} \tag{5.18}$$

式中, 对 $\boldsymbol{n}$ 的求和遍及晶格格点, 对 l 的求和遍及最近邻格点对, 而对 j 的求和则遍及所有的振动方向.

利用式 (5.14), 可以将动能 K 重写为

$$K = \frac{m}{2N} \sum_{n,j} \sum_{k} \left[\dot{a}_{k,j} \mathrm{e}^{\mathrm{i}\langle k, q_n \rangle} + \dot{a}_{k,j}^* \mathrm{e}^{-\mathrm{i}\langle k, q_n \rangle} \right] \sum_{k'} \left[\dot{a}_{k',j} \mathrm{e}^{\mathrm{i}\langle k', q_n \rangle} + \dot{a}_{k',j}^* \mathrm{e}^{-\mathrm{i}\langle k', q_n \rangle} \right]$$

$$= -\frac{m}{2N} \sum_{n,j,k,k'} \omega_j(k)\omega_j(k') \left[a_{k,j}a_{k',j} \mathrm{e}^{\mathrm{i}\langle k+k', q_n \rangle} - a_{k,j}a_{k',j}^* \mathrm{e}^{\mathrm{i}\langle k-k', q_n \rangle} \right.$$

$$\left. - a_{k,j}^* a_{k',j} \mathrm{e}^{-\mathrm{i}\langle k-k', q_n \rangle} + a_{k,j}^* a_{k',j}^* \mathrm{e}^{-\mathrm{i}\langle k+k', q_n \rangle} \right], \tag{5.19}$$

上式中关于 n 的求和可以写为

$$\sum_{n} = \sum_{n_1=1}^{N_1} \sum_{n_2=1}^{N_2} \cdots \sum_{n_D=1}^{N_D},$$

因此有

$$\sum_{n} \mathrm{e}^{\mathrm{i}\langle k+k', q_n \rangle} = \prod_{j=1}^{D} \sum_{n_j=1}^{N_j} \mathrm{e}^{\mathrm{i}(k_j+k_j')n_j a}. \tag{5.20}$$

如果 $k_j + k_j' = 0$, 我们有

$$\sum_{n_j=1}^{N_j} \mathrm{e}^{\mathrm{i}(k_j+k_j')n_j a} = N_j; \tag{5.21}$$

如果 $k_j + k_j' \neq 0$, 则有

$$\sum_{n_j=1}^{N_j} \mathrm{e}^{\mathrm{i}(k_j+k_j')n_j a} = \frac{1 - \mathrm{e}^{\mathrm{i}(k_j+k_j')N_j a}}{1 - \mathrm{e}^{\mathrm{i}(k_j+k_j')a}} = 0, \tag{5.22}$$

式中利用了

$$(k_j + k_j')N_j a = 2\pi(g_j + g_j') \in 2\pi\mathbb{N}.$$

将式 (5.21) 和式 (5.22) 代入式 (5.20), 并利用式 (5.13), 可得

$$\sum_{n} \mathrm{e}^{\mathrm{i}\langle k+k', q_n \rangle} = N\delta_{k+k',0}. \tag{5.23}$$

类似地还有

$$\sum_{n} \mathrm{e}^{\mathrm{i}\langle k-k', q_n \rangle} = N\delta_{k-k',0}, \tag{5.24}$$

$$\sum_{n} \mathrm{e}^{-\mathrm{i}\langle k-k', q_n \rangle} = N\delta_{k-k',0}, \tag{5.25}$$

$$\sum_{\boldsymbol{n}} \mathrm{e}^{-\mathrm{i}\langle \boldsymbol{k}+\boldsymbol{k}', \boldsymbol{q}_n \rangle} = N\delta_{\boldsymbol{k}+\boldsymbol{k}', 0}. \tag{5.26}$$

将式 (5.23)~ 式(5.26)代入式 (5.19), 同时考虑到 $\omega_j(\boldsymbol{k}) = \omega_j(-\boldsymbol{k})$, 可得

$$K = \frac{m}{2} \sum_{\boldsymbol{k}, j} \omega_j^2(\boldsymbol{k}) \left(2a_{\boldsymbol{k},j}^* a_{\boldsymbol{k},j} - a_{\boldsymbol{k},j} a_{-\boldsymbol{k},j} - a_{\boldsymbol{k},j}^* a_{-\boldsymbol{k},j}^* \right).$$

经过一个类似但相当烦琐的过程可以将晶格振动的总势能写为

$$U = \frac{m}{2} \sum_{\boldsymbol{k}, j} \omega_j^2(\boldsymbol{k}) \left(2a_{\boldsymbol{k},j}^* a_{\boldsymbol{k},j} + a_{\boldsymbol{k},j} a_{-\boldsymbol{k},j} + a_{\boldsymbol{k},j}^* a_{-\boldsymbol{k},j}^* \right), \tag{5.27}$$

式中利用了式 (5.9). 因此, 晶格振动的每个微观态下的能量为

$$E = K + U = 2m \sum_{\boldsymbol{k}, j} \omega_j^2(\boldsymbol{k}) a_{\boldsymbol{k},j}^* a_{\boldsymbol{k},j}.$$

引进新的变量 $\mathfrak{q}_{\boldsymbol{k},j}$ 和 $\mathfrak{p}_{\boldsymbol{k},j}$,

$$\mathfrak{q}_{\boldsymbol{k},j} = a_{\boldsymbol{k},j}^* + a_{\boldsymbol{k},j}, \qquad \mathfrak{p}_{\boldsymbol{k},j} = m\dot{\mathfrak{q}}_{\boldsymbol{k},j} = \mathrm{i}\, m\omega_j(\boldsymbol{k})(a_{\boldsymbol{k},j}^* - a_{\boldsymbol{k},j}),$$

可以把晶格振动的能量写成如下形式:

$$E(\mathfrak{q}, \mathfrak{p}) = \sum_{\boldsymbol{k}, j} \left[\frac{1}{2m}(\mathfrak{p}_{\boldsymbol{k},j})^2 + \frac{1}{2} m\omega_j^2(\boldsymbol{k})(\mathfrak{q}_{\boldsymbol{k},j})^2 \right] = H(\mathfrak{q}, \mathfrak{p}), \tag{5.28}$$

式中, $\mathfrak{q}$ 和 $\mathfrak{p}$ 分别代表 $\mathfrak{q}_{\boldsymbol{k},j}$ 以及 $\mathfrak{p}_{\boldsymbol{k},j}$ 的全体. 容易看出, 上式实际上是 DN 个 1 维简谐振子的能量之和, 而 $\mathfrak{q}_{\boldsymbol{k},j}$ 和 $\mathfrak{p}_{\boldsymbol{k},j}$ 正是这些简谐振子的坐标和动量, 所以称 $\mathfrak{q}_{\boldsymbol{k},j}$ 和 $\mathfrak{p}_{\boldsymbol{k},j}$ 为晶格振动的简正坐标, 对应的振动频率 $\omega_j(\boldsymbol{k})$ 为简正频率.

用简正坐标描写的晶格振动自由度很容易实现量子化. 量子化后, 每个微观态下的能量本征值为

$$E_{\{n_{\boldsymbol{k},j}\}} = \sum_{\boldsymbol{k}, j} \epsilon_{n_{\boldsymbol{k},j}}, \qquad \epsilon_{n_{\boldsymbol{k},j}} = \hbar\omega_j(\boldsymbol{k}) \left(n_{\boldsymbol{k},j} + \frac{1}{2} \right), \tag{5.29}$$

式中, $\{n_{\boldsymbol{k},j}\}$ 是表征一个本征量子态所需的全部量子数的集合, 每个 $n_{\boldsymbol{k},j}$ 的取值范围都是 $0, 1, \cdots, \infty$.

5.1.5 关于晶格结构与色散关系的进一步讨论

截至目前, 我们仅就最简单的由同种原子构成的绝缘晶体的晶格振动力学进行了分析. 从结果来看, 晶格振动的能谱强烈地依赖于色散关系, 而后者则对晶格结构十分敏感. 由于能谱是接下来用统计物理学的方法对晶体宏观性质进行分析时非常重要的输入数据, 因此有必要对色散关系进行进一步的讨论.

　　自然界中存在的晶体具有各种不同的晶格结构, 有类似于前文讨论的简单正方晶格, 也有由异种原子构成的诸如面心立方、体心立方等正方晶格以及种类繁多的非正方晶格. 在不同的晶格结构下, 晶格振动的色散关系也不相同. 为了演示不同的晶格结构对色散关系的影响, 我们来考虑一个由两种原子交错排列出来的 1 维点阵, 如图 5.2 所示. 每个 1 维元胞包含两个不同类型的原子, 其中, 第一种原子的平衡位置为 na, 第二种原子的平衡位置为 $(n + 1/2)a$, a 是元胞的长度.

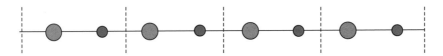

图 5.2　由两种不同原子构成的 1 维交错点阵

　　假设每个原子仅受到最近邻的异种原子的作用, 且相互作用的势能与近邻原子间相对位移的平方成正比. 将两种原子的质量分别记为 m_1 和 m_2, 第 n 个元胞中两种原子偏离其平衡位置的位移分别记作 u_n 和 v_n, 那么, 两种原子的运动方程可写为

$$m_1 \ddot{u}_n = -b(2u_n - v_{n-1} - v_n), \tag{5.30}$$

$$m_2 \ddot{v}_n = -b(2v_n - u_n - u_{n+1}). \tag{5.31}$$

假定两种原子的振动均具有行波形式

$$u_n(t) = A_1 \mathrm{e}^{\mathrm{i}[kna - \omega(k)t]},$$

$$v_n(t) = A_2 \mathrm{e}^{\mathrm{i}[k(n+1/2)a - \omega(k)t]}.$$

将以上行波作为试探解代入运动方程 (5.30) 和方程 (5.31), 可得

$$-m_1 \omega^2(k) A_1 = -b(2A_1 - A_2 \mathrm{e}^{-\mathrm{i}ka/2} - A_2 \mathrm{e}^{\mathrm{i}ka/2}),$$

$$-m_2 \omega^2(k) A_2 = -b(2A_2 - A_1 \mathrm{e}^{-\mathrm{i}ka/2} - A_1 \mathrm{e}^{\mathrm{i}ka/2}).$$

上述方程组可以看作是关于振幅 A_1 和 A_2 的奇次代数方程组, 其解存在的条件是系数行列式为零, 即

$$\begin{vmatrix} 2b - m_1 \omega^2(k) & -2b \cos \dfrac{ka}{2} \\ -2b \cos \dfrac{ka}{2} & 2b - m_2 \omega^2(k) \end{vmatrix} = 0.$$

从上式容易得知 $\omega^2(k)$ 具有两支解, 其中频率较低的一支称为声学模式, 记为 $\omega_{\mathrm{ph}}^2(k)$; 频率较高的一支称为光学模式, 记为 $\omega_{\mathrm{op}}^2(k)$. 这两支解的解析表达式分别为

$$\omega_{\mathrm{ph}}^2(k) = \frac{\omega_0^2}{2} \left(1 - \sqrt{1 - \gamma^2 \sin^2 \frac{ka}{2}} \right), \tag{5.32}$$

$$\omega_{\text{op}}^2(k) = \frac{\omega_0^2}{2}\left(1 + \sqrt{1 - \gamma^2 \sin^2\frac{ka}{2}}\right), \tag{5.33}$$

其中,

$$\omega_0^2 = 2b\left(\frac{1}{m_1} + \frac{1}{m_2}\right), \qquad \gamma^2 = \frac{4m_1 m_2}{(m_1 + m_2)^2} \leqslant 1.$$

根据式 (5.32) 和式 (5.33) 作出的色散关系曲线见图 5.3, 作图时的参数选择为 $\omega_0^2 = 1$, $\gamma^2 = 0.99$. 将图 5.3 与图 5.1 相对照, 可以体会出元胞结构对于晶格振动的色散关系具有决定性的影响.

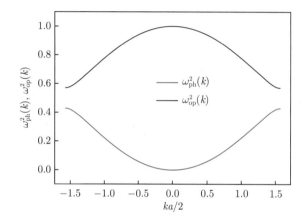

图 5.3 声学模式和光学模式的色散关系曲线

若 $m_1 = m_2 = m$, 则上述交错点阵退化为元胞长度为 $a/2$ 的 1 维晶格. 这时有 $\omega_0^2 = \frac{4b}{m}$, $\gamma^2 = 1$, 因此,

$$\omega_{\text{ph}}^2(k) = \frac{4b}{m}\sin^2\frac{ka}{4}, \tag{5.34}$$

$$\omega_{\text{op}}^2(k) = \frac{4b}{m}\cos^2\frac{ka}{4}. \tag{5.35}$$

式 (5.34) 与 $D = 1$ 时的式 (5.9) 是相容的 (但要注意两者对应的元胞长度相差一倍). 由于这时 $\gamma^2 = 1$, 在第一布里渊区的边界上声学模和光学模的曲线将会相交, 即

$$\omega_{\text{ph}}^2\left(\frac{\pi}{a}\right) = \omega_{\text{op}}^2\left(\frac{\pi}{a}\right).$$

另一方面, 若 $m_1 \gg m_2$, 则有

$$\omega_0^2 \approx \frac{2b}{m_2}, \qquad \gamma^2 \approx \frac{4m_2}{m_1} \ll 1.$$

由于 $\gamma^2 \ll 1$, 可以将色散关系式 (5.32) 和式 (5.33) 关于 γ 作级数展开, 在最低阶近似下可以得到

$$\omega_{\mathrm{ph}}^2(k) \approx \omega_{\mathrm{ph},0}^2 \sin^2 \frac{ka}{2}, \tag{5.36}$$

$$\omega_{\mathrm{op}}^2(k) \approx \omega_{\mathrm{op},0}^2 \left(1 - \frac{\gamma^2}{4} \sin^2 \frac{ka}{2}\right), \tag{5.37}$$

式中

$$\omega_{\mathrm{ph},0}^2 = \frac{1}{4}\omega_0^2 \gamma^2 \approx \frac{2b}{m_1}, \qquad \omega_{\mathrm{op},0}^2 = \omega_0^2 \approx \frac{2b}{m_2},$$

且有 $\omega_{\mathrm{ph},0} \ll \omega_{\mathrm{op},0}$.

在第一布里渊区的中心, 有

$$\omega_{\mathrm{ph}}^2(0) = 0, \qquad \omega_{\mathrm{op}}^2(0) = \omega_{\mathrm{op},0}^2 \neq 0.$$

而在第一布里渊区的边界上, 有

$$\omega_{\mathrm{ph}}^2\left(\frac{\pi}{a}\right) = \omega_{\mathrm{ph},0}^2, \qquad \omega_{\mathrm{op}}^2\left(\frac{\pi}{a}\right) = \omega_{\mathrm{op},0}^2 \left(1 - \frac{\gamma^2}{4}\right) > \omega_{\mathrm{ph},0}^2.$$

以上讨论仅限于由两种不同原子构成的正方晶格. 对于更复杂的晶格结构, 色散关系的分析也会更加复杂. 在本章的其余部分将只考虑最简单的单质正方晶格, 以此作为特例来分析晶体的宏观性质.

5.2　固体热性质的经典描述

由于晶格原子都被束缚在晶格格点位置附近作振动, 不同的原子各自处于不同的束缚势阱中, 因此每个晶格原子可以被看作一个与外界物质隔绝的子系, 它们彼此之间是可以被分辨的. 所以, 当用经典的系综分布来分析晶体的宏观性质时, 分布函数中不会出现阶乘因子 $1/N!$.

我们使用经典正则系综来分析晶体的宏观性质. 首先计算经典的正则配分函数 Z_{cl}. 利用单质正方晶格的晶格振动经典能谱式 (5.28) 不难求得

$$\begin{aligned}
Z_{\mathrm{cl}} &= \frac{1}{h^{DN}} \int \mathrm{e}^{-E(\mathfrak{q},\mathfrak{p})/(k_0 T)} [\mathrm{d}\mathfrak{q}][\mathrm{d}\mathfrak{p}] \\
&= \frac{1}{h^{DN}} \prod_{\boldsymbol{k},j} \int \mathrm{e}^{-(\mathfrak{p}_{\boldsymbol{k},j})^2/(2mk_0 T)} \mathrm{d}\mathfrak{p}_{\boldsymbol{k},j} \int \mathrm{e}^{-m\omega_j^2(\boldsymbol{k})(\mathfrak{q}_{\boldsymbol{k},j})^2/(2k_0 T)} \mathrm{d}\mathfrak{q}_{\boldsymbol{k},j} \\
&= \prod_{\boldsymbol{k},j} \left[\frac{k_0 T}{\hbar \omega_j(\boldsymbol{k})}\right].
\end{aligned}$$

已知配分函数, 立刻可以写出亥姆霍兹自由能

$$F = -k_0 T \log Z_{\mathrm{cl}} = k_0 T \sum_{\boldsymbol{k}, j} \log \left[\frac{\hbar \omega_j(\boldsymbol{k})}{k_0 T} \right]. \tag{5.38}$$

为了对上式右方的求和进行简单的估算, 可以取连续体极限, 同时假定晶格振动是各向同性的, 即 $\omega_j(\boldsymbol{k})$ 对晶格方向并不敏感, 因而略去指标 j 而将其简写为

$$\omega(k) = v_{\mathrm{s}} k, \qquad k \equiv |\boldsymbol{k}|. \tag{5.39}$$

这样, 亥姆霍兹自由能 (5.38) 将变为

$$F = k_0 T \left[\frac{D}{(2\pi)^D} \right] V \int \log \left[\frac{\hbar \omega(\boldsymbol{k})}{k_0 T} \right] (\mathrm{d}\boldsymbol{k}) = k_0 T \left[\frac{D}{(2\pi)^D} \right] V \int \log \left(\frac{\hbar v_{\mathrm{s}} k}{k_0 T} \right) (\mathrm{d}\boldsymbol{k}),$$

式中利用了对应规则 (5.15). 在波矢空间引进球坐标系, 并对所有角坐标积分, 可以得到

$$\int (\mathrm{d}\boldsymbol{k}) = \mathscr{A}_{D-1} \int_0^{k_{\max}} k^{D-1} \mathrm{d}k,$$

其中, $\mathscr{A}_{D-1}$ 是 $(D-1)$ 维单位球的面积, 其取值在式 (1.69) 中首次出现时已有介绍. 因此有

$$F = k_0 T \left[\frac{D \mathscr{A}_{D-1}}{(2\pi)^D} \right] V \int_0^{k_{\max}} \log \left(\frac{\hbar v_{\mathrm{s}} k}{k_0 T} \right) k^{D-1} \mathrm{d}k$$

$$= k_0 T \left[\frac{D \mathscr{A}_{D-1}}{(2\pi)^D} \right] V \left(\frac{k_0 T}{\hbar v_{\mathrm{s}}} \right)^D \int_0^{x_{\max}} x^{D-1} \log x \, \mathrm{d}x, \tag{5.40}$$

式中

$$x_{\max} = \frac{\hbar \omega_{\max}}{k_0 T} = \frac{\hbar v_{\mathrm{s}} k_{\max}}{k_0 T} = \frac{T_{\mathrm{D}}}{T}.$$

式 (5.40) 右边的积分为

$$\int_0^{x_{\max}} x^{D-1} \log x \, \mathrm{d}x = \frac{x_{\max}^D (D \log x_{\max} - 1)}{D^2}.$$

将这个结果代入式 (5.40), 最后可得

$$F = \left[\frac{\mathscr{A}_{D-1}}{(2\pi)^D D} \right] \left[V \left(\frac{\omega_{\max}}{v_{\mathrm{s}}} \right)^D \right] \left[D \log \left(\frac{\hbar \omega_{\max}}{k_0 T} \right) - 1 \right] k_0 T$$

$$= \left[\frac{\mathscr{A}_{D-1}}{(2\pi)^D D} \right] \left[V \left(\frac{k_0 T_{\mathrm{D}}}{\hbar v_{\mathrm{s}}} \right)^D \right] \left[D \log \left(\frac{T_{\mathrm{D}}}{T} \right) - 1 \right] k_0 T. \tag{5.41}$$

从上式可以发现, 在不同的空间维度下, 连续体极限给出的固体亥姆霍兹自由能作为温度和体积的函数并无太大的区别, 区别仅在于函数中的数值系数不同. 注意: 上式中每个方括号中的因子都是无量纲的.

必须指出的是, 德拜温度与晶体的空间维度是相关的. 为了计算德拜温度, 可以利用在第一布里渊区中所能容纳的独立的波矢总数为 N 这一事实, 即

$$\sum_{\boldsymbol{k}} 1 = N.$$

利用式 (5.15) 可以将上式改写为

$$N = \frac{\mathscr{A}_{D-1} V}{(2\pi)^D} \int_0^{k_{\max}} k^{D-1} \mathrm{d}k = \frac{\mathscr{A}_{D-1} V (k_{\max})^D}{(2\pi)^D D} = \left[\frac{\mathscr{A}_{D-1}}{(2\pi)^D D} \right] \left[V \left(\frac{k_0 T_{\mathrm{D}}}{\hbar v_{\mathrm{s}}} \right)^D \right]. \tag{5.42}$$

由此可得

$$T_{\mathrm{D}} = \frac{\hbar v_{\mathrm{s}}}{k_0} \left[\frac{(2\pi)^D D}{\mathscr{A}_{D-1}} \left(\frac{N}{V} \right) \right]^{1/D}, \qquad \omega_{\max} = \frac{k_0 T_{\mathrm{D}}}{\hbar} = v_{\mathrm{s}} \left[\frac{(2\pi)^D D}{\mathscr{A}_{D-1}} \left(\frac{N}{V} \right) \right]^{1/D}. \tag{5.43}$$

将式 (5.42) 代入式 (5.41), 还可以将亥姆霍兹自由能简化为

$$F = \left[D \log \left(\frac{T_{\mathrm{D}}}{T} \right) - 1 \right] N k_0 T.$$

从亥姆霍兹自由能出发, 绝缘晶体的各种宏观状态函数和过程参量都可以用第 2 章中介绍过的方法求得. 例如, 熵可以通过亥姆霍兹自由能对温度的偏导数得到

$$S = - \left(\frac{\partial F}{\partial T} \right)_V = \left[(D+1) - D \log \left(\frac{T_{\mathrm{D}}}{T} \right) \right] N k_0,$$

因此内能为

$$E = F + TS = DN k_0 T,$$

等容热容为

$$C_V = DN k_0. \tag{5.44}$$

注意:　晶体的等容热容仅依赖于晶体中晶格原子的数量, 与晶体的结构和种类无关. 这是 19 世纪初便已经被室温以及高温下的实验观测证实的结果, 称为杜隆-珀蒂定律[①].

晶体的热物态方程也可以从亥姆霍兹自由能得到

$$P = - \left(\frac{\partial F}{\partial V} \right)_T = -DN k_0 T \frac{1}{T_{\mathrm{D}}} \frac{\mathrm{d} T_{\mathrm{D}}}{\mathrm{d}V}.$$

引进无量纲的参数

$$\gamma_{\mathrm{G}} = -\frac{V}{T_{\mathrm{D}}} \frac{\mathrm{d} T_{\mathrm{D}}}{\mathrm{d}V}, \tag{5.45}$$

---

① 杜隆(Pierre Louis Dulong), 1785~1838, 法国物理学家、化学家. 珀蒂(Alexis Thérèse Petit), 1791~1820, 法国物理学家.

可将热物态方程写成

$$PV = \gamma_{\mathrm{G}} D N k_0 T.$$

参数 γ_{G} 在文献中称作格林艾森[①]参量.

在连续体极限及德拜色散近似下, 晶格中的声速 $v_{\mathrm{s}} \approx a\sqrt{\dfrac{b}{m}}$ 仅与晶格原子的质量、晶格间距以及晶格原子间的相互作用强度有关. 如果忽略晶体热膨胀导致的晶格常数的变化, 则可以利用式 (5.43) 以及式 (5.45) 求得

$$\gamma_{\mathrm{G}} \approx \frac{1}{D}.$$

这时, 热物态方程可以近似写成与理想气体的热物态方程一样的形式

$$PV \approx N k_0 T.$$

讨论和评述

(1) 在以上讨论中忽略了格点原子之间相互作用的非简谐项. 对于实际固体而言, 晶格振动并非严格的简谐振动, 因此, 实际固体的热物态方程与以上近似结果是不同的, 特别地, 格林艾森参量 γ_{G} 的数值将依赖于格点原子间相互作用的非简谐程度.

(2) 在结束本节之前还必须强调: 连续体极限是有局限性的, 要想使连续体极限下得到的宏观状态函数和过程参量与实际测量值相符, 必须要求温度 $T \gg T_{\mathrm{D}}$.

5.3 固体热性质的量子描述

如果温度 $T \leqslant T_{\mathrm{D}}$, 用经典正则系综得到的对晶体宏观性质的描述将不再可靠, 这时就需要用量子正则系综来分析晶体的宏观性质.

首先需要通过对量子态求和来计算配分函数 Z. 利用式 (5.29), 可以写出

$$
\begin{aligned}
Z &= \sum_{\{n_{\boldsymbol{k},j}\}} \exp\left[-\frac{1}{k_0 T}\sum_{\boldsymbol{k},j}\hbar\omega_j(\boldsymbol{k})\left(n_{\boldsymbol{k},j}+\frac{1}{2}\right)\right] \\
&= \prod_{\boldsymbol{k},j}\sum_{n_{\boldsymbol{k},j}=0}^{\infty}\exp\left[-\frac{\hbar\omega_j(\boldsymbol{k})}{k_0 T}\left(n_{\boldsymbol{k},j}+\frac{1}{2}\right)\right] \\
&= \prod_{\boldsymbol{k},j}\frac{\mathrm{e}^{-\hbar\omega_j(\boldsymbol{k})/(2k_0 T)}}{1-\mathrm{e}^{-\hbar\omega_j(\boldsymbol{k})/(k_0 T)}}.
\end{aligned}
$$

[①] 格林艾森(Eduard Grüneisen), 1877~1949, 德国物理学家.

因此有

$$F = -k_0 T \log Z = E_0 + k_0 T \sum_{\boldsymbol{k},j} \log[1 - \mathrm{e}^{-\hbar\omega_j(\boldsymbol{k})/(k_0 T)}], \tag{5.46}$$

式中

$$E_0 = \frac{1}{2} \sum_{\boldsymbol{k},j} \hbar\omega_j(\boldsymbol{k})$$

是晶格振动的零点能. 为了进一步计算式 (5.46) 右边的求和, 我们假定晶格振动具有各向同性的性质, 并利用式 (5.15), 结果可得

$$F = E_0 + k_0 T \left[\frac{D}{(2\pi)^D}\right] V \int \log[1 - \mathrm{e}^{-\hbar\omega(\boldsymbol{k})/(k_0 T)}](\mathrm{d}\boldsymbol{k}).$$

若进一步利用线性色散关系 (5.39), 则有

$$\begin{aligned}
F &= E_0 + k_0 T \left[\frac{D\mathscr{A}_{D-1}}{(2\pi)^D}\right] V \int_0^{k_{\max}} \log[1 - \mathrm{e}^{-\hbar v_{\mathrm{s}} k/(k_0 T)}] k^{D-1} \mathrm{d}k \\
&= E_0 + k_0 T \left[\frac{D\mathscr{A}_{D-1}}{(2\pi)^D}\right] \left[V\left(\frac{k_0 T_{\mathrm{D}}}{\hbar v_{\mathrm{s}}}\right)^D\right] \left(\frac{T}{T_{\mathrm{D}}}\right)^D \int_0^{T_{\mathrm{D}}/T} \log(1 - \mathrm{e}^{-x}) x^{D-1} \mathrm{d}x \\
&= E_0 + D^2 N k_0 T \left(\frac{T}{T_{\mathrm{D}}}\right)^D \int_0^{T_{\mathrm{D}}/T} \log(1 - \mathrm{e}^{-x}) x^{D-1} \mathrm{d}x, \tag{5.47}
\end{aligned}$$

式中最后一步利用了式 (5.42). 利用相似的过程可以验证, 在各向同性的连续极限下, 晶格振动的零点能 E_0 可以表达为

$$E_0 = E_0(T_{\mathrm{D}}) = \frac{D^2}{2(D+1)} N k_0 T_{\mathrm{D}}. \tag{5.48}$$

利用分部积分可以将式 (5.47) 中的积分重写为

$$\begin{aligned}
\int_0^{T_{\mathrm{D}}/T} \log(1 - \mathrm{e}^{-x}) x^{D-1} \mathrm{d}x &= \frac{1}{D} \int_0^{T_{\mathrm{D}}/T} \log(1 - \mathrm{e}^{-x}) \mathrm{d}(x^D) \\
&= \frac{1}{D}\left[\left(\frac{T_{\mathrm{D}}}{T}\right)^D \log\left(1 - \mathrm{e}^{-T_{\mathrm{D}}/T}\right) - \int_0^{T_{\mathrm{D}}/T} \frac{x^D}{\mathrm{e}^x - 1} \mathrm{d}x\right],
\end{aligned}$$

因此, 亥姆霍兹自由能可以表达为

$$F = E_0(T_{\mathrm{D}}) + D N k_0 T \log\left(1 - \mathrm{e}^{-T_{\mathrm{D}}/T}\right) - N k_0 T \mathscr{D}_D\left(\frac{T_{\mathrm{D}}}{T}\right),$$

其中,

$$\mathscr{D}_D(x) \equiv D x^{-D} \int_0^x \frac{y^D}{\mathrm{e}^y - 1} \mathrm{d}y. \tag{5.49}$$

这个函数称为德拜函数[①].

由于晶体的亥姆霍兹自由能依赖于德拜函数, 而晶体的其他宏观状态函数以及过程参量都可以从亥姆霍兹自由能出发获得, 可以预期晶体的宏观性质强烈地依赖于德拜函数的行为. 图 5.4 画出了德拜函数 $\mathscr{D}_D(T_D/T)$ 随 T/T_D 变化的曲线. 从图中可以看出, 在低温极限下, 这个函数的行为接近某种幂律行为, 而高温极限下则逐渐趋近于常数 1.

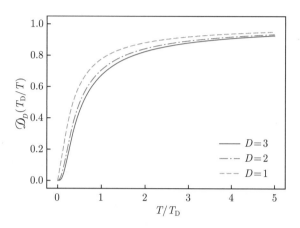

图 5.4 德拜函数 $\mathscr{D}_D(T_D/T)$ 随 T/T_D 变化的曲线

下面来分析描述晶体宏观性质的各种状态函数和过程参量. 首先计算晶体的熵. 由于零点能与晶体的实际温度无关, 我们有

$$S = -\left(\frac{\partial F}{\partial T}\right)_V = -DNk_0 \log\left(1 - \mathrm{e}^{-T_D/T}\right) + (D+1)Nk_0\mathscr{D}_D\left(\frac{T_D}{T}\right).$$

因此, 内能的取值为

$$E = F + TS = E_0(T_D) + DNk_0T\mathscr{D}_D\left(\frac{T_D}{T}\right).$$

内能的上述表达式给出了量子描述下晶体的能态方程. 除能态方程以外, 晶体的热物态方程也可以从亥姆霍兹自由能的表达式直接求出

$$
\begin{aligned}
P &= -\left(\frac{\partial F}{\partial V}\right)_T \\
&= -\frac{\mathrm{d}T_D}{\mathrm{d}V}\left[\frac{\mathrm{d}E_0(T_D)}{\mathrm{d}T_D} + DNk_0\left(\frac{T}{T_D}\right)\mathscr{D}_D\left(\frac{T_D}{T}\right)\right] \\
&= \frac{\gamma_G}{V}\left[E_0(T_D) + DNk_0T\mathscr{D}_D\left(\frac{T_D}{T}\right)\right] \\
&= P_0(V) + \frac{\gamma_G DNk_0T}{V}\mathscr{D}_D\left(\frac{T_D}{T}\right),
\end{aligned}
$$

---

① 在通常的统计物理书籍中, 德拜函数特指 $\mathscr{D}_3(x)$.

其中,

$$P_0(V) = \frac{\gamma_{\mathrm{G}} D^2}{2(D+1)} \frac{N k_0 T_{\mathrm{D}}}{V}.$$

在 $T \to 0$ 的极限条件下, $P \to P_0(V)$, 这个结果与温度无关, 是纯粹的量子效应造成的贡献.

利用内能的表达式, 还可以直接得到晶体的等容热容

$$C_V = \left(\frac{\partial E}{\partial T}\right)_V = D N k_0 \mathscr{L}_D\left(\frac{T_{\mathrm{D}}}{T}\right),$$

$$\mathscr{L}_D(x) \equiv \mathscr{D}_D(x) - x\frac{\mathrm{d}}{\mathrm{d}x}\mathscr{D}_D(x).$$

函数 $\mathscr{L}_D(x)$ 有时也称作朗之万[①] 函数. 热容量的上述表达式比较复杂, 不容易建立直观的图像, 因此我们也给出其函数曲线, 如图 5.5 所示. 从图中可以看到, 当 $T < T_{\mathrm{D}}$ 时, 绝缘晶体的等容热容随温度的变化具有幂律行为, 而当 $T > T_{\mathrm{D}}$ 时, 等容热容趋向于经典理论预言的常数值 DNk_0.

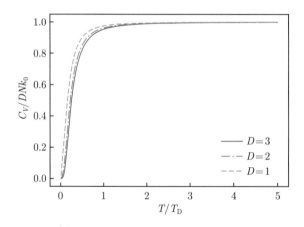

图 5.5　量子描述下晶体的等容热容随温度变化的曲线

下面将分别就高温 $(T \gg T_{\mathrm{D}})$ 和低温 $(T \ll T_{\mathrm{D}})$ 两种极限情况来讨论晶体的宏观性质.

1. 高温极限

当 $T \gg T_{\mathrm{D}}$ 时, $x \equiv T_{\mathrm{D}}/T \ll 1$. 这时可以将函数 $\mathscr{D}_D(x)$ 在 $x = 0$ 附近作泰勒展开

$$\mathscr{D}_D(x) = 1 - \frac{D}{2(D+1)}x + \frac{D}{12(D+2)}x^2 + O(x^4),$$

由此可得

$$\mathscr{L}_D(x) = 1 - \frac{D}{12(D+2)}x^2 + O(x^4).$$

[①] 朗之万(Paul Langevin), 1872~1946, 法国物理学家, 其主要学术贡献是有关分子随机运动的朗之万动力学和朗之万方程以及磁性物质中顺磁、抗磁性的物理机制.

另外, 还需要以下展开式:

$$\log(1 - e^{-x}) = \log x - \frac{x}{2} + \frac{x^2}{24} + O(x^4).$$

将以上几个展开式保留至 x^2 项并代入前面求得的各状态函数和过程参量的表达式中, 结果可得

$$F = Nk_0 T \left[D \log \left(\frac{T_D}{T} \right) - 1 + \frac{D^2}{24(D+2)} \left(\frac{T_D}{T} \right)^2 \right],$$

$$S = Nk_0 \left[(D+1) - D \log \left(\frac{T_D}{T} \right) + \frac{D^2}{24(D+2)} \left(\frac{T_D}{T} \right)^2 \right],$$

$$E = DNk_0 T \left[1 + \frac{D}{12(D+2)} \left(\frac{T_D}{T} \right)^2 \right],$$

$$C_V = DNk_0 \left[1 - \frac{D}{12(D+2)} \left(\frac{T_D}{T} \right)^2 \right],$$

$$P = \frac{Nk_0 T}{V} \left[1 + \frac{D}{12(D+2)} \left(\frac{T_D}{T} \right)^2 \right].$$

如果忽略正比于 $\left(\dfrac{T_D}{T} \right)^2$ 的小修正项, 以上结果完美地符合 5.2 节中用经典正则系综得到的结果.

2. 低温极限

当 $T \ll T_D$ 时, $x = T_D/T \gg 1$. 这时可以将函数 $\mathscr{D}_D(x)$ 中的积分因子的积分上限近似为无穷大. 利用附录 A 中给出的积分公式 (A.13) 可得

$$\int_0^\infty \frac{y^D}{e^y - 1} \mathrm{d}y = \zeta(D+1)\Gamma(D+1),$$

对所有的正整数 D, 这都是一个有限的常数. 因此, 函数 $\mathscr{D}_D(x)$ 可以近似为

$$\mathscr{D}_D(x) \approx D\zeta(D+1)\Gamma(D+1)x^{-D} \equiv f(D)x^{-D}, \tag{5.50}$$

$$f(D) = D\zeta(D+1)\Gamma(D+1). \tag{5.51}$$

与此同时, 当 $x \to \infty$ 时, 我们有

$$\log(1 - e^{-x}) \approx -e^{-x}.$$

因此, 在低温下, 晶体的亥姆霍兹自由能变为

$$F = E_0(T_D) - DNk_0 T e^{-T_D/T} - f(D)Nk_0 T \left(\frac{T}{T_D} \right)^D$$

$$\approx E_0(T_\mathrm{D}) - f(D)Nk_0T\left(\frac{T}{T_\mathrm{D}}\right)^D,$$

式中, 第二行略去了衰减更快的 e 指数项.

其他宏观状态函数和过程参量的低温近似值为

$$S \approx (D+1)f(D)\left(\frac{T}{T_\mathrm{D}}\right)^D Nk_0, \tag{5.52}$$

$$E \approx E_0(T_\mathrm{D}) + f(D)DNk_0T\left(\frac{T}{T_\mathrm{D}}\right)^D, \tag{5.53}$$

$$C_V \approx D(D+1)f(D)\left(\frac{T}{T_\mathrm{D}}\right)^D Nk_0, \tag{5.54}$$

$$P \approx P_0(V) + f(D)\frac{Nk_0T}{V}\left(\frac{T}{T_\mathrm{D}}\right)^D. \tag{5.55}$$

以上所得到的所有宏观状态函数都依赖于与维数 D 有关的常数 $f(D)$. 表 5.2 给出了 $D = 1, 2, 3$ 情况下 $f(D)$ 的准确值和近似值. 可以看到, 对以上几个不同的维数, $f(D)$ 总是有限的. 因此, 以上所得到的宏观状态函数在低温下均与 $(T/T_\mathrm{D})^D$ 呈线性关系, 其中, 熵和等容热容与 $(T/T_\mathrm{D})^D$ 成正比.

表 5.2　不同维数下系数 $f(D)$ 的精确值和近似值

维数 D	1	2	3
$f(D)$ 的精确值	$\dfrac{\pi^2}{6}$	$4\zeta(3)$	$\dfrac{\pi^4}{5}$
$f(D)$ 的近似值	1.6449	4.8082	19.4818

　　历史上第一个提出固体低温热容理论的是爱因斯坦[①]. 他的理论是 1907 年提出的, 当时量子力学还没有建立起来, 但是普朗克已经用能量离散化的概念解释了黑体辐射能谱. 爱因斯坦借鉴了普朗克的能量离散的概念, 假定晶格振动的能级是等间距的并且频率单一. 这样得到的低温热容当温度趋于零时会以指数律衰减至零. 这一结果与实验观测结果定性一致, 但定量不符. 德拜在爱因斯坦理论的基础上提出了晶格振动具有多个频率模式并存在截止频率的概念. 根据德拜的假设得到的 3 维固体的低温热容在 $T \to 0$ 时的行为是 $C_V \propto (T/T_\mathrm{D})^3$. 本章中介绍的固体热性质的量子理论是基于量子力学和正则系综的现代理论, 相比于爱因斯坦和德拜的半唯象模型来说更为系统化, 所得的结果支持德拜的结论而与爱因斯坦的结论不同. 在第 6 章我们将会看到, 如果考虑的固体不是绝缘晶体而是金属导体, 那么在 $T \to 0$ 时等容热容的行为还将得到进一步修正.

---

　　① 爱因斯坦(Albert Einstein), 1879~1955, 德国–美国物理学家, 狭义相对论和广义相对论的创立者, 曾因对光电效应的解释获 1921 年诺贝尔物理学奖. 他在量子论和统计物理等领域也作出过杰出贡献, 其中包括玻色–爱因斯坦凝聚、布朗运动的研究以及量子力学的系综解释等.

讨论和评述

　　实际晶体的空间结构有许多不同的种类. 不同空间结构的晶体往往不具有各向同性的性质. 本章中采用的各向同性连续极限只能当作演示用统计物理学的方法来处理晶体宏观性质的例子看待, 具体到实际晶体的宏观物性还需要输入真正的各向异性的色散关系才能解释清楚. 相关的知识已经超出本书的范围, 请读者参阅有关晶体热性质或者固体理论的书籍.

本章人物: 德拜

　　德拜 (Peter Joseph William Debye, 1884~1966), 荷兰物理学家, 索末菲曾经的助手, 于 1911 年、1934 年两次接替爱因斯坦在苏黎世大学以及洪堡大学曾经的职位, 后任马克斯–普朗克研究所所长.

　　德拜早期的学术工作主要聚焦于关于偶极矩的理论. 他利用分子水平的电偶极矩的概念解释了介质的介电常量. 在 cgs 单位制中, 电偶极矩的单位就是德拜, 以此来显示学界对他相关工作的肯定.

　　在固体理论方面, 德拜推广了爱因斯坦的固体模型, 允许晶格振动有一个宽度有限的频谱, 由此发展出关于固体比热的德拜理论. 德拜还推广了玻尔的原子轨道模型, 研究了 X 射线晶体衍射中的温度效应等问题. 他还提出了电解质溶液中离子云的概念, 并大大地化简了普朗克关于黑体辐射的推导过程.

德拜

第5章习题

5.1 试验证晶格振动的总势能可以写成式 (5.27) 的形式.

5.2 试将5.1.5 节中关于 1 维交错点阵色散关系的讨论推广到如图 5.6 所示的 2 维复合晶格.

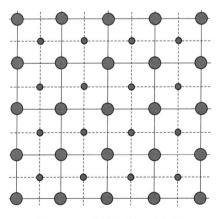

图 5.6　2 维复合晶格示意图

5.3 石墨烯是由碳原子在 2 维平面上紧密堆积出来的蜂窝状晶格材料. 在仅考虑最近邻相互作用的条件下, 试写出石墨烯中晶格原子振动的方程, 并给出相应的声速和色散关系的表达式.

5.4 常温下, 晶体的热物态方程与理想气体的热物态方程形式相同. 试讨论为什么在常温下晶体比理想气体更难压缩、更不易膨胀.

5.5 利用各向同性的连续极限证明晶格振动的零点能 E_0 与德拜温度 T_D 之间的关系式 (5.48).

5.6 试利用量子理论计算高温及低温极限下晶体的等压热容.

5.7 根据式 (5.9), 1 维周期性晶格的色散关系可以写为 $\omega(k) = \omega_0 \left| \sin \dfrac{ka}{2} \right|$, 其中 $\omega_0 = \sqrt{\dfrac{4b}{m}}$. 试证明: 该

　　周期性晶格的态密度 $g(\omega)$ 在 ω_0 处具有奇点. 这种奇点称为范霍夫奇点.

5.8 求出图 5.2 所示的 1 维交错点阵中晶格振动的声学模和光学模的态密度.

第5章

第 6 章　量子统计与量子气体

学习目标与要求

(1) 了解量子统计发挥作用的物理条件.
(2) 掌握玻色–爱因斯坦分布、费米–狄拉克分布的分布函数.
(3) 熟悉玻色气体、费米气体的一般热力学性质.
(4) 掌握强简并、弱简并气体的概念以及它们在解释宏观物性时的
基本应用.

第 6 章知识图谱

在描写宏观系统的微观状态时, 有两种不同的选择, 即经典描述和量子描述. 在前文中已经提到过, 当①微观粒子的德布罗意波长 λ 远远小于其运动范围的空间尺度 L 时, 或者②当粒子的作用量 A 远远大于普朗克常量时, 微观状态可以采用经典描述. 这是因为满足条件①时, 粒子波函数的宽度可以被忽略, 近似当作点粒子处理; 当满足条件②时, 量子力学的路径积分中只有作用量取极小值的路径的贡献最为显著, 而这个路径正好就是经典路径.

除了可以用经典和量子两种方式描述微观状态以外, 统计方法本身也可以分为经典和量子统计, 并且这种划分与微观态是用经典还是量子方法描述没有关系. 换言之, 对于用经典方法描述微观态的系统, 适用的统计方法既可能是经典的, 也可能是量子的. 对于用量子方法描述微观态的系统, 适用的统计方法同样既可以是经典的, 也可以是量子的.

用来区别经典和量子微观态的判据是微观粒子的运动方程: 凡微观粒子的运动由哈密顿方程决定的情况均为经典描述, 凡微观粒子的运动由薛定谔或者海森伯方程决定的情况均属量子描述; 而用来区别经典统计和量子统计的判据则是是否考虑粒子的内禀特征, 例如自旋: 在对微观态进行求和时, 若忽略粒子的自旋, 则为经典统计; 若不忽略粒子的自旋, 则为量子统计.

能够使得自旋自由度产生可观测的宏观效应也需要一定的条件. 当宏观系统中的微观粒子分布比较稀薄时, 系统的绝大多数微观态实际上都没有粒子去占据, 这时考虑微观粒子的自旋是没有意义的, 因此这种情况适合经典统计. 这时如果需要考察粒子数按微观态能量的分布情况, 相应的分布就是玻尔兹曼分布. 相反, 若系统中微观粒子分布得比较稠密, 就会比较多地遇到不同的粒子 "试图" 抢占相同的微观态的情况, 而这时粒子的自旋属性将发挥重要的作用: 对于玻色粒子来说, 多个粒子占据相同的微观态并无任何限制, 而对于费米粒子来说, 由于存在泡利排斥, 每个微观态最多只能容纳一个费米子.

微观粒子的分布是否稠密可以用粒子间的平均距离 d 与粒子的德布罗意波长 λ 之间的相对大小来表征. 若 $d \gg \lambda$, 就可以说粒子是稀薄的, 而当 $d \sim \lambda$ 时, 粒子就是稠密的. 当粒子分布稠密时, 不同粒子的波函数交叠部分比较大, 这样的系统称为简并的. 而当粒子分布稀薄时, 不同粒子的波函数交叠可以忽略, 这样的系统称为非简并的. 非简并系统适于用经典统计描述, 相应的粒子数分布是玻尔兹曼分布; 而简并系统则适于用量子统计描述, 相应的粒子数分布有两类, 分别称为玻色–爱因斯坦分布[①]和费米–狄拉克分布. 本章的任务就是介绍玻色–爱因斯坦分布和费米–狄拉克分布, 并用它们来分析和解决一些用玻尔兹曼分布无法解释的简并量子气体的性质.

6.1　玻色–爱因斯坦分布与费米–狄拉克分布

在3.4 节中, 我们在系统中微观粒子分布稀薄的前提下, 将系统中每个能级上的粒子当作一个统计独立子系并给出了各子系所对应的巨势的表达式

$$\Omega_k = -k_0 T \log \sum_{N_k=0}^{\infty} \mathrm{e}^{N_k(\mu-\epsilon_k)/(k_0 T)}. \tag{3.54}$$

如果我们处理的是稠密的系统, 由于粒子间的相互作用随距离接近而逐渐增强, 通常并不能将每个能级上的粒子的集合当作一个统计独立子系来看待. 不过, 有一种特殊情况可以当作例外, 即微观粒子之间不存在相互作用的情况, 如光子气体或者金属导体中的自由电子气体 (后者因为带正电的晶格背景的屏蔽作用可以近似看作由自由粒子构成的气体). 对这类系统而言, 即使粒子分布稠密, 也依旧可以将每个能级上的粒子单独地看作一个统计独立子系, 因此式 (3.54) 依旧是适用的, 只是除原有的量子数 k 之外, 还要额外引进一个自旋 (或者螺度) 量子数 s 才能完整地刻画一个微观态. 因此需要将式 (3.54) 改写为

$$\Omega_{k,s} = -k_0 T \log \sum_{N_{k,s}=0}^{\infty} \mathrm{e}^{N_{k,s}(\mu-\epsilon_{k,s})/(k_0 T)}, \tag{6.1}$$

而整个系统的巨势则为

$$\Omega = \sum_{k,s} \Omega_{k,s}.$$

注意: 对于不存在外场的情况, 能量本征值并不依赖于自旋 (或者螺度) 量子数 s, 这时依然可以用 ϵ_k 来标记能量本征值, 因此, 巨势表达式中对量子数 s 的求和将退化为

$$\Omega = \mathfrak{g} \sum_k \Omega_k,$$

其中, $\mathfrak{g}$ 用来表示自旋 (或者螺度) 简并度, 而 Ω_k 则依旧由式 (3.54) 来计算.

为了求出稠密的简并气体中处于能级 $\epsilon_{k,s}$ 上的独立子系的巨势, 需要分两种不同情况进行分析.

---

① 玻色(Satyendra Nath Bose), 1894~1974, 印度理论物理学家, 主要学术贡献集中在早期的量子力学领域. 玻色–爱因斯坦分布这个术语是狄拉克命名的.

1. 费米–狄拉克分布

如果简并气体中的粒子都是费米子, 那么, 由于泡利排斥作用, 每个量子态上至多只能填充 1 个粒子, 即

$$N_{k,s} = 0, 1.$$

因此, 式 (6.1) 成为

$$\Omega_{k,s} = -k_0 T \log \left[1 + \mathrm{e}^{(\mu - \epsilon_{k,s})/(k_0 T)} \right]. \tag{6.2}$$

与式 (3.55) 不同, 在简并费米气体中并不要求 μ 取很大的负值, 因此上式中的指数项并不一定很小. 对上式进行求导, 可得

$$f^{(+)}(\epsilon_{k,s}) \equiv \overline{N_{k,s}} = -\left(\frac{\partial \Omega_{k,s}}{\partial \mu} \right)_{T,V} = \frac{1}{\mathrm{e}^{(\epsilon_{k,s} - \mu)/(k_0 T)} + 1}. \tag{6.3}$$

上式给出了微观态 k, s 上粒子数的统计平均值, 也称为粒子数的费米–狄拉克分布. 图 6.1 画出了分布函数 $f^{(+)}(\epsilon_{k,s})$ 随 $\epsilon_{k,s}$ 变化的曲线. 图中的能量和温度都是相对于化学势的相对值而不是绝对值. 由于不同的温度下化学势是不同的, 因此不同温度下的分布函数曲线其实并非都相交于同一个微观态能量值.

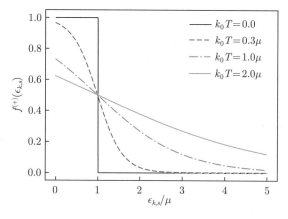

图 6.1 费米–狄拉克分布

先考虑 $T \to 0$ 的特殊情形. 将 $T \to 0$ 时化学势的取值记为 μ_{F}. 如果 $\mu_{\mathrm{F}} - \epsilon_{k,s} > 0$, 那么 $\lim_{T \to 0} f^{(+)}(\epsilon_{k,s}) = 1$, 否则 $\lim_{T \to 0} f^{(+)}(\epsilon_{k,s}) = 0$. 显然, 无论在什么温度下, 微观粒子总会处于某些允许的微观状态下, 因此至少对某些 k, s, 条件 $\mu_{\mathrm{F}} - \epsilon_{k,s} > 0$ 必须得到满足. 由于 $\epsilon_{k,s} \geqslant 0$, 因此必须有 $\mu_{\mathrm{F}} > 0$. 这样, 当 $T \to 0$ 时, $f^{(+)}(\epsilon_{k,s})$ 的图像将趋近于一个矩形

$$\lim_{T \to 0} f^{(+)}(\epsilon_{k,s}) = \begin{cases} 1 & (\epsilon_{k,s} \leqslant \mu_{\mathrm{F}}) \\ 0 & (\epsilon_{k,s} > \mu_{\mathrm{F}}) \end{cases} . \tag{6.4}$$

也可以将这个分布函数写为

$$f^{(+)}(\epsilon_{k,s}) = \theta(\mu_{\mathrm{F}} - \epsilon_{k,s}),$$

其中, $\theta(x)$ 是阶跃函数. 这是一种极端密集的分布: 所有能量 $\epsilon_{k,s} \leqslant \mu_F$ 的态都被粒子占据, 而能量 $\epsilon_{k,s} > \mu_F$ 的态全部保持为空. 换句话说, 所有的粒子都处在能够获得的最低能量状态. 处于这种状态的系统称为完全简并系统. 显然, μ_F 在刻画费米气体的统计特征时是一个非常重要的特征参数, 在文献中称之为费米能. 通过 μ_F 可以定义一个特征温度 T_F, 称为简并温度或者费米温度:

$$k_0 T_F = \mu_F.$$

与完全简并系统的情况不同, 当气体的温度 T 满足 $0 < T \ll T_F$ 时, 能量值小于 μ 的能级并不能被完全充满, 但是被激发到能量高于 μ 的能级上的粒子的个数非常少, 因此 $f^{(+)}(\epsilon_{k,s})$ 的图像依然非常靠近矩形, 仅在能量值靠近 μ 时有非常快速的衰减. 处于这种状态的费米气体称为强简并的. 当 $T \sim T_F$ 时, 会有更多的粒子被激发到能量值高于 μ 的能级上去, 这时 $f^{(+)}(\epsilon_{k,s})$ 的图像在 1 到 0 之间光滑过渡. 处于这种状态的气体称为中度简并的. 当 $T_F \ll T < \infty$ 时, 绝大多数粒子都处于高激发态, 仅有少部分粒子仍处于基态. 处于这种状态的费米气体称为弱简并的. 当 $T \to \infty$ 时, 基本上不会再有粒子处于最低能量状态, 这时函数 $f^{(+)}(\epsilon_{k,s})$ 退化为玻尔兹曼分布. 这种气体称为非简并的.

简并费米气体的各种宏观状态函数都可以从费米子满足的费米–狄拉克分布求得. 例如,

$$\Omega = \sum_{k,s} \Omega_{k,s} = -k_0 T \sum_{k,s} \log \left[1 + \mathrm{e}^{(\mu - \epsilon_{k,s})/(k_0 T)} \right], \tag{6.5}$$

$$N = \sum_{k,s} f^{(+)}(\epsilon_{k,s}) = \sum_{k,s} \frac{1}{\mathrm{e}^{(\epsilon_{k,s} - \mu)/(k_0 T)} + 1}, \tag{6.6}$$

$$E = \sum_{k,s} \epsilon_{k,s} f^{(+)}(\epsilon_{k,s}) = \sum_{k,s} \frac{\epsilon_{k,s}}{\mathrm{e}^{(\epsilon_{k,s} - \mu)/(k_0 T)} + 1}. \tag{6.7}$$

当不存在外场时, 能量本征值与自旋量子数 s 无关, 这时以上关系式简化为

$$\Omega = -k_0 T \mathfrak{g} \sum_{k} \log \left[1 + \mathrm{e}^{(\mu - \epsilon_k)/(k_0 T)} \right], \tag{6.8}$$

$$N = \sum_{k} \frac{\mathfrak{g}}{\mathrm{e}^{(\epsilon_k - \mu)/(k_0 T)} + 1}, \tag{6.9}$$

$$E = \sum_{k} \frac{\mathfrak{g} \, \epsilon_k}{\mathrm{e}^{(\epsilon_k - \mu)/(k_0 T)} + 1}, \tag{6.10}$$

其中, $\mathfrak{g}$ 是费米气体能级的自旋简并度. 对于最常见的自旋 $1/2$ 的费米子, $\mathfrak{g} = 2$.

2. 玻色–爱因斯坦分布

如果系统内部的微观粒子都是玻色子, 由于不存在泡利排斥, 式 (6.1) 中出现的无穷求和不会自动截断. 为了保证求和的收敛性, 必须要求 $\mu \leqslant 0$. 这时, 由于

$$\sum_{N_{k,s}=0}^{\infty} \mathrm{e}^{N_{k,s}(\mu - \epsilon_{k,s})/(k_0 T)} = \frac{1}{1 - \mathrm{e}^{(\mu - \epsilon_{k,s})/(k_0 T)}}, \tag{6.11}$$

式 (6.1) 变为

$$\Omega_{k,s} = k_0 T \log \left[1 - \mathrm{e}^{(\mu - \epsilon_{k,s})/(k_0 T)} \right]. \tag{6.12}$$

相应地, 有

$$f^{(-)}(\epsilon_{k,s}) \equiv \overline{N_{k,s}} = -\left(\frac{\partial \Omega_{k,s}}{\partial \mu} \right)_{T,V} = \frac{1}{\mathrm{e}^{(\epsilon_{k,s} - \mu)/(k_0 T)} - 1}. \tag{6.13}$$

这个方程给出的粒子数按能级的分布称为玻色–爱因斯坦分布.

与费米气体的情况类似, 也可以用玻色–爱因斯坦分布来求出玻色气体的各种宏观状态函数. 假设不存在外场, 则有

$$N = \sum_{k,s} f^{(-)}(\epsilon_{k,s}) = \sum_k \frac{\mathfrak{g}}{\mathrm{e}^{(\epsilon_k - \mu)/(k_0 T)} - 1}, \tag{6.14}$$

$$E = \sum_{k,s} \epsilon_k f^{(-)}(\epsilon_{k,s}) = \sum_k \frac{\mathfrak{g} \, \epsilon_k}{\mathrm{e}^{(\epsilon_k - \mu)/(k_0 T)} - 1}, \tag{6.15}$$

$$\Omega = \sum_{k,s} \Omega_{k,s} = k_0 T \mathfrak{g} \sum_k \log \left[1 - \mathrm{e}^{(\mu - \epsilon_k)/(k_0 T)} \right], \tag{6.16}$$

其中, $\mathfrak{g}$ 表示玻色粒子的内禀量子数造成的能级简并度.

对于封闭的玻色气体系统, 粒子数 N 是一个常数. 利用条件 $\left(\dfrac{\partial N}{\partial T} \right) = 0$ 以及 N 的表达式 (6.14) 可以证明

$$\left(\frac{\partial \mu}{\partial T} \right)_N < 0, \tag{6.17}$$

也就是说温度越高, 玻色气体的化学势越负. 随着温度的降低, $\mu(T)$ 的绝对值逐渐减小. 存在某个非零的温度 T_{B}, 使得

$$\mu(T)|_{T \leqslant T_{\mathrm{B}}} = 0. \tag{6.18}$$

T_{B} 称为玻色气体的简并温度, 也称为玻色温度. 与费米气体的情形类似, 依气体的实际温度与简并温度的相对大小, 可以将玻色气体划分为强简并、中度简并、弱简并以及非简并等不同情况, 其中, 非简并气体对应于 $T \to \infty$、$\mu \to -\infty$ 的情况. 这时, 无论是费米–狄拉克分布还是玻色–爱因斯坦分布都将退化为玻尔兹曼分布,

$$\lim_{\mu \to -\infty} f^{(\pm)}(\epsilon_k) = \lim_{\mu \to -\infty} \frac{1}{\mathrm{e}^{(\epsilon_k - \mu)/(k_0 T)} \pm 1} = \mathrm{e}^{(\mu - \epsilon_k)/(k_0 T)}.$$

图 6.2 画出了玻色–爱因斯坦、费米–狄拉克、玻尔兹曼分布函数随 $(\epsilon - \mu)/(k_0 T)$ 变化的曲线. 从图中可以看到, 当化学势取较大的负值或者 $(\epsilon - \mu)/(k_0 T)$ 远大于零时, 3 种分布的区别并不显著, 但是当化学势趋于零甚至变成正值时, 它们之间的区别是非常显著的.

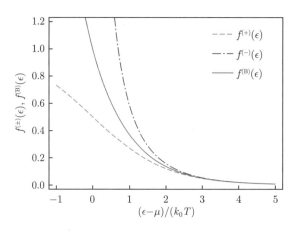

图 6.2　玻色–爱因斯坦分布、费米–狄拉克分布以及玻尔兹曼分布的比较

6.2　简并量子气体的宏观状态函数

由于费米–狄拉克分布与玻色–爱因斯坦分布在形式上的相似性, 在分析简并量子气体的部分宏观性质时, 可以将这两种不同的分布放在一起合并讨论. 在本节中, 我们将分析简并量子气体的宏观状态函数, 包括能态方程、热物态方程、巨势以及熵等. 不过本节将不会触及过程参量, 对简并量子气体的过程参量 (主要是等容热容) 的分析将留到 6.3 节专门进行讨论.

首先计算简并量子气体的巨势. 假定量子气体中的粒子之间不存在相互作用. 这时单粒子能量本征值应该记作 $\epsilon_{\boldsymbol{k}}$, 其中 $\boldsymbol{k}$ 是粒子所对应的波矢. 实际上, $\epsilon_{\boldsymbol{k}}$ 仅与 $\boldsymbol{k}$ 的大小 $k = |\boldsymbol{k}|$ 有关

$$\epsilon_{\boldsymbol{k}} = \frac{\hbar^2 k^2}{2m} \equiv \epsilon(k), \tag{6.19}$$

其中, k 将会由于气体系统所在的空间体积有限而呈现量子化取值. 当系统的体积较大, 或者能级间距较小时, 可以近似认为波矢是连续的. 这时就可以利用对应规则 (5.15) 将关于离散的 $\boldsymbol{k}$ 的求和变为对连续的 $\boldsymbol{k}$ 的积分. 具体来说, 根据式 (6.8) 和式 (6.16), 可以得出

$$\begin{aligned}
\varOmega &= \mp k_0 T \mathfrak{g} \sum_{\boldsymbol{k}} \log \left[1 \pm \mathrm{e}^{(\mu - \epsilon_{\boldsymbol{k}})/(k_0 T)} \right] \\
&= \mp \frac{k_0 T \mathfrak{g} V}{(2\pi)^D} \int \log \left[1 \pm \mathrm{e}^{(\mu - \epsilon(k))/(k_0 T)} \right] (\mathrm{d}\boldsymbol{k}) \\
&= \mp \frac{k_0 T \mathfrak{g} V \mathscr{A}_{D-1}}{(2\pi)^D} \int_0^\infty \log \left[1 \pm \mathrm{e}^{(\mu - \epsilon(k))/(k_0 T)} \right] k^{D-1} \mathrm{d}k.
\end{aligned} \tag{6.20}$$

仿照例 1.7 的过程不难写出

$$\frac{1}{(2\pi)^D} k^{D-1} \mathrm{d}k = \frac{(2m)^{D/2}}{2h^D} \epsilon^{(D-2)/2} \mathrm{d}\epsilon. \tag{6.21}$$

因此有

$$\Omega = \mp \frac{Ck_0TV}{2} \int_0^\infty \log\left[1 \pm e^{(\mu-\epsilon)/(k_0T)}\right] \epsilon^{(D-2)/2} \mathrm{d}\epsilon, \tag{6.22}$$

其中,

$$C \equiv \frac{\mathfrak{g}\mathscr{A}_{D-1}(2m)^{D/2}}{h^D} \tag{6.23}$$

是一个将要反复出现的常数因子, 我们将其简记为 C 以简化计算结果. 在式 (6.22) 中等号后取 "$-$" 号 (相应地被积式中取 "$+$" 号) 对应费米气体, 等号后取 "$+$" 号 (相应地被积式中取 "$-$" 号) 对应玻色气体. 利用分部积分还可以将巨势 (6.22) 写成

$$\Omega = -\frac{CV}{D} \int_0^\infty \frac{\epsilon^{D/2}\mathrm{d}\epsilon}{e^{(\epsilon-\mu)/(k_0T)} \pm 1}. \tag{6.24}$$

定义函数

$$\mathscr{I}_n^{(\pm)}(T,\mu) \equiv \int_0^\infty \frac{\epsilon^n \mathrm{d}\epsilon}{e^{(\epsilon-\mu)/(k_0T)} \pm 1} = \frac{1}{n+1} \int_0^\infty \epsilon^{n+1}\left[-\frac{\partial}{\partial\epsilon}f^{(\pm)}(\epsilon)\right]\mathrm{d}\epsilon, \tag{6.25}$$

可以将巨势的表达式重新写为

$$\Omega = -\frac{CV}{D}\mathscr{I}_{D/2}^{(\pm)}(T,\mu). \tag{6.26}$$

从巨势出发, 很容易获得气体的热物态方程、粒子数、熵以及亥姆霍兹自由能等宏观状态函数

$$P = -\left(\frac{\partial\Omega}{\partial V}\right)_{T,\mu} = \frac{C}{D}\mathscr{I}_{D/2}^{(\pm)}(T,\mu), \tag{6.27}$$

$$N = -\left(\frac{\partial\Omega}{\partial\mu}\right)_{T,V} = \frac{CV}{2}\mathscr{I}_{(D-2)/2}^{(\pm)}(T,\mu), \tag{6.28}$$

$$S = -\left(\frac{\partial\Omega}{\partial T}\right)_{V,\mu} = \frac{CV}{T}\left[\frac{D+2}{2D}\mathscr{I}_{D/2}^{(\pm)}(T,\mu) - \frac{\mu}{2}\mathscr{I}_{(D-2)/2}^{(\pm)}(T,\mu)\right], \tag{6.29}$$

$$F = \Omega + \mu N = CV\left[\frac{\mu}{2}\mathscr{I}_{(D-2)/2}^{(\pm)}(T,\mu) - \frac{1}{D}\mathscr{I}_{D/2}^{(\pm)}(T,\mu)\right]. \tag{6.30}$$

从熵和亥姆霍兹自由能还可以求出内能

$$E = F + TS = \frac{CV}{2}\mathscr{I}_{D/2}^{(\pm)}(T,\mu). \tag{6.31}$$

比较式 (6.27) 和式 (6.31), 可以发现, 简并量子气体的压强与内能之间存在简单的代数关系

$$P = \left(\frac{2}{D}\right)\frac{E}{V}. \tag{6.32}$$

获得内能表达式的另一种方法是利用关系式

$$E = \int_0^\infty \epsilon\, g(\epsilon) f^{(\pm)}(\epsilon) \mathrm{d}\epsilon, \tag{6.33}$$

其中, $g(\epsilon)$ 是单粒子能态密度. 显然, 无论用哪一个关系式所得的结果都必须是一致的.

从式 (6.26) ~ 式 (6.31) 可以看到, 简并量子气体的所有宏观状态函数均强烈地依赖于积分 $\mathscr{I}_{D/2}^{(\pm)}(T, \mu)$ 和 $\mathscr{I}_{(D-2)/2}^{(\pm)}(T, \mu)$ 的取值. 为了进一步明确简并量子气体的宏观性质, 需要分不同类型的气体以及不同的简并程度来进一步讨论上述积分及其导致的物理后果.

6.2.1　简并费米气体

首先讨论费米气体. 这相当于只考虑积分 $\mathscr{I}_{D/2}^{(+)}(T, \mu)$ 和 $\mathscr{I}_{(D-2)/2}^{(+)}(T, \mu)$ 的情况. 为了对不同的简并程度下简并费米气体的宏观性质作一个比较全面的描述, 下面将按不同的简并程度分别进行讨论.

1. 完全简并费米气体

对于 $T = 0$ 的完全简并费米气体, 函数 $f^{(+)}(\epsilon)$ 是一个矩形函数, 其导数是一个 δ 函数

$$-\frac{\partial}{\partial \epsilon} f^{(+)}(\epsilon) = \delta(\epsilon - \mu_{\mathrm{F}}).$$

这时, 式 (6.25) 可以直接积分

$$\mathscr{I}_n^{(+)}(0, \mu) = \frac{1}{n+1} \mu_{\mathrm{F}}^{n+1}. \tag{6.34}$$

在实际的宏观状态函数中, $n = D/2$ 或者 $(D-2)/2$. 将 n 的具体数值代入式 (6.34), 式 (6.26)~ 式 (6.31) 成为

$$\Omega_0 = -\frac{2CV\mu_{\mathrm{F}}^{(D+2)/2}}{D(D+2)}, \tag{6.35}$$

$$P_0 = \frac{2C\mu_{\mathrm{F}}^{(D+2)/2}}{D(D+2)}, \tag{6.36}$$

$$N = \frac{CV\mu_{\mathrm{F}}^{D/2}}{D}, \tag{6.37}$$

$$S_0 = 0, \tag{6.38}$$

$$F_0 = \frac{CV\mu_{\mathrm{F}}^{(D+2)/2}}{D+2}, \tag{6.39}$$

$$E_0 = \frac{CV\mu_{\mathrm{F}}^{(D+2)/2}}{D+2} = F_0, \tag{6.40}$$

式中, 除粒子数 N 以外, 其余状态函数均配以下标 0 以示这是状态函数在零温度下的取值.

式 (6.37) 和式 (6.23) 可以用来反解出费米能 μ_{F}:

$$\mu_{\mathrm{F}} = \frac{1}{2m} \left(\frac{N}{V} \frac{Dh^D}{\mathfrak{g}\mathscr{A}_{D-1}} \right)^{2/D} = \frac{p_{\mathrm{F}}^2}{2m} = \frac{\hbar^2 k_{\mathrm{F}}^2}{2m}, \tag{6.41}$$

其中

$$p_{\mathrm{F}} = \hbar k_{\mathrm{F}}, \qquad k_{\mathrm{F}} = 2\pi \left(\frac{N}{V} \frac{D}{\mathfrak{g}\mathscr{A}_{D-1}} \right)^{1/D}$$

分别称为费米动量和费米波矢. 在零温度下费米–狄拉克分布的矩形图像表明, 所有动量值在费米动量以下的能级全部被占据, 而所有动量值在费米动量以上的能级全空. 因此, 费米动量是动量空间中被实际占据的区域的边界, 又称费米面. 对于整个费米气体来说, 费米面以下能级全被占据的微观态只有一个, 因此才会有熵 $S_0 = 0$. 这个结果相当于用统计物理学的方法验证了热力学第三定律.

利用式 (6.37), 可以将其他几个状态函数表达为粒子数 N 的函数

$$\Omega_0 = -\frac{2}{D+2} N\mu_{\mathrm{F}},$$

$$P_0 = \frac{2}{D+2} \frac{N}{V} \mu_{\mathrm{F}},$$

$$E_0 = F_0 = \frac{D}{D+2} N\mu_{\mathrm{F}},$$

其中, N/V 表示系统中的粒子数密度, 它不随粒子数变化, 同理 μ_{F} 也不随粒子数变化. 因此, Ω_0, E_0, F_0 均正比于粒子数, 而 P_0 则不随粒子数变化. 特别值得注意的是, 即使在零温度下费米气体的压强也并不等于零. 这个零温压强称为费米简并压. 它完全来源于费米子的泡利排斥作用, 是纯粹的量子效应.

2. 强简并费米气体

当温度很低但尚未达到绝对零度时, 函数 $f^{(+)}(\epsilon)$ 的图像非常接近于矩形, 仅在 $\epsilon = \mu$ 附近它的导数才显著非零. 因此, 对于形如

$$\mathscr{I} = \int_0^\infty \varphi(\epsilon) \left[-\frac{\partial}{\partial\epsilon} f^{(+)}(\epsilon) \right] \mathrm{d}\epsilon \tag{6.42}$$

的积分来说, 最好的处理方法是将 $\varphi(\epsilon)$ 在 $\epsilon = \mu$ 附近作级数展开, 结果得到

$$\mathscr{I} = \varphi(\mu) + \mathscr{I}_1 \left(\frac{\partial\varphi}{\partial\epsilon} \right)_{\epsilon=\mu} + \frac{1}{2} \mathscr{I}_2 \left(\frac{\partial^2\varphi}{\partial\epsilon^2} \right)_{\epsilon=\mu} + \cdots, \tag{6.43}$$

其中

$$\mathscr{I}_1 = \int_0^\infty (\epsilon - \mu) \left[-\frac{\partial}{\partial\epsilon} f^{(+)}(\epsilon) \right] \mathrm{d}\epsilon, \quad \mathscr{I}_2 = \int_0^\infty (\epsilon - \mu)^2 \left[-\frac{\partial}{\partial\epsilon} f^{(+)}(\epsilon) \right] \mathrm{d}\epsilon. \tag{6.44}$$

引进新的变量

$$x = (\epsilon - \mu)/(k_0 T),$$

可以将积分 $\mathscr{I}_1$ 和 $\mathscr{I}_2$ 重写为

$$\mathscr{I}_1 = k_0 T \int_{-\mu/(k_0 T)}^{\infty} \frac{x e^x}{(e^x + 1)^2} \mathrm{d}x, \quad \mathscr{I}_2 = (k_0 T)^2 \int_{-\mu/(k_0 T)}^{\infty} \frac{x^2 e^x}{(e^x + 1)^2} \mathrm{d}x, \tag{6.45}$$

其中, 被积函数中的因子 $\dfrac{e^x}{(e^x + 1)^2}$ 是一个偶函数

$$\frac{e^x}{(e^x + 1)^2} = \frac{e^{-x}}{(e^{-x} + 1)^2}.$$

强简并条件 $T \ll T_{\mathrm{F}}$ 意味着 $\mu/(k_0 T) \gg 1$, 因此可以将式 (6.45) 中的积分下限近似为 $-\infty$, 则有

$$\mathscr{I}_1 = k_0 T \int_{-\infty}^{\infty} \frac{x e^x}{(e^x + 1)^2} \mathrm{d}x, \quad \mathscr{I}_2 = (k_0 T)^2 \int_{-\infty}^{\infty} \frac{x^2 e^x}{(e^x + 1)^2} \mathrm{d}x, \tag{6.46}$$

这样, $\mathscr{I}_1$ 就成为一个奇函数的无穷积分, 其结果为零; 另外,

$$\mathscr{I}_2 = 2(k_0 T)^2 \int_0^{\infty} \frac{x^2 e^x}{(e^x + 1)^2} \mathrm{d}x = \frac{\pi^2}{3} (k_0 T)^2,$$

式中, 最后一步利用了附录 A 中的式 (A.24). 因此, 式 (6.43) 变为

$$\mathscr{I} = \int_0^{\infty} \varphi(\epsilon) \left[-\frac{\partial}{\partial \epsilon} f^{(+)}(\epsilon) \right] \mathrm{d}\epsilon = \varphi(\mu) + \frac{\pi^2}{6} (k_0 T)^2 \left(\frac{\partial^2 \varphi}{\partial \epsilon^2} \right)_{\epsilon = \mu}. \tag{6.47}$$

选择 $\varphi(\epsilon) = \dfrac{1}{n+1} \epsilon^{n+1}$, 其中 $n = D/2$ 或者 $n = (D-2)/2$, 可得

$$\mathscr{I}_{D/2}^{(+)}(T, \mu) = \int_0^{\infty} \epsilon^{D/2} f^{(+)}(\epsilon) \mathrm{d}\epsilon = \frac{2\mu^{(D+2)/2}}{D+2} \left[1 + \frac{D(D+2)\pi^2}{24} \left(\frac{k_0 T}{\mu} \right)^2 \right], \tag{6.48}$$

$$\mathscr{I}_{(D-2)/2}^{(+)}(T, \mu) = \int_0^{\infty} \epsilon^{(D-2)/2} f^{(+)}(\epsilon) \mathrm{d}\epsilon = \frac{2\mu^{D/2}}{D} \left[1 + \frac{D(D-2)\pi^2}{24} \left(\frac{k_0 T}{\mu} \right)^2 \right]. \tag{6.49}$$

在强简并条件下, $\dfrac{k_0 T}{\mu} \ll 1$, 同时 $\dfrac{T}{T_{\mathrm{F}}} = \dfrac{k_0 T}{\mu_{\mathrm{F}}} \ll 1$. 因此, 可将式 (6.48) 和式 (6.49) 中的 $\dfrac{k_0 T}{\mu}$ 近似为 $\dfrac{k_0 T}{\mu_{\mathrm{F}}}$. 经上述近似后再将式 (6.48) 和式 (6.49) 代入式 (6.26)$\sim$ 式 (6.31) 中可得

$$\Omega = -\frac{2CV\mu^{(D+2)/2}}{D(D+2)} \left[1 + \frac{D(D+2)\pi^2}{24} \left(\frac{k_0 T}{\mu_{\mathrm{F}}} \right)^2 \right], \tag{6.50}$$

$$P = \frac{2C\mu^{(D+2)/2}}{D(D+2)} \left[1 + \frac{D(D+2)\pi^2}{24}\left(\frac{k_0 T}{\mu_{\mathrm{F}}}\right)^2\right], \tag{6.51}$$

$$N = \frac{CV\mu^{D/2}}{D}\left[1 + \frac{D(D-2)\pi^2}{24}\left(\frac{k_0 T}{\mu_{\mathrm{F}}}\right)^2\right], \tag{6.52}$$

$$S = \frac{CVk_0\pi^2\mu^{D/2}}{6}\left(\frac{k_0 T}{\mu_{\mathrm{F}}}\right), \tag{6.53}$$

$$F = \frac{CV\mu^{(D+2)/2}}{D+2}\left[1 + \frac{(D+2)(D-4)\pi^2}{24}\left(\frac{k_0 T}{\mu_{\mathrm{F}}}\right)^2\right], \tag{6.54}$$

$$E = \frac{CV\mu^{(D+2)/2}}{D+2}\left[1 + \frac{D(D+2)\pi^2}{24}\left(\frac{k_0 T}{\mu_{\mathrm{F}}}\right)^2\right]. \tag{6.55}$$

如果简并量子气体是封闭的, 则在零温度和非零温度下得到的粒子数应该是一致的. 比较式 (6.37) 和式 (6.52) 可得

$$\mu_{\mathrm{F}}^{D/2} = \mu^{D/2}\left[1 + \frac{D(D-2)\pi^2}{24}\left(\frac{k_0 T}{\mu_{\mathrm{F}}}\right)^2\right],$$

从这个式子可以反解出 μ

$$\mu(T) = \mu_{\mathrm{F}}\left[1 - \frac{(D-2)\pi^2}{12}\left(\frac{k_0 T}{\mu_{\mathrm{F}}}\right)^2\right]. \tag{6.56}$$

将上式代入式 (6.50)∼ 式 (6.55) 中除式 (6.52) 以外的诸式, 并利用式 (6.35)∼ 式 (6.40), 最终可得

$$\Omega = \Omega_0\left[1 + \frac{(D+2)\pi^2}{12}\left(\frac{k_0 T}{\mu_{\mathrm{F}}}\right)^2\right], \tag{6.57}$$

$$P = P_0\left[1 + \frac{(D+2)\pi^2}{12}\left(\frac{k_0 T}{\mu_{\mathrm{F}}}\right)^2\right], \tag{6.58}$$

$$S = \frac{DNk_0\pi^2}{6}\left(\frac{k_0 T}{\mu_{\mathrm{F}}}\right), \tag{6.59}$$

$$F = F_0\left[1 - \frac{(D+2)\pi^2}{12}\left(\frac{k_0 T}{\mu_{\mathrm{F}}}\right)^2\right], \tag{6.60}$$

$$E = E_0\left[1 + \frac{(D+2)\pi^2}{12}\left(\frac{k_0 T}{\mu_{\mathrm{F}}}\right)^2\right]. \tag{6.61}$$

注意: 当 $T \to 0$ 时, 巨势、压强、内能均以相同的方式趋于其各自的零温极限, 而熵、亥姆霍兹自由能趋于其零温极限的方式则与这几个宏观状态函数不同. 图 6.3 给出了强简并费米气体的内能、亥姆霍兹自由能与熵随温度变化的示意图.

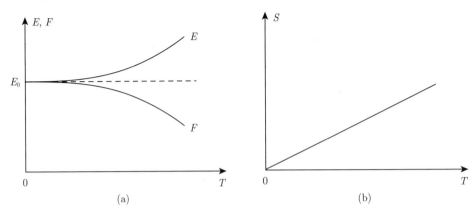

图 6.3　强简并费米气体的内能、亥姆霍兹自由能 (a) 与熵 (b) 随温度变化的示意图

3. 弱简并量子气体

弱简并量子气体是简并量子气体向经典的非简并气体过渡的最后阶段, 这时, 费米–狄拉克分布与玻色–爱因斯坦分布的分布函数均与玻尔兹曼分布差别不大, 因此可以合并处理. 将积分 $\mathscr{I}_n^{(\pm)}(T,\mu)$ 重新写为

$$\mathscr{I}_n^{(\pm)}(T,\mu) = \int_0^\infty \frac{\epsilon^n \mathrm{d}\epsilon}{\mathrm{e}^{(\epsilon-\mu)/(k_0 T)} \pm 1} = \int_0^\infty \frac{\epsilon^n \mathrm{e}^{(\mu-\epsilon)/(k_0 T)} \mathrm{d}\epsilon}{1 \pm \mathrm{e}^{(\mu-\epsilon)/(k_0 T)}}. \tag{6.62}$$

如果 $\mathrm{e}^{(\mu-\epsilon)/(k_0 T)} \ll 1$, 上式最右边的积分中分母可以直接取为 1, 这就是非简并气体的情况. 而对于弱简并气体, 不能取 $\mathrm{e}^{(\mu-\epsilon)/(k_0 T)} \ll 1$, 但是必须要求 $\mathrm{e}^{(\mu-\epsilon)/(k_0 T)} < 1$. 由于 ϵ 最小可取零值, 因此必须有 $z \equiv \mathrm{e}^{\mu/(k_0 T)} = \mathrm{e}^{-\alpha} < 1$. 所以,

$$\mathscr{I}_n^{(\pm)}(T,\mu) = z \int_0^\infty \frac{\epsilon^n \mathrm{e}^{-\epsilon/(k_0 T)} \mathrm{d}\epsilon}{1 \pm z\mathrm{e}^{-\epsilon/(k_0 T)}}$$
$$= z \int_0^\infty \epsilon^n \mathrm{e}^{-\epsilon/(k_0 T)} \left[1 \mp z\mathrm{e}^{-\epsilon/(k_0 T)} + \cdots\right] \mathrm{d}\epsilon. \tag{6.63}$$

请记住: 在本节所有的公式中, 凡遇到符号 $\pm$ 或者 $\mp$ 时, 上面的符号对应费米气体, 下面的符号对应玻色气体.

上式中出现的参量 z 又被称为逸度, 它会反复出现在简并量子气体的各种状态函数的表达式中. 对于非简并气体, $z \to 0$; 对于弱简并量子气体, $z < 1$; 对处于简并温度的玻色气体, $z = 1$; 而对处于强简并状态的费米气体, $z > 1$.

在最低阶近似下, 上式中被积表达式内部的逸度 z 可用其经典极限值 $z_{\mathrm{cl}} = \mathrm{e}^{\mu_{\mathrm{cl}}/(k_0 T)}$ 代替, 其中 μ_{cl} 由玻尔兹曼统计给出[①]

$$\mu_{\mathrm{cl}} = k_0 T \log\left[\frac{N}{\mathfrak{g}V}\left(\frac{h^2}{2\pi m k_0 T}\right)^{D/2}\right], \tag{6.64}$$

---

① 参见式 (3.65). 此处给出的结果计及了自旋简并度 $\mathfrak{g}$, 故与式 (3.65) 略有区别.

因此有

$$z_{cl} = \frac{N}{\mathfrak{g}V}\left(\frac{h^2}{2\pi m k_0 T}\right)^{D/2}. \tag{6.65}$$

作变量代换

$$\epsilon \to x = \frac{\epsilon}{k_0 T},$$

式 (6.63) 变为

$$\begin{aligned}
\mathscr{I}_n^{(\pm)}(T,\mu) &= (k_0 T)^{n+1} z \int_0^\infty x^n \mathrm{e}^{-x}\left(1 \mp z_{cl}\mathrm{e}^{-x}\right)\mathrm{d}x \\
&= (k_0 T)^{n+1} z \left(\int_0^\infty x^n \mathrm{e}^{-x}\mathrm{d}x \mp z_{cl}\int_0^\infty x^n \mathrm{e}^{-2x}\mathrm{d}x\right) \\
&= \Gamma(n+1)(k_0 T)^{n+1} z \left(1 \mp \frac{1}{2^{n+1}}z_{cl}\right). \tag{6.66}
\end{aligned}$$

所以,

$$\mathscr{I}_{D/2}^{(\pm)}(T,\mu) = \Gamma\left(\frac{D+2}{2}\right)(k_0 T)^{(D+2)/2} z\left(1 \mp \frac{1}{2^{(D+2)/2}}z_{cl}\right), \tag{6.67}$$

$$\mathscr{I}_{(D-2)/2}^{(\pm)}(T,\mu) = \Gamma\left(\frac{D}{2}\right)(k_0 T)^{D/2} z\left(1 \mp \frac{1}{2^{D/2}}z_{cl}\right). \tag{6.68}$$

将式 (6.68) 代入式 (6.28), 可得

$$N = \frac{CV}{2}\Gamma\left(\frac{D}{2}\right)(k_0 T)^{D/2} z\left(1 \mp \frac{1}{2^{D/2}}z_{cl}\right). \tag{6.69}$$

如果在式 (6.68) 中仅保留首项, 所得结果应为非简并气体的经典结果, 即

$$N = \frac{CV}{2}\Gamma\left(\frac{D}{2}\right)(k_0 T)^{D/2} z_{cl}. \tag{6.70}$$

所以有

$$z_{cl} = z\left(1 \mp \frac{1}{2^{D/2}}z_{cl}\right),$$

或者写为

$$z = z_{cl}\left(1 \pm \frac{1}{2^{D/2}}z_{cl}\right). \tag{6.71}$$

将式 (6.67) 代入式 (6.26)、式 (6.27) 以及式 (6.31), 同时利用式 (6.70)、式 (6.71) 以及式 (6.65), 结果可得

$$\Omega = -Nk_0 T\left[1 \pm \frac{1}{2^{D/2+1}}\left(\frac{N}{\mathfrak{g}V}\right)\left(\frac{h^2}{2\pi m k_0 T}\right)^{D/2}\right], \tag{6.72}$$

$$P = \frac{Nk_0T}{V}\left[1 \pm \frac{1}{2^{D/2+1}}\left(\frac{N}{\mathfrak{g}V}\right)\left(\frac{h^2}{2\pi mk_0T}\right)^{D/2}\right], \tag{6.73}$$

$$E = \frac{DNk_0T}{2}\left[1 \pm \frac{1}{2^{D/2+1}}\left(\frac{N}{\mathfrak{g}V}\right)\left(\frac{h^2}{2\pi mk_0T}\right)^{D/2}\right]. \tag{6.74}$$

用相似的方法可以得到弱简并量子气体的亥姆霍兹自由能和熵的表达式, 这里从略.

从式 (6.73) 和式 (6.74) 可以看到, 当温度比较低, 使得量子气体的弱简并性开始呈现时, 费米气体的压强和内能比经典理想气体理论预期的值要高, 而玻色气体的压强和内能比经典理想气体理论预期的值要低. 弱简并量子气体的压强、内能随温度变化的定性行为如图 6.4 所示.

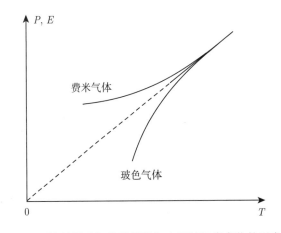

图 6.4　弱简并量子气体的压强与内能随温度变化的示意图

6.2.2　强简并玻色气体与玻色–爱因斯坦凝聚

为了了解简并玻色气体的宏观性质, 需要计算积分

$$\mathscr{I}_n^{(-)}(T,\mu) = \int_0^\infty \frac{\epsilon^n \mathrm{d}\epsilon}{\mathrm{e}^{(\epsilon-\mu)/(k_0T)} - 1}.$$

由于弱简并的玻色气体已经在 6.2.1 节中与费米气体一并讨论过, 本节主要关心的是强简并的玻色气体, 即 $T < T_\mathrm{B}$ 的情况. 首先需要确定 T_B.

封闭玻色气体的粒子数 N 是一个常数. 在简并温度下, 玻色气体的化学势变为零. 利用式 (6.28) 可以将玻色气体的粒子数表达为

$$N = \frac{CV}{2}\mathscr{I}_{(D-2)/2}^{(-)}(T_\mathrm{B}, 0),$$

其中

$$\mathscr{I}_{(D-2)/2}^{(-)}(T_\mathrm{B}, 0) = \int_0^\infty \frac{\epsilon^{(D-2)/2}\mathrm{d}\epsilon}{\mathrm{e}^{\epsilon/(k_0T_\mathrm{B})} - 1} = (k_0T_\mathrm{B})^{D/2}\int_0^\infty \frac{x^{(D-2)/2}\mathrm{d}x}{\mathrm{e}^x - 1}$$

$$= \zeta \left(\frac{D}{2} \right) \Gamma \left(\frac{D}{2} \right) (k_0 T_{\mathrm{B}})^{D/2}, \tag{6.75}$$

式中, 利用了附录 A 中的特殊积分 (A.13). 需要注意的是, 由于 $\zeta(x)$ 在 $x \leqslant 1$ 时发散, 上述计算仅在 $D > 2$ 时才有意义. 因此, 在下面的讨论中将假定 $D > 2$. 将积分 $\mathscr{I}^{(-)}_{(D-2)/2}(T_{\mathrm{B}}, 0)$ 的计算结果代回到粒子数的表达式中, 可以得到

$$N = \frac{\mathfrak{g} V (2\pi m)^{D/2}}{h^D} \zeta \left(\frac{D}{2} \right) (k_0 T_{\mathrm{B}})^{D/2}, \tag{6.76}$$

式中, 已经代入了式 (6.23) 并且使用了 $\mathscr{A}_{D-1}$ 的具体数值. 从这个方程可以解出

$$k_0 T_{\mathrm{B}} = \frac{p_{\mathrm{B}}^2}{2m} = \frac{\hbar^2 k_{\mathrm{B}}^2}{2m}, \tag{6.77}$$

$$p_{\mathrm{B}} = \hbar k_{\mathrm{B}} = \hbar \pi^{-1/2} \left[\frac{1}{\mathfrak{g} \zeta \left(\dfrac{D}{2} \right)} \right]^{1/D} \left(\frac{N}{V} \right)^{1/D}. \tag{6.78}$$

p_{B} 和 k_{B} 分别称为玻色气体的简并动量和简并波矢.

下面在强简并条件 $T < T_{\mathrm{B}}$ 下重新计算玻色气体的粒子数 $N(T)$. 由于 $T < T_{\mathrm{B}}$ 时化学势保持为零, 因此有

$$N(T) = \frac{CV}{2} \mathscr{I}^{(-)}_{(D-2)/2}(T, 0) = \frac{CV}{2} \int_0^\infty \frac{\epsilon^{(D-2)/2} \mathrm{d}\epsilon}{\mathrm{e}^{\epsilon/(k_0 T)} - 1}$$

$$= \frac{\mathfrak{g} V (2\pi m)^{D/2}}{h^D} \zeta \left(\frac{D}{2} \right) (k_0 T)^{D/2}. \tag{6.79}$$

与式 (6.76) 不同, 式 (6.79) 给出的粒子数计算结果依赖于气体的实际温度, 并且数值上也小于式 (6.76) 给出的结果. 之所以会出现上述矛盾的结果, 原因在于单粒子能态密度满足

$$\lim_{\epsilon \to 0} g(\epsilon) = 0,$$

因此, 当通过积分来计算粒子数时并未计及能量值为零的粒子的个数, 换句话说, 式 (6.79) 只给出了能量值 $\epsilon > 0$ 的粒子的个数. 如果将能量值为零的粒子的个数记为 N_0, 则有

$$N_0 = N - N(T).$$

将式 (6.76) 与式 (6.79) 代入上式, 可得

$$N_0 = N \left[1 - \frac{N(T)}{N} \right] = N \left[1 - \left(\frac{T}{T_{\mathrm{B}}} \right)^{D/2} \right]. \tag{6.80}$$

这个方程表明, 当 $T \to 0$ 时, 越来越多的玻色粒子会聚集在能量为零的能级上, 这一现象称为玻色–爱因斯坦凝聚.

我们知道, 通常物质的原子都是由若干费米子形成的束缚态, 其中部分种类的原子的总自旋可以是整数, 因此可以等效地看成是玻色子. 然而, 对大多数等效的 "玻色型原子" 来说, T_B 都是一个非常难以达到的低温 ($T_B \ll 10^{-2}$K). 因此, 虽然玻色–爱因斯坦凝聚的理论早已提出, 但是实验上直到 1995 年才由康奈尔、维曼和凯特尔首次观测到玻色–爱因斯坦凝聚现象. 从式 (6.77) 可以看出, 提高玻色气体简并温度的一种有效方法是选择单个粒子质量较小的玻色气体. 近期有报道指出, 通过有效质量非常微小的等离子体激元可以实现温度达几十开的 "高温" 玻色–爱因斯坦凝聚. 在理论上, 玻色–爱因斯坦凝聚与凝聚态中许多重要的物理效应有关, 例如, 有关金属的低温超导、液氦中的超流现象的一些理论解释都与玻色–爱因斯坦凝聚有关. 在现代语义环境下, 玻色–爱因斯坦凝聚这个概念的含义比以上描述的玻色子在零能态上的聚集要稍微宽泛一些. 只要在玻色系统中出现具有宏观意义的大数量玻色子聚集在同一个单粒子态上的情况, 就可以认定为玻色–爱因斯坦凝聚现象.

> **讨论和评述**
>
> 　　由于在 $D \leqslant 2$ 时会遇到 $\zeta(1)$ 发散的问题, 上述讨论将会失效, 有时会见到 "2 维及以下不存在玻色–爱因斯坦凝聚" 这样的陈述. 其实, 这一结论是值得商榷的, 原因有二. 其一, 我们用来计算粒子数的公式 (6.28) 是基于色散关系 (6.19) 得到的. 在实际的物理系统中, 由于微观粒子间复杂的相互作用, 有可能出现代表某些微观自由度的玻色粒子的色散关系与式 (6.19) 完全不同的情况. 这时, 在 $D \leqslant 2$ 的系统中是否会出现玻色–爱因斯坦凝聚需要根据具体的物理问题来作具体分析. 其二, 当 $D \leqslant 2$ 时积分 (6.75) 的发散是由积分下限被取作零而引起的. 在实际的低维系统中, 系统有限的空间尺度会导致单粒子能量的量子化. 如果粒子因此而获得非零的零点能, 就可以有效地避免因积分下限被取作零而导致的发散. 事实上, 目前在实验中对于某些特定的有限大小的准 2 维系统已经观察到了玻色–爱因斯坦凝聚现象[1].

为了计算强简并玻色气体的其他状态函数, 还需要计算下面的积分:

$$\mathscr{I}_{D/2}^{(-)}(T,0) = \int_0^\infty \frac{\epsilon^{D/2}\mathrm{d}\epsilon}{\mathrm{e}^{\epsilon/(k_0 T)} - 1} = (k_0 T)^{(D+2)/2} \int_0^\infty \frac{x^{D/2}\mathrm{d}x}{\mathrm{e}^x - 1}$$

$$= \zeta\left(\frac{D+2}{2}\right) \Gamma\left(\frac{D+2}{2}\right) (k_0 T)^{(D+2)/2}.$$

将这一结果代入式 (6.26), 可得

$$\Omega = -\mathfrak{g}V\left(\frac{2\pi m}{h^2}\right)^{D/2} \zeta\left(\frac{D+2}{2}\right) (k_0 T)^{(D+2)/2}, \tag{6.81}$$

类似地还可得到

$$P = \mathfrak{g}\left(\frac{2\pi m}{h^2}\right)^{D/2} \zeta\left(\frac{D+2}{2}\right) (k_0 T)^{(D+2)/2}, \tag{6.82}$$

---

① 参见 Z. Hadzibabic et al, New J. Phys. 10(4): 045006, 2008 以及其中的参考文献.

$$E = \frac{D}{2}\mathfrak{g}V\left(\frac{2\pi m}{h^2}\right)^{D/2}\zeta\left(\frac{D+2}{2}\right)(k_0 T)^{(D+2)/2}. \tag{6.83}$$

若以气体中尚未凝聚的粒子数 (6.79) 代入, 以上关系式还可以表达为

$$\Omega = -N(T)k_0 T\frac{\zeta\left(\dfrac{D+2}{2}\right)}{\zeta\left(\dfrac{D}{2}\right)},$$

$$P = \frac{N(T)k_0 T}{V}\frac{\zeta\left(\dfrac{D+2}{2}\right)}{\zeta\left(\dfrac{D}{2}\right)},$$

$$E = \frac{D}{2}N(T)k_0 T\frac{\zeta\left(\dfrac{D+2}{2}\right)}{\zeta\left(\dfrac{D}{2}\right)}.$$

从上面的结果可以看到, 在低温极限下, 强简并玻色气体的压强与内能都会随温度同步趋于零, 这一结果与费米气体截然不同. 出现这一区别的原因是玻色粒子之间不存在泡利排斥, 因此在温度趋于零时绝大部分粒子都会发生凝聚而不会贡献压强与内能.

上述结果中另一个观察点在于低温时玻色气体的压强并不依赖于气体的体积[①]. 这是因为低温下对气体进行压缩会升高简并温度, 从而有利于更多的粒子发生凝聚, 气体的压强因此得以保持不变.

6.2.3 任意简并程度的量子气体

在前面的两小节中分别考察了强简并和弱简并极限下的费米气体以及玻色气体. 实际上, 利用某些特殊函数可以精确地描述任意简并程度下的量子气体.

首先回顾一般情况下的巨势表达式 (6.24). 根据热力学第三定律, 在所有的实际物理系统中, 温度都不能为零, 因此可以将式 (6.24) 重新改写为

$$\Omega = -\frac{CV}{D}(k_0 T)^{(D+2)/2}\int_0^\infty\frac{x^{D/2}\mathrm{d}x}{\mathrm{e}^{x+\alpha}\pm 1},$$

式中, $\alpha = -\mu/(k_0 T)$ 是依赖于温度和化学势的无量纲函数. 这个参量已经在第 1 章中出现过. 定义

$$\mathcal{g}_n^{(\pm)}(\alpha) \equiv \int_0^\infty\frac{x^n\mathrm{d}x}{\mathrm{e}^{x+\alpha}\pm 1}. \tag{6.84}$$

[①] 注意, 由式 (6.79) 可知, $N(T) \propto V$, 因此 $N(T)/V$ 与体积无关.

这个函数与式 (6.25) 所定义的函数 $\mathscr{I}_n^{(\pm)}(T,\mu)$ 之间有简单的倍数关系

$$\mathscr{I}_n^{(\pm)}(T,\mu) = (k_0T)^{(D+2)/2}g_n^{(\pm)}(\alpha).$$

因此, 可以将巨势的表达式重新写为

$$\Omega = -\frac{CV}{D}(k_0T)^{(D+2)/2}g_{D/2}^{(\pm)}(\alpha). \tag{6.85}$$

附录 A 中的式 (A.27) 给出了函数 $g_{D/2}^{(\pm)}(\alpha)$ 的精确值

$$g_{D/2}^{(\pm)}(\alpha) = \mp\Gamma\left(\frac{D+2}{2}\right)\mathrm{Li}_{(D+2)/2}(\mp\mathrm{e}^{-\alpha}) = \mp\frac{D}{2}\Gamma\left(\frac{D}{2}\right)\mathrm{Li}_{(D+2)/2}(\mp\mathrm{e}^{-\alpha}), \tag{6.86}$$

其中, $\mathrm{Li}_n(z)$ 是多对数函数, 其定义也包含在附录 A 中. 注意: 上式中多对数函数的自变量位置出现的参量 $\mathrm{e}^{-\alpha}$ 正是前文中出现过的逸度.

　　将式 (6.86) 以及式 (6.23) 代入式 (6.85), 同时, 利用附录 A 中的式 (A.34) 将 $D-1$ 维单位球的面积用 Γ 函数明确写出, 最后, 可以将任意简并程度的量子气体的巨势写为

$$\Omega = \pm\mathfrak{g}V\left(\frac{2\pi m}{h^2}\right)^{D/2}(k_0T)^{(D+2)/2}\mathrm{Li}_{(D+2)/2}(\mp\mathrm{e}^{-\alpha}), \tag{6.87}$$

其中, 上面的符号对应费米气体, 下面的符号对应玻色气体. 利用巨势的表达式 (6.87), 可以将简并量子气体的常用宏观状态函数表达如下

$$P = \mp\mathfrak{g}\left(\frac{2\pi m}{h^2}\right)^{D/2}(k_0T)^{(D+2)/2}\mathrm{Li}_{(D+2)/2}(\mp\mathrm{e}^{-\alpha}), \tag{6.88}$$

$$N(T) = \mp\mathfrak{g}V\left(\frac{2\pi m}{h^2}\right)^{D/2}(k_0T)^{D/2}\mathrm{Li}_{D/2}(\mp\mathrm{e}^{-\alpha}), \tag{6.89}$$

$$\begin{aligned} S = {}&\mp k_0\mathfrak{g}V\left(\frac{2\pi m}{h^2}\right)^{D/2}(k_0T)^{D/2} \\ &\times\left[\frac{D+2}{2}\mathrm{Li}_{(D+2)/2}(\mp\mathrm{e}^{-\alpha}) - \mathrm{Li}_{D/2}(\mp\mathrm{e}^{-\alpha})\left(\frac{\mu}{k_0T}\right)\right], \end{aligned} \tag{6.90}$$

$$\begin{aligned} F = {}&\pm\mathfrak{g}V\left(\frac{2\pi m}{h^2}\right)^{D/2}(k_0T)^{(D+2)/2} \\ &\times\left[\mathrm{Li}_{(D+2)/2}(\mp\mathrm{e}^{-\alpha}) - \mathrm{Li}_{D/2}(\mp\mathrm{e}^{-\alpha})\left(\frac{\mu}{k_0T}\right)\right], \end{aligned} \tag{6.91}$$

$$E = \mp\frac{D}{2}\mathfrak{g}V\left(\frac{2\pi m}{h^2}\right)^{D/2}(k_0T)^{(D+2)/2}\mathrm{Li}_{(D+2)/2}(\mp\mathrm{e}^{-\alpha}). \tag{6.92}$$

　　首先来讨论一下式 (6.89) 给出的粒子数 $N(T)$ 的含义.

　　对于费米气体, 由于 $-\mathrm{e}^{-\alpha}$ 总是负数, 因此无论系统的化学势取任何数值, 式 (6.89) 给出的粒子数总是正数. 如果费米系统是封闭的, 粒子数 N 保持恒定, 式 (6.89) 实际上用隐

函数的方式给出了化学势随温度变化的行为. 由于多对数函数的反函数无法用初等函数简单地表达, 简并费米气体的化学势不易明显写出.

另一方面, 对玻色气体, 当 α 取负数值时, 函数 $\mathrm{Li}_{D/2}(\mathrm{e}^{-\alpha})$ 无定义, 这表明玻色气体的化学势必须取非正的数值. 若玻色系统是封闭的, 则当温度较高时, 式 (6.89) 也可以看成化学势随温度变化的隐函数; 但是当温度很低时, 化学势可能先于温度趋于零, 这时对 $D=1,2$ 的情况, 式 (6.89) 给出发散的结果. 出现这一问题的原因与式 (6.75) 的发散原因一样, 其解决思路已经在第 180 页的 "讨论和评述" 中给出. 即使是不会出现发散的 $D=3$ 的情况, 由于玻色–爱因斯坦凝聚, 式 (6.89) 给出的粒子数也不是系统中的全部粒子的个数, 而是尚未凝聚的玻色粒子的个数.

明确了粒子数 $N(T)$ 的含义和计算过程之后, 还可以利用它对其他宏观状态函数的表达式进行化简

$$\Omega = -N(T)k_0 T \gamma_D^{(\pm)}(\alpha),$$

$$P = \frac{N(T)k_0 T \gamma_D^{(\pm)}(\alpha)}{V},$$

$$S = N(T)k_0 \left[\frac{(D+2)\gamma_D^{(\pm)}(\alpha)}{2} - \frac{\mu}{k_0 T} \right],$$

$$F = -N(T)k_0 T \gamma_D^{(\pm)}(\alpha) + \mu N(T),$$

$$E = \frac{D}{2} N(T)k_0 T \gamma_D^{(\pm)}(\alpha).$$

在以上几个公式中引入了一个新的记号

$$\gamma_D^{(\pm)}(\alpha) = \frac{\mathrm{Li}_{(D+2)/2}(\mp \mathrm{e}^{-\alpha})}{\mathrm{Li}_{D/2}(\mp \mathrm{e}^{-\alpha})}, \tag{6.93}$$

它可以称为量子气体的特征物态参量, 其中 $\gamma_D^{(+)}(\alpha)$ 对应费米气体, $\gamma_D^{(-)}(\alpha)$ 对应玻色气体.

从上述分析过程可见, 在任一简并程度下, 量子气体的行为完全取决于粒子数 $N(T)$ 以及特征物态参量 $\gamma_D^{(\pm)}(\alpha)$. 当 $\mu \to -\infty$ 时, $\alpha = -\dfrac{\mu}{k_0 T} \to \infty$, 这时, $N(T) \to N$, 且

$$\lim_{\alpha \to \infty} \gamma_D^{(\pm)}(\alpha) = 1.$$

在这种极限下, 量子气体将完全退化为经典的理想气体. 相反, 在低温下, μ 有可能先于温度而趋于零, 也就是 α 趋于零. 在此前提下, 如果仅考虑 $D > 2$ 的情况, 特征物态参量的极限值为

$$\lim_{\alpha \to 0} \gamma_D^{(+)}(\alpha) = \frac{(2^{D/2}-1)\zeta\left(\dfrac{D+2}{2}\right)}{(2^{D/2}-2)\zeta\left(\dfrac{D}{2}\right)}, \tag{6.94}$$

$$\lim_{\alpha \to 0} \gamma_D^{(-)}(\alpha) = \frac{\zeta\left(\dfrac{D+2}{2}\right)}{\zeta\left(\dfrac{D}{2}\right)}. \tag{6.95}$$

根据式 (6.93) 可以画出特征物态参量 $\gamma_D^{(\pm)}(\alpha)$ 随 α 变化的曲线, 如图 6.5 所示. 图中的曲线分为单调下降和单调上升两组, 分别对应 $\gamma_D^{(+)}(\alpha)$ 和 $\gamma_D^{(-)}(\alpha)$. 每一组曲线中由下到上的 3 条曲线分别对应 $D=1,2,3$ 的情形. 从图中可以看出, 对费米气体, 随着 α 的降低, $\gamma_D^{(+)}(\alpha)$ 逐渐增加, 甚至到 $\alpha < 0$ 时依然如此; 而对玻色气体, 随着 α 的降低, $\gamma_D^{(-)}(\alpha)$ 逐渐减小, 到 $\alpha = 0$ 时 $\gamma_D^{(-)}(\alpha)$ 变为零或者小于 1 的有限数值. 与此相反, 当 $\alpha \gg 1$ 时, $\gamma_D^{(\pm)}(\alpha)$ 的数值均逐渐趋近于 1, 并且这种趋近行为不依赖于空间的维数, 也不区分玻色气体还是费米气体. 这个结果可以从另一个侧面帮助我们理解为什么经典理想气体的性质只与系统所含自由度的多少有关, 而与系统的微观细节无关.

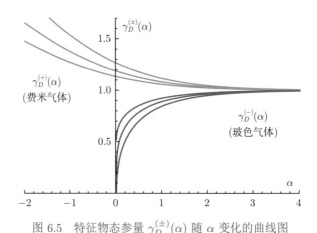

图 6.5 特征物态参量 $\gamma_D^{(\pm)}(\alpha)$ 随 α 变化的曲线图

简并量子气体不仅具有理论意义, 它们还在解释一些常见或者熟知的宏观物理性质时扮演了非常重要的角色. 实际上, 如果没有关于简并量子气体的理论, 那么统计物理学在解释宏观物理性质时是有严重的缺陷的, 而加入简并气体的知识后一些问题则迎刃而解. 在接下来的两节中, 将分别就简并费米气体和简并玻色气体在实际物理问题中的应用进行讨论. 当然, 所触及的应用都是比较简单的情况, 更为复杂和多样的情况需要在更专门的课程 (如固体物理、金属物理、半导体物理、量子光学等) 中进行学习.

6.3 金属导体中的自由电子气体与金属的热容理论

本节中将考虑的例子是关于结晶态一价金属导体的热容量的理论. 对这类金属导体而言, 每个原子都会释放一个最外层的价电子而形成由带一个单位正电荷的金属离子组成的晶格点阵, 同时, 被释放出来的价电子则在晶格背景下做自由运动, 形成自由电子气体. 注意: 这里的自由电子气体不是由于环境热扰动而电离出来的, 而是由于形成金属晶格点阵的量子效应导致的, 因此金属中的自由电子气体在各种温度下均存在, 甚至当温度趋于绝对零度时也依然如此.

虽然金属导体的晶格点阵是由离子而非原子构成的, 但是在考虑晶格振动时, 离子与原子并无区别, 因此, 金属导体中的晶格背景对宏观性质的贡献依然可以用第5章介绍的绝缘晶体的理论来计算. 特别地, 当考虑晶格背景对等容热容的贡献时, 将会有如下结果 [参见式 (5.44) 以及式 (5.54)]:

$$C_V^{(\text{lat})} = DNk_0, \qquad T \gg T_{\text{D}}, \tag{6.96}$$

$$C_V^{(\text{lat})} \approx D(D+1)f(D)\left(\frac{T}{T_{\text{D}}}\right)^D Nk_0, \qquad T \ll T_{\text{D}}, \tag{6.97}$$

其中, $f(D)$ 由式 (5.51) 给出, T_{D} 是晶格背景的德拜温度 [参见式 (5.43)]

$$T_{\text{D}} = \frac{\hbar v_{\text{s}}}{k_0}\left[\frac{(2\pi)^D D}{\mathscr{A}_{D-1}}\left(\frac{N}{V}\right)\right]^{1/D} = \frac{h v_{\text{s}}}{k_0}\left(\frac{N}{V}\frac{D}{\mathscr{A}_{D-1}}\right)^{1/D}. \tag{6.98}$$

另一方面, 金属导体区别于绝缘晶体的要点在于存在能在晶格背景中自由运动的电子气体. 如果自由电子气体是经典的, 那么, 利用能量均分定理可以求出电子气体的内能为[1]

$$E^{(\text{el})} = \frac{1}{2}DNk_0 T,$$

这部分内能对热容的贡献为

$$C_V^{(\text{el})} = \frac{1}{2}DNk_0. \tag{6.99}$$

将式 (6.96) 与式 (6.99) 两部分热容合在一起, 就构成金属导体的经典等容热容

$$C_V = C_V^{(\text{lat})} + C_V^{(\text{el})} = \frac{3}{2}DNk_0.$$

遗憾的是, 这个结果与高温下金属导体的等容热容的测量值并不相符, 反而是 $C_V^{(\text{lat})}$ 与实测值差别不大. 这是经典的热容量理论遇到的一个严重困难. 如果忽略电子气体的贡献, 那么经典的热容理论给出接近实测值的热容量, 但是在低温时 $C_V^{(\text{lat})}$ 再次发生与实测值不符的问题: 在 3 维金属导体中由晶格背景贡献的低温热容正比于 T^3, 而实测的金属导体低温热容却为 $C_V \propto T$. 因此, 无论是否考虑自由电子气体, 都不能用经典的统计理论给出关于金属导体热容的满意结果.

克服上述困难的关键在于金属导体中的自由电子气体不是经典气体而是强简并的量子气体. 根据式 (6.61), 强简并电子气体的内能为

$$E = E_0\left[1 + \frac{(D+2)\pi^2}{12}\left(\frac{k_0 T}{\mu_{\text{F}}}\right)^2\right] = E_0\left[1 + \frac{(D+2)\pi^2}{12}\left(\frac{T}{T_{\text{F}}^{(\text{el})}}\right)^2\right],$$

---

[1] 这里我们假定自由电子气体中电子的个数与晶格原子的个数相同. 这当然不是必需的, 实际金属晶体中自由电子的个数可能多于晶格原子的个数, 但这种差别不会导致下面对热容量的估算出现数量级的差别.

其中 [参见式 (6.41)],

$$T_{\mathrm{F}}^{(\mathrm{el})} = \frac{\mu_{\mathrm{F}}}{k_0} = \frac{h^2}{2mk_0}\left(\frac{N}{V}\frac{D}{\mathfrak{g}\mathscr{A}_{D-1}}\right)^{2/D} \tag{6.100}$$

是电子气体的简并温度, m 是电子的有效质量. 强简并电子气体贡献的热容为

$$C_V^{(\mathrm{el})} = \frac{(D+2)\pi^2 k_0}{6}\frac{E_0}{\mu_{\mathrm{F}}}\left(\frac{k_0 T}{\mu_{\mathrm{F}}}\right) = \frac{(D+2)\pi^2}{6}\frac{E_0}{T_{\mathrm{F}}^{(\mathrm{el})}}\frac{T}{T_{\mathrm{F}}^{(\mathrm{el})}}. \tag{6.101}$$

记

$$E_0 = \frac{D}{D+2}N\mu_{\mathrm{F}}, \qquad \mu_{\mathrm{F}} = k_0 T_{\mathrm{F}}^{(\mathrm{el})}, \tag{6.102}$$

式 (6.101) 可重写为

$$C_V^{(\mathrm{el})} = \frac{\pi^2}{6}DNk_0\left(\frac{k_0 T}{\mu_{\mathrm{F}}}\right) = \frac{\pi^2}{6}DNk_0\frac{T}{T_{\mathrm{F}}^{(\mathrm{el})}}. \tag{6.103}$$

比较德拜温度 (6.98) 与电子气体的简并温度 (6.100), 我们有

$$\begin{aligned}
\frac{T_{\mathrm{F}}^{(\mathrm{el})}}{T_{\mathrm{D}}} &= \frac{h}{2\mathfrak{g}^{D/2}mv_{\mathrm{s}}}\left(\frac{N}{V}\frac{D}{\mathscr{A}_{D-1}}\right)^{1/D}\\
&= \frac{1}{2\mathfrak{g}^{D/2}}\frac{k_0}{mv_{\mathrm{s}}^2}\frac{hv_{\mathrm{s}}}{k_0}\left(\frac{N}{V}\frac{D}{\mathscr{A}_{D-1}}\right)^{1/D} = \frac{1}{2\mathfrak{g}^{D/2}}\left(\frac{k_0 T_{\mathrm{D}}}{mv_{\mathrm{s}}^2}\right).
\end{aligned} \tag{6.104}$$

以 $D = 3$ 的情形为例. 常规金属的德拜温度为 $T_{\mathrm{D}} \approx 3 \times 10^2$K, 导体中电子的有效质量与其惯性质量相仿, 为 $m \approx 9.1 \times 10^{-31}$kg, 金属晶体中的声速在 $v_{\mathrm{s}} \sim (2 \sim 3) \times 10^3$m/s 的量级, 玻尔兹曼常量 $k_0 = 1.38 \times 10^{-23}$J/K. 将这些数据代入上式, 结果可得[①]

$$T_{\mathrm{F}}^{(\mathrm{el})} \approx (10 \sim 20)T_{\mathrm{D}}.$$

这个温度高于大多数金属的熔点. 所以, 对于金属晶体, 自由电子气体总是简并的量子气体, 它贡献的热容量应使用式 (6.103) 而非式 (6.99) 来表达. 在温度 $T \ll T_{\mathrm{D}}$ 的情况下, 金属晶体的总等容热容应为

$$C_V = \frac{\pi^2}{6}DNk_0\left(\frac{T}{T_{\mathrm{F}}^{(\mathrm{el})}}\right) + D(D+1)f(D)\left(\frac{T}{T_{\mathrm{D}}}\right)^D Nk_0, \qquad T \ll T_{\mathrm{D}}. \tag{6.105}$$

对于 $D > 1$ 以及充分低的温度 T, 上式中的首项将会占据主导地位, 因此, 在低温情况下, 金属导体的等容热容总是温度的线性函数, 并且这一行为与金属晶体的维度无关. 在 3 维

---

　① 这里的估算是相当粗略的, 原因之一是使用了德拜的线性色散近似. 更精细的估算表明比值 $T_{\mathrm{F}}^{(\mathrm{el})}/T_{\mathrm{D}}$ 比这里估算的结果更大.

情况下, 金属晶体的等容热容 C_V 在低温下随温度线性变化是在实际测量中经过验证的事实.

另一方面, 当 $T_D \ll T \ll T_F^{(el)}$ 时, 金属晶体的等容热容应表达为

$$C_V = \frac{\pi^2}{6} DNk_0 \left(\frac{T}{T_F^{(el)}} \right) + DNk_0. \tag{6.106}$$

这时首项相比于第二项是一个非常微小的修正, 可以忽略. 对于 3 维金属晶体, 这个常温热容与实测值相符.

6.4 光子气体与声子气体

6.4.1 光子气体

光子是电磁场的激发态所对应的微观粒子, 光子气体其实就是电磁辐射场的粒子表述. 由于涉及电磁相互作用, 研究光子气体时我们将空间维数固定为 $D=3$. 光子与电子、核子等普通微观粒子相比具有一些特别的性质, 这些性质对于解释有关电磁辐射的基本物理规律十分重要. 下面我们首先来重温这些性质.

首先, 光子是玻色粒子, 不同的光子之间没有泡利排斥, 它们可以占据完全相同的微观状态. 一个熟知的现象是不同光源发出的光可以自由地叠加而不产生任何相互影响.

其次, 光子是相对论粒子, 它们没有静止质量, 因此自旋对于它们来说并不是好的量子数. 但是光子依然存在内禀量子自由度, 其内禀量子数是螺度, 其本征值为 $\mathfrak{h} = \pm 1$, 对应的能级简并度为 $\mathfrak{g} = 2$. 光子的能量满足以下关系:

$$\epsilon_{\boldsymbol{k}} = \hbar\omega(k), \qquad \omega(k) = ck. \tag{6.107}$$

注意光子的色散关系是线性的.

自然界中的原子、分子都是通过电磁相互作用结合而成的, 在不同的温度下, 原子、分子中的价电子可能会处于不同的激发态, 因此, 在环境的热扰动之下, 原子、分子有可能自发地发射或者吸收光子, 由此带来的后果是: 在给定的温度和体积之下, 光子的个数并非恒定不变. 当考虑光子气体时, 为了达到热力学平衡, 其亥姆霍兹自由能需要取极小值[①],

$$\mu(T) = \left(\frac{\partial F}{\partial N} \right)_{T,V} = 0. \tag{6.108}$$

因此, 当考虑光子数随能级的分布时, 需要使用化学势为零的玻色–爱因斯坦分布

$$\overline{N_{\boldsymbol{k},\mathfrak{h}}} = N(\omega) = \frac{1}{\mathrm{e}^{\hbar\omega(k)/(k_0 T)} - 1}. \tag{6.109}$$

---

① 对于粒子数守恒的系统, 在其自发演化并最终达至平衡的过程中 $\mathrm{d}N = 0$, 因此不会由热力学平衡条件推出化学势为零的结果.

由此可得在温度 T 下光子气体所含的总光子数为

$$N(T) = \sum_{\boldsymbol{k},\natural} \overline{N_{\boldsymbol{k},\natural}} = \frac{2V}{(2\pi)^3} \int \frac{1}{e^{\hbar\omega(k)/(k_0T)} - 1}(\mathrm{d}\boldsymbol{k})$$

$$= \frac{V}{\pi^2 c^3} \int_0^\infty \frac{\omega^2 \mathrm{d}\omega}{e^{\hbar\omega/(k_0T)} - 1} = \int_0^\infty g(\omega)N(\omega)\mathrm{d}\omega, \tag{6.110}$$

其中

$$g(\omega) = \frac{V}{\pi^2 c^3} \omega^2$$

是圆频率取值在 ω 附近时单位频段内光子的不同频率值的个数, 称为频谱密度. 式 (6.110) 中的积分部分还可以通过变量代换变成一个与频率和温度都无关的纯数值积分. 借助附录 A 中的特殊积分公式, 最后可得

$$N(T) = \frac{V}{\pi^2 c^3} \left(\frac{k_0T}{\hbar}\right)^3 \int_0^\infty \frac{x^2 \mathrm{d}x}{e^x - 1} = \frac{2\zeta(3)V}{\pi^2 c^3} \left(\frac{k_0T}{\hbar}\right)^3. \tag{6.111}$$

仿照上述过程也可以求出光子气体的内能

$$E(T) = \sum_{\boldsymbol{k},\natural} \epsilon_{\boldsymbol{k}} \overline{N_{\boldsymbol{k},\natural}} = \frac{2V}{(2\pi)^3} \int \frac{\hbar\omega(k)}{e^{\hbar\omega(k)/(k_0T)} - 1}(\mathrm{d}\boldsymbol{k}) = \int_0^\infty \rho(\omega,T)\mathrm{d}\omega, \tag{6.112}$$

其中

$$\rho(\omega,T) = \frac{V\hbar}{\pi^2 c^3} \frac{\omega^3}{e^{\hbar\omega/(k_0T)} - 1} \tag{6.113}$$

称为光子气体的能谱[①], 也称为普朗克能谱. 式 (6.112) 又可以写为

$$E(T) = \frac{V\hbar}{\pi^2 c^3} \left(\frac{k_0T}{\hbar}\right)^4 \int_0^\infty \frac{x^3 \mathrm{d}x}{e^x - 1} = \frac{\pi^4}{15} \frac{V\hbar}{\pi^2 c^3} \left(\frac{k_0T}{\hbar}\right)^4, \tag{6.114}$$

因此, 辐射场的能量正比于辐射温度的 4 次方. 这个结论称为斯特藩–玻尔兹曼定律, 它在测量天体辐射温度时是一个非常有用的定律.

普朗克能谱存在一个极值频率 ω_{max}, 其数值为

$$\omega_{\mathrm{max}} = \frac{k_0T}{\hbar} \left[3 + W\left(-\frac{3}{e^3}\right)\right] \approx 2.822 \frac{k_0T}{\hbar}, \tag{6.115}$$

式中, $W(x)$ 是朗伯函数, 它是方程 $x = W(x)e^{W(x)}$ 的反函数. 在低频 ($\hbar\omega \ll k_0T$) 和高频 ($\hbar\omega \gg k_0T$) 端, 普朗克能谱公式可以分别近似为

$$\rho_{\mathrm{low}}(\omega,T) = \frac{V}{\pi^2 c^3} \omega^2 k_0 T, \tag{6.116}$$

---

① 因为光子的能量与频率成正比, 因此, 虽然 $\rho(\omega,T)$ 是频率的函数, 我们依然可以称其为能谱.

$$\rho_{\text{high}}(\omega, T) = \frac{V\hbar}{\pi^2 c^3} \omega^3 e^{-\hbar\omega/(k_0 T)}. \tag{6.117}$$

式 (6.116) 又称瑞利–金斯公式, 而式 (6.117) 又称维恩公式. 注意瑞利–金斯公式中不含有普朗克常量. 历史上, 瑞利–金斯公式是在能量连续变化的前提下用玻尔兹曼分布计算得到的辐射场的能谱. 这个能谱在高频端会出现发散的问题, 埃伦菲斯特[①] 将这个问题称为紫外灾难, 它是经典统计物理无法克服的一个困难. 另一方面, 维恩公式则是通过拟合观测数据得到的一个经验公式, 它在高频端比较好地符合观测数据, 但在低频端与观测有所偏离. 为了调和瑞利–金斯公式和维恩公式之间的冲突, 普朗克创造性地提出能量离散化的假说并获得了正确的能谱公式 (6.113). 这不仅解决了统计物理中的一个著名困难, 同时也预示了量子力学的诞生.

为了进一步计算辐射场的亥姆霍兹自由能、熵和压强等宏观状态函数, 最好的办法是从式 (6.16) 出发来计算巨势. 对于光子气体, 有

$$
\begin{aligned}
\Omega &= \sum_{\boldsymbol{k}, \mathfrak{h}} \Omega_{\boldsymbol{k}, \mathfrak{h}} = 2k_0 T \sum_{\boldsymbol{k}} \log\left[1 - e^{-\epsilon_{\boldsymbol{k}}/(k_0 T)}\right] \\
&= \frac{V}{\pi^2 c^3} k_0 T \int_0^\infty \log\left[1 - e^{-\hbar\omega/(k_0 T)}\right] \omega^2 \mathrm{d}\omega \\
&= \frac{V\hbar}{\pi^2 c^3} \left(\frac{k_0 T}{\hbar}\right)^4 \int_0^\infty \log\left(1 - e^{-x}\right) x^2 \mathrm{d}x \\
&= -\frac{V\hbar}{3\pi^2 c^3} \left(\frac{k_0 T}{\hbar}\right)^4 \int_0^\infty \frac{x^3 \mathrm{d}x}{e^x - 1} = -\frac{\pi^4}{45} \frac{V\hbar}{\pi^2 c^3} \left(\frac{k_0 T}{\hbar}\right)^4.
\end{aligned} \tag{6.118}
$$

从上面的巨势可以直接求得光子气体的压强、熵以及亥姆霍兹自由能

$$P = -\left(\frac{\partial\Omega}{\partial V}\right)_{T,\mu} = \frac{\pi^4}{45} \frac{\hbar}{\pi^2 c^3} \left(\frac{k_0 T}{\hbar}\right)^4, \tag{6.119}$$

$$S = -\left(\frac{\partial\Omega}{\partial T}\right)_{V,\mu} = \frac{4\pi^4}{45} \frac{V k_0}{\pi^2 c^3} \left(\frac{k_0 T}{\hbar}\right)^3, \tag{6.120}$$

$$F = G - PV = \mu N(T) + \Omega = \Omega = -\frac{\pi^4}{45} \frac{V\hbar}{\pi^2 c^3} \left(\frac{k_0 T}{\hbar}\right)^4. \tag{6.121}$$

通过比较压强 (6.119) 和内能 (6.114), 可以得到

$$P = \frac{E}{3V}.$$

这个方程与 $D = 3$ 情况下的式 (6.32) 不同, 原因在于光子气体与作为自由质点系统的玻色气体的色散关系不同. 上式对于所有具有线性色散关系的简并量子气体都是适用的. 另一方面, 从式 (6.111) 和式 (6.120) 可以得出

$$S = \frac{2}{45} \frac{\pi^4}{\zeta(3)} k_0 N(T),$$

因此, 光子气体的熵正比于其平均粒子数, 并且比例系数与光子气体的其他宏观状态参量无关. 最后, 从内能的表达式 (6.114) 出发, 可以得出光子气体的等容热容

$$C_V = \left(\frac{\partial E}{\partial T}\right)_V = \frac{4\pi^4}{15} \frac{V k_0}{\pi^2 c^3} \left(\frac{k_0 T}{\hbar}\right)^3. \tag{6.122}$$

6.4.2　声子气体

与光子不同, 声子不是实体化的粒子, 而是晶格振动的激发态所对应的准粒子. 在 5.3 节中, 我们已经学习过关于晶格振动的量子理论, 其中所利用的晶格振动微观态能量由式 (5.29) 给出, 即

$$E = E_0 + \sum_{\boldsymbol{k},j} n_{\boldsymbol{k},j} \hbar \omega_j(\boldsymbol{k}).$$

从准粒子的图像来看, 晶格振动的零点能 E_0 对应着没有声子的 "真空态", 而上式中的第 2 项

$$E_{\text{ph}} = \sum_{\boldsymbol{k},j} n_{\boldsymbol{k},j} \hbar \omega_j(\boldsymbol{k})$$

才对应声子气体的微观态能量, 其中, 量子数为 $\boldsymbol{k}, j$ 的声子的能量为 $\epsilon_{\boldsymbol{k},j} = \hbar\omega_j(\boldsymbol{k})$, $n_{\boldsymbol{k},j}$ 则是对应的声子的个数.

实际晶体中的色散关系 $\omega_j(\boldsymbol{k})$ 相当复杂, 而且对多数晶体来说晶格振动都具有各向异性的特点. 作为一种简化模型, 我们将依然使用德拜的色散关系

$$\omega(k) = v_{\text{s}} |k|.$$

来自同一晶格原子的不同振动模式可以随意叠加, 因此声子属于玻色子. 另外, 由于晶格振动可能会因环境的热扰动随时被激发或吸收, 声子数并不守恒. 在给定的温度和体积下, 晶格振动达成热力学平衡的条件要求声子气体的化学势为零. 所以, 声子气体所满足的玻色–爱因斯坦分布可以写为

$$n_{\boldsymbol{k},j} = \frac{1}{\mathrm{e}^{\hbar\omega_j(\boldsymbol{k})/(k_0 T)} - 1},$$

总声子数则为

$$\begin{aligned}
N_{\text{ph}}(T) &= \sum_{\boldsymbol{k},j} n_{\boldsymbol{k},j} = \frac{DV}{(2\pi)^D} \int \frac{1}{\mathrm{e}^{\hbar\omega(k)/(k_0 T)} - 1} (\mathrm{d}\boldsymbol{k}) \\
&= \frac{DV \mathscr{A}_{D-1}}{(2\pi)^D (v_{\text{s}})^D} \int_0^{\omega_{\max}} \frac{\omega^{D-1} \mathrm{d}\omega}{\mathrm{e}^{\hbar\omega/(k_0 T)} - 1} \\
&= \frac{DV \mathscr{A}_{D-1}}{(2\pi)^D} \left(\frac{k_0 T}{\hbar v_{\text{s}}}\right)^D \int_0^{T_{\text{D}}/T} \frac{x^{D-1} \mathrm{d}x}{\mathrm{e}^x - 1}
\end{aligned}$$

$$= D^2 N \left(\frac{T}{T_D} \right)^D \int_0^{T_D/T} \frac{x^{D-1} \mathrm{d}x}{\mathrm{e}^x - 1}, \tag{6.123}$$

式中利用了式 (5.42). 注意声子的个数 $N_{\mathrm{ph}}(T)$ 不同于晶格原子的个数 N.

当 $T \to 0$ 时,

$$\lim_{T \to 0} \int_0^{T_D/T} \frac{x^{D-1} \mathrm{d}x}{\mathrm{e}^x - 1} = \int_0^\infty \frac{x^{D-1} \mathrm{d}x}{\mathrm{e}^x - 1} = \zeta(D) \Gamma(D),$$

这时

$$N_{\mathrm{ph}}(T) = D N \zeta(D) \Gamma(D+1) \left(\frac{T}{T_D} \right)^D. \tag{6.124}$$

当 $T \gg T_D$ 时,

$$\int_0^{T_D/T} \frac{x^{D-1} \mathrm{d}x}{\mathrm{e}^x - 1} \approx \frac{1}{D-1} \left(\frac{T_D}{T} \right)^{D-1},$$

这时

$$N_{\mathrm{ph}}(T) \approx \frac{D^2 N}{D-1} \left(\frac{T}{T_D} \right). \tag{6.125}$$

由于化学势为零, 声子气体的巨势和亥姆霍兹自由能均为

$$\Omega = F = \sum_{\boldsymbol{k},j} \Omega_{\boldsymbol{k},j}$$

$$= D k_0 T \sum_{\boldsymbol{k}} \log \left[1 - \mathrm{e}^{-\epsilon_k/(k_0 T)} \right]$$

$$= \frac{V \mathscr{A}_{D-1}}{(2\pi)^D (v_{\mathrm{s}})^D} D k_0 T \int_0^{\omega_{\max}} \log \left[1 - \mathrm{e}^{-\hbar\omega/(k_0 T)} \right] \omega^{D-1} \mathrm{d}\omega$$

$$= \frac{\mathscr{A}_{D-1}}{(2\pi)^D} V \left(\frac{k_0 T}{\hbar v_{\mathrm{s}}} \right)^D D k_0 T \int_0^{T_D/T} \log \left(1 - \mathrm{e}^{-x} \right) x^{D-1} \mathrm{d}x$$

$$= \frac{\mathscr{A}_{D-1}}{(2\pi)^D D} V \left(\frac{k_0 T}{\hbar v_{\mathrm{s}}} \right)^D D k_0 T \left[\left(\frac{T_D}{T} \right)^D \log \left(1 - \mathrm{e}^{-T_D/T} \right) - \int_0^{T_D/T} \frac{x^D \mathrm{d}x}{\mathrm{e}^x - 1} \right]$$

$$= D N k_0 T \log \left(1 - \mathrm{e}^{-T_D/T} \right) - N k_0 T \mathscr{D}_D \left(\frac{T_D}{T} \right), \tag{6.126}$$

式中, 最后一步利用了式 (5.42) 将前一步中出现的复杂的常数系数转化成第一布里渊区中的总振动模式数. 这个结果与 5.3 节中得到的亥姆霍兹自由能相比仅差一个零点值 $E_0(T_D)$.

从式 (6.126) 出发, 很容易求得声子气体的熵、内能、压强以及等容热容等. 其中, 内能和压强与 5.3 节中得到的晶体的内能和压强相差一个零点值, 而熵和等容热容则与 5.3 节中的结果完全一致.

讨论和评述

　　声子气体作为简并量子气体有一个微妙的地方需要注意, 即声子不是实体粒子, 没有很明确的内禀量子数. 对于前文中假想的各向同性的晶体, 式 (6.126) 的第二行中开始出现的晶体维数 D 实际上扮演了内禀量子简并度 g 的角色, 但如果晶体不是各向同性的, 那么所谓的内禀量子简并度就不应该是 D, 而是应该针对不同振动方向的声子单独进行处理. 如果晶体在某些方向上的色散关系与其他方向的色散关系不同, 则可以分组进行处理, 例如对某些 3 维晶体需要区分横、纵声子等.

本章人物: 费米

费米

　　费米 (Enrico Fermi, 1901~1954), 美籍意大利物理学家、美国芝加哥大学物理学教授, 1938 年诺贝尔物理学奖得主. 有关费米子的统计力学是其早期的研究成果. 1936 年, 费米曾出版过著名的《热力学讲义》.

　　1942 年, 在费米领导下芝加哥大学建立了人类第一台可控核反应堆 (芝加哥一号堆, Chicago Pile-1), 为第一颗原子弹的成功爆炸奠定基础, 人类从此迈入原子能时代, 费米被誉为 "中子物理之父". 费米在理论和实验方面都有第一流建树. 费米子、100 号化学元素镄 (Fermium)、美国著名的费米国家加速器实验室 (Fermilab)、芝加哥大学的费米研究院 (The Enrico Fermi Institute) 都是为纪念他而命名的.

本章人物: 玻色

　　玻色 (Satyendra Nath Bose, 1894~1974), 印度物理学家, 专门研究数学物理. 他最著名的研究是 19 世纪 20 年代早期关于量子物理的研究, 该研究为玻色-爱因斯坦统计及玻色-爱因斯坦凝聚理论提供了基础. 玻色最早引入态空间具有普朗克体积大小的单元来计量微观态, 放弃了具体的坐标和动量, 为建立量子统计力学铺平了道路.

　　尽管与玻色子、玻色-爱因斯坦统计以及玻色-爱因斯坦凝聚概念相关的研究获得的诺贝尔奖不止一个, 但玻色本人从未获得过诺贝尔物理学奖 (曾经获得四次诺奖提名). 玻色甚至未曾获得过博士学位, 他在加尔各答大学的教授职位还是在爱因斯坦的推介下获得的.

玻色

〜〜〜〜 第6章习题 〜〜〜〜

6.1　对玻色气体证明式 (6.17).

6.2　试求出弱简并量子气体的亥姆霍兹自由能和熵的近似表达式, 并与经典理想气体的相应结果进行比较.

6.3　试求出强简并玻色气体的亥姆霍兹自由能和熵, 分析它们随温度的变化规律以及其对系统维度的依赖性.

6.4　请在不同的温度区间、不同的简并条件下全面分析玻色气体的等容热容量的温度依赖关系.

6.5 证明：对玻色气体, 熵可以表达为

$$S = -k_0 \sum_{k,s} \left\{ f^{(-)}(\epsilon_{k,s}) \log f^{(-)}(\epsilon_{k,s}) - [1 + f^{(-)}(\epsilon_{k,s})] \log[1 + f^{(-)}(\epsilon_{k,s})] \right\}.$$

6.6 证明：对费米气体, 熵可以表达为

$$S = -k_0 \sum_{k,s} \left\{ f^{(+)}(\epsilon_{k,s}) \log f^{(+)}(\epsilon_{k,s}) + [1 - f^{(+)}(\epsilon_{k,s})] \log[1 - f^{(+)}(\epsilon_{k,s})] \right\}.$$

6.7 回顾系综分布函数以及玻色–爱因斯坦分布的推导过程将会发现, 得出这些分布函数的最初条件之一是存在具有确定不变的粒子数和能量值的孤立系. 由于光子气体的粒子数并不守恒, 即使将光子气体与外界完全隔绝时也不具有确定不变的粒子数. 试分析为什么系综理论或者玻色–爱因斯坦分布能够适用于光子气体, 换句话说, 光子气体所对应的零化学势玻色–爱因斯坦分布是否能被当作系综理论的推论导出?

6.8 请重温教材中对强简并费米气体的宏观状态函数的分析, 并体会为什么 $D = 2$ 具有特殊性.

6.9 试证明：由色散关系 $\epsilon = \beta k^{\alpha}$ (β、α 为常数) 的自由粒子组成的开放系统, 其能态方程总是 $P = \dfrac{\alpha}{3} \dfrac{E}{V}$, 无论粒子遵从玻色–爱因斯坦分布、费米–狄拉克分布还是玻尔兹曼分布.

6.10 试写出光子气体的绝热过程方程. 光子气体的等压热容能否定义, 为什么?

6.11 假想有一种物质粒子具有这样的特性: 每个能级上最多允许出现 k ($1 < k < \infty$) 个同类粒子. 如果由上述粒子构成稠密系统, 且粒子间相互作用可以忽略, 试求出该种粒子在各能级上的平均粒子数, 并计算上述稠密系统的宏观状态函数 (分别考虑高温和低温极限).

第6章

第 7 章 电介质和磁介质

学习目标与要求

(1) 熟悉电介质、磁介质的热力学定律的数学表述以及相关的宏观效应.

(2) 了解极性分子气体在外电场下产生电极化现象的微观机制.

(3) 了解顺磁、抗磁现象的物理起源.

(4) 掌握利用统计系综计算气体介电常量以及磁体的磁化率的理论方法.

第 7 章知识图谱

到目前为止, 我们在分析宏观系统时均未触及其在外部电磁场作用下的行为. 事实上, 宏观系统在外部电磁场作用下的行为特征是关于宏观物性研究的一个非常重要的领域, 现代的电子器件多数是根据宏观物质在电磁场作用下的行为特征研制出来的. 因此, 在本章中将专门分析在外场作用下的宏观物理系统及其各种宏观效应.

由于本章涉及电磁场的微观描述, 而电场和磁场的分量的个数对空间维数非常敏感, 因此在本章中将仅考虑空间维数 $D = 3$ 的情况.

7.1 电介质和磁介质的热力学

7.1.1 电介质的热力学

自然界中物质的分子和原子都是在电磁相互作用的支配下形成的, 因此, 当物质被放入外电磁场中时, 物质分子或原子内部的电荷分布或者自旋取向分布会受到外电磁场的影响而发生改变, 由此可能会导致一些宏观性质的变化.

如果外场是纯粹的电场, 那么物质原子或分子内的电荷分布会因受到电场的作用而改变, 其结果是可能产生宏观可见的电偶极矩. 宏观物质在电场作用下发生的这种变化称为电极化现象. 在电工学中, 电介质一词专指所有内部电荷均处于束缚状态、在外电场作用下电荷可以向沿外电场方向发生微小的偏移、但不可自由移动的绝缘体. 在本书中讨论电介质时将采用电工学的定义, 因此下文所说的电介质都属于绝缘体.

在没有外电场的情况下, 电介质通常不具有非零的宏观电偶极矩, 但是在某些材料中会出现大小为若干个晶格常数的自发极化区域, 称为铁电畴. 不同的铁电畴的极化方向是随机的, 它们的指向可以因外电场的作用发生改变. 这种类型的电介质称为铁电体. 除铁电体外, 电介质还有许多不同的种类, 其共同特征是都不具有自发产生的宏观电偶极矩. 依电介质内部电荷分布的情况, 可以将它们划分为极性分子电介质和非极性分子电介质, 两者的区别在于: 在极性分子内部, 正电中心与负电中心并不重合, 因此在单个分子的水平上存在微小的电偶极矩, 但是大量分子的极矩方向随机排布, 结果在没有外场时依然不存在宏观的极化; 而非极性分子的正电中心与负电中心完全重合, 只有在外电场作用下才会产生分子水平的电偶极矩.

下面以封闭的电介质为例来介绍电介质的热力学. 为了描述电介质的宏观性质, 除通常的状态参数 T、S、P、V 以外, 还必须引入描述电介质与外电场相互作用的宏观状态参量 $\mathscr{E}$ 和 $\mathscr{P}$, 其中 $\mathscr{E}$ 表示外电场的强度, 是外部参量, $\mathscr{P}$ 表示电介质的宏观电偶极矩, 又称为电极化矢量, 是内部参量. 在电动力学中, 通常用来描写电极化程度的物理量是电极化强度 $\boldsymbol{P}$, 其定义为单位体积电介质内的总电偶极矩, 即

$$\mathscr{P} = \int \boldsymbol{P}\,(\mathrm{d}\boldsymbol{q}). \tag{7.1}$$

在本章中, 我们假定电介质是均匀极化的, 因此 $\boldsymbol{P}$ 与 $\mathscr{P}$ 之间的关系简化为

$$\mathscr{P} = \boldsymbol{P}V. \tag{7.2}$$

当外电场作用在电介质上使之发生极化时, 整个系统 (电场加电介质) 能量密度发生的变化为[①]

$$đw' = \langle \mathscr{E}, \mathrm{d}\boldsymbol{D} \rangle,$$

其中

$$\boldsymbol{D} = \varepsilon_0 \mathscr{E} + \boldsymbol{P}$$

是电位移矢量. 因此, 在均匀极化且外电场不依赖于位形空间坐标的前提下, 电场对有限体积电介质做功的微元是

$$\begin{aligned}
đW' &= \int đw'\,(\mathrm{d}\boldsymbol{q}) = V\langle \mathscr{E}, \mathrm{d}\boldsymbol{D} \rangle \\
&= V\varepsilon_0 \langle \mathscr{E}, \mathrm{d}\mathscr{E} \rangle + V\langle \mathscr{E}, \mathrm{d}\boldsymbol{P} \rangle \\
&= \frac{1}{2}V\varepsilon_0 \mathrm{d}\langle \mathscr{E}, \mathscr{E} \rangle + \langle \mathscr{E}, \mathrm{d}\mathscr{P} \rangle - \langle \boldsymbol{P}, \mathscr{E} \rangle \mathrm{d}V.
\end{aligned} \tag{7.3}$$

考虑到这部分非机械功后, 电介质在准静态可逆元过程中被做功的总量应改为

$$\begin{aligned}
đW_{\mathrm{tot}} &= đW + đW' \\
&= -\tilde{P}\mathrm{d}V + \frac{1}{2}V\varepsilon_0 \mathrm{d}\langle \mathscr{E}, \mathscr{E} \rangle + \langle \mathscr{E}, \mathrm{d}\mathscr{P} \rangle - \langle \boldsymbol{P}, \mathscr{E} \rangle \mathrm{d}V,
\end{aligned} \tag{7.4}$$

其中 $\tilde{P}$ 是机械压强[②].

[①] 参见 A. Zangwill. Modern electrodynamics, Cambridge University Press, 2012, p179.

[②] 根据第 2 章对简单气体系统的讨论, 在无外场时 $\tilde{P}$ 等同于热力学压强, 但这一结果在引入外场后需要重新审视. 因此, 这里在 $\mathrm{d}E$ 的表达式中恢复了 $\tilde{P}$ 的记号.

考虑到非机械功 $\mathrm{d}W'$ 的贡献后, 对于电场和电介质构成的总封闭系统, 我们有

$$\mathrm{d}E = \mathrm{d}Q + \mathrm{d}W_{\mathrm{tot}}$$

$$= T\mathrm{d}S - \tilde{P}\mathrm{d}V + \frac{1}{2}V\varepsilon_0\mathrm{d}\langle\boldsymbol{\mathscr{E}},\boldsymbol{\mathscr{E}}\rangle + \langle\boldsymbol{\mathscr{E}},\mathrm{d}\boldsymbol{\mathscr{P}}\rangle - \langle\boldsymbol{P},\boldsymbol{\mathscr{E}}\rangle\mathrm{d}V, \tag{7.5}$$

式中 E 是总系统的内能. 在以下分析中, 我们主要关心的是电介质本身的宏观性质, 因此可以引入一个新的热力学势

$$E' = E - \langle\boldsymbol{\mathscr{E}},\boldsymbol{\mathscr{P}}\rangle - \frac{1}{2}V\varepsilon_0\langle\boldsymbol{\mathscr{E}},\boldsymbol{\mathscr{E}}\rangle, \tag{7.6}$$

式中, $\frac{1}{2}V\varepsilon_0\langle\boldsymbol{\mathscr{E}},\boldsymbol{\mathscr{E}}\rangle$ 表示电场的能量, $-\langle\boldsymbol{\mathscr{E}},\boldsymbol{\mathscr{P}}\rangle$ 表示电介质与电场相互作用的能量, 而 E' 表达的是扣除电场影响后电介质系统的剩余能量.

结合式 (7.5) 和式 (7.6) 可得

$$\mathrm{d}E' = T\mathrm{d}S - P\mathrm{d}V - \langle\boldsymbol{\mathscr{P}},\mathrm{d}\boldsymbol{\mathscr{E}}\rangle, \tag{7.7}$$

其中

$$P \equiv \tilde{P} + \langle\boldsymbol{P},\boldsymbol{\mathscr{E}}\rangle + \frac{1}{2}\varepsilon_0\langle\boldsymbol{\mathscr{E}},\boldsymbol{\mathscr{E}}\rangle$$

是考虑了静电场的贡献后电介质系统的热力学压强. 注意: 只有当外电场为零时, 这个热力学压强才会退回到机械压强.

从 E' 出发, 利用勒让德变换, 容易写出电介质的焓 $H' = E' + PV$、亥姆霍兹自由能 $F' = E' - TS$、吉布斯自由能 $G' = E' - TS + PV$ 所满足的热力学基本微分关系

$$\mathrm{d}H' = T\mathrm{d}S + V\mathrm{d}P - \langle\boldsymbol{\mathscr{P}},\mathrm{d}\boldsymbol{\mathscr{E}}\rangle, \tag{7.8}$$

$$\mathrm{d}F' = -S\mathrm{d}T - P\mathrm{d}V - \langle\boldsymbol{\mathscr{P}},\mathrm{d}\boldsymbol{\mathscr{E}}\rangle, \tag{7.9}$$

$$\mathrm{d}G' = -S\mathrm{d}T + V\mathrm{d}P - \langle\boldsymbol{\mathscr{P}},\mathrm{d}\boldsymbol{\mathscr{E}}\rangle. \tag{7.10}$$

由于 $\boldsymbol{\mathscr{P}}$ 和 $\boldsymbol{\mathscr{E}}$ 分别具有 3 个独立的分量, 封闭的电介质的热力学自由度等于 5 而不是 3. 因此, 电介质的热力学势的个数要远远多于普通气体系统. 不过, 就我们的目的而言, 暂时没有必要写出其全部的热力学势.

从式 (7.7)~ 式(7.10) 可以得出

$$\boldsymbol{\mathscr{P}} = -\left(\nabla_{\boldsymbol{\mathscr{E}}}E'\right)_{S,V} = -\left(\nabla_{\boldsymbol{\mathscr{E}}}H'\right)_{S,P} = -\left(\nabla_{\boldsymbol{\mathscr{E}}}F'\right)_{T,V} = -\left(\nabla_{\boldsymbol{\mathscr{E}}}G'\right)_{T,P},$$

式中, $\nabla_{\boldsymbol{\mathscr{E}}}$ 表示关于 $\boldsymbol{\mathscr{E}}$ 求梯度. 另外, 还是从上面这组基本热力学微分关系式出发, 可以得出

$$T = \left(\frac{\partial E'}{\partial S}\right)_{V,\boldsymbol{\mathscr{E}}} = \left(\frac{\partial H'}{\partial S}\right)_{P,\boldsymbol{\mathscr{E}}}, \qquad\qquad S = -\left(\frac{\partial F'}{\partial T}\right)_{V,\boldsymbol{\mathscr{E}}} = -\left(\frac{\partial G'}{\partial T}\right)_{P,\boldsymbol{\mathscr{E}}},$$

$$P = -\left(\frac{\partial E'}{\partial V}\right)_{S,\mathscr{E}} = -\left(\frac{\partial F'}{\partial V}\right)_{T,\mathscr{E}}, \qquad V = \left(\frac{\partial H'}{\partial P}\right)_{S,\mathscr{E}} = \left(\frac{\partial G'}{\partial P}\right)_{T,\mathscr{E}}.$$

因此, 根据状态函数的二阶混合偏导数与求导顺序无关这一事实可以得到一系列推广的麦克斯韦关系式, 例如

$$\left(\nabla_{\mathscr{E}} P\right)_{S,V} = \left(\frac{\partial \mathscr{P}}{\partial V}\right)_{S,\mathscr{E}}, \qquad\qquad \left(\nabla_{\mathscr{E}} P\right)_{T,V} = \left(\frac{\partial \mathscr{P}}{\partial V}\right)_{T,\mathscr{E}}, \tag{7.11}$$

$$\left(\nabla_{\mathscr{E}} V\right)_{S,P} = -\left(\frac{\partial \mathscr{P}}{\partial P}\right)_{S,\mathscr{E}}, \qquad\qquad \left(\nabla_{\mathscr{E}} V\right)_{T,P} = -\left(\frac{\partial \mathscr{P}}{\partial P}\right)_{T,\mathscr{E}}, \tag{7.12}$$

$$\left(\nabla_{\mathscr{E}} T\right)_{V,S} = -\left(\frac{\partial \mathscr{P}}{\partial S}\right)_{V,\mathscr{E}}, \qquad\qquad \left(\nabla_{\mathscr{E}} T\right)_{P,S} = -\left(\frac{\partial \mathscr{P}}{\partial S}\right)_{P,\mathscr{E}}, \tag{7.13}$$

$$\left(\nabla_{\mathscr{E}} S\right)_{V,T} = \left(\frac{\partial \mathscr{P}}{\partial T}\right)_{V,\mathscr{E}}, \qquad\qquad \left(\nabla_{\mathscr{E}} S\right)_{P,T} = \left(\frac{\partial \mathscr{P}}{\partial T}\right)_{P,\mathscr{E}}, \tag{7.14}$$

等等. 这里并未罗列出所有可能的麦克斯韦关系, 其余未列出的关系式可以作为练习由读者自行补充.

在式 (7.12) 给出的两个等式中, 等号左边的表达式表示外电场造成的电介质体积变化率, 等号右边的表达式则表示压强变化造成的电极化矢量的变化率. 这两种效应分别称为电致伸缩效应 (electrostrictive effect) 和压电效应 (piezoelectric effect). 而式 (7.12) 表明, 以上两种效应在物理本质上是相互关联的. 类似地, 在式 (7.14) 中给出的两个等式中, 等号左边的表达式代表外电场所导致的电介质熵变, 它对应电介质的吸热 (或放热), 等号右边的表达式则表示由于电介质温度变化而诱导的电极化矢量的变化率. 前者称为电卡效应 (electrocaloric effect), 后者称为热释电效应 (pyroelectric effect). 而式 (7.14) 则揭示了上述两种效应之间也具有紧密的内在联系[①].

讨论和评述

为了分析电介质系统的热力学平衡条件, 我们引入一个新的热力学势

$$E^{(0)} = E' + \langle\mathscr{E}, \mathscr{P}\rangle = E - \frac{1}{2}V\varepsilon_0\langle\mathscr{E}, \mathscr{E}\rangle.$$

这个能量满足的微分关系式是

$$\mathrm{d}E^{(0)} = T\mathrm{d}S - P\mathrm{d}V + \langle\mathscr{E}, \mathrm{d}\mathscr{P}\rangle. \tag{7.15}$$

如果电介质系统是开放系, 式 (7.15) 应该改写为

$$\mathrm{d}E^{(0)} = T\mathrm{d}S - P\mathrm{d}V + \langle\mathscr{E}, \mathrm{d}\mathscr{P}\rangle + \mu\mathrm{d}N. \tag{7.16}$$

[①] 注意电卡效应与电热效应不同, 后者指的是电流通过电阻时电能转换为热能的现象; 热释电效应也与热电效应 (thermoelectric effect) 不同, 后者指的是由于存在温度梯度而产生电势差的现象.

从上式可以反解出

$$dS = \frac{1}{T}(dE^{(0)} + PdV - \langle \boldsymbol{\mathscr{E}}, d\boldsymbol{\mathscr{P}} \rangle - \mu dN),$$

因此有

$$\frac{1}{T} = \left(\frac{\partial S}{\partial E^{(0)}}\right)_{V, \boldsymbol{\mathscr{P}}, N}, \quad \frac{P}{T} = \left(\frac{\partial S}{\partial V}\right)_{E^{(0)}, \boldsymbol{\mathscr{P}}, N},$$

$$\frac{\boldsymbol{\mathscr{E}}}{T} = -(\nabla_{\boldsymbol{\mathscr{P}}} S)_{E^{(0)}, V, N}, \quad \frac{\mu}{T} = -\left(\frac{\partial S}{\partial N}\right)_{E^{(0)}, V, \boldsymbol{\mathscr{P}}}.$$

仿照第 1.5.2 节的讨论, 如果设想将一个孤立的电介质系统划分为两个统计独立的开放子系, 那么两个子系相互处于热力学平衡 (总熵 $S(E^{(0)}, V, \boldsymbol{\mathscr{P}}, N)$ 取最大值) 的条件将是

$$T_1 = T_2, \quad P_1 = P_2, \quad \boldsymbol{\mathscr{E}}_1 = \boldsymbol{\mathscr{E}}_2, \quad \mu_1 = \mu_2.$$

与普通的开放系统相比, 电介质系统增加了一组平衡条件 $\boldsymbol{\mathscr{E}}_1 = \boldsymbol{\mathscr{E}}_2$. 由于子系划分的任意性, 这要求电场强度在整个系统范围内都是均匀的.

由于很难将电场完全限制在电介质内部, 以上讨论中所需的孤立电介质系统在现实中难以真正实现. 因此, 上述平衡条件只能看作真实电介质系统在理想化的近似条件下宏观热力学平衡所需满足的性质.

如果对式 (7.16) 做完全勒让德变换, 可以得到

$$-SdT + VdP - \langle \boldsymbol{\mathscr{P}}, d\boldsymbol{\mathscr{E}} \rangle - Nd\mu = 0.$$

这就是适用于电介质系统的吉布斯-杜安方程. 它告诉我们用来描写平衡条件的参量 T、P、$\boldsymbol{\mathscr{E}}$、μ 之间存在一个约束条件, 因此它们彼此之间并不完全独立.

将上述吉布斯-杜安方程与式 (7.16) 合在一起, 可以得出电介质系统的欧拉齐次性方程

$$E^{(0)} = TS - PV + \langle \boldsymbol{\mathscr{E}}, \boldsymbol{\mathscr{P}} \rangle + \mu N.$$

上式也可以写为

$$E' = TS - PV + \mu N.$$

请读者自行思考: 为什么以上分析不能在式 (7.7) 的基础上添加 μdN 项后进行?

7.1.2 磁介质的热力学

物质在外磁场作用下表现出磁性的现象称为磁化, 能够被磁化的物质称为磁介质. 自然界中所有的物质都能被磁化, 因此都是磁介质. 磁介质可以按内部磁矩的分布情况划分

为几大类, 即抗磁体、顺磁体、铁磁体、反铁磁体和亚铁磁体. 抗磁体分子的固有磁矩为零, 但是将其放入外磁场后, 将会感应出与外磁场方向相反的磁矩, 其内部产生的感应磁场与外磁场方向相反, 因此称之为抗磁性. 顺磁体分子的固有磁矩不为零, 但在无外磁场时分子磁矩作随机分布, 没有宏观的磁性. 在外磁场作用下, 分子磁矩取向倾向于与外磁场一致的方向, 因此会在介质内部产生与外磁场方向一致的感应磁场, 称为顺磁性. 铁磁体是在没有外磁场的条件下, 因自身的分子磁矩取向一致的有序分布而导致自发磁化的磁介质. 反铁磁体分子也是具有固有磁矩且固有磁矩取向有序的磁介质, 但是在反铁磁体中相邻的分子磁矩取向相反, 故在无外场时不具有宏观磁矩. 亚铁磁体与反铁磁体结构相近, 相邻分子磁矩取向相反但是大小不等, 因而可以在无外场时表现出较弱的宏观磁矩. 以上对磁介质的划分不是绝对的, 在特定条件下, 不同类型的磁介质还可以互相转化, 这种现象称为磁性相变, 本书第 9 章会安排相关的知识.

假定磁介质的物质分子是与外界隔绝的, 因此是封闭系. 为了描写磁介质的宏观状态, 除普通封闭系的宏观状态参数 T、S、P、V 以外, 还必须引入描述磁介质的磁性以及外加磁场的宏观状态变量, 如宏观磁矩 $\mathscr{M}$ 和磁场强度 $\mathscr{H}$. $\mathscr{M}$ 是内部变量, 而 $\mathscr{H}$ 则是外部参量. 更常被用来描写磁介质磁化程度的物理量是磁化强度 M, 其定义是单位体积的磁介质中的总磁矩,

$$\mathscr{M} = \int M \, (\mathrm{d}\boldsymbol{q}).$$

当磁矩在磁介质中均匀分布时, 有

$$\mathscr{M} = MV.$$

开尔文最早发现了磁场强度 $\mathscr{H}$ 与磁感应强度 $\mathscr{B}$ 之间存在区别

$$\mathscr{B} = \mu_0(\mathscr{H} + M),$$

μ_0 称为真空的磁导率.

当外磁场作用在磁介质上使之发生磁化时, 磁介质的能量密度发生如下的变化[1]:

$$\text{đ}w' = \langle \mathscr{H}, \mathrm{d}\mathscr{B} \rangle.$$

因此, 在均匀磁化且磁场强度不依赖于位形空间坐标的前提下, 磁场对有限体积磁介质做功的微元是

$$\begin{aligned}
\text{đ}W' &= V\langle \mathscr{H}, \mathrm{d}\mathscr{B} \rangle \\
&= V\mu_0 \langle \mathscr{H}, \mathrm{d}\mathscr{H} \rangle + V\mu_0 \langle \mathscr{H}, \mathrm{d}M \rangle \\
&= \frac{1}{2}V\mu_0 \mathrm{d}\langle \mathscr{H}, \mathscr{H} \rangle + \mu_0 \langle \mathscr{H}, \mathrm{d}\mathscr{M} \rangle - \mu_0 \langle \mathscr{H}, M \rangle \mathrm{d}V.
\end{aligned}$$

考虑到这部分非机械功后, 由磁场和磁介质构成的总封闭系在准静态可逆元过程中被做功的总量应为

$$\text{đ}W_{\text{tot}} = \text{đ}W + \text{đ}W'$$

---

[1] 参见 J.D. Jackson. Classical electrodynamics. 3rd ed, John Wiley & Sons Inc, 1999, p213.

$$= -\tilde{P}\mathrm{d}V + \frac{1}{2}V\mu_0\mathrm{d}\langle\mathscr{H},\mathscr{H}\rangle + \mu_0\langle\mathscr{H},\mathrm{d}\mathscr{M}\rangle - \mu_0\langle\mathscr{H},\boldsymbol{M}\rangle\mathrm{d}V. \tag{7.17}$$

在考虑到磁场导致的非机械功后, 总封闭系的热力学基本微分关系式可以写为

$$\mathrm{d}E = \mathrm{d}Q + \mathrm{d}W_{\mathrm{tot}}$$

$$= T\mathrm{d}S - \tilde{P}\mathrm{d}V + \frac{1}{2}V\mu_0\mathrm{d}\langle\mathscr{H},\mathscr{H}\rangle + \mu_0\langle\mathscr{H},\mathrm{d}\mathscr{M}\rangle - \mu_0\langle\mathscr{H},\boldsymbol{M}\rangle\mathrm{d}V. \tag{7.18}$$

由于我们主要关心的是磁介质本身而非磁场的宏观性质, 因此可以引入新的内能表达式

$$E' = E - \mu_0\langle\mathscr{H},\mathscr{M}\rangle - \frac{1}{2}V\mu_0\langle\mathscr{H},\mathscr{H}\rangle. \tag{7.19}$$

利用式 (7.18) 容易得出用 E' 描写的磁介质热力学基本微分关系式

$$\mathrm{d}E' = T\mathrm{d}S - P\mathrm{d}V - \mu_0\langle\mathscr{M},\mathrm{d}\mathscr{H}\rangle, \tag{7.20}$$

式中

$$P \equiv \tilde{P} + \mu_0\langle\mathscr{H},\boldsymbol{M}\rangle + \frac{1}{2}\mu_0\langle\mathscr{H},\mathscr{H}\rangle$$

是考虑了磁场的贡献后磁介质系统的热力学压强. 只有当磁场强度为零时, 这个热力学压强才会退回到机械压强.

通过勒让德变换, 容易得出磁介质热力学基本微分关系式的其他写法. 例如,

$$\mathrm{d}H' = T\mathrm{d}S + V\mathrm{d}P - \mu_0\langle\mathscr{M},\mathrm{d}\mathscr{H}\rangle, \tag{7.21}$$

$$\mathrm{d}F' = -S\mathrm{d}T - P\mathrm{d}V - \mu_0\langle\mathscr{M},\mathrm{d}\mathscr{H}\rangle, \tag{7.22}$$

$$\mathrm{d}G' = -S\mathrm{d}T + V\mathrm{d}P - \mu_0\langle\mathscr{M},\mathrm{d}\mathscr{H}\rangle, \tag{7.23}$$

其中 $H' = E' + PV$、$F' = E' - TS$、$G' = E' - TS + PV$ 分别是磁介质的焓、亥姆霍兹自由能以及吉布斯自由能.

从微分关系式 (7.20) $\sim$ 式 (7.23) 可以得出

$$\mathscr{M} = -\frac{1}{\mu_0}\left(\nabla_{\mathscr{H}}E'\right)_{S,V} = -\frac{1}{\mu_0}\left(\nabla_{\mathscr{H}}H'\right)_{S,P}$$

$$= -\frac{1}{\mu_0}\left(\nabla_{\mathscr{H}}F'\right)_{T,V} = -\frac{1}{\mu_0}\left(\nabla_{\mathscr{H}}G'\right)_{T,P},$$

而且, 由于式 (7.20) $\sim$ 式 (7.23) 都是热力学势的全微分, 不难写出磁介质的麦克斯韦关系式. 下面列举其中几例:

$$\left(\nabla_{\mathscr{H}}V\right)_{S,P} = -\mu_0\left(\frac{\partial\mathscr{M}}{\partial P}\right)_{S,\mathscr{H}}, \qquad \left(\nabla_{\mathscr{H}}V\right)_{T,P} = -\mu_0\left(\frac{\partial\mathscr{M}}{\partial P}\right)_{T,\mathscr{H}}, \tag{7.24}$$

$$\left(\nabla_{\mathscr{H}}S\right)_{V,T} = \mu_0 \left(\frac{\partial \mathscr{M}}{\partial T}\right)_{V,\mathscr{H}}, \qquad\qquad \left(\nabla_{\mathscr{H}}S\right)_{P,T} = \mu_0 \left(\frac{\partial \mathscr{M}}{\partial T}\right)_{P,\mathscr{H}}. \tag{7.25}$$

在式 (7.24) 给出的两个等式中, 左边非零则表示存在磁致伸缩效应 (magnetostrictive effect), 右边非零则表示发生了压磁效应 (piezomagnetic effect). 式 (7.24) 表明这两种效应在等温和绝热条件下都会出现, 而且它们在物理上是同源的. 式 (7.25) 给出的两个等式左边非零则对应磁卡效应 (magnetocaloric effect), 右边非零则表示发生了热释磁效应 (pyromagnetic effect). 下面将就这两种效应进行进一步讨论.

利用恒等式

$$\left(\nabla_{\mathscr{H}}S\right)_{P,T} = -\left(\frac{\partial S}{\partial T}\right)_{P,\mathscr{H}} \left(\nabla_{\mathscr{H}}T\right)_{P,S} = -\frac{C_{P,\mathscr{H}}}{T}\left(\nabla_{\mathscr{H}}T\right)_{P,S}, \tag{7.26}$$

可以将式 (7.25) 中的第二个等式重写为

$$\left(\frac{\partial \mathscr{M}}{\partial T}\right)_{P,\mathscr{H}} = -\frac{C_{P,\mathscr{H}}}{\mu_0 T}\left(\nabla_{\mathscr{H}}T\right)_{P,S}. \tag{7.27}$$

若考虑的磁介质是顺磁体, 还存在 居里定律[①]

$$\mathscr{M} = \frac{C\mathscr{H}}{T},$$

其中, 常数 C 称为居里系数. 因此有

$$\left(\frac{\partial \mathscr{M}}{\partial T}\right)_{P,\mathscr{H}} = -\frac{C\mathscr{H}}{T^2}, \tag{7.28}$$

进而利用式 (7.27) 可得

$$\left(\nabla_{\mathscr{H}}T\right)_{P,S} = \frac{C\mu_0 \mathscr{H}}{TC_{P,\mathscr{H}}}. \tag{7.29}$$

式 (7.28) 表明, 在磁场度固定的前提下, 升高顺磁体的温度会降低磁矩. 另外, 式 (7.29) 表明, 在绝热情况下, 磁介质的温度关于磁场强度的梯度与磁场强度本身的方向一致, 增加磁场强度会升高温度, 降低磁场强度则会降低温度. 将式 (7.29) 代入式 (7.26), 将会得到

$$\left(\nabla_{\mathscr{H}}S\right)_{P,T} = -\frac{C\mu_0 \mathscr{H}}{T^2}. \tag{7.30}$$

上式表明, 磁介质的熵关于磁场强度的梯度与磁场强度本身方向相反, 增加磁场度将会减小磁介质的熵, 降低磁场强度则会增加磁介质的熵. 这一事实可以非常容易地从熵与微观状态数的关系出发进行理解: 当磁场强度增强时, 磁介质内部的磁矩排列更为有序, 相应的微观状态数减小, 因此熵会降低; 而当磁场强度减弱时, 介质内部的磁矩排列无序度增加, 相

[①] 居里(Pierre Curie), 1859~1906, 法国物理学家, 现代晶体学、磁学、压电效应以及核衰变等领域的先驱者, 1903 年诺贝尔物理学奖获得者.

应的微观状态数增多, 因此熵会增加. 如果从式 (7.25) 中的第一个等式出发, 则与式 (7.29) 以及式 (7.30) 对应的结果为

$$\left(\nabla_{\mathscr{H}}T\right)_{V,S} = \frac{C\mu_0\mathscr{H}}{TC_{V,\mathscr{H}}}, \qquad \left(\nabla_{\mathscr{H}}S\right)_{V,T} = -\frac{C\mu_0\mathscr{H}}{T^2}.$$

无论是以上哪种情况, 结论都是: 对顺磁体来说, 绝热去磁可以制冷, 等温磁化可以降熵. 这一结论可以通过图 7.1 来定性地演示. 上述结论是德拜在 1926 年发现的, 它给出了一种效果非常好的制冷手段, 因为在低温下物质的热容量 $C_{V,\mathscr{H}} \sim C_{P,\mathscr{H}} \propto T^3$, 因而

$$\left|(\nabla_{\mathscr{H}}T)_{P,S}\right| \propto T^{-4}.$$

对于充分低的温度, 温度随磁场强度的变化率是非常大的. 用这种手段可以将顺磁介质的温度降低到 1K 以下. 不过, 需要说明的是, 上述手段也不能无限制地降低温度, 原因是当温度足够低时, 顺磁介质有可能会发生相变而成为铁磁体, 这时居里定律不再有效.

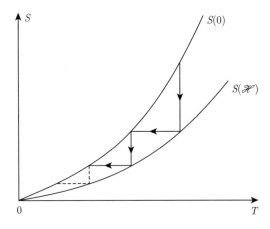

图 7.1　绝热去磁制冷与等温磁化降熵示意图

在本章后面的7.3~7.5节中举例分析的磁介质都是简单磁介质, 即磁感应强度 $\mathscr{B}$ 与磁场强度 $\mathscr{H}$ 之间存在正比关系

$$\mathscr{B} = \mu\mathscr{H}$$

的磁介质, 其中的介质磁导率 μ 与真空磁导率 μ_0 非常接近,

$$|\mu/\mu_0 - 1| \sim 10^{-5}.$$

因此, 可以近似地认为 $\mathscr{B} = \mu_0\mathscr{H}$. 对这类磁介质, 在热力学基本微分关系式中可以用 $\mathscr{B}$ 替代 $\mu_0\mathscr{H}$. 需要指出的是: 这种近似并不适合铁磁体, 因为在铁磁体中 $\mathscr{B}$ 与 $\mathscr{H}$ 之间并不存在正比关系.

7.2　极性分子气体及其在外电场下的电极化现象

第 7.1 节对电介质和磁介质的分析仅停留在纯热力学的水平上. 为了理解电极化与磁化现象的微观机制, 需要从对微观状态的描述出发, 利用统计物理学的方法来推算出宏观状

态函数. 在本节中将以外电场中的极性分子理想气体为例, 利用系综统计的方法来分析其宏观性质.

极性气体分子都是多原子分子. 使得极性分子气体在外电场中产生宏观极化现象的原因是分子极性取向的改变. 对于极性气体分子来说, 所涉及的微观自由度主要是分子的转动自由度. 假定极性气体分子的内禀电偶极矩为 $\boldsymbol{p}_0$, 外电场强度为 $\boldsymbol{\mathscr{E}}$, 两者的取向夹角为 θ. 这样, 气体分子在外电场中获得的电势能就是

$$u(\boldsymbol{\mathscr{E}}) = -\langle \boldsymbol{p}_0, \boldsymbol{\mathscr{E}} \rangle = -p_0 \mathscr{E} \cos\theta,$$

其中, $p_0 = |\boldsymbol{p}_0|, \mathscr{E} = |\boldsymbol{\mathscr{E}}| = \sqrt{\langle \boldsymbol{\mathscr{E}}, \boldsymbol{\mathscr{E}} \rangle}$. 因此分子的转动自由度所对应的微观态能量为

$$\epsilon_r = \frac{1}{2I}\left(p_\theta^2 + \frac{p_\phi^2}{\sin^2\theta}\right) - p_0 \mathscr{E} \cos\theta. \tag{7.31}$$

单分子转动配分函数可由下式求出:

$$z_r = \frac{1}{h^2}\int e^{-\epsilon_r/(k_0 T)} dp_\theta dp_\phi d\theta d\phi,$$

将式 (7.31) 代入上式并直接积分, 结果为

$$z_r = \frac{2Ik_0 T}{\hbar^2}\frac{\sinh a}{a}, \quad a \equiv \frac{p_0 \mathscr{E}}{k_0 T}.$$

因此, 转动自由度所贡献的亥姆霍兹自由能为

$$F_r' = -Nk_0 T \log z_r = -Nk_0 T\left[\log\left(\frac{\sinh a}{a}\right) + \log\frac{2Ik_0 T}{\hbar^2}\right].$$

电极化矢量 $\boldsymbol{\mathscr{P}}$ 可以由下式得出:

$$\boldsymbol{\mathscr{P}} = -\left(\nabla_{\boldsymbol{\mathscr{E}}} F_r'\right)_{T,V} = N p_0 L(a)\nabla_{\boldsymbol{\mathscr{E}}}\mathscr{E},$$

其中

$$L(a) \equiv \coth a - a^{-1}$$

称为朗之万函数. 利用等式

$$\nabla_{\boldsymbol{\mathscr{E}}}\mathscr{E} = \frac{1}{2}\frac{\nabla_{\boldsymbol{\mathscr{E}}}\langle \boldsymbol{\mathscr{E}}, \boldsymbol{\mathscr{E}} \rangle}{\sqrt{\langle \boldsymbol{\mathscr{E}}, \boldsymbol{\mathscr{E}} \rangle}} = \frac{\boldsymbol{\mathscr{E}}}{\mathscr{E}}$$

可以得出

$$\boldsymbol{\mathscr{P}} = N p_0 L(a)\frac{\boldsymbol{\mathscr{E}}}{\mathscr{E}}.$$

当外电场是弱场 ($\mathscr{E} \to 0$), 或者温度非常高 ($T \to \infty$) 时, $a \to 0$. 这时有

$$L(a) = \coth a - a^{-1} \approx \frac{a}{3} = \frac{p_0 \mathscr{E}}{3k_0 T}.$$

相应地, 电极化矢量 $\mathscr{P}$ 以及电极化强度矢量 $\boldsymbol{P}$ 可以近似为

$$\mathscr{P} = \frac{Np_0^2}{3k_0T}\mathscr{E}, \qquad \boldsymbol{P} = \frac{\mathscr{P}}{V} = \frac{np_0^2}{3k_0T}\mathscr{E} = \varepsilon_0\chi\mathscr{E},$$

其中, $n = N/V$ 是气体分子的数密度,

$$\chi = \frac{np_0^2}{3\varepsilon_0 k_0 T}$$

则是极性分子气体的电极化率. 这样, 电位移矢量为

$$\boldsymbol{D} = \varepsilon_0\mathscr{E} + \boldsymbol{P} = \varepsilon_0\left(1 + \frac{np_0^2}{3\varepsilon_0 k_0 T}\right)\mathscr{E} \equiv \varepsilon_0\varepsilon_{\mathrm{r}}\mathscr{E},$$

其中

$$\varepsilon_{\mathrm{r}} = 1 + \chi = 1 + \frac{np_0^2}{3\varepsilon_0 k_0 T} \tag{7.32}$$

是极性分子气体的相对介电常量. 习惯上将 $\varepsilon = \varepsilon_0\varepsilon_{\mathrm{r}}$ 称为电介质的介电常量. 历史上, 最早利用分子水平的电偶极矩来解释电介质的介电常量的学者是德拜.

当外电场是强场 ($\mathscr{E} \to \infty$), 或者温度非常低 ($T \to 0$) 时, $a \to \infty$, 有

$$\coth a - a^{-1} \approx 1, \qquad \boldsymbol{P} = \frac{\mathscr{P}}{V} = np_0\frac{\mathscr{E}}{\mathscr{E}}.$$

这种情况下极性气体分子的电极化达到饱和, 对应地有

$$\boldsymbol{D} = \varepsilon_0\mathscr{E} + \boldsymbol{P} = \varepsilon_0\left(1 + \frac{np_0}{\varepsilon_0\mathscr{E}}\right)\mathscr{E} \equiv \varepsilon_{\max}\mathscr{E},$$

也就是说

$$\varepsilon_{\mathrm{r}} = 1 + \frac{np_0}{\varepsilon_0\mathscr{E}}$$

是各向同性电介质的相对介电常量的最大值.

为了求出极性分子气体的其他宏观状态函数, 有必要写出其完整的亥姆霍兹自由能. 根据第 4 章中多原子分子理想气体的理论, 极性分子气体的亥姆霍兹自由能可以分成 3 个部分, 即分子质心平动自由度的贡献 F_t'、分子转动自由度的贡献 F_r' 以及分子振动自由度的贡献 F_v'. 如果气体温度 $T \ll T_v$, 则振动自由度不能被激发, 也就是说分子内部每个振动自由度均处于基态, 因此有 [参见式 (4.51)][①]

$$z_v = \mathrm{e}^{-\frac{\hbar\omega}{2k_0T}},$$

---

① 注意这里不能直接用式 (4.51) 的最终结果取极限, 而是必须从 (4.51) 中的第一个等号起就去除所有激发态的贡献, 否则将会得到 $z_v = 0$ 的不合理结果.

相应地,

$$F_v' = -Nk_0T \log z_v = \frac{N\hbar\omega}{2}.$$

至于平动自由度贡献的亥姆霍兹自由能 F_t', 则可以用单原子分子理想气体的理论来计算, 结果由式 (4.4) 给出:

$$F_t' = -Nk_0T \log \left[\left(\frac{eV}{N} \right) \left(\frac{2\pi mk_0T}{h^2} \right)^{3/2} \right].$$

因此, 极性分子气体的总亥姆霍兹自由能可以写为

$$
\begin{aligned}
F' &= F_t' + F_r' + F_v' \\
&= -Nk_0T \log \left[\left(\frac{eV}{N} \right) \left(\frac{2\pi mk_0T}{h^2} \right)^{3/2} \right] \\
&\quad - Nk_0T \left[\log \left(\frac{\sinh a}{a} \right) + \log \frac{2Ik_0T}{\hbar^2} \right] + \frac{N\hbar\omega}{2} \\
&= F(0) - Nk_0T \log \left(\frac{\sinh a}{a} \right),
\end{aligned}
$$

式中, $F(0)$ 是没有外场时多原子分子气体的亥姆霍兹自由能.

从上式可得极性分子气体的熵

$$S = -\left(\frac{\partial F'}{\partial T} \right)_V = S(0) + Nk_0\xi(a),$$

$$\xi(a) \equiv \log \left(\frac{\sinh a}{a} \right) + 1 - a \coth a.$$

在弱场或者高温条件下, $a \to 0$, 因此有

$$\xi(a) \approx -\frac{a^2}{6} + \frac{a^4}{60} + \cdots.$$

所以, 在最低阶近似下, 有

$$S \approx S(0) - \frac{a^2}{6} Nk_0 = S(0) - \frac{1}{6} \left(\frac{p_0 \mathscr{E}}{k_0 T} \right)^2 Nk_0.$$

从上式可以得出下面的结论: 对极性介电气体来说[①], 保持绝热同时降低电场强度可以降温, 保持等温同时增加电场强度可以降熵, 这正是电卡效应. 因此, 从理论上来看, 电介质与顺磁体一样可以用作制冷机的工作介质. 不过, 对于通常的电介质而言, 电卡效应远远弱于普通的顺磁体中的磁卡效应, 因此以电卡效应作为工作原理的制冷机尚未实用化.

[①] 其实, 这些结论也可以推广到一般的绝缘电介质.

2006 年以来陆续发现了以锆钛酸铅 (PZT, 它是 $PbZrO_3$ 和 $PbTiO_3$ 的固溶体[①], 化学式为 $Pb[Zr_xTi_{1-x}]O_3, 0 \leqslant x \leqslant 1$) 薄膜、铁电聚合物等为代表的一些新型强电卡效应材料, 这使得原本看上去没有实用价值的电卡效应制冷又获得了新的实用化的可能.

7.3 顺磁现象的统计解释

7.3.1 顺磁气体

现在考虑一个 3 维顺磁性气体系统. 由于分子并非是基本的粒子, 其磁矩来源于构成分子的电子的总磁矩以及原子核的自旋磁矩的合成. 其中, 电子的总磁矩是由电子的轨道角动量与自旋共同决定的. 顺磁性气体分子中都存在自旋未配对的电子, 因此分子中电子的总角动量非零. 因此, 顺磁性气体分子都具有非零的磁矩. 在没有外磁场时, 不同分子的磁矩取向是随机的, 总的宏观磁矩为零. 在外磁场中, 分子磁矩与外磁场相互作用产生磁性势能, 达到平衡时系统的总能量取极小值, 其结果是分子的磁矩将沿外磁场方向变得有序, 整个系统因此获得非零的宏观磁矩, 这就是磁化. 下面将分经典描述和量子描述两种情况来给出顺磁气体磁化现象的统计解释.

1. 经典描述

假定每个顺磁性气体中分子的磁矩为 $\boldsymbol{\mu}$, 宏观磁矩 $\mathscr{M}$ 可以写为各分子的内禀磁矩之和

$$\mathscr{M} = \sum_a \boldsymbol{\mu}_a.$$

本节的主要任务是利用统计物理的知识计算出宏观磁矩或者磁化强度的统计平均值.

假定某个分子的磁矩 $\boldsymbol{\mu}$ 与外部磁感应强度 $\mathscr{B}$ 取向的夹角为 θ, 并以 $\mathscr{B}$ 的指向为 z 轴方向建立球坐标系. 在该坐标系中的立体角元记为 $\mathrm{d}\Omega = \sin\theta\mathrm{d}\theta\mathrm{d}\varphi$.

在外磁场中单个分子所获得的磁性势能为[②]

$$u(\mathscr{B}) = -\langle \boldsymbol{\mu}, \mathscr{B} \rangle = -\mu\mathscr{B}\cos\theta.$$

这样, 依玻尔兹曼分布, 外磁场中磁矩取向与磁感应强度方向成夹角 θ 的分子的数密度应该为

$$n(\theta) = n_0\mathrm{e}^{-u(\mathscr{B})/(k_0T)} = n_0\mathrm{e}^{\mu\mathscr{B}\cos\theta/(k_0T)} \equiv n_0\mathrm{e}^{b\cos\theta},$$

其中, n_0 是没有外磁场时气体分子的平均数密度, 而

$$b = \frac{\mu\mathscr{B}}{k_0T}$$

---

① 固溶体是两种不同的固态物质以特定方式互溶产生的混合物. 有关固溶体的初步知识, 可参见本书第 309 页的简单介绍.

② 请注意不要将单个分子磁矩的大小 μ 与化学势混淆. 从本节起直至本章结束, 化学势将被改记为 ϑ.

则是一个与分子磁矩取向无关的无量纲的参数. 显然,

$$w(\theta) \equiv A\mathrm{e}^{b\cos\theta}$$

可以用来表达分子磁矩与外磁场夹角为 θ 的概率. 利用概率的归一化条件

$$\int w(\theta)\mathrm{d}\boldsymbol{\Omega} = A\int \mathrm{e}^{b\cos\theta}\sin\theta\mathrm{d}\theta\mathrm{d}\varphi = 1$$

可以求出 A 的表达式

$$A = \frac{1}{4\pi}\frac{b}{\sinh b}.$$

利用概率函数 $w(\theta)$ 可以求出单个分子的磁矩在外磁场方向上的投影的统计平均值

$$\overline{\mu\cos\theta} = \int \mu\cos\theta w(\theta)\mathrm{d}\boldsymbol{\Omega} = \frac{1}{4\pi}\frac{b}{\sinh b}\int \mu\cos\theta\mathrm{e}^{b\cos\theta}\sin\theta\mathrm{d}\theta\mathrm{d}\varphi$$

$$= \frac{\mu}{2}\frac{b}{\sinh b}\frac{\mathrm{d}}{\mathrm{d}b}\int_0^\pi \mathrm{e}^{b\cos\theta}\sin\theta\mathrm{d}\theta$$

$$= \mu L(b),$$

注意式中再次出现了朗之万函数.

整个顺磁气体系统的磁化强度 $\boldsymbol{M}$ 在 $\boldsymbol{\mathscr{B}}$ 的方向上的投影值为

$$M = n_0\mu L(b).$$

在弱场或高温条件下 $b \to 0$, 上式给出

$$M \approx \frac{1}{3}n_0\mu b = \frac{n_0\mu^2\mathscr{B}}{3k_0T} = \frac{\mu_0 n_0\mu^2}{3k_0T}\mathscr{H}. \tag{7.33}$$

磁介质的磁化率定义为

$$\chi_{\mathrm{m}} \equiv \frac{M}{\mathscr{H}}. \tag{7.34}$$

从式 (7.33) 可以得出经典描述下顺磁性气体的磁化率为

$$\chi_{\mathrm{m}} = \frac{\mu_0 n_0\mu^2}{3k_0T}. \tag{7.35}$$

以上结果与居里在 1895 年发现的常温下的实验定律 $M = \dfrac{C\mathscr{H}}{T}$ 是一致的.

2. 量子描述

如果外磁场和温度不满足弱场条件 $\mu\mathscr{B}/(k_0T) \ll 1$, 那么以上基于经典的玻尔兹曼分布得到的结果将不再可靠, 原因是这时每个分子在外磁场作用下获得的势能都是量子化的, 需要利用量子态的描述来重新计算系统的总磁矩的统计平均值.

在量子表述中, 气体分子的磁矩来源于分子的总角动量, 即气体分子的转动角动量和内禀自旋耦合的结果. 假定单个气体分子的总角动量为 $\hat{\boldsymbol{S}}$, $\hat{S}^2 = \langle \hat{\boldsymbol{S}}, \hat{\boldsymbol{S}} \rangle$ 的本征值为 $s(s+1)\hbar^2$, 那么在外磁场方向上 (选择为 z 方向) 的角动量分量 S_z 的本征值将为 $s_z = j\hbar$, 其中 j 可能取以下任何数值:

$$j = -s, -(s-1), \cdots, (s-1), s.$$

一个熟知的事实是: 单个气体分子的磁矩与其总角动量成正比

$$\boldsymbol{\mu} = \gamma\boldsymbol{S}, \tag{7.36}$$

其中的系数 γ 称为旋磁比 (gyromagnetic ratio), 其具体取值与分子的种类有关. 在外磁场作用下, 单个分子获得的磁势能为

$$u_j = -\langle \boldsymbol{\mu}, \boldsymbol{\mathscr{B}} \rangle_j = -j\hbar\gamma\mathscr{B}.$$

假定除磁性能级外, 每个分子唯一能被激发的自由度就是分子的平动自由度, 对应的能量本征值为

$$\epsilon_{\boldsymbol{k}} = \frac{\hbar^2 k^2}{2m} = \epsilon(k).$$

这样, 每个分子在给定微观态下的总能量本征值为

$$\epsilon_{\boldsymbol{k},j} = \epsilon(k) + u_j = \frac{\hbar^2 k^2}{2m} - j\hbar\gamma\mathscr{B}.$$

如果自旋分子满足费米–狄拉克分布, 仿照第 6 章中式 (6.20)～ 式 (6.26) 的推导过程, 可以写出顺磁气体的巨势函数

$$\Omega = -\frac{4\pi V(2m)^{3/2}}{3h^3} \sum_{j=-s}^{s} \mathscr{I}_{3/2,j}, \tag{7.37}$$

$$\begin{aligned}
\mathscr{I}_{n,j} &\equiv \int_{-j\hbar\gamma\mathscr{B}}^{\infty} (\epsilon + j\hbar\gamma\mathscr{B})^n f^{(+)}(\epsilon)\mathrm{d}\epsilon \\
&= \frac{1}{n+1} \int_{-j\hbar\gamma\mathscr{B}}^{\infty} (\epsilon + j\hbar\gamma\mathscr{B})^{n+1} \left[-\frac{\partial}{\partial\epsilon} f^{(+)}(\epsilon) \right] \mathrm{d}\epsilon,
\end{aligned} \tag{7.38}$$

式中, ϵ 表示连续化后的分子总能量,

$$f^{(+)}(\epsilon) = \frac{1}{\mathrm{e}^{(\epsilon-\vartheta)/(k_0T)} + 1}$$

是费米–狄拉克分布函数. 类似地可以写出

$$P = \frac{4\pi(2m)^{3/2}}{3h^3} \sum_{j=-s}^{s} \mathscr{I}_{3/2,j}, \tag{7.39}$$

$$N = \frac{2\pi V(2m)^{3/2}}{h^3} \sum_{j=-s}^{s} \mathscr{I}_{1/2,j}, \tag{7.40}$$

$$E = \frac{2\pi V(2m)^{3/2}}{h^3} \sum_{j=-s}^{s} \mathscr{I}_{3/2,j}. \tag{7.41}$$

为了简单, 下面将只考虑 $s = 1/2$ 的情况, 这时关于 j 的求和将只有两项, 分别对应自旋取向向上和向下. 因此有

$$N = N_- + N_+, \qquad N_\pm = \frac{2\pi V(2m)^{3/2}}{h^3} \mathscr{I}_{1/2,\pm 1/2}, \tag{7.42}$$

$$E = E_- + E_+, \qquad E_\pm = \frac{2\pi V(2m)^{3/2}}{h^3} \mathscr{I}_{3/2,\pm 1/2}, \tag{7.43}$$

其中, $N_\pm$ 表示两个自旋能级上的分子数, $E_\pm$ 则表示相应能级上的分子贡献的内能.

如果外磁场比较弱, 可以将式 (7.38) 中的积分下限近似为零. 这时, 利用式 (6.47) 可得

$$\mathscr{I}_{3/2,\pm 1/2} \approx \frac{2}{5}\vartheta^{5/2}\left[\left(1 \pm \frac{\hbar\gamma\mathscr{B}}{2\vartheta}\right)^{5/2} + \frac{5\pi^2}{8}\left(\frac{k_0 T}{\vartheta}\right)^2\left(1 \pm \frac{\hbar\gamma\mathscr{B}}{2\vartheta}\right)^{1/2}\right], \tag{7.44}$$

$$\mathscr{I}_{1/2,\pm 1/2} \approx \frac{2}{3}\vartheta^{3/2}\left[\left(1 \pm \frac{\hbar\gamma\mathscr{B}}{2\vartheta}\right)^{3/2} + \frac{\pi^2}{8}\left(\frac{k_0 T}{\vartheta}\right)^2\left(1 \pm \frac{\hbar\gamma\mathscr{B}}{2\vartheta}\right)^{-1/2}\right]. \tag{7.45}$$

当温度 $T \to 0$ 时, 以上两式右边方括号中的第 2 项都会消失, 而第 1 项中的 ϑ 将会变成费米能 ϑ_{F}

$$\mathscr{I}_{3/2,\pm 1/2}|_{T\to 0} \approx \frac{2}{5}\vartheta_{\mathrm{F}}^{5/2}\left(1 \pm \frac{\hbar\gamma\mathscr{B}}{2\vartheta_{\mathrm{F}}}\right)^{5/2},$$

$$\mathscr{I}_{1/2,\pm 1/2}|_{T\to 0} \approx \frac{2}{3}\vartheta_{\mathrm{F}}^{3/2}\left(1 \pm \frac{\hbar\gamma\mathscr{B}}{2\vartheta_{\mathrm{F}}}\right)^{3/2}.$$

因此, 在绝对零度下, 两个自旋能级上的分子数分别为

$$N_\pm = \frac{4\pi V(2m)^{3/2}}{3h^3}\vartheta_{\mathrm{F}}^{3/2}\left(1 \pm \frac{\hbar\gamma\mathscr{B}}{2\vartheta_{\mathrm{F}}}\right)^{3/2},$$

总分子数为

$$N = N_+ + N_-$$

$$= \frac{4\pi V(2m)^{3/2}}{3h^3}\vartheta_{\mathrm{F}}^{3/2}\left[\left(1-\frac{\hbar\gamma\mathscr{B}}{2\vartheta_{\mathrm{F}}}\right)^{3/2}+\left(1+\frac{\hbar\gamma\mathscr{B}}{2\vartheta_{\mathrm{F}}}\right)^{3/2}\right]$$

$$= \frac{8\pi V(2m)^{3/2}}{3h^3}\vartheta_{\mathrm{F}}^{3/2}+O\left[\left(\frac{\hbar\gamma\mathscr{B}}{\vartheta_{\mathrm{F}}}\right)^2\right]. \tag{7.46}$$

上式可以用来求出费米能 μ_{F} 的近似值. 在准确至 $\mathscr{B}$ 的线性级的近似下, ϑ_{F} 与 $\mathscr{B}$ 无关

$$\vartheta_{\mathrm{F}} \approx \frac{\hbar^2}{2m}\left(3\pi^2\frac{N}{V}\right)^{2/3}.$$

这时气体系统的总磁矩为

$$\mathscr{M} = (N_+ - N_-)\frac{\hbar\gamma}{2} \approx \frac{4\pi V(2m)^{3/2}}{h^3}\vartheta_{\mathrm{F}}^{1/2}\left(\frac{\hbar\gamma}{2}\right)^2\mathscr{B},$$

对应的磁化强度为

$$M = \frac{4\pi(2m)^{3/2}}{h^3}\vartheta_{\mathrm{F}}^{1/2}\left(\frac{\hbar\gamma}{2}\right)^2\mathscr{B} = \mu_0\mathscr{G}(\vartheta_{\mathrm{F}})\left(\frac{\hbar\gamma}{2}\right)^2\mathscr{H}, \tag{7.47}$$

其中

$$\mathscr{G}(\vartheta_{\mathrm{F}}) \equiv \left(\frac{\partial g(\vartheta_{\mathrm{F}})}{\partial V}\right) = \frac{4\pi(2m)^{3/2}}{h^3}\vartheta_{\mathrm{F}}^{1/2}, \tag{7.48}$$

是费米能级处单位体积内的单粒子能态密度, $g(\vartheta_{\mathrm{F}})$ 是在费米能级处的单粒子能态密度 [参看式 (1.73)], 而 $\hbar\gamma/2$ 则是单个分子磁矩的最小单位. 利用式 (7.47) 可以得出绝对零度下的磁化率 $\chi_{\mathrm{m}}(0)$ 的表达式

$$\chi_{\mathrm{m}}(0) = \mu_0\mathscr{G}(\vartheta_{\mathrm{F}})\left(\frac{\hbar\gamma}{2}\right)^2. \tag{7.49}$$

注意: 上式给出的磁化率是有限的, 而式 (7.35) 给出的经典磁化率外推到绝对零度时却给出发散的结果. 在低温实验中给出的测量结果支持式 (7.49) 而否定了式 (7.35) 的预测.

如果考虑温度很低但非零的情况, 那么将有[①]

$$\begin{aligned}
N_\pm &= \frac{2\pi V(2m)^{3/2}}{h^3}\mathscr{I}_{1/2,\pm1/2} \\
&\approx \frac{4\pi V(2m)^{3/2}}{3h^3}\vartheta^{3/2}\left[\left(1\pm\frac{\hbar\gamma\mathscr{B}}{2\vartheta_{\mathrm{F}}}\right)^{3/2}+\frac{\pi^2}{8}\left(\frac{k_0 T}{\vartheta}\right)^2\left(1\pm\frac{\hbar\gamma\mathscr{B}}{2\vartheta_{\mathrm{F}}}\right)^{-1/2}\right] \\
&\approx \frac{4\pi V(2m)^{3/2}}{3h^3}\vartheta^{3/2}\left[\left(1\pm\frac{3}{2}\frac{\hbar\gamma\mathscr{B}}{2\vartheta_{\mathrm{F}}}\right)+\frac{\pi^2}{8}\left(\frac{k_0 T}{\vartheta}\right)^2\left(1\mp\frac{1}{2}\frac{\hbar\gamma\mathscr{B}}{2\vartheta_{\mathrm{F}}}\right)\right].
\end{aligned}$$

---

① 我们假定 $\hbar\gamma\mathscr{B}\ll\vartheta<\vartheta_{\mathrm{F}}$, 因此在涉及 $\hbar\gamma\mathscr{B}/\vartheta$ 这样的表达式时, 将其中的 ϑ 替换为 ϑ_{F} 是一个合理的近似.

因此,

$$N_+ + N_- \approx \frac{8\pi V (2m)^{3/2}}{3h^3} \vartheta^{3/2} \left[1 + \frac{\pi^2}{8} \left(\frac{k_0 T}{\vartheta} \right)^2 \right] = N, \tag{7.50}$$

$$N_+ - N_- \approx \frac{4\pi V (2m)^{3/2}}{h^3} \vartheta^{3/2} \frac{\hbar \gamma \mathscr{B}}{2\vartheta_{\mathrm{F}}} \left[1 - \frac{\pi^2}{24} \left(\frac{k_0 T}{\vartheta} \right)^2 \right]. \tag{7.51}$$

比较式 (7.50) 与式 (7.46) 可得

$$\vartheta^{3/2} \left[1 + \frac{\pi^2}{8} \left(\frac{k_0 T}{\vartheta} \right)^2 \right] = \vartheta_{\mathrm{F}}^{3/2}.$$

这个方程其实就是 3 维情况下的式 (6.56). 因此, 可以从中反解出化学势 ϑ

$$\vartheta = \vartheta_{\mathrm{F}} \left[1 - \frac{\pi^2}{12} \left(\frac{k_0 T}{\vartheta_{\mathrm{F}}} \right)^2 \right].$$

利用上述结果可以求出对应的磁化强度为

$$\begin{aligned}
M &= \frac{1}{V} (N_+ - N_-) \frac{\hbar \gamma}{2} \\
&= \frac{4\pi (2m)^{3/2} \vartheta_{\mathrm{F}}^{1/2}}{h^3} \left(\frac{\hbar \gamma}{2} \right)^2 \left[1 - \frac{\pi^2}{6} \left(\frac{k_0 T}{\vartheta_{\mathrm{F}}} \right)^2 \right] \mathscr{B} \\
&= \mu_0 \mathscr{G}(\vartheta_{\mathrm{F}}) \left(\frac{\hbar \gamma}{2} \right)^2 \left[1 - \frac{\pi^2}{6} \left(\frac{k_0 T}{\vartheta_{\mathrm{F}}} \right)^2 \right] \mathscr{H}.
\end{aligned}$$

因此, 在非零温度下的磁化率为

$$\begin{aligned}
\chi_{\mathrm{m}}(T) &= \mu_0 \mathscr{G}(\vartheta_{\mathrm{F}}) \left(\frac{\hbar \gamma}{2} \right)^2 \left[1 - \frac{\pi^2}{6} \left(\frac{k_0 T}{\vartheta_{\mathrm{F}}} \right)^2 \right] \\
&= \chi_{\mathrm{m}}(0) \left[1 - \frac{\pi^2}{6} \left(\frac{k_0 T}{\vartheta_{\mathrm{F}}} \right)^2 \right]. \tag{7.52}
\end{aligned}$$

这个结果虽然与温度有关, 但是它对温度的依赖关系是相对温和的 $(\sim a - bT^2)$, 与经典结果中剧烈的温度依赖 $(\sim T^{-1})$ 差异显著.

利用式 (7.39) 和式 (7.41) 以及积分结果 (7.44) 可以进一步分析顺磁气体的热物态方程和能态方程在低温下的行为. 这一工作留给读者作为练习.

7.3.2 顺磁固体

与顺磁气体相比, 顺磁固体的统计物理模型更为简单. 理论上, 顺磁固体可以理解为一种自旋点阵, 在没有外场时每个格点上的粒子的自旋作随机取向, 并且彼此之间互不耦合.

与顺磁气体相比, 这里的自旋粒子空间位置被固定, 因此微观态能量中将不再计及平动能量. 设每个自旋粒子的自旋为 $\boldsymbol{\sigma}$, 外磁场取向指向 z 轴正向, 那么, 整个系统的哈密顿量可以写为

$$\hat{H} = -\sum_a \langle \boldsymbol{\mu}_a, \boldsymbol{\mathscr{B}} \rangle = -B \sum_a \sigma_a, \tag{7.53}$$

式中对 a 的求和是针对不同的自旋格点进行的, σ_a 表示第 a 个自旋粒子的自旋算符的 z 分量, 因此 $\mu = \gamma\sigma$ 就是磁矩的 z 分量. 在上式中引入了新的记号 $B = \gamma\boldsymbol{\mathscr{B}}$, 将 γ 吸收到了 B 的定义中.

单个粒子的自旋本征值可以写为

$$(\sigma_a)_{j_a} = j_a \hbar, \tag{7.54}$$

$$j_a = -s, -(s-1), \cdots, s-1, s, \tag{7.55}$$

因此系统在给定微观态下的能量本征值为

$$E_{\{j_a\}} = -\hbar B \sum_a j_a, \tag{7.56}$$

其中 $\{j_a\} = (j_1, j_2, \cdots, j_N)$ 是用来标记系统微观态的量子数.

系统的正则配分函数可以写为

$$\begin{aligned}
Z &= \sum_{\{j_a\}} \mathrm{e}^{-E_{\{j_a\}}/(k_0 T)} = \prod_a \sum_{j_a} \mathrm{e}^{j_a \hbar B/(k_0 T)} \\
&= \left\{ \frac{\sinh\left[\dfrac{\hbar B(2s+1)}{2k_0 T}\right]}{\sinh\left(\dfrac{\hbar B}{2k_0 T}\right)} \right\}^N,
\end{aligned} \tag{7.57}$$

式中求和符号 $\displaystyle\sum_{\{j_a\}}$ 表示要对所有的 $j_a(a = 1, 2, \cdots, N)$ 求和. 从这个配分函数出发, 容易得到系统的亥姆霍兹自由能, 从而间接得到所有的宏观状态函数和过程参量.

亥姆霍兹自由能的表达式为

$$F = -k_0 T \log Z = -N k_0 T \left\{ \log \sinh\left[\frac{\hbar B(2s+1)}{2k_0 T}\right] - \log \sinh\left(\frac{\hbar B}{2k_0 T}\right) \right\}. \tag{7.58}$$

由此可以得出熵的表达式为

$$\begin{aligned}
S &= -\left(\frac{\partial F}{\partial T}\right)_{V,\mathscr{B}} \\
&= N k_0 \left(\frac{\hbar B}{2k_0 T}\right) \left\{ \coth\left(\frac{\hbar B}{2k_0 T}\right) - (2s+1)\coth\left[\frac{\hbar B(2s+1)}{2k_0 T}\right] \right\} \\
&\quad + N k_0 \left\{ \log \sinh\left[\frac{\hbar B(2s+1)}{2k_0 T}\right] - \log \sinh\left(\frac{\hbar B}{2k_0 T}\right) \right\}.
\end{aligned} \tag{7.59}$$

内能可以从亥姆霍兹自由能和熵的表达式得出

$$E = F + TS$$

$$= Nk_0T\left(\frac{\hbar B}{2k_0T}\right)\left\{\coth\left(\frac{\hbar B}{2k_0T}\right) - (2s+1)\coth\left[\frac{\hbar B(2s+1)}{2k_0T}\right]\right\}. \tag{7.60}$$

由此, 等容定磁热容量也很容易求出

$$C_{V,\mathscr{B}} = \left(\frac{\partial E}{\partial T}\right)_{V,\mathscr{B}}$$

$$= Nk_0\left(\frac{\hbar B}{2k_0T}\right)^2\left(\left[\sinh\left(\frac{\hbar B}{2k_0T}\right)\right]^{-2} - (2s+1)^2\left\{\sinh\left[\frac{\hbar B(2s+1)}{2k_0T}\right]\right\}^{-2}\right). \tag{7.61}$$

最后, 磁化强度为

$$M = -\frac{1}{V}\left(\frac{\partial F}{\partial \mathscr{B}}\right)_{T,V}$$

$$= -n_0\left(\frac{\hbar\gamma}{2}\right)\left\{\coth\left(\frac{\hbar B}{2k_0T}\right) - (2s+1)\coth\left[\frac{\hbar B(2s+1)}{2k_0T}\right]\right\}. \tag{7.62}$$

不要忘记在以上诸式中, $B = \gamma\mathscr{B}$, $\mathscr{B}$ 才是物理的磁感应强度的大小. 当磁感应强度很弱时, 可以对上式关于变量 $\mathscr{B}$ 作级数展开, 结果可得

$$M \approx \frac{n_0\gamma^2 s(s+1)\hbar^2\mathscr{B}}{3k_0T} + O(\mathscr{B}^3). \tag{7.63}$$

若定义有效磁矩

$$\mu_{\mathrm{eff}} = \gamma\hbar\sqrt{s(s+1)},$$

那么从式 (7.63) 算出的磁化率

$$\chi_{\mathrm{m}} = \frac{\mu_0 n_0 \mu_{\mathrm{eff}}^2}{3k_0T}$$

在形式上与经典玻尔兹曼分布给出的结果式 (7.35) 完全相同.

7.4　能量上限与负温度状态

与分子的其他自由度具有的能量不同, 自旋自由度在外磁场作用下获得的磁性能级不仅有下限, 同时还具有上限. 这样的能级分布会带来一些非常特别的宏观性质. 为了突出这些性质, 假定系统中自旋粒子的其他自由度全部被冻结, 相应的能量都处于基态. 这时, 磁性亥姆霍兹自由能就是系统的全部亥姆霍兹自由能.

为了进一步简化问题, 假定全部的自旋粒子都是电子. 作为基本粒子, 电子的自旋磁矩有明确的表达式

$$\boldsymbol{\mu}_{\mathrm{e}} = \frac{ge}{2m_{\mathrm{e}}}\boldsymbol{s},$$

其中, $g \approx 2$ 称为朗德因子[①]. 由于电子自旋 s 在任意方向的投影只允许取两个可能的本征值 $\pm\dfrac{\hbar}{2}$, 在外磁场中, 其自旋能级只有两个, 即

$$\epsilon_{\pm} = \pm\frac{e\hbar}{2m_{\mathrm{e}}}\mathscr{B} \equiv \pm\mu_{\mathrm{B}}\mathscr{B},$$

式中 $\mu_{\mathrm{B}} = \dfrac{e\hbar}{2m_{\mathrm{e}}}$ 称为玻尔磁子.

从物理本质上说, 上面描述的系统与自旋为 $\dfrac{1}{2}$ 的顺磁固体没有区别, 因此可以直接利用 7.3 节的结果, 只需将 s 替换为 $\dfrac{1}{2}$、将 $\dfrac{\hbar\gamma}{2}$ 替换为 μ_{B} 即可. 这样就可以直接写出上述二能级系统的亥姆霍兹自由能和其他重要宏观量的表达式

$$F = -Nk_0 T \log\left[2\cosh\left(\frac{\mu_{\mathrm{B}}\mathscr{B}}{k_0 T}\right)\right],$$

$$S = Nk_0\left\{\log\left[2\cosh\left(\frac{\mu_{\mathrm{B}}\mathscr{B}}{k_0 T}\right)\right] - \left(\frac{\mu_{\mathrm{B}}\mathscr{B}}{k_0 T}\right)\tanh\left(\frac{\mu_{\mathrm{B}}\mathscr{B}}{k_0 T}\right)\right\},$$

$$E = -N\mu_{\mathrm{B}}\mathscr{B}\tanh\left(\frac{\mu_{\mathrm{B}}\mathscr{B}}{k_0 T}\right),$$

$$C_{V,\mathscr{B}} = Nk_0\left(\frac{\mu_{\mathrm{B}}\mathscr{B}}{k_0 T}\right)^2\left[\cosh\left(\frac{\mu_{\mathrm{B}}\mathscr{B}}{k_0 T}\right)\right]^{-2},$$

$$M = \mu_{\mathrm{B}} n_0 \tanh\left(\frac{\mu_{\mathrm{B}}\mathscr{B}}{k_0 T}\right).$$

图 7.2 描绘了上述二能级系统的熵、内能以及热容随 $\dfrac{\mu_{\mathrm{B}}\mathscr{B}}{k_0 T}$ 变化的曲线. 值得注意的是这些宏观量对于所有的 $-\infty < T < \infty$ 都是有限的, 其中熵和热容都是温度的偶函数. 这一事实暗示对于存在能量上界的系统来说, 温度 T 可以是负的. 从内能的表达式可以看出, 当 $T \to \pm\infty$ 时, 内能取值为零, 这意味着系统中的电子自旋取向完全是无序的, 而当 $T \to 0^{\pm}$ 时, 内能取值分别为 $\mp N\mu_{\mathrm{B}}\mathscr{B}$, 这两种状态分别对应系统中的电子全部处于低能级和高能级的情况, 这是系统有序程度最大的状态. 对于任意温度 T, 如果 $E(T) < 0$, 则意味着有更多的电子处于低能级, 这时 $T > 0$, 这种粒子数分布在物理上是比较容易实现

---

① 朗德因子可以通过前文给出的旋磁比 γ 和下面将给出的玻尔磁子来定义: $\gamma = g\dfrac{\mu_{\mathrm{B}}}{\hbar}$. 对于没有任何内部结构的基本粒子而言, g 的经典理论值为 $\dfrac{\hbar}{s}$, 其中 s 是自旋主量子数. 例如, 对于电子, $g = 2$. 不过, 由于高阶量子效应的贡献, 电子朗德因子的实际取值与经典理论值之间有大约千分之一量级的差异, 这个差异量所贡献是磁矩, 称为电子的反常磁矩, 它可以用量子场论给出精确的解释. 在本书中我们取 g 的经典理论值即可.

的, 可称为正常态; 如果 $E(T) > 0$, 则意味着有更多的电子处于高能级, 这时 $T < 0$, 这种粒子数分布可称为反转态. 可见, 所谓的负温度状态, 实际上就是粒子数反转态. 粒子数反转态并不仅仅出现在二能级系统中. 原则上只要系统的微观态能量同时具有上限和下限, 粒子数反转态就可以有良好的定义.

从技术上来说, 粒子数反转态是可以达到的, 一种比较常见的实现方法是将自旋粒子系统长时间放置于均匀的强磁场中使之达到热力学平衡, 然后突然反转磁场的方向, 这时系统中的粒子来不及对磁场的反转作出反应, 因此会出现多数粒子处于高能级的状态.

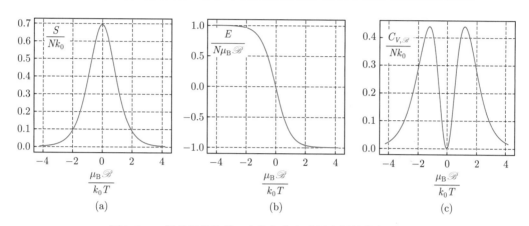

图 7.2 二能级系统的熵、内能与热容随温度倒数的变化曲线

然而, 从物理的角度来说, 多数粒子处于更高而不是更低能级的状态是一种不稳定的状态, 或者至多是一种亚稳定状态, 对这种状态进行任何扰动都会使粒子辐射出能量相当于两个能级差的能量量子而跃迁到较低的能级. 因此, 负温度的概念并不会破坏平衡态热力学的第三定律, 处于稳定平衡态的系统并不会发生负温度的现象.

7.5 电子回旋与抗磁现象

在外磁场中, 金属导体中的自由电子会由于洛伦兹力的作用而做回旋运动, 由此产生的涡旋电流又会激发导体内部的磁场, 而这种激发产生的磁场与外磁场的方向相反. 这种效应就是导体的抗磁现象. 在本节中, 我们将介绍如何利用统计系综理论来分析电子气体在外磁场中的回旋运动造成的宏观效应, 由此解释抗磁现象并计算出抗磁体的磁化率.

7.5.1 电子回旋运动的量子力学描述

为了明确起见, 假定外磁场是均匀的并且其方向指向 z 轴正向. 设 m 是电子的有效质量, $v_\perp$ 是电子在水平面 (即垂直于外磁场方向) 中速度的大小. 根据经典力学容易计算出电子的回旋频率和回旋半径分别为

$$\omega_{\mathrm{c}} = \frac{e\mathscr{B}}{m}, \quad r_{\mathrm{c}} = \frac{v_\perp}{\omega_{\mathrm{c}}}.$$

这种经典的回旋运动图像并不总是正确的, 因为回旋运动的角动量 $mv_\perp r_c$ 有可能很小, 以至于量子效应会发挥作用. 经典回旋运动图像的适用条件是

$$mv_\perp r_c \gg \hbar, \qquad r_c \gg \lambda,$$

其中, $\lambda = \hbar/mv_\perp$ 表示回旋运动自由度对应的德布罗意波长. 上述经典条件还可以翻译为

$$mv_\perp^2 \gg \hbar\omega_c, \qquad k_0 T \gg \hbar\omega_c,$$

式中, $mv_\perp^2$ 表示回旋运动的典型动能的数量级, 而 $k_0 T$ 则是根据能量均分定理判断的单粒子平均能量的数量级.

如果以上经典条件没有得到满足, 就需要采用量子力学来描述电子在外磁场提供的洛伦兹力作用下的运动行为. 为此需要引入矢量势 $\boldsymbol{A}$ 来替换磁感应强度 $\boldsymbol{\mathscr{B}}$. 假定磁感应强度 $\boldsymbol{\mathscr{B}}$ 指向 z 轴正向, 那么矢量势 $\boldsymbol{A}$ 可以选为 $\boldsymbol{A} = (0, x\mathscr{B}, 0)$. 这样, 单个电子的哈密顿量和定态薛定谔方程分别可以写为[①]

$$\hat{H} = \frac{1}{2m}\langle \hat{\boldsymbol{p}} + e\hat{\boldsymbol{A}}, \hat{\boldsymbol{p}} + e\hat{\boldsymbol{A}}\rangle = \frac{1}{2m}\left[\hat{p}_x^2 + (\hat{p}_y + m\omega_c x)^2 + \hat{p}_z^2\right], \tag{7.64}$$

$$\hat{H}\Psi(\boldsymbol{x}) = \epsilon\,\Psi(\boldsymbol{x}). \tag{7.65}$$

这个哈密顿量与 $\hat{p}_y$ 和 $\hat{p}_z$ 对易, 因此可以将电子在 y, z 方向上的运动看成自由运动, 其动量本征值分别为 $p_y = \hbar k_y, p_z = \hbar k_z$, 相应的波函数可以写成分离变量的形式

$$\Psi(\boldsymbol{x}) = \varphi(x)\mathrm{e}^{\mathrm{i}(k_y y + k_z z)}. \tag{7.66}$$

分离变量后波函数的 x 因子满足的方程成为

$$-\frac{\hbar^2}{2m}\frac{\mathrm{d}^2}{\mathrm{d}x^2}\varphi(x) + \frac{1}{2}m\omega_c^2(x - x_0)^2\varphi(x) = \epsilon_n\varphi(x), \tag{7.67}$$

其中,

$$x_0 = -\frac{\hbar k_y}{m\omega_c}, \qquad \epsilon_n = \epsilon - \frac{\hbar^2 k_z^2}{2m}. \tag{7.68}$$

方程 (7.67) 实际上就是平衡位置为 x_0 的简谐振子的定态薛定谔方程, 其能量本征值和波函数可以参照式 (1.4) 以及式 (1.5)、式 (1.6) 分别写为

$$\epsilon_n = \hbar\omega_c\left(n + \frac{1}{2}\right), \tag{7.69}$$

$$\varphi_n(x) = \frac{1}{\sqrt{2^n n!}}\pi^{-1/4}\ell^{-1/2}H_n\left(\frac{x - x_0}{\ell}\right)\mathrm{e}^{-(x - x_0)^2/(2\ell^2)}, \tag{7.70}$$

---

① 这里暂时只考虑电子的空间运动而没有考虑电子的自旋. 自旋自由度的贡献将在对微观态求和时纳入考虑.

其中

$$\ell = \sqrt{\frac{\hbar}{m\omega_c}} = \sqrt{\frac{\hbar}{e\mathcal{B}}} \tag{7.71}$$

具有长度量纲, 称为最小朗道半径. 由此可见, 描述回旋电子的空间运动的波函数可以写为

$$\Psi_{n,k_y,k_z}(\boldsymbol{x}) = \varphi_n(x)\mathrm{e}^{\mathrm{i}(k_y y + k_z z)}, \tag{7.72}$$

对应的能量本征值不依赖于量子数 k_y

$$\epsilon = \epsilon(n, k_z) = \hbar\omega_c\left(n + \frac{1}{2}\right) + \frac{\hbar^2 k_z^2}{2m} = (2n+1)\mu_B\mathcal{B} + \frac{\hbar^2 k_z^2}{2m}, \tag{7.73}$$

其中 μ_B 就是玻尔磁子.

图 7.3 描绘了回旋电子的能量本征值随量子数 (n, k_z) 变化的情况. 从图中看到的沿 n 方向的离散能级称为朗道能级. 如果用半经典的方法来描述电子的回旋运动, 那么朗道能级所对应的能量离散化可以等效地叙述为电子回旋半径的离散化, 即

$$\epsilon_n = \hbar\omega_c\left(n + \frac{1}{2}\right) = \frac{1}{2}m\omega_c^2 r_{c,n}^2,$$

$$r_{c,n} = \sqrt{2n+1}\,\ell.$$

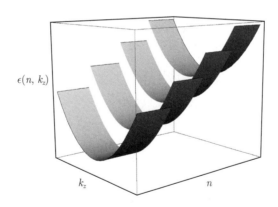

图 7.3　回旋电子的能量本征值随量子数变化的情况

7.5.2　朗道抗磁性的统计物理解释

为了描述电子回旋运动造成的宏观后果, 需要用到外磁场中电子气体的热力学基本微分关系, 即

$$\mathrm{d}\Omega = -S\mathrm{d}T - P\mathrm{d}V - N\mathrm{d}\vartheta - \mathcal{M}\mathrm{d}\mathcal{B}, \tag{7.74}$$

其中 $\mathcal{M}$ 是因电子回旋运动产生的总回旋磁矩向外磁场方向 (即 z 轴正向) 的投影.

为了计算回旋电子气体的巨势 Ω, 还需要引入一个新的对应原理, 并且不能忘记电子还有一个描述自旋的内禀量子数. 假定系统沿 3 个空间坐标方向的长度分别为 L_x、L_y、L_z, 即 $V = L_x L_y L_z$. 对电子微观态进行求和的运算是

$$\sum_{n,s,k_y,k_z} \rightarrow \frac{L_y L_z}{(2\pi)^2} \sum_{n,s} \int \mathrm{d}k_y \mathrm{d}k_z,$$

其中 s 表示电子的自旋本征值. 由于电子微观态的能量并不依赖于量子数 k_y, 关于它的积分可以直接得出

$$\int \mathrm{d}k_y = \int \frac{\mathrm{d}x_0}{\ell^2} = \frac{L_x}{\ell^2},$$

式中利用了式 (7.68) 给出的 k_y 与 x_0 的关系式以及 ℓ 的定义式. 因此, 对微观态求和的运算又可以写为

$$\sum_{n,s,k_y,k_z} \rightarrow \frac{L_y L_z}{(2\pi)^2} \frac{L_x}{\ell^2} \sum_{n,s} \int \mathrm{d}k_z = \frac{V}{(2\pi\ell)^2} \sum_{n,s} \int \mathrm{d}k_z. \tag{7.75}$$

这就是我们所需要的新的对应原理.

在具体对微观态进行求和时, 权重因子 (或者分布函数) 都依赖于微观态的能量而非波矢, 所以还需要将对 k_z 的积分转换为对微观态能量 ϵ 的积分. 从式 (7.73) 可以得出

$$k_z(\epsilon) = \left(\frac{2m}{\hbar^2}\right)^{1/2} \left[\epsilon - (2n+1)\mu_B \mathscr{B}\right]^{1/2}, \tag{7.76}$$

$$\mathrm{d}k_z = \frac{1}{2}\left(\frac{2m}{\hbar^2}\right)^{1/2} \left[\epsilon - (2n+1)\mu_B \mathscr{B}\right]^{-1/2} \mathrm{d}\epsilon. \tag{7.77}$$

另外, 考虑到 ϵ 是 k_z 的偶函数, 在做积分计算时需要添加一个额外的因子 2:

$$\int_{-\infty}^{\infty} \mathrm{d}k_z = 2\int_0^{\infty} \mathrm{d}k_z = 2\int_0^{\infty} \frac{1}{2}\left(\frac{2m}{\hbar^2}\right)^{1/2} \left[\epsilon - (2n+1)\mu_B \mathscr{B}\right]^{-1/2} \mathrm{d}\epsilon. \tag{7.78}$$

将上式代入式 (7.75), 结果可得

$$\sum_{n,s,k_y,k_z} \rightarrow \frac{V}{(2\pi\ell)^2}\left(\frac{2m}{\hbar^2}\right)^{1/2} \sum_{n,s} \int \left[\epsilon - (2n+1)\mu_B \mathscr{B}\right]^{-1/2} \mathrm{d}\epsilon. \tag{7.79}$$

注意: 在沿 z 轴正向的外磁场作用下, 电子还会因为自旋与磁场作用而产生一个额外的离散磁性势能, 能级不具有自旋简并性. 但由于电子的总能量本征值是连续的, 对电子的每个自旋取值相应的积分形式都一样, 因此对自旋的求和依然会给出一个倍数 2. 上式右边除去对 n 求和的求和号和对 ϵ 积分的积分元之外, 剩余的因子其实就是回旋电子气体的能态密度

$$g(\epsilon) = \frac{2V}{(2\pi\ell)^2}\left(\frac{2m}{\hbar^2}\right)^{1/2} \left[\epsilon - (2n+1)\mu_B \mathscr{B}\right]^{-1/2}.$$

经过上述讨论后, 现在可以直接写出回旋电子气体的巨势

$$
\begin{aligned}
\varOmega &= -k_0 T \sum_{n,s,k_y,k_z} \log\left\{1 + \mathrm{e}^{[\vartheta-\epsilon(n,k_z)]/(k_0 T)}\right\} \\
&= -\frac{4k_0 T V}{(2\pi\ell)^2} \sum_n \int_0^\infty \log\left[1 + \mathrm{e}^{(\vartheta-\epsilon)/(k_0 T)}\right]\mathrm{d}k_z \\
&= -\frac{4V}{(2\pi\ell)^2} \sum_n \int_{\epsilon_n}^\infty \frac{k_z(\epsilon)\mathrm{d}\epsilon}{\mathrm{e}^{(\epsilon-\vartheta)/(k_0 T)} + 1},
\end{aligned}
\tag{7.80}
$$

式中 $k_z(\epsilon)$ 由式 (7.76) 给出, 积分下限 $\epsilon_n = (2n+1)\mu_\mathrm{B}\mathscr{B}$ 由式 (7.69) 给出.

下面将只讨论完全简并和非简并两种极限情况.

1. 非简并极限

首先讨论非简并极限情况. 这种情况下式 (7.80) 变为

$$
\varOmega = -\frac{4V}{(2\pi\ell)^2}\left(\frac{2m}{\hbar^2}\right)^{1/2}\sum_{n=0}^\infty \int_{\epsilon_n}^\infty \left[\epsilon - (2n+1)\mu_\mathrm{B}\mathscr{B}\right]^{1/2}\mathrm{e}^{(\vartheta-\epsilon)/(k_0 T)}\mathrm{d}\epsilon.
\tag{7.81}
$$

引入新的变量

$$
\xi = \epsilon - (2n+1)\mu_\mathrm{B}\mathscr{B},
$$

可将上式改写为

$$
\begin{aligned}
\varOmega &= -\frac{4V}{(2\pi\ell)^2}\left(\frac{2m}{\hbar^2}\right)^{1/2}\sum_{n=0}^\infty \int_0^\infty \xi^{1/2}\mathrm{e}^{[\vartheta-\xi-(2n+1)\mu_\mathrm{B}\mathscr{B}]/(k_0 T)}\mathrm{d}\xi \\
&= -\frac{4V}{(2\pi\ell)^2}\left(\frac{2m}{\hbar^2}\right)^{1/2}\sum_{n=0}^\infty \mathrm{e}^{[\vartheta-(2n+1)\mu_\mathrm{B}\mathscr{B}]/(k_0 T)}\int_0^\infty \xi^{1/2}\mathrm{e}^{-\xi/(k_0 T)}\mathrm{d}\xi \\
&= -\frac{2V}{(2\pi\ell)^2}\left(\frac{2\pi m}{\hbar^2}\right)^{1/2}(k_0 T)^{3/2}\mathrm{e}^{\vartheta/(k_0 T)}\sum_{n=0}^\infty \mathrm{e}^{-(2n+1)\mu_\mathrm{B}\mathscr{B}/(k_0 T)} \\
&= -\frac{V}{(2\pi)^2}\left(\frac{2\pi m}{\hbar^2}\right)^{1/2}(k_0 T)^{3/2}\frac{\mathrm{e}^{\vartheta/(k_0 T)}}{\dfrac{\hbar}{e\mathscr{B}}\sinh\left(\dfrac{\mu_\mathrm{B}\mathscr{B}}{k_0 T}\right)},
\end{aligned}
\tag{7.82}
$$

式中已经利用 ℓ 的定义将其写为关于 $\mathscr{B}$ 的表达式. 从巨势的表达式很容易得到粒子数

$$
N = -\left(\frac{\partial\varOmega}{\partial\vartheta}\right)_{T,V,\mathscr{B}} = \frac{V}{(2\pi)^2}\left(\frac{2\pi m k_0 T}{\hbar^2}\right)^{1/2}\frac{\mathrm{e}^{\vartheta/(k_0 T)}}{\dfrac{\hbar}{e\mathscr{B}}\sinh\left(\dfrac{\mu_\mathrm{B}\mathscr{B}}{k_0 T}\right)}.
\tag{7.83}
$$

请注意式 (7.82) 和式 (7.83) 的写法: 所有与外磁场相关的因素都只出现在最后一个因子的分母中. 这些表达式对任意的外磁场都是适用的. 比较式 (7.82) 和式 (7.83) 还可以得出

$$
\varOmega = -N k_0 T,
\tag{7.84}
$$

因此, 分析巨势对磁场的依赖关系也可以从分析 $N(\mathscr{B})$ 对磁场的依赖关系入手.

当 $\dfrac{\mu_{\mathrm{B}}\mathscr{B}}{k_0 T} \ll 1$ 时, 可以利用下面的级数:

$$\frac{1}{\sinh(x)} = \frac{1}{x} - \frac{x}{6} + O\left(x^3\right) \tag{7.85}$$

将式 (7.83) 右边关于磁场作级数展开, 结果为

$$N = 2V\left(\frac{2\pi m k_0 T}{h^2}\right)^{3/2} \mathrm{e}^{\vartheta/(k_0 T)}\left[1 - \frac{1}{6}\left(\frac{\mu_{\mathrm{B}}\mathscr{B}}{k_0 T}\right)^2\right], \tag{7.86}$$

式中利用了 μ_{B} 的定义式. 从上式可以反解出化学势与磁场和温度的关系:

$$\begin{aligned}
\vartheta &= k_0 T \log\left[\left(\frac{N}{2V}\right)\left(\frac{h^2}{2\pi m k_0 T}\right)^{3/2}\right] - k_0 T \log\left[1 - \frac{1}{6}\left(\frac{\mu_{\mathrm{B}}\mathscr{B}}{k_0 T}\right)^2\right] \\
&\approx k_0 T \log\left[\left(\frac{N}{2V}\right)\left(\frac{h^2}{2\pi m k_0 T}\right)^{3/2}\right] + \frac{k_0 T}{6}\left(\frac{\mu_{\mathrm{B}}\mathscr{B}}{k_0 T}\right)^2.
\end{aligned} \tag{7.87}$$

当外磁场为零时, 上式的结果与经典气体的化学势完全相同 [参见式 (3.65) 与式 (6.64)]. 在引入弱磁场后化学势将与 $\mathscr{B}^2$ 呈线性关系.

利用式 (7.84) 和式 (7.86) 可以将弱磁场下非简并回旋电子气体的巨势写为

$$\begin{aligned}
\Omega &= -2V\left(\frac{2\pi m k_0 T}{h^2}\right)^{3/2} \mathrm{e}^{\vartheta/(k_0 T)}(k_0 T)\left[1 - \frac{1}{6}\left(\frac{\mu_{\mathrm{B}}\mathscr{B}}{k_0 T}\right)^2\right] \\
&= -N(0)k_0 T\left[1 - \frac{1}{6}\left(\frac{\mu_{\mathrm{B}}\mathscr{B}}{k_0 T}\right)^2\right],
\end{aligned} \tag{7.88}$$

其中, $N(0)$ 是磁场为零时粒子数的表达式. 因此, 磁化强度为

$$M = -\frac{1}{V}\left(\frac{\partial \Omega}{\partial \mathscr{B}}\right)_{T,V,\vartheta} = -\frac{n_0 (\mu_{\mathrm{B}})^2}{3k_0 T}\mathscr{B}, \tag{7.89}$$

其中, $n_0 = N(0)/V$ 是无外磁场时的粒子数密度. 从上式可以得出金属导体的磁化率

$$\chi_{\mathrm{dia}} = -\frac{\mu_0 n_0 (\mu_{\mathrm{B}})^2}{3k_0 T}.$$

这个磁化率数值是负的, 因此金属导体呈现抗磁性. 这种抗磁性称为朗道抗磁性. 将上述结果与顺磁体的经典结果式 (7.35) 比较, 可以发现抗磁磁化率与顺磁磁化率之比为

$$\frac{\chi_{\mathrm{dia}}}{\chi_{\mathrm{m}}} = -\left(\frac{\mu_{\mathrm{B}}}{\mu}\right)^2, \tag{7.90}$$

式中, μ 是电子的内禀磁矩.

2. 完全简并极限

在完全简并极限下费米–狄拉克分布函数退化为矩形分布, 这时式 (7.80) 成为

$$
\begin{aligned}
\Omega &= -\frac{4V}{(2\pi\ell)^2}\left(\frac{2m}{\hbar^2}\right)^{1/2}\sum_{n=0}^{\infty}\int_{(2n+1)\mu_{\rm B}\mathscr{B}}^{\vartheta_{\rm F}}\left[\epsilon-(2n+1)\mu_{\rm B}\mathscr{B}\right]^{1/2}{\rm d}\epsilon \\
&= -\frac{4V}{(2\pi\ell)^2}\left(\frac{2m}{\hbar^2}\right)^{1/2}\sum_{n=0}^{\infty}\int_{0}^{\vartheta_{\rm F}-(2n+1)\mu_{\rm B}\mathscr{B}}\xi^{1/2}{\rm d}\xi \\
&= -\frac{8V}{3(2\pi\ell)^2}\left(\frac{2m}{\hbar^2}\right)^{1/2}\sum_{n=0}^{n_{\max}}\left[\vartheta_{\rm F}-(2n+1)\mu_{\rm B}\mathscr{B}\right]^{3/2},
\end{aligned}
\tag{7.91}
$$

其中 $n_{\max}$ 表示费米面之下所能容纳的最高能级的量子数, $n_{\max}=(\vartheta_{\rm F}-\mu_{\rm B}\mathscr{B})/(2\mu_{\rm B}\mathscr{B})$, 而 $\vartheta_{\rm F}$ 则表示存在外磁场时系统的费米能. 一般来说, 有磁场和无磁场情况下的费米能是不同的.

对于一般的外磁场 $\mathscr{B}$, 式 (7.91) 中的求和很难用解析的方法计算出来. 如果外磁场很弱, 那么 $\mu_{\rm B}\mathscr{B}/k_0 T$ 可以很小, 这时的朗道能级可以看成准连续的, 因此求和可以化成积分. 利用欧拉–麦克劳林求和公式 (A.43) 可以得出巨势的解析表达式. 在最低阶近似下, 所得的结果可以表达为

$$
\Omega = -\frac{8V}{15(2\pi\ell)^2}\left(\frac{2m}{\hbar^2}\right)^{1/2}\frac{\vartheta_{\rm F}^{5/2}}{\mu_{\rm B}\mathscr{B}} = -\frac{8V}{15(2\pi)^2}\left(\frac{2m}{\hbar^2}\right)^{3/2}\vartheta_{\rm F}^{5/2},
\tag{7.92}
$$

式中最后一步利用了关系式 $\mu_{\rm B}=\dfrac{e\hbar}{2m}$ 以及 $\ell^2=\dfrac{\hbar}{e\mathscr{B}}$. 这个结果与磁场无关, 并且在数值上是与无外磁场时的完全简并费米气体的巨势 (6.35) 相同的 (后者需要将 $D=3$ 的条件代入). 由此可见在朗道能级准连续的极限 (即半经典极限) 下, 抗磁性并不会出现.

如果外磁场很强, 以至于 $\vartheta_{\rm F}<3\mu_{\rm B}\mathscr{B}$, 那么式 (7.91) 中的求和将只剩下 $n=0$ 的一项, 这时所有电子都保留在最低朗道能级, 对应的磁化强度为

$$
M = -\frac{1}{V}\left(\frac{\partial\Omega}{\partial\mathscr{B}}\right)_{T,V,\vartheta} = -\frac{4}{(2\pi\ell)^2}\left(\frac{2m}{\hbar^2}\right)^{1/2}\mu_{\rm B}(\vartheta_{\rm F}-\mu_{\rm B}\mathscr{B})^{1/2}.
\tag{7.93}
$$

利用式 (7.91) 还可以计算出强磁场极限下的粒子数 N

$$
N = -\left(\frac{\partial\Omega}{\partial\vartheta_{\rm F}}\right)_{T,V,\mathscr{B}} = \frac{4V}{(2\pi\ell)^2}\left(\frac{2m}{\hbar^2}\right)^{1/2}(\vartheta_{\rm F}-\mu_{\rm B}\mathscr{B})^{1/2}.
\tag{7.94}
$$

比较以上两式, 可以发现

$$
M = -n\mu_{\rm B}, \qquad n = \frac{N}{V}.
\tag{7.95}
$$

这个结果与外磁场无关, 原因是这时系统内所有电子的回旋磁矩都指向了与外磁场相反的方向, 整个系统的抗磁性已经达到饱和.

综上所述, 抗磁性的出现需要回旋电子的朗道能级发生量子化. 只要朗道能级满足量子化条件, 无论电子气体是简并的还是非简并的, 抗磁性都会产生; 反之, 如果朗道能级是连续的, 则无论电子气体的简并程度如何, 都不会产生抗磁性. 由于 ω_c 正比于外磁场的大小, 在给定的温度下, 外磁场越强, 越容易凸显朗道能级的不连续性, 因此金属导体也越容易呈现出抗磁性.

本章人物: 居里

皮埃尔·居里 (Pierre Curie, 1859~1906), 法国著名的物理学家, 居里夫人的丈夫, 保罗·朗之万的老师, 也是居里定律的发现者. 1903 年他和居里夫人及贝可勒尔共同获得了诺贝尔物理学奖. 皮埃尔·居里个人的学术成就主要是发现了压电效应以及磁性物质的磁化率与温度的关系. 他还与居里夫人一起发现了放射性元素钋和镭.

在放射性元素发现之初, 科学家对放射性物质的危害了解不足, 甚至认为放射性元素直接靠近病人的躯体可以杀死有病的细胞, 并据此提出了放射性疗法. 居里经常随身携带一个装有他们自己提炼的放射性元素的试管到处演讲、演示放射性的奇妙现象. 这严重危害了他的视力.

自皮埃尔·居里开始, 其家族至今共出现 4 代科学家, 其中以皮埃尔·居里夫妇和他们的女儿、女婿最为著名, 大、小居里夫妇均曾获得诺贝尔奖.

居里

本章人物: 朗之万

朗之万 (Paul Langevin, 1872~1946), 法国著名物理学家, 曾经是皮埃尔·居里的学生, 以对次级 X 射线、气体中离子的性质、气体分子动理论、磁性理论以及相对论方面的工作著称. 他在研究气体分子的动理论时建立了著名的朗之万方程; 在研究磁性物质时利用现代的原子结构和电子电荷去解释顺磁、抗磁现象; 利用皮埃尔·居里发现的压电效应, 朗之万还开发出通过超声波探测潜艇位置的装置. 此外, 他还发展了布朗运动的涨落理论, 对相对论在法国的传播也作出不少贡献. 著名的双生子佯谬就是朗之万提出的.

除了在科学研究中的贡献外, 朗之万还是一名著名的反法西斯斗士, 是法国共产党党员. 1932 年中国物理学会的建立也与朗之万的建议和推动有关.

朗之万

第7章习题

7.1 请补全电介质和磁介质的麦克斯韦关系 (将电场强度 $\mathscr{E}$ 和磁场强度 $\mathscr{H}$ 当作一个整体, 不要将它们的不同分量单独处理).

7.2 求出在外电场中的极性分子气体的内能与等容热容, 并探讨通过实验测定单个气体分子的电偶极矩的方法.

7.3 计算低温下顺磁气体的热物态方程和能态方程. 从热物态方程能否观察到磁致伸缩效应?

7.4 求出低温顺磁气体的熵, 并利用所得结果讨论磁卡效应.

7.5 试探讨二能级系统中两个能级上的粒子数是否服从玻尔兹曼分布并解释其原因.

7.6 试分析外磁场中金属导体内部的回旋电子气体的熵和等容热容随温度、磁场变化的行为. 建议分别使用玻尔兹曼分布和费米–狄拉克分布来分析这个问题.

7.7 试根据磁介质的热力学基本微分关系式分析磁介质的平衡条件、吉布斯–杜安方程以及热力学势所满足的欧拉齐次性关系, 探讨所得结果的可靠性.

第7章

第 8 章　非平衡热力学与统计物理简介

学习目标与要求

(1) 了解非平衡系统的基本概念、BBGKY 级列的意义，掌握玻尔兹曼方程的构造以及 H 定理的证明过程.

(2) 熟悉弛豫时间近似的基本思路和分析方法，了解部分输运系数的计算过程和相应输运现象的基本规律.

(3) 初步了解非磁化等离子体中电子振荡的处理方法和朗道阻尼现象.

(4) 了解局部熵产生的基本概念，掌握昂萨格倒易关系的证明过程.

(5) 初步了解线性响应理论、涨落–耗散定理以及涨落定理等非平衡统计物理的现代进展.

第 8 章知识图谱

8.1　非平衡系统的分布函数与 BBGKY 级列

到目前为止，我们所学习的内容仅限于宏观系统的平衡态热力学及相关的统计理论. 在实际物理考量中，偏离平衡态的物理状态和过程也是非常重要的研究对象. 对这些非平衡的物理状态和过程的深入理解会更加深刻地揭示宏观现象的物理本质，也往往会将纯学术的物理思维引导到更为实用的技术领域.

与处于平衡态的宏观系统不同，处于非平衡态的系统的温度、压强和化学势不会同时在全系统范围内保持均匀，但是为了能够描述这类系统的宏观状态，一般会假定上述参量在时间和空间上需具备连续性和一定的光滑性.

为了理解非平衡系统所遵从的宏观规律，首要的问题是弄清这种系统的微观状态满足何种分布. 一般来说，非平衡系统处于特定微观状态的概率是随时间变化的. 对于这样的系统，统计系综的概念并不适用，因此需要引入不同的方法来描述这类系统的微观状态的分布.

考虑一个封闭的非平衡 N 粒子系统，其中所有粒子都是完全相同的. 如果用 $\boldsymbol{x} = (\boldsymbol{q}, \boldsymbol{p})$ 来标记系统中一个单粒子的微观状态，那么该系统的微观态分布函数可以写为

$$f_N = f_N(t, \boldsymbol{x}_1, \cdots, \boldsymbol{x}_N), \tag{8.1}$$

其意义是在时刻 t、位于 μ 空间位置 $\boldsymbol{x}_1, \cdots, \boldsymbol{x}_N$ 处各有一个粒子的概率. 根据微观粒子的全同性, 我们假定 f_N 对任意一对粒子的交换是对称的. 另外, 由于系统处于非平衡状态, f_N 对于时间 t 和空间坐标 $\boldsymbol{q}_a$ $(a = 1, \cdots, N)$ 的依赖是非平凡的.

从 f_N 出发, 可以构建系统中部分粒子构成的子系的分布函数. 例如, s 粒子分布函数 $f_s = f_s(t, \boldsymbol{x}_1, \cdots, \boldsymbol{x}_s)$ 可以写为

$$f_s(t, \boldsymbol{x}_1, \cdots, \boldsymbol{x}_s) = \frac{N!}{(N-s)!} \int f_N(t, \boldsymbol{x}_1, \cdots, \boldsymbol{x}_N)\, \mathrm{d}\mu_{s+1} \cdots \mathrm{d}\mu_N, \tag{8.2}$$

式中 $\mathrm{d}\mu_a = (\mathrm{d}\boldsymbol{q})_a (\mathrm{d}\boldsymbol{p})_a$. 上式右边出现因子 $\dfrac{N!}{(N-s)!}$ 的原因是: 为了获得 s 粒子分布函数, 需要选出 $N-s$ 个粒子的微观态空间参量进行积分, 这 $N-s$ 个粒子的选择方式共有 $C_N^s = \dfrac{N!}{(N-s)!s!}$ 种. 积分后所得的 s 粒子分布函数与这些粒子的编号排列方式无关, 因此需对上述组合数额外乘以 $s!$, 最终得到的数值因子就是 $\dfrac{N!}{(N-s)!}$. 由于 f_N 对所有坐标和波矢积分必须归一, 因此有

$$\int f_s(t, \boldsymbol{x}_1, \cdots, \boldsymbol{x}_s)\, \mathrm{d}\mu_1 \cdots \mathrm{d}\mu_s = \frac{N!}{(N-s)!}. \tag{8.3}$$

当 $s = 1$ 时, 有

$$\int f_1(t, \boldsymbol{x})\mathrm{d}\mu = \int f_1(t, \boldsymbol{q}, \boldsymbol{p})\mathrm{d}\mu = N,$$

因此, $f_1(t, \boldsymbol{q}, \boldsymbol{p})$ 的含义是在时刻 t 位于 μ 空间位置 $(\boldsymbol{q}, \boldsymbol{p})$ 处的代表点的数密度. 注意: 分布函数 $f_1(t, \boldsymbol{q}, \boldsymbol{p})$ 是有量纲的, 其量纲为 $[\|\boldsymbol{q}\|]^{-D}[\|\boldsymbol{p}\|]^{-D}$. 位形空间中的粒子数密度为

$$n(\boldsymbol{q}) = \int f_1(t, \boldsymbol{q}, \boldsymbol{p})(\mathrm{d}\boldsymbol{p}). \tag{8.4}$$

从 f_s 的定义式还可以得知, 对于任意 $s < s' \leqslant N$, 决定 $f_s(t, \boldsymbol{x}_1, \cdots, \boldsymbol{x}_s)$ 的时间演化的方程必定依赖于 $f_{s'}$ 的积分表达式. 这样, 决定分布函数 $f_1, f_2, \cdots$ 的方程组将具有这样的特征, 即粒子数更少的子系的分布函数总是依赖于粒子数更多的子系的分布函数, 并且这种依赖性是通过微分–积分方程的形式表现的, 唯一的例外是 N 体分布函数 f_N 所满足的方程, 由于没有更多粒子的贡献, 该方程应该是自封的. 不同粒子数的分布函数之间满足的上述级列关系称为 BBGKY 级列, 是由博戈留波夫、玻恩、格林、柯克伍德和伊冯分别于 1945~1946 年发现的. 由于 BBGKY 级列并不能截断于任何 $s < N$, 所以描述多体系统内部分粒子的分布函数是一个非常困难的问题.

如果系统是孤立的, N 体分布函数 f_N 需满足连续性方程 (1.31), 即

$$\frac{\partial f_N}{\partial t} + \sum_{a=1}^{N} [\nabla_{\boldsymbol{q}_a} \cdot (f_N \dot{\boldsymbol{q}}_a) + \nabla_{\boldsymbol{p}_a} \cdot (f_N \dot{\boldsymbol{p}}_a)] = 0.$$

这时, 通过引入适当的边界条件和相互作用的微观模型, 可以利用式 (8.2) 得出 f_s 满足的方程的具体形式, 具体过程如下.

首先假定系统内存在一个保守力场, 使得粒子 a 获得一个势能 $u_a = u(\boldsymbol{q}_a)$. 除此之外, 假定粒子间的相互作用都是两体相互作用, 其中粒子 a 和 b 之间相互作用的势能为 $u_{ab} = u_{ab}(\boldsymbol{q}_a - \boldsymbol{q}_b)$. 这时, 上式可以重写为

$$\frac{\partial f_N}{\partial t} + \sum_{a=1}^{N} \langle \boldsymbol{v}_a, \nabla_{\boldsymbol{q}_a} f_N \rangle - \sum_{a=1}^{N} \left\langle \nabla_{\boldsymbol{q}_a} u_a + \sum_{b=1, b \neq a}^{N} \nabla_{\boldsymbol{q}_b} u_{ab}, \nabla_{\boldsymbol{p}_a} f_N \right\rangle = 0, \tag{8.5}$$

其中 $\boldsymbol{v}_a = \dot{\boldsymbol{q}}_a$ 是粒子 a 的速度, $\dot{\boldsymbol{p}}_a = \boldsymbol{F}_a = -\nabla_{\boldsymbol{q}_a} u_a - \sum_{b=1, b \neq a}^{N} \nabla_{\boldsymbol{q}_b} u_{ab}$ 是粒子 a 所受的力.

假定 f_N 在系统边界上为零, 有

$$\int \langle \boldsymbol{v}_a, \nabla_{\boldsymbol{q}_a} f_N \rangle \mathrm{d}\mu_a = 0,$$

$$\int \langle \nabla_{\boldsymbol{q}_a} u_a, \nabla_{\boldsymbol{p}_a} f_N \rangle \mathrm{d}\mu_a = 0,$$

$$\int \langle \nabla_{\boldsymbol{q}_b} u_{ab}, \nabla_{\boldsymbol{p}_a} f_N \rangle \mathrm{d}\mu_a = 0.$$

利用式 (8.2) 可以得到: 对任意 $1 \leqslant s < N$, 有

$$\frac{\partial f_s}{\partial t} + \sum_{a=1}^{s} \langle \boldsymbol{v}_a, \nabla_{\boldsymbol{q}_a} f_s \rangle - \sum_{a=1}^{s} \left\langle \nabla_{\boldsymbol{q}_a} u_a + \sum_{b=1, b \neq a}^{s} \nabla_{\boldsymbol{q}_b} u_{ab}, \nabla_{\boldsymbol{p}_a} f_s \right\rangle$$
$$- \frac{N!}{(N-s)!} \sum_{a=1}^{s} \sum_{b=s+1}^{N} \int \langle \nabla_{\boldsymbol{q}_b} u_{ab}, \nabla_{\boldsymbol{p}_a} f_N \rangle \, \mathrm{d}\mu_{s+1} \cdots \mathrm{d}\mu_N = 0. \tag{8.6}$$

在上式最后一行中, 针对 b 的每一个取值, 对所有 $\mathrm{d}\mu_s$ ($s \neq b$) 的积分均相等, 且都等于 $\frac{(N-s-1)!}{N!} \langle \nabla_{\boldsymbol{q}_b} u_{ab}, \nabla_{\boldsymbol{p}_a} f_{s+1} \rangle$. 因为总共有 $N-s$ 个这样的项, 所以其总和可以进一步表达为 (将 b 重新标记为 $s+1$)

$$- \frac{N!}{(N-s)!} \sum_{a=1}^{s} \sum_{b=s+1}^{N} \int \langle \nabla_{\boldsymbol{q}_b} u_{ab}, \nabla_{\boldsymbol{p}_a} f_N \rangle \, \mathrm{d}\mu_{s+1} \cdots \mathrm{d}\mu_N$$

$$= - \sum_{a=1}^{s} \int \langle \nabla_{\boldsymbol{q}_{s+1}} u_{a,s+1}, \nabla_{\boldsymbol{p}_a} f_{s+1} \rangle \, \mathrm{d}\mu_{s+1},$$

因此, 式 (8.6) 可改写为

$$\frac{\partial f_s}{\partial t} + \sum_{a=1}^{s} \langle \boldsymbol{v}_a, \nabla_{\boldsymbol{q}_a} f_s \rangle - \sum_{a=1}^{s} \left\langle \nabla_{\boldsymbol{q}_a} u_a + \sum_{b=1 (b \neq a)}^{s} \nabla_{\boldsymbol{q}_b} u_{ab}, \nabla_{\boldsymbol{p}_a} f_s \right\rangle$$

$$= \sum_{a=1}^{s} \int \langle \nabla_{\boldsymbol{q}_{s+1}} u_{a,s+1}, \nabla_{\boldsymbol{p}_a} f_{s+1} \rangle \, \mathrm{d}\mu_{s+1}. \tag{8.7}$$

当 $s = 1$ 时, 上式左边对 b 的求和项不存在, 而当 $s = N$ 时, 上式右边的 $f_{s+1} = 0$. 对于 $s = 1, 2, \cdots, N$, 由式 (8.7) 给出的方程组构成了确定 BBGKY 级列中各分布函数的完整的微分–积分方程组, 称为 BBGKY 级列方程组. 可以看到, 除了 f_N 满足的方程 (8.5) 以外, 其余各分布函数 f_s 所满足的方程均不能自封闭. 换句话说, BBGKY 级列无法截断于任何 $s < N$.

既然存在 BBGKY 级列难以截断的问题, 为何还要引入少部分粒子的分布函数呢? 原因在于我们对系统宏观行为的描述在很多场合是依赖于对单体或者两体的态空间函数的统计平均值来实现的. 假定存在以下的态空间函数:

$$O_1(\boldsymbol{x}_1, \cdots, \boldsymbol{x}_N) = \sum_a \xi(\boldsymbol{x}_a),$$

$$O_2(\boldsymbol{x}_1, \cdots, \boldsymbol{x}_N) = \sum_a \sum_{b \neq a} \eta(\boldsymbol{x}_a, \boldsymbol{x}_b),$$

那么 O_1 的统计平均值可以写为

$$\overline{O_1} = \int O_1(\boldsymbol{x}_1, \cdots, \boldsymbol{x}_N) f_N(t, \boldsymbol{x}_1, \cdots, \boldsymbol{x}_N) \, \mathrm{d}\mu_1 \cdots \mathrm{d}\mu_N$$

$$= \sum_{a=1}^{N} \int \xi(\boldsymbol{x}_a) \mathrm{d}\mu_a \int f_N(t, \boldsymbol{x}_1, \cdots, \boldsymbol{x}_N) \, \mathrm{d}\mu_1 \cdots \mathrm{d}\mu_{a-1} \mathrm{d}\mu_{a+1} \cdots \mathrm{d}\mu_N$$

$$= \frac{(N-1)!}{N!} \sum_{a=1}^{N} \int \xi(\boldsymbol{x}_a) f_1(t, \boldsymbol{x}_a) \, \mathrm{d}\mu_a$$

$$= \int \xi(\boldsymbol{x}_1) f_1(t, \boldsymbol{x}_1) \, \mathrm{d}\mu_1.$$

类似地, O_2 的统计平均值可以写为

$$\overline{O_2} = \int \eta(\boldsymbol{x}_1, \boldsymbol{x}_2) f_2(t, \boldsymbol{x}_1, \boldsymbol{x}_2) \, \mathrm{d}\mu_1 \mathrm{d}\mu_2.$$

由此可见, 当我们关心的态空间函数仅包含单体和两体因素时, 仅需要 f_1 和 f_2 即可计算相应的统计平均值.

对一个多体系统, 如果其内部任意一对粒子间的空间距离都大于它们之间相互作用的有效力程, 则可以认为所有粒子之间互无影响. 这时 N 粒子分布函数 f_N 可以近似为

$$f_N(t, \boldsymbol{x}_1, \cdots, \boldsymbol{x}_N) \approx \prod_{a=1}^{N} f_1(t, \boldsymbol{x}_a).$$

如果粒子间距离没有超过彼此间相互作用的有效力程, 上述近似就会失效. 这时, 上式左右两边之差就描绘了系统内部粒子之间的关联. 具体来说, 对于两体分布函数 f_2, 我们有

$$f_2(t, \boldsymbol{x}_1, \boldsymbol{x}_2) = f_1(t, \boldsymbol{x}_1) f_1(t, \boldsymbol{x}_2) + g_2(t, \boldsymbol{x}_1, \boldsymbol{x}_2), \tag{8.8}$$

其中 $g_2(t, \boldsymbol{x}_1, \boldsymbol{x}_2)$ 称为两体关联函数. 类似地, 对于三体分布函数 f_3, 有

$$
\begin{aligned}
f_3(t, \boldsymbol{x}_1, \boldsymbol{x}_2, \boldsymbol{x}_3) = {} & f_1(t, \boldsymbol{x}_1) f_1(t, \boldsymbol{x}_2) f_1(t, \boldsymbol{x}_3) \\
& + f_1(t, \boldsymbol{x}_1) g_2(t, \boldsymbol{x}_2, \boldsymbol{x}_3) + f_1(t, \boldsymbol{x}_2) g_2(t, \boldsymbol{x}_1, \boldsymbol{x}_3) \\
& + f_1(t, \boldsymbol{x}_3) g_2(t, \boldsymbol{x}_1, \boldsymbol{x}_2) + g_3(t, \boldsymbol{x}_1, \boldsymbol{x}_2, \boldsymbol{x}_3),
\end{aligned}
$$

式中 g_3 称为三体关联函数. 更一般的多体关联函数可以用类似方法定义. 利用多体分布函数的归一化条件 (8.3) 不难验证, 对于多体分布函数贡献最大的一项来源于单体分布函数的乘积项, 两体关联函数次之, 三体关联函数再次, 依此类推. 因此, 在分析多体系统的非平衡分布时, 单体分布函数是最主要的考虑对象.

8.2　玻尔兹曼方程与细致平衡条件

8.2.1　经典非平衡气体的玻尔兹曼方程

玻尔兹曼方程是描述非平衡宏观系统内单体分布函数的一个自封的微分–积分方程, 在非平衡气体的统计理论中占有核心地位. 以玻尔兹曼方程为基础建立起来的非平衡统计物理学体系又称为动理理论或者动力学, 因此玻尔兹曼方程有时又被称为动理学基本方程.

玻尔兹曼方程最初是由玻尔兹曼于 1872 年提出的, 在时间上远早于 BBGKY 级列的发现. 然而, 从逻辑上看, 玻尔兹曼方程也可以看作通过引入适当的假定对 BBGKY 级列方程组作人为截断的结果.

为了呈现玻尔兹曼的原始思路, 本节中将不会从 BBGKY 级列截断的视角出发对玻尔兹曼方程进行讨论, 而是通过引入分子混沌假设来直接构造玻尔兹曼方程. 分子混沌假设实际上是由麦克斯韦于 1867 年提出的, 其内容是: 处于不同微观态的粒子之间不存在关联. 从现代观点来看, 分子混沌假设显然并不是一个可靠的假设. 真实气体只有当充分稀薄时才近似地满足分子混沌假设.

以下讨论将主要针对单体分布函数. 由于微观粒子本质上都是量子的, 在描述单粒子的微观状态时, 可以用波矢 $\boldsymbol{k}$ 取代动量 $\boldsymbol{p}$, 建立由坐标 $\boldsymbol{q}$ 和波矢 $\boldsymbol{k}$ 张成的 μ 空间. 这样做的好处是重新定义的态空间的体积元 $\mathrm{d}\tilde{\mu}(\boldsymbol{q}, \boldsymbol{k})$ 是无量纲的, 因而相应的单体分布函数 $f = f(t, \boldsymbol{q}, \boldsymbol{k})$ 也是无量纲的.

根据波矢求和的对应原理, 我们有

$$
\frac{1}{V} \sum_{\boldsymbol{k}} = \frac{1}{(2\pi)^D} \int (\mathrm{d}\boldsymbol{k}).
$$

因此, 我们规定

$$
n(\boldsymbol{q}) = \frac{1}{(2\pi)^D} \int f(t, \boldsymbol{q}, \boldsymbol{k})(\mathrm{d}\boldsymbol{k}), \qquad \int n(\boldsymbol{q})(\mathrm{d}\boldsymbol{q}) = N.
$$

将上式与式 (8.4) 比较, 将会发现, 体积元 $\mathrm{d}\tilde{\mu}(\boldsymbol{q}, \boldsymbol{k})$ 最好定义为

$$\mathrm{d}\tilde{\mu} = \frac{1}{(2\pi)^D}(\mathrm{d}\boldsymbol{q})(\mathrm{d}\boldsymbol{k}), \tag{8.9}$$

而分布函数 $f(t, \boldsymbol{q}, \boldsymbol{k})$ 与 BBGKY 级列中的单体分布函数 $f_1(t, \boldsymbol{q}, \boldsymbol{p})$ 之间也有明确的定量关系

$$f(t, \boldsymbol{q}, \boldsymbol{k}) = h^D f_1(t, \boldsymbol{q}, \boldsymbol{p} = \hbar\boldsymbol{k}). \tag{8.10}$$

注意: 对 μ 空间进行重新定义并不意味着要用量子力学来描写系统的微观状态. 事实上, 如果用 $(\boldsymbol{q}, \boldsymbol{k})$ 来标记一个单粒子微观态, 那么对应的粒子几乎必然是经典的, 否则依据不确定性关系, $\boldsymbol{q}$ 和 $\boldsymbol{k}$ 将是无法同时确定的. 即使在考虑微观粒子的量子特征的情况下, 只要对微观态的描述精度要求不突破不确定性关系所限定的极限, 依然可以采用由 $(\boldsymbol{q}, \boldsymbol{k})$ 张成的 μ 空间来标记单粒子微观态.

影响 $f(t, \boldsymbol{q}, \boldsymbol{k})$ 的物理因素有 3 个, 即粒子在位形空间中的自由扩散、外场作用下粒子在波矢空间 (或动量空间) 中的漂移以及不同粒子之间的散射 (碰撞). 可以将 $f(t, \boldsymbol{q}, \boldsymbol{k})$ 的时间变化率按以上 3 种原因进行分解:

$$\frac{\partial f}{\partial t} = \left(\frac{\partial f}{\partial t}\right)_{扩散} + \left(\frac{\partial f}{\partial t}\right)_{漂移} + \left(\frac{\partial f}{\partial t}\right)_{散射}, \tag{8.11}$$

其中, 扩散项 $\left(\dfrac{\partial f}{\partial t}\right)_{扩散}$ 来源于粒子空间位置随时间变化带来的影响. 如果系统中的粒子既不凭空产生也不无故消失, 那么, 在单纯的扩散过程中, 将有

$$f(t, \boldsymbol{q}, \boldsymbol{k}) = f(t + \delta t, \boldsymbol{q} + \delta\boldsymbol{q}, \boldsymbol{k}) \approx f(t, \boldsymbol{q}, \boldsymbol{k}) + \delta t\left(\frac{\partial f}{\partial t}\right)_{扩散} + \langle\delta\boldsymbol{q}, \nabla_{\boldsymbol{q}} f(t, \boldsymbol{q}, \boldsymbol{k})\rangle,$$

式中的约等号在 $\delta t \to 0, \delta\boldsymbol{q} \to 0$ 时会变成严格等号, 因此有

$$\left(\frac{\partial f}{\partial t}\right)_{扩散} = -\langle\boldsymbol{v}(\boldsymbol{k}), \nabla_{\boldsymbol{q}} f\rangle. \tag{8.12}$$

另外, 外场的作用是改变粒子的动量或波矢. 当 $\delta t \to 0, \delta\boldsymbol{k} \to 0$ 时, 从

$$f(t, \boldsymbol{q}, \boldsymbol{k}) = f(t + \delta t, \boldsymbol{q}, \boldsymbol{k} + \delta\boldsymbol{k}) = f(t, \boldsymbol{q}, \boldsymbol{k}) + \delta t\left(\frac{\partial f}{\partial t}\right)_{漂移} + \langle\delta\boldsymbol{k}, \nabla_{\boldsymbol{k}} f(t, \boldsymbol{q}, \boldsymbol{k})\rangle$$

可得

$$\left(\frac{\partial f}{\partial t}\right)_{漂移} = -\langle\dot{\boldsymbol{k}}, \nabla_{\boldsymbol{k}} f\rangle = -\frac{1}{\hbar}\langle\boldsymbol{F}, \nabla_{\boldsymbol{k}} f\rangle, \tag{8.13}$$

式中利用了牛顿第二定律 $\boldsymbol{F} = \dot{\boldsymbol{p}} = \hbar\dot{\boldsymbol{k}}$. 力 $\boldsymbol{F}$ 既可能来源于系统内粒子间的相互作用, 也可能来自作用在整个系统上的外场. 我们将不区分这两种作用而统一地将 $\boldsymbol{F}$ 称为作用在单个粒子上的外力. 将式 (8.12) 和式 (8.13) 代入式 (8.11), 有

$$\frac{\partial f}{\partial t} + \langle \boldsymbol{v}(\boldsymbol{k}), \nabla_q f \rangle + \frac{1}{\hbar}\langle \boldsymbol{F}, \nabla_k f \rangle = \left(\frac{\partial f}{\partial t}\right)_{\text{散射}}. \tag{8.14}$$

对于一般的气体来说, 确定散射项 $\left(\dfrac{\partial f}{\partial t}\right)_{\text{散射}}$ 的具体形式是一件十分复杂的事情, 因为这一项的贡献与分子的大小、形状以及空间位形取向等不易描写的物理参数有关. 除此之外, 散射项会涉及两体甚至多体过程, 因此一般会包含对其他参与散射的粒子的微观状态分布的求和或者积分. 因此, 方程 (8.14) 通常会是一个微分–积分方程, 其数学结构相当复杂. 在一些传统教材中, 为了描述散射项的贡献, 一般会将气体分子理想化为刚性球体, 并利用弹性碰撞来构建散射项. 这样做的好处是可以得到散射项的明确表达式, 但是由于模型过于简化, 所得的结果未必适用于描述真实气体的非平衡统计分布. 因此, 我们将对散射项的描述进行简化处理.

假设系统中粒子间的散射都是局域地发生的, 也就是说, 如果两个粒子发生散射, 它们必须出现在位形空间中的同一位置. 这一假设等于忽略了粒子本身的大小及其在周边产生的有效相互作用势的影响半径. 设 $W(\boldsymbol{q}|\boldsymbol{k}, \boldsymbol{k}_1 \to \boldsymbol{k}', \boldsymbol{k}_1')$ 是单位时间内在空间位置 $\boldsymbol{q}$ 处、波矢分别为 $\boldsymbol{k}$ 和 $\boldsymbol{k}_1$ 的一对粒子发生散射并跃迁至波矢 $\boldsymbol{k}'$ 和 $\boldsymbol{k}_1'$ 处的概率, 也称为跃迁率. 散射后粒子的波矢发生改变, 因此散射导致处于波矢 $\boldsymbol{k}$ 的粒子减少, 这种散射称为正散射. 在 μ 空间中位置 $(\boldsymbol{q}, \boldsymbol{k})$ 处单位相体积内的粒子数由正散射而导致的时间变化率为

$$-\sum_{\boldsymbol{k}_1, \boldsymbol{k}', \boldsymbol{k}_1'} W(\boldsymbol{q}|\boldsymbol{k}, \boldsymbol{k}_1 \to \boldsymbol{k}', \boldsymbol{k}_1') f_2(t, \boldsymbol{q}, \boldsymbol{k}, \boldsymbol{q}, \boldsymbol{k}_1)$$

$$\approx -\sum_{\boldsymbol{k}_1, \boldsymbol{k}', \boldsymbol{k}_1'} W(\boldsymbol{q}|\boldsymbol{k}, \boldsymbol{k}_1 \to \boldsymbol{k}', \boldsymbol{k}_1') f(t, \boldsymbol{q}, \boldsymbol{k}) f(t, \boldsymbol{q}, \boldsymbol{k}_1),$$

式中的近似意味着采用了分子混沌假设将两体分布函数拆解成为两个单体分布函数的乘积. 对初态波矢 $\boldsymbol{k}_1$ 以及末态波矢 $\boldsymbol{k}', \boldsymbol{k}_1'$ 进行求和的原因是: 我们将着眼点固定在波矢空间中的位置 $\boldsymbol{k}$ 处而不关心到底是哪些粒子与该处的粒子发生了散射, 也不关心散射的结果使末态粒子处于波矢空间的什么位置. 如果对给定的初态波矢 $\boldsymbol{k}, \boldsymbol{k}_1$, 末态粒子的波矢 $\boldsymbol{k}', \boldsymbol{k}_1'$ 是唯一确定的, 那么在计算散射项的贡献时, 也可以仅对初态波矢 $\boldsymbol{k}_1$ 求和.

在正散射 $\boldsymbol{k}, \boldsymbol{k}_1 \to \boldsymbol{k}', \boldsymbol{k}_1'$ 发生的同时, 逆散射过程 $\boldsymbol{k}', \boldsymbol{k}_1' \to \boldsymbol{k}, \boldsymbol{k}_1$ 也会在同一系统内部发生. 由于逆散射过程的贡献, 处于波矢 $\boldsymbol{k}$ 的粒子数将会增加. 在 μ 空间中位置 $(\boldsymbol{q}, \boldsymbol{k})$ 处单位相体积内的粒子数由逆散射导致的时间变化率为

$$\sum_{\boldsymbol{k}_1, \boldsymbol{k}', \boldsymbol{k}_1'} W(\boldsymbol{q}|\boldsymbol{k}', \boldsymbol{k}_1' \to \boldsymbol{k}, \boldsymbol{k}_1) f(t, \boldsymbol{q}, \boldsymbol{k}') f(t, \boldsymbol{q}, \boldsymbol{k}_1').$$

结合以上两种散射过程, 可以得出在时刻 t 处于 μ 空间中位置 $(\boldsymbol{q}, \boldsymbol{k})$ 处的粒子数密度由于

散射而发生的时间变化率

$$\left(\frac{\partial f}{\partial t}\right)_{散射}(t, \boldsymbol{q}, \boldsymbol{k}) = \sum_{\boldsymbol{k}_1, \boldsymbol{k}', \boldsymbol{k}'_1}\Big[W(\boldsymbol{q}|\boldsymbol{k}', \boldsymbol{k}'_1 \to \boldsymbol{k}, \boldsymbol{k}_1)f(t, \boldsymbol{q}, \boldsymbol{k}')f(t, \boldsymbol{q}, \boldsymbol{k}'_1)$$

$$- W(\boldsymbol{q}|\boldsymbol{k}, \boldsymbol{k}_1 \to \boldsymbol{k}', \boldsymbol{k}'_1)f(t, \boldsymbol{q}, \boldsymbol{k})f(t, \boldsymbol{q}, \boldsymbol{k}_1)\Big]. \tag{8.15}$$

在经典描述下, 气体分子的波矢可以看成是连续分布的. 上式右边每一重关于波矢的求和都可以利用波矢求和的对应原理改写成积分形式

$$\left(\frac{\partial f}{\partial t}\right)_{散射}(t, \boldsymbol{q}, \boldsymbol{k}) = \left[\frac{V}{(2\pi)^D}\right]^3 \int \Big[W(\boldsymbol{q}|\boldsymbol{k}', \boldsymbol{k}'_1 \to \boldsymbol{k}, \boldsymbol{k}_1)f(t, \boldsymbol{q}, \boldsymbol{k}')f(t, \boldsymbol{q}, \boldsymbol{k}'_1)$$

$$- W(\boldsymbol{q}|\boldsymbol{k}, \boldsymbol{k}_1 \to \boldsymbol{k}', \boldsymbol{k}'_1)f(t, \boldsymbol{q}, \boldsymbol{k})f(t, \boldsymbol{q}, \boldsymbol{k}_1)\Big](\mathrm{d}\boldsymbol{k_1})(\mathrm{d}\boldsymbol{k}')(\mathrm{d}\boldsymbol{k}'_1). \tag{8.16}$$

将式 (8.15) 或者式 (8.16) 代入式 (8.14) 所得的结果构成了描述分布函数 $f(t, \boldsymbol{q}, \boldsymbol{k})$ 的一个自封的微分–积分方程, 这就是玻尔兹曼方程.

讨论和评述

(1) 虽然我们使用了波矢这个概念, 但实际上是将非平衡系统中的微观粒子当成经典的点粒子来处理的. 因此上述描述适用的前提条件是：粒子的平均自由程远大于其德布罗意波长.

(2) 若将方程 (8.14)、(8.15) 结合起来试图解出非平衡系统的分布函数, 则会发现这个方程在波矢空间并不是局域的, 求得 $f(t, \boldsymbol{q}, \boldsymbol{k})$ 需要知道在所有 $\boldsymbol{k}'$ 处的分布函数 $f(t, \boldsymbol{q}, \boldsymbol{k}')$ 的知识. 这一事实已经在暗示：将 f 当成 $(\boldsymbol{q}, \boldsymbol{k})$ 的局域函数存在着内在的不合理因素. 玻尔兹曼方程的非局域性也是导致对它进行求解极为困难的原因.

(3) 在得到式 (8.15) 的过程中仅计及了两体散射. 在实际的物理过程中, 有可能会发生有多个粒子参与的散射过程, 不过这种过程在量子散射理论中属于高阶效应, 并且一般都可以将其近似为若干次顺序发生的两体散射的集体效应 (参见图 8.1). 文献中一般将散射项由两体散射主导的系统与稀薄的系统视为等同的.

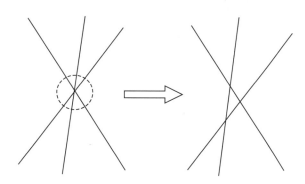

图 8.1 三体散射分解为两体散射示意图

我们已经看到, 玻尔兹曼方程中的散射项是由正、逆散射共同决定的. 如果在某一给定的时刻, 逆散射的贡献大于正散射的贡献, 那么从式 (8.16) 可以知道, 散射的总效果将会使处于状态 $(\boldsymbol{q}, \boldsymbol{k})$ 的粒子数增多, 而这将促使正散射项的贡献随之增加; 相反, 如果在给定时刻正散射的贡献大于逆散射的贡献, 则散射的总效果将会使处于状态 $(\boldsymbol{q}, \boldsymbol{k})$ 的粒子数减少, 进而降低正散射的贡献. 因此, 从相对较长的时间线度来看, 正、逆散射项的贡献将会有一种趋同效应. 如果正、逆散射的效果互相抵消, 则将这种情况称为细致平衡. 如果系统处于宏观热力学平衡态, 那么它必然已经处于细致平衡. 然而, 细致平衡并不等价于宏观热力学平衡, 后者比前者的要求更强.

在细致平衡条件下, 有

$$W(\boldsymbol{q}|\boldsymbol{k}', \boldsymbol{k}_1' \to \boldsymbol{k}, \boldsymbol{k}_1) f(t, \boldsymbol{q}, \boldsymbol{k}') f(t, \boldsymbol{q}, \boldsymbol{k}_1') = W(\boldsymbol{q}|\boldsymbol{k}, \boldsymbol{k}_1 \to \boldsymbol{k}', \boldsymbol{k}_1') f(t, \boldsymbol{q}, \boldsymbol{k}) f(t, \boldsymbol{q}, \boldsymbol{k}_1). \tag{8.17}$$

如果我们只关心非平衡系统位形空间中非常小的一个局部, 就可以近似认为在这个局部中微观态的分布处于平衡状态, 此称局部平衡假设. 在这一假设下, 微观态的分布函数可以用局部的玻尔兹曼分布来近似:

$$f(t, \boldsymbol{q}, \boldsymbol{k}) = \mathrm{e}^{[\mu(\boldsymbol{q}) - \epsilon(\boldsymbol{q}, \boldsymbol{k})] / [k_0 T(\boldsymbol{q})]}, \tag{8.18}$$

其中, $\mu(\boldsymbol{q})$ 和 $T(\boldsymbol{q})$ 分别是局部化学势和局部温度. 由于已将 μ 空间的坐标从 $(\boldsymbol{q}, \boldsymbol{p})$ 改为 $(\boldsymbol{q}, \boldsymbol{k})$, 局部玻尔兹曼分布的分布函数中没有 $1/h^D$ 这个因子.

虽然局部平衡条件下的局部玻尔兹曼分布形式上与平衡态的玻尔兹曼分布相似, 但是对整个系统而言, 由于温度和化学势随地点而变化, 因此依然处于非平衡状态. 将局部平衡的分布函数代入细致平衡条件 (8.17), 结果可得

$$\frac{W(\boldsymbol{q}|\boldsymbol{k}, \boldsymbol{k}_1 \to \boldsymbol{k}', \boldsymbol{k}_1')}{W(\boldsymbol{q}|\boldsymbol{k}', \boldsymbol{k}_1' \to \boldsymbol{k}, \boldsymbol{k}_1)} = \exp\left[\frac{\epsilon(\boldsymbol{q}, \boldsymbol{k}) + \epsilon(\boldsymbol{q}, \boldsymbol{k}_1) - \epsilon(\boldsymbol{q}, \boldsymbol{k}') - \epsilon(\boldsymbol{q}, \boldsymbol{k}_1')}{k_0 T(\boldsymbol{q})}\right]. \tag{8.19}$$

如果 $\epsilon(\boldsymbol{q}, \boldsymbol{k}) + \epsilon(\boldsymbol{q}, \boldsymbol{k}_1) > \epsilon(\boldsymbol{q}, \boldsymbol{k}') + \epsilon(\boldsymbol{q}, \boldsymbol{k}_1')$, 那么上式给出

$$W(\boldsymbol{q}|\boldsymbol{k}, \boldsymbol{k}_1 \to \boldsymbol{k}', \boldsymbol{k}_1') > W(\boldsymbol{q}|\boldsymbol{k}', \boldsymbol{k}_1' \to \boldsymbol{k}, \boldsymbol{k}_1).$$

由此可见: 散射过程会更倾向于降低系统微观态的总能量. 这一结论有助于理解为什么宏观系统在达到热力学平衡时热力学势需要取极小值.

如果系统中发生的两体散射都是弹性碰撞, 在碰撞前后能量守恒,

$$\epsilon(\boldsymbol{q}, \boldsymbol{k}) + \epsilon(\boldsymbol{q}, \boldsymbol{k}_1) = \epsilon(\boldsymbol{q}, \boldsymbol{k}') + \epsilon(\boldsymbol{q}, \boldsymbol{k}_1'),$$

那么就会有

$$W(\boldsymbol{q}|\boldsymbol{k}, \boldsymbol{k}_1 \to \boldsymbol{k}', \boldsymbol{k}_1') = W(\boldsymbol{q}|\boldsymbol{k}', \boldsymbol{k}_1' \to \boldsymbol{k}, \boldsymbol{k}_1) \equiv W(\boldsymbol{q}|\boldsymbol{k}, \boldsymbol{k}_1 \leftrightarrow \boldsymbol{k}', \boldsymbol{k}_1'),$$

也就是说正散射与逆散射对应的跃迁率相同. 与此同时, 弹性散射还保持动量守恒, 即

$$\boldsymbol{p} + \boldsymbol{p}_1 = \boldsymbol{p}' + \boldsymbol{p}_1',$$

或者写成

$$\boldsymbol{k} + \boldsymbol{k}_1 = \boldsymbol{k}' + \boldsymbol{k}'_1. \tag{8.20}$$

值得说明的是: 正、逆散射的跃迁率相等并不以达到细致平衡为必要条件, 只要散射过程满足时间反演不变性 (例如弹性散射) 即可. 因此, 在仅计及两体散射且所有的两体散射均为弹性散射的前提下, 玻尔兹曼方程中的散射项 (8.16) 可以重写为

$$\left(\frac{\partial f}{\partial t}\right)_{\text{散射}} = \left[\frac{V}{(2\pi)^D}\right]^3 \int \Delta(\boldsymbol{k} + \boldsymbol{k}_1 - \boldsymbol{k}' - \boldsymbol{k}'_1) W(\boldsymbol{q}|\boldsymbol{k}, \boldsymbol{k}_1 \leftrightarrow \boldsymbol{k}', \boldsymbol{k}'_1)$$
$$\times \left\{ f(\boldsymbol{k}') f(\boldsymbol{k}'_1) - f(\boldsymbol{k}) f(\boldsymbol{k}_1) \right\} (\mathrm{d}\boldsymbol{k}_1)(\mathrm{d}\boldsymbol{k}')(\mathrm{d}\boldsymbol{k}'_1), \tag{8.21}$$

式中为了书写简单, 已将分布函数 $f(t, \boldsymbol{q}, \boldsymbol{k})$ 简写作 $f(\boldsymbol{k})$, $\Delta(\boldsymbol{k})$ 表示 D 维狄拉克 δ 函数:

$$\Delta(\boldsymbol{k}) \equiv \prod_{j=1}^{D} \delta\left(\frac{k_j L_j}{2\pi}\right), \tag{8.22}$$

其中, k_j 代表 $\boldsymbol{k}$ 的第 j 个分量, L_j 是系统沿第 j 个空间维度的线度. 引入参数 L_j 的原因与本书第 1 章在处理表示能量守恒条件的 δ 函数时引入具有能量量纲的参量 ε 的理由类似, 两者都是为了使 δ 函数的自变量无量纲化. 上述 D 维 δ 函数需满足如下归一化条件:

$$\frac{V}{(2\pi)^D} \int \Delta(\boldsymbol{k})(\mathrm{d}\boldsymbol{k}) = 1, \quad V = \prod_{j=1}^{D} L_j. \tag{8.23}$$

式 (8.23) 也可以理解为克罗内克符号 $\delta_{\boldsymbol{k},0}$ 所满足的归一化条件 $\sum_{\boldsymbol{k}} \delta_{\boldsymbol{k},0} = 1$ 取波矢连续化极限后得到的结果. 这一对应也是在式 (8.22) 右边的每个因子中引入常数分母 2π 的理由.

据式 (8.21) 可知, 在弹性散射的前提下, 细致平衡条件变为

$$f(\boldsymbol{k}') f(\boldsymbol{k}'_1) = f(\boldsymbol{k}) f(\boldsymbol{k}_1), \tag{8.24}$$

若对上式左右两边同时取对数, 则有

$$\log f(\boldsymbol{k}') + \log f(\boldsymbol{k}'_1) = \log f(\boldsymbol{k}) + \log f(\boldsymbol{k}_1).$$

由此可见, 若非平衡系统中只发生弹性散射且已达到细致平衡, 那么单体分布函数的对数将线性依赖于发生弹性散射的粒子的守恒量. 这个结果实际上就是在第 1 章中利用统计独立开放子系概念来获得微观态分布函数的思想方法的雏形.

在弹性散射条件下, 有可能对散射项的效应作出更细致的分析, 其中一个典型的例子是玻尔兹曼的 H 定理. 关于 H 定理的详细内容, 将留待 8.3 节中进行讨论.

8.2.2　外场中金属导体内的非平衡电子气体的玻尔兹曼方程

与8.2.1节中的一般情形不同, 如果考虑金属导体中的电子气体, 并且使其在外场的作用下处于非平衡状态, 其玻尔兹曼方程中的散射项将具有不同的形式. 这是因为对电子气体来说, 主要的散射发生在电子与晶格原子之间而不是电子与电子之间, 而晶格原子几乎不会因为和电子发生散射而改变其微观状态. 因此, 只需考虑电子与晶格原子发生散射而导致的波矢跃迁.

设 $W(\boldsymbol{q}|\boldsymbol{k}, s \to \boldsymbol{k}', s')$ 是单位时间内在空间位置 $\boldsymbol{q}$ 处且波矢和自旋分别为 $\boldsymbol{k}, s$ 的电子经散射跃迁至 $\boldsymbol{k}', s'$ 的概率 (跃迁率). 由于电子是费米粒子, 发生跃迁 $\boldsymbol{k}, s \to \boldsymbol{k}', s'$ 的前提是 $\boldsymbol{k}, s$ 态有电子而 $\boldsymbol{k}', s'$ 态为空. 若以 $f_s(t, \boldsymbol{q}, \boldsymbol{k})$ 表示 t 时刻处于 μ 空间位置 $(\boldsymbol{q}, \boldsymbol{k})$ 处且自旋量子数为 s 的电子的数密度 (在不导致理解混乱的前提下也可称为 "分布函数"), 则正跃迁 $\boldsymbol{k}, s \to \boldsymbol{k}', s'$ 造成的处于 $(\boldsymbol{k}, s)$ 态的电子数密度的时间变化率为

$$-\sum_{\boldsymbol{k}', s'} W(\boldsymbol{q}|\boldsymbol{k}, s \to \boldsymbol{k}', s') f_s(t, \boldsymbol{q}, \boldsymbol{k}) \left[1 - f_{s'}(t, \boldsymbol{q}, \boldsymbol{k}')\right],$$

逆跃迁 $\boldsymbol{k}', s' \to \boldsymbol{k}, s$ 造成的处于 $(\boldsymbol{k}, s)$ 态的电子数密度的时间变化率为

$$\sum_{\boldsymbol{k}', s'} W(\boldsymbol{q}|\boldsymbol{k}', s' \to \boldsymbol{k}, s) f_{s'}(t, \boldsymbol{q}, \boldsymbol{k}') \left[1 - f_s(t, \boldsymbol{q}, \boldsymbol{k})\right].$$

以上两种效应的差值就是散射造成的电子数密度的时间变化率, 即

$$\left(\frac{\partial f_s}{\partial t}\right)_{\text{散射}}(t, \boldsymbol{q}, \boldsymbol{k}) = \sum_{\boldsymbol{k}', s'} \Big\{ W(\boldsymbol{q}|\boldsymbol{k}', s' \to \boldsymbol{k}, s) f_{s'}(t, \boldsymbol{q}, \boldsymbol{k}') \left[1 - f_s(t, \boldsymbol{q}, \boldsymbol{k})\right]$$
$$- W(\boldsymbol{q}|\boldsymbol{k}, s \to \boldsymbol{k}', s') f_s(t, \boldsymbol{q}, \boldsymbol{k}) \left[1 - f_{s'}(t, \boldsymbol{q}, \boldsymbol{k}')\right] \Big\}. \tag{8.25}$$

另外, 对于金属中的电子气体来说, 能够对其微观运动产生影响的外场只有电磁场. 外场对电子的作用力可以写为

$$\boldsymbol{F} = -e\left(\boldsymbol{\mathscr{E}}_0 + \boldsymbol{v} \times \boldsymbol{\mathscr{B}}_0\right), \tag{8.26}$$

式中, $\boldsymbol{\mathscr{E}}_0$ 和 $\boldsymbol{\mathscr{B}}_0$ 分别表示外电场和外磁场. 将式 (8.25) 和式 (8.26) 同时代入式 (8.14) 即可得到金属导体中非平衡电子气体在 μ 空间中的数密度所满足的玻尔兹曼方程:

$$\frac{\partial f(\boldsymbol{k})}{\partial t} + \langle \boldsymbol{v}(\boldsymbol{k}), \nabla_{\boldsymbol{q}} f(\boldsymbol{k}) \rangle - \frac{e}{\hbar} \langle \boldsymbol{\mathscr{E}}_0 + \boldsymbol{v} \times \boldsymbol{\mathscr{B}}_0, \nabla_{\boldsymbol{k}} f(\boldsymbol{k}) \rangle$$
$$= 2 \sum_{\boldsymbol{k}'} \Big\{ W(\boldsymbol{k}' \to \boldsymbol{k}) f(\boldsymbol{k}') \left[1 - f(\boldsymbol{k})\right] - W(\boldsymbol{k} \to \boldsymbol{k}') f(\boldsymbol{k}) \left[1 - f(\boldsymbol{k}')\right] \Big\}. \tag{8.27}$$

注意: 为了使得公式更为紧凑, 将不再明显地写出分布函数对 t 和 $\boldsymbol{q}$ 的依赖关系. 这样做并不意味着分布函数对 t 和 $\boldsymbol{q}$ 的依赖不如它对 $\boldsymbol{k}$ 的依赖那样重要, 只是由于方程中出现处于不同波矢处的分布函数, 由此才无法同时省去分布函数对波矢的明显依赖关系. 另外, 在

上式中同样略去了对电子自旋的依赖, 仅将方程右边对末态电子自旋的求和简化为一个简并因子 2.

对于上述非平衡电子气体, 同样可以考虑其细致平衡条件 (即正散射和逆散射相互抵消的条件). 这时的细致平衡条件可以写为

$$W(\boldsymbol{k}' \to \boldsymbol{k}) f(\boldsymbol{k}') \left[1 - f(\boldsymbol{k})\right] = W(\boldsymbol{k} \to \boldsymbol{k}') f(\boldsymbol{k}) \left[1 - f(\boldsymbol{k}')\right]. \tag{8.28}$$

考虑电子气体在位形空间中的一个很小的局部区域内的分布, 并利用局部平衡假设将该局域内的分布写成类似于费米–狄拉克分布的形式

$$f(\boldsymbol{k}) = \frac{1}{\mathrm{e}^{[\epsilon(\boldsymbol{k}) - \mu(\boldsymbol{q})]/[k_0 T(\boldsymbol{q})]} + 1}. \tag{8.29}$$

注意: 对电子气体来说, 其微观态的能量不依赖于位形空间坐标. 将上面的局部平衡的分布函数假定代入细致平衡条件 (8.28), 可以得到

$$\frac{W(\boldsymbol{k} \to \boldsymbol{k}')}{W(\boldsymbol{k}' \to \boldsymbol{k})} = \exp\left[\frac{\epsilon(\boldsymbol{k}) - \epsilon(\boldsymbol{k}')}{k_0 T(\boldsymbol{q})}\right].$$

若 $\epsilon(\boldsymbol{k}) > \epsilon(\boldsymbol{k}')$, 则 $W(\boldsymbol{k} \to \boldsymbol{k}') > W(\boldsymbol{k}' \to \boldsymbol{k})$. 由此可见, 对金属导体中的电子气体来说, 散射同样倾向于使系统的微观态能量降低.

8.2.3 真空中的非平衡气态等离子体与弗拉索夫方程

如果所考虑的非平衡系统是真空中的气态等离子体, 情况又会有新的不同. 不同点有以下几处.

第一, 气态等离子体中含有携带电荷数量不等的带电粒子, 在考虑单体分布函数时必须对每一种粒子进行单独考虑.

第二, 等离子体系统内部带电粒子间的碰撞要比普通的中性气体分子间的散射更为复杂. 由于等离子体系统中同时存在电子、带不同电荷的离子以及中性原子, 碰撞可以发生在各种相同或不同类型的粒子之间. 对于发生在带电粒子之间的碰撞, 在不同的空间尺度上碰撞的类型也不同: 当空间尺度大于德拜半径时, 由于德拜屏蔽效应, 带电粒子间的碰撞都是多体过程而不是两体过程, 而在小于德拜半径的尺度上, 屏蔽作用消失, 带电粒子间的碰撞表现为两体库仑散射. 此外, 由于电磁相互作用的长程性质, 带电粒子间的单次碰撞并不能被抽象成仅发生在空间中的一点. 所有这些因素使得等离子体相同中的碰撞项比中性原子或分子构成的普通气体中的碰撞项更加难以确切描述. 然而, 对于某些特殊情况, 例如对足够稀薄的等离子体系统, 可以有效地忽略碰撞项的贡献. 这类等离子体称为无碰撞等离子体.

第三, 对于真空中的气态等离子体来说, 电磁场不是来源于外界, 而是系统内的带电粒子及其运动的后果. 要了解等离子体中带电粒子所受的电磁力, 必须将电磁场的场方程与等离子体的分布函数所满足的方程联立进行求解.

为了简化问题, 我们将仅考虑真空中的无碰撞气态等离子体, 并且假定等离子体系统中只存在电子和带有 Z_i 个正电荷的离子. 这时, 系统中电子和离子的单体分布函数将由以下联立的方程组给出[①]:

$$\frac{\partial f_e}{\partial t} + \langle \boldsymbol{v}_e(\boldsymbol{k}), \nabla_q f_e \rangle - \frac{e}{\hbar} \langle \boldsymbol{\mathscr{E}} + \boldsymbol{v}_e \times \boldsymbol{\mathscr{B}}, \nabla_k f_e \rangle = 0, \tag{8.30}$$

$$\frac{\partial f_i}{\partial t} + \langle \boldsymbol{v}_i(\boldsymbol{k}), \nabla_q f_i \rangle + \frac{Z_i e}{\hbar} \langle \boldsymbol{\mathscr{E}} + \boldsymbol{v}_i \times \boldsymbol{\mathscr{B}}, \nabla_k f_i \rangle = 0, \tag{8.31}$$

$$\nabla \cdot \boldsymbol{\mathscr{E}} = \frac{\rho}{\varepsilon_0}, \qquad \nabla \cdot \boldsymbol{\mathscr{B}} = 0, \tag{8.32}$$

$$\nabla \times \boldsymbol{\mathscr{E}} = -\frac{\partial \boldsymbol{\mathscr{B}}}{\partial t}, \qquad \nabla \times \boldsymbol{\mathscr{B}} = \mu_0 \left(\boldsymbol{J} + \varepsilon_0 \frac{\partial \boldsymbol{\mathscr{E}}}{\partial t} \right), \tag{8.33}$$

$$\rho = \frac{e}{(2\pi)^3} \int (Z_i f_i - f_e)(\mathrm{d}\boldsymbol{k}), \qquad \boldsymbol{J} = \frac{e}{(2\pi)^3} \int (Z_i f_i \boldsymbol{v}_i - f_e \boldsymbol{v}_e)(\mathrm{d}\boldsymbol{k}). \tag{8.34}$$

上述联立的方程组称为弗拉索夫–麦克斯韦方程组, 它取代了玻尔兹曼方程成为决定无碰撞气态等离子体的非平衡分布函数的基本方程组.

如果等离子体中的磁场可以忽略, 相应的等离子体称为非磁化等离子体, 这时等离子体中的带电粒子将仅受静电场的作用, 因此上述方程组可以化简为

$$\frac{\partial f_e}{\partial t} + \langle \boldsymbol{v}_e(\boldsymbol{k}), \nabla_q f_e \rangle - \frac{e}{\hbar} \langle \boldsymbol{\mathscr{E}}, \nabla_k f_e \rangle = 0, \tag{8.35}$$

$$\frac{\partial f_i}{\partial t} + \langle \boldsymbol{v}_i(\boldsymbol{k}), \nabla_q f_i \rangle + \frac{Z_i e}{\hbar} \langle \boldsymbol{\mathscr{E}}, \nabla_k f_i \rangle = 0, \tag{8.36}$$

$$\nabla \cdot \boldsymbol{\mathscr{E}} = \frac{\rho}{\varepsilon_0}, \qquad \nabla \times \boldsymbol{\mathscr{E}} = 0, \tag{8.37}$$

$$\rho = \frac{e}{(2\pi)^3} \int (Z_i f_i - f_e)(\mathrm{d}\boldsymbol{k}). \tag{8.38}$$

这个方程组称为弗拉索夫–泊松方程组, 它在解释等离子体中的朗道阻尼现象、分析双层等离子体的性质等场合有重要用途.

需要指出的是, 弗拉索夫–麦克斯韦方程组中的电磁场以及弗拉索夫–泊松方程组中的电场都是等离子体粒子自身运动产生的, 因此这些方程组依然是微分–积分方程组, 直接求解有基本方法上的困难. 在实际物理问题的研究中, 经常用某种局部平衡的分布函数作为背景并考虑在这样背景上的扰动, 而对于扰动部分来说电磁场可以看成外场, 借助这样的近似可以得到等离子体微观态的非平衡分布函数的部分信息. 在8.7节中将利用类似的思路对非磁化等离子体中电子振荡的朗道阻尼现象进行简单的讨论. 对等离子体物理的更深入的分析已经超出本书的范围, 感兴趣的读者可以参阅等离子体物理的有关著作[②].

---

① 由于电场 $\boldsymbol{\mathscr{E}}$ 和磁场 $\boldsymbol{\mathscr{B}}$ 都只是时空上的光滑函数, 作用在它们上的微分算符 ∇ 无须明标出求导的变量 $\boldsymbol{q}$.

② 例如, R. J. Goldston, P. H. Rutherford, Introduction to Plasma Physics, IOP Publishing Ltd 1995.

> 讨论和评述
>
> 动理理论或者动理学不仅适用于非平衡系统, 也适用于处于平衡态的系统. 将动理学应用到处于平衡态的系统, 可以得到平衡态系统中粒子数按能级的分布函数. 不难验证, 前文中介绍过的玻尔兹曼分布、玻色–爱因斯坦分布以及费米–狄拉克分布都是玻尔兹曼方程的特解. 由于动理学对平衡态和非平衡态系统都适用, 也有观点认为动理学可能是比吉布斯系综理论更为基本的统计物理学手段.

8.3 弹性散射与 H 定理

在本节中, 我们将在弹性散射的前提下, 针对经典的非平衡气体来证明玻尔兹曼的 H 定理. 为了叙述 H 定理的物理内容, 首先通过下面的积分来定义一个无量纲的函数 H[①]:

$$H = \int f(\boldsymbol{k}) \log f(\boldsymbol{k}) \, (\mathrm{d}\boldsymbol{q})(\mathrm{d}\boldsymbol{k}). \tag{8.39}$$

玻尔兹曼的 H 定理可以表述为:

> H 定理
>
> 沿时间正向, 函数 H 永不增加.

为了证明 H 定理, 需要计算函数 H 的时间变化率. 利用定义式 (8.39) 可得

$$\frac{\mathrm{d}H}{\mathrm{d}t} = \frac{\mathrm{d}}{\mathrm{d}t} \int f(\boldsymbol{k}) \log f(\boldsymbol{k}) \, (\mathrm{d}\boldsymbol{q})(\mathrm{d}\boldsymbol{k}) = \int \left[1 + \log f(\boldsymbol{k})\right] \frac{\partial f(\boldsymbol{k})}{\partial t} \, (\mathrm{d}\boldsymbol{q})(\mathrm{d}\boldsymbol{k}). \tag{8.40}$$

将玻尔兹曼方程 (8.14) 代入式 (8.40) 右边, 其中, 散射项用式 (8.16) 来替换, 有

$$\begin{aligned}
\frac{\mathrm{d}H}{\mathrm{d}t} = &-\int \left[1 + \log f(\boldsymbol{k})\right] \langle \boldsymbol{v}(\boldsymbol{k}), \nabla_{\boldsymbol{q}} f(\boldsymbol{k}) \rangle \, (\mathrm{d}\boldsymbol{q})(\mathrm{d}\boldsymbol{k}) \\
&- \frac{1}{\hbar} \int \left[1 + \log f(\boldsymbol{k})\right] \langle \boldsymbol{F}, \nabla_{\boldsymbol{k}} f(\boldsymbol{k}) \rangle \, (\mathrm{d}\boldsymbol{q})(\mathrm{d}\boldsymbol{k}) \\
&+ \left[\frac{V}{(2\pi)^D}\right]^3 \int \Delta(\boldsymbol{k} + \boldsymbol{k}_1 - \boldsymbol{k}' - \boldsymbol{k}_1') W(\boldsymbol{q}|\boldsymbol{k}, \boldsymbol{k}_1 \leftrightarrow \boldsymbol{k}', \boldsymbol{k}_1') \left[1 + \log f(\boldsymbol{k})\right] \\
&\times \left\{ f(\boldsymbol{k}') f(\boldsymbol{k}_1') - f(\boldsymbol{k}) f(\boldsymbol{k}_1) \right\} (\mathrm{d}\boldsymbol{q})(\mathrm{d}\boldsymbol{k})(\mathrm{d}\boldsymbol{k_1})(\mathrm{d}\boldsymbol{k}')(\mathrm{d}\boldsymbol{k_1}'). \tag{8.41}
\end{aligned}$$

式 (8.41) 右边的第 1 行可以重写为

$$-\int \left[1 + \log f(\boldsymbol{k})\right] \langle \boldsymbol{v}(\boldsymbol{k}), \nabla_{\boldsymbol{q}} f(\boldsymbol{k}) \rangle \, (\mathrm{d}\boldsymbol{q})(\mathrm{d}\boldsymbol{k})$$

---

① 这个 H 函数与玻尔兹曼最初所定义的 H 函数形式有所不同, 毕竟在玻尔兹曼的年代, 量子力学还没有出现, 因此不会想到采用波矢来替换动量. 实际上玻尔兹曼所采用的 H 函数是通过粒子数按能量分布的分布函数所构造的表达式 $f(\epsilon) \log f(\epsilon)$ 在微观态能量轴上的积分.

$$= - \int \nabla_{\boldsymbol{q}} \cdot \big\{ \big[f(\boldsymbol{k}) \log f(\boldsymbol{k}) \big] \, \boldsymbol{v}(\boldsymbol{k}) \big\} \, (\mathrm{d}\boldsymbol{q})(\mathrm{d}\boldsymbol{k}) = 0;$$

式 (8.41) 右边的第 2 行可以写为

$$- \frac{1}{\hbar} \int \big[1 + \log f(\boldsymbol{k}) \big] \langle \boldsymbol{F}, \nabla_{\boldsymbol{k}} f(\boldsymbol{k}) \rangle \, (\mathrm{d}\boldsymbol{q})(\mathrm{d}\boldsymbol{k})$$

$$= - \frac{1}{\hbar} \int \nabla_{\boldsymbol{k}} \cdot \big\{ \big[f(\boldsymbol{k}) \log f(\boldsymbol{k}) \big] \, \boldsymbol{F}(\boldsymbol{k}) \big\} \, (\mathrm{d}\boldsymbol{q})(\mathrm{d}\boldsymbol{k}) = 0.$$

在以上两式中最后一步分别采用了在系统的空间边界处分布函数为零 (相当于说系统内的粒子无法越过系统的边界) 以及在波矢空间的无限远处分布函数为零的边界条件, 即

$$f(t, \boldsymbol{q}, \boldsymbol{k})|_{\text{系统边界}} = 0, \qquad f(t, \boldsymbol{q}, \boldsymbol{k})|_{\boldsymbol{k} \to \pm\infty} = 0.$$

这些条件都是封闭系统自然满足的条件. 考虑到以上两式, 可以将式 (8.41) 重写为

$$\frac{\mathrm{d}H}{\mathrm{d}t} = \left[\frac{V}{(2\pi)^D} \right]^3 \int \Delta(\boldsymbol{k} + \boldsymbol{k}_1 - \boldsymbol{k}' - \boldsymbol{k}_1') W(\boldsymbol{q}|\boldsymbol{k}, \boldsymbol{k}_1 \leftrightarrow \boldsymbol{k}', \boldsymbol{k}_1') \big[1 + \log f(\boldsymbol{k}) \big]$$

$$\times \big\{ f(\boldsymbol{k}') f(\boldsymbol{k}_1') - f(\boldsymbol{k}) f(\boldsymbol{k}_1) \big\} (\mathrm{d}\boldsymbol{q})(\mathrm{d}\boldsymbol{k})(\mathrm{d}\boldsymbol{k_1})(\mathrm{d}\boldsymbol{k}')(\mathrm{d}\boldsymbol{k_1}'). \tag{8.42}$$

注意: 函数 H 仅仅是时间的函数而不依赖于任何具体粒子的状态. 因此, 对于 H 来说, 参与散射的所有粒子均是平等的. 但是在式 (8.42) 中, 具有波矢 $\boldsymbol{k}$ 的初态粒子与其余粒子的地位并不一致, 原因是在被积表达式中多出了一个仅依赖于 $\boldsymbol{k}$ 的因子 $\big[1 + \log f(\boldsymbol{k}) \big]$. 为了克服这个表达形式上的问题, 可以先将两个初态粒子的地位互换, 这样并不会改变 $\dfrac{\mathrm{d}H}{\mathrm{d}t}$ 的数值, 但其积分表达式却会变成如下形式:

$$\frac{\mathrm{d}H}{\mathrm{d}t} = \left[\frac{V}{(2\pi)^D} \right]^3 \int \Delta(\boldsymbol{k} + \boldsymbol{k}_1 - \boldsymbol{k}' - \boldsymbol{k}_1') W(\boldsymbol{q}|\boldsymbol{k}, \boldsymbol{k}_1 \leftrightarrow \boldsymbol{k}', \boldsymbol{k}_1') \big[1 + \log f(\boldsymbol{k}_1) \big]$$

$$\times \big\{ f(\boldsymbol{k}') f(\boldsymbol{k}_1') - f(\boldsymbol{k}) f(\boldsymbol{k}_1) \big\} (\mathrm{d}\boldsymbol{q})(\mathrm{d}\boldsymbol{k})(\mathrm{d}\boldsymbol{k_1})(\mathrm{d}\boldsymbol{k}')(\mathrm{d}\boldsymbol{k_1}'). \tag{8.43}$$

将以上两式的结果相加再除以 2, 有

$$\frac{\mathrm{d}H}{\mathrm{d}t} = \frac{1}{2} \left[\frac{V}{(2\pi)^D} \right]^3 \int \Delta(\boldsymbol{k} + \boldsymbol{k}_1 - \boldsymbol{k}' - \boldsymbol{k}_1') W(\boldsymbol{q}|\boldsymbol{k}, \boldsymbol{k}_1 \leftrightarrow \boldsymbol{k}', \boldsymbol{k}_1')$$

$$\times \big\{ 2 + \log \big[f(\boldsymbol{k}) f(\boldsymbol{k}_1) \big] \big\}$$

$$\times \big\{ f(\boldsymbol{k}') f(\boldsymbol{k}_1') - f(\boldsymbol{k}) f(\boldsymbol{k}_1) \big\} (\mathrm{d}\boldsymbol{q})(\mathrm{d}\boldsymbol{k})(\mathrm{d}\boldsymbol{k_1})(\mathrm{d}\boldsymbol{k}')(\mathrm{d}\boldsymbol{k_1}'). \tag{8.44}$$

这一结果对于初态粒子之间以及末态粒子之间的交换是完全对称的, 没有一个初态粒子是特殊的. 显然, 对于含有大量同种分子的非平衡气体系统而言, 这是一个更为合理的形式.

由于弹性散射过程的微观可逆性, 还可以将初态、末态粒子的角色互相调换, 结果可得

$$\frac{\mathrm{d}H}{\mathrm{d}t} = -\frac{1}{2}\left[\frac{V}{(2\pi)^D}\right]^3 \int \Delta(\boldsymbol{k} + \boldsymbol{k}_1 - \boldsymbol{k}' - \boldsymbol{k}_1')W(\boldsymbol{q}|\boldsymbol{k}, \boldsymbol{k}_1 \leftrightarrow \boldsymbol{k}', \boldsymbol{k}_1')$$
$$\left\{2 + \log\left[f(\boldsymbol{k}')f(\boldsymbol{k}_1')\right]\right\}$$
$$\times \left[f(\boldsymbol{k}')f(\boldsymbol{k}_1') - f(\boldsymbol{k})f(\boldsymbol{k}_1)\right](\mathrm{d}\boldsymbol{q})(\mathrm{d}\boldsymbol{k})(\mathrm{d}\boldsymbol{k}_1)(\mathrm{d}\boldsymbol{k}')(\mathrm{d}\boldsymbol{k}_1'), \qquad (8.45)$$

其中利用了 δ 函数是偶函数以及弹性散射的跃迁率关于初态、末态交换对称的性质. 结合式 (8.44) 以及式 (8.45) 可得

$$\frac{\mathrm{d}H}{\mathrm{d}t} = \frac{1}{4}\left[\frac{V}{(2\pi)^D}\right]^3 \int \Delta(\boldsymbol{k} + \boldsymbol{k}_1 - \boldsymbol{k}' - \boldsymbol{k}_1')W(\boldsymbol{q}|\boldsymbol{k}, \boldsymbol{k}_1 \leftrightarrow \boldsymbol{k}', \boldsymbol{k}_1')$$
$$\times \log\left[\frac{f(\boldsymbol{k})f(\boldsymbol{k}_1)}{f(\boldsymbol{k}')f(\boldsymbol{k}_1')}\right]\left[f(\boldsymbol{k}')f(\boldsymbol{k}_1') - f(\boldsymbol{k})f(\boldsymbol{k}_1)\right](\mathrm{d}\boldsymbol{q})(\mathrm{d}\boldsymbol{k})(\mathrm{d}\boldsymbol{k}_1)(\mathrm{d}\boldsymbol{k}')(\mathrm{d}\boldsymbol{k}_1'). \qquad (8.46)$$

这个表达式对于初态粒子之间、末态粒子之间以及初态与末态的互换均是对称的, 因而是描述函数 H 的时间变化率的最为理想的形式.

对任意波矢 $\boldsymbol{k}$, 分布函数 $f(\boldsymbol{k}) \geqslant 0$. 同时, 跃迁率 $W(\boldsymbol{q}|\boldsymbol{k}, \boldsymbol{k}_1 \leftrightarrow \boldsymbol{k}', \boldsymbol{k}_1') \geqslant 0$. 由于存在数学不等式

$$(x - y)\log\frac{y}{x} \leqslant 0 \quad (x, y \geqslant 0),$$

式 (8.46) 右边的被积式非零即负, 不可能大于零. 因此有

$$\frac{\mathrm{d}H}{\mathrm{d}t} \leqslant 0.$$

这就是 H 定理. H 定理所给出的不等式当且仅当系统的微观态分布达到细致平衡时才会饱和.

玻尔兹曼提出 H 定理的原始动机是试图从完全可逆的微观动力学出发来证明宏观过程的不可逆性质, 或者说基于微观动力学原理来证明热力学第二定律. 从结果上看, H 的时间演化行为容易让人联想到熵这个热力学状态函数. 历史上, 玻尔兹曼的确曾经尝试用 H 函数来定义熵:

$$S = -k_0 H.$$

但是, 对于 H 定理的证明过程及其物理解释, 长期以来都存在一些争议. 其中, 最能反映物理实质的质疑来自洛施密特[①]. 洛施密特认为, 从微观可逆的物理规律不可能推出宏观的不可逆性质, 因此 H 定理的证明过程一定在什么地方出现了错误. 这一陈述称为洛施密特佯谬. 针对洛施密特的质疑, 玻尔兹曼给出的解释是: H 定理的证明并非仅仅用到了微观可逆的力学原理, 同时还包含了统计假设. 例如, 分布函数 $f(\boldsymbol{k})$ 的局域性依赖于分子混沌假设, 而这个假设并不能完全从微观可逆的物理规律推导出来. 在这一意义下, 函数 H 随时间的

---

① 洛施密特(Johann Josef Loschmidt), 1821~1895, 奥地利物理学家和化学家.

减小是一种统计判断, 其含义是在时间过程中 H 减小是大概率事件, 而反常的、使得 H 增加的过程并非绝对不可能, 但只是概率非常微小的事件.

实际上, 由于分子碰撞后的动量并非真正地互无关联, 分子混沌假设的使用在事实上等效地引入了微观水平上的时间反演不对称性. 因此, H 定理并没有真正地给出关于宏观不可逆性的微观起源的物理解释. 玻尔兹曼本人应该也意识到了这一问题, 因此才会放弃用 H 函数, 转而采用玻尔兹曼关系式, 也就是微观状态数的对数来定义熵. 尽管如此, H 定理在推动关于宏观规律的统计解释的历史过程中依然起到了重要的作用. 从玻尔兹曼的时代算起, 关于宏观不可逆性的微观起源问题耗费了一百多年的时间, 直至 1993 年以后, 才由各种不同形态的涨落定理给出答案. 本章的最后一节 (8.11 节) 将介绍涨落定理的基本内容.

8.4 弛豫时间近似

假设系统的微观态分布函数与局部平衡假设所给出的函数形式差别不大, 则可以将差异部分当成微扰处理, 即

$$f(\boldsymbol{k}) = f^{(0)}(\boldsymbol{k}) + f^{(1)}(\boldsymbol{k}), \qquad |f^{(1)}| \ll f^{(0)}, \tag{8.47}$$

其中, $f^{(0)}(\boldsymbol{k})$ 表示局部平衡假设所对应的分布函数.

将上式代入式 (8.15), 并同时假定局部平衡背景满足细致平衡条件, 可得

$$\left(\frac{\partial f}{\partial t}\right)_{\text{散射}} = -\frac{f(\boldsymbol{k}) - f^{(0)}(\boldsymbol{k})}{\tau(\boldsymbol{k})}, \tag{8.48}$$

式中

$$\frac{1}{\tau(\boldsymbol{k})} = \sum_{\boldsymbol{k}_1, \boldsymbol{k}', \boldsymbol{k}_1'} W(\boldsymbol{q}|\boldsymbol{k}, \boldsymbol{k}_1 \to \boldsymbol{k}', \boldsymbol{k}_1') f^{(0)}(\boldsymbol{k})$$
$$\times \left[\frac{f^{(0)}(\boldsymbol{k}_1)}{f^{(0)}(\boldsymbol{k})} + \frac{f^{(1)}(\boldsymbol{k}_1)}{f^{(1)}(\boldsymbol{k})} - \frac{f^{(0)}(\boldsymbol{k}_1)}{f^{(0)}(\boldsymbol{k}_1')}\frac{f^{(1)}(\boldsymbol{k}_1')}{f^{(1)}(\boldsymbol{k})} - \frac{f^{(0)}(\boldsymbol{k}_1)}{f^{(0)}(\boldsymbol{k}')}\frac{f^{(1)}(\boldsymbol{k}')}{f^{(1)}(\boldsymbol{k})}\right],$$

$\tau(\boldsymbol{k})$ 称为弛豫时间.

如果考虑的是外电磁场中金属导体内的非平衡电子气体, 则需将式 (8.47) 代入式 (8.27), 结果方程的右边同样会被约化到式 (8.48) 的形式, 不过其中的弛豫时间表达为

$$\frac{1}{\tau(\boldsymbol{k})} = 2 \sum_{\boldsymbol{k}'} W(\boldsymbol{k} \to \boldsymbol{k}') \left[\frac{1 - f^{(0)}(\boldsymbol{k}')}{1 - f^{(0)}(\boldsymbol{k})} - \frac{f^{(0)}(\boldsymbol{k})}{f^{(0)}(\boldsymbol{k}')}\frac{f^{(1)}(\boldsymbol{k}')}{f^{(1)}(\boldsymbol{k})}\right].$$

在以上两种情况下, 弛豫时间都是波矢 $\boldsymbol{k}$ 的函数, 并且它们都依赖于分布函数的具体形式, 因此, 严格地求解弛豫时间与直接求解玻尔兹曼方程一样困难. 定性地说, 弛豫时间对波矢的依赖反映了不同尺度的宏观系统的弛豫时间不同, 尺度越大的系统达到平衡所需

的时间越长. 因此, 有可能发生这样的现象, 即系统中尺度较小的局部在经过一段时间的弛豫后已经基本上达到了平衡, 但是整个系统作为整体却依然没有达到平衡. 这就是局部平衡. 对处于局部平衡的系统, 其中各个局部的温度可能是不同的, 因此会存在非零的温度梯度 $\nabla_q T(\boldsymbol{q})$.

为了避免弛豫时间随波矢变化带来的技术性困难, 在以下的讨论中假定 $\tau(\boldsymbol{k})$ 不依赖于 $\boldsymbol{k}$, 并将其简记为 τ. 这样的简化虽然很粗略, 但是已经可以给出一些有意义的结果. 假设在时刻 $t = 0$ 起作用在粒子上的外力被移除, 并且系统中也不存在温度梯度, 因而 $\nabla_q f(\boldsymbol{k}) = 0$. 这时玻尔兹曼方程简化为

$$\frac{\partial f(\boldsymbol{k})}{\partial t} = -\frac{f(\boldsymbol{k}) - f^{(0)}(\boldsymbol{k})}{\tau}, \tag{8.49}$$

对应的解可以写为

$$\left[f(\boldsymbol{k}) - f^{(0)}(\boldsymbol{k})\right]_t = \left[f(\boldsymbol{k}) - f^{(0)}(\boldsymbol{k})\right]_0 \mathrm{e}^{-t/\tau}.$$

若 $t \gg \tau$, 则有 $f(\boldsymbol{k}) = f^{(0)}(\boldsymbol{k})$. 可见弛豫时间 τ 表达的是系统的微观态分布函数通过自发演化达到平衡所需的时间尺度. 这个结果与平衡态热力学的第一条假定是一致的 (参见本书第 19 页).

8.5 经典非平衡气体的粒子数和能量输运

8.5.1 玻尔兹曼方程的近似解

8.4节给出的弛豫时间近似是一个非常有用的近似手段. 利用这一近似, 原本是微分–积分方程的玻尔兹曼方程变成了纯粹的微分方程, 因此其求解成为数学上可以处理的问题. 事实上, 甚至可以不用任何求解微分方程的技术手段, 直接利用弛豫时间近似就能得出玻尔兹曼方程的最低阶近似解.

作为例子, 首先考虑经典非平衡气体的玻尔兹曼方程的稳态近似解. 所谓稳态分布函数, 指的是分布函数不显含时间, 即 $\dfrac{\partial f}{\partial t} = 0$ 的情况. 之所以优先考虑稳态解, 是因为这种解所对应的非平衡状态在所有的非平衡态中最为简单, 同时它还对揭示宏观系统中的输运现象的基本规律起着最为关键的作用. 利用弛豫时间近似, 可以将稳态分布函数满足的玻尔兹曼方程写为

$$\langle \boldsymbol{v}(\boldsymbol{k}), \nabla_q f\rangle + \frac{1}{\hbar}\langle \boldsymbol{F}, \nabla_k f\rangle = -\frac{f(\boldsymbol{k}) - f^{(0)}(\boldsymbol{k})}{\tau}, \tag{8.50}$$

式中, $f^{(0)}(\boldsymbol{k})$ 代表满足局部平衡假设的局部玻尔兹曼分布, 即

$$f^{(0)}(\boldsymbol{k}) = \mathrm{e}^{[\mu(\boldsymbol{q}) - \epsilon(\boldsymbol{q}, \boldsymbol{k})]/[k_0 T(\boldsymbol{q})]}. \tag{8.51}$$

若气体分子之间的相互作用可以忽略, 则在局部平衡假设下单个气体分子的能量将仅计及动能

$$\epsilon(\boldsymbol{k}) = \frac{\hbar^2}{2m}\langle \boldsymbol{k}, \boldsymbol{k}\rangle. \tag{8.52}$$

这时, $f^{(0)}(\boldsymbol{k})$ 将是 $\boldsymbol{k}$ 的偶函数, $f^{(0)}(\boldsymbol{k}) = f^{(0)}(-\boldsymbol{k})$.

假设所考虑的非平衡经典气体处于重力场中. 在最低阶近似下, 可以将式 (8.50) 左边的 $f(\boldsymbol{k})$ 替换为 $f^{(0)}(\boldsymbol{k})$, 从而得到分布函数的近似解

$$f(\boldsymbol{k}) = f^{(0)}(\boldsymbol{k}) - \tau\langle \boldsymbol{v}(\boldsymbol{k}), \nabla_q f^{(0)}\rangle - \frac{\tau}{\hbar}\langle \boldsymbol{F}, \nabla_k f^{(0)}\rangle, \tag{8.53}$$

其中, $\boldsymbol{F} = -\nabla_q u(\boldsymbol{q})$ 是单个气体分子所受的重力, $u(\boldsymbol{q})$ 是重力势能.

从式 (8.51) 出发, 并假定 $\epsilon(\boldsymbol{k})$ 不依赖于 $\boldsymbol{q}$, 那么通过直接计算可以得出

$$\nabla_q f^{(0)} = -\left[\nabla_q \mu(\boldsymbol{q}) + \frac{\epsilon - \mu}{T}\nabla_q T(\boldsymbol{q})\right]\left(\frac{\partial f^{(0)}}{\partial \epsilon}\right). \tag{8.54}$$

另外, 从微观态能量表达式 (8.52) 可得

$$\nabla_k f^{(0)} = \left(\frac{\partial f^{(0)}}{\partial \epsilon}\right)\nabla_k \epsilon = \left(\frac{\partial f^{(0)}}{\partial \epsilon}\right)\hbar \boldsymbol{v}(\boldsymbol{k}). \tag{8.55}$$

将式 (8.54) 和式 (8.55) 一同代入式 (8.53), 结果得到

$$f(\boldsymbol{k}) = f^{(0)}(\boldsymbol{k}) - \tau\langle \boldsymbol{v}(\boldsymbol{k}), \boldsymbol{F}_{\text{tot}}\rangle\left(\frac{\partial f^{(0)}}{\partial \epsilon}\right), \tag{8.56}$$

$$\boldsymbol{F}_{\text{tot}} = \boldsymbol{F} - \nabla_q \mu - \frac{\epsilon - \mu}{T}\nabla_q T = -\nabla_q \phi - \frac{\epsilon - \mu}{T}\nabla_q T, \tag{8.57}$$

式中, $\boldsymbol{F}_{\text{tot}}$ 表示单个气体分子所受到的合力, $\phi(\boldsymbol{q}) = \mu(\boldsymbol{q}) + u(\boldsymbol{q})$ 是重力化学势.

式 (8.57) 与式 (8.56) 合在一起给出的非平衡分布函数为

$$f(\boldsymbol{k}) = f^{(0)}(\boldsymbol{k}) - \tau\left\langle \boldsymbol{v}(\boldsymbol{k}), \left[\nabla_q \phi + \frac{\epsilon - \mu}{T}\nabla_q T\right]\right\rangle\left(-\frac{\partial f^{(0)}}{\partial \epsilon}\right), \tag{8.58}$$

式中, $f^{(0)}(\boldsymbol{k})$ 和 $\left(-\frac{\partial f^{(0)}}{\partial \epsilon}\right)$ 都是波矢的偶函数, 而 $\boldsymbol{v}(\boldsymbol{k})$ 则是 $\boldsymbol{k}$ 的奇函数, 因此, 上式右边第 1 项是波矢的偶函数, 第 2 项是波矢的奇函数. 这个方程是接下来讨论非平衡气体系统的热力学效应的出发点.

讨论和评述

如果将分布函数看成单粒子微观态能量的函数, 那么式 (8.56) 可以重新写为

$$f(\epsilon) = f^{(0)}(\epsilon) - \tau\langle \boldsymbol{v}(\boldsymbol{k}), \boldsymbol{F}_{\text{tot}}\rangle \left(\frac{\partial f^{(0)}}{\partial \epsilon}\right) \approx f^{(0)}(\epsilon - \Delta\epsilon),$$

其中, $\Delta\epsilon = \tau\langle \boldsymbol{v}(\boldsymbol{k}), \boldsymbol{F}_{\text{tot}}\rangle$ 的含义是作用在气体分子上的合力在一个弛豫时间内所做的功. 换句话说, 非平衡气体中微观态分布函数的变化是作用在气体分子上的合力做功所致.

为了区分重力化学势梯度和温度梯度这两种不同的广义力所造成的后果, 可以分别关闭其中一个梯度. 首先考虑温度梯度为零的情况, 这时有

$$f(\boldsymbol{k}) = f^{(0)}(\boldsymbol{k}) + \frac{\tau}{\hbar}\langle \nabla_{\boldsymbol{q}}\phi, \nabla_{\boldsymbol{k}}f^{(0)}(\boldsymbol{k})\rangle \approx f^{(0)}(\boldsymbol{k} - \Delta\boldsymbol{k}), \tag{8.59}$$

其中, $\Delta\boldsymbol{k} = -\dfrac{\tau}{\hbar}\nabla_{\boldsymbol{q}}\phi$ 是气体分子的波矢因重力化学势梯度的存在而发生的改变量. 另外, 如果重力化学势梯度为零而温度梯度非零, 则有

$$f(\boldsymbol{k}) = f^{(0)}(\boldsymbol{k}) + \frac{\tau}{\hbar}\left\langle \frac{\epsilon - \mu}{T}\nabla_{\boldsymbol{q}}T, \nabla_{\boldsymbol{k}}f^{(0)}(\boldsymbol{k})\right\rangle \approx f^{(0)}(\boldsymbol{k} - \Delta\boldsymbol{k}'), \tag{8.60}$$

式中, $\Delta\boldsymbol{k}' = -\dfrac{\tau}{\hbar}\dfrac{\epsilon - \mu}{T}\nabla_{\boldsymbol{q}}T$ 是温度梯度导致的气体分子波矢改变量. 从场形式上看, 以上两种效应都使气体分子的波矢发生了平移, 但是它们对分布函数的曲线形状的影响是不同的, 原因是重力化学势梯度只依赖于位形空间坐标, 所以从波矢空间来看, 波矢平移量 $\Delta\boldsymbol{k}$ 是一个常量, 因此重力化学势不改变波矢空间中分布函数的曲线形状, 只会将分布函数曲线作整体平移. 与此相反, 由温度梯度所造成的波矢平移量 $\Delta\boldsymbol{k}'$ 本身通过微观态能量 $\epsilon(\boldsymbol{k})$ 依赖于波矢的取值, 将波矢平移 $\Delta\boldsymbol{k}'$ 意味着不同波矢被移动的大小不同, 因此温度梯度会改变波矢空间中分布函数的曲线形状. 上述两种效应所导致的非平衡经典气体的微观态分布函数变化示意图见图 8.2.

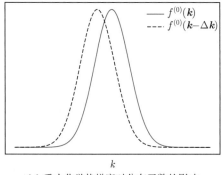
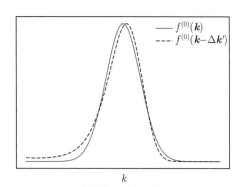

(a) 重力化学势梯度对分布函数的影响　　　(b) 温度梯度对分布函数的影响

图 8.2　重力化学势梯度与温度梯度对非平衡经典气体微观态分布函数的影响

8.5.2　粒子数和能量输运的输运系数

描述非平衡系统的分布函数, 主要的目的之一是希望通过对分布函数的了解能进一步给出输运现象的统计解释.

所谓输运现象, 指的是系统中出现的物理量的宏观迁移. 通常比较受关注的迁移对象包括质量或粒子数、能量以及电荷等. 以上几种物理量的宏观迁移分别与扩散、热传导以及电流等宏观现象有关. 下面将就经典非平衡气体系统中的粒子数以及能量的输运进行统计解释.

先定义两个分别与粒子数以及能量输运对应的流密度矢量. 粒子数流密度矢量定义为

$$\boldsymbol{J}^{(n)}(t,\boldsymbol{q}) = \frac{1}{(2\pi)^D}\int \boldsymbol{v}(\boldsymbol{k})f(t,\boldsymbol{q},\boldsymbol{k})(\mathrm{d}\boldsymbol{k}). \tag{8.61}$$

能流密度矢量定义为

$$\boldsymbol{J}^{(\epsilon)}(t,\boldsymbol{q}) = \frac{1}{(2\pi)^D}\int \epsilon(\boldsymbol{k})\boldsymbol{v}(\boldsymbol{k})f(t,\boldsymbol{q},\boldsymbol{k})(\mathrm{d}\boldsymbol{k}). \tag{8.62}$$

将式 (8.58) 代入 (8.61) 可得

$$\boldsymbol{J}^{(n)}(t,\boldsymbol{q}) = -\frac{1}{(2\pi)^D}\int \boldsymbol{v}(\boldsymbol{k})\tau\left\langle \boldsymbol{v}, \left[\nabla_{\boldsymbol{q}}\phi + \frac{\epsilon - \mu}{T}\nabla_{\boldsymbol{q}}T\right]\right\rangle\left(-\frac{\partial f^{(0)}}{\partial \epsilon}\right)(\mathrm{d}\boldsymbol{k}), \tag{8.63}$$

式中, 由于 $f^{(0)}(\boldsymbol{q},\boldsymbol{k})$ 是 $\boldsymbol{k}$ 的偶函数而 $\boldsymbol{v}(\boldsymbol{k})$ 是 $\boldsymbol{k}$ 的奇函数, 式 (8.58) 右边首项对积分没有贡献. 由于 $\left(-\dfrac{\partial f^{(0)}}{\partial \epsilon}\right)$ 也是 $\boldsymbol{k}$ 的偶函数, 式 (8.63) 右边的被积式中除因子 $\left(-\dfrac{\partial f^{(0)}}{\partial \epsilon}\right)$ 之外其余的部分也必须是 $\boldsymbol{k}$ 的偶函数才能得出非零的结果. 因此有

$$(J^{(n)})_i(t,\boldsymbol{q}) = -\frac{1}{(2\pi)^D}\int \tau v_i^2\left(\partial_{q_i}\phi + \frac{\epsilon - \mu}{T}\partial_{q_i}T\right)\left(-\frac{\partial f^{(0)}}{\partial \epsilon}\right)(\mathrm{d}\boldsymbol{k}). \tag{8.64}$$

可以看到, $\boldsymbol{J}^{(n)}(t,\boldsymbol{q})$ 的第 i 分量仅与重力化学势以及温度在第 i 方向的梯度有关.

若假定气体分子的速度具有各向同性的性质, 上式中的被积式因子 v_i^2 可以更换为

$$v_i^2 = \frac{v^2}{D} = \frac{2\epsilon(\boldsymbol{k})}{Dm},$$

这样可以将式 (8.63) 重新写为

$$\boldsymbol{J}^{(n)}(t,\boldsymbol{q}) = -\mathscr{D}\nabla_{\boldsymbol{q}}\phi - \lambda\nabla_{\boldsymbol{q}}T, \tag{8.65}$$

其中

$$\mathscr{D} = \left\|\frac{2\tau\epsilon}{m}\right\|, \qquad \lambda = \left\|\frac{2\tau\epsilon}{m}\left(\frac{\epsilon - \mu}{T}\right)\right\|, \tag{8.66}$$

式中引入了简洁记号

$$\|A(\epsilon)\| = \frac{1}{(2\pi)^D D} \int A(\epsilon) \left(-\frac{\partial f^{(0)}}{\partial \epsilon}\right)(\mathrm{d}\boldsymbol{k}). \tag{8.67}$$

用类似的过程可以求出

$$\boldsymbol{J}^{(\epsilon)}(t, \boldsymbol{q}) = -\xi \nabla_{\boldsymbol{q}}\phi - \eta \nabla_{\boldsymbol{q}}T, \tag{8.68}$$

其中

$$\xi = \left\|\frac{2\tau\epsilon^2}{m}\right\|, \quad \eta = \left\|\frac{2\tau\epsilon^2}{m}\left(\frac{\epsilon - \mu}{T}\right)\right\|. \tag{8.69}$$

从上述分析可以看到, 非平衡气体中的粒子数流密度、能流密度分别与重力化学势梯度和温度梯度呈线性关系. 当这些梯度为零时, 就不会有粒子数流以及能流. 在这一意义下, 可以说非平衡系统内部参量的梯度是催发系统产生宏观流动的原动力.

8.6 金属导体中非平衡电子气体的输运理论

在本节中将分析金属中非平衡电子气体在外电磁场作用下的分布函数及其宏观效果. 和经典气体的情况类似, 我们也只关心金属导体中非平衡电子气体的稳态分布. 在弛豫时间近似下, 非平衡电子气体的稳态分布函数满足如下方程:

$$\langle \boldsymbol{v}(\boldsymbol{k}), \nabla_{\boldsymbol{q}}f(\boldsymbol{k})\rangle - \frac{e}{\hbar}\langle \boldsymbol{\mathscr{E}}_0 + \boldsymbol{v}(\boldsymbol{k}) \times \boldsymbol{\mathscr{B}}, \nabla_{\boldsymbol{k}}f(\boldsymbol{k})\rangle = -\frac{f(\boldsymbol{k}) - f^{(0)}(\boldsymbol{k})}{\tau}. \tag{8.70}$$

为了区分电场、磁场以及温度梯度等不同因素造成的宏观后果, 我们将分别讨论只有外电场以及电、磁场同时出现两种不同情况下分布函数的近似解, 最后利用所得到的解来分析非平衡电子气体的热力学效应.

8.6.1 外电场作用下分布函数的近似解

首先考虑在恒定外电场中处于稳态的非平衡电子气体系统. 玻尔兹曼方程可以写为

$$\langle \boldsymbol{v}(\boldsymbol{k}), \nabla_{\boldsymbol{q}}f(\boldsymbol{k})\rangle - \frac{e}{\hbar}\langle \boldsymbol{\mathscr{E}}_0, \nabla_{\boldsymbol{k}}f(\boldsymbol{k})\rangle = -\frac{f(\boldsymbol{k}) - f^{(0)}(\boldsymbol{k})}{\tau}. \tag{8.71}$$

利用局部平衡假定, 可以将 $f^{(0)}(\boldsymbol{k})$ 的形式选取为式 (8.29) 所给出的形式

$$f^{(0)}(\boldsymbol{k}) = \frac{1}{\mathrm{e}^{[\epsilon(\boldsymbol{k}) - \mu(\boldsymbol{q})]/[k_0 T(\boldsymbol{q})]} + 1}.$$

这时式 (8.55) 依然成立

$$\nabla_{\boldsymbol{k}}f^{(0)}(\boldsymbol{k}) = \left(\frac{\partial f^{(0)}}{\partial \epsilon}\right)\nabla_{\boldsymbol{k}}\epsilon = \left(\frac{\partial f^{(0)}}{\partial \epsilon}\right)\hbar\boldsymbol{v}, \tag{8.72}$$

但是其中的 $f^{(0)}(\boldsymbol{k})$ 已经被新的局部平衡分布函数取代. 类似地, 还有

$$\nabla_q f^{(0)}(\boldsymbol{k}) = -\left[\nabla_q \mu(\boldsymbol{q}) + \frac{\epsilon - \mu}{T}\nabla_q T(\boldsymbol{q})\right]\left(\frac{\partial f^{(0)}}{\partial \epsilon}\right).$$

在式 (8.71) 中将左边的 $f(\boldsymbol{k})$ 近似为 $f^{(0)}(\boldsymbol{k})$, 并将以上两式代入, 可得

$$f(\boldsymbol{k}) = f^{(0)}(\boldsymbol{k}) - \tau\langle\boldsymbol{v}(\boldsymbol{k}),\boldsymbol{\mathscr{F}}_0\rangle\left(\frac{\partial f^{(0)}}{\partial \epsilon}\right), \tag{8.73}$$

$$\boldsymbol{\mathscr{F}}_0 = -e\boldsymbol{\mathscr{E}}_0 - \left[\nabla_q \mu(\boldsymbol{q}) + \frac{\epsilon - \mu}{T}\nabla_q T(\boldsymbol{q})\right] = -e\boldsymbol{\mathscr{E}} - \frac{\epsilon - \mu}{T}\nabla_q T, \tag{8.74}$$

其中

$$\boldsymbol{\mathscr{E}} = \boldsymbol{\mathscr{E}}_0 + \frac{1}{e}\nabla_q \mu(\boldsymbol{q}) = -\nabla_q\left(\varphi_0 - \frac{\mu}{e}\right) \equiv -\nabla_q\varphi,$$

$\varphi = \varphi_0 - \dfrac{\mu}{e}$ 称为电化学势, $\boldsymbol{\mathscr{F}}_0$ 则是电子所受的合力. 上述近似适用的条件是: $\Delta\epsilon(\boldsymbol{k}) \ll k_0 T$, 其中

$$\Delta\epsilon(\boldsymbol{k}) \equiv \tau\langle\boldsymbol{v}(\boldsymbol{k}),\boldsymbol{\mathscr{F}}_0\rangle$$

的含义是在外电场以及温度梯度共同作用下电子获得的能量, 而 $k_0 T$ 则用来刻画电子在热运动中具有的平均能量.

下面分别讨论电化学势梯度和温度梯度的作用. 当只有电化学势梯度而不存在温度梯度时, 式 (8.73) 可以重写为

$$\begin{aligned}f(\boldsymbol{k}) &= f^{(0)}(\boldsymbol{k}) + \frac{\tau}{\hbar}\langle e\boldsymbol{\mathscr{E}}, \nabla_k f^{(0)}(\boldsymbol{k})\rangle\\&\approx f^{(0)}\left(\boldsymbol{k} + \frac{\tau}{\hbar}e\boldsymbol{\mathscr{E}}\right) \equiv f^{(0)}\left(\boldsymbol{k} - \Delta\boldsymbol{k}\right),\end{aligned} \tag{8.75}$$

式中, $\Delta\boldsymbol{k} = -\dfrac{\tau}{\hbar}e\boldsymbol{\mathscr{E}}$ 是电化学势梯度导致的电子波矢改变量. 另外, 当只考虑温度梯度而不考虑电化学势梯度的作用时, 式 (8.73) 可以重写为

$$\begin{aligned}f(\boldsymbol{k}) &= f^{(0)}(\boldsymbol{k}) + \frac{\tau}{\hbar}\frac{\epsilon - \mu}{T}\langle\nabla_q T, \nabla_k f^{(0)}(\boldsymbol{k})\rangle\\&\approx f^{(0)}\left(\boldsymbol{k} + \frac{\tau}{\hbar}\frac{\epsilon - \mu}{T}\nabla_q T\right) \equiv f^{(0)}\left(\boldsymbol{k} - \Delta\boldsymbol{k}'\right),\end{aligned} \tag{8.76}$$

式中

$$\Delta\boldsymbol{k}' = -\frac{\tau}{\hbar}\frac{\epsilon - \mu}{T}\nabla_q T$$

表示由温度梯度导致的电子波矢漂移量. 以上两种效应分别与重力场中经典非平衡气体情况下的重力化学势梯度以及温度梯度所造成的波矢改变相类似, 其中, 电化学势梯度所造成的波矢平移不改变波矢空间中分布函数的曲线形状, 而温度梯度所造成的平移则会改变波矢空间分布函数的曲线形状. 这两种不同效应所造成的分布函数变化的结果可看图 8.3.

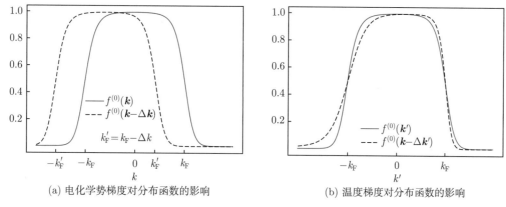

(a) 电化学势梯度对分布函数的影响   (b) 温度梯度对分布函数的影响

图 8.3 电化学势梯度与温度梯度对导体中非平衡电子气体微观态分布函数的影响

8.6.2 电、磁场同时存在时分布函数的近似解

如果在电化学势梯度和温度梯度之外再加入外磁场, 那么稳态条件下分布函数满足的方程将变为

$$\langle \boldsymbol{v}(\boldsymbol{k}), \nabla_{\boldsymbol{q}} f(\boldsymbol{k}) \rangle - \frac{e}{\hbar} \langle \boldsymbol{\mathscr{E}}_0 + \boldsymbol{v}(\boldsymbol{k}) \times \boldsymbol{\mathscr{B}}, \nabla_{\boldsymbol{k}} f(\boldsymbol{k}) \rangle = -\frac{f(\boldsymbol{k}) - f^{(0)}(\boldsymbol{k})}{\tau}, \tag{8.77}$$

其中, 方程左边除与磁场有关的一项之外, $f(\boldsymbol{k})$ 都可以替换为 $f^{(0)}(\boldsymbol{k})$, 但是与磁场有关的一项中 $f(\boldsymbol{k})$ 必须保持其完整形式, 因为根据式 (8.72), 这一项中若将 $f(\boldsymbol{k})$ 替换为 $f^{(0)}(\boldsymbol{k})$, 结果为零. 所以, 可以将上式近似写为

$$f(\boldsymbol{k}) = f^{(0)}(\boldsymbol{k}) - \tau \langle \boldsymbol{v}(\boldsymbol{k}), \boldsymbol{\mathscr{F}}_0 \rangle \left(\frac{\partial f^{(0)}}{\partial \epsilon} \right) + \frac{\tau}{\hbar} \langle e\boldsymbol{v}(\boldsymbol{k}) \times \boldsymbol{\mathscr{B}}, \nabla_{\boldsymbol{k}} f(\boldsymbol{k}) \rangle, \tag{8.78}$$

式中, $\boldsymbol{\mathscr{F}}_0$ 仍由式 (8.74) 给出. 这个结果还不能被当成分布函数的近似解, 因为等式右边还含有 $f(\boldsymbol{k})$.

我们希望在考虑了磁场的贡献后分布函数的近似解仍然具有类似于式 (8.73) 的形式, 即

$$f(\boldsymbol{k}) = f^{(0)}(\boldsymbol{k}) - \tau \langle \boldsymbol{v}(\boldsymbol{k}), \boldsymbol{\mathscr{F}} \rangle \left(\frac{\partial f^{(0)}}{\partial \epsilon} \right), \tag{8.79}$$

式中, $\boldsymbol{\mathscr{F}}$ 是考虑了磁场贡献之后电子所受的有效力. 将上式代入式 (8.78) 的右边, 并将结果与式 (8.79) 对照, 可以得出

$$\langle \boldsymbol{v}(\boldsymbol{k}), \boldsymbol{\mathscr{F}} \rangle = \langle \boldsymbol{v}(\boldsymbol{k}), \boldsymbol{\mathscr{F}}_0 \rangle + \frac{\tau}{\hbar} \left\langle e\boldsymbol{v}(\boldsymbol{k}) \times \boldsymbol{\mathscr{B}}, \nabla_{\boldsymbol{k}} \big[\langle \boldsymbol{v}(\boldsymbol{k}), \boldsymbol{\mathscr{F}} \rangle \big] \right\rangle. \tag{8.80}$$

这是一个关于有效力 $\boldsymbol{\mathscr{F}}$ 的微分方程. 在上式右边最后一项中, 因子 $\nabla_{\boldsymbol{k}} \big[\langle \boldsymbol{v}(\boldsymbol{k}), \boldsymbol{\mathscr{F}} \rangle \big]$ 可以这样来计算

$$\left(\nabla_{\boldsymbol{k}} \big[\langle \boldsymbol{v}(\boldsymbol{k}), \boldsymbol{\mathscr{F}} \rangle \big] \right)_i = \frac{\hbar}{m} \left(\nabla_{\boldsymbol{k}} \big[\langle \boldsymbol{k}, \boldsymbol{\mathscr{F}} \rangle \big] \right)_i = \frac{\hbar}{m} \frac{\partial}{\partial k_i} \sum_j \left(k_j \mathscr{F}_j \right)$$

$$= \frac{\hbar}{m}\left[\mathscr{F}_i + \sum_j k_j \frac{\partial \epsilon(\boldsymbol{k})}{\partial k_i}\left(\frac{\partial \mathscr{F}_j}{\partial \epsilon}\right)\right]$$

$$= \frac{\hbar}{m}\left[\mathscr{F}_i + \frac{\hbar^2}{m}k_i \sum_j k_j \left(\frac{\partial \mathscr{F}_j}{\partial \epsilon}\right)\right],$$

也就是说,

$$\nabla_{\boldsymbol{k}}\big[\langle \boldsymbol{v}(\boldsymbol{k}), \mathscr{F}\rangle\big] = \frac{\hbar}{m}\mathscr{F} + \hbar \boldsymbol{v}(\boldsymbol{k})\Big\langle \boldsymbol{v}(\boldsymbol{k}), \frac{\partial \mathscr{F}}{\partial \epsilon}\Big\rangle.$$

将上式代入式 (8.80), 可以得到

$$\langle \boldsymbol{v}(\boldsymbol{k}), \mathscr{F}\rangle = \langle \boldsymbol{v}(\boldsymbol{k}), \mathscr{F}_0\rangle + \frac{e\tau}{m}\langle \boldsymbol{v}(\boldsymbol{k}) \times \mathscr{B}, \mathscr{F}\rangle. \tag{8.81}$$

利用矢量分析公式

$$\langle \boldsymbol{A}, \boldsymbol{B} \times \boldsymbol{C}\rangle = \langle \boldsymbol{A} \times \boldsymbol{B}, \boldsymbol{C}\rangle,$$

还可以将式 (8.81) 写为

$$\langle \boldsymbol{v}(\boldsymbol{k}), \mathscr{F}\rangle = \langle \boldsymbol{v}(\boldsymbol{k}), \mathscr{F}_0\rangle + \frac{e\tau}{m}\langle \boldsymbol{v}(\boldsymbol{k}), \mathscr{B} \times \mathscr{F}\rangle. \tag{8.82}$$

由于电子的速度矢量 $\boldsymbol{v}(\boldsymbol{k})$ 是随机分布的, 上式给出

$$\mathscr{F} = \mathscr{F}_0 + \frac{e\tau}{m}\mathscr{B} \times \mathscr{F}. \tag{8.83}$$

为了从式 (8.83) 解出 $\mathscr{F}$, 可以分别用 $\mathscr{B}$ 从左边点乘和叉乘式 (8.83), 结果得到

$$\langle \mathscr{B}, \mathscr{F}\rangle = \langle \mathscr{B}, \mathscr{F}_0\rangle, \tag{8.84}$$

$$\mathscr{B} \times \mathscr{F} = \mathscr{B} \times \mathscr{F}_0 + \frac{e\tau}{m}\langle \mathscr{B}, \mathscr{F}_0\rangle \mathscr{B} - \frac{e\tau}{m}\mathscr{B}^2 \mathscr{F}. \tag{8.85}$$

最后, 将式 (8.85) 代入式 (8.83) 并作适当整理, 可得

$$\mathscr{F} = \frac{1}{1+\nu^2}\left[\mathscr{F}_0 + \frac{e\tau}{m}\mathscr{B} \times \mathscr{F}_0 + \left(\frac{e\tau}{m}\right)^2 \langle \mathscr{B}, \mathscr{F}_0\rangle \mathscr{B}\right], \tag{8.86}$$

式中

$$\nu = \omega_{\mathrm{c}}\tau = \frac{e\mathscr{B}\tau}{m}, \tag{8.87}$$

ω_{c} 是第 7 章中已出现过的回旋频率.

　　式 (8.79) 与式 (8.86) 合在一起, 就给出了电、磁场同时出现的情况下非平衡电子气体的分布函数的近似解.

8.6.3 非平衡电子气体中的输运现象与输运系数

就金属或半导体中的电子气体而言, 主要的输运有两类, 即电荷输运和能量输运, 前者造成的宏观效果是电流, 后者造成的宏观效果是热传导.

假定分布函数 $f(t, \boldsymbol{q}, \boldsymbol{k})$ 已知, 那么电流强度 $\boldsymbol{J}^{(e)}(t, \boldsymbol{q})$ 和热流强度 $\boldsymbol{J}^{(Q)}(t, \boldsymbol{q})$ 可以分别写为

$$\boldsymbol{J}^{(e)}(t, \boldsymbol{q}) = -\frac{2e}{(2\pi)^3} \int \boldsymbol{v}(\boldsymbol{k}) f(t, \boldsymbol{q}, \boldsymbol{k}) (\mathrm{d}\boldsymbol{k}),$$

$$\boldsymbol{J}^{(Q)}(t, \boldsymbol{q}) = \frac{2}{(2\pi)^3} \int [\epsilon(\boldsymbol{k}) - \mu] \boldsymbol{v}(\boldsymbol{k}) f(t, \boldsymbol{q}, \boldsymbol{k}) (\mathrm{d}\boldsymbol{k}),$$

式中的整体因子 2 来源于电子的自旋简并度. 注意: 在导体内的非平衡电子气体中, 电子微观态能量中只有高于化学势的部分才对热流强度有贡献.

在弛豫时间近似下, 分布函数 $f(t, \boldsymbol{q}, \boldsymbol{k})$ 可以用式 (8.79) 表达. 由于 $f^{(0)}(t, \boldsymbol{q}, \boldsymbol{k})$ 是关于 $\boldsymbol{k}$ 的偶函数, 而 $\boldsymbol{v}(\boldsymbol{k})$ 是关于 $\boldsymbol{k}$ 的奇函数, 上述积分表达式中分布函数的零阶项 $f^{(0)}(t, \boldsymbol{q}, \boldsymbol{k})$ 将没有贡献. 因此有

$$\boldsymbol{J}^{(e)}(t, \boldsymbol{q}) = \frac{2e}{(2\pi)^3} \int \tau \boldsymbol{v}(\boldsymbol{k}) \langle \boldsymbol{v}(\boldsymbol{k}), \boldsymbol{\mathscr{F}} \rangle \left(\frac{\partial f^{(0)}}{\partial \epsilon} \right) (\mathrm{d}\boldsymbol{k}),$$

$$\boldsymbol{J}^{(Q)}(t, \boldsymbol{q}) = -\frac{2}{(2\pi)^3} \int [\epsilon(\boldsymbol{k}) - \mu] \tau \boldsymbol{v}(\boldsymbol{k}) \langle \boldsymbol{v}(\boldsymbol{k}), \boldsymbol{\mathscr{F}} \rangle \left(\frac{\partial f^{(0)}}{\partial \epsilon} \right) (\mathrm{d}\boldsymbol{k}).$$

若采用分量表示, 上述结果可以写成

$$J_i^{(e)}(t, \boldsymbol{q}) = \frac{2e}{(2\pi)^3} \int \tau v_i(\boldsymbol{k}) \sum_{l=1}^{3} \left[v_l(\boldsymbol{k}) \mathscr{F}_l \right] \left(\frac{\partial f^{(0)}}{\partial \epsilon} \right) \prod_{a=1}^{3} \mathrm{d}k_a,$$

$$J_i^{(Q)}(t, \boldsymbol{q}) = -\frac{2}{(2\pi)^3} \int [\epsilon(\boldsymbol{k}) - \mu] \tau v_i(\boldsymbol{k}) \sum_{l=1}^{3} \left[v_l(\boldsymbol{k}) \mathscr{F}_l \right] \left(\frac{\partial f^{(0)}}{\partial \epsilon} \right) \prod_{a=1}^{3} \mathrm{d}k_a.$$

注意到 $\left(\dfrac{\partial f^{(0)}}{\partial \epsilon} \right)$ 是 k_i 的偶函数, 而 v_i 是 k_i 的奇函数, 因此, 在上述分量表达式中的求和仅有 $l = i$ 的一项有贡献. 另外, 若假定系统具有各向同性的性质, 则有

$$\left[v_i(\boldsymbol{k}) \right]^2 = \frac{1}{3} \left[v(\boldsymbol{k}) \right]^2 = \frac{\hbar^2 k^2}{3m^2} = \frac{1}{3\hbar^2} \left(\frac{\partial \epsilon}{\partial k} \right)^2.$$

考虑到上述关系式后, 有

$$J_i^{(e)}(t, \boldsymbol{q}) = \frac{e}{3\hbar^2 \pi^2} \int \left(\frac{\partial \epsilon}{\partial k} \right)^2 \tau \mathscr{F}_i \left(\frac{\partial f^{(0)}}{\partial \epsilon} \right) k^2 \mathrm{d}k,$$

$$J_i^{(Q)}(t, \boldsymbol{q}) = -\frac{1}{3\hbar^2 \pi^2} \int \left(\frac{\partial \epsilon}{\partial k} \right)^2 (\epsilon - \mu) \tau \mathscr{F}_i \left(\frac{\partial f^{(0)}}{\partial \epsilon} \right) k^2 \mathrm{d}k.$$

再次利用关系式 $\epsilon = \dfrac{\hbar^2 k^2}{2m}$ 可以将以上关系式改写为

$$J_i^{(e)}(t, \boldsymbol{q}) = -\frac{e}{3\pi^2} \int \left(-\frac{\partial f^{(0)}}{\partial \epsilon}\right) \frac{\tau \mathscr{F}_i}{m} k^3 \mathrm{d}\epsilon, \tag{8.88}$$

$$J_i^{(Q)}(t, \boldsymbol{q}) = \frac{1}{3\pi^2} \int \left(-\frac{\partial f^{(0)}}{\partial \epsilon}\right) (\epsilon - \mu) \frac{\tau \mathscr{F}_i}{m} k^3 \mathrm{d}\epsilon. \tag{8.89}$$

到目前为止, 还没有用到外电磁场和温度梯度提供的有效力的具体形式. 下面就将有效力的具体形式代入上述结果来进一步分析电荷和热量的输运性质. 不失一般性, 我们假定外磁场指向空间的第 3 轴方向. 从式 (8.86) 可以得出

$$\mathscr{F}_1 = \frac{1}{1+\nu^2}(\mathscr{F}_{01} - \nu \mathscr{F}_{02}), \tag{8.90}$$

$$\mathscr{F}_2 = \frac{1}{1+\nu^2}(\mathscr{F}_{02} + \nu \mathscr{F}_{01}), \tag{8.91}$$

$$\mathscr{F}_3 = \mathscr{F}_{03}. \tag{8.92}$$

将 $\mathscr{F}_0$ 的表达式 (8.74) 代入以上方程, 并将结果再次代入式 (8.88) 和式 (8.89), 最终可以得到

$$J_i^{(e)} = \sum_{k=1}^{3} \left(\sigma_{ik}\mathscr{E}_k - \beta_{ik}\partial_k T\right), \tag{8.93}$$

$$J_i^{(Q)} = \sum_{k=1}^{3} \left(\gamma_{ik}\mathscr{E}_k - \kappa_{ik}\partial_k T\right), \tag{8.94}$$

其中, σ_{ik}、β_{ik}、γ_{ik} 和 κ_{ik} 均为 3×3 矩阵, 称为动理系数或者张量输运系数, 它们的各分量数值为

$$\sigma_{11} = \sigma_{22} = ne^2 \left\|\frac{\tau}{m}\frac{1}{1+\nu^2}\right\|, \qquad \sigma_{12} = -\sigma_{21} = ne^2 \left\|\frac{\tau}{m}\frac{\nu}{1+\nu^2}\right\|,$$

$$\sigma_{13} = \sigma_{31} = \sigma_{23} = \sigma_{32} = 0, \qquad \sigma_{33} = ne^2 \left\|\frac{\tau}{m}\right\|,$$

$$\beta_{11} = \beta_{22} = -\frac{ne}{T}\left\|\frac{\tau}{m}\frac{\epsilon-\mu}{1+\nu^2}\right\|, \qquad \beta_{12} = -\beta_{21} = -\frac{ne}{T}\left\|\frac{\tau}{m}\frac{(\epsilon-\mu)\nu}{1+\nu^2}\right\|,$$

$$\beta_{13} = \beta_{31} = \beta_{23} = \beta_{32} = 0, \qquad \beta_{33} = -\frac{ne}{T}\left\|\frac{\tau}{m}(\epsilon-\mu)\right\|, \tag{8.95}$$

$$\gamma_{ik} = -T\beta_{ik},$$

$$\kappa_{11} = \kappa_{22} = \frac{n}{T}\left\|\frac{\tau}{m}\frac{(\epsilon-\mu)^2}{1+\nu^2}\right\|, \qquad \kappa_{12} = -\kappa_{21} = \frac{n}{T}\left\|\frac{\tau}{m}\frac{(\epsilon-\mu)^2\nu}{1+\nu^2}\right\|,$$

$$\kappa_{13} = \kappa_{31} = \kappa_{23} = \kappa_{32} = 0, \qquad \kappa_{33} = \frac{n}{T}\left\|\frac{\tau}{m}(\epsilon-\mu)^2\right\|,$$

式中, n 是电子气体的粒子数密度, 而符号 $\|A(\epsilon)\|$ 表达的是以下类型的积分:

$$\|A(\epsilon)\| = \frac{1}{3\pi^2 n} \int_0^\infty \left(-\frac{\partial f^{(0)}}{\partial \epsilon} \right) A(\epsilon) k^3(\epsilon) \mathrm{d}\epsilon. \tag{8.96}$$

下面对以上得出的部分输运系数作一简单的解释.

首先看外磁场为零的情况. 这时以上输运系数的非对角分量全部为零, 而每一组输运系数的对角分量都分别相同, 即 $\sigma_{11} = \sigma_{22} = \sigma_{33}$, $\beta_{11} = \beta_{22} = \beta_{33}$, 等等. 这时, 如果温度梯度为零, 那么 σ_{ii} 就给出了金属导体的电导率, γ_{ii} 则刻画了导体中的电能输运; 相反, 如果电化学势梯度为零, 则 β_{ii} 刻画了能斯特效应, 即导体中的温度梯度会产生顺向的电流. 这一效应的物理原因是温度梯度会导致电子的热对流, 因而会引发相应的电荷流动; 与此同时, κ_{ii} 给出了导体的热传导系数.

当外磁场非零时, $\sigma_{12} \neq 0$, 它表达的是由磁场导致的横向电导率, 也就是霍尔电导率. 值得注意的是, 与磁场垂直的顺向电导率也会受到磁场的影响而改变其数值. $\beta_{12} \neq 0$ 对应着这样一种效应, 即在与磁场垂直的平面内, 横向温度梯度会导致顺向电流, 这一效应称为埃廷斯豪森效应. 磁场的存在还会导致横向的电能输运 ($\gamma_{12} \neq 0$) 以及横向的热传导 ($\kappa_{12} \neq 0$), 同时它也会改变与磁场垂直方向的顺向电能输运和热传导系数.

讨论和评述

(1) 在以上的分析中, 为了简化问题, 我们没有考虑弛豫时间随波矢的变化, 也没有考虑电子的质量实际上应该被依赖于波矢的有效质量取代这一因素. 如果考虑到这些因素, 确定以上提到的张量输运系数的具体数值是一个相当复杂的问题, 并不能简单地通过计算式 (8.96) 所给出的积分来得出结果.

(2) 参数 $\nu = \omega_c \tau$ 正比于外磁场的大小, 因此, 凡含有参数 ν 的输运系数均包含了磁场作用的因素. 显然, 沿磁场方向 (第 3 坐标轴方向) 的输运与磁场无关.

(3) 将以上张量输运系数看成磁场的函数, 有如下的对称性:

$$\sigma_{ik}(\mathscr{B}) = \sigma_{ki}(-\mathscr{B}), \qquad \beta_{ik}(\mathscr{B}) = \beta_{ki}(-\mathscr{B}),$$
$$\kappa_{ik}(\mathscr{B}) = \kappa_{ki}(-\mathscr{B}), \qquad \gamma_{ik}(\mathscr{B}) = T\beta_{ki}(-\mathscr{B}).$$

这些关系式是所谓的昂萨格倒易关系的具体实例. 关于昂萨格倒易关系, 将在8.8节予以介绍.

8.7 非磁化等离子体中的电子振荡与朗道阻尼

在等离子体物理中, 由于各种扰动而产生的波动或振荡是颇受关注的问题. 研究这些振荡的行为可以从中了解等离子体的传导性质、介电性质以及热力学稳定性. 本节将介绍非磁化等离子体中由于微弱的电场扰动而导致的电子振荡, 并借此描绘等离子体稳定性理论中非常重要的一类现象, 即朗道阻尼现象.

分析电子等离子体振荡的出发点是弗拉索夫–泊松方程组中电子分布函数所满足的弗拉索夫方程 (8.35). 为了与传统文献的表述一致, 在这里我们将电子的单体分布函数改写成位形坐标及速度的函数

$$f(t, \boldsymbol{q}, \boldsymbol{v}) = \left(\frac{m}{h}\right)^3 f_e(t, \boldsymbol{q}, \boldsymbol{k}), \quad f(t, \boldsymbol{q}, \boldsymbol{v})(\mathrm{d}\boldsymbol{v}) = \frac{1}{(2\pi)^3} f_e(t, \boldsymbol{q}, \boldsymbol{k})(\mathrm{d}\boldsymbol{k}).$$

这样做的代价是分布函数 $f(t, \boldsymbol{q}, \boldsymbol{v})$ 不再是无量纲的纯数而是具有 $[\|\boldsymbol{q}\|]^{-3}[\|\boldsymbol{v}\|]^{-3}$ 的量纲. 利用 $f = f(t, \boldsymbol{q}, \boldsymbol{v})$, 弗拉索夫方程 (8.35) 可以重写为

$$\frac{\partial f}{\partial t} + \langle \boldsymbol{v}, \nabla_{\boldsymbol{q}} f \rangle - \frac{e}{m} \langle \boldsymbol{\mathscr{E}}, \nabla_{\boldsymbol{v}} f \rangle = 0. \tag{8.97}$$

假设扰动前等离子体处于平衡态并且保持电中性. 扰动后的电子分布函数可拆分为平衡态背景分布函数 $f^{(0)}(\boldsymbol{v})$ 与扰动造成的修正项 $f^{(1)}(t, \boldsymbol{q}, \boldsymbol{v})$ 之和

$$f(t, \boldsymbol{q}, \boldsymbol{v}) = f^{(0)}(\boldsymbol{v}) + f^{(1)}(t, \boldsymbol{q}, \boldsymbol{v}).$$

因为平衡态必须均匀且在时间过程中变化缓慢, 因此可认为 $f^{(0)}$ 不依赖于时间 t 和空间坐标 $\boldsymbol{q}$; $f^{(1)}(t, \boldsymbol{q}, \boldsymbol{v})$ 相对于 $f^{(0)}$ 来说是一阶小量. 扰动后电子分布函数满足的弗拉索夫方程变为

$$\frac{\partial f^{(1)}}{\partial t} + \langle \boldsymbol{v}, \nabla_{\boldsymbol{q}} f^{(1)} \rangle - \frac{e}{m} \langle \boldsymbol{\mathscr{E}}, \nabla_{\boldsymbol{v}} f^{(0)} \rangle = 0, \tag{8.98}$$

其中的电场强度是与 $f^{(1)}$ 同阶的小量且满足方程

$$\nabla \cdot \boldsymbol{\mathscr{E}} = -\frac{e}{\varepsilon_0} \int f^{(1)}(t, \boldsymbol{q}, \boldsymbol{v})(\mathrm{d}\boldsymbol{v}). \tag{8.99}$$

为了求解方程 (8.99), 我们先对 $f^{(1)}$ 和 $\boldsymbol{\mathscr{E}}$ 同时做空间傅里叶变换[①]

$$\begin{aligned}
\hat{f}^{(1)}(t, \boldsymbol{\kappa}, \boldsymbol{v}) &= \int (\mathrm{d}\boldsymbol{q})\, \mathrm{e}^{-\mathrm{i}\langle \boldsymbol{\kappa}, \boldsymbol{q} \rangle} f^{(1)}(t, \boldsymbol{q}, \boldsymbol{v}), \\
\hat{\boldsymbol{\mathscr{E}}}(t, \boldsymbol{\kappa}) &= \int (\mathrm{d}\boldsymbol{q})\, \mathrm{e}^{-\mathrm{i}\langle \boldsymbol{\kappa}, \boldsymbol{q} \rangle} \boldsymbol{\mathscr{E}}(t, \boldsymbol{q}),
\end{aligned} \tag{8.100}$$

相应的逆变换为

$$\begin{aligned}
f^{(1)}(t, \boldsymbol{q}, \boldsymbol{v}) &= \frac{1}{(2\pi)^3} \int (\mathrm{d}\boldsymbol{\kappa})\, \mathrm{e}^{\mathrm{i}\langle \boldsymbol{\kappa}, \boldsymbol{q} \rangle} \hat{f}^{(1)}(t, \boldsymbol{\kappa}, \boldsymbol{v}), \\
\boldsymbol{\mathscr{E}}(t, \boldsymbol{q}) &= \frac{1}{(2\pi)^3} \int (\mathrm{d}\boldsymbol{\kappa})\, \mathrm{e}^{\mathrm{i}\langle \boldsymbol{\kappa}, \boldsymbol{q} \rangle} \hat{\boldsymbol{\mathscr{E}}}(t, \boldsymbol{\kappa}).
\end{aligned} \tag{8.101}$$

经上述傅里叶变换后, 式 (8.98) 变为

$$\frac{\partial \hat{f}^{(1)}(t, \boldsymbol{\kappa}, \boldsymbol{v})}{\partial t} + \mathrm{i}\langle \boldsymbol{v}, \boldsymbol{\kappa} \rangle \hat{f}^{(1)}(t, \boldsymbol{\kappa}, \boldsymbol{v}) - \frac{e}{m} \langle \hat{\boldsymbol{\mathscr{E}}}(t, \boldsymbol{\kappa}), \nabla_{\boldsymbol{v}} f^{(0)}(\boldsymbol{v}) \rangle = 0.$$

① 注意: $\boldsymbol{\kappa}$ 的含义是电子等离子体振荡对应的波矢, 不要将它与电子本身的动量折算出的物质波波矢 $\boldsymbol{k}$ 相混淆.

与此同时, 由于 $\nabla \times \boldsymbol{\mathcal{E}} = 0$, 经傅里叶变换后将有

$$\boldsymbol{\kappa} \times \hat{\boldsymbol{\mathcal{E}}}(t, \boldsymbol{\kappa}) = 0.$$

因此, $\hat{\boldsymbol{\mathcal{E}}}$ 与 $\boldsymbol{\kappa}$ 平行. 记 $|\boldsymbol{\kappa}| = \kappa, \langle \boldsymbol{v}, \boldsymbol{\kappa} \rangle / \kappa = u, |\hat{\boldsymbol{\mathcal{E}}}| = \hat{\mathcal{E}}$, 我们有

$$\frac{\partial \hat{f}^{(1)}(t, \boldsymbol{\kappa}, \boldsymbol{v})}{\partial t} + \mathrm{i} u \kappa \hat{f}^{(1)}(t, \boldsymbol{\kappa}, \boldsymbol{v}) - \frac{e}{m} \hat{\mathcal{E}}(t, \boldsymbol{\kappa}) \frac{\partial f^{(0)}(\boldsymbol{v})}{\partial u} = 0. \tag{8.102}$$

这个方程依然是关于 $\hat{f}^{(1)}(t, \boldsymbol{\kappa}, \boldsymbol{v})$ 的微分方程.

为了求解上述方程, 可以对 $\hat{f}^{(1)}(t, \boldsymbol{\kappa}, \boldsymbol{v})$ 和 $\hat{\mathcal{E}}(t, \boldsymbol{\kappa})$ 再做一次和时间有关的积分变换. 不过, 这一次我们选择的是拉普拉斯变换而不是傅里叶变换, 原因是: 等离子体中电子振荡的稳定性问题实际上是关于初始扰动后续发展的初值问题, 因此在时域上的积分必须是半无限积分而不能遍历整个时间轴. 对 $\hat{f}^{(1)}(t, \boldsymbol{\kappa}, \boldsymbol{v})$ 和 $\hat{\mathcal{E}}(t, \boldsymbol{\kappa})$ 所做的拉普拉斯变换的具体形式为

$$\tilde{f}^{(1)}(s, \boldsymbol{\kappa}, \boldsymbol{v}) = \int_0^\infty \mathrm{d}t\, \mathrm{e}^{-st} \hat{f}^{(1)}(t, \boldsymbol{\kappa}, \boldsymbol{v}), \quad \tilde{\mathcal{E}}(s, \boldsymbol{\kappa}) = \int_0^\infty \mathrm{d}t\, \mathrm{e}^{-st} \hat{\mathcal{E}}(t, \boldsymbol{\kappa}). \tag{8.103}$$

为了保证上述拉普拉斯变换的可靠性, 必须要求 $\operatorname{Re} s$ 为正且数值足够大, 以使得 $\hat{f}^{(1)}(t, \boldsymbol{\kappa}, \boldsymbol{v})$ 和 $\hat{\mathcal{E}}(t, \boldsymbol{\kappa})$ 所含的任何指数增长成分都被充分压低, 否则积分结果可能会因为发散而失去物理意义.

注意: 对任意函数 $f(t)$, 其导数 $\dot{f}(t)$ 的拉普拉斯变换像具有如下的形式:

$$\tilde{\dot{f}}(s) = s\tilde{f}(s) - f(t=0),$$

因此, 式 (8.102) 经拉普拉斯变换后所得结果为

$$(s + \mathrm{i} u \kappa)\tilde{f}^{(1)}(s, \boldsymbol{\kappa}, \boldsymbol{v}) - \frac{e}{m}\tilde{\mathcal{E}}(s, \boldsymbol{\kappa}) \frac{\partial f^{(0)}(\boldsymbol{v})}{\partial u} = \hat{f}^{(1)}(t=0, \boldsymbol{\kappa}, \boldsymbol{v}), \tag{8.104}$$

其中 $\hat{f}^{(1)}(t=0, \boldsymbol{\kappa}, \boldsymbol{v})$ 是 $\hat{f}^{(1)}(t, \boldsymbol{\kappa}, \boldsymbol{v})$ 的初值, 而式 (8.99) 变为

$$\mathrm{i}\kappa\, \tilde{\mathcal{E}}(s, \boldsymbol{\kappa}) = -\frac{e}{\varepsilon_0} \int \tilde{f}^{(1)}(s, \boldsymbol{\kappa}, \boldsymbol{v})(\mathrm{d}\boldsymbol{v}). \tag{8.105}$$

将式 (8.104) 各项均乘以 $(s+\mathrm{i} u \kappa)^{-1}$, 同时以式 (8.105) 代入, 可将方程整理为仅含 $\tilde{\mathcal{E}}(s, \boldsymbol{\kappa})$ 的形式

$$\mathrm{i}\kappa\tilde{\mathcal{E}}(s, \boldsymbol{\kappa}) = -\frac{e}{\varepsilon_0} \int \frac{\hat{f}^{(1)}(t=0, \boldsymbol{\kappa}, \boldsymbol{v})}{s + \mathrm{i} u \kappa}(\mathrm{d}\boldsymbol{v}) - \frac{e^2}{m\varepsilon_0}\tilde{\mathcal{E}}(s, \boldsymbol{\kappa}) \int \frac{\partial f^{(0)}(\boldsymbol{v})/\partial u}{s + \mathrm{i} u \kappa}(\mathrm{d}\boldsymbol{v}).$$

这是一个关于 $\tilde{\mathcal{E}}(s, \boldsymbol{\kappa})$ 的代数方程, 其解为

$$\tilde{\mathcal{E}}(s, \boldsymbol{\kappa}) = \frac{\mathrm{i}e}{\kappa\varepsilon_0 D(s, \boldsymbol{\kappa})} \int \frac{\hat{f}^{(1)}(t=0, \boldsymbol{\kappa}, \boldsymbol{v})}{s + \mathrm{i} u \kappa}(\mathrm{d}\boldsymbol{v}), \tag{8.106}$$

其中,

$$D(s,\kappa) = 1 - \frac{\mathrm{i}e^2}{m\kappa\varepsilon_0} \int \frac{\partial f^{(0)}(\boldsymbol{v})/\partial u}{s + \mathrm{i}u\kappa}(\mathrm{d}\boldsymbol{v}) \tag{8.107}$$

称为等离子体的介电函数. 从上式可以反过来理解在时域上采用拉普拉斯变换而不用傅里叶变换的理由. 如果在时域上采用了傅里叶变换, 上式右边积分表达式将会含有一个取实值的奇异点, 这在物理上是不可接受的. 扰动方程在时域上的变换需要从傅里叶变换更改为拉普拉斯变换, 这是朗道为解决等离子体稳定性分析而引入的具有创新性的变革.

　　理论上, 式 (8.106) 经拉普拉斯变换和傅里叶逆变换后可得出等离子体系统内弱扰动电场强度的形式解, 进而利用式 (8.104) 可以获得分布函数的一阶扰动解. 然而, 对式 (8.106) 进行拉普拉斯逆变换是一个很不平凡的任务. 由于 $\tilde{\mathscr{E}}(s,\kappa)$ 是一个复值函数, 对其做拉普拉斯逆变换时必须在复 s 平面内选择合适的积分路径以避开所有可能的极点. 对于光滑的初始扰动 $\hat{f}^{(1)}(t=0,\kappa,\boldsymbol{v})$, $\tilde{\mathscr{E}}(s,\kappa)$ 的全部极点均来自介电函数 $D(s,\kappa)$ 的零点. 假设这些零点分布于复平面上两条纵向直线 $\mathrm{Re}\,s = -\alpha$ 和 $\mathrm{Re}\,s = \sigma$ 之间的无穷长条带内, 其中 $\alpha > 0, \sigma > 0$. 在上述条件下, 所需的积分路径可以这样选择: 首先沿位于 $\mathrm{Re}\,s = \sigma$ 处平行于虚轴的直线从 $\sigma - \mathrm{i}\infty$ 积到 $\sigma + \mathrm{i}\infty$, 然后在无穷远处沿逆时针方向形成闭环. 为方便计, 我们将上述完整的积分路径记作 C, 而将无穷远处的半圆形路径记为 $\tilde{C}$. 这样, 所需的拉普拉斯逆变换可以写为

$$\hat{\mathscr{E}}(t,\boldsymbol{\kappa}) = \frac{1}{2\pi\mathrm{i}} \int_C \mathrm{d}s\, \mathrm{e}^{st} \tilde{\mathscr{E}}(s,\kappa)$$
$$= \frac{1}{2\pi\mathrm{i}} \int_{\sigma-\mathrm{i}\infty}^{\sigma+\mathrm{i}\infty} \mathrm{d}s\, \mathrm{e}^{st} \tilde{\mathscr{E}}(s,\kappa) + \frac{1}{2\pi\mathrm{i}} \int_{\tilde{C}} \mathrm{d}s\, \mathrm{e}^{st} \tilde{\mathscr{E}}(s,\kappa). \tag{8.108}$$

上述积分路径的选择会使被积表达式的所有极点都出现在积分路径中直线部分的左边, 这样可以保证在做正向拉普拉斯变换 (8.103) 时 $\mathrm{Re}\,s$ 足够大, 以使得 $\hat{\mathscr{E}}(t,\boldsymbol{\kappa})$ 所含的任何指数增长成分都被充分压低, 否则变换将失去意义.

　　上述积分路径包围了 $\tilde{\mathscr{E}}(s,\kappa)$ 在复 s 平面内除无穷远处之外的所有极点. 将 $\tilde{\mathscr{E}}(s,\kappa)$ 的有限极点位置记为 s_i. 通过将积分路径中的直线部分左移到 $\mathrm{Re}\,s = -\alpha$ 处, 同时在遇到极点时留下环绕极点的无穷小圆周路径, 结果可以发现, 沿 $\mathrm{Re}\,s = -\alpha$ 处的纵向直线与 $\tilde{C}$ 共同形成的闭合路径上的积分没有贡献, 唯一对积分有贡献的是在各极点处 $\tilde{\mathscr{E}}(s,\kappa)$ 的留数. 设

$$R_i = \lim_{s\to s_i}(s-s_i)\tilde{\mathscr{E}}(s,\kappa).$$

积分 (8.108) 的结果可以表达为

$$\hat{\mathscr{E}}(t,\boldsymbol{\kappa}) = \sum_i R_i \mathrm{e}^{s_i t}. \tag{8.109}$$

极点 s_i 一般为 $\boldsymbol{\kappa}$ 的复值函数, 可以将其写为

$$s_i(\boldsymbol{\kappa}) = \gamma_i(\boldsymbol{\kappa}) - \mathrm{i}\omega_i(\boldsymbol{\kappa}), \tag{8.110}$$

相应地, 式 (8.109) 可以重写为

$$\hat{\mathscr{E}}(t, \boldsymbol{\kappa}) = \sum_i R_i e^{\gamma_i(\boldsymbol{\kappa})t - i\omega_i(\boldsymbol{\kappa})t}, \tag{8.111}$$

其中 $\gamma_i(\boldsymbol{\kappa})$ 取值为实数, $\omega_i(\boldsymbol{\kappa}) > 0$, 原因是将式 (8.111) 代回到式 (8.101) 后需要获得一个沿波矢 $\boldsymbol{\kappa}$ 方向传播的波动解. 如果对 $\omega_i(\boldsymbol{\kappa})$ 的符号作相反的选择, 得到的波动解将沿 $\boldsymbol{\kappa}$ 的逆向传播, 这与波矢本身的定义不一致.

由式 (8.111) 可见, 极点实部的数值 $\gamma_i(\boldsymbol{\kappa})$ 对等离子体内电场扰动的时间演化有决定性的影响: $\gamma_i(\boldsymbol{\kappa}) > 0$ 时, 扰动的振幅会随时间呈指数增长, 这意味着相应的扰动模式不稳定; $\gamma_i(\boldsymbol{\kappa}) < 0$ 时, 扰动的振幅会随时间呈指数衰减, 相应的扰动模式是稳定的.

为了更具体地了解电子等离子体在弱扰动下的振荡稳定性, 需要进一步审视介电函数 $D(s, \kappa)$ 的行为. 为了方便, 可以假定 $\boldsymbol{\kappa}$ 指向速度空间第 1 个直角坐标轴, 这时有 $u = v_1$. 引入

$$F_0(u) = \frac{1}{n_0} \int f^{(0)}(\boldsymbol{v}) \mathrm{d}v_2 \mathrm{d}v_3,$$

其中 n_0 表示电子的平均数密度, 可将式 (8.107) 的零点条件写为

$$D(s, \kappa) = 1 - \frac{\omega_{\mathrm{pe}}^2}{\kappa^2} \int_{-\infty}^{+\infty} \frac{F_0'(u)}{u - is/\kappa} \mathrm{d}u = 0, \tag{8.112}$$

式中 $F_0'(u) = \dfrac{\mathrm{d}F_0}{\mathrm{d}u}$, $\omega_{\mathrm{pe}} = \left(\dfrac{n_0 e^2}{m\varepsilon_0}\right)^{1/2}$ 称为电子等离子体频率. 通过分部积分可将上式改写为

$$1 - \frac{\omega_{\mathrm{pe}}^2}{\kappa^2} \int_{-\infty}^{+\infty} \frac{F_0(u)}{(u - is/\kappa)^2} \mathrm{d}u = 0. \tag{8.113}$$

由于做拉普拉斯变换时要求 $\mathrm{Re}\,s$ 为正, 上式中被积表达式中分母的零点出现在实轴上方, 沿实轴的积分路径不会遇到这个奇异点, 因此可以将被积表达式中的因子 $(u - is/\kappa)^{-2}$ 展开成泰勒级数

$$\frac{1}{(u - is/\kappa)^2} = \frac{\kappa^2}{s^2} \sum_{j=0}^{\infty} (-1)^{j+1} (j+1) \left(\frac{iu\kappa}{s}\right)^j. \tag{8.114}$$

若假定平衡时等离子体内的电子满足麦克斯韦速度分布, 即

$$f^{(0)}(\boldsymbol{v}) = n_0 \left(\frac{m}{2\pi k_0 T_{\mathrm{e}}}\right)^{3/2} e^{-mv^2/(2k_0 T_{\mathrm{e}})},$$

则有

$$F_0(u) = \left(\frac{m}{2\pi k_0 T_{\mathrm{e}}}\right)^{1/2} e^{-mu^2/(2k_0 T_{\mathrm{e}})}. \tag{8.115}$$

这是一个关于 u 的偶函数. 将这一输入条件以及级数展开式 (8.114) 代入式 (8.113) 中去, 将会发现展开式中所有奇数幂次对积分的贡献为零. 这将彻底去除式 (8.113) 中积分表达式的虚部.

如果考虑等离子体扰动的长波极限 $\kappa \to 0$, 那么, 级数展开式 (8.114) 可以被近似截断到最初的几项. 在最低阶近似 (展开式截断到 $j = 0$ 项) 下, 式 (8.113) 给出

$$s = -\mathrm{i}\omega_{\mathrm{pe}}. \tag{8.116}$$

这对应着无衰减也无发散的周期性等离子体振荡. 如果近似到下一阶 (将展开式截断到 $j = 2$ 项), 经积分后方程 (8.113) 将变为

$$s^2 = -\omega_{\mathrm{pe}}^2 \left(1 - \frac{3\kappa^2 k_0 T_{\mathrm{e}}}{ms^2}\right). \tag{8.117}$$

这个方程的解可以近似写为[①]

$$s(\kappa) \approx -\mathrm{i}\omega_{\mathrm{L}}(\kappa) \equiv -\mathrm{i}\omega_{\mathrm{pe}} \left(1 + \frac{3}{2}\frac{\kappa^2 k_0 T_{\mathrm{e}}}{m\omega_{\mathrm{pe}}^2}\right), \tag{8.118}$$

这个结果具有了非平凡的色散, 但 s 依然是纯虚数, 因此, 根据式 (8.109), 相应的扰动仍然是无衰减的等离子体振荡. 具有式 (8.118) 所示的色散关系的电子等离子体振荡波称为朗谬尔波. 注意朗谬尔波并不是电磁波, 而是具有相速度

$$v_{\mathrm{L}}(\kappa) = \frac{\omega_{\mathrm{L}}(\kappa)}{\kappa} = \frac{\omega_{\mathrm{pe}}}{\kappa} \left(1 + \frac{3}{2}\frac{\kappa^2 k_0 T_{\mathrm{e}}}{m\omega_{\mathrm{pe}}^2}\right)$$

的纵波.

如果不考虑长波极限, 而是考虑 $\kappa \gg \mathrm{Re}\, s$ 的情况, 那么用级数展开的方式处理式 (8.113) 中的积分将不再可靠. 这时我们需回到未做分部积分的极点方程 (8.112) 并认真对待积分中的极点 $u = \mathrm{i}s/\kappa$. 如果 $\mathrm{Re}\, s/\kappa \to 0$, 该极点就会从实轴上方逐渐趋于实轴上的一点, 而沿实轴的积分则需要从极点下方避开这个极点, 如图8.4所示. 这时, 式 (8.112) 中的积分应视为主值积分[②]加上极点处留数的一半的贡献,

$$\int_{-\infty}^{+\infty} \frac{F_0'(u)}{u - \mathrm{i}s/\kappa}\mathrm{d}u = \fint_{-\infty}^{+\infty} \frac{F_0'(u)}{u - \mathrm{i}s/\kappa}\mathrm{d}u + \mathrm{i}\pi\, F_0'\left(\frac{\mathrm{i}s}{\kappa}\right), \tag{8.119}$$

对于上式中的主值积分部分, 依然可以仿照前面的过程进行分部积分和级数展开. 最终, 准确到式 (8.114) 中 $j = 2$ 的修正项, 可以得到

$$s^2 = -\omega_{\mathrm{pe}}^2 \left[1 - \frac{3\kappa^2 k_0 T_e}{ms^2} - \frac{\mathrm{i}\pi s^2}{\kappa^2}\, F_0'\left(\frac{\mathrm{i}s}{\kappa}\right)\right]. \tag{8.120}$$

---

① 在得出近似解 (8.118) 的过程中, 我们用 s 的零级近似结果 (8.116) 替代了式 (8.117) 右边的 s.

② 设函数 $f(x)$ 在实轴上的区间 $[a, b]$ 上处处不奇异, $0 \in [a, b]$. $\dfrac{f(x)}{x}$ 在 $[a, b]$ 上的主值积分定义为

$$\fint_a^b \mathrm{d}x \frac{f(x)}{x} = \lim_{\epsilon \to 0^+} \left[\int_a^{-\epsilon} \mathrm{d}x \frac{f(x)}{x} + \int_\epsilon^b \mathrm{d}x \frac{f(x)}{x}\right].$$

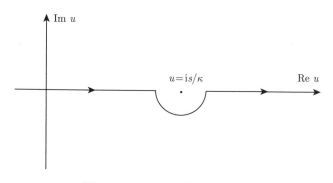

图 8.4　$\mathrm{Re}\,s \to 0$ 时的积分路径

为了判断电子等离子体振荡的稳定性, 可以仿照式 (8.110) 将上式左边的 s 写为 $s(\kappa) = \gamma(\kappa) - \mathrm{i}\omega(\kappa)$, 同时用零级近似 $s = -\mathrm{i}\omega_{\mathrm{pe}}$ 替换上式右边的 s. 这样, 从替换后的方程的虚部可以求得

$$\gamma(\kappa) \approx \frac{\pi\omega_{\mathrm{pe}}^3}{2\kappa^2} F_0'\left(\frac{\omega_{\mathrm{pe}}}{\kappa}\right)$$

$$= -\left(\frac{\pi}{8}\right)^{1/2} \omega_{\mathrm{pe}}^4 \left(\frac{m}{\kappa^2 k_0 T_{\mathrm{e}}}\right)^{3/2} \mathrm{e}^{-m\omega_{\mathrm{pe}}^2/(2\kappa^2 k_0 T_{\mathrm{e}})}, \tag{8.121}$$

式中最后一步利用了式 (8.115). 由于 $\gamma(\kappa)$ 数值为负, 因此相应的电子等离子体振荡波 (8.111) 具有阻尼衰减的行为. 这种阻尼现象称为朗道阻尼.

朗道阻尼现象并非对所有的波长都显著. 在长波极限下, $\gamma(\kappa)$ 比 κ 的任何幂次趋于零的速度更快, 这时电子将作无衰减的简谐振荡, 这就是式 (8.116) 和式 (8.118) 所描绘的结果. 另一方面, 函数 $\gamma(\kappa)$ 存在极大值点. 极值点所对应的波矢 κ 取值为

$$\kappa_{\mathrm{ext}} = \frac{\omega_{\mathrm{pe}}}{v_{\mathrm{rms}}}, \tag{8.122}$$

其中

$$v_{\mathrm{rms}} = \left[\overline{|\boldsymbol{v}|^2}\right]^{1/2} = \left(\frac{3k_0 T_{\mathrm{e}}}{m}\right)^{1/2}$$

是电子的方均根速率. 在 $\kappa = \kappa_{\mathrm{ext}}$ 时朗道阻尼现象最为显著.

> **讨论和评述**
>
> (1) 本节以电子等离子体振荡中的朗道阻尼为例对等离子体动理学方程的稳定性进行了分析. 实际上, 朗道阻尼不仅会出现在电子的振荡中, 也会出现在离子振荡过程中. 电子和离子的区别在于后者质量更大, 阻尼效果更强, 因此离子比电子更不易发生振荡.
>
> (2) 在等离子体系统内部, 由于电子和离子的热运动速度差异显著, 两者的温度通常是不同的. 因此, 在本节中所有温度都给予了下标 e 以示这是电子系统的温度.
>
> (3) 等离子体振荡会发生朗道阻尼的物理原因是一部分电子的热运动速度与振荡波

的相速度一致, 因此发生了共振. 这一点可以从式 (8.112) 中积分的极点的位置 $u = \mathrm{i}s/\kappa$ 或者从使得阻尼因子取极值的极值波矢的表达式 (8.122) 读出. 处于共振速度附近的电子很容易与振荡波之间发生能量交换. 而对于麦克斯韦速度分布来说, 速度比振荡波的相速度稍小的电子数量要多于速度比振荡波的相速度稍大的电子数量, 因此能量将从振荡波中净流出, 因此振荡波会发生衰减.

8.8　局部平衡与局部熵产生

8.8.1　局部热力学关系式与局部熵产生率

如果一个宏观系统处于非平衡态, 那么平衡态热力学的数学等式就无法适用于该系统. 但是若将系统在热力学位形空间中划分为一个个小区域, 小区域上的弛豫时间将会远远小于整个系统的弛豫时间, 因而在小区域上会率先达到局部平衡态. 这时可以写出各个小区域上局部平衡态对应的热力学关系式.

假定所考虑的非平衡系统已经达到局部平衡, 在其中的某个小区域存在局部的基本热力学微分关系式 [参见式 (2.36)]

$$\mathrm{d}\phi = \sum_{\alpha=1}^{r} I_\alpha \mathrm{d}e^\alpha,$$

式中, ϕ 表示该小区域的热力学势, I_α 表示局部平衡的强度参量, e^α 表示该局部小区域的广延参量, r 是系统的热力学自由度数.

为了更方便地分析系统的非平衡性质及其演化, 我们将热力学势选为局部小区域的内能 ε, 并在上式右边的求和中将局部温度 T 和局部熵 s 的贡献 $T\mathrm{d}s$ 单独挑出来. 此外, 为了更好地追踪系统内部各宏观物理量在不同小区域之间的输运, 可以把每个局部小区域的体积 v 限定为常数, 这样上式就可以重写为

$$\mathrm{d}\varepsilon = T\mathrm{d}s + \sum_{\alpha=1}^{r-2} I_\alpha \mathrm{d}e^\alpha. \tag{8.123}$$

以多元气体系统为例, 上式中剩余的广延参量 e^α 将只包括每个组元在该区域内的粒子数 n_α, 而对应的强度参量 I_α 也只包括各组元的局部化学势 μ_α. 如果系统内的微观粒子还携带电荷, 那么 e^α 还应包括局部区域所含的电荷 q, 而 I_α 则应包括局部电势的负值 $-\varphi$. 选择用局部内能来描写该系统的原因之一是, 以上描述的局部参量 e^α 不仅在基本热力学微分关系的中体现为广延参量, 它们同时还是系统内的可加参量, 将各个局部小区域的同一类型的可加参量求和, 就可以得到整个系统对应的可加参量. 但是, 由于各个局部的强度参量不同, 并不能从上式直接得到适用于整个系统的热力学基本微分关系式.

下面来考察由非平衡系统内的宏观过程引起的熵变化. 为了方便, 先从上式中反解出 $\mathrm{d}s$

$$\mathrm{d}s = \sum_{\alpha=0}^{r-2} \psi_\alpha \mathrm{d}e^\alpha, \tag{8.124}$$

式中重新定义了 $e^0 = \varepsilon$, $\psi_0 = 1/T$ 以及 $\psi_\alpha = -I_\alpha/T (\alpha = 1, 2, \cdots, r-2)$.

当非平衡系统发生宏观演化时, 上式右边的每一种局部广延参量都会在不同的小区域之间发生迁移, 它们各自满足自身的流守恒方程

$$\frac{\partial e^\alpha}{\partial t} + \nabla \cdot \boldsymbol{J}^\alpha = 0. \tag{8.125}$$

与此同时, 各局部区域所含的熵也会发生变化. 导致熵变化的原因有两类: 一是由系统内部物质迁移而引发的热传导造成的贡献, 这部分熵变可以写为 $\mathrm{d}s_r = \dfrac{\mathrm{d}q}{T}$, 其中 q 表示局部传热量; 另一部分熵变则是因为系统本身的非平衡特性而在自发演化中新产生出来的熵, 这部分熵变 $\mathrm{d}s_i$ 称为局部熵产生. 因此, 在上述局部区域内的总熵变为

$$\mathrm{d}s = \mathrm{d}s_r + \mathrm{d}s_i.$$

由于存在局部熵产生, 熵并不满足流守恒方程, 而是存在一个局部熵产生率 g:

$$g = \frac{\partial s}{\partial t} + \nabla \cdot \boldsymbol{J}^s. \tag{8.126}$$

根据式 (8.124), 有

$$\frac{\partial s}{\partial t} = \sum_{\alpha=0}^{r-2} \psi_\alpha \frac{\partial e^\alpha}{\partial t}. \tag{8.127}$$

由于任何物理量的流与同一物理量的密度之间均存在正比例关系, 有理由根据式 (8.124) 将熵流 $\boldsymbol{J}^s$ 与广延参量 e^α 的流 $\boldsymbol{J}^\alpha$ 联系起来:

$$\boldsymbol{J}^s = \sum_{\alpha=0}^{r-2} \psi_\alpha \boldsymbol{J}^\alpha. \tag{8.128}$$

将式 (8.127) 和式 (8.128) 一同代入式 (8.126) 可得

$$g = \sum_{\alpha=0}^{r-2} \left[\psi_\alpha \frac{\partial e^\alpha}{\partial t} + \nabla \cdot \left(\psi_\alpha \boldsymbol{J}^\alpha \right) \right] = \sum_{\alpha=0}^{r-2} \langle \nabla \psi_\alpha, \boldsymbol{J}^\alpha \rangle. \tag{8.129}$$

由此可见, 若对所有的 ψ_α 都有 $\nabla \psi_\alpha = 0$, 那么就有 $g = 0$, 也就是说, 非平衡系统内部各强度参量 ψ_α 的梯度是造成局部熵产生的原动力. 因此, 有时也将 $\nabla \psi_\alpha$ 称为非平衡系统内的广义力.

从前两节中对普通的非平衡气体以及导体中的非平衡电子气体的分析可以得出的经验是：系统内部广延参量迁移的流强与局部强度参量的梯度呈线性关系

$$\boldsymbol{J}^{\alpha} = \sum_{\beta=0}^{r-2} L^{\alpha\beta} \nabla \psi_{\beta}, \tag{8.130}$$

其中, $L^{\alpha\beta}$ 称为动理系数. 将式 (8.130) 代入式 (8.129) 中, 结果可得

$$g = \sum_{\alpha,\beta=0}^{r-2} L^{\alpha\beta} \langle \nabla \psi_{\alpha}, \nabla \psi_{\beta} \rangle. \tag{8.131}$$

对于系统内达到局部平衡的小区域而言, 热力学第二定律也是适用的, 并且由于系统的整体非平衡性, 局部熵产生率不能为负. 因此, 式 (8.131) 中出现的动理系数矩阵 $L^{\alpha\beta}$ 必须是半正定矩阵, 其所有本征值都必须不小于零. 这一结果是比平衡态热力学的第二定律更强的一个表述.

讨论和评述

式 (8.131) 可以看成两个矩阵 $L^{\alpha\beta}$ 和 $\langle \nabla \psi_{\alpha}, \nabla \psi_{\beta} \rangle$ 的乘积的迹. 由于 $\langle \nabla \psi_{\alpha}, \nabla \psi_{\beta} \rangle$ 本身是一个对称矩阵, 因此, 在式 (8.131) 中, 只有 $L^{\alpha\beta}$ 的对称部分才对求和结果有贡献. 换句话说, 动理系数矩阵 $L^{\alpha\beta}$ 可以选为对称矩阵. 接下来将会看到, $L^{\alpha\beta}$ 必须满足昂萨格倒易关系. 在系统不存在磁场的情况下, 则要求 $L^{\alpha\beta}$ 必须是对称矩阵.

8.8.2 昂萨格倒易关系

昂萨格倒易关系是关于动理系数矩阵 $L^{\alpha\beta}$ 的对称性质的一个有用的结论, 在8.6.3 节中已经见过它的一些特例. 在最一般的情况下, 昂萨格倒易关系被表述为

$$L^{\alpha\beta}(\boldsymbol{\mathscr{B}}) = L^{\beta\alpha}(-\boldsymbol{\mathscr{B}}), \tag{8.132}$$

也就是说, 当外磁场反转时, 动理系数矩阵与反转之前的动理系数矩阵的转置相等. 当外磁场为零时, 动理系数矩阵是对称矩阵. 这一关系式大大减少了独立的动理系数的个数, 同时也揭示了不同的迁移流强之间的内在联系.

为了证明昂萨格倒易关系, 需要将涨落的概念引入局部平衡的小区域. 根据式 (8.124), 可以将小区域内的熵看成 e^{α} 的函数: $s = s(e^{\alpha})$. 如果 e^{α} 发生随机涨落, 那么涨落量 δe^{α} 需要满足一个随机分布, 其分布概率为

$$\mathscr{P} \propto e^{\Delta s/k_0}. \tag{8.133}$$

由于涨落是相对于平衡值 (也就是熵的极大值) 来说的, 因此有

$$\Delta s = \sum_{\alpha} \left(\frac{\partial s}{\partial e^{\alpha}} \right) \delta e^{\alpha} + \frac{1}{2} \sum_{\alpha,\beta} \left(\frac{\partial^2 s}{\partial e^{\alpha} \partial e^{\beta}} \right) \delta e^{\alpha} \delta e^{\beta} + \cdots$$

$$\approx -\frac{1}{2}\sum_{\alpha,\beta} g_{\alpha\beta}\delta e^\alpha \delta e^\beta, \tag{8.134}$$

$$g_{\alpha\beta} \equiv -\left(\frac{\partial^2 \mathit{s}}{\partial e^\alpha \partial e^\beta}\right) > 0. \tag{8.135}$$

由式 (8.133) 可得

$$\frac{\partial \log \mathscr{P}}{\partial(\delta e^\alpha)} = \frac{1}{k_0}\frac{\partial \Delta \mathit{s}}{\partial(\delta e^\alpha)} = -\frac{1}{k_0}\sum_\beta g_{\alpha\beta}\delta e^\beta. \tag{8.136}$$

由此可以得出

$$\delta e^\alpha = -k_0 \sum_\beta (g^{-1})^{\alpha\beta}\frac{\partial \log \mathscr{P}}{\partial(\delta e^\beta)} = -\sum_\beta (g^{-1})^{\alpha\beta}\frac{\partial \Delta \mathit{s}}{\partial(\delta e^\beta)}. \tag{8.137}$$

下面需要计算涨落 (δe^α) 之间的关联函数. 为此先来计算下面的关联函数[1]:

$$\begin{aligned}
\left\langle\!\left\langle \frac{\partial \Delta \mathit{s}}{\partial(\delta e^\alpha)}\delta e^\beta \right\rangle\!\right\rangle &= \int [\mathrm{d}(\delta e)]\, \mathscr{P}\,\frac{\partial \Delta \mathit{s}}{\partial(\delta e^\alpha)}\delta e^\beta \\
&= k_0 \int [\mathrm{d}(\delta e)]\, \mathscr{P}\,\frac{\partial \log \mathscr{P}}{\partial(\delta e^\alpha)}\delta e^\beta \\
&= k_0 \int [\mathrm{d}(\delta e)]\,\frac{\partial \mathscr{P}}{\partial(\delta e^\alpha)}(\delta e^\beta) \\
&= -k_0 \int [\mathrm{d}(\delta e)]\, \mathscr{P}\,\frac{\partial(\delta e^\beta)}{\partial(\delta e^\alpha)} \\
&= -k_0 \delta_\alpha^\beta. \tag{8.138}
\end{aligned}$$

结合以上两式可得

$$\langle\!\langle \delta e^\alpha \delta e^\beta \rangle\!\rangle = k_0 (g^{-1})^{\alpha\beta}. \tag{8.139}$$

注意到与 e^α 相关的微观力学量 (微观态的能量、粒子数等) 都是粒子速度的偶函数, 因此 e^α 的涨落满足微观可逆性 (即时间反演不变性)

$$\langle\!\langle \delta e^\alpha(t)\delta e^\beta(t+\tau) \rangle\!\rangle = \langle\!\langle \delta e^\alpha(t+\tau)\delta e^\beta(t) \rangle\!\rangle. \tag{8.140}$$

在 $\tau \to 0$ 的极限下将式 (8.140) 关于 τ 作线性展开, 有

$$\left\langle\!\left\langle \delta e^\alpha \frac{\partial(\delta e^\beta)}{\partial t} \right\rangle\!\right\rangle = \left\langle\!\left\langle \frac{\partial(\delta e^\alpha)}{\partial t}\delta e^\beta \right\rangle\!\right\rangle. \tag{8.141}$$

当只考虑线性涨落[2] 时, 有

$$\frac{\partial(\delta e^\alpha)}{\partial t} = -\sum_\gamma M^\alpha{}_\gamma(\delta e^\gamma) = \sum_{\beta,\gamma} M^\alpha{}_\gamma (g^{-1})^{\gamma\beta}\frac{\partial \Delta \mathit{s}}{\partial(\delta e^\beta)}$$

---

[1] 积分变元 $[\mathrm{d}(\delta e)]$ 的定义是: $[\mathrm{d}(\delta e)] = \prod_\alpha \mathrm{d}(\delta e^\alpha)$.
[2] 线性涨落意味着系统离开平衡态不远, 这时涨落的时间变化率与涨落幅度线性相关.

$$= \sum_{\beta} L^{\alpha\beta} \frac{\partial \Delta s}{\partial(\delta e^{\beta})}. \tag{8.142}$$

注意: 从式 (8.142) 中可以看出, $\dfrac{\partial \Delta s}{\partial(\delta e^{\beta})}$ 是引起 δe^{α} 随时间变化的原动力, 就如同 $\nabla \psi_{\beta}$ 是引起宏观流 $\boldsymbol{J}^{\alpha}$ 的原动力一样. 以上两种变化的物理本质是相同的, 因此式 (8.142) 中出现的动理系数 $L^{\alpha\beta}$ 也与式 (8.130) 中的动理系数一致. 将式 (8.142) 代入式 (8.141) 并利用式 (8.138), 最终可得

$$L^{\beta\alpha} = L^{\alpha\beta}. \tag{8.143}$$

这就是昂萨格倒易关系.

在上述讨论中没有考虑磁场的影响. 如果将磁场纳入考虑, 那么式 (8.140) 左右两端对应的磁场应该反号, 因此才会有昂萨格倒易关系的一般形式 (8.132).

8.9　线性响应与涨落耗散定理

对于处于局部平衡的小区域而言, 涨落的效应远比处于平衡态的、规模较大的宏观系统来得重要, 因此在这里补充一些关于涨落的理论知识.

考虑系统中的一对相互共轭的广义力 f 和广义位移 x. 将广义力 f 存在和撤除两种情况下系统微观态的能量分别记为 $E(x)$ 和 $E_0(x)$. 假定在广义力 f 被关闭时, 微观态能量 $E_0(x)$ 是 x 的二次型[①]

$$E_0(x) = \tilde{E} + \frac{1}{2}ax^2,$$

其中, $\tilde{E}$ 表示微观态能量中与 x 无关的部分. 引入广义力后, 微观态能量将变为

$$E(x) = E_0(x) - xf.$$

为了简单, 我们假定 f 仅依赖于时间 t 而不随其他因素变化.

一个典型的问题是: 如果广义力发生变化, 广义位移如何响应? 对这个问题的回答无非有两种情况, 即线性响应和非线性响应. 线性响应适用于系统因外界扰动偏离平衡状态但是与平衡态差异不是非常大的场合. 如果广义力 f 所引起的扰动不是特别强, 即 $xf \ll k_0 T$, 则可以预期广义位移所发生的响应会与 f 线性相关, 这就是线性响应. 本书 8.5 节与 8.6 节中所描述的输运现象就属于线性响应的范畴.

在广义力 f 被关闭时, 对正则分布函数关于除 x 以外的参量积分以后, 得到的发生广义位移 x 的概率密度为

$$p_0(x) = \left(\frac{a}{2\pi k_0 T}\right)^{1/2} \mathrm{e}^{-ax^2/(2k_0 T)},$$

---

① 假定在未开启广义力 f 时广义位移 x 的统计平均值为零, 这样微观态能量必为 x 的偶函数, 在最低阶近似下微观态能量只能是 x 的二次型.

式中高斯函数前面的常数因子是根据 $p_0(x)$ 在实轴上积分归一的条件确定的. 当开启广义力 f 后, 发生广义位移 x 的概率密度将修改为

$$p_f(x) = \left(\frac{a}{2\pi k_0 T}\right)^{1/2} e^{f^2/(2ak_0T)} e^{-(ax^2/2-xf)/(k_0T)}$$

$$= \left(\frac{a}{2\pi k_0 T}\right)^{1/2} e^{-a(x-f/a)^2/(2k_0T)},$$

式中的归一化常数是利用 p_f 在实轴上积分为 1 的条件确定的. $p_0(x)$ 和 $p_f(x)$ 应分别理解为无广义力和有广义力情况下系统的约化正则分布函数.

在广义力的作用下, 广义位移所发生的响应为

$$\langle\!\langle x \rangle\!\rangle_f \equiv \overline{x}|_{p_f} - \overline{x}|_{p_0} = \frac{f}{a},$$

式中的下标 p_0、p_f 用来表示做统计平均时使用的分布函数. 若不考虑广义力的影响, 广义位移 x 本身在分布 $p_0(x)$ 下的方差为

$$\langle\!\langle x^2 \rangle\!\rangle \equiv \overline{x^2}|_{p_0} - \left(\overline{x}|_{p_0}\right)^2 = \overline{x^2}|_{p_f} - \left(\overline{x}|_{p_f}\right)^2 = \frac{k_0 T}{a}.$$

因此有

$$\frac{\langle\!\langle x \rangle\!\rangle_f}{\langle\!\langle x^2 \rangle\!\rangle} = \frac{f}{k_0 T}. \tag{8.144}$$

这个结果将 x 的平均平方涨落 $\langle\!\langle x^2 \rangle\!\rangle$ 与它对广义力 f 的响应 $\langle\!\langle x \rangle\!\rangle_f$ 联系起来, 这是本节得到的第一个重要的关系式.

在线性响应条件下, 广义位移对广义力产生的响应可以表达为

$$\langle\!\langle x(t) \rangle\!\rangle_f = \int_{-\infty}^{t} \chi(t-t')f(t')\mathrm{d}t', \tag{8.145}$$

式中 $\chi(t-t')$ 称为响应函数. 也可以将式 (8.145) 改写为

$$\langle\!\langle x(t) \rangle\!\rangle_f = \int_{-\infty}^{\infty} \chi(t-t')f(t')\mathrm{d}t', \tag{8.146}$$

式中

$$\chi(t) = \theta(t)y(t), \tag{8.147}$$

其中 $\theta(t)$ 是阶跃函数

$$\theta(t) = \begin{cases} 1 & (t \geqslant 0), \\ 0 & (t < 0). \end{cases}$$

式 (8.145) 给出的积分称为卷积. 一个非常重要的数学事实是: 在傅里叶变换下, 两个函数的卷积的像会变成普通函数的乘积, 而普通函数的乘积的像会变成卷积. 这个性质称为卷积定理. 因此, 为了分析广义力的变化所引发的线性响应, 最好的方法是将广义力和广义位移变换到频域空间, 即

$$\tilde{x}(\omega) = \int_{-\infty}^{\infty} \mathrm{d}t \, \mathrm{e}^{\mathrm{i}\omega t} x(t), \qquad \tilde{f}(\omega) = \int_{-\infty}^{\infty} \mathrm{d}t \, \mathrm{e}^{\mathrm{i}\omega t} f(t). \tag{8.148}$$

相应的逆变换为

$$x(t) = \frac{1}{2\pi} \int_{-\infty}^{\infty} \mathrm{d}\omega \, \mathrm{e}^{-\mathrm{i}\omega t} \tilde{x}(\omega), \qquad f(t) = \frac{1}{2\pi} \int_{-\infty}^{\infty} \mathrm{d}\omega \, \mathrm{e}^{-\mathrm{i}\omega t} \tilde{f}(\omega). \tag{8.149}$$

经过傅里叶变换后, 式 (8.146) 变为

$$\langle\!\langle \tilde{x}(\omega) \rangle\!\rangle_f = \tilde{\chi}(\omega) \tilde{f}(\omega). \tag{8.150}$$

响应函数的傅里叶变换像 $\tilde{\chi}(\omega)$ 称为广义响应率, 而零频率下的广义响应率又被称为静态响应率.

对式 (8.147) 进行傅里叶变换, 结果为

$$\tilde{\chi}(\omega) = \frac{1}{2\pi} \int_{-\infty}^{\infty} \mathrm{d}\omega' \tilde{\theta}(\omega - \omega') \tilde{y}(\omega'), \tag{8.151}$$

其中

$$\tilde{\theta}(\omega) = \pi \delta(\omega) + \frac{\mathrm{i}}{\omega}. \tag{8.152}$$

将式 (8.152) 代入式 (8.151) 可得

$$\tilde{\chi}(\omega) = \frac{1}{2} \tilde{y}(\omega) - \frac{\mathrm{i}}{2\pi} \fint_{-\infty}^{\infty} \mathrm{d}\omega' \frac{\tilde{y}(\omega')}{\omega' - \omega}, \tag{8.153}$$

式中右边第 2 项的积分是主值积分[①].

> **讨论和评述**
>
> 阶跃函数 $\theta(t)$ 可以用下面的极限来定义:
>
> $$\theta(t) = \lim_{\epsilon \to 0} \begin{cases} \mathrm{e}^{-\epsilon t} & (t \geqslant 0), \\ 0 & (t < 0). \end{cases}$$
>
> 对上式作傅里叶变换可得
>
> $$\tilde{\theta}(\omega) \equiv \int_{-\infty}^{\infty} \mathrm{d}t \, \mathrm{e}^{\mathrm{i}\omega t} \theta(t) = \lim_{\epsilon \to 0} \int_{0}^{\infty} \mathrm{d}t \, \mathrm{e}^{\mathrm{i}\omega t} \mathrm{e}^{-\epsilon t}$$

[①] 主值积分的定义见第256页的脚注[②].

$$= \lim_{\epsilon \to 0} \frac{1}{\epsilon - \mathrm{i}\omega} = \lim_{\epsilon \to 0} \left(\frac{\epsilon}{\omega^2 + \epsilon^2} + \frac{\mathrm{i}\omega}{\omega^2 + \epsilon^2} \right)$$

$$= \pi\delta(\omega) + \frac{\mathrm{i}}{\omega},$$

式中最后一步利用了第 17 页脚注中给出的 δ 函数的定义式. 注意：式 (8.152) 中出现的 δ 函数具有时间的量纲. 同样, $\tilde{\theta}(\omega)$ 也具有时间的量纲.

现在回过头来看式 (8.147). 由于阶跃函数的存在, 当 $t > 0$ 时 $y(t) = \chi(t)$, 而当 $t < 0$ 时 $y(t)$ 的值可以任意选取. 对于 $t < 0$, 可以定义 $y(t) = -\chi(|t|)$, 这样函数 $y(t)$ 将成为 t 的奇函数, 其特点是在傅里叶变换下的像成为纯粹的虚值函数, 我们将其记为

$$\tilde{y}(\omega) = \mathrm{i}\tilde{y}_0(\omega),$$

其中 $\tilde{y}_0(\omega)$ 是一个实值函数. 这样选择后, 式 (8.153) 右边的首项给出了 $\tilde{\chi}(\omega)$ 的虚部

$$\mathrm{Im}\,\tilde{\chi}(\omega) = \frac{1}{2}\tilde{y}_0(\omega), \tag{8.154}$$

而式 (8.153) 右边的第 2 项则给出了 $\tilde{\chi}(\omega)$ 的实部

$$\mathrm{Re}\,\tilde{\chi}(\omega) = \frac{1}{2\pi}\int_{-\infty}^{\infty} \mathrm{d}\omega' \frac{\tilde{y}_0(\omega')}{\omega' - \omega} = \frac{1}{\pi}\int_{-\infty}^{\infty} \mathrm{d}\omega' \frac{\mathrm{Im}\,\tilde{\chi}(\omega')}{\omega' - \omega}. \tag{8.155}$$

上式称为克拉默斯–克勒尼希关系[①]. 得到这个关系仅需要假定系统对外力的响应是线性的, 因此是一个具有普遍意义的关系式. 克拉默斯–克勒尼希关系表明, 响应函数的实部与虚部之间并非是彼此独立的. 若在式 (8.155) 中选择 $\omega = 0$, 可得

$$\mathrm{Re}\,\tilde{\chi}(0) = \frac{1}{\pi}\int_{-\infty}^{\infty} \mathrm{d}\omega' \frac{\mathrm{Im}\,\tilde{\chi}(\omega')}{\omega'}, \tag{8.156}$$

也就是说, 静态响应率等于广义响应率的虚部的主值积分.

下面来解释响应函数虚部的意义. 在系统中引入广义力 $f(t)$ 的后果是它会通过改变广义位移而做功, 这个做功量将以热量的形式被耗散掉. 具体的做功量应为

$$W = \int \mathrm{d}t\, f(t)\dot{x}(t),$$

其中 $\dot{x}(t)$ 是广义速度. 为了使做功量为正, 要求广义力与广义速度的变化相位相同. 但是这等于要求广义力与广义位移的相位相差为 $\pi/2$. 经过傅里叶变换后将会发现只有响应函数的虚部所造成的贡献才对应着耗散.

[①] 克拉默斯 (Hendrik Anthony Hans Kramers), 1894~1952, 荷兰物理学家. 克勒尼希 (Ralph Kronig), 1904~1995, 德裔美籍物理学家.

为了衡量耗散的程度, 需要引入功率谱的概念. 为此先定义时间关联函数:

$$C_{xx}(t) = \langle\!\langle x(0)x(t)\rangle\!\rangle$$

$$\equiv \lim_{\tau\to\infty} \frac{1}{\tau} \int_{t-\tau/2}^{t+\tau/2} \mathrm{d}t' x^*(t')x(t+t') = \lim_{\tau\to\infty} \frac{1}{\tau} \int_{-\infty}^{\infty} \mathrm{d}t' x^*(t')x(t+t'). \tag{8.157}$$

经过傅里叶变换后, 有

$$\tilde{C}_{xx}(\omega) = \langle\!\langle |\tilde{x}(\omega)|^2\rangle\!\rangle = \int_{-\infty}^{\infty} \mathrm{d}t\, \mathrm{e}^{\mathrm{i}\omega t} \langle\!\langle x(0)x(t)\rangle\!\rangle. \tag{8.158}$$

$\tilde{C}_{xx}(\omega) = \langle\!\langle |\tilde{x}(\omega)|^2\rangle\!\rangle$ 称为功率谱密度. 通过傅里叶逆变换, 可以把关联函数表达为功率谱密度的积分:

$$\langle\!\langle x(0)x(t)\rangle\!\rangle = \frac{1}{2\pi} \int_{-\infty}^{\infty} \mathrm{d}\omega\, \mathrm{e}^{-\mathrm{i}\omega t} \langle\!\langle |\tilde{x}(\omega)|^2\rangle\!\rangle. \tag{8.159}$$

特别地, 若选择 $t = 0$, 则有

$$\langle\!\langle x^2\rangle\!\rangle = \frac{1}{2\pi} \int_{-\infty}^{\infty} \mathrm{d}\omega\, \langle\!\langle |\tilde{x}(\omega)|^2\rangle\!\rangle = \frac{1}{2\pi} \int_{-\infty}^{\infty} \mathrm{d}\omega\, \tilde{C}_{xx}(\omega). \tag{8.160}$$

这个结果称为维纳–欣钦定理[①]. 它表明广义位移的平均平方涨落正比于功率谱密度在频域上的积分.

下面讨论所谓的涨落耗散定理. 假定广义力从 $t = -\infty$ 起一直存在, 直到 $t = 0$ 时被突然关闭. 为了简单, 假定 f 仅依赖于时间而不依赖于其他位形参量. 在线性响应的前提下, 广义位移的均值应该与广义力以及响应函数的实部都成正比, 即

$$\langle\!\langle x\rangle\!\rangle_f = f\,\mathrm{Re}\,\tilde{\chi}(0).$$

因此, 由式 (8.144) 可得

$$\langle\!\langle x^2\rangle\!\rangle = \frac{k_0 T}{f} \langle\!\langle x\rangle\!\rangle_f = k_0 T\,\mathrm{Re}\,\tilde{\chi}(0) = \frac{k_0 T}{\pi} \int_{-\infty}^{\infty} \mathrm{d}\omega' \frac{\mathrm{Im}\,\tilde{\chi}(\omega')}{\omega'},$$

式中最后一步利用了式 (8.156). 最后, 利用式 (8.160) 可得

$$\tilde{C}_{xx}(\omega) = 2k_0 T \frac{\mathrm{Im}\,\tilde{\chi}(\omega)}{\omega}. \tag{8.161}$$

这个结果就是涨落耗散定理, 它揭示了涨落的自关联函数与描述耗散的响应函数的虚部之间明确的定量关系.

---

① 维纳(Norbert Wiener), 1894～1964, 美国数学家. 欣钦(Aleksandr Yakovlevich Khinchine), 1894～1959, 苏联数学家. 他们分别于 1930 年和 1934 年证明了上述定理.

例 8.1 【布朗运动】

如果一个粒子处于热库中, 除受到一个与速度成正比的阻尼力外, 还受到一个与时间有关的随机外力 $f(t)$, 其运动称为布朗运动, 运动方程为朗之万方程

$$\ddot{x} + \gamma \dot{x} = \frac{f(t)}{m}. \tag{8.162}$$

上述运动方程也可以用速度作为变量重写为

$$m\dot{v} + \alpha v = f(t), \tag{8.163}$$

其中 $v = \dot{x}, \alpha = m\gamma$. 经过傅里叶变换可以得到

$$\tilde{v}(\omega) = \frac{\tilde{f}(\omega)}{\alpha - \mathrm{i}m\omega}. \tag{8.164}$$

假定随机外力 $f(t)$ 需满足

$$\langle\!\langle f(t) \rangle\!\rangle = 0, \qquad \langle\!\langle f(0)f(t) \rangle\!\rangle = A\delta(t), \tag{8.165}$$

其中 A 是一个与时间无关的常数. 这时有

$$\langle\!\langle |\tilde{f}(\omega)|^2 \rangle\!\rangle = \int_{-\infty}^{\infty} \mathrm{d}t \, \mathrm{e}^{\mathrm{i}\omega t} \langle\!\langle f(0)f(t) \rangle\!\rangle = A.$$

利用式 (8.164), 可以得出

$$\tilde{C}_{vv}(\omega) = \langle\!\langle |\tilde{v}(\omega)|^2 \rangle\!\rangle = \frac{\langle\!\langle |\tilde{f}(\omega)|^2 \rangle\!\rangle}{\alpha^2 + m^2\omega^2} = \frac{A}{\alpha^2 + m^2\omega^2}. \tag{8.166}$$

利用维纳–欣钦定理, 从上式可以求出

$$\langle\!\langle v^2 \rangle\!\rangle = \frac{1}{2\pi} \int_{-\infty}^{\infty} \left(\frac{A}{\alpha^2 + m^2\omega^2} \right) \mathrm{d}\omega = \frac{A}{2\alpha m},$$

进而通过傅里叶逆变换, 可以从功率谱 $\tilde{C}_{vv}(\omega)$ 求出速度的时间关联函数

$$C_{vv}(t) = \langle\!\langle v(0)v(t) \rangle\!\rangle = \frac{1}{2\pi} \int_{-\infty}^{\infty} \mathrm{d}\omega \, \mathrm{e}^{-\mathrm{i}\omega t} \tilde{C}_{vv}(\omega) = \langle\!\langle v^2 \rangle\!\rangle \mathrm{e}^{-\alpha t/m}.$$

若布朗粒子经过充分长的时间已经与热库达到平衡态, 那么根据能量均分定理, 有

$$\overline{v^2} = \frac{2}{m} \cdot \frac{1}{2} k_0 T = \frac{k_0 T}{m}. \tag{8.167}$$

这个结果应该与用维纳-欣钦定理得出的速度平均平方涨落一致, 原因是: 根据朗之万方程 (8.163), 经演化达到平衡态的布朗粒子的速度平均值为零, 因而 $\overline{v^2}$ 全部来源于涨落. 由此可得

$$A = 2\alpha k_0 T = 2m\gamma k_0 T. \tag{8.168}$$

例 8.2　【欠阻尼受迫振子】

如果在布朗运动的运动方程 (8.162) 中添加一个与质点位移反向正比的简谐力, 则该质点将成为一个阻尼受迫振子. 描写振子运动的朗之万方程为

$$\ddot{x} + \gamma\dot{x} + \omega_0^2 x = \frac{f(t)}{m}. \tag{8.169}$$

考虑欠阻尼情况 (即 $\ddot{x}$ 不可忽略的情况) 下振子的运动. 将式 (8.169) 中 $x(t)$、$f(t)$ 分别更换为它们的傅里叶变换像, 可以得到

$$m(\omega_0^2 - \omega^2 - \mathrm{i}\gamma\omega)\tilde{x}(\omega) = \tilde{f}(\omega),$$

因此有

$$\tilde{\chi}(\omega) = \frac{\tilde{x}(\omega)}{\tilde{f}(\omega)} = \frac{1}{m(\omega_0^2 - \omega^2 - \mathrm{i}\gamma\omega)}. \tag{8.170}$$

从式 (8.170) 不难得到

$$\mathrm{Re}\,\tilde{\chi}(\omega) = \frac{\omega_0^2 - \omega^2}{m[(\omega_0^2 - \omega^2)^2 + \gamma^2\omega^2]}, \tag{8.171}$$

$$\mathrm{Im}\,\tilde{\chi}(\omega) = \frac{\gamma\omega}{m[(\omega_0^2 - \omega^2)^2 + \gamma^2\omega^2]}, \tag{8.172}$$

因此静态响应率可以写为

$$\mathrm{Re}\,\tilde{\chi}(0) = \frac{1}{m\omega_0^2}. \tag{8.173}$$

利用式 (8.172) 和式 (8.173) 可以直接验证式 (8.156) 是成立的.

从式 (8.170) 还可以得出

$$\tilde{C}_{xx}(\omega) = \langle\!\langle |\tilde{x}(\omega)|^2 \rangle\!\rangle = \frac{A}{m^2[(\omega_0^2 - \omega^2)^2 + \gamma^2\omega^2]} = \frac{2\gamma k_0 T}{m[(\omega_0^2 - \omega^2)^2 + \gamma^2\omega^2]}. \tag{8.174}$$

比较式 (8.174) 与式 (8.172), 立刻可以得出

$$\tilde{C}_{xx}(\omega) = 2k_0 T \frac{\mathrm{Im}\,\tilde{\chi}(\omega)}{\omega}.$$

可见在受迫阻尼振子的特例下, 涨落耗散定理是成立的.

讨论和评述

朗之万方程是描述一类极具特点的随机过程的基本动力学方程. 由于随机扰动的存在, 随机粒子的路径通常并不具有光滑可微的性质, 因此, 描述随机过程的方程并不能被真正看作光滑函数满足的普通微分方程, 而应被看作在离散时间步长下的随机差分方程, 也称为随机微分方程, 相应的数学理论称为随机分析 (stochastic analysis), 是比普通的微积分更为复杂的数学分支. 本书中将朗之万方程写成微分方程的形式, 这只是一种理想化的简单处理, 并不意味着相应的随机路径 $x(t)$ 可以被视作时域上的光滑曲线.

8.10 位形空间中的非平衡分布与福克尔–普朗克方程

到目前为止, 在处理非平衡系统的统计分布时, 都是以单粒子 μ 空间中的分布函数 $f(t, \boldsymbol{q}, \boldsymbol{p})$ 所满足的玻尔兹曼方程为基础的. 有时为了某种实际目的, 可能需要讨论非平衡系统中的粒子在位形空间中的概率分布. 设 $\varrho(t, \boldsymbol{q})(\mathrm{d}\boldsymbol{q})$ 是系统内某个粒子在时刻 t 处于位形空间位置 $\boldsymbol{q}$ 附近大小为 $(\mathrm{d}\boldsymbol{q})$ 的体积元内的概率. 显然, 概率归一的条件给出

$$\int \varrho(t, \boldsymbol{q})(\mathrm{d}\boldsymbol{q}) = 1.$$

另一方面, 设处于 $\boldsymbol{q}$ 处的粒子在单位时间内跃迁至 $\boldsymbol{q}'$ 处的跃迁率为 $W(\boldsymbol{q}, \boldsymbol{q}')$. 不难理解, 概率密度函数 $\varrho(t, \boldsymbol{q})$ 的时间变化率可以表达为

$$\frac{\partial \varrho(t, \boldsymbol{q})}{\partial t} = \int \Big[W(\boldsymbol{q}', \boldsymbol{q})\varrho(t, \boldsymbol{q}') - W(\boldsymbol{q}, \boldsymbol{q}')\varrho(t, \boldsymbol{q}) \Big](\mathrm{d}\boldsymbol{q}'). \tag{8.175}$$

这个方程称为位形空间分布函数 $\varrho(t, \boldsymbol{q})$ 满足的主方程. 经过适当简化后, 从主方程可以导出对理解输运现象和布朗运动十分重要的福克尔–普朗克方程.

为了简单, 以下将只考虑 1 维情况, 一般维数的情形留给读者自己分析.

对于 1 维系统, 跃迁率 $W(q, q')$ 可以改写为 $W(q|\xi)$, $W(q', q)$ 可以改写为 $W(q'|-\xi)$, 其中 $\xi = q' - q$. 因此, 1 维系统的主方程可以重写为

$$\frac{\partial \varrho(t, q)}{\partial t} = \int \Big[W(q'|-\xi)\varrho(t, q') - W(q|\xi)\varrho(t, q) \Big]\mathrm{d}\xi. \tag{8.176}$$

不难想象, $W(q|\xi)$ 在 $\xi = 0$ 处取得峰值, 在 ξ 绝对值较大时快速衰减至零. 因此, 将式 (8.176) 右边的表达式 $W(q'|-\xi)\varrho(t, q')$ 在 $q' = q$ 处 (即 $\xi = 0$ 处) 作泰勒展开, 并且只保留到 ξ 的平方项是一种安全、合理的近似. 在这一近似下, 有

$$\frac{\partial \varrho(t, q)}{\partial t} = -\frac{\partial}{\partial q}[\mu_1(q)\varrho(t, q)] + \frac{1}{2}\frac{\partial^2}{\partial q^2}[\mu_2(q)\varrho(t, q)], \tag{8.177}$$

其中

$$\mu_1(q) = \int_{-\infty}^{\infty} \xi W(q|\xi)\mathrm{d}\xi = \frac{\langle\!\langle \delta q \rangle\!\rangle_{\delta t}}{\delta t} = \langle\!\langle v \rangle\!\rangle, \tag{8.178}$$

$$\mu_2(q) = \int_{-\infty}^{\infty} \xi^2 W(q|\xi)\mathrm{d}\xi = \frac{\langle\!\langle (\delta q)^2 \rangle\!\rangle_{\delta t}}{\delta t}. \tag{8.179}$$

式 (8.177) 称为 1 维福克尔–普朗克方程.

福克尔–普朗克方程在位形空间中的随机过程的研究中有非常广泛的应用. 需要注意的是出现在福克尔–普朗克方程中的时间和位形空间坐标并不是随机变量, 真正的随机变量是粒子出现在具体的时空坐标位置处的概率.

作为一个例子, 我们再次考察阻尼受迫振子的运动问题, 不过, 这次考虑的将是过阻尼情况.

例 8.3　【过阻尼受迫振子】

在热库中的过阻尼受迫振子的运动可以用朗之万方程

$$\gamma\dot{x} + \omega_0^2 x = \frac{f(t)}{m} \tag{8.180}$$

来描述, 其中的外力依然满足随机性条件 (8.165). 上述随机微分方程的解可以写为

$$x(t) = x_0 \mathrm{e}^{-(\omega_0^2/\gamma)t} + \frac{1}{m\gamma}\int_0^t \mathrm{e}^{-(\omega_0^2/\gamma)(t-t')} f(t')\,\mathrm{d}t', \tag{8.181}$$

其中 x_0 为任意选定的初始位置. 利用条件 (8.165), 容易得出

$$\langle\!\langle x(t) \rangle\!\rangle = x_0 \mathrm{e}^{-(\omega_0^2/\gamma)t}. \tag{8.182}$$

由式 (8.182) 可见, 经过足够长的时间后, 将有

$$\langle\!\langle x(t) \rangle\!\rangle_{t\to\infty} = 0.$$

利用式 (8.181) 还可以求出阻尼振子的坐标涨落平方的均值

$$\begin{aligned}
\langle\!\langle x^2(t) \rangle\!\rangle =& x_0^2\, \mathrm{e}^{-2(\omega_0^2/\gamma)t} \\
&+ \frac{1}{(m\gamma)^2}\int_0^t\int_0^t \mathrm{e}^{-(\omega_0^2/\gamma)[(t-t')+(t-t'')]} \langle\!\langle f(t')f(t'') \rangle\!\rangle\,\mathrm{d}t'\mathrm{d}t'' \\
=& x_0^2\, \mathrm{e}^{-2(\omega_0^2/\gamma)t} + \frac{A}{(m\gamma)^2}\int_0^t \mathrm{e}^{-2(\omega_0^2/\gamma)(t-t')}\,\mathrm{d}t' \\
=& \langle\!\langle x(t) \rangle\!\rangle^2 + \frac{A}{2m^2\omega_0^2\gamma}\left[1 - \mathrm{e}^{-2(\omega_0^2/\gamma)t}\right].
\end{aligned} \tag{8.183}$$

从上式可知, 从 $t=0$ 出发经过一个短暂的时段 δt 后, 有

$$\langle\!\langle(\delta x)^2\rangle\!\rangle_{\delta t} \equiv \langle\!\langle x^2(t)\rangle\!\rangle - \langle\!\langle x(t)\rangle\!\rangle^2 \approx \frac{A}{m^2\gamma^2}\delta t. \tag{8.184}$$

当 $t \to \infty$ 时, 则有

$$\langle\!\langle(\delta x)^2\rangle\!\rangle_{t\to\infty} = \langle\!\langle x^2(t)\rangle\!\rangle_{t\to\infty} = \frac{A}{2m^2\omega_0^2\gamma}. \tag{8.185}$$

若振子经过长时间后弛豫到平衡态, 则其坐标涨落平方的均值亦可由平衡态下的能量均分定理来计算 (注意: 过阻尼振子的能量表达式中有一个与坐标有关的平方项 $\frac{1}{2}m\omega_0^2 x^2$):

$$\overline{x^2} = \frac{k_0 T}{m\omega_0^2}. \tag{8.186}$$

利用等式关系 $\langle\!\langle x^2(t)\rangle\!\rangle_{t\to\infty} = \overline{x^2}$ 可以求出

$$A = 2m\gamma k_0 T. \tag{8.187}$$

这一结果与布朗运动情况下的结果 (8.168) 是一致的. 将上式代入式 (8.184), 可得

$$\langle\!\langle(\delta x)^2\rangle\!\rangle_{\delta t} = \frac{2k_0 T}{m\gamma}\delta t. \tag{8.188}$$

下面将以上得到的结果应用到 1 维福克尔–普朗克方程中去. 将过阻尼振子在时刻 t 出现在位形坐标 x 附近无穷小邻域内的概率记作 $\varrho(t,x)$, 其中的 x 不必是过阻尼受迫振子的随机路径上的某个点的坐标 (当我们谈论概率密度 $\varrho(t,x)$ 时, x 的取值可以遍及整个实轴).

对于实轴上给定的一点 x, 如果过阻尼受迫振子在某个时刻刚好经过该点, 则利用此前的分析可以得出

$$\mu_1(x) = \langle\!\langle v\rangle\!\rangle = -\frac{\omega_0^2}{\gamma}x, \qquad \mu_2(x) = \frac{\langle\!\langle(\delta x)^2\rangle\!\rangle_{\delta t}}{\delta t} = \frac{2k_0 T}{m\gamma}, \tag{8.189}$$

上述系统的福克尔–普朗克方程可写为

$$\frac{\partial\varrho(t,x)}{\partial t} = \frac{\omega_0^2}{\gamma}\frac{\partial}{\partial x}[x\varrho(t,x)] + \frac{k_0 T}{m\gamma}\frac{\partial^2}{\partial x^2}\varrho(t,x). \tag{8.190}$$

若撤除简谐力, 即令 $\omega_0 = 0$, 上式将退化为标准的扩散方程

$$\frac{\partial\varrho(t,x)}{\partial t} = D\frac{\partial^2\varrho(t,x)}{\partial x^2}, \tag{8.191}$$

其中, 扩散系数

$$D = \frac{k_0 T}{m\gamma}.$$

扩散系数与温度之间的上述关系称为爱因斯坦关系. 这个关系式曾经被用作测量玻尔兹曼常量的依据.

扩散方程的解是关于 x 的正态分布, 且分布的宽度随时间呈线性增长

$$\varrho(t, x) = \frac{1}{(4\pi D t)^{1/2}} \exp\left[-\frac{(x - x_0)^2}{4Dt}\right]. \tag{8.192}$$

另外, 若不关闭简谐力, 但只考虑 $t \to \infty$ 的极限情况, 由于粒子已经弛豫到平衡态, 分布函数将不再依赖于时间, 即 $\frac{\partial \varrho}{\partial t} = 0$, 因此有

$$\frac{\partial}{\partial x}(x\varrho_\infty) + \frac{k_0 T}{m\omega_0^2} \frac{\partial^2}{\partial x^2} \varrho_\infty = 0, \tag{8.193}$$

式中 $\varrho_\infty = \varrho(t, x)_{t \to \infty}$. 这个方程的解为

$$\varrho_\infty = \left(\frac{m\omega_0^2}{2\pi k_0 T}\right)^{1/2} \exp\left(-\frac{m\omega_0^2 x^2}{2k_0 T}\right). \tag{8.194}$$

对于 x 而言, 这个分布依然是一个正态分布, 且分布的宽度不再随着时间变化. 这个分布其实就是过阻尼振子达到平衡态后所满足的玻尔兹曼分布. 在这个分布下, 如果需要求 x^2 的平均值, 能量均分定理是适用的.

8.11　涨落定理

给定一个封闭系统, 并假定其微观状态适于用经典力学语言描述. 为了区别其微观态沿时间正向演化的相轨道及其时间反演像, 可以将沿时间正向演化的相轨道称为正轨道, 而时间反演的相轨道称为逆轨道. 如果支配系统微观态演化的力学规律是时间反演不变的, 那么正轨道与逆轨道都是允许的相轨道. 洛施密特佯谬 (参见第 239 页) 所陈述的问题可以表述为: 对于微观可逆的封闭系统, 若微观态沿正轨道演化会使得玻尔兹曼的 H 函数减小, 则沿逆轨道演化理应使 H 增加. 因此, 明显违背热力学第二定律的相轨道是存在的. 这样, 宏观系统的演化为何具有不可逆性就成了一个令人困扰的问题. 这一问题持续了一百多年, 最终由一系列涨落定理给出了解答. 这些定理从微观可逆的动力学出发给出了宏观不可逆性的定量的统计解释, 对宏观不可逆过程给出了比玻尔兹曼的 H 定理更为恰当的描述.

由于涨落定理版本众多, 本书不可能面面俱到, 因此下面将仅介绍分别由伊文思和赛尔斯在 1993 年以及由克鲁克斯在 1999 年提出的两个版本. 这两个涨落定理是目前已知的一系列类似的涨落定理中最为著名的. 限于本书的目标和篇幅, 有关涨落定理的其他版本 (如盖拉瓦蒂–科恩涨落定理等) 的相关知识, 建议感兴趣的读者自行查阅有关文献进行学习和了解.

8.11.1 外力驱动下封闭系统的力学描述

涨落定理描述的物理系统一般是受外力及热库驱动的封闭系. 考虑一个包含 N 个粒子的封闭系, 在时刻 t 系统微观态在 Γ 空间中所处的位置记为 $\boldsymbol{X}_t = (q(t), p(t))$, 则系统微观态的能量可表示为

$$\mathcal{H}(\boldsymbol{X}, \lambda(t)) = K(p) + U(q, \lambda(t)), \tag{8.195}$$

其中, $K(p)$ 是系统内所有自由度的总动能; $U(q, \lambda(t))$ 是系统内部的势能, 其中参量 $\lambda(t)$ 是一个可通过外部条件改变的、随时间变化的控制参量, 其选择并不唯一, 需根据系统的具体情况来确定. 例如, 当考虑气缸–活塞系统时, $\lambda(t)$ 可以选为气缸内部气室的长度.

如果系统是绝热的, 并且系统内各粒子的运动均由确定性的经典力学支配, 则系统内微观粒子的运动方程可写为

$$\dot{\boldsymbol{q}}_a = \nabla_{\boldsymbol{p}_a} \mathcal{H}(\boldsymbol{X}, \lambda(t)) + \boldsymbol{C}(\boldsymbol{X}) \boldsymbol{F}_{\text{ex}}(t), \tag{8.196}$$

$$\dot{\boldsymbol{p}}_a = -\nabla_{\boldsymbol{q}_a} \mathcal{H}(\boldsymbol{X}, \lambda(t)) + \boldsymbol{D}(\boldsymbol{X}) \boldsymbol{F}_{\text{ex}}(t), \tag{8.197}$$

式中, $\boldsymbol{F}_{\text{ex}}(t)$ 是外界环境施加给系统内粒子的随时间变化的耗散力. 当这个耗散力为零时, 整个系统退化为哈密顿力学系统; $\boldsymbol{C}(\boldsymbol{X})$ 和 $\boldsymbol{D}(\boldsymbol{X})$ 是系统内的粒子与耗散力之间的耦合张量, $\boldsymbol{C}(\boldsymbol{X}) \boldsymbol{F}_{\text{ex}}(t)$ 和 $\boldsymbol{D}(\boldsymbol{X}) \boldsymbol{F}_{\text{ex}}(t)$ 表示耦合张量与耗散力之间的缩并 [1], 其结果是矢量.

外界环境对系统做功的功率为

$$
\begin{aligned}
\dot{W}(\boldsymbol{X}, t) &= \dot{\mathcal{H}}(\boldsymbol{X}, \lambda(t)) \\
&= \dot{\lambda}(t) \frac{\partial \mathcal{H}(\boldsymbol{X}, \lambda(t))}{\partial \lambda} + \sum_a \left[\langle \dot{\boldsymbol{q}}_a, \nabla_{\boldsymbol{q}_a} \mathcal{H}(\boldsymbol{X}, \lambda(t)) \rangle + \langle \dot{\boldsymbol{p}}_a, \nabla_{\boldsymbol{p}_a} \mathcal{H}(\boldsymbol{X}, \lambda(t)) \rangle \right] \\
&= \dot{\lambda}(t) \frac{\partial U(q, \lambda(t))}{\partial \lambda} - V \langle \boldsymbol{J}(\boldsymbol{X}), \boldsymbol{F}_{\text{ex}}(t) \rangle, \tag{8.198}
\end{aligned}
$$

式中,

$$V \langle \boldsymbol{J}(\boldsymbol{X}), \boldsymbol{F}_{\text{ex}}(t) \rangle \equiv - \sum_a \left[\langle \nabla_{\boldsymbol{q}_a} \mathcal{H}, \boldsymbol{C}(\boldsymbol{X}) \boldsymbol{F}_{\text{ex}}(t) \rangle + \langle \nabla_{\boldsymbol{p}_a} \mathcal{H}, \boldsymbol{D}(\boldsymbol{X}) \boldsymbol{F}_{\text{ex}}(t) \rangle \right], \tag{8.199}$$

$\boldsymbol{J}(\boldsymbol{X})$ 称为耗散流密度.

假定系统从时刻 $t = 0$ 出发沿正轨道演化至时刻 $t = \tau$. 在这一过程中外界对系统所做的总功为

$$W = \int_0^\tau \left[\dot{\lambda}(t) \frac{\partial U(q, \lambda(t))}{\partial \lambda} - V \langle \boldsymbol{J}(\boldsymbol{X}), \boldsymbol{F}_{\text{ex}}(t) \rangle \right] \mathrm{d}t, \tag{8.200}$$

式中的积分是沿正轨道进行的曲线积分. 不过, 由于系统状态的演化满足具有确定性的经典运动方程, 上述积分实际上将只依赖于系统的初始状态和演化时长

$$W = W(\boldsymbol{X}_0, \tau). \tag{8.201}$$

---

[1] 如果将 $\boldsymbol{q}_a$, $\boldsymbol{F}_{\text{ex}}$ 等理解为列矢量, 那么这里的缩并就是一个方矩阵与列矢量的乘积.

请注意: 上式给出的 W 只是系统沿一条给定的相轨道演化时外界对系统所做的功, 也称为轨道功. 它仅依赖于初始状态和演化时长这个事实与一般热力学过程中的做功是过程参量这个概念并不冲突.

如果系统并非绝热而是处于一个热库中, 支配微观态演化的运动方程需要修改为

$$\dot{\boldsymbol{q}}_a = \nabla_{\boldsymbol{p}_a}\mathcal{H}(\boldsymbol{X}, \lambda(t)) + \boldsymbol{C}(\boldsymbol{X})\boldsymbol{F}_{\text{ex}}(t), \tag{8.202}$$

$$\dot{\boldsymbol{p}}_a = -\nabla_{\boldsymbol{q}_a}\mathcal{H}(\boldsymbol{X}, \lambda(t)) + \boldsymbol{D}(\boldsymbol{X})\boldsymbol{F}_{\text{ex}}(t) - \alpha(\boldsymbol{X})\boldsymbol{S}\boldsymbol{p}_a, \tag{8.203}$$

其中, 数值因子 $\alpha(\boldsymbol{X})$ 称为热库耦合乘子; $\boldsymbol{S}$ 是一个对角矩阵, 且对角元只能是 0 或 1, 它决定系统中粒子的哪些动量分量受热库提供的阻尼力的影响. 由于热库的存在, 外界将向系统内部传热. 传热并不会影响到给定过程中外界对系统做功的总量, 因为做功量可以定义为系统在绝热条件下内能的改变量. 所以, 即使引入了热库, 外力做功的功率以及做功总量依然由式 (8.198) 和式 (8.200) 给出. 与此同时, 单位时间内沿给定的相轨道外界向系统输入的热量为

$$\dot{Q}(\boldsymbol{X}, t) = \dot{\mathcal{H}}(\boldsymbol{X}, \lambda(t)) - \dot{W} = -\alpha(\boldsymbol{X})\langle\nabla_{\boldsymbol{p}_a}\mathcal{H}, \boldsymbol{S}\boldsymbol{p}_a\rangle. \tag{8.204}$$

因此, 在时段 $0 \leqslant t \leqslant \tau$ 内沿正轨道演化的过程中, 总传热量或称轨道热为

$$Q = \int_0^\tau \dot{Q}(\boldsymbol{X}, t)\,\mathrm{d}t = -\int_0^\tau \alpha(\boldsymbol{X})\langle\nabla_{\boldsymbol{p}_a}\mathcal{H}, \boldsymbol{S}\boldsymbol{p}_a\rangle\,\mathrm{d}t. \tag{8.205}$$

由于上式右边完全由具有确定性的力学变量给出, 因此轨道热 Q 与轨道功 W 一样, 也只依赖于初始状态 $\boldsymbol{X}_0$ 与演化时长 τ

$$Q = Q(\boldsymbol{X}_0, \tau). \tag{8.206}$$

以上所描述的是系统在时段 $0 \leqslant t \leqslant \tau$ 内沿正轨道的力学演化过程. 下面来描述上述正轨道演化过程的时间反演像, 也就是所谓的逆轨道. 将时间反演变换记为 $\mathscr{T}$, 则 $\boldsymbol{X}_t = (q(t), p(t))$ 在时间反演下的像为

$$\boldsymbol{X}_t^* = \mathscr{T}(\boldsymbol{X}_t) = (q(\tau - t), -p(\tau - t)).$$

如果在上述时段系统微观态沿正轨道从 $\boldsymbol{X}_0$ 演化至 $\boldsymbol{X}_\tau$, 则沿相应逆轨道的演化将使微观态从 $\boldsymbol{X}_0^* = \mathscr{T}(\boldsymbol{X}_0) = (q(\tau), -p(\tau))$ 演化到 $\boldsymbol{X}_\tau^* = \mathscr{T}(\boldsymbol{X}_\tau) = (q(0), -p(0))$. 注意: 在 Γ 空间中, 正、逆轨道并不是重合的, 两者的关系可以从图 8.5 中得到直观的印象. 若正、逆轨道满足相同的力学方程, 则称系统是微观可逆的. 显然, 系统的微观可逆性要求势能函数和耦合张量满足以下条件:

$$U(q, \lambda(t)) = U(q, \lambda(\tau - t)),$$

$$\boldsymbol{C}(\boldsymbol{X})\boldsymbol{F}_{\text{ex}}(t) = -\boldsymbol{C}(\boldsymbol{X}^*)\boldsymbol{F}_{\text{ex}}(\tau - t),$$

$$\boldsymbol{D}(\boldsymbol{X})\boldsymbol{F}_{\text{ex}}(t) = \boldsymbol{D}(\boldsymbol{X}^*)\boldsymbol{F}_{\text{ex}}(\tau - t).$$

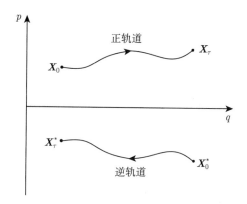

图 8.5 正、逆轨道示意图

8.11.2 伊文思–赛尔斯涨落定理

给定一个微观可逆的多粒子系统, 其微观态沿正轨道于时刻 t 演化到点 $\boldsymbol{X}_t$ 附近的相体积元 $\mathrm{d}\Gamma_{\boldsymbol{X}_t}$ 内的概率可以表达为

$$\mathrm{d}\mathscr{P}(t, \mathrm{d}\Gamma_{\boldsymbol{X}_t}) = f(t, \boldsymbol{X}_t)\mathrm{d}\Gamma_{\boldsymbol{X}_t}. \tag{8.207}$$

由于系统的微观状态既不能凭空产生也不能无故消失, 概率密度函数 $f = f(t, \boldsymbol{X}_t)$ 必须满足连续性方程 (1.31), 因而也满足式 (1.34), 即

$$\frac{\mathrm{d}}{\mathrm{d}t}f = -f\sum_{a=1}^{N}\left(\nabla_{\boldsymbol{q}_a}\cdot\dot{\boldsymbol{q}}_a + \nabla_{\boldsymbol{p}_a}\cdot\dot{\boldsymbol{p}}_a\right) \equiv -\Lambda(\boldsymbol{X}_t)\,f. \tag{8.208}$$

对上式在时段 $0 \leqslant t \leqslant \tau$ 内积分, 有

$$f(\tau, \boldsymbol{X}_\tau) = \exp\left[-\int_0^\tau \Lambda(\boldsymbol{X}_t)\,\mathrm{d}t\right]f(0, \boldsymbol{X}_0). \tag{8.209}$$

以上两式中出现的函数 $\Lambda(\boldsymbol{X}_t)$ 称为相空间压缩因子. 对于孤立系, $\Lambda(\boldsymbol{X}_t) = 0$, 但对于封闭系, $\Lambda(\boldsymbol{X}_t)$ 一般是非零的[1].

在经典力学规律支配下, 微观态演化遵守因果律. 体现在分布函数上, 这要求

$$\mathrm{d}\mathscr{P}(\tau, \mathrm{d}\Gamma_{\boldsymbol{X}_\tau}) = \mathrm{d}\mathscr{P}(0, \mathrm{d}\Gamma_{\boldsymbol{X}_0}), \tag{8.210}$$

上式表明, 系统的微观态不会凭空产生或者消失, 只能沿着相轨道演化. 根据上式以及式 (8.207)、式 (8.209) 可以得出

$$\mathrm{d}\Gamma_{\boldsymbol{X}_\tau} = \exp\left[\int_0^\tau \Lambda(\boldsymbol{X}_t)\,\mathrm{d}t\right]\mathrm{d}\Gamma_{\boldsymbol{X}_0}. \tag{8.211}$$

---

[1] 事实上, $\Lambda(\boldsymbol{X}_t)$ 为零并不严格要求系统是孤立的. 只要系统是绝热的, 并且满足条件 $\nabla_{\boldsymbol{q}_a}\cdot\{\boldsymbol{C}(\boldsymbol{X})\boldsymbol{F}_{\mathrm{ex}}(t)\} = \nabla_{\boldsymbol{p}_a}\cdot\{\boldsymbol{D}(\boldsymbol{X})\boldsymbol{F}_{\mathrm{ex}}(t)\} = 0$, $\Lambda(\boldsymbol{X}_t)$ 就为零.

系统满足宏观可逆性需要两个条件. 第一, 若在时段 $0 \leqslant t \leqslant \tau$ 内从 $\boldsymbol{X}_0$ 演化至 $\boldsymbol{X}_\tau$ 是一条允许的正轨道, 那么 $f(0, \boldsymbol{X}_0^*) \neq 0$. 这个条件称为遍历自洽性, 其含义是, 如果在给定的初态到末态之间正轨道存在, 那么相应的逆轨道也存在. 第二, 系统微观态处于任意正轨道初态 $\boldsymbol{X}_0$ 附近大小为 $\mathrm{d}\Gamma_{\boldsymbol{X}_0}$ 的相体积内的概率与处于逆轨道初态 $\boldsymbol{X}_0^*$ 附近大小为 $\mathrm{d}\Gamma_{\boldsymbol{X}_0^*}$ 的相体积元内的概率相等

$$\mathrm{d}\mathscr{P}(0, \mathrm{d}\Gamma_{\boldsymbol{X}_0}) = \mathrm{d}\mathscr{P}(0, \mathrm{d}\Gamma_{\boldsymbol{X}_0^*}). \tag{8.212}$$

将概率表达为分布函数与相体积元的乘积, 有

$$f(0, \boldsymbol{X}_0)\mathrm{d}\Gamma_{\boldsymbol{X}_0} = f(0, \boldsymbol{X}_0^*)\mathrm{d}\Gamma_{\boldsymbol{X}_0^*}. \tag{8.213}$$

在时间反演下, 相体积元按以下方式变换:

$$\mathrm{d}\Gamma_{\boldsymbol{X}_0^*} = \mathrm{d}\Gamma_{\mathscr{T}(\boldsymbol{X}_0)} = \mathrm{d}\Gamma_{\boldsymbol{X}_\tau}, \tag{8.214}$$

因此有

$$f(0, \boldsymbol{X}_0)\mathrm{d}\Gamma_{\boldsymbol{X}_0} = f(0, \boldsymbol{X}_0^*)\mathrm{d}\Gamma_{\boldsymbol{X}_\tau}. \tag{8.215}$$

定义耗散函数

$$\Omega_\tau(\boldsymbol{X}_0) \equiv \log \frac{f(0, \boldsymbol{X}_0)}{f(0, \boldsymbol{X}_0^*)} - \int_0^\tau \Lambda(\boldsymbol{X}_t) \, \mathrm{d}t, \tag{8.216}$$

不难从式 (8.211) 以及式 (8.215) 得出

$$\Omega_\tau(\boldsymbol{X}_0) = 0. \tag{8.217}$$

以上讨论的是系统满足宏观可逆性条件 (8.212) 的情况. 对于不满足宏观可逆性条件的情况, 依然用式 (8.216) 来定义耗散函数, 这时 $\Omega_\tau(\boldsymbol{X}_0)$ 非零且仅依赖于初态以及演化时长. 从支配系统微观态演化的力学方程的时间反演不变性可以推出,

$$\Omega_\tau(\boldsymbol{X}_0^*) = -\Omega_\tau(\boldsymbol{X}_0). \tag{8.218}$$

由此可见, 当耗散函数发生非零改变时, 微观态的演化将有明确的因果顺序. 从宏观上看, 系统的宏观态发生不可逆变化的条件是 $\overline{\Omega}_\tau \neq 0$, 其中 $\overline{\Omega}_\tau$ 是 $\Omega_\tau(\boldsymbol{X}_0)$ 对所有可能的相轨道的平均值.

在时段 $0 \leqslant t \leqslant \tau$ 内, 系统的耗散函数沿正轨道增加量为 $\mathscr{A}$ 的概率可写为

$$\mathscr{P}(\overline{\Omega}_\tau = \mathscr{A}) = \int \delta[\Omega_\tau(\boldsymbol{X}_0) - \mathscr{A}]f(0, \boldsymbol{X}_0) \, \mathrm{d}\Gamma_{\boldsymbol{X}_0}. \tag{8.219}$$

类似地, 耗散函数沿逆轨道增加量为 $-\mathscr{A}$ 的概率可写为

$$\mathscr{P}(\overline{\Omega}_\tau = -\mathscr{A}) = \int \delta[\Omega_\tau(\boldsymbol{X}_0^*) + \mathscr{A}]f(0, \boldsymbol{X}_0^*) \, \mathrm{d}\Gamma_{\boldsymbol{X}_0^*}. \tag{8.220}$$

根据式 (8.214) 以及式 (8.211) 可得

$$d\Gamma_{\boldsymbol{X}_0^*} = d\Gamma_{\boldsymbol{X}_\tau} = \exp\left[\int_0^\tau \Lambda(\boldsymbol{X}_t)\,dt\right] d\Gamma_{\boldsymbol{X}_0}. \tag{8.221}$$

另外, 从耗散函数的定义式 (8.216), 有

$$f(0, \boldsymbol{X}_0^*) = f(0, \boldsymbol{X}_0) \exp\left[-\Omega_\tau(\boldsymbol{X}_0) - \int_0^\tau \Lambda(\boldsymbol{X}_t)\,dt\right]. \tag{8.222}$$

将式 (8.218)、式 (8.221) 和式 (8.222) 代入式 (8.220), 最后可得

$$\frac{\mathscr{P}(\overline{\Omega}_\tau = \mathscr{A})}{\mathscr{P}(\overline{\Omega}_\tau = -\mathscr{A})} = e^{\mathscr{A}}. \tag{8.223}$$

这个结果就是伊文思–赛尔斯涨落定理, 它以定量的形式表明, 当耗散函数发生非零变化时, 系统沿正向演化与沿逆向演化的概率是不等的. 换言之, 非零耗散的发生才是宏观不可逆性的起源.

8.11.3 贾金斯基等式与克鲁克斯涨落定理

虽然伊文思–赛尔斯涨落定理以定量的形式揭示了宏观不可逆性的微观起源, 但是其中出现的耗散函数 Ω_t 比较抽象, 缺少物理直观性. 克鲁克斯通过研究置于恒温热库中的封闭系, 并通过外力 $\boldsymbol{F}_{\mathrm{ex}}$ 或者控制参量 $\lambda(t)$ 使之在两个平衡态之间进行演化, 结果同样得到了可以描述系统不可逆变化的涨落定理, 即所谓的克鲁克斯涨落定理.

与伊文思–赛尔斯涨落定理不同, 克鲁克斯涨落定理并不需要抽象的耗散函数, 而是选取在过程中外界对系统所做的功 W 来替代抽象的耗散函数.

考虑一个封闭系, 并假定其微观态由类似于式 (8.202)、式 (8.203) 的具有确定性的演化方程支配. 将该系统置于温度为 T 的热库中, 令其在时段 $0 \leqslant t \leqslant \tau$ 内经历从平衡态 A 到平衡态 B 的不可逆演化过程. 在演化的初态和末态, 封闭系的微观态分布函数均可用正则分布来表达:

$$f(\boldsymbol{X}_0, \lambda_A) = \frac{1}{h^{ND} N!} e^{[F_A - \mathscr{H}(\boldsymbol{X}_0, \lambda_A)]/(k_0 T)}, \tag{8.224}$$

$$f(\boldsymbol{X}_\tau, \lambda_B) = \frac{1}{h^{ND} N!} e^{[F_B - \mathscr{H}(\boldsymbol{X}_\tau, \lambda_B)]/(k_0 T)}. \tag{8.225}$$

可以尝试将封闭系处于末态 $\boldsymbol{X}_\tau$ 附近的相体积元 $d\Gamma_{\boldsymbol{X}_\tau}$ 内的概率

$$d\mathscr{P}(\tau, d\Gamma_{\boldsymbol{X}_\tau}) = f(\boldsymbol{X}_\tau, \lambda_B) d\Gamma_{\boldsymbol{X}_\tau}$$

与它处于初态 $\boldsymbol{X}_0$ 附近的相体积元 $d\Gamma_{\boldsymbol{X}_0}$ 内的概率

$$d\mathscr{P}(0, d\Gamma_{\boldsymbol{X}_0}) = f(\boldsymbol{X}_0, \lambda_A) d\Gamma_{\boldsymbol{X}_0}$$

联系起来, 直接计算可得

$$
\begin{aligned}
\mathrm{d}\mathscr{P}(\tau, \mathrm{d}\Gamma_{\boldsymbol{X}_\tau}) &= \frac{1}{h^{ND} N!} \mathrm{e}^{[F_B - \mathscr{H}(\boldsymbol{X}_\tau, \lambda_B)]/(k_0 T)} \mathrm{d}\Gamma_{\boldsymbol{X}_\tau} \\
&= \frac{1}{h^{ND} N!} \mathrm{e}^{[F_B - F_A - \mathscr{H}(\boldsymbol{X}_\tau, \lambda_B) + \mathscr{H}(\boldsymbol{X}_0, \lambda_A)]/(k_0 T)} \mathrm{e}^{\int_0^\tau \Lambda(\boldsymbol{X}_t)\mathrm{d}t} \\
&\quad \times \mathrm{e}^{[F_A - \mathscr{H}(\boldsymbol{X}_0, \lambda_A)]/(k_0 T)} \mathrm{d}\Gamma_{\boldsymbol{X}_0} \\
&= \mathrm{e}^{\Delta F/(k_0 T)} \mathrm{e}^{-W/(k_0 T)} \mathrm{d}\mathscr{P}(0, \mathrm{d}\Gamma_{\boldsymbol{X}_0}),
\end{aligned}
\tag{8.226}
$$

式中

$$
W \equiv \mathscr{H}(\boldsymbol{X}_\tau, \lambda_B) - \mathscr{H}(\boldsymbol{X}_0, \lambda_A) - k_0 T \int_0^\tau \Lambda(\boldsymbol{X}_t)\mathrm{d}t
\tag{8.227}
$$

是从初态到末态外界对系统所做的功, 其中的最后一项

$$
Q = k_0 T \int_0^\tau \Lambda(\boldsymbol{X}_t)\mathrm{d}t
\tag{8.228}
$$

实际上就是热库向封闭系输入的热量[①]. 注意, 亥姆霍兹自由能改变量 $\Delta F = F_B - F_A$ 是一个纯粹的宏观状态参量, 与微观过程无关. 对式 (8.226) 两边进行积分, 可得

$$
\mathrm{e}^{-\Delta F/(k_0 T)} = \overline{\mathrm{e}^{-W/(k_0 T)}}.
\tag{8.229}
$$

这个等式称为贾金斯基等式[②], 它以定量的形式给出了封闭系统经历不可逆过程前后亥姆霍兹自由能的改变量与过程中外界对系统做功量的统计平均值之间的联系. 如果利用詹森不等式

$$
\overline{\mathrm{e}^{-W/(k_0 T)}} \geqslant \mathrm{e}^{-\overline{W}/(k_0 T)},
$$

很容易从贾金斯基等式得出第 2 章中已经见过的最大功原理

$$
\Delta F \leqslant \overline{W}.
$$

显然, 相比于以不等式形式出现的最大功原理来说, 贾金斯基等式所给出的信息更加准确详尽.

下面来比较上述系统沿正轨道外界对其做功量为 A 以及沿逆轨道外界对其做功量为 $-A$ 的概率. 按定义直接计算可得

$$
\frac{\mathscr{P}(W_{\mathrm{F}} = A)}{\mathscr{P}(W_{\mathrm{R}} = -A)} = \frac{\displaystyle\int \delta(W_{\mathrm{F}} - A)\mathrm{e}^{[F_A - \mathscr{H}(\boldsymbol{X}_0, \lambda_A)]/(k_0 T)} \mathrm{d}\Gamma_{\boldsymbol{X}_0}}{\displaystyle\int \delta(W_{\mathrm{R}} + A)\mathrm{e}^{[F_B - \mathscr{H}(\boldsymbol{X}_0^*, \lambda_B)]/(k_0 T)} \mathrm{d}\Gamma_{\boldsymbol{X}_0^*}}
$$

[①] 对于绝热系统, $\Lambda(\boldsymbol{X}_t) = 0$. 这时, 式 (8.227) 表明系统微观态能量的改变量等于外界对系统的做功量. 但目前考虑的系统并非绝热的, 系统微观态能量的改变量中含有外界传入的热量, 因此, 外界对系统的做功量等于系统微观态能量的改变量减去外界向系统传入的热量.

[②] 参阅 C. Jarzynski, Nonequilibrium equality for free energy differences, Phys. Rev. Lett., 1997, 78: 2690.

$$= \mathrm{e}^{-\Delta F/(k_0 T)} \frac{\int \delta(W_{\mathrm{F}} - A)\mathrm{e}^{-\mathscr{H}(\boldsymbol{X}_0, \lambda_A)/(k_0 T)} \mathrm{d}\Gamma_{\boldsymbol{X}_0}}{\int \delta(W_{\mathrm{F}} - A)\mathrm{e}^{-\mathscr{H}(\boldsymbol{X}_\tau, \lambda_B)/(k_0 T)} \mathrm{d}\Gamma_{\boldsymbol{X}_\tau}}, \tag{8.230}$$

式中第 2 步利用了系统微观态能量的时间反演不变性、$W_{\mathrm{F}} = -W_{\mathrm{R}}$ 以及 $\mathrm{d}\Gamma_{\boldsymbol{X}_0^*} = \mathrm{d}\Gamma_{\boldsymbol{X}_\tau}$ 等条件. 利用式 (8.211), 可以将上式最后一步中分母内的因子 $\mathrm{e}^{-\mathscr{H}(\boldsymbol{X}_\tau, \lambda_B)/(k_0 T)}\mathrm{d}\Gamma_{\boldsymbol{X}_\tau}$ 重写为

$$\mathrm{e}^{-\mathscr{H}(\boldsymbol{X}_\tau, \lambda_B)/(k_0 T)}\mathrm{d}\Gamma_{\boldsymbol{X}_\tau} = \mathrm{e}^{-W_{\mathrm{F}}/(k_0 T)}\mathrm{e}^{-\mathscr{H}(\boldsymbol{X}_0, \lambda_A)/(k_0 T)}\mathrm{d}\Gamma_{\boldsymbol{X}_0}. \tag{8.231}$$

将这个结果代入式 (8.230) 中, 结果可得

$$\frac{\mathscr{P}(W_{\mathrm{F}} = A)}{\mathscr{P}(W_{\mathrm{R}} = -A)} = \mathrm{e}^{-(\Delta F - A)/(k_0 T)}. \tag{8.232}$$

这个结果就是克鲁克斯涨落定理, 它在封闭系不可逆过程的研究中获得了广泛的应用.

值得指出的是, 虽然贾金斯基等式是独立导出的, 但它却可以看成是克鲁克斯涨落定理的推论, 原因是式 (8.232) 可以改写为

$$\mathrm{e}^{-\Delta F/(k_0 T)}\mathscr{P}(W_{\mathrm{R}} = -A) = \mathrm{e}^{-A/(k_0 T)}\mathscr{P}(W_{\mathrm{F}} = A). \tag{8.233}$$

上式左右两端同时对 A 积分, 即可得到贾金斯基等式. 贾金斯基等式对不可逆过程的描述比最大功原理更加细致, 而最大功原理实质上属于热力学第二定律的一种表述, 因此, 可以认为克鲁克斯涨落定理是对热力学第二定律的细化和推广.

本章人物: 玻尔兹曼

玻尔兹曼 (Ludwig Edward Boltzmann 1844~1906), 热力学和统计物理学的奠基人之一. 玻尔兹曼出生于奥地利的维也纳, 1866 年获得维也纳大学博士学位.

玻尔兹曼的学术贡献颇丰. 就我们今天所熟悉的部分而言, 包括玻尔兹曼分布 (1869 年)、玻尔兹曼熵的定义 (1877 年)、气体动理理论 (1872 年), 等等. 玻尔兹曼是第一个将克劳修斯从纯粹的宏观角度引入的熵概念与微观状态的无序度或者概率联系起来的学者, 是公认的统计力学的奠基人之一.

玻尔兹曼

在玻尔兹曼的学术成果中, 最为重要的部分当属以玻尔兹曼方程为标识的气体动理理论. 基于动理理论, 玻尔兹曼有一个雄心勃勃的计划, 即从微观状态的描述出发来证明热力学第二定律. 玻尔兹曼证明, 存在一个关于时间的函数 $H(t)$, 使得 $H(t)$ 沿时间正向永不增加. 玻尔兹曼一度认为 $H(t)$ 的负值就是熵, 而 H 定理则实现了从微观基础上对热力学第二定律的证明. 由于遭到来自奥斯特瓦尔德以及洛施密特两方面的激烈反对, 玻尔兹曼产生了巨大的失败感, 最终在意大利北部的利亚斯特附近的杜伊诺自杀身亡.

在今天看来, 玻尔兹曼对熵的最初定义, 虽不中, 亦不远矣. 只要将玻尔兹曼定义 H 函数时所采用的来自分子动理论的分布函数更换为吉布斯系综理论的分布函数, 最终得到的函数 H 的负值与今天我们所用的吉布斯熵并无实质性差别. 至于用 H 定理来引出热力学第二定律, 则被历史证明的确是失败了. 不过, 沿着玻尔兹曼曾经的足迹尝试从微观描述出发来导出宏观不可逆性的努力最终还是取得了巨大的成功, 这些努力的结果就是各种各样的涨落定理.

第8章习题

8.1 令 $r, r' < s < N$. 试利用所有的 r 体分布函数和 r' 体关联函数来表达 s 体分布函数中的纯 s 体关联项.

8.2 试利用多体分布函数的归一化条件 (8.3) 来估算 s 体关联函数 g_s 的完全积分的数量级.

8.3 在构造非平衡气体的玻尔兹曼方程中的散射项时, 我们采用了点粒子假定, 认为所有的两体散射均是在位形空间中的一点发生的. 实际的微观粒子间的散射情况并非如此. 由于粒子间相互作用强度随彼此间距离减小而增强, 因此实际的散射过程其实有一个由弱到强的势场的参与. 这样的散射过程可以用一个带有 "形状因子" 的跃迁率来表征. 试尝试构造一个考虑了形状因子的两体散射过程所贡献的散射项, 并证明这样的散射项不会影响 H 定理的证明过程.

8.4 玻尔兹曼方程可以看作是通过分子混沌假设将 BBGKY 级列方程组人为截断到两体分布函数的结果. 试利用 BBGKY 级列方程组 (8.7) 中 $s = 1, 2$ 的两个方程 (忽略 f_3 的贡献), 同时引入合理的近似来构造玻尔兹曼方程中散射项的具体形式, 并据此给出上题中 "形状因子" 的具体表达式.

8.5 设想一种与麦克斯韦速度分布不同的光滑对称的速度分布, 并以此为出发点重新考察等离子体中电子的振荡和朗道阻尼现象.

8.6 假设弛豫时间与波矢无关, 试计算式 (8.65) 和式 (8.68) 中出现的输运系数 $\mathscr{D}$、λ、ξ、η.

8.7 试详细讨论式 (8.95) 中每一个动理系数的分量所代表的物理内涵. 从这些系数之间的关系还可以得出哪些隐含的结论?

8.8 试分析为什么从微观态力学描述的时间反演不变性可以得到式 (8.140).

8.9 试证明式 (8.152).

8.10 若通过补充定义函数 $y(t)$ 在 $t < 0$ 时的数值使之成为偶函数, 那么响应函数的实部与虚部之间还会存在什么样的关系? 这种新的关系是否与正文中已经得到的关系冲突? 两者是否可以并存?

8.11 试从一般的 D 维主方程出发, 导出相应的福克尔–普朗克方程.

8.12 假设 1 维质点在外势场 $u(x)$ 的作用下运动, 同时受到过阻尼力和随机涨落力的影响. 试写出其福克尔–普朗克方程, 并求出在长时间弛豫后微观态概率密度函数的具体形式. (提示: 可仿照例8.3的过程来分析此问题)

第8章

第 9 章 相变与化学反应

学习目标与要求

(1) 了解相变的概念及其分类方法.

(2) 掌握范德瓦耳斯系统的气液相变的理论和方法.

(3) 熟悉朗道关于二级相变的平均场理论.

(4) 明晰化学反应的概念和化学平衡条件.

(5) 了解萨哈方程的推导过程及其应用方法.

第 9 章知识图谱

对于已经处于热力学平衡态的宏观系统, 在热力学极限下, 其热力学势需要在宏观态空间保持为连续的状态函数. 然而, 热力学势的连续性并不意味着解析性. 如果热力学势的各阶导数中出现了不连续或者发散情况, 或者说热力学势出现了不解析的点, 则称系统内部发生了相变. 在宏观态空间中, 热力学势的每个解析区域称为一个宏观的相 (以区别吉布斯用以描述系统微观态的 "相" 概念), 而不同解析区域之间会存在余维度为 1 的界面, 称为相界面.

对于主要状态参量为压强、体积、温度的非理想系统① (简称 PVT 系统), 至少会存在 3 个不同的相, 即气相、液相和固相. 气相物质分子间的相互作用比较弱, 分子间距比较大, 分子空间位置的排布处于完全无规则的随机状态. 固相物质分子间的相互作用比较强, 分子间距比较小, 分子位置的空间排布相对有序. 液相介于气相和固相中间, 分子间相互作用不可忽略但又不足以形成长程序.

相变不是物质化学成分的改变, 而是由于物质分子之间相互作用的强度发生变化所导致的分子排列的有序程度的变化. 某些非 PVT 系统, 如磁介质中可能发生的铁磁性/反铁磁性转变、玻色气体中发生的玻色–爱因斯坦凝聚等都属于相变的范畴.

与相变不同, 化学反应指的是系统内部分子结构的重组, 大体可分为化合与分解两种不同类型. 更为广义的物质结构变化, 如电离/复合、聚变/裂变等变化虽然微观相互作用的原理与化学反应不同, 但是它们所满足的宏观规律却非常类似, 因此也可以归类到广义的化学反应概念之下.

本章将分别针对相变和广义的化学反应的热力学规律进行讨论.

---

① 即分子间相互作用不可忽略的系统.

9.1　单元系中的相变

9.1.1　单元系的复相平衡与相变的分类

首先考虑单元系的复相平衡. 所谓单元系, 指的是物质成分单一且不发生变化的系统. 如果单元系中同时存有两个不同的相, 并且每个相所含的物质成分的百分比不随时间变化, 就称这个单元系处于复相平衡, 简称相平衡. 处于复相平衡的单元系最常见的例子是温度在 273.15K 附近的冰水混合物.

为了描写单元系的复相平衡, 可以将系统中的两个相 α、β 看成两个子系, 根据热力学平衡条件, 两个子系必须保持相同的温度、压强和化学势. 根据吉布斯–杜安方程 (2.70), 处于平衡态时, 系统的化学势并不独立于温度和压强, 而是存在某种关系式

$$\mu = \mu(T, P).$$

如果改变处于复相平衡的系统的温度和压强, 平衡将被打破, 经过演化之后将达到新的平衡状态, 这时系统各相的化学势重新变为相等. 可用下式表示上述过程

$$\mu_\alpha(T, P) = \mu_\beta(T, P) \Longrightarrow \mu_\alpha(T + \mathrm{d}T, P + \mathrm{d}P) = \mu_\beta(T + \mathrm{d}T, P + \mathrm{d}P). \tag{9.1}$$

在两相平衡的系统中, 可以在一定范围内连续地改变温度和压强, 这样上式就在 P-T 面内描绘出一条曲线, 称为相平衡曲线, 整个 P-T 面将被相平衡曲线分割为若干部分, 每个部分对应一个相, 由此形成的图形称为相图. 图 9.1 描绘了一种假想物质的相图. 图中每条曲线都是两个不同的相之间的平衡曲线. 图中标出了两个特殊的点, 即三相点和临界点. 关于这两个点的含义将会在接下来的学习中进行详细描述.

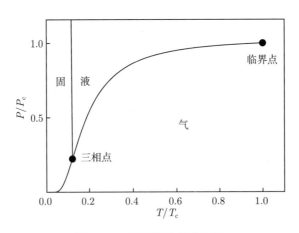

图 9.1　一种假想物质的相图

式 (9.1) 也可以改写为

$$\mathrm{d}\mu_\alpha = \mathrm{d}\mu_\beta, \tag{9.2}$$

或者利用式 (2.70) 写为

$$-s_\alpha \mathrm{d}T + v_\alpha \mathrm{d}P = -s_\beta \mathrm{d}T + v_\beta \mathrm{d}P, \tag{9.3}$$

其中, s_α 和 v_α 分别是 α 相的比熵和比容. 如果发生相变时伴随着比容的跳变, 上式还可以整理为

$$\frac{\mathrm{d}P}{\mathrm{d}T} = \frac{s_\alpha - s_\beta}{v_\alpha - v_\beta}. \tag{9.4}$$

利用比焓 $h = H/N$, 可以写出

$$\mu = h - Ts.$$

因此, 式 (9.4) 又可写为

$$\frac{\mathrm{d}P}{\mathrm{d}T} = \frac{h_\alpha - h_\beta}{T(v_\alpha - v_\beta)} \equiv \frac{\lambda}{T(v_\alpha - v_\beta)}, \tag{9.5}$$

式中, $\lambda \equiv h_\alpha - h_\beta$ 表示在等温恒压条件下, 当物质从 β 相转化到 α 相时, 平均每个粒子所吸收的热量.

习惯上, 当考虑相变或者化学反应时, 物质数量的计量不用粒子数而用摩尔数, 因此式 (9.5) 右边的分子分母可同时乘以阿伏伽德罗常量 N_A, 并定义

$$L = N_A\lambda, \qquad \mathfrak{h}_\alpha = N_A h_\alpha, \qquad \mathfrak{v}_\alpha = N_A v_\alpha, \qquad \mathfrak{s}_\alpha = N_A s_\alpha,$$

从而得到

$$\frac{\mathrm{d}P}{\mathrm{d}T} = \frac{\mathfrak{s}_\alpha - \mathfrak{s}_\beta}{\mathfrak{v}_\alpha - \mathfrak{v}_\beta} = \frac{\mathfrak{h}_\alpha - \mathfrak{h}_\beta}{T(\mathfrak{v}_\alpha - \mathfrak{v}_\beta)} = \frac{L}{T(\mathfrak{v}_\alpha - \mathfrak{v}_\beta)}. \tag{9.6}$$

$\mathfrak{h}_\alpha$、$\mathfrak{v}_\alpha$ 和 $\mathfrak{s}_\alpha$ 分别是 α 相物质的摩尔焓、摩尔体积和摩尔熵, L 的含义是 $1\,\mathrm{mol}$ 物质从 β 相转变到 α 相时焓发生的变化, 又称为相变潜热. 方程 (9.6) 称为克拉珀龙方程[①], 其成立的条件是系统内部已经达到两相平衡, 且物质从其中一相转变到另一相时会伴随着体积的变化.

如果在两相转变时并不伴随体积的变化, 相应地也不会有潜热存在. 这时克拉珀龙方程的右边就成为 $\frac{0}{0}$ 型的未定式. 为了得到物理上有意义的结果, 可以利用洛必达法则对式 (9.6) 的右边分子分母同时关于 T 或 P 求导, 结果可得

$$\frac{\mathrm{d}P}{\mathrm{d}T} = \frac{\left(\dfrac{\partial \mathfrak{s}_\alpha}{\partial T}\right)_P - \left(\dfrac{\partial \mathfrak{s}_\beta}{\partial T}\right)_P}{\left(\dfrac{\partial \mathfrak{v}_\alpha}{\partial T}\right)_P - \left(\dfrac{\partial \mathfrak{v}_\beta}{\partial T}\right)_P} = \frac{(c_P)_\alpha - (c_P)_\beta}{T\mathfrak{v}\left[(\alpha_P)_\alpha - (\alpha_P)_\beta\right]} = \frac{\Delta c_P}{T\mathfrak{v}\Delta\alpha_P}, \tag{9.7}$$

$$\frac{\mathrm{d}P}{\mathrm{d}T} = \frac{\left(\dfrac{\partial \mathfrak{s}_\alpha}{\partial P}\right)_T - \left(\dfrac{\partial \mathfrak{s}_\beta}{\partial P}\right)_T}{\left(\dfrac{\partial \mathfrak{v}_\alpha}{\partial P}\right)_T - \left(\dfrac{\partial \mathfrak{v}_\beta}{\partial P}\right)_T} = \frac{\Delta\alpha_P}{\Delta\kappa_T}, \tag{9.8}$$

---

① 克拉珀龙 (Benoît Paul Émile Clapeyron), 1799~1864, 法国物理学家、工程师, 热力学的创立者之一.

其中, $(c_P)_\alpha$ 是 α 相物质的摩尔比热, α_P 和 κ_T 分别是等压膨胀系数和等温压缩系数. 以上两个方程称为埃伦菲斯特方程, 它们适用的条件是两相平衡时体积连续变化但是热容不连续变化. 显然, 若不产生矛盾, 必须要求以上两式的右方相等, 即

$$\Delta c_P = T\mathfrak{v}\frac{(\Delta\alpha_P)^2}{\Delta\kappa_T}. \tag{9.9}$$

克拉珀龙方程和埃伦菲斯特方程所描述的相变显然属于不同的类型: 前者所描述的相变伴随着体积的跳变, 具有相变潜热, 而后者所描述的情形则不具有这些特征. 为了对不同类型的相变进行分类, 需要明确的分类方法. 埃伦菲斯特提出了一种具体的分类方法, 即埃伦菲斯特分类. 这种分类方法需要考察化学势的各阶导数. 如果相变发生时, 化学势的直到 $n-1$ 阶导数都是连续的, 但是 n 阶导数不连续, 就称之为 n 级相变. 常见的宏观物质中一级相变比较普遍 (如气液相变等), 但也有不少情况属于二级相变, 如磁性物质的铁磁/反铁磁相变、气液系统在临界点发生的相变等. 也存在一些非常特殊的例子, 其中发生的相变可能是零级或者是无穷级的, 其中, 零级相变的例子可见于超导或者超流相变 (可观察到化学势的跳变), 无穷极相变可见于某些系统中发生的量子相变[①] 等.

埃伦菲斯特分类适用于化学势导数不连续的情况, 但无法处理导数发散的情况. 因此, 现代的相变研究倾向于只将相变分为两类, 即有潜热的一级相变和无潜热的连续相变, 后者包括了埃伦菲斯特分类中所有高于一级的相变.

9.1.2 范德瓦耳斯系统与气液相变

1. 临界点、热物态方程与亥姆霍兹自由能

为了对相变有更直观的认识, 我们以范德瓦耳斯系统为例考察其中发生的气液相变过程. 1 mol 范德瓦耳斯物质的热物态方程可以写为[②]

$$P = \frac{RT}{V-b} - \frac{a}{V^2}. \tag{9.10}$$

当温度足够低时, 范德瓦耳斯系统的每条等温线都存在两个压强极值点, 相应的两个宏观态分别记为 $(V_{\min}, P_{\min})$ 和 $(V_{\max}, P_{\max})$. 随着温度的升高, 两个极值点逐渐靠近, 当达到某个临界温度 T_c 时, 两个压强极值点合并为一个拐点. 这个拐点所对应的状态就是所谓的临界点. 临界点所对应的临界状态参量可以从下面的方程得到:

$$\left(\frac{\partial P}{\partial V}\right)_T = -\frac{RT}{(V-b)^2} + \frac{2a}{V^3} = 0, \tag{9.11}$$

$$\left(\frac{\partial^2 P}{\partial V^2}\right)_T = \frac{2RT}{(V-b)^3} - \frac{6a}{V^4} = 0, \tag{9.12}$$

---

① 量子相变不是通常意义上所说的热力学相变, 因为这些相变是发生在绝对零度的系统中的, 控制相转变的参量不是温度而是系统中某些物理参量, 如外磁场或者随能标跑动的耦合常数等.

② 这个方程我们已经在第 4 章的习题中见过, 参见式 (4.83).

其具体数值为

$$T_c = \frac{8a}{27Rb}, \qquad V_c = 3b, \qquad P_c = \frac{a}{27b^2}. \tag{9.13}$$

由于范德瓦耳斯系统的热力学自由度为 2, 以上 3 个参量并不独立, 存在一个简单的关系式

$$\frac{RT_c}{P_c V_c} = \frac{8}{3}. \tag{9.14}$$

注意: 如果我们考虑的不是 1 mol 范德瓦耳斯物质, 而是 n mol 范德瓦耳斯物质, 则只需作变换 $R \to nR, b \to nb, a \to n^2 a$. 这时临界参量 T_c, P_c 保持不变, 而 $V_c \to nV_c$. 因此, 关系式 (9.14) 对任意数量的范德瓦耳斯物质都成立.

图 9.2 以临界参量为单位描绘了范德瓦耳斯系统的等温曲线. 图中较粗的黑色曲线代表临界曲线 (即临界温度对应的等温线), 临界曲线上方的等温线 (对应于 $T > T_c$) 都是单调的, 在这个温度区间内 $\left(\frac{\partial P}{\partial V}\right)_T < 0$. 满足这一条件的状态都是稳定的热力学平衡态, 因此系统中不会发生相变, 也没有气相和液相之分. 这时范德瓦耳斯系统的物态称为超临界流体.

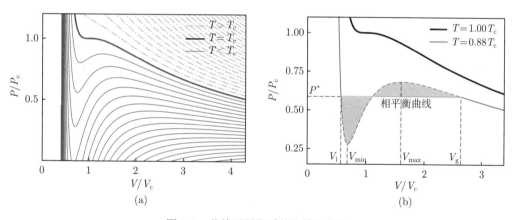

图 9.2 范德瓦耳斯系统的等温曲线

当温度 $T < T_c$ 时, 等温曲线上开始出现两个压强极值点 $(V_{\min}, P_{\min})$ 和 $(V_{\max}, P_{\max})$. 在两个极值点之间的等温曲线段具有性质 $\left(\frac{\partial P}{\partial V}\right)_T > 0$, 相应的状态是不稳定的. 这时对系统的任意扰动都会使其状态偏离等温线中 $(V_{\min}, P_{\min})$ 至 $(V_{\max}, P_{\max})$ 一段而达到更为稳定的新状态. 这种转变就是相变. 从图 9.2 中可以看出: 当体积 $V < V_{\min}$ 时, 进一步减小体积会使得压强迅速增加, 或者说, 即使压强增量非常巨大也不再能有效地减小系统所占的体积. 这种难以压缩的状态就是液态. 从热物态方程(9.10)不难看出, 范德瓦耳斯系统的最小极限体积是 $b = V_c/3$. 无法将范德瓦耳斯系统的体积压缩到比 $V_c/3$ 更小的数值. 另外, 当 $V \gg V_{\max}$ 时, 热物态方程(9.10)右边第 2 项迅速衰减, 而第 1 项中 b 相对于 V 来说逐渐可以忽略不计, 因此范德瓦耳斯系统的行为逐渐趋向于理想气体. 由此可见, 范德瓦耳

斯系统所描述的物质形态是从液态到气态连续过渡的. 当然, 这种所谓的连续过渡是在没有考虑相变过程中实际经历的过程与范德瓦耳斯等温线所对应的过程并不相同的前提下所作的陈述. 真实的情况是: 在 $T < T_c$ 时, 实际系统将选择一条稳定的等温线来替代范德瓦耳斯等温线中发生振荡的一段 (即图 9.2(b) 中虚线表示的一段).

一个自然的问题是: 实际系统将根据什么原则来选择稳定的相平衡等温线呢? 根据 2.3 节的结论, 当系统中两相平衡时, 吉布斯自由能应该取极小值. 由于吉布斯自由能是温度和压强的函数, 当考虑等温过程时, 上述要求相当于

$$\left(\frac{\partial G}{\partial P}\right)_T = 0,$$

也就是说函数 $G(T, P)$ 的图像的等温截面应该对应着一个常数. 因此, 等温相平衡曲线必须同时也是等压线. 反映在 $P\text{-}V$ 面上的等温线上, 相当于用一段水平线来替换范德瓦耳斯等温线中的振荡段, 具体情况可参看图 9.2(b).

给定温度 $T < T_c$. 假定气液相变开始时系统全部为液相, 体积为 V_l. 当系统刚好全部气化时体积记为 V_g. 显然, 在等温等压气化过程中, 系统对外做功量为 $P^*(V_g - V_l)$, 而这个做功量要与采用范德瓦耳斯方程计算的结果相等, 原因是两者描述的均为范德瓦耳斯系统在从完全液相转变到完全气相的过程中亥姆霍兹自由能的减少量

$$F(T, V_l) - F(T, V_g) = P^*(V_g - V_l) = \int_{V_l}^{V_g} P\mathrm{d}V$$
$$= RT \log\left(\frac{V_g - b}{V_l - b}\right) + a\left(\frac{1}{V_g} - \frac{1}{V_l}\right). \tag{9.15}$$

上式第二行给出的最终表达式是利用范德瓦耳斯方程计算的结果. 注意: 式 (9.15) 有一个直观的几何描述, 即: 在 $P\text{-}V$ 面上, 由直线段 $P = P^*$ 与 V_l 至 V_g 段的范德瓦耳斯等温线所围成的两块封闭曲边形[①]的面积相等. 这一结论称为麦克斯韦等面积律. 利用式 (9.15) 以及

$$P^* = \frac{RT}{V_l - b} - \frac{a}{V_l^2} = \frac{RT}{V_g - b} - \frac{a}{V_g^2} \tag{9.16}$$

原则上可以求出参量 P^* 以及 V_l、V_g 的具体数值. 式 (9.16) 成立的原因是: 当系统完全液化或者完全气化时, 其宏观态必须落在范德瓦耳斯等温线上.

用麦克斯韦等面积律确定的相平衡曲线是一段等温等压线. 范德瓦耳斯等温线中被这段相平衡曲线取代的部分可以分成 3 段, 其体积分别在以下 3 个区间: ① $V \in (V_l, V_{min}]$; ② $V \in (V_{min}, V_{max})$; ③ $V \in [V_{max}, V_g)$. 其中, 第②段属于不稳定状态, 前面已经讨论过. 第①段和第③段都对应着 $\left(\frac{\partial P}{\partial V}\right)_T < 0$, 按理说它们应该属于稳定状态, 为何也要被等温等压的相平衡曲线取代呢?

---

① 即图 9.2(b) 中的阴影部分.

回答上述问题可以从分析系统的吉布斯自由能入手. 假设范德瓦耳斯方程在系统的全部演化过程中一直可用, 则利用关系式 $P = -\left(\dfrac{\partial F}{\partial V}\right)_T$ 可以求出该系统的亥姆霍兹自由能

$$F(T, V) - F(T, V_0) = -\int_{V_0}^{V} P\mathrm{d}V = -RT \log\left(\frac{V - b}{V_0 - b}\right) - a\left(\frac{1}{V} - \frac{1}{V_0}\right), \qquad (9.17)$$

其中, $V_0 > b$ 是一个任意参照状态的体积, 而 $F(T, V_0)$ 则是系统处于参照状态 (T, V_0) 时具有的亥姆霍兹自由能. 在分析等温过程时, $F(T, V_0)$ 保持为常量. 因此, 当仅考虑等温过程中亥姆霍兹自由能的变化行为时, 可以忽略 $F(T, V_0)$. 然而, 当考虑亥姆霍兹自由能随温度的变化率时, $F(T, V_0)$ 的角色将十分重要. 不失一般性, 我们可以选择足够大的 V_0, 使得

$$\frac{V_0}{b} = \frac{3V_0}{V_c} \to \infty, \quad \frac{V_0^2 P_0}{a} \to \infty,$$

其中, P_0 是系统在状态 (T, V_0) 下的压强. 这样的选择相当于要求系统在参照状态 (T, V_0) 下的行为无限接近理想气体. 换言之 [参考式 (4.4) 并选择 $N = N_A$, $D = 3$],

$$F(T, V_0) \approx -RT + RT \log\left[\left(\frac{N_A}{V_0}\right)\left(\frac{h^2}{2\pi m k_0 T}\right)^{3/2}\right]. \qquad (9.18)$$

从式 (9.17) 出发, 利用勒让德变换可以求出系统的吉布斯自由能 $G(T, P)$ [1]

$$G(T, P) = F + PV = -RT \log\left(\frac{V - b}{V_0 - b}\right) + \frac{RTV}{V - b} - \frac{2a}{V} + \frac{a}{V_0}. \qquad (9.19)$$

上式中出现的体积 V 不应被视作吉布斯自由能中的状态参量, 而是应该视作通过式 (9.10) 定义的关于 T 和 P 的隐函数. 利用式 (9.10) 和式 (9.19) 可以画出范德瓦耳斯系统的等温吉布斯自由能曲线并将其与等温热物态方程曲线作对照, 参见图 9.3. 从图中可以看到, 对临界温度之下的每一条等温热物态方程曲线, 相应的等温吉布斯自由能曲线中都包含一段多值区域 (图中的 "燕尾" 部分). 实际系统的相平衡曲线所对应的吉布斯自由能取值固定在 "燕尾" 的根部交叉点, 而范德瓦耳斯系统中被实际的相平衡曲线取代的部分则对应整个 "燕尾" 的三角形部分. 可见, 范德瓦耳斯系统的等温线振荡段并不具有最低的吉布斯自由能取值, 因此需要被整体替代掉.

对应于图 9.2(b) 中体积范围 $(V_l, V_{\min})$ 和 $(V_{\max}, V_g)$ 的两段虚等温曲线上的状态的确比介于体积 $(V_{\min}, V_{\max})$ 内的一段曲线上的状态更加稳定, 但是它们与实际相平衡曲线上的状态相比依然不够稳定, 因此称为亚稳定状态. 处于上述前两段曲线上的范德瓦耳斯物质分别称为过热液体和过冷气体, 它们所对应的吉布斯自由能曲线分别是 "燕尾" 图中三角的两个短边, 即在同一压强下吉布斯自由能的多个取值中的中间数值. 类似的亚稳状态在固液相变中也可以见到, 相应的状态分别称为过冷液体和过热固体. 对处于亚稳态的物质来说, 一旦发生外界扰动, 将会迅速发生相变过渡到更为稳定的状态. 具体到范德瓦耳斯系统, 过热液体在外界扰动下会迅速相变成为气体, 而过冷气体则迅速相变为液体.

---

[1] 由于后文将只考虑吉布斯自由能的等温行为, 此处已忽略 $F(T, V_0)$.

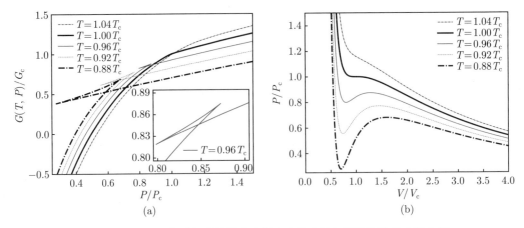

图 9.3　范德瓦耳斯系统的等温吉布斯自由能曲线与等温热物态方程曲线

从图 9.3(a) 或者其局部放大图可以看到, 对于每一个 $T < T_c$, 吉布斯自由能的最低分支在相平衡点都是连续的, 但其一阶导数不连续. 这时范德瓦耳斯系统的气液相变属于一级相变. 当温度恰好等于临界温度时, 吉布斯自由能的一阶导数在相平衡点连续, 这时的相变不再是一级相变而是连续相变.

图 9.3 的另一个值得注意的观察点是: 在吉布斯自由能的最低分支中, 位于 "燕尾" 根部右侧的部分基本上呈直线形, 这是因为这部分曲线对应着高压强、小体积的液相, 而吉布斯自由能对压强的二阶导数正比于压缩系数, 因此这段吉布斯自由能曲线近似于直线形意味着液相基本上[①]是不可压缩的. 与此相对照, 图中 "燕尾" 根部左侧的部分明显是弯曲的, 这意味着低压强、大体积的气相是可压缩的.

式 (9.17) 是假定了范德瓦耳斯方程全局适用的前提下得出的亥姆霍兹自由能表达式. 对于实际的范德瓦耳斯系统, 如果考虑气液共存区的某个状态 (T, V) 所对应的亥姆霍兹自由能, 则需要将共存区域的热物态方程用等温等压方程替换掉. 这时有

$$\tilde{F}(T, V) = F(T, V_l) - P^*(V - V_l)$$
$$= F(T, V_l) + (V - V_l)\frac{F(T, V_g) - F(T, V_l)}{V_g - V_l}. \tag{9.20}$$

这一结果的一个显著特征是亥姆霍兹自由能仅为体积的线性函数. 这种线性关系有时又称为麦克斯韦线性插值关系. 上式左边用 $\tilde{F}(T, V)$ 来表达两相共存区的亥姆霍兹自由能, 以区别于式 (9.17) 所给出的由范德瓦耳斯方程决定的亥姆霍兹自由能, 而上式右边出现的亥姆霍兹自由能则均由式 (9.17) 给出.

2. 临界指数与标度行为

考虑到气液平衡造成的两相共存区域后, 范德瓦耳斯系统的 *P-V* 面上各相分布的区域如图 9.4 所示.

---

　　① 这里采用 "基本上" 这个修饰语是有原因的. 事实上液相也并非绝对不可压缩, 而只是在一定程度上不可压缩. 关于这一点的进一步讨论请参考本书第10章10.1节.

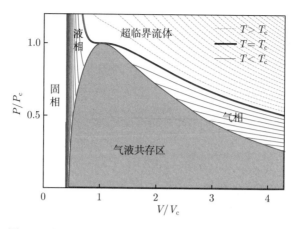

图 9.4 范德瓦耳斯系统 P-V 面上各相分布的区域示意图

引入无量纲化的状态参量

$$t = \frac{T}{T_c} \equiv 1 + \delta t, \quad p = \frac{P}{P_c} \equiv 1 + \delta p, \qquad v = \frac{V}{V_c} \equiv 1 + \delta v, \tag{9.21}$$

可以将物态方程化为如下的无量纲形态:

$$p = \frac{8t}{3v - 1} - \frac{3}{v^2}. \tag{9.22}$$

引入无量纲参量 t, p, v 的好处在于这些参量都与系统中实际包含的物质总量无关, 且一切系统偏离临界状态的程度可唯一地用对应态参量 t, p, v 与 1 的差值来反映. 式 (9.22) 是与系统的实际规模无关的标度化物态方程, 也称为对应态定律. 在描述宏观系统的相变行为时, 对应态定律扮演着重要的角色, 它揭示了同类物质构成的宏观系统具有完全相同的相变行为, 而这些行为与系统内包含的物质的总量没有关系.

利用标度化物态方程, 可以得到系统在趋近于临界点时相互依赖的不同物理量之间所具有的一些有普适性的幂律关系, 也称为标度关系. 下面将就此展开讨论.

首先, 当温度达到临界温度时, 若体积尚未达到临界体积, 则从式 (9.22) 可以直接做展开得到

$$\delta p = -\frac{3}{2}(\delta v)^3. \tag{9.23}$$

若温度非常接近临界温度但尚未达到临界温度, 则对式 (9.22) 展开后可得

$$\delta p \approx 4\delta t - 6\delta t \delta v - \frac{3}{2}(\delta v)^3. \tag{9.24}$$

这时, 若 $\delta v = 0$, 则有 $\delta p = 4\delta t$; 若 $\delta v \neq 0$, 则等温线将关于点 $(\delta v, \delta p) = (0, 4\delta t)$ 对称, 原因是 $\delta p - 4\delta t = -6\delta t \delta v - \frac{3}{2}(\delta v)^3$ 是 δv 的奇函数. 从上式可以解出保持相对压强偏差同为 $\delta p = 4\delta t$ 的另外两个相对体积偏差, 它们分别对应液相和气相的相对体积偏差:

$$\delta v_1 = -\delta v_g = -(-4\delta t)^{1/2} \equiv -\delta v. \tag{9.25}$$

对于 $\delta t \to 0^-$, 以上两个解都是实的, 因此有

$$\delta v_{\mathrm{g}} - \delta v_{\mathrm{l}} = 4(-\delta t)^{1/2}. \tag{9.26}$$

以上得到的结果式 (9.23) 和式 (9.25) 都可以翻译为接近临界状态时系统的宏观状态参量满足的标度行为. 例如, 从式 (9.23) 可以得出

$$|P - P_{\mathrm{c}}| \propto |V - V_{\mathrm{c}}|^3. \tag{9.27}$$

若考虑到系统中物质的密度 $\rho \propto V^{-1}$, 有

$$|\rho - \rho_{\mathrm{c}}| \propto \left| \frac{1}{V} - \frac{1}{V_{\mathrm{c}}} \right| = \frac{|V_{\mathrm{c}} - V|}{V V_{\mathrm{c}}} \propto |V - V_{\mathrm{c}}|.$$

因此, 式 (9.27) 又可以写为

$$|P - P_{\mathrm{c}}| \propto |\rho - \rho_{\mathrm{c}}|^3.$$

类似地, 从式 (9.25) 可以得出

$$\rho_{\mathrm{l}} - \rho_{\mathrm{g}} \propto |T_{\mathrm{c}} - T|^{1/2}. \tag{9.28}$$

除以上标度行为之外, 等温压缩系数和等容热容也具有特殊的标度行为. 这两者都是过程参量, 之所以对它们投入关注是因为它们都是刻画系统稳定性的重要参量.

首先看等温压缩系数. 从定义可以直接求得

$$\kappa_T = -\frac{1}{V} \left(\frac{\partial V}{\partial P} \right)_T \propto -\frac{1}{v} \left(\frac{\partial(\delta v)}{\partial(\delta p)} \right)_{\delta t} \propto (-\delta t)^{-1}. \tag{9.29}$$

当系统温度从低于临界温度逐渐向临界温度靠近时, $\delta t \to 0$, 因此有 $\kappa_T \to \infty$.

为了分析等容热容的行为, 需要分两种不同的温度区间来进行探讨. 首先, 当 $T > T_{\mathrm{c}}$ 时, 整个范德瓦耳斯物态方程都是适用的. 这时, 从等容热容的定义式 $C_V = T \left(\dfrac{\partial S}{\partial T} \right)_V$ 可以得出

$$\frac{1}{T} \left(\frac{\partial C_V}{\partial V} \right)_T = \left[\frac{\partial}{\partial V} \left(\frac{\partial S}{\partial T} \right)_V \right]_T = \left[\frac{\partial}{\partial T} \left(\frac{\partial S}{\partial V} \right)_T \right]_V = \left[\frac{\partial}{\partial T} \left(\frac{\partial P}{\partial T} \right)_V \right]_V = 0,$$

式中利用了麦克斯韦关系式和范德瓦耳斯物态方程. 由此可见, 对 $T > T_{\mathrm{c}}$ 的情况, 范德瓦耳斯物质的等容热容与体积无关. 利用式 (9.17) 可以计算出

$$C_V = T \left(\frac{\partial S}{\partial T} \right)_V = -T \left(\frac{\partial^2 F}{\partial T^2} \right)_V = -T \frac{\partial^2}{\partial T^2} F(T, V_0).$$

当 $T \to T_{\mathrm{c}}^+$ 时, 有

$$C_V(T_{\mathrm{c}}^+) = \lim_{T \to T_{\mathrm{c}}^+} C_V = -T_{\mathrm{c}} \frac{\partial^2}{\partial T^2} F(T, V_0)\big|_{T=T_{\mathrm{c}}} = \frac{3R}{2} \propto |T - T_{\mathrm{c}}|^0, \tag{9.30}$$

式中已经用式 (9.18) 代换了 $F(T, V_0)$.

另一方面, 当温度 $T < T_c$ 时, 系统中会发生一级相变, 这意味着在两相之间熵是不连续变化的. 由此导致的后果是液相与气相的等容热容是不同的. 利用式 (9.20) 可以算出 $T < T_c$ 时等容热容的表达式

$$C_V = -T \left(\frac{\partial^2 \tilde{F}}{\partial T^2} \right)_V = -T \frac{\partial^2}{\partial T^2} F(T, V_1) - T \frac{V - V_1}{V_g - V_1} \frac{\partial^2}{\partial T^2} \left[F(T, V_g) - F(T, V_1) \right]. \quad (9.31)$$

这个结果明显依赖于系统的实际体积. 当 $T \to T_c^-$ 时, 两相之间的差异逐渐消失, 但是系统的热容量与 $T \to T_c^+$ 时的情况依然是不同的. 利用关系式

$$V = V_c v, \quad V_1 = V_c v_1, \quad V_g = V_c v_g$$

以及靠近临界点的条件 $v \to 1$, 并考虑到式 (9.25), 可以将 $\tilde{F}(T, V)$ 展开为关于 δv 或者 δt 的级数

$$\tilde{F}(T, V) = F(T, V_c) + \frac{1}{2} \left(\frac{\partial^2 F}{\partial V^2} \right)_{T, V = V_c} (V_c \delta v)^2 + \frac{1}{4!} \left(\frac{\partial^4 F}{\partial V^4} \right)_{T, V = V_c} (V_c \delta v)^4 + \cdots$$

$$= F(T, V_c) - 2 \left(\frac{\partial^2 F}{\partial V^2} \right)_{T, V = V_c} V_c^2 \delta t + \frac{2}{3} \left(\frac{\partial^4 F}{\partial V^4} \right)_{T, V = V_c} V_c^4 \delta t^2 + \cdots.$$

考虑到 $\delta t = (T - T_c)/T_c$, 可以将上式代入式 (9.31) 并得出 $T \to T_c^-$ 时等容热容的极限值

$$C_V(T_c^-) = \lim_{T \to T_c^-} C_V = -T_c \frac{\partial^2}{\partial T^2} \tilde{F}(T, V) \big|_{T = T_c, V = V_c} = 6R \propto |T - T_c|^0,$$

式中再次利用了式 (9.17) 和式 (9.18). 这个结果依然为常量, 但与 $T \to T_c^+$ 时的极限值(9.30)相比, 发生了一个有限的跳变 $C_V(T_c^-) - C_V(T_c^+) = \dfrac{9R}{2}$.

热容量在临界点上下发生有限跳变的原因是在临界点处系统发生了二级相变, 而热容量与热力学势的二阶导数成正比, 因而会发生不连续的跳变.

综合以上讨论, 可以给出范德瓦耳斯系统临近临界温度时一些宏观状态函数和过程参量所满足的标度规律

$$C_V \propto \begin{cases} |T - T_c|^{-\alpha_-}, & T < T_c \\ |T - T_c|^{-\alpha_+}, & T > T_c \end{cases}, \quad (9.32)$$

$$\rho_1 - \rho_g \propto |T - T_c|^\beta, \quad (9.33)$$

$$\kappa_T \propto |T - T_c|^{-\gamma}, \quad (9.34)$$

$$|P - P_c| \propto |\rho - \rho_c|^\delta, \quad (9.35)$$

式中,

$$\alpha_\pm = 0, \quad \beta = \frac{1}{2}, \quad \gamma = 1, \quad \delta = 3.$$

以上几个常数称为临界指数. 理论上这些指数应该是与系统的具体参量 a, b 无关的常量, 并且它们的数值都是精确给定的. 然而上式给出的数值与对实际气体系统的实验观测得到的临界指数并不一致. 出现这种不一致现象的物理原因是：我们一直都是在用平衡态热力学来分析近临界点的范德瓦耳斯系统, 但是当实际系统的状态靠近临界点时, 系统内部的涨落会非常剧烈. 例如, 水在沸点附近会出现剧烈的起伏波动, 对这种含有剧烈涨落的系统使用平衡态热力学不会给出太准确的结果.

9.1.3　伊辛模型与平均场近似

与一级相变不同, 二级以及更高级的连续相变往往伴随着系统对称性的变化. 例如, 在磁性体中发生铁磁/反铁磁相变时, 系统从各向同性变化为各向异性的状态. 刻画这类相变的最佳手段是衡量系统的有序程度 (也就是对称性). 一般说来, 当系统的温度较高时, 由于微观自由度的热运动更为剧烈, 系统通常会表现出无序状态, 这时的对称性较高, 而当温度较低时, 热运动逐渐冻结, 系统有可能会表现出有序的状态, 对称性较低. 度量系统有序程度的参量称为序参量. 系统从无序相到有序相的变化通常被描写为序参量从零到非零的连续变化.

能发生有序–无序相变的最典型的系统是伊辛模型. 这是一个关于 D 维磁性物质的简化模型. 在伊辛模型中, 磁性体被简化为一个总共含有 N 个格点位置的 D 维自旋点阵, 其微观态的哈密顿量为

$$\hat{H} = -\sum_{\langle a,b\rangle} J_{ab}\sigma_a\sigma_b - \sum_a \mathscr{B}_a\gamma\sigma_a, \tag{9.36}$$

式中, $\langle a,b\rangle$ 表示只针对相邻的格点进行求和, J_{ab} 表示近邻的格点自旋之间的耦合强度, $\mathscr{B}_a$ 表示第 a 格点处的磁场大小, γ 则表示自旋格点的旋磁比 [参见式 (7.28)]. 若所有近邻格点之间的相互作用都是同一类型的, 而且外磁场是均匀的, 也可以将上式写为

$$\hat{H} = -J\sum_{\langle a,b\rangle} \sigma_a\sigma_b - B\sum_a \sigma_a, \tag{9.37}$$

其中 $B = \gamma\mathscr{B}$.

对于 $D = 1, 2$ 的情况, 严格求解上述哈密顿量所对应的量子本征态及其对应的本征值是可行的[①], 不过我们不会在这里重复这个过程, 而是要利用这个模型来演示平均场理论的基本思想方法.

在进一步展开讨论之前, 有必要对式 (9.37) 中的耦合系数 J 的取值及其后果作一点定性的描述. 若 J 的取值为正, 那么在基态近邻格点的自旋将指向相同的方向, 这种状态就是

---

① 对于 $D = 1$、$J = 1$ 并且 $B = 0$ 的情况, 伊辛在 1924 年给出了上述哈密顿量所定义的量子力学问题的严格解, 并且发现其中不会发生相变. 1944 年昂萨格得到了 $D = 2$, $J = 1$, $B = 0$ 时的解析解并给出了这种条件下的亥姆霍兹自由能表达式. 1949 年昂萨格给出了描述该模型中出现自发磁化的公式, 显示 2 维伊辛模型可以出现有序/无序相变, 但并未给出证明过程. 最终在 1952 年由杨振宁给出了 2 维伊辛模型自发磁化现象完整的数学证明.

铁磁相. 若 J 取负值, 那么基态中近邻格点的自旋将指向相反的方向, 这种状态就是反铁磁相.

假设整个格点系统是均匀的, 所有格点上的自旋粒子都是同一种粒子. 在平均场理论中, 将每个格点的自旋 σ_a 都写成平均自旋 $\bar{\sigma}$ 与局部自旋涨落 $\delta\sigma_a$ 之和:

$$\sigma_a = \bar{\sigma} + \delta\sigma_a.$$

这样就有

$$
\begin{aligned}
\sum_{\langle a,b \rangle} \sigma_a \sigma_b &= \sum_{\langle a,b \rangle} (\bar{\sigma} + \delta\sigma_a)(\bar{\sigma} + \delta\sigma_b) \\
&= \sum_{\langle a,b \rangle} \bar{\sigma}^2 + 2\bar{\sigma} \sum_{\langle a,b \rangle} \delta\sigma_a + \sum_{\langle a,b \rangle} (\delta\sigma_a)(\delta\sigma_b) \\
&\approx \sum_{\langle a,b \rangle} \bar{\sigma}^2 + 2\bar{\sigma} \sum_{\langle a,b \rangle} (\sigma_a - \bar{\sigma}) \\
&= z\bar{\sigma} \sum_a \sigma_a - \frac{1}{2} N z \bar{\sigma}^2,
\end{aligned}
$$

式中最后一步出现的 z 是每个格点的最近邻格点的个数, 又称配位数; N 是格点的总数. 配位数与空间维数和格点元胞的形状有关. 注意: 在上式的第 3 行中忽略了第 2 行的最后一项, 即自旋涨落的耦合项. 所以, 上式给出的只是近似的结果, 称为平均场近似.

将上式代入伊辛模型的哈密顿量(9.37)中, 结果得到

$$\hat{H} = \frac{1}{2} N J z \bar{\sigma}^2 - (B + z J \bar{\sigma}) \sum_a \sigma_a. \tag{9.38}$$

可见, 经过平均场近似之后, 伊辛模型的哈密顿量非常类似于顺磁固体的情况, 仅有的差别是描述外磁场的参量 B 被平移了一个常数值 $B \to B + z J \bar{\sigma}$, 同时系统的微观态能量也被平移了一个常数 $\frac{1}{2} N J z \bar{\sigma}^2$.

为了简单, 考虑每个格点上的自旋粒子都是 $\frac{\hbar}{2}$ 的特殊情况. 重复 7.3.2 节的过程, 容易求出平均场近似下伊辛模型的亥姆霍兹自由能:

$$F = \frac{1}{2} N J z \bar{\sigma}^2 - N k_0 T \log \left\{ 2 \cosh \left[\frac{\hbar(B + z J \bar{\sigma})}{2 k_0 T} \right] \right\}. \tag{9.39}$$

由此可以计算出[①]

$$\bar{\sigma} = -\frac{1}{N} \left(\frac{\partial F}{\partial B} \right)_T = \frac{\hbar}{2} \tanh \left[\frac{\hbar(B + z J \bar{\sigma})}{2 k_0 T} \right]. \tag{9.40}$$

下面来考虑外磁场为零的情况. 式 (9.40) 给出了一个关于 $\bar{\sigma}$ 的超越方程. 在不同的温度下, $\bar{\sigma}$ 的解的个数不同. 图 9.5 用图形法给出了求解式 (9.40) 的方法, 其基本原理是: 将式 (9.40) 中的 $\bar{\sigma}$ 换为 x, 并将该式左右两边分别记为 $f(x)$ 和 $g_T(x)$:

---

① 注意: 与 B 共轭的宏观状态参量是伊辛模型中 N 个格点的自旋总和的平均值. 由于这里考虑的是均匀系统, 单个格点上自旋的平均值等于总自旋除以格点总数.

$$f(x) = x, \qquad g_T(x) = \frac{\hbar}{2}\tanh\left(\frac{\hbar z J x}{2k_0 T}\right).$$

在给定 T 的前提下分别画出 $f(x)$ 和 $g_T(x)$ 的函数曲线, 这两组曲线的交点的横坐标就是 $\bar\sigma$ 的值. 经过分析不难发现, 存在一个特殊的温度 $T_{\rm c} = \dfrac{\hbar^2 z J}{4k_0}$, 当 $T > T_{\rm c}$ 时, $\bar\sigma$ 存在唯一解 $\bar\sigma = 0$, 而当 $T < T_{\rm c}$ 时, $\bar\sigma$ 有 3 个解, 即一个零解和两个绝对值相同的非零解, 而且后一种情况下, 亥姆霍兹自由能在非零解处的值更小. 因此, $\bar\sigma$ 从只有零解到出现非零解意味着系统中出现了无序/有序相变, 或者说是反铁磁/铁磁相变. 平均自旋 $\bar\sigma$ 标识了系统的有序程度, 因此它就是平均场近似下伊辛模型的序参量.

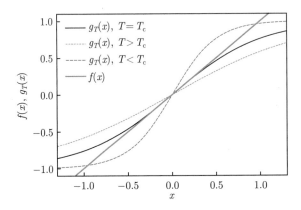

图 9.5　平均场近似下伊辛模型序参量的图示法求解

(横轴单位: $\hbar z J / 2k_0$, 纵轴单位: $\hbar/2$)

根据式 (9.40) 还可以画出序参量 $\bar\sigma$ 随温度变化的曲线, 如图 9.6 所示. 从图中可以清楚地看到, 当 $T > T_{\rm c}$ 时, 序参量为零, 而当 $T < T_{\rm c}$ 时, 序参量有两个非零解, 当温度趋于零时, 这两支解分别趋近于 $\pm\dfrac{\hbar}{2}$.

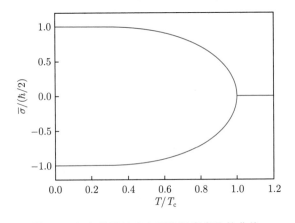

图 9.6　伊辛模型的序参量随温度变化的曲线

必须指出的是, 在靠近临界点时, 序参量趋于零, 但是自旋涨落却非常大. 对整个系统求和后, 自旋涨落甚至可能是发散的 (在热力学极限 $N \to \infty$ 意义下). 因此, 基于平均场近似得出的结果只能在一定精度下近似使用. 要想精确地了解临界点处的行为, 必须细致地考虑涨落的因素.

9.1.4 朗道理论与金兹堡–朗道理论

1. 朗道平均场理论

朗道的平均场理论是比 9.1.3 节介绍的平均场近似更加唯象的理论模型. 它基于如下的两条假设建立:

(1) 在临界点附近, 系统的亥姆霍兹自由能必须是宏观状态参量的解析函数;

(2) 亥姆霍兹自由能必须反映系统的对称性 (即有序程度).

在上述假定下, 朗道将伊辛模型的自旋点阵划分为一块块宏观小、微观大的区域, 并用一个场 m 来表达各区域中的平均自旋磁矩, 这就是所谓的平均场. 利用平均场的概念, 朗道将系统的亥姆霍兹自由能写成如下的多项式形式:

$$F = a(T) + \frac{1}{2}b(T)m^2 + \frac{1}{4}c(T)m^4 - \mathscr{B}m + \cdots. \tag{9.41}$$

注意, 除了正比于外磁场的一项以外, 整个亥姆霍兹自由能表达式对于平均场 m 是个偶函数, 这样就很好地刻画了在无外磁场时系统的对称性. 上述表达式原则上可以写到 m 的更高的偶幂次, 但在 m 的 4 次幂处进行截断已经可以很好地解释伊辛模型的临界行为. 如果在 m 的 4 次幂处进行截断, 则 $c(T)$ 必须大于零, 原因是亥姆霍兹自由能必须有下界.

考虑无外磁场时的自发相变, 即令 $\mathscr{B} = 0$. 这样, 当系统达到平衡态时亥姆霍兹自由能取极小值的条件为

$$\frac{\partial F}{\partial m} = 0 \quad \Longrightarrow \quad [b(T) + c(T)m^2]m = 0. \tag{9.42}$$

如果 $b(T) \geqslant 0$, 那么从上式只能解出 $m = 0$, 这种情况称为无序相. 相反, 若 $b(T) < 0$, 那么除 $m = 0$ 之外, 还可以有以下非零解:

$$m = \pm\sqrt{-\frac{b(T)}{c(T)}}, \tag{9.43}$$

并且不难发现这时 $m = 0$ 的解对应的是亥姆霍兹自由能的局部极大值而非极小值, 因此只有上述非零解才是物理的. 选择其中任意一个非零解都意味着系统在没有外界影响的前提下自发地形成了平均自旋非零的状态, 这就是有序相, 或称铁磁相. 所以平均场 m 就是序参量, 它从零变到非零标识着从无序到有序的相变已经发生.

实际热力学系统的二级相变总是在一个明确的临界温度 T_c 开始发生的. 为了反映这一特征, 不妨假设在临界点附近, $a(T)$、$b(T)$、$c(T)$ 可以展开为如下形式:

$$a(T) = a_0 + a_1(T - T_c) + \cdots, \tag{9.44}$$

$$b(T) = b_0(T - T_c) + \cdots, \tag{9.45}$$

$$c(T) = c_0 + c_1(T - T_c) + \cdots. \tag{9.46}$$

这样, 临界点附近的序参量 m 将由下式决定:

$$m = \begin{cases} 0, & T \geqslant T_c \\ \pm\sqrt{\dfrac{b_0}{c_0}(T_c - T)}, & T < T_c \end{cases}. \tag{9.47}$$

这个序参量随温度变化的曲线如图 9.7 所示. 当 $T \ll T_c$ 时, 图 9.7 中给出的曲线是不可靠的, 原因是绘制这条曲线时没有考虑到 $c(T)$ 中的高阶温度修正. 当温度趋于临界温度时, 可以发现图 9.7 与图 9.6 给出的序参量随温度变化的行为非常相似.

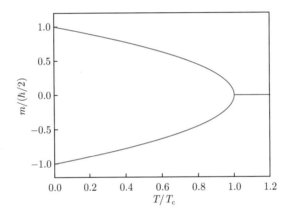

图 9.7　朗道理论给出的伊辛模型序参量随温度变化的曲线

若保持 $a(T)$、$c(T)$ 不作展开, 在平衡时朗道理论给出的亥姆霍兹自由能可写为

$$F = \begin{cases} a(T), & T \geqslant T_c \\ a(T) - \dfrac{b_0^2}{4c(T)}(T_c - T)^2, & T < T_c \end{cases}. \tag{9.48}$$

从亥姆霍兹自由能的表达式 (9.41) 很容易求出其他热力学函数或过程变量的温度依赖行为. 例如, 等容热容可以写为

$$C_V = -T\left(\frac{\partial^2 F}{\partial T^2}\right)_V = \begin{cases} -Ta''(T), & T \geqslant T_c \\ -Ta''(T) + \dfrac{Tb_0^2}{2c(T)} + O(|T_c - T|), & T < T_c \end{cases}. \tag{9.49}$$

由此可见当 $T \to T_c$ 时, 热容量会发生一个跳变

$$C_V(T_c^-) - C_V(T_c^+) = \frac{T_c b_0^2}{2c_0}.$$

此外, 在弱磁化 ($m^3 \to 0$) 的前提下, 如果引入外磁场, 则亥姆霍兹自由能取极值的条件成为

$$\frac{\partial F}{\partial m} \approx b(T)m - \mathscr{B} = 0, \tag{9.50}$$

因此有

$$m = \frac{\mathscr{B}}{b(T)} \quad \Longrightarrow \quad \chi_m = \frac{\mu_0}{b_0(T - T_c)}. \tag{9.51}$$

若不忽略 m^3 项, 则当 $T \to T_c$ 时, 有

$$\mathscr{B} = c(T)m^3. \tag{9.52}$$

综上所述, 可以发现, 当 $T \to T_c$ 时, 各热力学变量满足如下的标度行为:

$$C_V \propto \begin{cases} |T - T_c|^{-\alpha_-}, & T < T_c \\ |T - T_c|^{-\alpha_+}, & T \geqslant T_c \end{cases}, \tag{9.53}$$

$$m \propto |T - T_c|^{\beta}, \tag{9.54}$$

$$\chi_m \propto |T - T_c|^{-\gamma}, \tag{9.55}$$

$$\mathscr{B} \propto m^{\delta}, \tag{9.56}$$

其中

$$\alpha_{\pm} = 0, \quad \beta = \frac{1}{2}, \quad \gamma = 1, \quad \delta = 3,$$

这些临界指数与范德瓦耳斯系统的临界指数逐一对应. 与范德瓦耳斯系统的情况类似, 在实际磁性体中通过实验观测到的接近临界点时各宏观量的标度行为与上述理论值存在差异, 这表明用平均场近似与使用平衡态热力学来处理相变问题存在同样的问题, 就是对临界点附近剧烈的涨落缺少考虑. 不过, 从两种不同模型、不同问题中出现的临界指数具有相同的理论值来看, 接近临界点的二级相变系统可能存在某种普适的标度规律. 这个想法称为标度普适性假说.

如果想对二级相变临界点附近的标度行为及其普适性作更深入的探讨, 建议读者进一步阅读有关标度规律和重整化群的著作, 或者在有条件的情况下进一步学习 "高等统计物理" 课程.

2. 朗道平均场理论的扩展和修正

朗道理论虽然是一个基于平均场的唯象理论, 但是其适应性和可扩展性都是非常好的. 下面将从两个方面来讨论朗道的扩展和修正.

首先来回答这样一个问题: 朗道理论是否只能描述二级以上的连续相变而不能描述一级相变? 这个问题的答案是否定的. 至少有两种方法对朗道理论进行微调后都可用于描述一级相变.

一种方法是在亥姆霍兹自由能的表达式中加入一个序参量的 3 次方项, 即当无外场时将亥姆霍兹自由能写为

$$F = a(T) + \frac{1}{2}b(T)m^2 + \frac{1}{3}\xi(T)m^3 + \frac{1}{4}c(T)m^4.$$

这样得到的亥姆霍兹自由能将不再具有 $m \to -m$ 的对称性. 当温度较高时, 亥姆霍兹自由能只有一个极值点, 位于 $m = 0$ 处. 当温度下降到某个温度 T_h 时, 亥姆霍兹自由能开始出现第二个位于某个 $m \neq 0$ 处的极值点, 但是亥姆霍兹自由能在该极值点的值依然高于它在 $m = 0$ 处的值. 当温度继续下降, 到达另一个温度 T_l 时, 两个极值点处亥姆霍兹自由能的数值相同; 而当温度低于 T_l 时, 亥姆霍兹自由能在位于 $m \neq 0$ 处的极值点上的取值比其在 $m = 0$ 处的取值更低. 因此, 当温度 $T < T_l$ 时, 系统的稳定相从 $m = 0$ 变为 $m \neq 0$, 这是一种不连续的相变, 因而是一级相变. 这种情况下的亥姆霍兹自由能随序参量和温度变化的行为示意图见图 9.8.

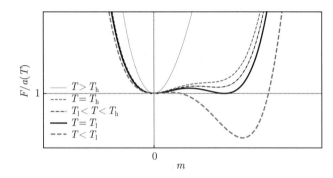

图 9.8　加入 3 次方项后朗道理论的亥姆霍兹自由能在不同温度下随序参量变化的曲线

另一种使朗道理论能被用于一级相变的方法是保持亥姆霍兹自由能在 $m \to -m$ 时的对称性, 但是增加序参量的 6 次方项, 同时令序参量的 4 次方项为负, 即

$$F = a(T) + \frac{1}{2}b(T)m^2 + \frac{1}{4}c(T)m^4 + \frac{1}{6}\xi(T)m^6,$$

$$c(T) < 0, \qquad \xi(T) > 0.$$

这时亥姆霍兹自由能随序参量变化的行为同样会因为温度不同而呈现不同的特征, 即存在两个特征温度 T_h 和 T_l, 当 $T > T_h$ 时, 亥姆霍兹自由能仅有一个极值点, 对应气相; 当 $T_l < T < T_h$ 时, 亥姆霍兹自由能有 3 个极值点, 但是以 $m = 0$ 处的极值最低, 这段温度对应气液共存相; 当温度低于 T_l 时, 亥姆霍兹自由能在 $m \neq 0$ 处的两个极值点数值更低, 因此系统的稳定相对应着 $m \neq 0$, 这种情况对应液相. 这种情况下的亥姆霍兹自由能随序参量和温度变化的行为示意图见图 9.9.

朗道理论还可以向其他方向进行扩展, 比如, 当用来描述各向异性系统的二级相变时, 可以将序参量变更为矢量

$$F = a(T) + \frac{1}{2}b(T)\langle \boldsymbol{m}, \boldsymbol{m} \rangle + \frac{1}{4}c(T)(\langle \boldsymbol{m}, \boldsymbol{m} \rangle)^2 - \langle \boldsymbol{\mathscr{B}}, \boldsymbol{m} \rangle.$$

如果需要考虑空间非均匀性 (如计及涨落效应), 还可以将序参量更换为一个局域化的场 $\psi(\boldsymbol{q})$, 并且在亥姆霍兹自由能中引入局域化序参量的导数的贡献

$$F = \int \left\{ a(T) + \frac{1}{2}b(T)\psi^2(\boldsymbol{q}) + \frac{1}{4}c(T)\psi^4(\boldsymbol{q}) + f(T)[\nabla_{\boldsymbol{q}}\psi(\boldsymbol{q})]^2 - \mathscr{B}(\boldsymbol{q})\psi(\boldsymbol{q}) \right\} (\mathrm{d}\boldsymbol{q}). \quad (9.57)$$

从亥姆霍兹自由能的表达式可以反推出配分函数

$$Z = \mathrm{e}^{-F/(k_0 T)}, \quad (9.58)$$

所以, 原则上可以从式 (9.57) 计算出各种宏观量的平均值甚至涨落和关联函数.

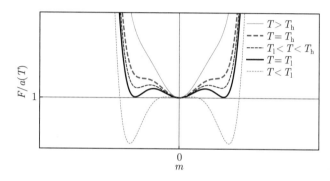

图 9.9 加入 6 次方项后朗道理论的亥姆霍兹自由能在不同温度下随序参量变化的曲线

3. 超导现象的金兹堡–朗道理论

在朗道关于磁性物质的二级相变平均场理论的基础上, 金兹堡和朗道又进一步提出了可以解释金属/超导体相变的金兹堡–朗道理论. 在这个理论中, 决定金属/超导体相变的序参量是一个取复数值的场 ψ, 而亥姆霍兹自由能被描述为正常金属相的贡献 F_n 与这个复场的贡献之和

$$F = F_\mathrm{n} + \int \left[\alpha|\psi|^2 + \frac{\beta}{2}(|\psi|^2)^2 + \frac{1}{2m}|(-\mathrm{i}\hbar\nabla - 2e\boldsymbol{A})\psi|^2 + \frac{\langle \mathscr{B}, \mathscr{B} \rangle}{2\mu_0} \right] (\mathrm{d}\boldsymbol{q}), \quad (9.59)$$

式中, m 表示载流子的有效质量, $\boldsymbol{A}$ 是磁势, $\mathscr{B} = \nabla \times \boldsymbol{A}$ 是外磁场. 注意, 与朗道的平均场理论不同, 在金兹堡–朗道理论中, 序参量 ψ 是可以随着空间点不同而变化的, 这种变化行为可以用来很好地解释相变现象中伴随的涨落行为. 因此, 金兹堡–朗道理论从最初的纯唯象模型逐渐有了一些微观模型的味道.

对亥姆霍兹自由能关于序参量 ψ 和磁势变分取极值的条件给出如下方程组:

$$\alpha\psi + \beta|\psi|^2\psi + \frac{1}{2m}(-\mathrm{i}\hbar\nabla - 2e\boldsymbol{A})^2\psi = 0, \quad (9.60)$$

$$\nabla \times \mathscr{B} = \mu_0 \boldsymbol{J}, \quad \boldsymbol{J} = \frac{2e}{m}\mathfrak{Re}\,\psi^*(-\mathrm{i}\hbar\nabla - 2e\boldsymbol{A})\psi. \quad (9.61)$$

这组方程称为朗道–金兹堡方程, 其中 $\boldsymbol{J}$ 表示电流. 当金属转变为超导体时, $\boldsymbol{J}$ 就是超导电流. 注意式 (9.60) 类似于一个在外场中的非线性定态薛定谔方程, 对其进行精确求解是一个典型的非线性场论问题. 为了简单, 以下仅考虑无外磁场条件下的均匀超导体. 这时式 (9.60) 变为

$$\alpha\psi + \beta|\psi|^2\psi = 0, \tag{9.62}$$

而这个方程的解取决于参数 α 和 β 的比值. 为了使上述方程的解对应亥姆霍兹自由能的极小值而非极大值, 必须要求 $\beta > 0$. 因此, 当 $\alpha > 0$ 时, 只有 $\psi = 0$ 是解, 这对应于正常的无序相; 而当 $\alpha < 0$ 时, F 的极小值对应的解为

$$|\psi|^2 = -\frac{\alpha}{\beta}.$$

这时系统进入有序相, 也就是超导相. 超导体中的电子流动被解释为一种超流体 (即不存在黏滞性的流体). 在这一图像下, 序参量的模方 $|\psi|^2$ 被解释为通过相变转变到超流状态的电子的百分比. 当然, 为了与超导相变建立联系, 还必须与临界温度建立联系. 这可以通过选择 $\alpha = \alpha_0(T - T_c)$ 来实现. 在无外磁场的条件下, 这个理论的数学结构与朗道理论非常相似, 因此, 针对金兹堡–朗道理论重复类似于朗道理论的讨论过程可以得出各种宏观量的临界行为.

9.2 多元系中的 (广义) 化学反应

9.2.1 化学平衡条件

1. 多元单相系的化学平衡条件

考虑一个含有 k 种不同的物质粒子、每种粒子的个数为 N_i 的多元系. 如果多元系中不同的物质成分之间可以相互转化, 就称这种转化为 (广义的) 化学反应.

在准静态可逆过程中, 多元系的吉布斯自由能满足式 (2.84) 给出的基本微分关系

$$dG = -SdT + VdP + \sum_{j=1}^{k} \mu_j dN_j. \tag{2.84}$$

当系统的演化达到平衡时, 吉布斯自由能取极小值, 这时有 $dG = 0$. 如果在等温恒压下考虑该系统经历宏观演化过程后达到平衡的条件, 则由上式可得

$$\sum_{j=1}^{k} \mu_j dN_j = 0. \tag{9.63}$$

这个方程就是多元系的化学平衡条件.

将系统中各种物质的分子式简记为 A_j, 化学反应的方程可以抽象地写为

$$\sum_j \nu_j A_j = 0, \tag{9.64}$$

其中, ν_j 表示反应方程中的配平系数, ν_j 为正表示第 j 种物质是生成物, ν_j 为负则表示第 j 种物质是反应物. 由于化学反应方程是齐次方程, 系数 ν_j 的选择不是唯一的. 为了唯一地确定这些系数, 可以引入如下规则: 在反应方程中, 当我们主要关心某种物质成分的变化时, 将该种物质的分子式前的系数的绝对值取为 1. 显然, 在一个具体的化学反应过程中, 每一物质成分的粒子数的改变量 dN_j 都应正比于相应的系数 ν_j, 因此, 化学平衡条件又可以写为

$$\sum_j \mu_j \nu_j = 0. \tag{9.65}$$

如果由于某种缘故——例如, 向系统中添加新的反应物或者改变系统的温度或压强——系统的化学平衡将被打破, 这时系统会向着吉布斯自由能减小的方向继续演化, 直至达到新的平衡. 因此, 化学反应进行的方向由下式决定:

$$\sum_j \mu_j \nu_j \leqslant 0. \tag{9.66}$$

这个不等式给出了决定多元系化学演化最基本的原则.

2. 多元多相系的平衡条件

如果考虑的系统是多元多相系, 那么在反应方程中, 不仅要对不同的组元求和, 同时还要对各个不同的相求和, 因此多元多相系的相变–反应方程可以写为

$$\sum_{j,\alpha} \nu_j{}^\alpha A_{j\alpha} = 0, \tag{9.67}$$

其中, α 用来区分系统中不同的相. 在这样的系统中, 吉布斯自由能满足的基本微分关系变为

$$dG = -S dT + V dP + \sum_{j,\alpha} \mu_{j\alpha} dN_j{}^\alpha, \tag{9.68}$$

其中, $dN_j{}^\alpha$ 表示第 j 组元第 α 相中的粒子数的改变量, 并且显然有 $dN_j{}^\alpha \propto \nu_j{}^\alpha$. 因此, 在达到平衡时, 有

$$\sum_{j,\alpha} \mu_{j\alpha} \nu_j{}^\alpha = 0. \tag{9.69}$$

当系统中仅存有一相时, 上式退化为多元单相系的化学平衡条件; 当系统中仅存有一元时, 上式变成单元系的相平衡条件. 如果尚未达到平衡, 则系统的演化需要满足条件

$$\sum_{j,\alpha} \mu_{j\alpha} \nu_j{}^\alpha \leqslant 0.$$

3. 反应热

化学反应往往伴随着热量的吸收或释放. 所谓的反应热, 指的是在化学反应中一种主要的反应物或生成物改变一个标准数量 (通常选为 $1\,\mathrm{mol}$) 时吸收或放出的热量. 在压强恒定的条件下化学反应的反应热称为等压反应热, 记为 Q_P.

显然, 在一个化学反应过程中, 当主要反应物或生成物改变 ξ 摩尔时, 吸收或放出的热量为

$$\dj Q = \xi Q_P.$$

由热力学第一定律, 在等压条件下,

$$\dj Q = \mathrm{d}E + P\mathrm{d}V = (\mathrm{d}H)_P.$$

令 ΔH 为一个标准反应[1] 中主要物质焓的变化量, 那么必有

$$\dj Q = \xi \Delta H,$$

所以,

$$Q_P = \Delta H.$$

因为焓是态函数, 所以, 无论化学反应经历几步, 反应热只与反应物和最终的生成物有关. 中间过程的反应热彼此抵消. 这个结论称为赫斯定律[2].

化学反应中物质 $A_j{}^\alpha$ 的粒子数的变化量 $\mathrm{d}N_j{}^\alpha$ 应与 $\nu_j{}^\alpha$ 成比例

$$\mathrm{d}N_j{}^\alpha = N_\mathrm{A}\,\xi\,\nu_j{}^\alpha,$$

其中阿伏伽德罗常量 N_A 的作用是将摩尔数转化为粒子数. 在绝热且等压的条件下,

$$\mathrm{d}H = \sum_\alpha \mathrm{d}H^\alpha = \sum_{j,\alpha} \left(\frac{\partial H^\alpha}{\partial N_j{}^\alpha}\right)_{S,P} \mathrm{d}N_j{}^\alpha$$

$$= \sum_{j,\alpha} h_j{}^\alpha N_\mathrm{A}\xi\nu_j{}^\alpha = \xi \sum_{j,\alpha} \mathfrak{h}_j{}^\alpha \nu_j{}^\alpha,$$

因此,

$$\Delta H = \sum_{j,\alpha} \mathfrak{h}_j{}^\alpha \nu_j^\alpha.$$

对单相化学反应, 有

$$\Delta H = \sum_j \mathfrak{h}_j \nu_j.$$

对单纯相变, 有

$$\Delta H = \mathfrak{h}^\alpha - \mathfrak{h}^\beta,$$

这就是相变潜热, 在介绍克拉珀龙方程时我们已经接触过它.

---

[1] 一个标准反应定义为主要反应物或生成物的数量改变 $1\,\mathrm{mol}$ 的反应过程.

[2] 赫斯(Germain Henri Hess), 1802~1850, 瑞士裔俄国化学家、医生.

9.2.2 质量作用律

为了简单, 从现在起将只关注单相化学反应. 假定系统中各组元均处于气相, 并且它们均为理想气体.

由式 (1.93) 可知, 各组元的化学势具有如下性质[①]:

$$\mu_j = \mu_{j0} + k_0 T \log\left(\frac{P_j}{P_{j0}}\right), \tag{9.70}$$

式中 μ_{j0} 是第 j 种组分单独存在时在某一参照压强 P_{j0} 下所具有的化学势, 它仅与温度有关; P_j 是第 j 种组分单独占据系统全部体积时所具有的压强. 一个熟知的结论是: 当多种理想气体共同占据某一空间体积时, 系统的总压强等于每种组分单独占据相应体积时所具有的压强之和. 这个命题称为道尔顿[②]分压定律. 将式 (9.70) 代入式 (9.66), 可得

$$\sum_j \nu_j \left[\frac{\mu_{j0}}{k_0 T} + \log\left(\frac{P_j}{P_{j0}}\right)\right] \leqslant 0, \tag{9.71}$$

作指数映射后还可以写为

$$\prod_j \left(\frac{P_j}{P_{j0}}\right)^{\nu_j} \leqslant K_P, \tag{9.72}$$

其中 $K_P \equiv \prod_j \left(\mathrm{e}^{-\frac{\mu_{j0}}{k_0 T}}\right)^{\nu_j}$ 是温度的函数.

设备组元在系统中的粒子数百分比为 x_j, 系统的总压强为 P, 那么将有

$$P_j = P x_j.$$

利用 x_j, 可将式 (9.72) 改写为

$$\prod_j (x_j)^{\nu_j} \leqslant K, \qquad K = K_P \prod_j \left(\frac{P_{j0}}{P}\right)^{\nu_j}. \tag{9.73}$$

利用热物态方程 $P_j = \dfrac{N_j k_0 T}{V}$, 还可以将式 (9.72) 改写为

$$\prod_j (n_j)^{\nu_j} = \prod_j \left(\frac{N_j}{V}\right)^{\nu_j} \leqslant K_C, \qquad K_C = K_P \prod_j \left(\frac{P_{j0}}{k_0 T}\right)^{\nu_j}. \tag{9.74}$$

[①] 细心的读者可能会担心式 (1.93) 是由孤立理想气体系统推导出来的, 它未必适用于多元单相系这种不同的情况. 其实, 这个担心没有必要. 将第 j 个组分单独看成一个子系并考虑其等温过程, 这时有 $\mathrm{d}G_j = V \mathrm{d}P_j$. 利用理想气体的热物态方程可得 $V = N_j k_0 T / P_j$, 因此在等温过程中对 $\mathrm{d}G_j$ 积分, 可以得到 $G_j = G_{j0} + N_j k_0 T \log\left(\frac{P_j}{P_{j0}}\right)$. 将该式除以 N_j, 即得式 (9.70).

[②] 道尔顿(John Dalton), 1766~1844, 英国物理学家、化学家和气象学家.

式 (9.72)、式 (9.73) 和式 (9.74) 统称为质量作用律. 通过改变外界条件来控制 K_P、K 或者 K_C 的取值, 可以控制化学反应的进行方向和反应程度. 例如, 假设系统中的化学反应已经达到平衡, 这时若通过改变环境温度使得 K 的数值增加, 那么系统中的化学反应将重新开始向正向推进, 直至新的平衡被建立起来; 相反, 如果通过控制条件减小 K 的取值, 反应将向逆向进行, 直至新的平衡被建立起来.

勒夏特列[①]在总结各类宏观系统中发生的变化以及引起变化的原因的基础上提出一个著名的结论, 现在被称为勒夏特列原理.

> **勒夏特列原理**
>
> 当系统的某一外界因素发生突然改变时, 系统将发生自发演化, 演化的方向倾向于抵消该种因素改变造成的影响.

质量作用律就是勒夏特列原理的一个具体的实例.

下面来考虑温度变化对化学反应进程的影响. 根据定义, 有

$$\left(\frac{\partial \log K_P}{\partial T}\right)_P = \sum_j \frac{\nu_j}{k_0 T^2}\left[\mu_{j0} - T\left(\frac{\partial \mu_{j0}}{\partial T}\right)_P\right]$$

$$= \frac{1}{k_0 T^2}\sum_j \nu_j h_{j0} = \frac{(\Delta H)_{P_0}}{N_A k_0 T^2}. \tag{9.75}$$

如果所考虑的化学反应是吸热反应, 那么 $(\Delta H)_{P_0} > 0$, 因此,

$$\left(\frac{\partial \log K_P}{\partial T}\right)_P = \frac{(\Delta H)_{P_0}}{N_A k_0 T^2} > 0. \tag{9.76}$$

也就是说, 随着温度升高, K_P 也会增加, 所以升温有助于吸热反应向正向进行; 反之, 若反应是放热的, $(\Delta H)_{P_0} < 0$, 那么增加温度将会降低 K_P, 因而会抑制放热反应而使系统倾向于逆向演化.

9.2.3　化学之外的 "化学平衡"

由于化学平衡条件以及质量作用律对于化学反应的研究以及化学流程的控制具有至关重要的作用, 现在已经有专门的学科 (热化学和化学热力学) 对其进行研究. 在本书中, 我们更为关心能否用同样的规律来分析一些物理问题. 下面将给出广义的化学平衡条件在物理问题中的两个应用实例, 其中, 第 1 个例子谈的是本征半导体中准粒子的激发/湮灭平衡, 第 2 个例子谈的则是等离子体中的电离/复合平衡. 我们将会看到这两种平衡遵从与普通的化学平衡相似的规律.

1. 本征半导体中的载流子浓度

半导体、绝缘体和金属导体都是结晶态的物质, 它们之间最重要的区别在于能带结构不同. 由于晶格格点上大量晶格原子 (或离子) 的共同作用, 晶体中电子的能级结构与单质

---

① 勒夏特列(Le Chatelier, Henri Louis), 1850~1936, 法国化学家.

点量子力学中的能级结构有所不同. 在某些能量区域, 电子的能级看起来几乎是连续的, 而另一些能量区域则几乎没有允许的能级出现. 这样的能态结构称为能带. 在绝对零度时, 完全被填满的能带称为价带, 价带之上最为接近的一个由连续能级构成且未被填满的能带称为导带, 价带和导带之间没有能级出现的区域称为禁带. 一般将价带顶部的能量记为 ϵ_v, 将导带底部的能量记为 ϵ_c. 禁带的宽度为 $\epsilon_g = \epsilon_c - \epsilon_v$, 有时也将它称为能隙或者带隙. 以上所描绘的能带结构的示意图见图 9.10.

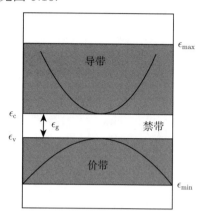

图 9.10 本征半导体能带结构示意图

对于金属导体来说, 电子的微观态一直被填充到导带而且导带并不充满 (否则该导带将成为新的价带), 这时电子相对自由, 有充分多的自由度可以移动到相邻的微观态, 因此整个金属材料表现出宏观易导电的特性. 而对绝缘体来说, 电子的微观态刚好填满整个价带, 而导带全空, 同时禁带宽度较大 ($\epsilon_g > 2\,\mathrm{eV}$), 所以电子若要改变其微观态需要跳跃整个禁带, 难度很大, 因此整个晶体表现为宏观不导电的特性. 半导体则是介于导体和绝缘体之间的物质形态, 其禁带宽度较小 ($\epsilon_g \sim 1.1\,\mathrm{eV}$ 或 $\epsilon_g \sim 0.7\,\mathrm{eV}$), 因此, 即使像绝缘体一样, 在绝对零度时价带全满而导带为空, 但在有限温度下依然会有一部分电子由于热涨落跳到导带底部, 相应地在价带顶部留有未被填充的微观态, 称为空穴. 价带顶部的空穴与导带底部的电子共同扮演了半导体中载流子的角色. 这样的半导体称为本征半导体. 在实际应用中还有不同于本征半导体的所谓掺杂半导体, 其结构原理是在本征半导体的晶格中掺入了少量化合价不同的杂质原子, 这些杂质原子由于外层电子的个数与晶格背景中其他原子不同, 在形成晶体时会有多余的电子 (n 型半导体) 或者缺失一部分成键电子而导致晶格结构中留有空穴 (p 型半导体). 这些多余的电子或空穴是在本征半导体中成对的电子–空穴对之外额外出现在掺杂半导体中的载流子. 通过人为调控杂质原子的相对浓度可以显著改变掺杂半导体的导电性能. 以下将只考虑本征半导体.

在本征半导体中, 导带电子和价带空穴都可以近似为自由费米子, 所需注意的只是这两种自由费米子的有效质量各自不同, 其中电子的有效质量与其物理质量之间有较大的区别[①]. 暂

---

① 严格地说, 这里的 "电子" 和 "空穴" 指的都是准粒子, 它们和自由粒子有相似之处, 也有不同之处. 例如, 电子型准粒子的能量为 $\epsilon - \epsilon_c$, 空穴型准粒子的能量为 $\epsilon_v - \epsilon$, 两者都不等于实际微观态的能量 ϵ. 与此同时, 两种准粒子的有效质量也与作为自由粒子的电子质量完全不同. 电子型准粒子的有效质量的定义是 $\epsilon - \epsilon_c = \dfrac{\hbar^2 k^2}{2m_e}$, 空穴型准粒子的有效质量的定义则是 $\epsilon_v - \epsilon = \dfrac{\hbar^2 k^2}{2m_h}$, 其中 k 表示相应的准粒子的波矢. 准粒子的概念来源于朗道的费米液体理论, 请参考本书第 10 章.

时以 m_e 和 m_h 标记导带电子和价带空穴的有效质量. 模仿第 1 章中单粒子能态密度的计算过程可知, 以上电子和空穴的能态密度分别为 (这里选空间维数 $D = 3$)

$$g_e(\epsilon) = \frac{4\pi V}{h^3}(2m_e)^{3/2}(\epsilon - \epsilon_c)^{1/2}, \tag{9.77}$$

$$g_h(\epsilon) = \frac{4\pi V}{h^3}(2m_h)^{3/2}(\epsilon_v - \epsilon)^{1/2}. \tag{9.78}$$

因此, 根据费米-狄拉克分布得出的两种载流子的浓度 (即数密度) 分别为

$$n_e = \frac{1}{V}\int_{\epsilon_c}^{\epsilon_{\max}} g_e(\epsilon)f^{(+)}(\epsilon)\mathrm{d}\epsilon = \frac{4\pi}{h^3}(2m_e)^{3/2}\int_{\epsilon_c}^{\epsilon_{\max}} \frac{(\epsilon - \epsilon_c)^{1/2}}{\mathrm{e}^{(\epsilon - \mu_F)/(k_0 T)} + 1}\mathrm{d}\epsilon, \tag{9.79}$$

$$n_h = \frac{1}{V}\int_{\epsilon_{\min}}^{\epsilon_v} g_h(\epsilon)[1 - f^{(+)}(\epsilon)]\mathrm{d}\epsilon = \frac{4\pi}{h^3}(2m_h)^{3/2}\int_{\epsilon_{\min}}^{\epsilon_v} \frac{(\epsilon_v - \epsilon)^{1/2}}{\mathrm{e}^{(\mu_F - \epsilon)/(k_0 T)} + 1}\mathrm{d}\epsilon. \tag{9.80}$$

对于常温下的本征半导体来说, 载流子浓度通常很低, 这时可以忽略其简并性而采用玻尔兹曼分布来计算其载流子浓度. 这时有

$$n_e = 2\left(\frac{2\pi m_e k_0 T}{h^2}\right)^{3/2} \mathrm{e}^{-(\epsilon_c - \mu_F)/(k_0 T)}, \tag{9.81}$$

$$n_h = 2\left(\frac{2\pi m_h k_0 T}{h^2}\right)^{3/2} \mathrm{e}^{(\epsilon_v - \mu_F)/(k_0 T)}. \tag{9.82}$$

在得到以上表达式的过程中已经利用了玻尔兹曼分布的指数特性, 分别将积分限 $\epsilon_{\max}$ 和 $\epsilon_{\min}$ 近似为正负无穷. 由于对本征半导体来说

$$n_e = n_h = n,$$

因此, 从以上两式可以得出

$$n = (N_c N_v)^{1/2}\mathrm{e}^{-\epsilon_g/(2k_0 T)}, \tag{9.83}$$

式中,

$$N_c = 2\left(\frac{2\pi m_e k_0 T}{h^2}\right)^{3/2}, \qquad N_v = 2\left(\frac{2\pi m_h k_0 T}{h^2}\right)^{3/2},$$

它们与式 (3.70) 中相似系数的出现原因相同, 多余的倍数 2 是电子自旋简并度的贡献. 式 (9.83) 给出的浓度 n 称为本征半导体中载流子的本征浓度. 在得到式 (9.83) 时, 已经隐含地利用了电子和空穴的平衡条件, 即两者对应共同的费米能. 从式 (9.83) 可以得出一个非常重要的结论: 在给定的温度下, 本征半导体中载流子的本征浓度完全取决于禁带宽度.

讨论和评述

　　以上讨论的本征半导体材料的尺度都是宏观尺度. 这样的半导体材料中激发的准粒子都可以看成自由粒子. 如果半导体材料本身的尺度很小, 那么激发出来的准粒子还会受到材料自身物理尺度的制约, 因而不能被当成自由粒子. 能够体现这一细微差别的典型范例是所谓的量子点.

　　量子点其实就是尺度为纳米级的半导体颗粒. 在量子点内部激发出来的准粒子可以用势阱中的量子力学质点来近似描述. 假定量子点是半径为 r 的球形颗粒, 对应的势阱应该为 3 维球对称的无限深势阱. 利用量子力学可以证明, 在这样的势阱中运动的质点具有非零的基态能量值

$$\epsilon_1 = \frac{\hbar^2}{2m}\left(\frac{\pi}{r}\right)^2 = \frac{h^2}{8mr^2}.$$

这意味着对于电子型准粒子来说, 其能量至少要比导带底的能量高 $\epsilon_{e1} = \dfrac{h^2}{8m_e r^2}$, 而

对于空穴型准粒子来说, 其能量至少要比价带顶的能量低 $\epsilon_{h1} = \dfrac{h^2}{8m_h r^2}$. 因此, 量子点中的能隙将与本征半导体自身的禁带宽度不同

$$\Delta E = \epsilon_g + \epsilon_{e1} + \epsilon_{h1} = \epsilon_g + \frac{h^2}{8r^2}\left(\frac{1}{m_e} + \frac{1}{m_h}\right).$$

对于半径越小的量子点, 上式右边第二项带来的修正越显著. 量子点中准粒子的浓度与其光学性质密切相关.

2. 等离子体中的电离/复合平衡

　　中性物质在非常高的温度下将会发生电离而形成气态中性等离子体. 由于带电粒子在热运动过程中可能会发生碰撞, 其中的电离/复合过程时刻都在发生, 在恰当的温度下, 两者将会达到平衡.

　　假想一个等离子体的电离/复合平衡方程

$$A + B \longleftrightarrow C + \gamma,$$

其中, γ 表示发生复合时可能伴随释放的辐射 (光子或中微子等质量可忽略的粒子). 平衡时, 由于辐射粒子的化学势为零, 有如下的平衡条件:

$$\mu_A + \mu_B - \mu_C = 0. \tag{9.84}$$

如果用玻尔兹曼分布来估计每种粒子的数密度, 那么从式 (3.67) 可以得到[①]

$$n_A = \mathfrak{g}_A \left(\frac{2\pi m_A k_0 T}{h^2}\right)^{3/2} \exp\left(\frac{\mu_A - m_A c^2}{k_0 T}\right) \tag{9.85}$$

---

① 注意: 这里虽然忽略了带电粒子的势能, 但是不能忽略其静止质量所对应的能量. 这是一种典型的相对论效应.

以及对粒子 B、C 写出的类似表达式, 式中 $\mathfrak{g}_A$ 表示粒子 A 的自旋简并度. 结合式 (9.84) 与式 (9.85) 可得

$$\frac{n_A n_B}{n_C} = \frac{\mathfrak{g}_A \mathfrak{g}_B}{\mathfrak{g}_C} \left(\frac{2\pi k_0 T}{h^2}\right)^{3/2} \left(\frac{m_A m_B}{m_C}\right)^{3/2} e^{-E_I/(k_0 T)}, \tag{9.86}$$

其中, $E_I = (m_A + m_B - m_C)c^2$ 表示复合粒子 C 的结合能, 或者更准确地说是粒子 C 电离为 A 和 B 时所需的电离能.

在几乎所有的实际应用场合中, 粒子 A、B 中必有一个是电子. 假设 A 代表电子, 这时 B 与 C 分别代表某种物质的 $i+1$ 价和 i 价离子. 在这种情况下, 可以忽略式 (9.86) 中 e 指数之前的系数 m_B 和 m_C 的区别而将该式写为

$$\frac{n_e n_{i+1}}{n_i} = \frac{2\mathfrak{g}_{i+1}}{\mathfrak{g}_i} \left(\frac{2\pi m_e k_0 T}{h^2}\right)^{3/2} e^{-E_I/(k_0 T)}. \tag{9.87}$$

方程(9.87)称为萨哈[①]方程. 它被广泛应用于恒星的辐射谱型、宇宙早期的热历史等问题的研究中. 例如, 在关于早期宇宙的研究中, 萨哈方程可以帮助我们推测各种原初核合成发生的大致时间和相应的温度, 其中电子和质子结合为最初的氢原子的年代对于观测宇宙学具有至关重要的意义, 因为在氢原子形成之前宇宙处于完全的等离子体状态, 这时宇宙是不透明的. 只有大部分电子和质子都形成氢原子以后, 宇宙才开始透明, 也只有那个时期之后的电磁信号才能被今天的观测者观测到.

当然, 由于得出萨哈方程的过程中利用了非简并的玻尔兹曼分布并忽略了离子的势能, 在应用中需要注意萨哈方程的适用条件.

> **讨论和评述**
>
> 式 (9.86) 是比式 (9.87) 更为一般的公式, 它不仅可以用来描述等离子体中的电离平衡, 也可以被用来描述可控聚变/裂变反应中的平衡条件. 当然, 如果所需处理的系统表现出量子行为, 还需要将推导过程中所利用的玻尔兹曼分布更换为费米–狄拉克分布或者玻色–爱因斯坦分布才能得到更准确的结果.

9.3　吉布斯相律

多元多相系中每一个相和每一个组元都具有自己的状态参数. 由于各种平衡条件的存在, 这些状态参数之间存在诸多的代数关系, 因此, 决定多元多相系宏观状态的独立状态参数并不会有很多.

设有一 k 元 σ 相无化学反应的系统. 对任一相, 可以用 $k+2$ 个参量

$$T^\alpha, P^\alpha, x_1^\alpha, \cdots, x_k^\alpha$$

[①] 萨哈, (Meghnad Saha), 1893～1956, 印度天体物理学家.

来完全描述, 其中 x_j^α 表示第 α 相中属于第 j 组元的物质所占的百分比. 由于存在关系

$$\sum_j x_j^\alpha = 1,$$

故每个相只剩下 $k+1$ 个参量, 整个系统的状态参量的个数为 $\sigma(k+1)$.

若系统处于热平衡状态, 由各相温度相等的条件可以约束掉 $\sigma-1$ 个温度参量; 若系统处于力学平衡状态, 由各相压强相等的条件还可以约束掉 $\sigma-1$ 个压强参量; 若系统还处于相平衡状态, 每个组元又可以约束掉 $\sigma-1$ 个化学势参量. 最后, 系统总的自由参量的个数降为

$$f = \sigma(k+1) - 2(\sigma-1) - k(\sigma-1) = k + 2 - \sigma.$$

这个规律称为吉布斯相律.

对于单元系来说, 由于 $k=1$, 有 $f = 3 - \sigma$. 如果系统仅存有一个相, 则有 $f = 2$, 也就是说系统仅有两个自由参量, 这就是单元气体系统热力学自由度为 2 的原因. 如果系统处于两相共存状态, 则 $f = 1$, 系统将仅有一个自由的状态参量, 因此, 在单元系的相图中, 所有两相共存的状态都只能落在相曲线上. 对三相共存的情形, $f = 0$, 系统将不具有自由的状态参量, 但是允许占据状态空间中某些离散的点[①]. 这些离散的点就是三相点. 不可能出现 4 相共存的单元系.

如果所考虑的系统是二元系, 情况会有所不同, 因为这时 $k = 2$, $f = 4 - \sigma$. 若这样的系统仅出现一个相, 需要有 3 个参量来描述其状态, 例如可选用 T, P 以及其中一个组分的粒子数百分比 x. 若该系统有两相共存, 则只能有两个参量是独立的; 若该系统处于 3 相共存态, 依然会剩余 1 个自由参量. 由于对最一般的状态需要 3 个独立参量, 二元系的相图无法完整地用曲线或者 2 维曲面来刻画. 一种常用的技术手段是将压强固定 (例如, 研究二元合金的相图时将压强定为一个标准大气压), 只考虑剩余的两个独立参量 T 和 x, 这样得到的相图称为等压相图.

图 9.11 给出了两种想象中的二元合金的等压固液相图. 其中, (a) 对应的是所谓完全不溶的固溶体, (b) 对应的是无限固溶体. 所谓完全不溶的固溶体, 指的是两种物质如果同处于液相可以任意相互混合, 但是一旦其中一种物质达到结晶温度, 就会与另一种物质完全分开, 不再混合. 当两种物质都达到结晶温度时, 将各自形成晶粒, 并以晶粒方式发生机械混合, 这种物态称为共晶. 自然界中许多金属矿物就是以共晶方式存在的. 无限固溶体则是另一种极端情况: 两种物质可以以任意比例互相混合, 无论是在液相还是固相, 它们都会共生共存. 这种类型的混合物晶体也很常见, 例如金银合金就是如此. 当然, 实际的二元合金的相图种类不局限于以上介绍的两种极端情况, 还有各种中间形态 (有限固溶体). 实际合金相图已经超出本书所关心的范畴, 有兴趣的读者可以自己查阅冶金/金属物理方面的相关资料.

---

① 有限多个离散的点构成的集合的 "维数" 为零.

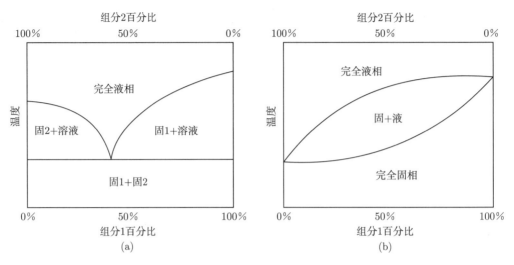

图 9.11　两种想象中的二元合金的等压固液相图

本章人物：埃伦菲斯特

埃伦菲斯特

　　就在 1906 年玻尔兹曼自杀身亡之后不久, 他曾经的旁听生、在另一所学校主修化学的保罗·埃伦菲斯特 (Paul Ehrenfest, 1880~1933) 结束了在维也纳的生活, 回到了哥廷根. 埃伦菲斯特为玻尔兹曼写了一篇很长的讣告, 详细地介绍了玻尔兹曼的学术成就. 随后, 他和他的俄国籍妻子、数学家阿凡纳西耶夫娜花费了 5 年的时间完成玻尔兹曼未能完成的关于统计力学的综述稿, 把玻尔兹曼及其学派的风格贯彻得淋漓尽致.

　　埃伦菲斯特一生学术贡献良多, 单只以他的名字命名的成果就有: 埃伦菲斯特定理 (关于量子力学中力学量的期望值所满足的微分方程)、埃伦菲斯特佯谬 (相对论中刚性转盘的周长与半径比值问题)、埃伦菲斯特方程 (二级相变中压强对温度的导数满足的方程)、埃伦菲斯特模型 (演示非平衡统计物理过程中玻尔兹曼 H 函数变化的一个数学模型)、埃伦菲斯特分类 (对相变的一种分类方式)、托尔曼 – 埃伦菲斯特效应 (弯曲时空中温度的红移效应) 等等. 埃伦菲斯特还提出了旋量、紫外灾难等著名的物理概念.

　　1912 年埃伦菲斯特接替著名的洛伦兹成为莱顿大学的首席物理教授. 在他的主持下成立了一个新的研究所, 就是洛伦兹研究所, 并且吸引了一批优秀的学生和访问者. 埃伦菲斯特还为自己的朋友爱因斯坦在莱顿大学搞到一个特聘教授的位置, 这使得爱因斯坦每年都能到那里待上几周. 这个位置让爱因斯坦在 1923 年遭受到德国极端主义者的生命威胁时, 有机会躲在那里六个星期之久.

　　除了自身的重要学术贡献以外, 埃伦菲斯特还是一位非常成功的教育家. 他曾经的学生有:

- Johannes Burgers：描述流体运动的 Burgers 方程、描述晶体位错的 Burgers 矢量、Burgers 材料 (一种黏弹性材料);
- Hendrik Casimir：Casimir 效应、李代数理论中的 Casimir 元、虚拟粒子产生的 Casimir 压强;
- Dirk Coster：X 射线谱仪的发明人;
- Gerhard Dieke：用光谱学方法研究原子分子结构的先行者之一;
- Samuel Goudsmit：电子自旋概念的提出者之一;

- Hendrik Kramers: 描述光子–电子散射截面的 Kramers-Heisenberg 公式、WKB 近似、Kramers-Kronig 关系式、描述 Ising 模型的一种特殊性质的 Kramers-Kronig 对偶性、描述自旋二分之一粒子能级结构的 Kramers 定理、对描述随机过程的主方程进行的 Kramers-Moyal 展开、描述 X 射线辐射强度与辐射波长关系的 Kramers 定律、描述光学介质不透明度与温度和密度关系的 Kramers 不透明度定律, 等等;
- Gerard Kuiper: 天文学家, 著名的柯伊伯带就是用他的名字命名的;
- Jan Tinbergen: 宏观经济学创始人, 1969 年诺贝尔经济学奖获得者. Tinbergen 的学位论文题目 (关于物理与经济学中的极小化问题) 就是埃伦菲斯特建议的;
- Dirk Struik: 微分几何和数学史专家;
- George Uhlenbeck: 电子自旋概念的另一个共同提出者;

等等.

　　1933 年 9 月, 在玻尔兹曼自杀 27 年之后的同一个月, 埃伦菲斯特因患抑郁症自杀身亡. 此前, 爱因斯坦曾写信提醒莱顿大学方面注意埃伦菲斯特的精神状况, 但遗憾的是未能阻止悲剧发生.

　　埃伦菲斯特生前是爱因斯坦和尼尔斯·玻尔两人的好友, 在爱 – 玻之间著名的关于上帝是否掷骰子的争议中, 他没有顾左右而言他, 而是明确地站在了玻尔一边. 他本人也和玻尔一样, 不仅自己是一位成功的科学家, 同时还凝聚了一批成就卓著的年轻人. 这可能是比其自身的成就更为重要的东西.

本章人物: 萨哈

　　1893 年 10 月 6 日, 萨哈出生在今孟加拉国首都达卡附近的一个小村落中. 他曾先后在达卡学院和加尔各答的总统学院就读, 早期在阿哈拉巴德大学担任物理学教授, 1938 起就任加尔各答大学理学院的负责人, 直至 1956 年因心肌梗死去世.

　　萨哈在物理学界不如他的同班同学玻色有名, 后者因有关玻色–爱因斯坦统计的工作闻名于世, 曾先后四获诺贝尔奖提名, 但终与诺奖无缘, 甚至有关玻色–爱因斯坦分布的原始工作如果没有爱因斯坦的推荐都无法发表. 萨哈在这一方面比玻色更甚, 曾先后六获诺贝尔奖提名 (1930、1937、1939、1940、1951、1955), 可惜最终与玻色殊途同归.

　　萨哈的工作虽未获得诺贝尔奖, 但其重要性并不弱于多数获奖的工作. 萨哈是最早将恒星的光谱与温度联系起来的人, 其最著名的工作则是建立了描述元素电离平衡的萨哈方程. 这个方程被广泛应用于

萨哈

恒星的辐射谱型、宇宙早期的热历史等问题的研究中, 是现代天体物理和宇宙学不可或缺的基础理论工具. 萨哈方程的推导仅需要用到描述离子和电子数密度的玻尔兹曼分布以及离子–电子系统达到电离平衡的平衡条件, 是平衡态热力学和统计物理学的一个非常经典的应用实例.

　　萨哈还与玻色一道研究过真实气体的物态方程、单独设计过测量辐射光压的仪器. 萨哈还是一位杰出的科学研究组织者, 在他的领导下建立了阿哈拉巴德大学的物理系、加尔各答的核物理研究所 (后改名萨哈核物理研究所) 等研究机构, 并且创立了《科学与文化》杂志, 他作为该杂志的编辑直至去世.

第9章习题

9.1 理想气体能否发生相变, 为什么?

9.2 试求出范德瓦耳斯气体的等压膨胀系数 α_P、等容压强系数 β_V 以及等温压缩系数 κ_T.

9.3 借助计算机工具研究范德瓦耳斯系统的等压吉布斯自由能曲线以及在 T-S 面上的热物态方程曲线. 用这一方法能否刻画范德瓦耳斯系统的相变以及临界行为?

9.4 实际宏观物质的热物态方程有各种不同的理论模型, 例如, 狄特里奇模型

$$P = \frac{RT}{V - b} \exp\left(\frac{-a}{VRT}\right),$$

克劳修斯模型

$$P = \frac{RT}{V - b} - \frac{a}{T(V + c)^2},$$

等等. 试分析以上两种热物态方程所隐含的气液相变、临界点附近主要状态函数和过程参量的标度规律, 并求出相应的临界指数.

9.5 请尝试对 1 维伊辛模型的哈密顿量所对应的定态量子力学问题进行严格求解 (必要时可查阅文献).

9.6 请思考为什么朗道理论中将亥姆霍兹自由能展开后至少保留到序参量的第 4 阶? 如果序参量是温度的非线性函数, 是否还能发生相变?

9.7 试针对由本征半导体颗粒形成的量子点重新分析平衡时准粒子的本征浓度与能隙之间的关系.

9.8 萨哈方程能否用于普通的化学反应, 为什么?

9.9 利用质量作用律来阐述如何通过调整反应容器内部的压强来控制反应进程.

第9章

第 10 章　液　体

学习目标与要求

(1) 了解液体的概念和描述液体性质的方法.

(2) 掌握经典不可压缩流体的纳维–斯托克斯方程的推导过程, 理解面应力、动力学黏滞系数等物理概念.

(3) 初步了解朗道费米液体的理论、He-II 超流理论和拉廷格液体的基本知识.

第 10 章知识图谱

液体是介于气体和固体之间的物质形态. 由于分子的热运动动能与温度成正比, 当温度较高时, 分子的动能在全部能量中居主导地位, 这时分子的运动剧烈且无序, 这就是气体. 当温度降到足够低以后, 分子的热运动动能逐渐接近分子间相互作用势能的水平, 这时宏观系统内部虽然还没有出现如同固体般的长程序, 但是分子间作用已经不可忽略, 物质的凝聚程度大大加强, 可压缩性降到很低水平, 这就是液体.

一般来说, 由同一种化学物质在不同的温度、压强范围内可以分别以气相、固相以及液相形态存在. 相对而言, 液相的存在要求温度、压强等状态参量取值于一个非常狭窄的区域, 因此, 液相物质在自然界中是更为稀有的存在.

对于常规的物质来说, 其液相与气相的统计描述没有太大的区别, 区别仅在于不能忽略的分子间作用所导致的热物态方程形态的变化. 适用于常规液态物质的统计分布就是玻尔兹曼分布, 原因是绝大多数物质在它们的分子表现出量子特征之前都已经结晶成为固体. 因此, 研究常规液体无须考虑量子统计. 有一种特殊的物质是例外, 这就是氦. 氦是自然界中惰性最强的元素, 它有两种同位素, 分别是 ^{3}He 和 ^{4}He, 其中 ^{3}He 原子的自旋量子数为 1/2, 是费米子, 它在全部氦元素中所占的比例较小, 只有 9% 左右; 而 ^{4}He 原子的自旋为零, 是玻色子, 它在自然界的全部氦元素中占比超过 90%. 氦元素的惰性导致它的分子间相互作用极其微弱, 因此当温度降到极低的水平 $(T = 1 \sim 2\mathrm{K})$ 时依然能保持液体形态而不结晶. 处理液氦的统计物理方法必须考虑到量子系统的简并性, 也就是说, 对于液态 ^{3}He 必须考虑其费米子的特性, 而对液态 ^{4}He 则必须考虑其玻色子的特性. 从这种意义上说, 氦是自然界中仅有的真正的量子液体.

还有另一种场合也适于采用液体的量子理论, 即在充分低的温度下金属导体的传导行为. 这是因为在足够低的温度下, 金属中的电子不再能被看成自由电子, 而必须考虑其相互作用势能. 这种情况下导体中的电子系统应该被看成量子液体而不是自由电子气体. 除此之外, 还存在一些特殊的材料, 其中的自旋取向在很低的温度下依然不会发生有序相变, 这种自旋系统也被视作一种特殊的量子液体, 称为量子自旋液体.

在本章中将仅就经典和量子液体的部分性质作初步的介绍, 更细致的分析将留给进阶课程 "高等统计物理" 来完成.

10.1 经典液体

如上文所述, 经典液体的平衡态性质其实就是由服从玻尔兹曼分布的非理想气体的理论决定的, 其中起关键作用的是各阶位力系数. 关于这方面的最基本的知识已经在本书第 4 章进行过讨论, 而关于高阶位力系数的理论, 将留给作为进阶课程的 "高等统计物理" 进行处理. 经典液体的另一方面的性质与相变有关, 其中包括气液相变 (通常是一级相变) 和固液相变 (一般伴随着有序/无序转变, 因而是二级相变). 关于相变的初级理论已经在本书第 9 章有过详细的讨论.

在本节中, 我们关心的是经典液体作为流体的一种类型所满足的一些基本规律.

流体是气体和液体的合称, 原因是这两种物质形态下微观粒子都不处于束缚态, 因此可以在外界环境允许的范围内随机运动. 如果流体系统受到外力场的作用, 或者刚刚被解除了某些原有的约束条件, 就会发生非平衡的演化, 这个过程就是宏观流动. 气态流体与液态流体的最大区别在于前者的体积变化范围大, 可压缩性强, 因此称为可压缩流体; 而后者的体积相对变化范围较小, 可压缩性基本可以忽略, 因此称为不可压缩流体.

10.1.1 不可压缩流体的纳维-斯托克斯方程

描述不可压缩流体的宏观运动通常采用的方法是粗粒化描述, 即选择流体中的一个宏观小的微元 (但是依然包含足够多的微观粒子以使得诸如压强等宏观概念得以定义), 并利用各种连续性方程来分析流体微元的运动方程.

对于流体系统来说, 连续性方程最一般的形式为

$$\frac{\partial \phi}{\partial t} + \nabla \cdot (\phi \boldsymbol{u}) + s = 0,$$

其中, ϕ 表示某个物理量的密度, $\boldsymbol{u}$ 是流体微元的速度, $\phi \boldsymbol{u}$ 就是该种物理量的流密度. 式中出现的 s 表示物理量 ϕ 所对应的源或者汇的贡献. 如果不存在源或者汇, 则 $s = 0$.

为了描述流体的流动, 最常用的物理量是流体的质量以及动量. 如果流体系统是封闭系, 则不存在质量的源和汇, 因此质量密度 ρ 满足下面的连续性方程:

$$\frac{\partial \rho}{\partial t} + \nabla \cdot (\rho \boldsymbol{u}) = 0. \tag{10.1}$$

需要注意的是: 质量的流密度 $\rho \boldsymbol{u}$ 就是动量密度, 而动量本身也是可以迁移的物理量, 也有

其自身的流密度. 动量流密度是一个并矢[①] $\rho \boldsymbol{u}\boldsymbol{u}$, 它满足的连续性方程为

$$\frac{\partial}{\partial t}(\rho \boldsymbol{u}) + \nabla \cdot (\rho \boldsymbol{u}\boldsymbol{u}) = \boldsymbol{s},$$

其中的源 $\boldsymbol{s}$ 就是作用在流体微元上的力. 利用莱布尼茨法则可以将上式左边的导数展开:

$$\boldsymbol{u}\frac{\partial \rho}{\partial t} + \rho\frac{\partial \boldsymbol{u}}{\partial t} + \boldsymbol{u}\langle \boldsymbol{u}, \nabla \rho \rangle + \rho\langle \boldsymbol{u}, \nabla \rangle \boldsymbol{u} + \rho(\nabla \cdot \boldsymbol{u})\boldsymbol{u} = \boldsymbol{s}.$$

对上式进一步整理可得

$$\left(\frac{\partial \rho}{\partial t} + \langle \boldsymbol{u}, \nabla \rho \rangle + \rho \nabla \cdot \boldsymbol{u} \right) \boldsymbol{u} + \rho\left(\frac{\partial \boldsymbol{u}}{\partial t} + \langle \boldsymbol{u}, \nabla \rangle \boldsymbol{u} \right) = \boldsymbol{s}.$$

根据质量密度的连续性方程, 上式左边第 1 个括号中的对象为零, 因此有

$$\rho\left(\frac{\partial \boldsymbol{u}}{\partial t} + \langle \boldsymbol{u}, \nabla \rangle \boldsymbol{u} \right) = \boldsymbol{s}.$$

对于选定的流体微元来说, 作用于其上的力 $\boldsymbol{s}$ 可以分为两部分: 一是由于流体内部不同微元之间的面接触而产生的作用力, 即所谓的面应力; 二是与面接触无关的所谓体积力, 如重力等外力. 面应力通常用应力张量 σ 的散度表征, 体积力用符号 $\boldsymbol{f}$ 来标记, 因此有

$$\rho\left(\frac{\partial \boldsymbol{u}}{\partial t} + \langle \boldsymbol{u}, \nabla \rangle \boldsymbol{u} \right) = \nabla \cdot \sigma + \boldsymbol{f}. \tag{10.2}$$

应力张量可以写成矩阵形式: $\sigma = (\sigma_{ij})$, 这个矩阵的迹正比于流体中的机械压强:

$$\tilde{P} = -\frac{1}{D}\mathrm{Tr}(\sigma_{ij}).$$

注意: 在讨论流体时系统一般并未处于热力学平衡态, 因此, 机械压强不必与热力学压强一致. 利用上式可以将应力张量分解为

$$\sigma = -\tilde{P}I + \tau,$$

式中, I 表示单位矩阵, τ 是一个无迹张量, 称为偏应力张量, 其分量表达式为

$$\tau_{ij} = \mu\left(\frac{\partial u_i}{\partial x_j} + \frac{\partial u_j}{\partial x_i} - \frac{2}{D}\delta_{ij}\sum_k \frac{\partial u_k}{\partial x_k} \right), \tag{10.3}$$

式中, μ 称为动力学黏滞系数. 注意上式右边的每一项都包含速度梯度. 如果流体的速度场为零, 即处于不流动状态, 那么偏应力就应该为零.

---

① 并矢 (dyad) 是吉布斯引入 3 维欧几里得空间矢量分析中的一种特殊对象, 它可以表达为由一个列矢量与一个行矢量相乘得到的方矩阵.

经上述分解后可以得到

$$\rho\left(\frac{\partial \boldsymbol{u}}{\partial t} + \langle \boldsymbol{u}, \nabla \rangle \boldsymbol{u}\right) + \nabla \tilde{P} - \nabla \cdot \tau = \boldsymbol{f}. \tag{10.4}$$

将式 (10.1) 与式 (10.4) 联立, 就构成了描述流体微元运动的基本方程组. 这组方程适用于描述任意流体, 无论其是否可压缩.

对于由不可压缩的液体构成的流体, 其质量密度是一个常数, 因此式 (10.1) 还可以进一步简化

$$\nabla \cdot \boldsymbol{u} = 0.$$

与此同时, 不可压缩流体中的偏应力也得到化简

$$\tau_{ij} = \mu\left(\frac{\partial u_i}{\partial x_j} + \frac{\partial u_j}{\partial x_i}\right). \tag{10.5}$$

原则上, 流体的动力学黏滞系数 μ 不必是常数. 但是对均匀、各向同性的流体来说, μ 的确可以看成常数, 这时有

$$\nabla \cdot \tau = \mu \nabla^2 \boldsymbol{u}.$$

将上式代入式 (10.4) 中, 可以得到

$$\frac{\partial \boldsymbol{u}}{\partial t} + \langle \boldsymbol{u}, \nabla \rangle \boldsymbol{u} - \nu \nabla^2 \boldsymbol{u} + \nabla w = \boldsymbol{g}, \tag{10.6}$$

式中

$$\nu = \frac{\mu}{\rho}, \quad w = \frac{\tilde{P}}{\rho}, \quad \boldsymbol{g} = \frac{\boldsymbol{f}}{\rho}.$$

ν 称为运动学黏滞系数, $\boldsymbol{g}$ 是体积力导致的加速度. 式 (10.6) 称为不可压缩流体的纳维–斯托克斯方程. 纳维–斯托克斯方程是描述不可压缩流体运动的基本动力学方程.

不可压缩流体有一种特别的宏观状态, 称为流体静平衡态. 这种状态下流体的速度场是恒定的, 不随时间和空间变化. 因此, 从纳维–斯托克斯方程可得

$$\nabla \tilde{P} = \boldsymbol{f}.$$

只要外力 $\boldsymbol{f} \neq 0$, 处于静平衡态下的流体内部就存在压强梯度. 因此, 这种宏观状态与热力学平衡态是不同的.

有必要强调指出: 将液体抽象为不可压缩流体是有一定的条件的, 实际液体尽管很难被压缩, 但是并非绝对不可压缩. 将液体抽象为不可压缩流体排除了液体中出现密度涨落以及密度波的可能性, 而在某些物理问题中, 可能最为关注的恰恰就是密度波. 在这种场合下, 必须用可压缩流体来描写实际液体的流动.

10.1.2 流体力学方程的统计物理起源

在 10.1.1 节中关于流体动力学方程的讨论看似仅仅停留在宏观和唯象的层面, 与微观细节和统计规律关系不大, 其实不然. 一方面, 流体的质量密度 ρ 可以写为 $mn(t, \boldsymbol{q})$, 其中 $n(t, \boldsymbol{q})$ 是流体的粒子数密度, 它完全可以通过非平衡态的统计物理分析计算出来. 与此相应的质量流密度 $\rho \boldsymbol{u}$ 也是非平衡统计物理所关注的重要物理量之一. 另一方面, 关于流体偏应力与黏滞系数的关系式 (10.3) 也是非平衡统计物理学研究的成果. 下面我们就利用第 7 章所学的知识来推导经典流体的质量密度连续性方程(10.1)以及流体运动方程(10.2).

首先需要回顾非平衡统计物理中的玻尔兹曼方程 (8.14)

$$\frac{\partial f}{\partial t} + \langle \boldsymbol{v}(\boldsymbol{k}), \nabla_{\boldsymbol{q}} f \rangle + \frac{1}{\hbar} \langle \boldsymbol{F}, \nabla_{\boldsymbol{k}} f \rangle = \left(\frac{\partial f}{\partial t} \right)_{\text{散射}}.$$

若系统中所有粒子的质量均为 m, 那么流体系统的质量密度可以写为

$$\rho(t, \boldsymbol{q}) = \frac{1}{(2\pi)^D} \int m f(t, \boldsymbol{q}, \boldsymbol{k})(\mathrm{d}\boldsymbol{k}).$$

在式 (8.14) 两边同时乘以 $\dfrac{m}{(2\pi)^D}$, 然后在波矢空间作体积分, 可得

$$\begin{aligned}
&\frac{\partial}{\partial t} \left[\frac{1}{(2\pi)^D} \int m f(\mathrm{d}\boldsymbol{k}) \right] + \nabla_{\boldsymbol{q}} \cdot \left[\frac{1}{(2\pi)^D} \int m \boldsymbol{v}(\boldsymbol{k}) f(\mathrm{d}\boldsymbol{k}) \right] \\
&+ \frac{m}{(2\pi)^D} \int \nabla_{\boldsymbol{k}} \cdot \left(\frac{1}{\hbar} \boldsymbol{F} f \right) (\mathrm{d}\boldsymbol{k}) \\
&= \frac{1}{(2\pi)^D} \int m \left(\frac{\partial f}{\partial t} \right)_{\text{散射}} (\mathrm{d}\boldsymbol{k}).
\end{aligned} \tag{10.7}$$

上式右边为零, 原因是散射不会导致质量产生或消失. 左边第 3 项亦为零, 原因是该项可以被表达为在 $|\boldsymbol{k}| \to \infty$ 的球面上的面积分, 而系统中不允许出现 $|\boldsymbol{k}| = \infty$ 的粒子.

上式左边仅余的两项中, 首项可写为 $\dfrac{\partial \rho}{\partial t}$, 而第 2 项中

$$\frac{1}{(2\pi)^D} \int m \boldsymbol{v}(\boldsymbol{k}) f(\mathrm{d}\boldsymbol{k}) \equiv \rho \boldsymbol{u}.$$

注意: 通过上式定义的 $\boldsymbol{u}$ 实际上是单位位形空间体积内粒子的平均速度. 经过以上分析和化简之后, 式 (10.7) 实际上就是质量密度满足的连续性方程(10.1).

在玻尔兹曼方程 (8.14) 两边同时乘以 $\dfrac{1}{(2\pi)^D} m \boldsymbol{v}(\boldsymbol{k})$, 然后在波矢空间作体积分, 有

$$\begin{aligned}
&\frac{\partial}{\partial t} \left[\frac{1}{(2\pi)^D} \int m \boldsymbol{v} f(\mathrm{d}\boldsymbol{k}) \right] + \nabla_{\boldsymbol{q}} \cdot \left[\frac{1}{(2\pi)^D} \int m \boldsymbol{v} \boldsymbol{v} f(\mathrm{d}\boldsymbol{k}) \right] \\
&+ \frac{m}{(2\pi)^D} \int \boldsymbol{v}(\boldsymbol{k}) \nabla_{\boldsymbol{k}} \cdot \left(\frac{1}{\hbar} \boldsymbol{F} f \right) (\mathrm{d}\boldsymbol{k})
\end{aligned}$$

$$=\frac{1}{(2\pi)^D}\int m\boldsymbol{v}\left(\frac{\partial f}{\partial t}\right)_{\text{散射}}(\mathrm{d}\boldsymbol{k}).\tag{10.8}$$

该式右边依然为零, 原因是散射并不能产生或者消灭动量.

式 (10.8) 左边第 1 项实际为 $\frac{\partial}{\partial t}(\rho\boldsymbol{u})$. 左边第 3 项为

$$\frac{m}{(2\pi)^D}\int \boldsymbol{v}(\boldsymbol{k})\,\nabla_{\boldsymbol{k}}\cdot\left(\frac{1}{\hbar}\boldsymbol{F}f\right)(\mathrm{d}\boldsymbol{k})$$

$$=\frac{m}{(2\pi)^D}\int\nabla_{\boldsymbol{k}}\cdot\left[\frac{1}{\hbar}\boldsymbol{v}(\boldsymbol{k})\boldsymbol{F}f\right](\mathrm{d}\boldsymbol{k})-\frac{m}{(2\pi)^D}\int\frac{1}{\hbar}(\boldsymbol{F}\cdot\nabla_{\boldsymbol{k}})\boldsymbol{v}(\boldsymbol{k})f(\mathrm{d}\boldsymbol{k}),$$

其中, 右边第 1 项为零, 第 2 项中利用 $\boldsymbol{v}(\boldsymbol{k})=\dfrac{\hbar\boldsymbol{k}}{m}$ 可以求得

$$-\frac{m}{(2\pi)^D}\int\frac{1}{\hbar}(\boldsymbol{F}\cdot\nabla_{\boldsymbol{k}})\boldsymbol{v}(\boldsymbol{k})f(\mathrm{d}\boldsymbol{k})=-\frac{1}{(2\pi)^D}\int\boldsymbol{F}f(\mathrm{d}\boldsymbol{k})\equiv-\boldsymbol{f},$$

其中，$\boldsymbol{f}$ 正是作用在流体微元上的体积力.

式 (10.8) 中尚待理解的是左边第 2 项, 其中的 $\boldsymbol{v}$ 可分解为

$$\boldsymbol{v}=\boldsymbol{u}-\boldsymbol{w},\tag{10.9}$$

其中，$\boldsymbol{w}$ 表示去除平均速度以后微观粒子剩余的随机运动速度. 需要注意的是：这种随机速度的均值为零

$$\frac{1}{(2\pi)^D}\int\boldsymbol{w}f(\mathrm{d}\boldsymbol{k})=0.$$

将式 (10.9) 代入式 (10.8) 左边第 2 项, 可得

$$\nabla_{\boldsymbol{q}}\cdot\left[\frac{1}{(2\pi)^D}\int m\boldsymbol{v}\boldsymbol{v}f(\mathrm{d}\boldsymbol{k})\right]=\nabla_{\boldsymbol{q}}\cdot(\rho\boldsymbol{u}\boldsymbol{u})+\nabla_{\boldsymbol{q}}\cdot(\rho\overline{\boldsymbol{w}\boldsymbol{w}}).$$

定义应力张量

$$\sigma=-\rho\overline{\boldsymbol{w}\boldsymbol{w}},$$

可以将式 (10.8) 最终整理为

$$\rho\left(\frac{\partial\boldsymbol{u}}{\partial t}+\langle\boldsymbol{u},\nabla\rangle\boldsymbol{u}\right)=\nabla\cdot\sigma+\boldsymbol{f}.$$

这个结果正是式 (10.2).

10.1.3　可压缩性与液体中的声速

让我们来考察流体的可压缩性会导致何种物理后果. 为了简单, 我们仅考虑可压缩流体中偏应力和体积力都可以忽略的情况. 这时流体的动力学方程(10.4)将变成

$$\rho\left(\frac{\partial\boldsymbol{u}}{\partial t}+\langle\boldsymbol{u},\nabla\rangle\boldsymbol{u}\right)+\nabla P=0.\tag{10.10}$$

这个方程称为欧拉方程. 显然, $\rho = \rho_0$, $P = P_0$, $\boldsymbol{u} = 0$ 是欧拉方程和质量密度的连续性方程(10.1)的共同解, 其中 ρ_0、P_0 都是常数. 这样的流体称为静态流体. 对静态流体而言, 由于流体微元不受力且速度场为零, 平衡态热力学是适用的, 压强与其他状态参量并不独立, 存在热物态方程

$$P = P(\rho, S, N),$$

其中, S、N 分别是流体的熵和粒子数. 在熵和粒子数均保持不变的前提下对静态流体作一个小扰动, 即

$$\rho \to \rho_0 + \delta\rho,$$

$$P \to P_0 + \delta P,$$

$$\boldsymbol{u} \to \delta\boldsymbol{u}.$$

准确至一阶扰动项, 方程(10.1)变为

$$\frac{\partial \delta\rho}{\partial t} + \rho_0 \nabla \cdot (\delta\boldsymbol{u}) = 0, \tag{10.11}$$

与此同时, 欧拉方程(10.10)变为

$$\rho_0 \frac{\partial \delta\boldsymbol{u}}{\partial t} = -\nabla(\delta P). \tag{10.12}$$

利用关系式 $\delta P = \left(\dfrac{\partial P}{\partial \rho}\right)_{S,N} \delta\rho$ 可将式 (10.12) 改写为

$$\rho_0 \frac{\partial \delta\boldsymbol{u}}{\partial t} = -\left(\frac{\partial P}{\partial \rho}\right)_{S,N} \nabla(\delta\rho). \tag{10.13}$$

最后, 对式 (10.11) 关于时间 t 求导, 并以式 (10.13) 代入, 可得

$$\frac{\partial^2}{\partial t^2}(\delta\rho) - v_{\mathrm{s}}^2 \, \nabla^2(\delta\rho) = 0, \tag{10.14}$$

其中

$$v_{\mathrm{s}}^2 = \left(\frac{\partial P}{\partial \rho}\right)_{S,N}. \tag{10.15}$$

方程(10.14)是一个波动方程, 描写的是可压缩流体中的密度波, 也就是声波. 其中的声速 v_{s} 由式 (10.15) 给出.

从以上分析可以看到, 声在流体中以有限速度传播这个事实依赖于流体本身的可压缩性. 事实上, 绝热压缩系数的定义可以重写为

$$\kappa_S = -\frac{1}{V}\left(\frac{\partial V}{\partial P}\right)_{S,N} = \frac{1}{\rho}\left(\frac{\partial \rho}{\partial P}\right)_{S,N} = \frac{1}{\rho v_{\mathrm{s}}^2}.$$

如果流体不可压缩, 则 $\kappa_S = 0$, 因此 $v_s \to \infty$. 但是, 显然在任何实际介质中的声速都不可能为无限大, 因此不可压缩假定只能在一定的条件下当成最低阶的近似来看待. 习惯上会引入无量纲的马赫数[①]

$$m = \frac{|\boldsymbol{u}|}{v_s}$$

来判断流体的流速的大小. 当 $m \ll 1$ 时, 可以近似地认为流体中的声速接近无限大, 这时就可以使用不可压缩假设; 反之, 若 $m \approx 1$ 甚至 $m > 1$, 那么不可压缩假设就不再有效.

10.2 朗道费米液体理论简介

量子液体适用于描述在低温下微观粒子之间的相互作用不可忽略、同时尚未形成有序的束缚结构的宏观系统. 正如本章开头所言, 自然界中真正以液态存在的量子液体只有液氦, 不过低温下金属导体中的相互作用电子系统以及某些特殊材料中的无序自旋系统也都可以看成有效的量子液体.

量子液体的最主要的形态是费米液体. 由于相互作用费米系统的微观态能谱难以确切地求出, 直接利用费米–狄拉克分布来分析费米液体有基本性的困难. 为此, 朗道提出了一种唯象的费米液体理论, 其基本思路是引入准粒子的概念, 将相互作用的费米系统转化为自由的准粒子系统.

10.2.1 朗道费米液体的平衡态性质

朗道费米液体理论的基本假定是所谓的绝热连续性, 其含义是当相互作用以一种非常缓慢的方式被引入自由费米系统时, 系统的量子态也会以连续且光滑的方式逐渐过渡到相互作用系统的量子态. 相互作用系统的激发态用所谓的准粒子来描述, 从自由粒子到准粒子的过渡也应是连续的, 换句话说, 准粒子的量子数应该与自由粒子的量子数一致, 特别是准粒子的个数与被激发的实体粒子的个数一致, 但是其能量和质量均与自由粒子不同. 准粒子并非实体粒子, 其存在受物理条件的制约, 并具有有限的寿命. 在绝热连续性假定下, 相互作用的费米系统被映射为自由的准费米子系统, 相互作用的效果完全体现在准粒子的质量和能量与相互作用的实际粒子的不同上. 由于费米液体仅在低温下存在, 准粒子的概念也只能在能级非常靠近费米面时才有效. 由于准粒子与实体粒子的能量不同, 相互作用系统中的费米面要用费米波矢 $\boldsymbol{k}_F$ 而不是用费米能来定义.

必须指出, 绝热连续性假设并不总是成立的, 实际相互作用系统的量子态有可能并不能从无相互作用系统的量子态经上述过程映射出来. 不过, 在本章中, 总是假定绝热连续性条件是成立的. 这样的费米液体叫做正常费米液体. 在特定的温度和压强区域内, 液态 ^{3}He 可以被看成正常费米液体.

---

① 马赫(Ernst Waldfried Josef Wenzel Mach), 1838~1916, 奥地利物理学家和哲学家, 主要学术贡献在激波和声学方面. 同时, 他提出的对惯性系物理含义的解释对爱因斯坦建立广义相对论起到了积极的作用, 虽然他本人对广义相对论并不感兴趣.

图 10.1 描绘了各向同性的无相互作用和有相互作用费米系统的费米面示意图. 当存在相互作用时, 仅在非常靠近费米面的一个 "厚度" 为 Δk ($\Delta k \ll k_{\mathrm{F}}$) 的薄层内, 准粒子才是一个定义良好的概念.

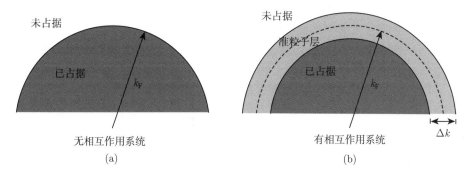

图 10.1 各向同性的无相互作用 (a) 和有相互作用 (b) 费米系统的费米面示意图

以 $n(\boldsymbol{k})$ 表示相互作用费米系统中实际粒子的数密度分布, $n_0(\boldsymbol{k})$ 表示无相互作用费米系统的粒子数密度分布. 由于准粒子概念仅在极限低温下适用, 可以认为 $n_0(\boldsymbol{k})$ 所对应的分布就是完全简并费米气体的矩形分布 (即所有费米子均处于可能的最低能量状态的分布), 而 $n(\boldsymbol{k})$ 所对应的分布则包含了处于激发态的实体粒子, 因而是一种稍稍偏离了矩形分布的分布. 根据绝热连续性假设, 以上两个分布函数之间是连续过渡的. 定义

$$\delta n(\boldsymbol{k}) = n(\boldsymbol{k}) - n_0(\boldsymbol{k}).$$

显然, 当系统内仅有极少数费米子处于激发态时, $\delta n(\boldsymbol{k})$ 就是处于激发态的费米子的数密度, 也可以解释为准粒子的数密度, 并且仅当 $|\boldsymbol{k}| \approx k_{\mathrm{F}}$ 时 $\delta n(\boldsymbol{k})$ 才显著非零. 需要注意的是: 若准粒子的波矢大小 $|\boldsymbol{k}| < k_{\mathrm{F}}$, 则 $\delta n(\boldsymbol{k}) < 0$, 它的绝对值对应空穴型准粒子的数密度; 若 $|\boldsymbol{k}| > k_{\mathrm{F}}$, 则 $\delta n(\boldsymbol{k}) > 0$, 它代表电子型准粒子的数密度.

相互作用系统的能量可以作为 $\delta n(\boldsymbol{k})$ 的级数展开

$$E = E_0 + \delta E, \tag{10.16}$$

$$\delta E = \sum_{\boldsymbol{k}} \epsilon_0(\boldsymbol{k}) \delta n(\boldsymbol{k}) + \frac{1}{2} \sum_{\boldsymbol{k},\boldsymbol{k}'} f(\boldsymbol{k},\boldsymbol{k}') \delta n(\boldsymbol{k}) \delta n(\boldsymbol{k}') + \cdots. \tag{10.17}$$

E_0 的含义是无相互作用系统的能量, 也可以理解为准粒子系统的基态能量; δE 对应相互作用的引入所导致的能量改变, 它被解释为准粒子的激发能, 而

$$\epsilon_0(\boldsymbol{k}) = \lim_{\delta n(\boldsymbol{k}) \to 0} \left\{ \frac{\partial(\delta E)}{\partial[\delta n(\boldsymbol{k})]} \right\}$$

则表示单个自由准粒子的能量. 式 (10.17) 中出现的对称函数[①] $f(\boldsymbol{k},\boldsymbol{k}') = f(\boldsymbol{k}',\boldsymbol{k})$ 称为朗道参数, 它刻画了准粒子之间的有效相互作用. 当考虑到准粒子间的有效相互作用时, 单个

---

① $f(\boldsymbol{k},\boldsymbol{k}')$ 必须是对称函数的原因是它本身是准粒子系统能量的二阶变分微商.

准粒子的能量定义为

$$\epsilon(\boldsymbol{k}) = \frac{\partial(\delta E)}{\partial[\delta n(\boldsymbol{k})]} = \epsilon_0(\boldsymbol{k}) + \sum_{\boldsymbol{k}'} f(\boldsymbol{k}, \boldsymbol{k}') \delta n(\boldsymbol{k}').$$

请注意准粒子的能量与系统中实体粒子的能量之间并无明确的关系, 前者的具体形式依赖于系统中全部准粒子的分布函数 $\delta n(\boldsymbol{k})$, 这一事实清楚地反映了准粒子是描述系统中集体坐标行为的概念而非描述个别实体粒子的概念.

利用准粒子的波矢 $\boldsymbol{k}$ 可以引入准粒子的动量 $\boldsymbol{p}$ 以及速度 $\boldsymbol{v}$ 等概念

$$\boldsymbol{p} = \hbar \boldsymbol{k}, \qquad \boldsymbol{v} = \nabla_{\boldsymbol{p}} \epsilon(\boldsymbol{k}).$$

如果限制在费米面上, 则可得到费米动量 $\boldsymbol{p}_{\mathrm{F}} = \hbar \boldsymbol{k}_{\mathrm{F}}$ 以及费米速度

$$\boldsymbol{v}_{\mathrm{F}} = \nabla_{\boldsymbol{p}} \epsilon(\boldsymbol{k}) \big|_{\boldsymbol{k} = \boldsymbol{k}_{\mathrm{F}}}.$$

注意: 有相互作用的系统中的费米速度 $\boldsymbol{v}_{\mathrm{F}}$ 和费米能 $\mu = \epsilon(\boldsymbol{k}_{\mathrm{F}})$ 与无相互作用系统中的费米速度以及费米能并不相同. 同时, 没有任何理由推测费米速度与费米波矢指向同一方向. 利用上述关系式可引入准粒子的有效质量的概念. 一般来说, 准粒子的有效质量 m^* 是一个矩阵, 它满足如下的代数关系式:

$$m^* \boldsymbol{v}_{\mathrm{F}} = \hbar \boldsymbol{k}_{\mathrm{F}}.$$

当系统的费米面具有各向同性的性质时, 有效质量退化为单位矩阵的倍数, 也可以认为它就是一个普通的标量:

$$m^* = \frac{\hbar k_{\mathrm{F}}}{v_{\mathrm{F}}}.$$

在以上描述中并未考虑自旋量子数的作用. 如果考虑了自旋量子数 (这要求将系统的空间维数设定为 $D = 3$), 那么式 (10.17) 需要被改写为[①]

$$\delta E = \sum_{\boldsymbol{k}, s} \epsilon_{0s}(\boldsymbol{k}) \delta n_s(\boldsymbol{k}) + \frac{1}{2} \sum_{\boldsymbol{k}, s; \boldsymbol{k}', s'} f(\boldsymbol{k}, s; \boldsymbol{k}', s') \delta n_s(\boldsymbol{k}) \delta n_{s'}(\boldsymbol{k}'), \tag{10.18}$$

相应地可将单个准粒子的能量表达为

$$\epsilon_s(\boldsymbol{k}) = \epsilon_{0s}(\boldsymbol{k}) + \sum_{\boldsymbol{k}', s'} f(\boldsymbol{k}, s; \boldsymbol{k}', s') \delta n_{s'}(\boldsymbol{k}'). \tag{10.19}$$

由于准粒子仅在 $\boldsymbol{k}$ 非常接近 $\boldsymbol{k}_{\mathrm{F}}$ 时才是一个有效的概念, 我们可以忽略朗道参量对波矢大小的依赖而仅考虑其对两个准粒子波矢取向的依赖. 另外, 通常考虑的准粒子自旋都只有两个可能的取值 (即自旋为 $1/2$), 因此两个准粒子的自旋只有平行和反平行两种选择. 因

[①] 注意: 如果 $\epsilon_s(\boldsymbol{k}) = \dfrac{\partial(\delta E)}{\partial(\delta n_s(\boldsymbol{k}))}$ 依赖于自旋 s, 那么, 准粒子的有效质量也将依赖于自旋. 不过, 为了记号的简洁, 我们不会明显标出 m^* 对自旋的依赖关系.

此, 原则上可以对朗道参量进行球谐函数展开, 展开的系数分别对应于总自旋为 0 和 1 的状态, 具体结果可以写为

$$f(\boldsymbol{k}, s; \boldsymbol{k}', s') = \sum_{l=0}^{\infty} \left[f_l^{(S)} + s \cdot s' f_l^{(A)} \right] P_l(\cos\theta), \quad \cos\theta = \langle \boldsymbol{k}, \boldsymbol{k}' \rangle / k_{\mathrm{F}}^2, \tag{10.20}$$

式中, $s \cdot s' = +1$(自旋平行) 或者 -1(自旋反平行), $P_l(\cos\theta)$ 就是通常的勒让德多项式. $f_l^{(S)}$ 和 $f_l^{(A)}$ 都是常数, 它们分别对应朗道参量中关于两个准粒子自旋的对称和反对称的组合. 若把上式中对称和反对称两项求和分别记为 $f^{(S)}(\boldsymbol{k}, \boldsymbol{k}')$ 和 $f^{(A)}(\boldsymbol{k}, \boldsymbol{k}')$, 那么还可以将式 (10.18) 改写为

$$\delta E = \sum_{\boldsymbol{k}, s} \epsilon_{0s}(\boldsymbol{k}) \delta n_s(\boldsymbol{k}) + \frac{1}{2} \sum_{\boldsymbol{k}, s; \boldsymbol{k}', s'} f^{(S)}(\boldsymbol{k}, \boldsymbol{k}') \left[\delta n_\uparrow(\boldsymbol{k}) + \delta n_\downarrow(\boldsymbol{k}) \right] \left[\delta n_\uparrow(\boldsymbol{k}') + \delta n_\downarrow(\boldsymbol{k}') \right]$$

$$+ \frac{1}{2} \sum_{\boldsymbol{k}, s; \boldsymbol{k}', s'} f^{(A)}(\boldsymbol{k}, \boldsymbol{k}') \left[\delta n_\uparrow(\boldsymbol{k}) - \delta n_\downarrow(\boldsymbol{k}) \right] \left[\delta n_\uparrow(\boldsymbol{k}') - \delta n_\downarrow(\boldsymbol{k}') \right].$$

准粒子的能态密度可以写为

$$g(\epsilon) = \frac{\partial \omega(\epsilon)}{\partial \epsilon} = \frac{4\pi \mathfrak{g} V}{h^3} (2m^*)^{3/2} \epsilon(\boldsymbol{k})^{1/2}$$

$$= \frac{8\pi V}{h^3} (2m^*)^{3/2} \left(\frac{\hbar^2 k^2}{2m^*} \right)^{1/2} = \frac{2V m^* k}{\pi^2 \hbar^2}. \tag{10.21}$$

因此, 在费米面上, 单位空间体积内的能态密度为

$$\mathscr{G}(0) = \frac{\partial g(\mu)}{\partial V} = \frac{2m^* k_{\mathrm{F}}}{\pi^2 \hbar^2}.$$

$\mathscr{G}(0)$ 这个量的另一种解读为

$$\mathscr{G}(0) = \frac{\partial^2 \omega(\epsilon)}{\partial \epsilon \partial V} = \frac{\partial(\delta n)}{\partial \epsilon},$$

其中 $\delta n = \delta n(\boldsymbol{k}) = \sum_s \delta n_s(\boldsymbol{k})$ 是准粒子的数密度. 需要注意的是: $\mathscr{G}(0)$ 表达的是费米面上单位体积内全部准粒子的能态密度. 如果仅考虑单一自旋的准粒子的能态密度, 则有

$$\mathscr{G}_\uparrow(0) = \mathscr{G}_\downarrow(0) = \frac{1}{2} \mathscr{G}(0).$$

如果考虑的是无相互作用系统, 那么费米面上实体粒子的能态密度为 (参看式 (7.40))

$$\mathscr{G}_{\uparrow\mathrm{free}} = \frac{\partial n}{\partial \epsilon} = \frac{m k_{\mathrm{F}}}{\pi^2 \hbar^2}.$$

以上两种能态密度的比值为

$$\frac{\mathscr{G}_\uparrow(0)}{\mathscr{G}_{\uparrow\mathrm{free}}} = \frac{m^*}{m} = \frac{\mathscr{G}(0)}{\mathscr{G}_{\mathrm{free}}}.$$

有相互作用费米系统中准粒子的能态密度与无相互作用费米系统中实体粒子的能态密度的比值为 m^*/m, 这一结果并非偶然的. 事实上, 在朗道费米液体理论中, 准粒子与实体粒子有相同的量子数, 它们也遵从费米–狄拉克分布

$$n(\boldsymbol{k}) = n_0(\boldsymbol{k}) + \delta n(\boldsymbol{k}) = \frac{1}{\mathrm{e}^{[\epsilon(\boldsymbol{k}) - \mu]/(k_0 T)} + 1}. \tag{10.22}$$

因此, 在分析有相互作用系统的平衡态性质时, 完全可以利用第 6 章中关于强简并自由费米气体的理论, 唯一需要注意的是准粒子系统的费米能 μ 与自由费米气体的费米能 μ_{F} 并不相等

$$\mu = \frac{\hbar^2 k_{\mathrm{F}}^2}{2m^*}, \qquad \mu_{\mathrm{F}} = \frac{\hbar^2 k_{\mathrm{F}}^2}{2m}.$$

因此有

$$\frac{\mu}{\mu_{\mathrm{F}}} = \frac{m}{m^*}.$$

若相互作用系统内激发了 N 个准粒子, 那么它们对系统的等容热容的贡献为 [参考式 (6.103)]

$$C_V = \frac{\pi^2}{2} N k_0 \left(\frac{k_0 T}{\mu} \right). \tag{10.23}$$

与此相对照, 无相互作用的 N 个自由费米子贡献的等容热容为

$$C_V^{(\mathrm{free})} = \frac{\pi^2}{2} N k_0 \left(\frac{k_0 T}{\mu_{\mathrm{F}}} \right). \tag{10.24}$$

因此两者的比值依然是

$$\frac{C_V}{C_V^{(\mathrm{free})}} = \frac{\mu_{\mathrm{F}}}{\mu} = \frac{m^*}{m}.$$

从等容热容的表达式 (10.23) 可以间接地得到准粒子系统的熵[①]

$$S = \int_0^T \frac{C_V}{T} \mathrm{d}T = \frac{\pi^2}{2} N k_0 \left(\frac{k_0 T}{\mu} \right) = C_V.$$

这个结果与式 (6.59) 给出的自由费米气体的低温熵的比值依然是 m^*/m.

对于费米液体, 同样会关心其可压缩性. 利用吉布斯–杜安关系式 (2.71) 可得[②]

$$\left(\frac{\partial P}{\partial (\delta n)} \right)_T = \delta n \left(\frac{\partial \mu}{\partial (\delta n)} \right)_T. \tag{10.25}$$

---

① 当然也可以利用第 6 章最后一个习题的结果, 将准粒子系统的熵写为

$$S = -k_0 \sum_{\boldsymbol{k}, s} \left\{ \delta n(\boldsymbol{k}) \log \delta n(\boldsymbol{k}) + [1 - \delta n(\boldsymbol{k})] \log [1 - \delta n(\boldsymbol{k})] \right\},$$

然后利用对应原理将上式中的求和化为积分来计算 S. 但是在这个具体的例子中没有必要把熵的计算变成一个非常复杂的数学问题.

② 注意在式 (2.71) 中用 n 来表示粒子数密度, 而在朗道费米液体理论中准粒子的数密度则用 δn 来表示.

由此可得等温体积模量 (即等温压缩系数的倒数) 为

$$B_T = (\kappa_T)^{-1} = -V\left(\frac{\partial P}{\partial V}\right)_T = (\delta n)\left(\frac{\partial P}{\partial(\delta n)}\right)_T = (\delta n)^2\left(\frac{\partial \mu}{\partial(\delta n)}\right)_T. \tag{10.26}$$

顺便指出, 准粒子系统中的声速也可以用式 (10.25) 来计算[①]:

$$v_s^2 = \left(\frac{\partial P}{\partial \rho}\right)_{S,N} \approx \frac{(\delta n)}{m^*}\left(\frac{\partial \mu}{\partial(\delta n)}\right)_T. \tag{10.27}$$

可见, 计算费米液体的压缩系数以及声速的关键在于求出 $\left(\dfrac{\partial \mu}{\partial(\delta n)}\right)_T$.

准粒子系统的化学势就是准粒子在费米波矢处具有的能量, 因此,

$$\mu = \epsilon(\boldsymbol{k}_F) = \frac{\partial(\delta E)}{\partial[\delta n(\boldsymbol{k})]}\bigg|_{|\boldsymbol{k}|=k_F}$$
$$= \epsilon_0(\boldsymbol{k}_F) + \sum_{\boldsymbol{k}',s'} f^{(S)}(\boldsymbol{k},\boldsymbol{k}')\big[\delta n_\uparrow(\boldsymbol{k}') + \delta n_\downarrow(\boldsymbol{k}')\big]\bigg|_{|\boldsymbol{k}|=|\boldsymbol{k}'|=k_F}. \tag{10.28}$$

注意: 由于对称性的考虑, 上式中不出现朗道参量中反对称部分的贡献. 除此之外, 不难理解对于费米面各向同性的情况, 展开式 (10.20) 中将只有 $l=0$ 的一项对上式有贡献. 所以, 从上式可得

$$\frac{\partial \mu}{\partial(\delta n)} = \frac{\partial \epsilon_0(\boldsymbol{k}_F)}{\partial(\delta n)} + f_0^{(S)} = \frac{1}{\mathscr{G}(0)}\left[1 + F_0^{(S)}\right], \tag{10.29}$$

其中 $F_0^{(S)} = \mathscr{G}(0)f_0^{(S)}$. 作为对照, 这里也给出自由实体粒子系统的费米能随粒子数密度的变化率

$$\frac{\partial \mu}{\partial n}\bigg|_{\text{free}} = \frac{1}{\mathscr{G}_{\text{free}}}.$$

由以上两式可得

$$\frac{\partial \mu}{\partial(\delta n)} = \frac{m}{m^*}\left[1 + F_0^{(S)}\right]\frac{\partial \mu}{\partial n}\bigg|_{\text{free}},$$

由此可见准粒子系统与对应的自由粒子系统的宏观量之间的比值并不完全由有效质量决定, 朗道参量也会扮演一定的角色.

利用式 (10.29) 以及式 (10.26) 和式 (10.27) 可以得出朗道费米液体的等温压缩系数和声速

$$\kappa_T = \frac{1}{(\delta n)^2}\frac{\mathscr{G}(0)}{1 + F_0^{(S)}}, \tag{10.30}$$

$$v_s^2 = \frac{\delta n}{\mathscr{G}(0)m^*}\left[1 + F_0^{(S)}\right]. \tag{10.31}$$

[①] 声波的传播相比于热的传播是非常快速的过程, 因此可以近似认为在声波传播的过程中等温和绝热条件没有区别.

如果将费米液体置于外磁场中, 并将外磁场指向选为 z 轴正向, 那么其微观态能量将不再对自旋自由度简并, 因此会产生宏观磁矩. 设每个费米子的旋磁比为 γ, 在外磁场 $\mathscr{B}$ 作用下单个准粒子微观态能量的改变量为

$$\delta\epsilon_s = -\left(\frac{\hbar\gamma}{2}\right)s\mathscr{B}, \qquad s = \pm 1. \tag{10.32}$$

由此导致的自旋量子数为 s 的准粒子的数密度变化量为

$$\delta_1 n_s = \mathscr{G}_s(0)\left(-\delta\epsilon_s\right) = \mathscr{G}_s(0)\left(\frac{\hbar\gamma}{2}\right)s\mathscr{B}. \tag{10.33}$$

除此之外, 准粒子之间的相互作用项中的反对称部分将会导致准粒子自旋态的交换, 由此将造成具有自旋 s 的准粒子数密度的变化

$$\delta_2 n_s = -\mathscr{G}_s(0)s f_0^{(A)}\left(\delta n_\uparrow - \delta n_\downarrow\right). \tag{10.34}$$

以上两种因素的总和给出自旋量子数为 s 的准粒子的数密度的改变量

$$\delta n_s = \delta_1 n_s + \delta_2 n_s = \mathscr{G}_s(0)s\left[\left(\frac{\hbar\gamma}{2}\right)\mathscr{B} - f_0^{(A)}\left(\delta n_\uparrow - \delta n_\downarrow\right)\right]. \tag{10.35}$$

由此可得 [注意 $\mathscr{G}_\uparrow(0) = \mathscr{G}_\downarrow(0) = \frac{1}{2}\mathscr{G}(0)$]

$$\delta n_\uparrow - \delta n_\downarrow = \mathscr{G}(0)\left[\left(\frac{\hbar\gamma}{2}\right)\mathscr{B} - f_0^{(A)}\left(\delta n_\uparrow - \delta n_\downarrow\right)\right]. \tag{10.36}$$

从上式可以求得

$$\delta n_\uparrow - \delta n_\downarrow = \mathscr{G}(0)\frac{\left(\dfrac{\hbar\gamma}{2}\right)\mathscr{B}}{1 + F_0^{(A)}}, \qquad F_0^{(A)} = \mathscr{G}(0)f_0^{(A)}. \tag{10.37}$$

因此, 由外磁场引起的磁化强度为

$$M = \left(\frac{\hbar\gamma}{2}\right)\left(\delta n_\uparrow - \delta n_\downarrow\right) = \mathscr{G}\left(\frac{\hbar\gamma}{2}\right)^2\frac{\mathscr{B}}{1 + F_0^{(A)}}, \tag{10.38}$$

对应的磁化率为

$$\chi_m = \mu_0 \mathscr{G}(0)\left(\frac{\hbar\gamma}{2}\right)^2\frac{1}{1 + F_0^{(A)}}. \tag{10.39}$$

作为对照, 我们将自由费米系统在外磁场中的磁化率重新写出 [参见式 (7.39)]

$$(\chi_m)_{\text{free}} = \mu_0 \mathscr{G}_{\text{free}}\left(\frac{\hbar\gamma}{2}\right)^2.$$

因此, 费米液体与自由费米气体的磁化率之比为

$$\frac{\chi_{\mathrm{m}}}{(\chi_{\mathrm{m}})_{\mathrm{free}}} = \frac{m^*/m}{1 + F_0^{(A)}}.$$

对于具有伽利略不变性的费米系统, 准粒子的有效质量与实体费米子的物理质量之间可以建立明确的对应关系, 其中朗道参量将起到重要的作用. 为了求出准粒子有效质量与实体粒子物理质量之间的关系, 我们采用两种不同的方法来计算费米液体中的总动量. 一种计算方法是将总动量作为所有准粒子的动量之和, 即

$$\boldsymbol{P} = \sum_{\boldsymbol{k},s} \hbar\boldsymbol{k}\,\delta n_s(\boldsymbol{k}), \tag{10.40}$$

另一种方法则是计算系统中迁移的质量流, 即

$$\boldsymbol{P} = \sum_{\boldsymbol{k},s} m\nabla_{\boldsymbol{p}}\epsilon_s(\boldsymbol{k})\,\delta n_s(\boldsymbol{k}), \tag{10.41}$$

注意这个质量流是真实的物理质量流, 因此式中的 m 是激发的实体粒子的物理质量. 式中利用了准粒子个数与处于激发态的实体粒子个数相等的条件. 将以上两个表达式等同起来, 可以得到

$$\sum_{\boldsymbol{k}',s'} \frac{\hbar\boldsymbol{k}'}{m}\delta n_{s'}(\boldsymbol{k}') = \sum_{\boldsymbol{k}',s'} \nabla_{\boldsymbol{p}'}\epsilon_{s'}(\boldsymbol{k}')\delta n_{s'}(\boldsymbol{k}'). \tag{10.42}$$

将关系式 (10.19) 代入上式并对结果关于 $\delta n_s(\boldsymbol{k})$ 作变分, 最后将变分结果在费米面处写出, 可得

$$\frac{\hbar}{m} = \frac{\hbar}{m^*} + \sum_{\boldsymbol{k}',s'} \frac{\delta}{\delta[\delta n_s(\boldsymbol{k})]} \left\{ \nabla_{\boldsymbol{p}'}\Big[\sum_{\boldsymbol{k}'',s''} f(\boldsymbol{k}',s';\boldsymbol{k}'',s'')\delta n_{s''}(\boldsymbol{k}'') \Big]\delta n_{s'}(\boldsymbol{k}') \right\} \tag{10.43}$$

综上所述, 朗道费米液体的平衡态性质基本上可以从自由费米气体的平衡态性质出发乘以合适的修正系数得到. 最主要的修正因子包括 m^*/m、$1 + F_0^{(S)}$、$1 + F_0^{(A)}$ 等. 这些修正因子本身并不能从朗道费米液体理论直接得出, 它们需要通过实验测量等独立的手段得到. 对于最典型的正常 ^{3}He 液体来说, 修正参数 m^*/m、$F_0^{(S)}$、$F_0^{(A)}$ 等并非小量, 在不同的压强下它们的数值也不同[1]. 但是采用朗道费米液体理论对自由费米气体的平衡态状态函数和过程参量进行修正后得到的结果可以很好地描述费米液体的平衡态行为.

10.2.2　费米液体的非平衡态性质

如果费米液体没有达到热力学平衡态, 那么准粒子的数密度 δn 将不仅仅是波矢 $\boldsymbol{k}$ 的函数, 同时也会依赖于位形空间坐标 $\boldsymbol{q}$ 以及时间 t, 即

$$\delta n = \delta n(t, \boldsymbol{q}, \boldsymbol{k}).$$

---

[1] 对于 ^{3}He 来说, $m^*/m \approx 3 \sim 6.2$, $F_0^{(S)} \approx 10 \sim 94$, $F_0^{(A)} \approx -0.74 \sim -0.52$.

为了区别于平衡态下的准粒子数密度分布, 我们将后者改记为 $\delta n_0(\boldsymbol{k})$, 因此,

$$\delta n(t, \boldsymbol{q}, \boldsymbol{k}) = \delta n_0(\boldsymbol{k}) + \delta n_1(t, \boldsymbol{q}, \boldsymbol{k}),$$

其中 $\delta n_1(t, \boldsymbol{q}, \boldsymbol{k})$ 表示非平衡态下的准粒子数密度偏离平衡态分布的部分. 我们将只考虑偏离平衡态不大的情况, 或者说仅考虑系统对外界扰动为线性响应的参数区域.

注意 $\delta n(t, \boldsymbol{q}, \boldsymbol{k})$ 的写法是与不确定性关系相违背的, 因为对于量子粒子, 同时准确地确定坐标 $\boldsymbol{q}$ 和波矢 $\boldsymbol{k}$ 是不可能的. 不过, 如果只考虑宏观的近似, 可以暂时忽略不确定性关系造成的影响而近似认为 $\delta n(t, \boldsymbol{q}, \boldsymbol{k})$ 是经典的相空间中的光滑分布. 上述近似成立的条件是: 准粒子的德布罗意波长 $\lambda = \hbar/p_{\mathrm{F}}$ 远小于使得分布函数 $\delta n(t, \boldsymbol{q}, \boldsymbol{k})$ 发生显著空间变化的特征长度 L. 若以特征波矢 $k \sim 1/L$ 进行估算, 这个条件也可以写为 $\hbar k \ll p_{\mathrm{F}}$, 或者写为 $k \ll k_{\mathrm{F}}$.

在非平衡态下, 准粒子系统的总能量可以写为 (忽略准粒子的自旋自由度)

$$\delta E = \sum_{\boldsymbol{k}} \int (\mathrm{d}\boldsymbol{q}) \epsilon_0(\boldsymbol{q}, \boldsymbol{k}) \delta n(t, \boldsymbol{q}, \boldsymbol{k})$$
$$+ \frac{1}{2} \sum_{\boldsymbol{k}, \boldsymbol{k}'} \int (\mathrm{d}\boldsymbol{q})(\mathrm{d}\boldsymbol{q}') f(\boldsymbol{q}, \boldsymbol{k}; \boldsymbol{q}', \boldsymbol{k}') \delta n(t, \boldsymbol{q}, \boldsymbol{k}) \delta n(t, \boldsymbol{q}', \boldsymbol{k}'). \tag{10.44}$$

从上式可以得出非平衡条件下单个准粒子的能量

$$\epsilon(\boldsymbol{q}, \boldsymbol{k}) = \frac{\partial(\delta E)}{\partial[\delta n(t, \boldsymbol{q}, \boldsymbol{k})]} = \epsilon_0(\boldsymbol{q}, \boldsymbol{k}) + \sum_{\boldsymbol{k}'} \int (\mathrm{d}\boldsymbol{q}') f(\boldsymbol{q}, \boldsymbol{k}; \boldsymbol{q}', \boldsymbol{k}') \delta n(t, \boldsymbol{q}', \boldsymbol{k}'). \tag{10.45}$$

上式右边第一项的意义是平衡态下准粒子的能量, 它不应该依赖于 $\boldsymbol{q}$, 否则就与准粒子的自由条件相冲突. 因此有 $\epsilon_0(\boldsymbol{q}, \boldsymbol{k}) = \epsilon_0(\boldsymbol{k})$. 另外, 上式中表达两体相互作用的朗道参量 $f(\boldsymbol{q}, \boldsymbol{k}; \boldsymbol{q}', \boldsymbol{k}')$ 应该仅依赖于两个准粒子之间的距离 $|\boldsymbol{q} - \boldsymbol{q}'|$, 并且准粒子之间的相互作用是极端短程的 (力程只有原子尺度大小), 因此可以近似认为

$$f(\boldsymbol{q}, \boldsymbol{k}; \boldsymbol{q}', \boldsymbol{k}') = f(\boldsymbol{k}, \boldsymbol{k}') \delta(\boldsymbol{q} - \boldsymbol{q}'),$$

因而单个准粒子的能量可以改写为

$$\epsilon(\boldsymbol{q}, \boldsymbol{k}) = \epsilon_0(\boldsymbol{k}) + \epsilon_1(\boldsymbol{q}, \boldsymbol{k}), \tag{10.46}$$

$$\epsilon_1(\boldsymbol{q}, \boldsymbol{k}) = \sum_{\boldsymbol{k}'} f(\boldsymbol{k}, \boldsymbol{k}') \delta n(t, \boldsymbol{q}, \boldsymbol{k}'). \tag{10.47}$$

注意这个能量依赖于 $\boldsymbol{q}$, 且 $\boldsymbol{F} = -\nabla_{\boldsymbol{q}} \epsilon(\boldsymbol{q}, \boldsymbol{k})$ 就是作用在准粒子上的外力. 在短程作用和线性响应条件下, 可以认为式 (10.47) 中出现的 $f(\boldsymbol{k}, \boldsymbol{k}')$ 与描述平衡态准粒子能量的式 (10.17) 中出现的朗道参量在数值上是相等的.

假定准粒子服从经典力学规律, 那么 $\delta n(t, \boldsymbol{q}, \boldsymbol{k})$ 将满足玻尔兹曼方程

$$\frac{\partial(\delta n)}{\partial t} + \langle \boldsymbol{v}(\boldsymbol{k}), \nabla_{\boldsymbol{q}}(\delta n) \rangle + \langle \boldsymbol{F}, \nabla_{\boldsymbol{p}}(\delta n) \rangle = \left(\frac{\partial(\delta n)}{\partial t} \right)_{\text{散射}}, \tag{10.48}$$

式中 $\boldsymbol{v}(\boldsymbol{k}) = \nabla_{\boldsymbol{p}}\epsilon(\boldsymbol{q}, \boldsymbol{k})$. 式 (10.48) 也可以整理为

$$\frac{\partial(\delta n)}{\partial t} + \{\delta n, \epsilon(\boldsymbol{q}, \boldsymbol{k})\}_{\mathrm{PB}} = \left(\frac{\partial(\delta n)}{\partial t}\right)_{\text{散射}}, \tag{10.49}$$

其中

$$\{\delta n, \epsilon(\boldsymbol{q}, \boldsymbol{k})\}_{\mathrm{PB}} = \langle \nabla_{\boldsymbol{q}}(\delta n), \nabla_{\boldsymbol{p}}\epsilon(\boldsymbol{q}, \boldsymbol{k}) \rangle - \langle \nabla_{\boldsymbol{q}}\epsilon(\boldsymbol{q}, \boldsymbol{k}), \nabla_{\boldsymbol{p}}(\delta n) \rangle$$

是泊松括号. 准确到线性响应的级别, 可以将式 (10.49) 近似为

$$\frac{\partial(\delta n_1)}{\partial t} + \langle \nabla_{\boldsymbol{q}}(\delta n_1), \nabla_{\boldsymbol{p}}\epsilon_0(\boldsymbol{k}) \rangle - \langle \nabla_{\boldsymbol{q}}\epsilon_1(\boldsymbol{q}, \boldsymbol{k}), \nabla_{\boldsymbol{p}}(\delta n_0) \rangle = \left(\frac{\partial(\delta n_1)}{\partial t}\right)_{\text{散射}}. \tag{10.50}$$

上式给出了描述费米液体的近平衡分布所满足的动理学方程, 又称为朗道-思林方程. 由于准粒子仅在费米面附近的低激发态上出现, 散射项的贡献经常可以忽略. 如果进一步考虑到 $\nabla_{\boldsymbol{p}}\epsilon_0(\boldsymbol{k}) = \bar{\boldsymbol{v}}(\boldsymbol{k})$, $\nabla_{\boldsymbol{p}}(\delta n_0) = \frac{\partial(\delta n_0)}{\partial \epsilon_0(\boldsymbol{k})}\nabla_{\boldsymbol{p}}\epsilon_0(\boldsymbol{k}) = \frac{\partial(\delta n_0)}{\partial \epsilon_0(\boldsymbol{k})}\bar{\boldsymbol{v}}(\boldsymbol{k})$, 其中 $\bar{\boldsymbol{v}}(\boldsymbol{k})$ 表示处于平衡态的准粒子的速度, 则上式还可近似为

$$\frac{\partial(\delta n_1)}{\partial t} + \left\langle \bar{\boldsymbol{v}}(\boldsymbol{k}), \nabla_{\boldsymbol{q}}(\delta n_1) - \nabla_{\boldsymbol{q}}\epsilon_1(\boldsymbol{q}, \boldsymbol{k})\frac{\partial(\delta n_0)}{\partial \epsilon_0(\boldsymbol{k})} \right\rangle = 0. \tag{10.51}$$

这个方程将是进一步分析费米液体非平衡性质的基本出发点.

朗道费米液体理论的一个重要结论是: 在绝对零度下, 费米液体中可以有波的传播, 这种波称为零声. 我们知道, 对于绝对零度下的费米系统, 其粒子数密度分布成为矩形函数, 即在费米能以下粒子数密度是能量的常函数, 同时其压强也成为常数 [费米简并压, 参见式 (6.36)], 因此通常的密度波是不能在绝对零度下传播的. 这一事实的另一种解释是: 在绝对零度下所有微观自由度都被冻结, 因此不会产生振动, 当然也就不会传播声波. 但是对于处于非平衡态的费米液体而言, 式 (10.51) 允许存在波动形式的解

$$\delta n_1 = \delta(\epsilon - \epsilon_{\mathrm{F}})\nu(\hat{\boldsymbol{v}})\exp[\mathrm{i}(\langle \boldsymbol{k}, \boldsymbol{q} \rangle - \omega t)],$$

式中, $\hat{\boldsymbol{v}}$ 表示沿速度方向的单位矢量, 函数 $\nu(\hat{\boldsymbol{v}})$ 的形式由式 (10.51) 以及式 (10.47) 和 δn_0 的具体形式决定, 其函数形式取决于与朗道参量 $f(\boldsymbol{k}, \boldsymbol{k}')$ 有关的一个复杂的积分方程. 我们将不给出 $\nu(\hat{\boldsymbol{v}})$ 的具体形式, 而是强调指出: 上述波动解是在费米液体的密度不变的前提下出现的, 并且在绝对零度下依然传播的声波, 因此称之为零声. 零声是费米液体中的集体坐标贡献的玻色型元激发自由度产生的宏观效应, 是费米液体的突出特征之一.

讨论和评述

由于准粒子描写的系统其实并非经典系统, 前文中用经典描述来描写准粒子系统的非平衡分布并不是最恰当的. 朗道曾经提出, 适用于非平衡费米液体的动理学方程应该是将式 (10.49) 量子化的结果, 也就是使用 $\frac{1}{\mathrm{i}\hbar}[\delta n, \epsilon(\boldsymbol{q}, \boldsymbol{k})]$ 取代式 (10.49)

中的泊松括号:

$$\frac{\partial(\delta n)}{\partial t} + \frac{1}{i\hbar}\left[\delta n, \epsilon(\boldsymbol{q}, \boldsymbol{k})\right] = \left(\frac{\partial(\delta n)}{\partial t}\right)_{\text{散射}},\qquad(10.52)$$

式中 δn、$\epsilon(\boldsymbol{q}, \boldsymbol{k})$ 都应被视作量子力学意义上的算符. 当散射项可以忽略时, 上式与海森伯方程在形式上相似, 但是相差一个负号.

10.3　非费米量子液体

朗道的费米液体理论用近乎自由的准粒子取代了相互作用的实体费米粒子, 使得原本非常艰难的求解相互作用费米系统的量子能谱的问题变成一个比较容易的关于费米气体的问题. 这一理论可以比较成功地解释费米液体的平衡态和部分非平衡性质, 不过它也存在一些问题, 例如, 在解释液态 ^4He 的超流性质时, 由于 ^4He 原子并非费米子, 因此需要一种不同于朗道正常费米液体的量子液体理论; 另外, 对于 1 维的量子液体, 例如 1 维量子导线、碳纳米管、线型聚合物分子以及海森伯自旋链中的电子输运问题等, 如果使用朗道费米液体理论就会遇到某些积分发散的问题, 从而得不到有意义的结果. 而在上述几种物理系统中的电子输运又是非常有价值的问题, 因此也需要一种与朗道费米液体理论不同的理论来处理这类系统.

10.3.1　液态 ^4He 与朗道超流理论

首先简单解释一下有关液态 ^4He 的基本性质以及相应的朗道超流理论.

由于 ^4He 占据自然界中 He 元素的绝大多数, 因此有关液氦的物理考虑中也应以 ^4He 的性质为主. 实验发现, ^4He 有两个性质完全不同的液相 He-I 和 He-II , 其中, He-I 与普通的液体行为一样, 而 He-II 则具有超流性以及超导热性等异乎寻常的性质. 所谓超流及超导热性, 指的是液氦在低温下通过毛细管时黏滞系数趋于零同时导热率趋于无穷大的现象. 由于超流动性的缘故, He-II 可以无任何阻碍地通过容器壁上极其微小、以至于任何具有黏滞性的液体都无法通过的孔隙. 如果容器是敞开的, He-II 甚至可以沿着器壁以薄层的形态自由地攀援而上, 从而流出容器. He-II 的上述异常性质是 1938 年由英国物理学家阿伦[①] 等以及苏联物理学家卡皮查[②] 几乎同时发现的, 超流这个名词就是卡皮查命名的. 对于 ^4He 而言, 在温度低于 2.17K 时超流和超导热性质就会出现; 而作为对照, 具有费米子特性的 ^3He 需要温度低于 3mK 时才会出现超流性质. 下面将介绍的朗道超流理论所描述的对象是液态 ^4He 的超流性质.

朗道的 He-II 超流理论实际上是一种二流体唯象理论. 朗道认为, 在绝对零度下, He-II 处于一种静态的超流体状态, 这一状态是 He-II 的绝对背景. 当温度离开绝对零度时,

---

① 阿伦(John Frank Allen), 1908~2001, 出生于加拿大的英国物理学家.

② 卡皮查 (Peter Kapitza), 1894~1984, 苏联物理学家, 1978 年因其在低温物理学方面的杰出贡献获得诺贝尔物理学奖.

He-II 中开始激发出具有一定能量和动量 (波矢) 的玻色型准粒子, 并且由于 He-II 存在的温度很低, 这些准粒子只能处于低激发态, 它们携带着 He-II 中微观粒子间相互作用的全部信息. 整个系统的能量由基态和处于激发态的准粒子的能量之和给出

$$E = E_0 + \sum_{\boldsymbol{k}} n(\boldsymbol{k})\epsilon(\boldsymbol{k}),$$

而系统的动量则完全由准粒子贡献

$$\boldsymbol{P} = \sum_{\boldsymbol{k}} n(\boldsymbol{k})\hbar\boldsymbol{k}.$$

未激发的超流体背景与处于激发态的准粒子构成的正常流体结合在一起, 构成了朗道对 He-II 超流现象的唯象描述.

　　通过对液氦低温热容的实验结果的分析, 朗道发现, 在 $T < 0.6\mathrm{K}$ 时, He-II 的等容热容与温度的 3 次方成正比, 这一行为类似于声子气体, 因此在 $T < 0.6\mathrm{K}$ 时, He-II 中的准粒子具有声子的特征, 其色散关系为

$$\epsilon_{\mathrm{ph}}(\boldsymbol{k}) = \hbar v_{\mathrm{s}}|\boldsymbol{k}|, \qquad T < 0.6\mathrm{K}, \tag{10.53}$$

其中, v_{s} 表示声速. 当 $T > 0.6\mathrm{K}$ 时, He-II 的等容热容与温度的关系发生明显变化, 相应的准粒子被称作旋子. 旋子的色散关系具有以下形式:

$$\epsilon_{\mathrm{rot}}(\boldsymbol{k}) = \Delta + \frac{\hbar^2}{2m^*}\langle\boldsymbol{k} - \boldsymbol{k}_0, \boldsymbol{k} - \boldsymbol{k}_0\rangle, \qquad T > 0.6\mathrm{K}, \tag{10.54}$$

其中, 常数 Δ 对应准粒子能谱中的一个局部极小值, m^* 表示旋子的有效质量. 以上所描述的声子和旋子的色散关系曲线见图 10.2. 根据实验结果可以推断出以上色散关系中出现的参数的数值. 这些参数并非绝对的常数, 但是它们随温度变化的剧烈程度并不大. 在 $T = 1.1\mathrm{K}$ 的温度下, 这些参数的数值为

$$v_{\mathrm{s}} = 238\mathrm{m}\cdot\mathrm{s}^{-1}, \quad \Delta/k_0 = 8.65\mathrm{K},$$

$$|\boldsymbol{k}_0| = 19.2\mathrm{nm}^{-1}, \quad m^* = 0.16m(^4\mathrm{He}). \tag{10.55}$$

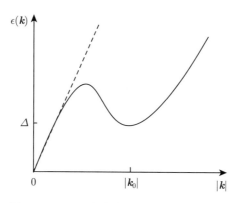

图 10.2　He-II 中准粒子的色散关系示意图

　　下面我们将利用上述色散关系来分析 He-II 的宏观性质. 首先考虑准粒子以声子为主的情况. 在液氦中, 声子所对应的波是纵波, 其极化简并度 $\mathfrak{g} = 1$, 化学势为零. 因此, 声子气体的巨势为

$$
\begin{aligned}
\Omega_{\mathrm{ph}} = F_{\mathrm{ph}} &= k_0 T \sum_{\boldsymbol{k}} \log\left[1 - \mathrm{e}^{-\epsilon_{\mathrm{ph}}(\boldsymbol{k})/(k_0 T)}\right] \\
&= \frac{4\pi V k_0 T}{(2\pi)^3} \int_0^\infty \log\left[1 - \mathrm{e}^{-\hbar v_{\mathrm{s}} k/(k_0 T)}\right] k^2 \mathrm{d}k \\
&= \frac{4\pi V k_0 T}{(2\pi)^3} \left(\frac{k_0 T}{\hbar v_{\mathrm{s}}}\right)^3 \int_0^\infty \log\left(1 - \mathrm{e}^{-x}\right) x^2 \mathrm{d}x \\
&= -\frac{4\pi^5 V}{45} k_0 T \left(\frac{k_0 T}{h v_{\mathrm{s}}}\right)^3 .
\end{aligned}
\tag{10.56}
$$

由此可以推出声子气体的熵、内能以及等容热容分别为

$$
S_{\mathrm{ph}} = -\left(\frac{\partial \Omega}{\partial T}\right)_{V,\mu} = \frac{16\pi^5 V k_0}{45} \left(\frac{k_0 T}{h v_{\mathrm{s}}}\right)^3 ,
\tag{10.57}
$$

$$
E_{\mathrm{ph}} = F_{\mathrm{ph}} + T S_{\mathrm{ph}} = \frac{4\pi^5 V}{15} k_0 T \left(\frac{k_0 T}{h v_{\mathrm{s}}}\right)^3 ,
\tag{10.58}
$$

$$
(C_V)_{\mathrm{ph}} = \left(\frac{\partial E_{\mathrm{ph}}}{\partial T}\right)_{V,\mu} = \frac{16\pi^5 V k_0}{15} \left(\frac{k_0 T}{h v_{\mathrm{s}}}\right)^3 .
\tag{10.59}
$$

　　在温度区间 $0.6\mathrm{K} < T < 2.17\mathrm{K}$ 之内, 必须考虑旋子激发的贡献. 由于在这一温区内 $k_0 T \ll \Delta$, 所以可以采用玻尔兹曼分布来描述旋子的微观态分布. 从色散关系式 (10.54) 可知, 旋子气体是无相互作用的理想气体. 同时, 由于旋子的个数不守恒, 其化学势为零. 因此, 利用玻尔兹曼分布 (3.62) 可以算出平均旋子数为[1]

$$
\begin{aligned}
N_{\mathrm{rot}} &= \int \mathrm{e}^{-\epsilon_{\mathrm{rot}}(\boldsymbol{k})/(k_0 T)} \mathrm{d}\tilde{\mu}(\boldsymbol{q}, \boldsymbol{k}) \\
&= 4\pi V \mathrm{e}^{-\Delta/(k_0 T)} \int_0^\infty \mathrm{e}^{-\frac{\hbar^2}{2m^* k_0 T}\langle \boldsymbol{k}-\boldsymbol{k}_0, \boldsymbol{k}-\boldsymbol{k}_0\rangle} k^2 \mathrm{d}k .
\end{aligned}
\tag{10.60}
$$

作变量代换

$$
\boldsymbol{x} = \left(\frac{\hbar^2}{2m^* k_0 T}\right)^{1/2} (\boldsymbol{k} - \boldsymbol{k}_0),
$$

可以将式 (10.60) 重写为

$$
N_{\mathrm{rot}} \approx 4\pi V |\boldsymbol{k}_0|^2 \mathrm{e}^{-\Delta/(k_0 T)} \left(\frac{2m^* k_0 T}{\hbar^2}\right)^{1/2} \int_{-\infty}^\infty \mathrm{e}^{-x^2} \left[1 + \left(\frac{2m^* k_0 T}{\hbar^2 |\boldsymbol{k}_0|^2}\right) x^2\right] \mathrm{d}x
$$

---

[1] 请注意区别矢量 $\boldsymbol{k}_0$ 的模 $|\boldsymbol{k}_0|$ 与玻尔兹曼常量 k_0.

$$\approx 4\pi V |\boldsymbol{k}_0|^2 \mathrm{e}^{-\Delta/(k_0 T)} \left(\frac{2\pi m^* k_0 T}{\hbar^2} \right)^{1/2}, \tag{10.61}$$

式中利用了 $\dfrac{2m^* k_0 T}{\hbar^2 |\boldsymbol{k}_0|^2} \to 0$ 以及 $\displaystyle\int_{-\infty}^{\infty} \mathrm{e}^{-x^2} x \, \mathrm{d}x = 0$ 等性质, 其中 $x = |\boldsymbol{x}|$.

由于旋子气体是理想气体, 其热物态方程可以写为

$$PV = N_{\mathrm{rot}} k_0 T.$$

因此, 旋子气体的巨势和亥姆霍兹自由能为

$$\Omega_{\mathrm{rot}} = F_{\mathrm{rot}} = -PV = -N_{\mathrm{rot}} k_0 T$$

$$= -4\pi V |\boldsymbol{k}_0|^2 \mathrm{e}^{-\Delta/(k_0 T)} \left(\frac{2\pi m^* k_0 T}{\hbar^2} \right)^{1/2} k_0 T. \tag{10.62}$$

从亥姆霍兹自由能的表达式可以直接计算出旋子系统的熵、内能以及等容热容

$$S_{\mathrm{rot}} = -\left(\frac{\partial F_{\mathrm{rot}}}{\partial T} \right)_V = N_{\mathrm{rot}} k_0 \left(\frac{3}{2} + \frac{\Delta}{k_0 T} \right), \tag{10.63}$$

$$E_{\mathrm{rot}} = F_{\mathrm{rot}} + T S_{\mathrm{rot}} = N_{\mathrm{rot}} \left(\frac{1}{2} k_0 T + \Delta \right), \tag{10.64}$$

$$(C_V)_{\mathrm{rot}} = \left(\frac{\partial E_{\mathrm{rot}}}{\partial T} \right)_V = N_{\mathrm{rot}} k_0 \left[\frac{3}{4} + \frac{\Delta}{k_0 T} + \left(\frac{\Delta}{k_0 T} \right)^2 \right]. \tag{10.65}$$

综合上述分析过程我们可以得到 He-II 的总热容量的表达式

$$C_V = (C_V)_{\mathrm{ph}} + (C_V)_{\mathrm{rot}} = \frac{16\pi^5 V k_0}{15} \left(\frac{k_0 T}{h v_{\mathrm{s}}} \right)^3 + N_{\mathrm{rot}} k_0 \left[\frac{3}{4} + \frac{\Delta}{k_0 T} + \left(\frac{\Delta}{k_0 T} \right)^2 \right].$$

当 $T < 0.6\mathrm{K}$ 时, 声子激发发挥主要作用, 因此 $C_V \propto T^3$; 当 $0.6\mathrm{K} < T < 1\mathrm{K}$ 时, He-II 的热容量由声子和旋子共同决定; 当 T 达到 $1.1\mathrm{K}$ 左右时, He-II 中的旋子处于低激发态, 这时朗道超流理论与实验符合得很好. 总体来看, 在 He-II 超流的理论中, 热容量再次扮演了用宏观手段探索微观相互作用机制的探针的角色.

假定液氦系统处于绝对零度附近的超流状态, 系统的总质量为 M, 同时具有一个整体流动, 流速为 $\boldsymbol{v}$. 这时系统的总能量、总动量可以分别表达为

$$E = \frac{1}{2} M \langle \boldsymbol{v}, \boldsymbol{v} \rangle, \quad \boldsymbol{P} = M \boldsymbol{v}.$$

如果在上述系统中激发一个能量为 $\epsilon(\boldsymbol{k})$、动量为 $\boldsymbol{p} = \hbar \boldsymbol{k}$ 的准粒子, 那么系统的总能量、总动量均会发生改变, 并且这两者的改变量之间成正比

$$\delta E = \langle \boldsymbol{v}, \delta \boldsymbol{P} \rangle.$$

根据能量和动量的守恒律, 有

$$\delta E = -\epsilon(\boldsymbol{k}), \qquad \delta \boldsymbol{P} = -\hbar \boldsymbol{k}.$$

因此有

$$\epsilon(\boldsymbol{k}) = \langle \boldsymbol{v}, \hbar \boldsymbol{k} \rangle \leqslant \hbar |\boldsymbol{v}| \cdot |\boldsymbol{k}|,$$

或者写为

$$|\boldsymbol{v}| \geqslant \frac{\epsilon(\boldsymbol{k})}{\hbar |\boldsymbol{k}|}.$$

上式表明, 若想在液氦中激发一个波矢为 $\boldsymbol{k}$、能量为 $\epsilon(\boldsymbol{k})$ 的准粒子, 那么液氦系统的整体流动速率至少要达到上式右边的数值. 如果引入临界速率

$$v_{\mathrm{c}} = \min \left[\frac{\epsilon(\boldsymbol{k})}{\hbar |\boldsymbol{k}|} \right],$$

那么就可以将液氦中不能激发出准粒子、因而继续保持超流性质的条件写为

$$|\boldsymbol{v}| < v_{\mathrm{c}}.$$

这一条件称为液氦保持超流特性的朗道判据. v_{c} 的理论值可以用条件

$$\frac{\mathrm{d}}{\mathrm{d}|\boldsymbol{k}|} \left[\frac{\epsilon(\boldsymbol{k})}{\hbar |\boldsymbol{k}|} \right] = 0$$

求得. 对于声子激发而言, 这个理论值应为

$$v_{\mathrm{c}} = v_{\mathrm{s}} \approx 238 \mathrm{m/s},$$

而对于旋子激发来说, 当 $|\boldsymbol{k}| \approx |\boldsymbol{k}_0|$ 时, v_{c} 的理论值为

$$v_{\mathrm{c}} \approx \frac{\Delta}{\hbar |\boldsymbol{k}_0|} \approx 58 \mathrm{m/s}.$$

以上两种临界速率都比实验测得的临界速率 $(0.1 \sim 70 \mathrm{cm/s}$, 具体数值与毛细管内径有关) 大得多. 为了解决这个困难, 费曼提出液氦中可能存在第三种准粒子激发, 并将其称为量子化涡旋, 相应的色散关系为 $\epsilon(\boldsymbol{k}) \sim |\boldsymbol{k}|^{1/2}$. 利用量子化涡旋计算出来的临界速率与实验值大致相符.

应该指出, 朗道超流理论主要的目标是解释 He-II 的超流现象, 它并不适用于解释 ^{3}He 的超流性质. 对于 ^{3}He 来说, 在 3mK 的温度下, 将会发生从正常费米液体到超流体的相变, 其标志是液态 ^{3}He 中的电子开始形成能量低于费米能的玻色型束缚态, 即所谓的库珀对. 描述这一相变的一个可行的理论模型是第 9 章中介绍过的金兹堡–朗道理论, 其中的序参量可以选择为库珀对的凝聚, 即构成库珀对的两个电子的单粒子波函数所构成的二次型 $\sigma_{ss'}(\boldsymbol{q}) = \psi_s(\boldsymbol{q})\psi_{s'}(\boldsymbol{q})$ 的期望值, 其中 s, s' 是两个电子的自旋量子数. 当 s 和 s' 的指向相反时, 对应的库珀对自旋为零, 称为 s-波库珀对.

讨论和评述

　　本节所介绍的朗道 He-II 超流理论仅涉及 He-II 的平衡态描述. 这个理论有意回避了玻色–爱因斯坦凝聚在 He-II 超流机制中所起的作用, 这可能是由于朗道本人对玻色–爱因斯坦凝聚持有怀疑态度. 根据更为现代的研究结果, 在 He-II 超流问题中的确伴随着玻色–爱因斯坦凝聚现象. 限于本书的篇幅和预设的读者对象, 我们将不就这一领域进一步展开讨论, 感兴趣的读者可以参阅 A. J. Leggett, *Quantum liquids: Bose condensation and Cooper pairing in condensed-matter system*, Oxford Univ Press 2006. 在以上著作中不仅可以了解到玻色–爱因斯坦凝聚与 He-II 超流现象的关系, 还可以进一步学习到本书没有触及的处于非平衡态的 He-II 超流现象的理论.

10.3.2　拉廷格液体简介

　　拉廷格[①] 液体是处理 1 维金属导体中相互作用电子系统 (也就是一种 1 维量子液体) 的有效理论, 其最初的想法来源于朝永振一郎[②] 在 1950 年的工作, 而拉廷格则在 1963 年对朝永振一郎的工作进行了改进, 去除了一些不必要的限制. 不过, 拉廷格的处理依然存在一些错误. 对拉廷格液体真正建立正确描述的是马蒂斯[③] 和里布[④], 他们在 1965 年发表的文章[⑤] 是有关拉廷格液体的第一个正确的理论模型. 习惯上依然将他们的模型称为拉廷格液体理论.

　　拉廷格液体理论的要点在于将 1 维空间中的费米型粒子–空穴对看成一个玻色子, 并用处理相互作用玻色粒子系统的方法来分析 1 维费米液体的行为. 这种将粒子–空穴对处理成玻色子的方法称为玻色化. 玻色化是 1 维费米系统所独有的特性.

　　考虑下面的自由费米系统的哈密顿量[⑥]

$$\hat{H}_0 = \sum_k \epsilon(k) c_k^\dagger c_k,$$

式中, k 表示自由费米子的波数[⑦], $c_k^\dagger$ 和 c_k 分别表示产生和湮灭一个费米子的算符, 它们的乘积表示费米子的粒子数算符. 这些算符满足费米型算符的反对易关系

$$\{c_k, c_{k'}\} = \{c_k^\dagger, c_{k'}^\dagger\} = 0, \qquad \{c_k, c_{k'}^\dagger\} = \delta_{k,k'}. \tag{10.66}$$

---

　　① 拉廷格 (Joaquin Mazdak Luttinger), 1923~1997, 美国物理学家, 主要学术贡献是有关 1 维金属导体中相互作用电子系统的理论.

　　② 朝永振一郎(Shin'ichirō Tomonaga), 1906~1979, 日本物理学家, 1965 年诺贝尔物理学奖获得者之一.

　　③ 马蒂斯(Daniel C. Mattis), 美国物理学家, 生于 1932 年 9 月 8 日.

　　④ 里布(Elliott H. Lieb), 美国物理学家、数学家, 生于 1932 年 7 月 31 日.

　　⑤ 参见 D. C. Mattis, E. H. Lieb, Exact solution to a many-fermion system and its associated bosonfield, J. Math. Phys. V6, No.2 (1965) p13.

　　⑥ 本节的讨论主要参照 H. J. Schulz, Fermi liquids and non-Fermi liquids, arXiv: cond-mat/9503150 进行.

　　⑦ 因为现在所考虑的空间是 1 维的, 波矢仅有 1 个分量, 因此称其为波数.

　　1 维系统的费米面退化为波矢分别为 $\pm k_{\mathrm{F}}$ 的两个点, 称为费米点. 在费米点附近波数宽度为 Λ 的范围内, 费米子的能量 $\epsilon(k)$ 可以分别展开为

$$\epsilon(k) = \epsilon_{\mathrm{F}} + \hbar v_{\mathrm{F}}(k - k_{\mathrm{F}}), \quad k \approx k_{\mathrm{F}},$$

$$\epsilon(k) = \epsilon_{\mathrm{F}} - \hbar v_{\mathrm{F}}(k + k_{\mathrm{F}}), \quad k \approx -k_{\mathrm{F}},$$

其中, $\epsilon = \dfrac{\hbar^2 k_{\mathrm{F}}^2}{2m}$ 以及 $v_{\mathrm{F}} = \dfrac{\hbar k_{\mathrm{F}}}{m}$ 分别是费米能和费米速度. 利用以上展开式可以分别定义左行和右行的费米子的相对能量

$$\delta\epsilon(k) = \epsilon(k) - \epsilon_{\mathrm{F}} = \pm\hbar v_{\mathrm{F}}(k \mp k_{\mathrm{F}}),$$

其中上面的符号对应右行费米子, 下面的符号对应左行费米子. 去除一个不重要的常数项 $\hbar v_{\mathrm{F}} k_{\mathrm{F}}$ 后, 可以将两种费米子贡献的无相互作用哈密顿量写为

$$\hat{H}_0 = \sum_{k=k_{\mathrm{F}}-\Lambda}^{k_{\mathrm{F}}+\Lambda} \hbar v_{\mathrm{F}} k (c_{\mathrm{R},k}^\dagger c_{\mathrm{R},k} - c_{\mathrm{L},k}^\dagger c_{\mathrm{L},k}), \tag{10.67}$$

其中, $c_{\mathrm{L},k}^\dagger$、$c_{\mathrm{R},k}^\dagger$ 分别对应左行、右行费米子的产生算符, $c_{\mathrm{L},k}$、$c_{\mathrm{R},k}$ 则分别对应左行、右行费米子的湮灭算符. 在拉廷格液体模型中, 上式中的波数范围 Λ 被推广到无穷大, 因此, 左行、右行费米子成为不受限制的两支独立的费米子.

　　利用左行、右行费米子的产生、湮灭算符可以构造下面的玻色型算符:

$$\rho_+(\kappa) = \sum_k c_{\mathrm{R},k+\kappa}^\dagger c_{\mathrm{R},k}, \qquad \rho_-(\kappa) = \sum_k c_{\mathrm{L},k+\kappa}^\dagger c_{\mathrm{L},k}.$$

通过直接计算可以证明

$$[\rho_+(-\kappa), \rho_+(\kappa')] = [\rho_-(\kappa), \rho_-(-\kappa')] = \delta_{\kappa,\kappa'} \frac{\kappa L}{2\pi}, \tag{10.68}$$

$$[\rho_+(\kappa), \rho_-(\kappa')] = 0, \tag{10.69}$$

式中, L 是该 1 维系统的长度. 注意, 当 $\kappa = 0$ 时, $\rho_\pm(0)$ 分别就是右行和左行费米子的粒子数算符; 当 $\kappa > 0$ 时, $\rho_+(-\kappa)$ 和 $\rho_-(\kappa)$ 的行为类似于一个波数为 κ 的玻色子的湮灭算符, 而 $\rho_+(\kappa)$ 和 $\rho_-(-\kappa)$ 则类似于相应的玻色子的产生算符. 从算符 $\rho_\pm(\kappa)$ 的定义来看, 它们作用在费米系统的基态上的效果是湮灭一个波数为 k 的费米子形成空穴, 同时激发一个波数为 $k+\kappa$ 的费米子, 形成总波数为 κ 的粒子-空穴对. 这对粒子-空穴对被等效地解释为一个波数为 κ 的玻色型准粒子.

　　利用简单的计算还可以验证以下关系式:

$$[\hat{H}_0, \rho_\pm(\kappa)] = \pm\hbar v_{\mathrm{F}} \kappa \, \rho_\pm(\kappa).$$

因此, 由算符 $\rho_+(\kappa)$ 作用在玻色子的真空态产生出来的状态刚好就是 $\hat{H}_0$ 的本征态, 相应的本征值为 $v_F\kappa$. 所以, 无相互作用的哈密顿量 $\hat{H}_0$ 可以被重新写为

$$\hat{H}_0 = \frac{2\pi\hbar v_F}{L} \sum_{\kappa > 0} \Big[\rho_+(\kappa)\rho_+(-\kappa) + \rho_-(-\kappa)\rho_-(\kappa) \Big],$$

容易验证它与式 (10.67) 所满足的对易关系是完全相同的.

为了描述 1 维费米液体的行为, 还必须考虑相互作用对哈密顿量带来的修正. 在 1 维系统中, 相互作用来自费米子之间的散射. 在最简单的情况下, 仅考虑所谓的向前散射 $(k_F, -k_F) \to (k_F, -k_F)$ 或者 $(k_F, k_F) \to (k_F, k_F)$, 相互作用哈密顿量可以写为

$$\hat{H}_{\mathrm{int}} = \frac{\hbar}{2L} \sum_{\kappa} \Big\{ 2g_2(\kappa)\rho_+(\kappa)\rho_-(-\kappa) + g_4(\kappa)\Big[\rho_+(\kappa)\rho_+(-\kappa) + \rho_-(-\kappa)\rho_-(\kappa) \Big] \Big\},$$

式中, $g_2(\kappa)$ 和 $g_4(\kappa)$ 分别表示玻色准粒子的两体相互作用强度, 它们都来自相应的坐标表象波函数的交叠积分. 理论上它们都是 κ 的函数, 并且具有速度的量纲, 但是在简化版的模型中可以将它们当成常数. 将 $\hat{H}_0$ 与 $\hat{H}_{\mathrm{int}}$ 合在一起, 就构成了最简单的朝永振一郎–拉廷格模型. 这是一个可以精确求解的模型, 其激发谱的色散关系可以写为

$$\epsilon(\kappa) = \hbar|\kappa| \left\{ \left[v_F + \frac{g_4(\kappa)}{2\pi} \right]^2 - \left[\frac{g_2(\kappa)}{2\pi} \right]^2 \right\}^{1/2}.$$

原则上, 利用上述色散关系可以进一步通过统计物理的方法来求得拉廷格液体的平衡态性质, 这里不就此作进一步讨论.

在具体实践中, 将上述哈密顿量中出现的玻色算符通过傅里叶变换变成玻色场算符往往会使问题的描述更加简化. 为此引入如下的玻色场算符:

$$\phi(x) = -\hbar^{1/2} \left\{ \frac{\mathrm{i}\pi}{L} \sum_{\kappa \neq 0} \frac{1}{\kappa} \mathrm{e}^{-\alpha|\kappa|/2 - \mathrm{i}\kappa x} \big[\rho_+(\kappa) + \rho_-(\kappa) \big] + N\frac{\pi x}{L} \right\}, \tag{10.70}$$

$$\Pi(x) = \hbar^{1/2} \left\{ \frac{1}{L} \sum_{\kappa \neq 0} \mathrm{e}^{-\alpha|\kappa|/2 - \mathrm{i}\kappa x} \big[\rho_+(\kappa) - \rho_-(\kappa) \big] + \frac{J}{L} \right\}, \tag{10.71}$$

式中, $N = N_+ - N_-$, $J = N_+ - N_-$, N_+ 与 N_- 分别表示从基态中激发出来的右行及左行粒子的个数; $\alpha \to 0$ 是一个微小的正规化参数, 引入它的目的是保证上述玻色场定义式中的无穷求和收敛. 上述玻色场满足标准的对易关系

$$[\phi(x), \Pi(y)] = \mathrm{i}\hbar\delta(x - y),$$

而且场 $\phi(x)$ 的梯度与局域的粒子数密度呈线性关系:

$$\frac{\partial\phi(x)}{\partial x} = -\hbar^{1/2}\pi\big[\rho(x) - \rho_0 \big],$$

式中, ρ_0 表示基态的平均粒子数密度.

如果忽略相互作用强度 g_2 和 g_4 对波数的依赖而将它们看成常数, 那么朝永振一郎–拉廷格模型的总哈密顿量 $\hat{H} = \hat{H}_0 + \hat{H}_{\mathrm{int}}$ 可以用上述玻色场重新表达为

$$H = \int \mathrm{d}x\, \frac{u}{2} \left\{ \pi K\, \Pi(x)^2 + \frac{1}{\pi K} \left[\partial_x \phi(x) \right]^2 \right\}, \tag{10.72}$$

式中

$$u = \left\{ \left[v_{\mathrm{F}} + g_4/(2\pi) \right]^2 - g_2^2/(2\pi)^2 \right\}^{1/2}, \qquad K = \left(\frac{2\pi v_{\mathrm{F}} + g_4 - g_2}{2\pi v_{\mathrm{F}} + g_4 + g_2} \right)^{1/2}.$$

这个哈密顿量实际上就是一个弹性弦的哈密顿量, 其本征值为 $\hbar\omega(\kappa)$, 其中 $\omega(\kappa) = u|\kappa|$. 需要强调的一个特点是: 上述哈密顿量的任意一个本征激发模式都是原来的费米系统的集体行为而非个别自由度的行为. 在拉廷格液体中无法定义单粒子激发态.

在以上所描述的 1 维液体模型中缺失了对费米子的一个重要属性, 即自旋自由度的描述. 如果将费米子的自旋纳入考虑, 上述模型需要进一步修改. 为了简单, 我们只考虑自旋为 1/2 的费米子. 这时, 无相互作用的哈密顿量需要修改为

$$\begin{aligned}
\hat{H}_0 &= \hbar v_{\mathrm{F}} \sum_{k,s} \left[(k - k_{\mathrm{F}}) c_{\mathrm{R},k,s}^{\dagger} c_{\mathrm{R},k,s} - (k + k_{\mathrm{F}}) c_{\mathrm{L},k,s}^{\dagger} c_{\mathrm{L},k,s} \right] \\
&= \frac{2\pi \hbar v_{\mathrm{F}}}{L} \sum_{\kappa > 0, s} \left[\rho_{+,s}(\kappa) \rho_{+,s}(-\kappa) + \rho_{-,s}(-\kappa) \rho_{-,s}(\kappa) \right],
\end{aligned} \tag{10.73}$$

式中

$$\rho_{+,s}(\kappa) = \sum_k c_{\mathrm{R},k+\kappa,s}^{\dagger} c_{\mathrm{R},k,s}, \qquad \rho_{-,s}(\kappa) = \sum_k c_{\mathrm{L},k+\kappa,s}^{\dagger} c_{\mathrm{L},k,s}.$$

当考虑相互作用时, 向前散射的贡献与不考虑自旋的模型相似

$$\begin{aligned}
\hat{H}_{\mathrm{int}1} = \frac{\hbar}{2L} \sum_{\kappa,s,s'} \bigg\{ & 2g_2(\kappa) \rho_{+,s}(\kappa) \rho_{-,s'}(-\kappa) + g_4(\kappa) \\
& \left[\rho_{+,s}(\kappa) \rho_{+,s'}(-\kappa) + \rho_{-,s}(-\kappa) \rho_{-,s'}(\kappa) \right] \bigg\},
\end{aligned}$$

与此同时, 还需要考虑向后散射 $(k_{\mathrm{F}}, s, -k_{\mathrm{F}}, s') \to (-k_{\mathrm{F}}, s, k_{\mathrm{F}}, s')$ 的贡献, 而这一关系并不能用玻色算符 $\rho_{\pm,s}(\kappa)$ 写成封闭的形式, 因此只能用原始的费米子产生、湮灭算符来表达

$$\hat{H}_{\mathrm{int}2} = \frac{\hbar}{L} \sum_{k,k',s,s'} g_1 c_{\mathrm{R},k,s}^{\dagger} c_{\mathrm{L},k',s'}^{\dagger} c_{\mathrm{R},k+k'-2k_{\mathrm{F}},s'} c_{\mathrm{L},k-k'-2k_{\mathrm{F}},s}.$$

为了将完整的哈密顿量表示成类似于式 (10.70) 和式 (10.71) 的玻色场的形式, 我们先针对自旋的每一取值定义相应的玻色场 $\phi_{\uparrow}(x), \phi_{\downarrow}(x)$ 以及 $\Pi_{\uparrow}(x), \Pi_{\downarrow}(x)$[①], 然后作下面的

---

① 为此只需要将式 (10.70) 和式 (10.71) 中的 $\rho_{\pm}(\kappa)$ 更换为 $\rho_{\pm,s}(\kappa)$, 其中 $s = \uparrow$ 或者 $s = \downarrow$.

组合:

$$\phi_c(x) = \frac{1}{\sqrt{2}} \big[\phi_\uparrow(x) + \phi_\downarrow(x)\big], \qquad \Pi_c(x) = \frac{1}{\sqrt{2}} \big[\Pi_\uparrow(x) + \Pi_\downarrow(x)\big], \tag{10.74}$$

$$\phi_s(x) = \frac{1}{\sqrt{2}} \big[\phi_\uparrow(x) - \phi_\downarrow(x)\big], \qquad \Pi_s(x) = \frac{1}{\sqrt{2}} \big[\Pi_\uparrow(x) - \Pi_\downarrow(x)\big]. \tag{10.75}$$

带下标 c 的场对自旋反演是对称的, 这些场称为电荷场, 而带下标 s 的场对自旋反演是反对称的, 这些场称为自旋场. 以上引入的玻色场满足下面的对易关系:

$$[\phi_\mu(x), \Pi_\nu(y)] = \mathrm{i}\hbar \delta_{\mu\nu} \delta(x - y), \qquad \mu, \nu = c, s.$$

利用上述玻色场可以将考虑自旋后的拉廷格液体模型的总哈密顿量写为

$$\hat{H} = \hat{H}_c + \hat{H}_s + \hat{H}_{\mathrm{int}}, \tag{10.76}$$

$$\hat{H}_\nu = \int \mathrm{d}x \, \frac{u_\nu}{2} \left\{ \pi K_\nu \, \Pi_\nu(x)^2 + \frac{1}{\pi K_\nu} \big[\partial_x \phi_\nu(x)\big]^2 \right\}, \qquad \nu = c, s, \tag{10.77}$$

$$\hat{H}_{\mathrm{int}} = \frac{2\hbar g_1}{(2\pi\alpha)^2} \int \mathrm{d}x \cos\big[\sqrt{8}\hbar^{-1/2} \phi_s(x)\big], \tag{10.78}$$

式中

$$u_\nu = \big[(v_{\mathrm{F}} + g_{4,\nu}/\pi)^2 - g_\nu^2/(2\pi)^2\big]^{1/2}, \qquad K_\nu = \left(\frac{2\pi v_{\mathrm{F}} + 2g_{4,\nu} - g_\nu}{2\pi v_{\mathrm{F}} + 2g_{4,\nu} + g_\nu}\right)^{1/2},$$

且有

$$g_c = g_1 - 2g_2, \quad g_s = g_1, \quad g_{4,c} = g_4, \quad g_{4,s} = 0.$$

如果 $g_1 = 0$, 上述模型的哈密顿量本征值可以精确求出; 而当 $g_1 \neq 0$ 时, 则只能将 $\hat{H}_{\mathrm{int}}$ 的贡献作为微扰来分析. 无论是哪一种情况, 上述玻色化的哈密顿量的本征值描述的都是拉廷格液体的集体效应而不是个别自由度的激发. 需要注意的是: 哈密顿量中出现的参数 u_ν 表达的是电荷 ($\nu = c$) 以及自旋 ($\nu = s$) 自由度的传播速度, 而且一般有 $u_c \neq u_s$. 因此, 可以预期在带自旋的拉廷格液体中, 电荷和自旋自由度的动力学是可以完全分离的. 这是拉廷格液体区别于费米液体的主要特征之一.

讨论和评述

　　关于拉廷格液体的平衡态以及非平衡态性质还可以进一步作更细致的分析, 但是相关的内容已经超出本书的写作计划. 本章的目的并不是要给出有关量子液体的完整理论, 而仅仅是提供进一步学习的部分线索. 关于量子液体的进一步细致描述可以在 "高等统计物理" 的教学内容中安排, 而更新近的发展则建议读者参阅有关的专业文献.

本章人物：朗道

朗道

列夫·达维多维奇·朗道 (Lev Davidovich Landau, 1908~1968)，苏联犹太人，号称世界上最后一个全能的物理学家，因凝聚态特别是液氦的先驱性理论被授予 1962 年诺贝尔物理学奖.

朗道于 1924 年进入列宁格勒大学物理系学习. 在大学期间，他全身心地投入学习，并且为物理学中到处可见的理论之美而着迷. 他是典型的浪漫派科学家. 他曾经表示："漂亮姑娘都和别人结婚了，现在只能追求一些不太漂亮的姑娘了." 这里漂亮姑娘指的是量子力学，朗道为错过了量子力学的奠基时期而颇感惋惜.

1927~1929 年间，朗道游学欧洲，期间结识了诸多顶尖的物理学家，其中包括在卡文迪什实验室工作的同胞——彼得·卡皮查. 在访问丹麦期间他与尼尔斯·玻尔交往甚密. 这两人在 1938 年 4 月朗道因苏联内部的政治原因入狱后极力营救，并使得朗道最终于 1940 年获得释放.

朗道思想敏锐，学识广博，精通理论物理学的许多分支. 在他 50 岁生日时，朋友们列举了他对物理学的十大重要贡献：①引入了量子统计力学中的密度矩阵概念 (1927)；②金属中自由电子的抗磁性理论 (1930)；③二级相变理论 (1936~1937)；④铁磁体的磁畴结构和反铁磁性的解释 (1935)；⑤超导电性混合态理论 (1943)；⑥原子核的统计理论 (1937)；⑦液态氦 II 超流动性的量子理论 (1940~1941)；⑧真空对电荷的屏蔽效应理论 (1954)；⑨费米液体的量子理论 (1956)；⑩弱相互作用的 CP 不变性理论 (1957). 尤其是在量子液体的理论方面，他的贡献更为突出.

朗道还是一位杰出的理论物理教育家. 由他提议并亲自参与撰写的朗道-栗弗席兹理论物理学教程 (全十卷) 至今仍是风靡世界的优秀理论物理学教材.

1962 年 1 月，正值学术生涯巅峰时期的朗道在上班途中因一场车祸丧失了从事研究工作的能力. 同年年底，诺贝尔奖委员会破例在莫斯科为他颁发了诺贝尔物理学奖. 6 年以后，60 岁的朗道与世长辞.

第10章习题

10.1 请重温非平衡系统中横向动量输运现象的统计描述 (可查找资料), 并给出剪切黏滞系数的计算过程.

10.2 试求出理想气体中声速与温度之间的关系.

10.3 写出物质分布具有球对称性的流体系统在自身引力作用下的流体静平衡方程并探讨球体中心压强随物质密度分布变化的行为.

10.4 试利用色散关系 $\epsilon(\boldsymbol{k}) \sim |\boldsymbol{k}|^{1/2}$ 并通过文献调研探讨量子化涡旋对 He-II 超流现象的影响.

10.5 试探讨为什么玻色化只能在空间维度为 1 的费米系统内实现.

10.6 试利用傅里叶变换以及拉普拉斯变换求解微分方程 (10.51) 对应的初值问题.

10.7 试验证对易关系式 (10.68) 和(10.69).

第10章

参 考 文 献

梁希侠, 班士良. 2008. 统计热力学. 北京: 科学出版社.

林宗涵. 2006. 热力学与统计物理学. 北京: 北京大学出版社.

欧阳容百. 2007. 热力学与统计物理. 北京: 科学出版社.

苏汝铿. 2013. 统计物理学. 北京: 高等教育出版社.

汪志诚. 2003. 热力学·统计物理. 北京: 高等教育出版社.

王竹溪. 1964. 热力学简程. 北京: 人民教育出版社.

王竹溪. 1965. 统计物理导论. 北京: 高等教育出版社.

周子舫, 曹兆烈. 2014. 热学 热力学与统计物理 (下册). 2 版. 北京: 科学出版社.

Askerov B M, Figarova S R. 2010. Thermodynamics, Gibbs Method and Statistical Physics of Electron Gases. Berlin: Springer.

Baus M, Tejero C F. 2008. Equilibrium Statistical Physics: Phases of Matter and Phase Transitions. Berlin: Springer.

Blundell S J, Blundell K M. 2010. Concepts in Thermal Physics. Oxford: Oxford University Press.

Boyd T J M, Sanderson J J. 2003. The Physics of Plasmas. Cambridge: Cambridge University Press.

Castro C D, Raimondi R. 2015. Statistical Mechanics and Applications in Condensed Matter. Cambridge: Cambridge University Press.

Fai L C, Wysin G M. 2013. Statistical Thermodynamics: Understanding the Properties of Macroscopic Systems. Boca Raton: CRC Press.

Goldstein R J, Rutherford P H. 1995. Introduction to Plasma Physics. Bristol: Institute of Physics Publishing.

Greiner W, Neise I L, Stöcker I H. 1995. Thermodynamics and Statistical Mechanics. Berlin: Springer.

Halley J W. 2006. Statistical mechanics: From First Principles to Macroscopic Phenomena. Cambridge: Cambridge University Press.

Hardy R J, Binek C. 2014. Thermodynamics and Statistical Mechanics: An Integrated Approach. Chichester: John Wiley & Sons, Ltd.

Helrich C S. 2009. Modern Thermodynamics with Statistical Mechanics. Berlin: Springer-Verlag.

Huang K. 1987. Statistical Mechanics, 2nd ed. New York: John Wiley & Sons Inc.

Kardar M. 2007. Statistical Physics of Particles. Cambridge: Cambridge University Press.

Kaznessis Y N. 2012. Statistical Thermodynamics and Stochastic Kinetics: An Introduction for Engineers. Cambridge: Cambridge University Press.

Landau L D, Lifshitz E M. 1980. Statistical Physics, Part I, 3rd Revised ed. Oxford: Butterworth-Heinemann.

Leggett A J. 2006. Quantum liquids: Bose Condensation and Cooper Pairing in Condensed-Matter System. Oxford: Oxford University Press.

McCoy B M. 2010. Advanced Statistical Mechanics. Oxford: Oxford University Press.

Nozieres P, Pines D. 2000. The Theory of Quantum Liquid. Boca Raton: CRC Press.

Pathria R K, Paul D. 2011. Beale, Statistical Mechanics. 3rd ed. Amsterdam: Elsevier.

Peliti L. 2011. Statistical Mechanics in a Nutshell. Prinston: Prinston University Press.

Schwabl F. 2006. Statistical Mechanics, 2nd ed. Berlin: Springer.

Stowe K. 2007. An Introduction to Thermodynamics and Statistical Mechanics. Cambridge: Cambridge University Press.

附录 A　数 学 附 录

A.1　Γ 函数与黎曼 ζ 函数

A.1.1　Γ 函数

Γ 函数的定义为

$$\Gamma(z) = \int_0^\infty \mathrm{e}^{-t} t^{z-1} \mathrm{d}t. \tag{A.1}$$

这是一个标准的特殊函数. 利用分部积分可以证明 Γ 函数满足如下递推关系:

$$\Gamma(z+1) = z\,\Gamma(z).$$

因此, 若 $z = n$ 是正整数, 则有

$$\Gamma(n+1) = n!\,\Gamma(1).$$

从定义可以直接算出

$$\Gamma(1) = \int_0^\infty \mathrm{e}^{-t} \mathrm{d}t = 1.$$

所以,

$$\Gamma(n+1) = n!.$$

对于 z 是半奇数的情况, 我们有

$$\Gamma\left(\frac{2k+1}{2}\right) = \frac{(2k-1)!!}{2^k}\Gamma\left(\frac{1}{2}\right),$$

其中

$$(2m-1)!! = 1 \cdot 3 \cdot 5 \cdot \cdots \cdot (2m-1)$$

表示从 1 到 $2m-1$ 的所有奇数的连乘积, 而上式中出现的特殊值 $\Gamma\left(\dfrac{1}{2}\right)$ 可以用 Γ 函数的定义直接算出:

$$\Gamma\left(\frac{1}{2}\right) = \int_0^\infty \mathrm{e}^{-t} t^{-1/2} \mathrm{d}t = 2\int_0^\infty \mathrm{e}^{-s^2}\mathrm{d}s = \sqrt{\pi}.$$

注意: 上式最后一步的积分是高斯积分, 其计算方法需要到A.2.1节才能给出.

在物理学的不同领域中, Γ 函数会经常出现, 而且往往其自变量需要延拓到整个复平面. 这时, Γ 函数的极点结构就变得十分重要. 可以证明, 当 z 取值为 0 或任意负整数值时, Γ 函数都会发散. 这是 Γ 函数作为复变函数时最重要的特征之一.

与 Γ 函数密切关联的另一个复变函数是贝塔函数, 其定义为

$$B(z,w) = \int_0^1 t^{z-1}(1-t)^{w-1}\mathrm{d}t, \quad \mathrm{Re}\, z > 0,\, \mathrm{Re}\, w > 0.$$

容易证明这是一个对称函数:

$$B(z,w) = B(w,z).$$

利用 Γ 函数的定义式 (A.1), 有

$$\Gamma(z)\Gamma(w) = \int_0^\infty \mathrm{e}^{-t}t^{z-1}\mathrm{d}t \int_0^\infty \mathrm{e}^{-s}s^{w-1}\mathrm{d}s = \int_0^\infty \int_0^\infty \mathrm{e}^{-(t+s)}t^{z-1}s^{w-1}\mathrm{d}s\,\mathrm{d}t. \tag{A.2}$$

作变量代换 $t \to x : t + s = x$, 有 $0 \leqslant x \leqslant \infty$, $\mathrm{d}t = \mathrm{d}x$, 因此,

$$\Gamma(z)\Gamma(w) = \int_0^\infty \int_0^\infty \mathrm{e}^{-x}(x-s)^{z-1}s^{w-1}\mathrm{d}s\,\mathrm{d}x.$$

进一步作变量代换 $s \to y : s = x(1-y)$, 有 $0 \leqslant y \leqslant 1$ 且 $\mathrm{d}s = -x\mathrm{d}y$. 因此,

$$\Gamma(z)\Gamma(w) = \int_0^\infty \mathrm{e}^{-x}x^{z+w-1}\mathrm{d}x \int_0^1 y^{z-1}(1-y)^{w-1}\mathrm{d}y = \Gamma(z+w)B(z,w).$$

所以有

$$B(z,w) = \frac{\Gamma(z)\Gamma(w)}{\Gamma(z+w)}. \tag{A.3}$$

利用贝塔函数的定义还可以证明

$$B(z,z) = 2^{1-2z}B\left(\frac{1}{2}, z\right).$$

结合式 (A.3) 可以得出 Γ 函数满足的勒让德倍量关系

$$\Gamma(2z) = \frac{2^{2z-1}}{\sqrt{\pi}}\Gamma(z)\Gamma\left(z+\frac{1}{2}\right). \tag{A.4}$$

A.1.2　黎曼 ζ 函数

黎曼 ζ 函数是通过下面的无穷级数来定义的:

$$\zeta(n) = \sum_{k=1}^\infty \frac{1}{k^n}. \tag{A.5}$$

当 $n > 1$ 时, $\zeta(n)$ 的值是有限的正数. 特别地, 我们给出 $\zeta(n)$ 在几个整数和半奇数处的函数值

$$\zeta(2) = \frac{\pi^2}{6} \approx 1.645, \quad \zeta(3) \approx 1.202, \quad \zeta(4) = \frac{\pi^4}{90} \approx 1.082,$$

$$\zeta\left(\frac{3}{2}\right) \approx 2.612, \quad \zeta\left(\frac{5}{2}\right) \approx 1.341, \quad \zeta\left(\frac{7}{2}\right) \approx 1.127.$$

当 $n \leqslant 1$ 时, 式 (A.5) 给出的级数定义不收敛, 因此这时的黎曼 ζ 函数无定义. 不过, 在某些特定的场合下, 对于自变量 $x \leqslant 1$ 的情形, ζ 函数是可以通过所谓的正规化手段给予确定的数值的. 例如, 按照式 (A.5), 可以将 $\zeta(0)$ 写为

$$\zeta(0) = \sum_{k=1}^{\infty} 1 = \lim_{x \to 0} \sum_{k=1}^{\infty} \mathrm{e}^{-kx} = \lim_{x \to 0} \frac{1}{\mathrm{e}^x - 1}.$$

将上式右边展开成关于 x 的级数可得

$$\frac{1}{\mathrm{e}^x - 1} = \frac{1}{x} - \frac{1}{2} + \frac{x}{12} + O(x^3),$$

显然, $\zeta(0)$ 的发散完全来源于上述级数的首项 $1/x$ 的极限. 因此, 正规化后的 $\zeta(0)$ 可以定义为

$$\zeta_{\mathrm{reg}}(0) = \lim_{x \to 0} \left[\zeta(0) - \frac{1}{x} \right] = -\frac{1}{2}.$$

通过类似的方法也可以定义正规化的 $\zeta(-n)$

$$\zeta_{\mathrm{reg}}(-n) = \left(\sum_{k=1}^{\infty} k^n \right)_{\mathrm{reg}} = (-1)^n \lim_{x \to 0} \left(\frac{\mathrm{d}^n}{\mathrm{d}x^n} \sum_{k=1}^{\infty} \mathrm{e}^{-kx} \right)_{\mathrm{reg}}$$
$$= (-1)^n \lim_{x \to 0} \left(\frac{\mathrm{d}^n}{\mathrm{d}x^n} \frac{1}{\mathrm{e}^x - 1} \right)_{\mathrm{reg}}, \tag{A.6}$$

其中等号右边的下标 reg 表示取计算结果中的有限部分, 也就是剔除括号中函数的级数展开式中的一个 x 的负幂次项之后的结果. 例如, 当 $n = 1$ 时, 我们有

$$\zeta_{\mathrm{reg}}(-1) = -\lim_{x \to 0} \left(\frac{\mathrm{d}}{\mathrm{d}x} \frac{1}{\mathrm{e}^x - 1} \right)_{\mathrm{reg}} = -\frac{1}{12}.$$

不难证明, 当 n 为正偶数时, 总有

$$\zeta_{\mathrm{reg}}(-n) = 0.$$

当 n 为正奇数时, $\zeta_{\mathrm{reg}}(-n)$ 的数值总是有限的有理数.

需要注意的是: 在目前常见的数学软件 (如 Mathematica、Maple 等) 中, ζ 函数通过解析延拓被定义在整个复平面上, 其中, 对自变量取小于 1 的实数的情况, 软件给出的函数值已经是正规化后的结果. 对自变量等于 1 的情况, 可以验证用上述方法进行正规化将会是失败的, 原因是 $\zeta(1)$ 所含的发散并非是多项式幂律发散, 而是一种对数发散, 因此无法通过剔除一个简单的幂律发散进行正规化.

在本书中所遇到的 ζ 函数均只使用其原始定义式 (A.5) 而没有考虑其正规化, 因此在使用软件计算 ζ 函数的数值时需特别注意上述差别.

A.2 常用积分公式

A.2.1 高斯积分

计算统计平均值最常遇到的积分是高斯积分, 其定义为

$$I_0 = \int_{-\infty}^{\infty} \mathrm{e}^{-ax^2} \mathrm{d}x,$$

其中 a 是一个正实数. 求 I_0 的数值的一个简易方法如下:

$$I_0^2 = \int_{-\infty}^{\infty} \mathrm{e}^{-ax^2}\mathrm{d}x \int_{-\infty}^{\infty} \mathrm{e}^{-ay^2}\mathrm{d}y = \int_{-\infty}^{\infty} \int_{-\infty}^{\infty} \mathrm{e}^{-a(x^2+y^2)}\mathrm{d}x\mathrm{d}y$$

$$= \int_0^{\infty} \mathrm{e}^{-ar^2}r\mathrm{d}r \int_0^{2\pi} \mathrm{d}\theta = \pi \int_0^{\infty} \mathrm{e}^{-ar^2}\mathrm{d}(r^2) = \frac{\pi}{a}.$$

所以有

$$I_0 = \left(\frac{\pi}{a}\right)^{1/2}.$$

　　与高斯积分有关的积分还有如下的积分:

$$I_n = \int_{-\infty}^{\infty} x^n \mathrm{e}^{-ax^2}\mathrm{d}x.$$

如果整数 n 是奇数, 上述积分中的被积表达式是奇函数, 积分自动为零. 如果 $n = 2m$ 是偶数, 则 I_{2m} 可以通过对 I_0 关于 $-a$ 求 m 次导数得到:

$$I_{2m} = (-1)^m \frac{\mathrm{d}^m}{\mathrm{d}a^m} \int_{-\infty}^{\infty} \mathrm{e}^{-ax^2}\mathrm{d}x$$

$$= (-1)^m \frac{\mathrm{d}^m}{\mathrm{d}a^m} \left(\frac{\pi}{a}\right)^{1/2} = (2m-1)!! \left(\frac{1}{2a}\right)^m \left(\frac{\pi}{a}\right)^{1/2},$$

　　利用以上介绍的高斯积分公式和简单的配方运算还可以得出下面的积分公式:

$$\int_{-\infty}^{\infty} \int_{-\infty}^{\infty} \mathrm{e}^{-ax^2+2bxy-cy^2}\mathrm{d}x\mathrm{d}y = \frac{\pi}{\sqrt{ac-b^2}}. \tag{A.7}$$

若令 $A = \pi^{-1}\sqrt{ac-b^2}$, 则函数

$$p(x,y) = A\mathrm{e}^{-ax^2+2bxy-cy^2} \tag{A.8}$$

在整个 (x,y) 面上的积分归一,

$$\iint p(x,y)\mathrm{d}x\mathrm{d}y = 1.$$

因此, 可以将 $p(x,y)$ 当成一个 2 元的概率密度函数, 并且在这一分布下有

$$\overline{x} = \overline{y} = 0, \tag{A.9}$$

$$\overline{x^2} = \int_{-\infty}^{\infty} \int_{-\infty}^{\infty} x^2\, p(x,y)\,\mathrm{d}x\mathrm{d}y = \frac{c}{2(ac-b^2)}, \tag{A.10}$$

$$\overline{y^2} = \int_{-\infty}^{\infty} \int_{-\infty}^{\infty} y^2\, p(x,y)\,\mathrm{d}x\mathrm{d}y = \frac{a}{2(ac-b^2)}, \tag{A.11}$$

$$\overline{xy} = \int_{-\infty}^{\infty} \int_{-\infty}^{\infty} x\,y\, p(x,y)\,\mathrm{d}x\mathrm{d}y = \frac{b}{2(ac-b^2)}. \tag{A.12}$$

当然, 这些公式成立的条件是: $a > 0, c > 0$ 且 $ac > b^2$. 最后一个式子(A.12)表明, 在由函数 $p(x,y)$ 给出的概率分布中, x 和 y 并不是相互独立的, 它们之间存在一定的关联. 当 $b = 0$ 时, 式 (A.9) ~式 (A.11) 将退化为前述积分 I_n 的某些特例的乘积.

A.2.2 几个特殊类型的积分

1. 积分 $A_n = \int_0^\infty \dfrac{x^n}{e^x - 1} \mathrm{d}x$

这个积分的被积表达式中的因子 $\dfrac{x^n}{e^x - 1}$ 可以作如下的级数展开:

$$\frac{1}{e^x - 1} = \frac{e^{-x}}{1 - e^{-x}} = e^{-x} \sum_{k=0}^{\infty} e^{-kx} = \sum_{k=0}^{\infty} e^{-(k+1)x},$$

所以有

$$A_n = \int_0^\infty x^n \sum_{k=0}^{\infty} e^{-(k+1)x} \mathrm{d}x.$$

引入变量代换 $(k+1)x = t$, 上式可以改写为

$$A_n = \sum_{k=0}^{\infty} (k+1)^{-(n+1)} \int_0^\infty t^n e^{-t} \mathrm{d}t = \zeta(n+1)\Gamma(n+1). \tag{A.13}$$

当 $n \leqslant 1$ 时, 函数 $\zeta(n)$ 发散, 因此积分 A_0 不收敛.

2. 积分 $B_n = \int_0^\infty \dfrac{x^n e^x}{(e^x - 1)^2} \mathrm{d}x$

仿照积分 A_n 的处理过程, 将被积表达式中的因子 $(e^x - 1)^{-2}$ 展开成如下级数:

$$(e^x - 1)^{-2} = e^{-2x} \sum_{k=0}^{\infty} (k+1) e^{-kx}.$$

这样就有

$$\begin{aligned}
B_n &= \sum_{k=0}^{\infty} (k+1) \int_0^\infty x^n e^{-(k+1)x} \mathrm{d}x \\
&= \sum_{k=0}^{\infty} (k+1)^{-n} \int_0^\infty t^n e^{-t} \mathrm{d}t = \zeta(n)\Gamma(n+1). \tag{A.14}
\end{aligned}$$

由于 $\zeta(1)$ 发散, 上式成立且有意义要求 $n > 1$.

3. 积分 $C_n = \int_0^\infty \dfrac{x^n}{e^x + 1} \mathrm{d}x$

这个积分与 A_n 十分类似. 首先需要将被积式中的因子 $(e^x + 1)^{-1}$ 展开成级数形式

$$(e^x + 1)^{-1} = e^{-x} \sum_{k=0}^{\infty} (-1)^k e^{-kx} = \sum_{k=0}^{\infty} (-1)^k e^{-(k+1)x}. \tag{A.15}$$

将这个展开式代入积分 C_n 的定义中, 可得

$$
\begin{aligned}
C_n &= \sum_{k=0}^{\infty} (-1)^k \int_0^{\infty} x^n e^{-(k+1)x} dx \\
&= \sum_{k=0}^{\infty} (-1)^k (k+1)^{-(n+1)} \int_0^{\infty} t^n e^{-t} dt \\
&= \sum_{k=0}^{\infty} \frac{(-1)^k}{(k+1)^{n+1}} \Gamma(n+1).
\end{aligned} \tag{A.16}
$$

为了进一步计算上式中剩余的无穷求和, 我们将其分解为 k 为偶数和奇数两部分:

$$
\begin{aligned}
\sum_{k=0}^{\infty} \frac{(-1)^k}{(k+1)^{n+1}} &= \sum_{m=0}^{\infty} \frac{1}{(2m+1)^{n+1}} - \sum_{m=0}^{\infty} \frac{1}{(2m+2)^{n+1}} \\
&= \sum_{m=0}^{\infty} \frac{1}{(2m+1)^{n+1}} + \sum_{m=0}^{\infty} \frac{1}{(2m+2)^{n+1}} - \sum_{m=0}^{\infty} \frac{2}{(2m+2)^{n+1}} \\
&= \sum_{k=0}^{\infty} \frac{1}{(k+1)^{n+1}} - 2^{-n} \sum_{m=0}^{\infty} \frac{1}{(m+1)^{n+1}} \\
&= (1 - 2^{-n}) \zeta(n+1).
\end{aligned} \tag{A.17}
$$

因此, 积分 C_n 的最终值是

$$
C_n = (1 - 2^{-n}) \zeta(n+1) \Gamma(n+1). \tag{A.18}
$$

从表面上看, 由于 $\zeta(1)$ 发散, C_0 的数值可能有不确定性. 但是从定义出发, 可以直接计算积分 C_0 并得到有限的结果

$$
\begin{aligned}
C_0 &= \int_0^{\infty} \frac{dx}{e^x + 1} = \int_0^{\infty} \frac{e^{-x} dx}{1 + e^{-x}} \\
&= -\int_0^{\infty} \frac{de^{-x}}{1 + e^{-x}} = \int_0^1 \frac{dy}{1+y} = \log(2).
\end{aligned} \tag{A.19}
$$

C_n 的另外几个有用的特例是

$$
C_1 = \frac{1}{2} \zeta(2) \Gamma(2) = \frac{\pi^2}{12}, \tag{A.20}
$$

$$
C_2 = (1 - 2^{-2}) \zeta(3) \Gamma(3) \approx 1.803, \tag{A.21}
$$

$$
C_3 = (1 - 2^{-3}) \zeta(4) \Gamma(4) = \frac{7\pi^4}{720}. \tag{A.22}
$$

4. 积分 $D_n = \displaystyle\int_0^{\infty} \frac{x^n e^x}{(e^x + 1)^2} dx$

与积分 B_n 的处理过程类似, 将被积表达式中的因子 $(e^x + 1)^{-2}$ 展开成如下级数:

$$
(e^x + 1)^{-2} = e^{-2x} \sum_{k=0}^{\infty} (-1)^k (k+1) e^{-kx}.
$$

因而有

$$D_n = \sum_{k=0}^{\infty} (-1)^k (k+1) \int_0^{\infty} x^n e^{-(k+1)x} dx$$

$$= \sum_{k=0}^{\infty} (-1)^k (k+1)^{-n} \int_0^{\infty} t^n e^{-t} dt$$

$$= [1 - 2^{-(n-1)}] \zeta(n) \Gamma(n+1), \tag{A.23}$$

式中利用了式 (A.17). 由于 $\zeta(1)$ 发散, 上式成立且有意义也要求 $n > 1$. 特别地, 对于 $n = 2$ 的特殊情形, 有

$$D_2 = \frac{1}{2} \zeta(2) \Gamma(3) = \frac{\pi^2}{6}. \tag{A.24}$$

5. 函数 $\mathscr{G}_n^{(-)}(\alpha) = \displaystyle\int_0^{\infty} \frac{x^n}{e^{x+\alpha} - 1} dx$

被积式中的因子 $(e^{x+\alpha} - 1)^{-1}$ 可以重写为

$$(e^{x+\alpha} - 1)^{-1} = e^{-(x+\alpha)} \left[1 - e^{-(x+\alpha)} \right]^{-1} = \sum_{k=0}^{\infty} e^{-(x+\alpha)(k+1)}.$$

代入积分 $\mathscr{G}_n^{(-)}(\alpha)$ 的定义中, 可得

$$\mathscr{G}_n^{(-)}(\alpha) = \sum_{k=0}^{\infty} e^{-\alpha(k+1)} \int_0^{\infty} e^{-x(k+1)} x^n dx = \sum_{k=1}^{\infty} \frac{(e^{-\alpha})^k}{k^{n+1}} \int_0^{\infty} e^{-t} t^n dt$$

$$= \Gamma(n+1) \mathrm{Li}_{n+1}(e^{-\alpha}), \tag{A.25}$$

式中

$$\mathrm{Li}_n(z) \equiv \sum_{k=1}^{\infty} \frac{z^k}{k^n}$$

称为多对数函数, 是一个标准的特殊函数, 它在实轴上 $z > 1$ 的区域有一条割线, 在 $z < 1$ 处收敛. 当自变量 $z = 1$ 时, 多对数函数 $\mathrm{Li}_n(z)$ 退化为黎曼 ζ 函数

$$\mathrm{Li}_n(1) = \zeta(n).$$

当 $n = 1$ 时, 多对数函数退化为普通的对数函数

$$\mathrm{Li}_1(z) = -\log(1 - z).$$

$\mathrm{Li}_n(z)$ 被称为多对数函数的原因是它的导数满足下面的关系式:

$$\frac{\mathrm{d}}{\mathrm{d}z} \mathrm{Li}_n(z) = \frac{\mathrm{Li}_{n-1}(z)}{z}.$$

因此有

$$\mathrm{Li}_{n+1}(z) = \int_0^z \mathrm{d}t \, \frac{\mathrm{Li}_n(t)}{t},$$

重复使用上述积分关系式可以发现, n 每增加一个单位, 多对数函数的积分表达式中都会多出一些对数函数.

6. 函数 $\mathscr{G}_n^{(+)}(\alpha) = \displaystyle\int_0^\infty \frac{x^n}{\mathrm{e}^{x+\alpha}+1}\mathrm{d}x$

这个函数的计算过程与 $\mathscr{G}_n^{(-)}(\alpha)$ 类似, 最后结果为

$$\mathscr{G}_n^{(+)}(\alpha) = -\Gamma(n+1)\mathrm{Li}_{n+1}(-\mathrm{e}^{-\alpha}). \tag{A.26}$$

因此, 可以将以上两个特殊积分合写为

$$\mathscr{G}_n^{(\pm)}(\alpha) = \mp\Gamma(n+1)\mathrm{Li}_{n+1}(\mp\mathrm{e}^{-\alpha}). \tag{A.27}$$

由于多对数函数 $\mathrm{Li}_n(z)$ 存在割线, 函数 $\mathscr{G}_n^{(\pm)}(\alpha)$ 虽然写法相近, 但是两者对变量 α 的依赖行为却大不相同. 图 A.1 分别画出了 $n = \dfrac{1}{2}, 1, \dfrac{3}{2}, 2, \dfrac{5}{2}$ 时函数 $\mathscr{G}_n^{(+)}(\alpha)$ 和 $\mathscr{G}_n^{(-)}(\alpha)$ 的图像, 注意 $\mathscr{G}_n^{(+)}(\alpha)$ 对所有的实数 α 都有定义, 而 $\mathscr{G}_n^{(-)}(\alpha)$ 则必须要求 α 满足条件 $\mathrm{e}^{-\alpha} < 1$. 这一性质对解释简并费米气体和简并玻色气体的宏观性质非常重要.

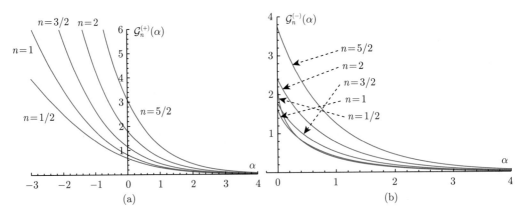

图 A.1　函数 $\mathscr{G}_n^{(\pm)}(\alpha)$ 的图像

函数 $\mathrm{Li}_n(\pm\mathrm{e}^{-\alpha})$ 有一个非常有用的性质, 即对 α 求导时会降阶

$$\frac{\mathrm{d}^k}{\mathrm{d}\alpha^k}\mathrm{Li}_n(\pm\mathrm{e}^{-\alpha}) = (-1)^k\mathrm{Li}_{n-k}(\pm\mathrm{e}^{-\alpha}), \tag{A.28}$$

因此有

$$-\frac{\mathrm{d}}{\mathrm{d}\alpha}\log\mathrm{Li}_n(\mp\mathrm{e}^{-\alpha}) = \frac{\mathrm{Li}_{n-1}(\mp\mathrm{e}^{-\alpha})}{\mathrm{Li}_n(\mp\mathrm{e}^{-\alpha})}. \tag{A.29}$$

当 $n = (D+2)/2$ 时, 这个表达式就是简并量子气体的特征物态参数 $\gamma_D^{(\pm)}(\alpha)$ 的倒数.

A.3　正态分布

如果一个随机变量 x 在 $\pm\infty$ 之间连续取值, 且其分布函数呈高斯函数的形式, 就称其为正态分布. 归一化的正态分布的分布函数为

$$p(x) = \frac{1}{\sqrt{2\pi\sigma^2}}\mathrm{e}^{-\frac{(x-\mu)^2}{2\sigma^2}}, \quad \int_{-\infty}^\infty p(x)\mathrm{d}x = 1. \tag{A.30}$$

利用高斯积分公式不难验证,

$$\overline{x} = \int_{-\infty}^{\infty} xp(x)\mathrm{d}x = \mu, \tag{A.31}$$

$$\overline{(\Delta x)^2} \equiv \overline{x^2} - (\overline{x})^2 = \sigma^2, \tag{A.32}$$

式 (A.31)给出了正态分布的平均值, (A.32)给出了正态分布的方差. 方差的平方根 σ 又称为标准偏差, 它标识了正态分布的宽度（参见图 A.2）.

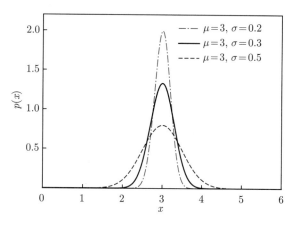

图 A.2 正态分布的分布函数

正态分布的分布函数(A.30)的一个极限可以用来定义狄拉克 δ 函数

$$\delta(x - \mu) = \lim_{\sigma \to 0} p(x) = \lim_{\sigma \to 0} \frac{1}{\sqrt{2\pi\sigma^2}} \mathrm{e}^{-\frac{(x-\mu)^2}{2\sigma^2}}. \tag{A.33}$$

根据上述定义可知, 当方差趋于零时, 正态分布趋于 δ 函数分布.

利用正态分布的性质可以很容易地验证经典的理想气体满足的能量均分定理. 理想气体的经典正则分布函数可以写为

$$\rho(q, p) = \frac{1}{Z_{\mathrm{cl}}} \mathrm{e}^{-\sum_a \frac{\langle \boldsymbol{p}_a, \boldsymbol{p}_a \rangle}{2mk_0 T}}.$$

不难看出, 对于每个粒子的单个动量分量, 上述分布都是关于 $p_i = 0$ 对称的正态分布, 因此, 动量的平均值为零. 与此同时, 每个动量分量的平均平方偏差则为

$$\overline{(\Delta p_i)^2} = mk_0 T.$$

利用 Δp_i 的定义可以知道

$$\overline{E} = \frac{1}{2} NDk_0 T,$$

这就是能量均分定理.

A.4 高维单位球的面积

D 维欧几里得空间中的代数方程 $\sum_{i=1}^{D} x_i^2 = 1$ 定义了一个 $D-1$ 维的单位球面. 在统计物理学中, 经

常要用到 $D-1$ 维单位球面的面积 $\mathscr{A}_{D-1}$, 其中, D 往往是非常大的整数. 为了求出 $\mathscr{A}_{D-1}$ 的表达式, 我们考虑下面的无穷限积分:

$$\mathscr{Q} = \int e^{-\sum_i x_i^2} (\mathrm{d}\boldsymbol{x}), \quad (\mathrm{d}\boldsymbol{x}) \equiv \prod_{i=1}^{D} \mathrm{d}x_i.$$

有两种方法可以计算 $\mathscr{Q}$ 的数值: 一种方法是将该积分化成 D 个彼此独立的高斯积分

$$\mathscr{Q} = \prod_{i=1}^{D} \int_{-\infty}^{\infty} e^{-x_i^2} \mathrm{d}x_i = \pi^{D/2}.$$

另一种方法是引入 D 维球坐标系, 使得被积表达式仅依赖于径向坐标

$$e^{-\sum_i x_i^2} = e^{-r^2}.$$

这时可以将体积元 $(\mathrm{d}\boldsymbol{x})$ 用球坐标系写出,

$$(\mathrm{d}\boldsymbol{x}) = r^{D-1} \mathrm{d}r \mathrm{d}\boldsymbol{\Omega}_{D-1},$$

其中 $\mathrm{d}\boldsymbol{\Omega}_{D-1}$ 是 $D-1$ 维球面上的立体角元. 由于被积表达式与角坐标无关, 我们可以单独地对立体角元进行积分, 得到

$$\int \mathrm{d}\boldsymbol{\Omega}_{D-1} = \mathscr{A}_{D-1},$$

其中的 $\mathscr{A}_{D-1}$ 正是我们要计算的 $D-1$ 维单位球面的面积. 因此, 在球坐标系中积分 $\mathscr{Q}$ 可以表达为

$$\mathscr{Q} = \mathscr{A}_{D-1} \int_0^{\infty} e^{-r^2} r^{D-1} \mathrm{d}r.$$

作变量代换 $r \to t = r^2$, 有

$$\mathscr{Q} = \frac{1}{2} \mathscr{A}_{D-1} \int_0^{\infty} e^{-t} t^{D/2-1} \mathrm{d}t = \frac{\mathscr{A}_{D-1}}{2} \Gamma\left(\frac{D}{2}\right).$$

上式与用高斯积分方法得出的结果对比可得

$$\mathscr{A}_{D-1} = \frac{2\pi^{D/2}}{\Gamma\left(\frac{D}{2}\right)}. \tag{A.34}$$

对于比较低的维数 $D = 1, 2, 3$, 从上式可得

$$\mathscr{A}_0 = 2, \qquad \mathscr{A}_1 = 2\pi, \qquad \mathscr{A}_2 = 4\pi.$$

A.5 连乘积求和规则

设 $\boldsymbol{n} = (n_1, n_2, \cdots, n_D)$ 为 D 维矢量, 其每个分量的取值均可在一定范围内变化. 那么, 对于连乘积函数 $\prod_{j=1}^{D} f(n_j)$, 有

$$\sum_{\boldsymbol{n}} \prod_{j=1}^{D} f(n_j) = \sum_{n_1} \sum_{n_2} \cdots \sum_{n_D} \prod_{j=1}^{D} f(n_j)$$

$$= \left[\sum_{n_1} f(n_1)\right]\left[\sum_{n_2} f(n_2)\right]\cdots\left[\sum_{n_D} f(n_D)\right]$$

$$= \prod_{j=1}^{D}\sum_{n_j} f(n_j). \tag{A.35}$$

上式有时也写作

$$\sum_{\{n_j\}}\prod_{j=1}^{D} f(n_j) = \prod_{j=1}^{D}\sum_{n_j} f(n_j).$$

这时我们不是将 $\boldsymbol{n}$ 当成 D 维矢量, 而是当成由 D 个变量构成的集合来看待. 上述求和规则在本书第 4 章式 (4.25)、第 5 章式 (5.20) 等处曾反复使用.

A.6 勒让德变换

设 $f(x)$ 是一个光滑的实函数. 构造一个二元函数

$$G(x, y) = xy - f(x),$$

如果对固定的 y, 令 $G(x, y)$ 取极值, 即

$$\frac{\partial G(x, y)}{\partial x} = y - f'(x) = 0 \quad \Rightarrow \quad y = f'(x),$$

则函数 $G(x, y)$ 在极值点 $x = x(y)$ 处的值

$$g(y) \equiv G(x(y), y)$$

称为 $f(x)$ 的勒让德变换. 显然, 如果 $f(x)$ 的勒让德变换具有唯一性, 必须要求方程 $y = f'(x)$ 具有唯一解, 而这个条件相当于要求 $f'(x)$ 具有单调性.

对于一元函数 $f(x)$, 如果其一阶导数 $f'(x)$ 是单调上升函数, 则称其为凸函数; 如果其一阶导数 $f'(x)$ 是单调下降函数, 则称其为凹函数. 从几何图像上看, 凸函数所对应的曲线完全出现在其切线的上方, 而凹函数对应的曲线完全出现在其切线的下方. 一个函数的勒让德变换如果唯一, 则它要么是凸函数, 要么是凹函数.

作为例子, 函数 $L(v) = \dfrac{mv^2}{2}$ 的勒让德变换为 $H(p) = \dfrac{p^2}{2m}$. 若 v 代表某一维质点的速度, p 代表同一质点的动量, 则上述勒让德变换实质上就是自由质点的拉格朗日函数到哈密顿函数的变换.

勒让德变换很容易向多元函数进行推广. 设 $f(x_1, x_2, \cdots, x_n)$ 是一个 n 元凸 (凹) 函数, J' 是 $J = \{1, 2, \cdots, n\}$ 的任意子集. 将 J' 的元素的个数记作 m. 显然, $m \leqslant n$, 且存在置换操作 σ, 使得 $J' = \{\sigma(1), \cdots, \sigma(m)\}$. 对给定的 m, 这样的置换操作的选择并不唯一, 但任意符合条件的选择在效果上都是等价的.

构造一个 $(n + m)$ 元函数

$$G(x_1, \cdots, x_n, y_{\sigma(1)}, \cdots, y_{\sigma(m)}) = \sum_{i=1}^{m} x_{\sigma(i)} y_{\sigma(i)} - f(x_1, \cdots, x_n).$$

注意: 上式中仅引入了 m 个新变量 $y_{\sigma(i)}$ $(i = 1, 2, \cdots, m)$. 如果 $m < n$, 我们规定

$$y_{\sigma(j)} = x_{\sigma(j)} \qquad (j = m + 1, \cdots, n).$$

在固定所有 y_i $(i = 1, 2, \cdots, n)$ 的前提下, 令函数 G 取极值

$$\frac{\partial G}{\partial x_{\sigma(i)}} = y_{\sigma(i)} - \frac{\partial f}{\partial x_{\sigma(i)}} = 0 \qquad (i = 1, 2, \cdots, m).$$

极值点的坐标 (即上述方程组的解) 可以在形式上写作

$$x_{\sigma(i)} = x_{\sigma(i)}\left(y_1, y_2, \cdots, y_n\right) \equiv x_{\sigma(i)}(y) \qquad (i = 1, 2, \cdots, m).$$

如果 $m < n$, 函数 $G(x_1, \cdots, x_n, y_{\sigma(1)}, \cdots, y_{\sigma(m)})$ 在上述极值点处的值

$$g\left(y_1, y_2, \cdots, y_n\right) \equiv G(x_1, \cdots, x_n, y_{\sigma(1)}, \cdots, y_{\sigma(m)})\big|_{\{x_{\sigma(i)} = x_{\sigma(i)}(y), (i = 1, 2, \cdots, m)\}}$$

称为 $f(x_1, x_2, \cdots, x_n)$ 的一个部分勒让德变换.

如果 $J' = J$ (此时 $m = n$), 可选择 $\sigma = \mathrm{id}$. 这时, 函数 $G(x_1, \cdots, x_n, y_1, \cdots, y_n)$ 在极值点处的取值

$$g\left(y_1, y_2, \cdots, y_n\right) \equiv G(x_1(y), \cdots, x_n(y), y_1, \cdots, y_n)$$

称为 $f(x_1, x_2, \cdots, x_n)$ 的完全勒让德变换.

如果 $f(x_1, x_2, \cdots, x_n)$ 是某个热力学系统的一个热力学势, 它的所有勒让德变换都是同一个热力学系统的热力学势, 而通过上述勒让德变换, 我们总可以将系统的独立热力学状态参量的集合变换为我们希望选择的状态参量的集合.

如果将 $J' = \emptyset$ 的平凡情况也计算在内, 那么, 一个 n 元凸 (凹) 函数的部分及完全勒让德变换的总数共有 $\sum_{i=0}^{n} C_n^i = 2^n$ 种. 这也就是对一个热力学自由度为 n 的宏观系统能够定义的不同热力学势的总数. 对于开放系, 考虑到吉布斯–杜安关系式, 热力学势的总数还要在上述数值基础上减少一个.

A.7 欧拉–麦克劳林公式与斯特林公式

A.7.1 欧拉–麦克劳林公式

在统计物理学中, 对光滑函数在自变量取连续整数值时的函数值进行连求和是非常常见的操作. 欧拉–麦克劳林公式则是为了计算这类求和经常采用的近似公式.

欧拉–麦克劳林公式涉及了一系列系数 B_n, 称为伯努利数. 它们可以通过以下泰勒级数的表达式来定义:

$$\frac{x}{\mathrm{e}^x - 1} = \sum_{n=0}^{\infty} B_n \frac{x^n}{n!}. \tag{A.36}$$

可以证明, 所有带奇数编号的伯努利数中仅有 B_1 非零,

$$B_1 = -\frac{1}{2}, \qquad B_{2k+1} = 0 \quad (k > 1).$$

具体的证明方法如下. 首先, B_1 的数值可以通过对式 (A.36) 左边的表达式作线性泰勒展开来确定. 将 $B_1 = -\frac{1}{2}$ 代入式 (A.36) 并在等式两边各加上 $\frac{x}{2}$, 经化简可得

$$\frac{x}{2} \coth\left(\frac{x}{2}\right) = \frac{x}{\mathrm{e}^x - 1} + \frac{x}{2} = B_0 + \sum_{n=2}^{\infty} B_n \frac{x^n}{n!},$$

上式左边是一个偶函数, 因此其级数展开式中 x 的奇数幂次项的系数均为零.

带偶数编号的伯努利数中最初的几个取值为

$$B_0 = 1, \quad B_2 = \frac{1}{6}, \quad B_4 = -\frac{1}{30}, \quad B_6 = \frac{1}{42}, \quad B_8 = -\frac{1}{30}, \quad B_{10} = \frac{5}{66}, \quad \cdots.$$

需要指出的是: 并非所有伯努利数的绝对值都小于 1. B_{2k} 的绝对值从 $k = 7$ 开始超过 1 并且随着 k 的增加快速增大 (增长速率比指数函数增长更快). 图 A.3 画出了 $0 \leqslant k \leqslant 30$ 时 $\log(|B_{2k}|)$ 随 k 变化的趋势.

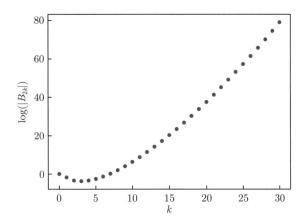

图 A.3 伯努利数 B_{2k} 的绝对值随 k 增长的趋势图

现在我们考虑对光滑函数 $f(x)$ 进行如下的求和:

$$\sum_{n=0}^{\infty} f(x+n) = f(x) + f(x+1) + f(x+2) + f(x+3) + \cdots. \tag{A.37}$$

引进平移算符

$$\hat{T} f(x) = \mathrm{e}^{\hat{D}} f(x) = \mathrm{e}^{\mathrm{d}/\mathrm{d}x} f(x) = f(x+1),$$

可以将求和表达式 (A.37) 重写为

$$\sum_{n=0}^{\infty} f(x+n) = \sum_{n=0}^{\infty} \hat{T}^n f(x) = \frac{1}{1-\hat{T}} f(x) = -\frac{1}{\hat{D}} \frac{\hat{D}}{\mathrm{e}^{\hat{D}} - 1} f(x). \tag{A.38}$$

利用展开式 (A.36) 可以将上式中的算符因子重写为

$$-\frac{1}{\hat{D}} \frac{\hat{D}}{\mathrm{e}^{\hat{D}} - 1} = -\frac{1}{\hat{D}} \sum_{n=0}^{\infty} B_n \frac{\hat{D}^n}{n!} = -\frac{1}{\hat{D}} + \frac{1}{2} - \sum_{n=2}^{\infty} B_n \frac{\hat{D}^{n-1}}{n!}$$

$$= -\frac{1}{\hat{D}} + \frac{1}{2} - \sum_{k=1}^{\infty} B_{2k} \frac{\hat{D}^{2k-1}}{(2k)!}. \tag{A.39}$$

将上式代回到式 (A.38), 等号右边的首项为 $-\dfrac{1}{\hat{D}} f(x)$. 由于 $\hat{D} f(x) = \dfrac{\mathrm{d}}{\mathrm{d}x} f(x)$, $\dfrac{1}{\hat{D}} f(x)$ 是 $\hat{D} f(x)$ 的逆运算, 因此 $\dfrac{1}{\hat{D}} f(x)$ 应与 $f(x)$ 的积分意义一致,

$$-\frac{1}{\hat{D}} f(x) = \int_x^{\infty} f(y) \mathrm{d}y. \tag{A.40}$$

因此, 式 (A.38)～ 式 (A.40) 给出

$$\sum_{n=0}^{\infty} f(x+n) = \int_{x}^{\infty} f(y)\mathrm{d}y + \frac{1}{2}f(x) - \sum_{k=1}^{\infty} B_{2k}\frac{f^{(2k-1)}(x)}{(2k)!}. \tag{A.41}$$

注意: 由于在式 (A.39) 中所作的展开是针对算符表达式进行的, 这种展开式并没有必须收敛的保证, 因此, 上式中的级数求和项也不能保证收敛. 换句话说, 无法保证对任意的 $f(x)$, 有

$$\lim_{N\to\infty} \sum_{k=N+1}^{\infty} B_{2k}\frac{f^{(2k-1)}(x)}{(2k)!} = 0.$$

如果式 (A.41) 中的级数求和不收敛, 对其正确的解读应该是将其看作渐近级数. 与收敛级数相比, 渐近级数往往在有限阶截断时可以更快地逼近正确的函数值, 但并非截断的阶数越高近似程度越好.

下面我们考虑对函数 $f(x)$ 在有限多个连续整数点上的函数值求和的问题. 利用式 (A.41) 可得

$$\sum_{n=a}^{b} f(n) = \sum_{n=0}^{\infty} f(a+n) - \sum_{n=0}^{\infty} f(b+n) + f(b)$$

$$= \int_{a}^{b} f(x)\mathrm{d}x + \frac{1}{2}[f(a)+f(b)] + \sum_{k=1}^{\infty} B_{2k}\frac{f^{(2k-1)}(b) - f^{(2k-1)}(a)}{(2k)!}. \tag{A.42}$$

上式也可以写为

$$\sum_{n=a+1}^{b} f(n) = \int_{a}^{b} f(x)\mathrm{d}x + \frac{1}{2}[f(b)-f(a)] + \sum_{k=1}^{\infty} B_{2k}\frac{f^{(2k-1)}(N) - f^{(2k-1)}(0)}{(2k)!}. \tag{A.43}$$

式 (A.42) 或者 (A.43) 就是欧拉–麦克劳林公式的最常用的形式.

A.7.2　斯特林公式

大整数阶乘的对数是用欧拉–麦克劳林公式可以处理的对象. 利用式 (A.42) 可得

$$\log N! = \sum_{n=1}^{N} \log n$$

$$= \int_{1}^{N} \log n \mathrm{d}n + \frac{1}{2}\log N + \sum_{k=1}^{\infty} \frac{B_{2k}}{(2k)!}\left(\left.\frac{\mathrm{d}^{2k-1}\log x}{\mathrm{d}x^{2k-1}}\right|_{x=N} - \left.\frac{\mathrm{d}^{2k-1}\log x}{\mathrm{d}x^{2k-1}}\right|_{x=1}\right)$$

$$= N\log N - N + \frac{1}{2}\log N + C + \sum_{k=1}^{\infty} \frac{B_{2k}}{2k(2k-1)}\frac{1}{N^{2k-1}}, \tag{A.44}$$

$$C = 1 - \sum_{k=1}^{\infty} \frac{B_{2k}}{2k(2k-1)}.$$

当 N 非常大时,

$$N\log N \gg N \gg \log N \gg 1 \gg N^{-1} \gg \cdots.$$

因此, $\log N!$ 的近似值通常可以截断到式 (A.44) 右边的前两项

$$\log N! \approx N\log N - N = N\log\left(\frac{N}{\mathrm{e}}\right). \tag{A.45}$$

如果忽略式 (A.44) 右边所有 N 的负幂次项, 则有

$$\log N! \approx N \log N - N + \frac{1}{2} \log N + C, \tag{A.46}$$

对上式作指数映射, 并利用关系式 $\Gamma(N+1) = N!$, 可得

$$\Gamma(N+1) \approx \mathrm{e}^C \sqrt{N} \left(\frac{N}{\mathrm{e}}\right)^N. \tag{A.47}$$

利用上式估算 $\Gamma(N+1), \Gamma(N+1/2)$ 以及 $\Gamma(2N+1)$, 并将结果代入勒让德倍量关系式 (A.4), 最终可定出

$$C = \frac{1}{2} \log(2\pi). \tag{A.48}$$

还有一种不利用勒让德倍量关系直接定出 C 的方法, 简介如下. 利于 Γ 函数的定义式, 有

$$\Gamma(N+1) = \int_0^\infty \mathrm{e}^{-t} t^N \mathrm{d}t.$$

作变量代换 $t = N(1+u)$, 有

$$\Gamma(N+1) = N^{N+1} \mathrm{e}^{-N} \int_{-1}^\infty \mathrm{e}^{N[-u+\log(1+u)]} \mathrm{d}u. \tag{A.49}$$

被积表达式中 e 指数上的函数

$$-u + \log(1+u) \approx -\frac{u^2}{2} + O(u^3),$$

且当 $N \to \infty$ 时, 对积分 $\displaystyle\int_{-1}^\infty \mathrm{e}^{N[-u+\log(1+u)]} \mathrm{d}u$ 有贡献的 u 仅限于 u 的绝对值很小的那一部分. 因此有

$$\int_{-1}^\infty \mathrm{e}^{N[-u+\log(1+u)]} \mathrm{d}u \approx \int_{-\infty}^\infty \mathrm{e}^{-Nu^2/2} \mathrm{d}u = \sqrt{\frac{2\pi}{N}}.$$

因此, 结合式 (A.47) 与式 (A.49) 给出

$$\mathrm{e}^C \sqrt{N} \left(\frac{N}{\mathrm{e}}\right)^N = N^{N+1} \mathrm{e}^{-N} \sqrt{\frac{2\pi}{N}}.$$

上式化简后即得式 (A.48).

利于式 (A.48), 可以将式 (A.46) 以及 (A.44) 重写为

$$\log N! \approx N \log N - N + \frac{1}{2} \log(2\pi N), \tag{A.50}$$

$$\log N! = N \log N - N + \frac{1}{2} \log(2\pi N) + \sum_{k=1}^\infty \frac{B_{2k}}{2k(2k-1)} \frac{1}{N^{2k-1}}. \tag{A.51}$$

式 (A.45)、式 (A.50) 以及式 (A.51) 分别是不同近似级别上的斯特林公式. 需要特别注意的是式 (A.51), 这是一个渐近级数, 只有在对 k 作有限截断时才能用它算出有意义的结果.

在统计物理学中, 对大整数阶乘求对数是计算诸如熵、亥姆霍兹自由能等宏观状态函数时必须经历的一个步骤. 在本书中, 凡遇到大整数阶乘的对数, 均采用式 (A.45) 作近似. 值得注意的是: 只有用式 (A.45) 来近似表达大整数阶乘的对数时, 通过统计系综计算出来的熵、亥姆霍兹自由能等状态函数才严格满足可加性. 而用式 (A.45) 来表达大整数阶乘的对数时, 其近似精度其实不如式 (A.50) 以及式 (A.51) 在 $k = 2$ 或 3 时截断所得的结果. 只有当 $N \to \infty$ 时上述精度的差异才可以完全忽略. 这表明上述状态函数的可加性只能被当作在热力学极限下的一个近似结果.

A.8　隐函数求导法则

考虑一个由方程 $f(x, y, z) = 0$ 决定的隐函数. 这个隐函数与以下 3 个显函数中的任何一个均等价:

$$z = z(x, y),$$

$$x = x(y, z),$$

$$y = y(z, x).$$

对函数 $z(x, y)$ 和 $x(y, z)$ 分别求全微分, 可得

$$\mathrm{d}z = \left(\frac{\partial z}{\partial x}\right)_y \mathrm{d}x + \left(\frac{\partial z}{\partial y}\right)_x \mathrm{d}y, \tag{A.52}$$

$$\mathrm{d}x = \left(\frac{\partial x}{\partial y}\right)_z \mathrm{d}y + \left(\frac{\partial x}{\partial z}\right)_y \mathrm{d}z. \tag{A.53}$$

将式 (A.53) 代入式 (A.52), 可得

$$\mathrm{d}z = \left[\left(\frac{\partial z}{\partial x}\right)_y \left(\frac{\partial x}{\partial z}\right)_y\right]\mathrm{d}z + \left[\left(\frac{\partial z}{\partial x}\right)_y \left(\frac{\partial x}{\partial y}\right)_z + \left(\frac{\partial z}{\partial y}\right)_x\right]\mathrm{d}y,$$

因此有

$$\left(\frac{\partial z}{\partial x}\right)_y \left(\frac{\partial x}{\partial z}\right)_y = 1,$$

$$\left(\frac{\partial z}{\partial x}\right)_y \left(\frac{\partial x}{\partial y}\right)_z + \left(\frac{\partial z}{\partial y}\right)_x = 0.$$

以上两式又可以改写为

$$\left(\frac{\partial z}{\partial x}\right)_y = \left[\left(\frac{\partial x}{\partial z}\right)_y\right]^{-1}, \tag{A.54}$$

$$\left(\frac{\partial x}{\partial y}\right)_z \left(\frac{\partial y}{\partial z}\right)_x \left(\frac{\partial z}{\partial x}\right)_y = -1. \tag{A.55}$$

这两个关系式在推导各种热力学等式时经常被使用.

A.9　置换群及其全对称、全反对称表示简介

　　集合 G 上如果配备了乘法运算 $\circ$, 满足条件: ① 对 $\forall g_1, g_2 \in G$, 都有 $g_1 \circ g_2 \in G$; ② $\exists e \in G$, 使得对 $\forall g \in G$, 都有 $g \circ e = e \circ g = g$; ③ 对 $\forall g \in G$, $\exists g^{-1} \in G$, 使得 $g \circ g^{-1} = g^{-1} \circ g = e$, 则称 G 为一个群, e 称为其单位元, g^{-1} 称为群元 g 的逆. G 所含元素的个数称为该群的阶数.

　　置换群 S_N 是由对 N 个对象 (可以用数字 $1, 2, \cdots, n$ 代表) 构成的有序排列的所有置换操作构成的集合, 将连续两次置换的总效果当成一次置换就定义了这个群的乘法运算. S_N 的阶数 (即彼此独立的置换的个数) 为 $N!$.

置换群的 S_N 任一元素 (置换) 可以用一个 $2 \times N$ 的矩阵来描述, 例如, 当 $N = 7$ 时, S_7 的元素

$$\sigma = \begin{pmatrix} 1 & 2 & 3 & 4 & 5 & 6 & 7 \\ 2 & 5 & 4 & 3 & 1 & 6 & 7 \end{pmatrix} \tag{A.56}$$

表示这样一个置换操作: 将数字 1 换为 2, 2 换为 5, 3 换为 4, 4 换为 3, 5 换为 1, 6、7 保持不变. 以上置换操作也可以写为

$$\sigma(1) = 2, \ \sigma(2) = 5, \ \sigma(3) = 4, \ \sigma(4) = 3, \ \sigma(5) = 1, \ \sigma(6) = 6, \ \sigma(7) = 7$$

或者写为

$$\sigma[1, 2, 3, 4, 5, 6, 7] = [2, 5, 4, 3, 1, 6, 7],$$

上式左右两边用方括号括起来的数组表示整数 1~7 的两个不同的排列. 注意: 用类似于式 (A.56) 的形式来描述置换群的元素时, 群乘法与矩阵乘法并不是一回事. 另外, 在这样的描述下, $2 \times N$ 矩阵的不同列相互交换后所得的结果与交换前的矩阵表达的是同一个置换.

有一类特殊的置换称为轮换, 它可以用类似式 (A.56) 的矩阵形式表达为

$$\begin{pmatrix} i_1 & i_2 & ... & i_m \\ i_2 & i_3 & ... & i_1 \end{pmatrix},$$

或者简记为 $(i_1 i_2 \cdots i_m)$, 其中 $i_1, i_2, \cdots, i_m$ 中任意两者都不相同. m 称为该轮换的长度, 长度为 1 的轮换是平庸置换 (即单位置换), 长度为 2 的轮换又称为对换.

S_N 中的每一个元素都可以拆分为一系列彼此无公共元素的轮换的乘积, 其中不同的轮换的顺序可以交换. 这种拆分所得到的轮换长度、个数等信息不随着对该元素作相似变换而改变. 上述拆分所得的结构称为该元素的轮换结构, 可用 $(\sigma) = (1^{v_1} 2^{v_2} \cdots n^{v_n})$ 表示, 其中 $\sigma \in S_N$, v_i 表示长度为 i 的轮换的个数, 而 $n \leqslant N$ 则表示元素 σ 所含的最长轮换的长度. 例如, 对于式 (A.56) 所给出的置换, 拆分的结果为

$$\begin{pmatrix} 1 & 2 & 3 & 4 & 5 & 6 & 7 \\ 2 & 5 & 4 & 3 & 1 & 6 & 7 \end{pmatrix} = \begin{pmatrix} 1 & 2 & 5 \\ 2 & 5 & 1 \end{pmatrix} \begin{pmatrix} 3 & 4 \\ 4 & 3 \end{pmatrix} \begin{pmatrix} 6 \\ 6 \end{pmatrix} \begin{pmatrix} 7 \\ 7 \end{pmatrix},$$

相应的轮换结构为 $(1^2 2^1 3^1)$.

不难验证, S_N 中具有轮换结构 $(\sigma) = (1^{v_1} 2^{v_2} \cdots n^{v_n})$ 的元素的个数为

$$\frac{N!}{1^{v_1} v_1! 2^{v_2} v_2! \cdots n^{v_n} v_n!},$$

其中长度为 i 的轮换共有 v_i 个, 它们可以有 $v_i!$ 种排列方式, 每个长 i 的轮换有 i 种等价写法, 因此对每一确定的轮换长度, 上式分母中要除以因子 $i^{v_i} v_i!$.

给定一个轮换, 其逆置换可以用一个逆向轮换给出

$$(i_1 i_2 \cdots i_m)^{-1} = (i_m \cdots i_2 i_1).$$

每个长度为 m 的轮换还可以进一步分解为 $m - 1$ 个对换的乘积

$$(i_1 i_2 \cdots i_m) = (i_1 i_m)(i_1 i_{m-1}) \cdots (i_1 i_2).$$

因此 S_N 的每个元素均可分解成一系列对换的乘积.

两个相邻符号的对换 $(i \ i + 1)$ 称为素对换. 可以验证

$$(ij) = (1i)(1j)(1i),$$

$$(1i) = (i \cdots 32)(12)(23 \cdots i),$$

$$(i\ i-1 \cdots 2) = (i\ i-1)(i-1\ i-2) \cdots (32),$$

$$(23 \cdots i) = (23)(34) \cdots (i-1\ i).$$

因此, 我们可以将任意轮换分解为若干素对换的乘积. 对于给定的 N, 只有 $N-1$ 个素对换, 从这 $N-1$ 个素对换可以派生出 S_N 的所有群元. 因为这个缘故, 有时也称素对换为 S_N 的生成元. 但是 S_N 并非是由其生成元通过自由乘法生成的. 素对换满足以下的基本运算关系:

(1) $(i\ i+1)^{-1} = (i+1\ i) = (i\ i+1)$;

(2) $(i\ i+1)(j\ j+1) = (j\ j+1)(i\ i+1)$, 若 $|i-j| \geqslant 2$;

(3) $(i\ i+1)(i+1\ i+2)(i\ i+1) = (i+1\ i+2)(i\ i+1)(i+1\ i+2)$.

上述关系称为 S_N 的生成关系.

　　一般地, 给定一个置换, 它所能分解出的素对换的个数是不确定的, 但素对换个数的奇偶性却是确定的. 我们称一个群元素是奇 (偶) 的, 如果它所能分解出的素对换的个数是奇 (偶) 的. 对于长度为 m 的轮换, 若 m 奇, 则该轮换是偶的; 若 m 偶, 则该轮换是奇的. 对于任意给定的元素 $\sigma \in S_N$, 定义其字称 $\pi(\sigma)$ 为

$$\pi(\sigma) = \begin{cases} 0 & (\text{若 } \sigma \text{ 是偶置换}) \\ 1 & (\text{若 } \sigma \text{ 是奇置换}) \end{cases}.$$

若 $\sigma_1, \sigma_2 \in S_N$, 有

$$\pi(\sigma_1 \sigma_2) = [\pi(\sigma_1) + \pi(\sigma_2)] \bmod 2,$$

式中等号右边的 mod 2 表示对整数 2 作模整数除法, 即除以 2 所得的余数.

　　如果 $[\sigma_1, \sigma_2, \cdots, \sigma_{N!}]$ 是 S_N 群全部元素构成的一个排列, 那么, 有限群乘法的重排定理告诉我们, $[\sigma\sigma_1, \sigma\sigma_2, \cdots, \sigma\sigma_{N!}]$ 也是 S_N 群全部元素构成的一个排列, 其中 σ 是 S_N 中任意一个元素. 如果以 $\{\sigma_1, \sigma_2, \cdots, \sigma_{N!}\}$ 作为基底构造一个矢量空间, 并将 S_N 上的乘法自然地延拓到该矢量空间上去, 就给所得的矢量空间配备了一个结合代数的结构, 称为 S_N 的群代数. 群代数中有两个特别的代数元

$$P_S \equiv \frac{1}{N!} \sum_{\sigma \in S_N} \sigma, \qquad P_A \equiv \frac{1}{N!} \sum_{\sigma \in S_N} (-1)^{\pi(\sigma)} \sigma,$$

它们满足如下的关系式:

$$\sigma' P_S = P_S, \qquad \sigma' P_A = (-1)^{\pi(\sigma')} P_A, \qquad \forall \sigma' \in S_N.$$

由此可以证明 P_S 和 P_A 都是幂等算符

$$P_S^2 = P_S, \qquad P_A^2 = P_A.$$

这两个算符分别称为全对称化和全反对称化投影算符.

　　设 V 是 $\mathbb{R}$ 上的一个 D 维矢量空间, 其中的矢量记为 $\boldsymbol{q}$. $V^{\otimes N} = \underbrace{V \times V \times \cdots \times V}_{N}$ 上的 N 元函数定义为映射

$$f: V^{\otimes N} \to \mathbb{C},$$

$$(\boldsymbol{q}_1, \boldsymbol{q}_2, \cdots, \boldsymbol{q}_N) \mapsto f(\boldsymbol{q}_1, \boldsymbol{q}_2, \cdots, \boldsymbol{q}_N).$$

我们选取 $V^{\otimes N}$ 上的足够多的 N 元函数构成一个集合 $\mathscr{H}$, 并使得该集合在其中元素的复线性组合下成为封闭的矢量空间. 如果在构造 $\mathscr{H}$ 时对其中的函数额外加以限制, 例如要求具有平方可积性和正交完备性, 就会使 $\mathscr{H}$ 成为一个希尔伯特空间.

定义 S_N 在希尔伯特空间 $\mathscr{H}$ 中函数上的作用 ϱ

$$\varrho(\sigma)f(\boldsymbol{q}_1, \boldsymbol{q}_2, \cdots, \boldsymbol{q}_N) = f(\boldsymbol{q}_{\sigma(1)}, \boldsymbol{q}_{\sigma(2)}, \cdots, \boldsymbol{q}_{\sigma(N)}) \equiv f_\sigma(\boldsymbol{q}_1, \boldsymbol{q}_2, \cdots, \boldsymbol{q}_N),$$

式中 σ 是 S_N 中的任意群元. 显然, 对希尔伯特空间 $\mathscr{H}$ 中的每一个函数 f, 通过上述作用可以产生 $N!$ 个函数 f_σ, 如果所有这些函数都包括在 $\mathscr{H}$ 中, 我们就说 $\mathscr{H}$ 在 S_N 的作用下是封闭的, 这时称 ϱ 给出了 S_N 在 $\mathscr{H}$ 上的一个表示. S_N 群的表示可以自然地延拓为其群代数的表示, 例如

$$\mathscr{P}_S \equiv \varrho(P_S) = \frac{1}{N!} \sum_{\sigma \in S_N} \varrho(\sigma), \qquad \mathscr{P}_A \equiv \varrho(P_A) = \frac{1}{N!} \sum_{\sigma \in S_N} (-1)^{\pi(\sigma)} \varrho(\sigma). \tag{A.57}$$

在 S_N 的群代数的上述表示下, 可以定义

$$f_S(\boldsymbol{q}_1, \boldsymbol{q}_2, \cdots, \boldsymbol{q}_N) \equiv \mathscr{P}_S f(\boldsymbol{q}_1, \boldsymbol{q}_2, \cdots, \boldsymbol{q}_N) = \frac{1}{N!} \sum_{\sigma \in S_N} f(\boldsymbol{q}_{\sigma(1)}, \boldsymbol{q}_{\sigma(2)}, \cdots, \boldsymbol{q}_{\sigma(N)}),$$

$$f_A(\boldsymbol{q}_1, \boldsymbol{q}_2, \cdots, \boldsymbol{q}_N) \equiv \mathscr{P}_A f(\boldsymbol{q}_1, \boldsymbol{q}_2, \cdots, \boldsymbol{q}_N) = \frac{1}{N!} \sum_{\sigma \in S_N} (-1)^{\pi(\sigma)} f(\boldsymbol{q}_{\sigma(1)}, \boldsymbol{q}_{\sigma(2)}, \cdots, \boldsymbol{q}_{\sigma(N)}).$$

前者称为一个全对称函数, 而后者称为一个全反对称函数. 显然, 全对称函数的任意线性组合依然是全对称函数, 全反对称函数的任意线性组合依然是全反对称函数. 我们可以将 $\mathscr{P}_S$ 或者 $\mathscr{P}_A$ 作用于空间 $\mathscr{H}$ 中的所有函数之上, 结果将得到 $\mathscr{H}$ 中所有全对称函数或所有全反对称函数构成的子空间

$$\mathscr{H}_S = \mathscr{P}_S(\mathscr{H}), \qquad \mathscr{H}_A = \mathscr{P}_A(\mathscr{H}).$$

特别地, 对于 S_N 中的任意元素 σ, 有

$$\varrho_S(\sigma)f_S(\boldsymbol{q}_1, \boldsymbol{q}_2, \cdots, \boldsymbol{q}_N) = f_S(\boldsymbol{q}_1, \boldsymbol{q}_2, \cdots, \boldsymbol{q}_N),$$

$$\varrho_A(\sigma)f_A(\boldsymbol{q}_1, \boldsymbol{q}_2, \cdots, \boldsymbol{q}_N) = (-1)^{\pi(\sigma)} f_A(\boldsymbol{q}_1, \boldsymbol{q}_2, \cdots, \boldsymbol{q}_N).$$

因此, $\mathscr{H}_S$ 中每一个全对称函数都对应着置换群 S_N 的 1 维全对称表示或者恒等表示, 而 $\mathscr{H}_A$ 中每一个全反对称函数都对应着置换群 S_N 的 1 维全反对称表示或者交替表示. 这两个表示是 S_N 仅有的彼此不等价的 1 维表示.

附录 B 关于广延参量与强度参量

广延参量和强度参量是平衡态热力学中广泛使用的概念. 历史上最早将这对概念引入热力学领域的作者是海尔姆[1]. 海尔姆并没有给出广延参量与强度参量的明确定义, 而是列举了现代文献中被称为广义位移和广义力的一些变量并将它们分别称为 extensities 和 intensities. 问题在于, 在不同的场合哪一个变量可以被当成广义位移、哪一个变量可以被当成广义力, 有时并不是很明确的.

对后世产生比较深远影响的作者是托尔曼[2], 他在并不知晓海尔姆的工作的情况下于 1917 年重新规定了宏观量的广延性质和强度性质. 在托尔曼的语意环境下, 将两个完全相同的宏观系统合并在一起, 如果某些宏观量发生了倍增, 则这些宏观量是广延的 (extensive); 如果某些宏观量不发生改变, 则这些量是强度的 (intensive).

从表面上看, 托尔曼的广延性和强度性的定义好像是很清楚的, 其实并不尽然. 例如, 将两份具有相同压强、相同体积的理想气体合并为一个新的系统, 压强和体积到底哪一个是广延的? 如果在合并时保持压强不变, 则总系统体积倍增, 因此体积应该是广延的; 反之, 如果在合并时保持体积不变, 则总系统压强倍增, 压强应该是广延的. 另一个类似的例子是电池的电压与电路中的电流. 如果在电路中将两个相同的电池串联, 则电压倍增, 因此电压好像是广延的; 然而, 如果将两个电池并联, 则电流倍增, 因此电流才像是广延的. 显然, 问题出现在合并的方式没有清楚地界定上.

除了海尔姆与托尔曼这两种不同的解释以外, 现代的文献较多地将广延参量定义为与系统的规模 (通常用质量或者尺度来刻画) 成正比的参量, 将强度参量定义为与系统的规模无关的参量. 采用这种定义的代表性机构是国际纯粹与应用化学联合会 (International Union of Pure and Applied Chemistry, IU-PAC)[3]. 这种定义接近于将广延参量等同于可加参量, 但是用质量或者尺度来刻画系统的规模有时并不是安全的. 对系统规模的更恰当的刻画方法是应采用系统所含的粒子数或者自由度数.

以上所谈及的定义方法尚未穷尽文献中对广延参量和强度参量的不同定义. 感兴趣的读者可以参阅文献[4][5]来了解更多不同的定义方法.

本书中所采用的对广延参量和强度参量定义来自蒯维多的工作[6], 后者则是推广了赫尔曼[7]和穆加拉[8]等关于热力学宏观状态空间几何化的尝试, 其着重点在于强调基本热力学等式的勒让德不变性, 并将基本热力学等式中以微分形态出现的参量称为广延参量, 将热力学势对广延参量的导数称为强度参量. 这种定义方式的特点在于明确地体现了广延性和强度性的相对性: 同一个宏观状态参量在不同的场合下既可以是广延的也可以是强度的. 这样就可以很好地解决前面所列举的特例中压强/体积、电流/电压等参量

① Helm G. Die Energetik. Veit & Co., 1898.

② Tolman R C. Phys. Rev., 1917, 9: 237.

③ Cohen E R, et al. Quantities, units and symbols in physical chemistry. CRC Press, p6, 2007.

④ Gensler W J, Redlich O. Chem J. Educ., 1970, 47(2): 154-156.

⑤ Touchette H. Physica A, 2002, 305: 84-88.

⑥ Quevedo H. Math J. Phys., 2007, 48: 013506.

⑦ Hermann R. Geometry, Physics and Systems. New York: Marcel Dekker, 1973.

⑧ Mrugala R. Rep. Math. Phys., 1978, 14: 419.

的广延/强度二象性的问题. 这种定义的另一个好处是将强度参量当成热力学势在特定条件下相对于广延参量的变化率来处理, 从而更能体现 "强度" 概念的直观含义.

附录 C   物理常量

名称	记号	数值	单位
阿伏伽德罗常量	N_A	6.022×10^{23}	$\mathrm{mol^{-1}}$
标准大气压	atm	101.325×10^3	Pa
玻尔磁子	μ_B	9.274×10^{-24}	$\mathrm{J \cdot T^{-1}}$
玻尔兹曼常量	k_0	1.380649×10^{-23}	$\mathrm{J \cdot K^{-1}}$
电子电荷	$-e$	-1.602×10^{-19}	C
电子质量	m_e	9.109×10^{-31}	kg
光速	c	299792458	$\mathrm{m \cdot s^{-1}}$
普朗克常量	h	6.626×10^{-34}	$\mathrm{J \cdot s}$
普适气体常量	$R = N_A k_0$	8.314	$\mathrm{J \cdot mol^{-1} \cdot K^{-1}}$
原子质量单位	m_u	1.6605×10^{-27}	kg
约化普朗克常量	$\hbar = \dfrac{h}{2\pi}$	1.055×10^{-34}	$\mathrm{J \cdot s}$
真空的磁导率	μ_0	$4\pi \times 10^{-7}$	$\mathrm{N \cdot s^2 \cdot C^{-2}}$
真空的介电常量	ε_0	8.854×10^{-12}	$\mathrm{N^{-1} \cdot m^{-2} \cdot C^2}$

插 图 列 表

符 号 索 引

人 名 索 引

术 语 索 引

后 记

现实物理世界归根结底是一个具有丰富的微观内涵的宏观世界. 我们认识物理世界, 不仅要了解它的微观构成和基本相互作用的形态, 更重要的是利用所得的知识作用于宏观世界, 为人类的生存和发展服务. 人类的现代技术发展, 往往都是从对基于微观原理的宏观规律和现象的研究获得突破开始的. 在这一意义下, 热力学和统计物理架起了物理原理与技术领域之间的桥梁, 这一学科在人类知识宝库中所处的地位之关键、分量之重要, 无论怎样估量都不为过. 本书所介绍的关于热力学和统计物理的知识仅仅是非常基础的片段, 远远不能反映人类目前在这一领域已经取得的成就的完整样貌.

学习热力学与统计物理的初学者往往为这门科学的高度综合性所震撼, 同时也因为其高度的综合性而感到难以掌握, 特别是其知识体系头绪较为繁杂, 不容易理出清楚的脉络. 本书从体系结构上所做的一点尝试正是针对这种情况提出的一个解决方案, 希望这至少不会是一个完全失败的方案. 在这一方案下, 融热力学与统计物理为一体的知识体系的要点可以归纳为如下几句话:

(1) 熵是联结微观和宏观的纽带;

(2) 热力学势是沟通统计物理与热力学的桥梁;

(3) 吉布斯系综理论是平衡态统计物理学的基本逻辑框架;

(4) 热容量是用宏观方法探究微观奥秘的探针;

(5) 宏观系统达到热力学平衡的先决条件是态平衡参量处处相等;

(6) 元胞结构决定晶格振动的色散关系, 因而也决定了晶体的宏观性质;

(7) 非平衡系统中的耗散与状态的涨落密切相关;

(8) 态平衡参量的梯度是非平衡宏观演化 (输运现象) 发生的原动力.

这几句话的内容也可以用更为上口、更易记忆的方式总结为如下的《热统诀》:

《热统诀》

熵作宏微带, 势为统热桥.

系综充桁柱, 热容扮针凿.

平衡倚匀态, 色散赖元胞.

涨落联耗散, 梯度演滔滔.

以上是本人在多年的教学和学习过程中归纳得到的一点体会, 拿出来与读者交流. 如有不妥, 欢迎指正.

谨以此书献给我所有的亲人

祝福健在的

怀念逝去的

赵 柳

于南开大学